Springer-Lehrbuch

Peter Stephan · Karlheinz Schaber
Karl Stephan · Franz Mayinger

Thermodynamik

Grundlagen und technische Anwendungen
Band 1: Einstoffsysteme

19., ergänzte Auflage

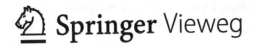

Peter Stephan
TU Darmstadt
Darmstadt, Deutschland

Karl Stephan
Universität Stuttgart
Stuttgart, Deutschland

Karlheinz Schaber
Karlsruher Institut für Technologie
Karlsruhe, Deutschland

Franz Mayinger
TU München
Garching, Deutschland

ISBN 978-3-642-30097-4
DOI 10.1007/978-3-642-30098-1

ISBN 978-3-642-30098-1 (eBook)

Die Deutsche Nationalbibliothek verzeichnet diese Publikation in der Deutschen Nationalbibliografie; detaillierte bibliografische Daten sind im Internet über http://dnb.d-nb.de abrufbar.

Springer Vieweg

Springer Vieweg ist eine Marke von Springer DE. Springer DE ist Teil der Fachverlagsgruppe Springer Science+Business Media
www.springer-vieweg.de

Vorwort zur neunzehnten Auflage

Die sechzehnte Auflage erschien im Jahr 2005 als eine umfassende Neubearbeitung des bekannten Lehrbuchs von Karl Stephan und Franz Mayinger. In den beiden 2006 und 2008 folgenden Auflagen wurden lediglich geringfügige Korrekturen vorgenommen.

Für die jetzt vorliegende 19. Auflage haben wir uns entschlossen, eine Reihe neuer und aktueller Beispiel- und Übungsaufgaben mit Lösungen zu ergänzen. Darüber hinaus konnten einige noch verbliebene Druckfehler korrigiert werden. Als wesentliche Neuerung haben wir die Beispiel- und Übungsaufgaben aus den einzelnen Kapiteln herausgezogen und in separaten Abschnitten zusammengefasst, die jeweils das Ende eines Kapitels bilden. Dies soll einerseits das Auffinden der Aufgaben erleichtern und andererseits Studierenden einen besseren Überblick darüber ermöglichen, welche Probleme mit den im aktuellen Kapitel erlernten Methoden gelöst werden können.

Möge unser Buch auch weiterhin Gefallen finden und den Lesern die Grundlagen und technischen Anwendungen der Thermodynamik nahe bringen.

Darmstadt   Peter Stephan
Karlsruhe, im Dezember 2012   Karlheinz Schaber

Vorwort zur sechzehnten Auflage

Das vorliegende Buch ist eine umfassende Neubearbeitung des bekannten Lehrbuches von Karl Stephan und Franz Mayinger „Thermodynamik: Grundlagen und technische Anwendungen", das zuletzt als 15. Auflage 1998 erschienen ist. Der Ursprung des Werkes ist das Lehrbuch von Ernst Schmidt „Technische Thermodynamik; Grundlagen und Anwendungen", das 1936 erstmals und zuletzt als 10. Auflage 1963 unter dem Titel „Einführung in die Technische Thermodynamik und in die Grundlagen der chemischen Thermodynamik" erschien.

Karl Stephan und Franz Mayinger haben als Autoren der 11. bis 15. Auflage eine vollständige Neubearbeitung vorgenommen und das Werk um mehrere Kapitel ergänzt, insbesondere im Bereich der Mehrstoffsysteme und der technischen Stofftrennprozesse. Seit der 11. Auflage, 1975, erscheint das Buch in zwei Bänden, von denen der erste die Thermodynamik der Einstoffsysteme, der zweite die der Mehrstoffsysteme und der chemischen Reaktionen behandelt.

Der Tradition des bekannten Lehrbuches verpflichtet, das viele Generationen von Studierenden der Ingenieurwissenschaften begleitet hat, haben wir die bewährten Inhalte und deren Aufteilung auf zwei Bände weitgehend beibehalten. Dies gilt auch für die im Vergleich zu anderen Lehrbüchern reichliche Ausstattung mit Zahlenangaben für Stoffeigenschaften.

Wesentliche Änderungen wurden dagegen im vorliegenden ersten Band an der Struktur der Darstellung vorgenommen. Im Mittelpunkt der Überlegungen stand dabei, die zentrale Bedeutung der Bilanzen von Masse, Energie und Entropie in der Thermodynamik und deren Analogien stärker zur Geltung zu bringen. So wurden beispielsweise die allgemeingültige Methode einer Bilanzierung den Ableitungen der beiden Hauptsätze vorangestellt und die Kapitel zur Energiebilanz bzw. zum ersten Hauptsatz sowie zur Entropiebilanz bzw. zum zweiten Hauptsatz ähnlich strukturiert. Die Bilanzgleichungen für Energie und Entropie werden zunächst umfassend und allgemein gültig für beliebige thermodynamische Systeme vorgestellt und erst dann auf Spezialfälle angewandt. Thermische und kalorische Zustandsgleichungen werden in jeweils eigenen Kapiteln getrennt von den Hauptsätzen behandelt. Bei der Beschreibung der Stoffeigenschaften haben wir die Ergebnisse neuerer Arbeiten eingearbeitet. In das Kapitel über thermodynamische Prozesse haben wir eingangs Beschreibungen und Berechnungsgrundlagen einzelner Anlagenkomponenten wie beispielsweise Pumpen oder Turbinen eingefügt. Dem Gedanken folgend vom Allgemeinen ausgehend das Spezielle abzuleiten, sind den technischen Kreisprozessen allgemeine Betrachtungen über Wärmekraftmaschinen, Kältemaschinen und Wärmepumpen vorangestellt.

Wie die vorausgegangenen enthält auch die Neuauflage eine Einführung in die Wärmeübertragung, etwa in dem Umfang wie sie in den Grundlagenvorlesungen des Maschinenbaus und der Verfahrenstechnik bzw. Chemieingenieurtechnik gelehrt wird.

Gegenüber den früheren Auflagen haben wir die Formelzeichen einiger Größen geändert, wobei für uns eine konsequente, in sich konsistente Bezeichnung thermodynamischer Größen von vorrangiger Bedeutung war. Der Anhang wurde um ein Glossar mit kurzen Erläuterungen der wichtigsten thermodynamische Begriffe ergänzt.

Die Thermodynamik wird von den Studierenden allgemein als eines der schwierigsten Wissensgebiete angesehen, obwohl sie mit nur wenigen Lehrsätzen und mathematischen Kenntnissen auskommt. Dies mag vor allem an den Schwierigkeiten liegen, die wenigen, aber oft sehr abstrakten, allgemein gültigen Gesetze auf konkrete technische und physikalische Vorgänge anzuwenden. Die neue Struktur der Darstellung des Buches soll dazu beitragen, diese Schwierigkeiten zu vermindern. Der Tradition des Buches folgend werden dabei die Grundlagen trotz aller gebotenen wissenschaftlichen Strenge stets so anschaulich wie möglich dargeboten und unmittelbar im Anschluss an die entwickelten Sätze deren Anwendungen dargestellt und durch praxisnahe Beispiele sowie zahlreiche Übungsaufgaben vertieft.

Den ehemaligen Autoren, Karl Stephan und Franz Mayinger, sind wir für wertvolle Hinweise und Ratschläge zu Dank verpflichtet. Dem Springer-Verlag danken wir für die angenehme Zusammenarbeit und unseren Mitarbeitern Clemens Meyer und Michael Kempf für die sorgfältige Erstellung der druckfähigen Datei.

Darmstadt   Peter Stephan
Karlsruhe, im Juni 2005   Karlheinz Schaber

Inhaltsverzeichnis

Liste der Formelzeichen XV

1   **Gegenstand und Grundbegriffe der Thermodynamik**   1
    1.1   Gegenstand der Thermodynamik   1
    1.2   Thermodynamische Systeme   3
    1.3   Die Koordinaten und der Zustand eines Systems   5
    1.4   Zustandsgrößen und Systemeigenschaften   7
    1.5   Maßsysteme und Einheiten. Größengleichungen 11
        1.5.1   Das Internationale Einheitensystem 11
        1.5.2   Andere Einheitensysteme 13
        1.5.3   Größengleichungen 13

2   **Das thermodynamische Gleichgewicht und die empirische Temperatur** . . 17
    2.1   Das thermodynamische Gleichgewicht 17
    2.2   Der nullte Hauptsatz und die empirische Temperatur 20
    2.3   Die internationale Temperaturskala 25
    2.4   Praktische Temperaturmessung 27
        2.4.1   Flüssigkeitsthermometer 27
        2.4.2   Widerstandsthermometer 29
        2.4.3   Thermoelemente 30
        2.4.4   Strahlungsthermometer 32

3   **Die thermische Zustandsgleichung** 35
    3.1   Das totale Differential der thermischen Zustandsgleichung 36
    3.2   Die thermische Zustandsgleichung des idealen Gases 39
    3.3   Die Einheit Stoffmenge und die universelle Gaskonstante 40
    3.4   Beispiele und Aufgaben 43

4   Energieformen 47
   4.1   Systemenergie 47
      4.1.1   Mechanische Energie 48
      4.1.2   Innere Energie und ihre kinetische Deutung 49
   4.2   Arbeit 54
      4.2.1   Mechanische Arbeit 55
      4.2.2   Volumenänderungsarbeit und Nutzarbeit 57
      4.2.3   Wellenarbeit 60
      4.2.4   Elektrische Arbeit 61
      4.2.5   Weitere Arbeitsformen 62
      4.2.6   Verallgemeinerung des Begriffes Arbeit und die dissipierte Arbeit 74
   4.3   Wärme 77
   4.4   An Materietransport gebundene Energie und die Zustandsgröße Enthalpie 78
   4.5   Beispiele und Aufgaben 80

5   Methode der Bilanzierung und der erste Hauptsatz der Thermodynamik . 81
   5.1   Die allgemeine Struktur einer Bilanzgleichung 81
   5.2   Formulierung des ersten Hauptsatzes und die technische Arbeit 82
   5.3   Der erste Hauptsatz für geschlossenen Systeme 84
   5.4   Messung und Eigenschaften von innerer Energie und Wärme 87
   5.5   Die Massenbilanz für offene Systeme 89
   5.6   Der erste Hauptsatz für offene Systeme 91
   5.7   Technische Arbeit in stationär durchströmten Kontrollräumen 93
   5.8   Beispiele und Aufgaben 96

6   Die kalorischen Zustandsgleichungen und die spezifischen Wärmekapazitäten 97
   6.1   Die spezifischen Wärmekapazitäten der idealen Gase 99
   6.2   Die mittleren spezifischen Wärmekapazitäten der idealen Gase 103
   6.3   Die kalorischen Zustandsgleichungen inkompressibler Stoffe 112
   6.4   Beispiele und Aufgaben 112

7   Anwendungen des ersten Hauptsatzes der Thermodynamik 115
   7.1   Zustandsänderungen idealer Gase 115
      7.1.1   Zustandsänderungen bei konstantem Volumen oder Isochore 115
      7.1.2   Zustandsänderung bei konstantem Druck oder Isobare 116
      7.1.3   Zustandsänderung bei konstanter Temperatur oder Isotherme 117
      7.1.4   Dissipationsfreie adiabate Zustandsänderungen 118
      7.1.5   Polytrope Zustandsänderungen 122
   7.2   Kreisprozesse 124

7.3   Wasserkraftwerke 126
7.4   Stoffstrommischung 127
7.5   Wärmeübertrager 128
7.6   Verdichten und Entspannen idealer Gase 129
7.7   Strömungen durch Kanäle mit Querschnittsänderungen 132
7.8   Drosselvorgänge 134
7.9   Überströmvorgänge 135
7.10   Beispiele und Aufgaben 137

8   Das Prinzip der Irreversibilität und die Zustandsgröße Entropie 145
8.1   Das Prinzip der Irreversibilität 145
8.2   Entropie und absolute Temperatur 150
8.3   Die Entropie als vollständiges Differential und die absolute Temperatur
        als integrierender Nenner 156
        8.3.1   Mathematische Grundlagen zum integrierenden Nenner . . . 156
        8.3.2   Einführung des Entropiebegriffes und der absoluten
                Temperaturskala mit Hilfe des integrierenden Nenners 162
8.4   Statistische Deutung der Entropie 166
        8.4.1   Die thermodynamische Wahrscheinlichkeit eines Zustandes . 166
        8.4.2   Entropie und thermodynamische Wahrscheinlichkeit 170
        8.4.3   Die endliche Größe der thermodynamischen
                Wahrscheinlichkeit, Quantentheorie,
                Nernstsches Wärmetheorem 171
8.5   Gibbssche Fundamentalgleichungen 174
8.6   Zustandsgleichungen für die Entropie und Entropiediagramme 178
        8.6.1   Die Entropie idealer Gase und anderer Stoffe 178
        8.6.2   Die Entropiediagramme 180
8.7   Beispiele und Aufgaben 182

9   Entropiebilanz und der zweite Hauptsatz der Thermodynamik 185
9.1   Austauschprozesse und das thermodynamische Gleichgewicht 185
9.2   Entropiebilanz und allgemeine Formulierung des zweiten Hauptsatzes 188
9.3   Der zweite Hauptsatz für geschlossene Systeme 190
        9.3.1   Zusammenhang zwischen Entropie und Wärme 193
        9.3.2   Zustandsänderungen geschlossener adiabater Systeme 195
        9.3.3   Isentrope Zustandsänderungen 195
9.4   Der zweite Hauptsatz für offene Systeme 196
9.5   Entropiebilanz und Kreisprozesse 198
9.6   Beispiele und Aufgaben 202

10   Anwendungen des zweiten Hauptsatzes der Thermodynamik 205
      10.1   Reibungsbehaftete Prozesse 205
      10.2   Wärmeleitung unter Temperaturgefälle 210
      10.3   Drosselung 212
      10.4   Mischung und Diffusion 215
      10.5   Isentrope Strömung eines idealen Gases durch Düsen 218
      10.6   Beispiele und Aufgaben 226

11   Energieumwandlungen und Exergie 235
      11.1   Einfluss der Umgebung auf Energieumwandlungen 235
      11.2   Die Exergie eines geschlossenen Systems 236
      11.3   Die Exergie eines Stoffstroms 239
      11.4   Die Exergie einer Wärme 240
      11.5   Die Exergie bei der Mischung zweier idealer Gase 241
      11.6   Exergieverlust und Exergiebilanz 241
      11.7   Beispiele und Aufgaben 245

12   Beziehungen zwischen kalorischen und thermischen Zustandsgrößen . . . 251
      12.1   Darstellung der thermodynamischen Eigenschaften durch
             Zustandsgleichungen 251
      12.2   Innere Energie und Enthalpie als Funktion der thermischen
             Zustandsgrößen 253
      12.3   Die Entropie als Funktion der thermischen Zustandsgrößen 257
      12.4   Die spezifischen Wärmekapazitäten 259

13   Thermodynamische Eigenschaften der Materie 261
      13.1   Thermische Zustandsgrößen und p, v, T-Diagramme 262
      13.2   Kalorische Zustandsgrößen. Enthalpie- und Entropiediagramme 274
             13.2.1   Kalorische Zustandsgrößen von Dämpfen 274
             13.2.2   Tabellen und Diagramme der kalorischen Zustandsgrößen . . 278
      13.3   Die Gleichung von Clausius und Clapeyron 285
      13.4   Spezifische Wärmekapazität und Entropie fester Körper 289
             13.4.1   Das Gefrieren von Wasser 289
             13.4.2   Kristalline Festkörper 289
      13.5   Zustandsgleichungen für reale Fluide 292
             13.5.1   Reale Gase 292
             13.5.2   Die van-der-Waalssche Zustandsgleichung 295
             13.5.3   Das erweiterte Korrespondenzprinzip 301
             13.5.4   Zustandsgleichungen für den praktischen Gebrauch
                      und Stoffdaten 302
             13.5.5   Zustandsgleichungen des Wasserdampfes 305

13.6   Zustandsänderungen realer Fluide 307

      13.6.1   Die adiabate Drosselung realer Gase 307

      13.6.2   Zustandsänderungen im Nassdampfgebiet 310

13.7   Beispiele und Aufgaben 314

14   Thermodynamische Prozesse, Maschinen und Anlagen 319

14.1   Thermodynamische Modelle von Anlagenkomponenten 320

      14.1.1   Pumpen 320

      14.1.2   Verdichter, Kompressoren und Ventilatoren 321

      14.1.3   Turbinen 323

      14.1.4   Verdampfer und Kondensatoren 325

14.2   Rechtsläufige und linksläufige Kreisprozesse. Wärmekraftmaschinen, Kältemaschinen und Wärmepumpen 326

14.3   Der rechtsläufige Carnotsche Kreisprozess und seine Anwendung auf das ideale Gas 329

14.4   Der linksläufige Carnotsche Kreisprozess 334

14.5   Die Heißluftmaschine und die Gasturbine 335

14.6   Der Stirling-Motor 342

14.7   Die Stirling-Kältemaschine 345

14.8   Verbrennungsmotoren mit innerer Verbrennung. Otto- und Diesel-Motor 347

      14.8.1   Der Otto-Prozess 349

      14.8.2   Der Diesel-Prozess 351

      14.8.3   Der gemischte Vergleichsprozess 352

      14.8.4   Abweichungen des Vorganges in der wirklichen Maschine vom theoretischen Vergleichsprozess; Wirkungsgrade 354

14.9   Die Dampfkraftanlage 356

      14.9.1   Der Clausius-Rankine-Prozess 356

      14.9.2   Verluste beim Clausius-Rankine-Prozess und Maßnahmen zur Verbesserung des Wirkungsgrades 363

14.10 Kombinierte Gas-Dampf-Prozesse 368

14.11 Kraft-Wärme-Kopplung 371

14.12 Der linksläufige Clausius-Rankine-Prozess 374

      14.12.1 Die Kaltdampfmaschine als Kältemaschine 374

      14.12.2 Die Kaltdampfmaschine als Wärmepumpe 376

14.13 Linde-Verfahren zur Gasverflüssigung 377

14.14 Beispiele und Aufgaben 380

15   Grundbegriffe der Wärmeübertragung 399

15.1   Allgemeines 399

15.2   Stationäre Wärmeleitung 400

15.3   Wärmeübergang und Wärmedurchgang 405

15.4   Nichtstationäre Wärmeleitung 409

15.5   Grundlagen der Wärmeübertragung durch Konvektion 412

      15.5.1   Dimensionslose Kenngrößen und Beschreibung
des Wärmetransportes in einfachen Strömungsfeldern 416

      15.5.2   Spezielle Probleme der Wärmeübertragung
ohne Phasenumwandlung 425

15.6   Wärmeübertragung beim Sieden und Kondensieren 434

      15.6.1   Wärmeübergang beim Sieden 434

      15.6.2   Wärmeübergang beim Kondensieren 440

15.7   Wärmeübertrager – Gleichstrom, Gegenstrom, Kreuzstrom 444

      15.7.1   Gleichstrom 445

      15.7.2   Gegenstrom 447

      15.7.3   Kreuzstrom 448

15.8   Die Wärmeübertragung durch Strahlung 451

      15.8.1   Grundbegriffe, Emission, Absorption,
das Gesetz von Kirchhoff 451

      15.8.2   Die Strahlung des schwarzen Körpers 456

      15.8.3   Die Strahlung technischer Oberflächen. Der graue Körper . . 458

      15.8.4   Der Strahlungsaustausch 460

15.9   Beispiele und Aufgaben 466

Anhang A: Dampftabellen 471

Anhang B: Lösungen der Übungsaufgaben 491

Anhang C: Glossar 523

Sachverzeichnis 555

Liste der Formelzeichen[1]

Lateinische Buchstaben

A	Fläche [m^2]
a	Absorptionsgrad
a	Kohäsionskonstante in der van-der-Waalsschen Gleichung [Nm^4/kg^2]
a	Abstand [m]
a	Querteilungsverhältnis
a	Temperaturleitfähigkeit [m^2/s]
Ar	Archimedes-Zahl
$\boldsymbol{B}$	magnetische Induktion [$N/(Am)$]
B	Anergie [J]
B	Breite [m]
b	Kovolumen in der van-der-Waalsschen Zustandsgleichung [m^3/kg]
b	Längsteilungsverhältnis
Bi	Biot-Zahl
C	Strahlungsaustauschkonstante [$W/(m^2\,K^4)$]
C	Kapazität [As/V]
$\overline{C}, \overline{C}_p, \overline{C}_v$	Molwärmen, molare Wärmekapazität [$J/(kmol\,K)$]
$\dot{C}$	Wärmekapazitätsstrom [W/K]
c	spezifische Wärmekapazität [$J/(kg\,K)$]
c_p	– bei konstantem Druck [$J/(kg\,K)$]
c_v	– bei konstantem Volumen [$J/(kg\,K)$]
D	dielektrische Verschiebung [As/m^2]
D	Durchmesser [m]
d	Durchmesser, Bezugslänge [m]
d	Durchlassgrad, Transmissionsgrad

---

[1] SI-Einheiten sind in eckigen Klammern hinzugefügt. Größen, bei denen diese Angabe fehlt, sind dimensionslos.

E	elektrische Feldstärke [V/m]
E	Emission [W/m^2]
E	Energie [J]
$\overline{E}$	molare Energie [J/kmol]
$\dot{E}$	Energiestrom [W]
E^*	Elastizitätsmodul [N/m]
E_s	Emission des schwarzen Körpers
e	Elementarladung [C]
Ex_V	Exergieverlust [J]
$\dot{Ex}_\mathrm{V}$	Exergieverluststrom [W]
ex_V	spezifischer Exergieverlust [J/kg]
F	Kraft [N]
F	Sichtfaktor, Einstrahlzahl
Fo	Fourier-Zahl
g	Fallbeschleunigung [m/s^2]
Gr	Grashof-Zahl
H	Enthalpie [J]
H	Helligkeit einer Strahlung [W/m^2]
H	Höhe [m]
H	magnetische Feldstärke [A/m]
$\overline{H}$	molare Enthalpie [J/kmol]
h	spezifische Enthalpie [J/kg]
h', h'', h'''	– auf den Phasengrenzkurven [J/kg]
h	Plancksches Wirkungsquantum [J s]
Δh_V	spez. Verdampfungsenthalpie [J/kg]
I	Strom [A]
J	Impuls [kg m/s^3]
J	Intensität einer Strahlung [W/m^3]
k	Boltzmannsche Konstante [J/K]
k	Wärmedurchgangskoeffizient [W/(m^2 K)]
L	Arbeit [J]
L_el	elektrische Arbeit [J]
L_ex	Exergie [J]
L_diss	Dissipationsarbeit [J]
L_m	mechanische Arbeit [J]
L_n	Nutzarbeit [J]
L_R	Reibungsarbeit [J]
L_t	technische Arbeit [J]
L_v	Volumenänderungsarbeit [J]
l	spezifische Arbeit [J/kg]
l	Länge [m]
M	Masse [kg]

$\overline{M}$	Molmasse [kg/kmol]
M_d	Drehmoment [Nm]
$\dot{M}$	Massenstrom [kg/s]
m	Masse eines Moleküls [kg]
$\dot{m}$	Massenstromdichte [kg/(m^2 s)]
N	integrierender Nenner
N	Molmenge, Anzahl der Mole [mol], [kmol]
N_A	Avogadro-Konstante [l/mol], [l/kmol]
n	Drehzahl [l/s]
n	Polytropenexponent
Nu	Nußelt-Zahl
P	elektrische Polarisation [As/m^2]
P	Leistung [W]
P_{el}	elektrische Leistung [W]
p	Druck [N/m^2], [bar]
p_k	kritischer Druck [bar]
p_r	reduzierter Druck
p_u	Umgebungsdruck [bar]
Pe	Péclet-Zahl
Pr	Prandtl-Zahl
Q	Wärme [J]
Q_{el}	elektrische Ladung [As]
$\dot{Q}$	Wärmestrom [W]
q	spezifische Wärme [J/kg]
$\dot{q}$	Wärmestromdichte [W/m^2]
R	Gaskonstante [J/(kg K)]
R	Wärmewiderstand [K/W]
R_{el}	elektrischer Widerstand [Ω]
$\overline{R}$	universelle Gaskonstante [J/(kmol K)]
r	Radius, Abstand [m]
r	Reflexionsgrad
Re	Reynolds-Zahl
S	Entropie [J/K]
S_{irr}	Entropieerzeugung durch Irreversibilitäten [J/K]
$\overline{S}$	molare Entropie [J/(kmol K)]
$\dot{S}$	Entropiestrom [W/K]
s	Abstand [m]
s	spezifische Entropie [J/(kg K)]
s', s'', s'''	– auf den Phasengrenzkurven [J/(kg K)]
St	Stanton-Zahl
T	absolute Temperatur [K]

T_k	kritische Temperatur [K]
T_r	reduzierte Temperatur
T_s	Sättigungstemperatur [K]
T_{tr}	Temperatur am Tripelpunkt [K]
T_u	Umgebungstemperatur [K]
t	Temperatur [°C]
U	innere Energie [J]
U_{el}	elektrische Spannung [V]
$\overline{U}$	molare innere Energie [J/kmol]
u	spezifische innere Energie [J/kg]
u', u'', u'''	– auf den Phasengrenzkurven [J/kg]
V	Volumen [m^3]
$\overline{V}$	Molvolumen [m^3/kmol]
v	spezifisches Volumen [m^3/kg]
v', v'', v'''	– auf den Phasengrenzkurven [m^3/kg]
v_k	kritisches spezifisches Volumen [m^3/kg]
v_r	reduziertes spezifisches Volumen
W	thermodynamische Wahrscheinlichkeit
w	elektrischer Widerstand [Ω]
w	Geschwindigkeit [m/s]
Z	Realgasfaktor
X	Plattendicke [m]
x	Dampfgehalt
X, Y, Z	Variablen, allgemein
x, y, z	Variablen, allgemein
z	Länge, Weg [m]

Griechische Buchstaben

α	Drehwinkel, Winkel
α	Wärmeübergangskoeffizient [W/(m^2 K)]
α	Neigungswinkel
β	Ausdehnungskoeffizient [l/K]
β	Winkel
γ	Flächenverhältnis
γ	Spannungskoeffizient [l/K]
δ	Wanddicke [m]
ε	Dehnung
ε	Dielektrizitätskonstante [C^2/(N m^2)]
ε	Emissionszahl
ε	Verdichtungsverhältnis

ε_{KM} Leistungszahl einer Kältemaschine

ε_{WP} Leistungszahl einer Wärmepumpe

η Wirkungsgrad, Gütegrad

η dynamische Viskosität [kg/(m s)]

η_C Carnot-Faktor, Carnot-Wirkungsgrad

Θ Debye-Temperatur [K]

Θ dimensionslose Temperatur

ϑ empirische Temperatur [°C], [K]

$\varkappa$ Isentropenexponent

λ Wärmeleitfähigkeit [W/(K m)]

λ Wellenlänge der Strahlung [m]

μ Einschnürungszahl bei der Strömung durch Blenden

μ magnetische Permeabilität [Vs/Am)]

ν kinematische Viskosität [m^2/s]

ρ Dichte [kg/m^3]

σ Normalspannung [N/m^2]

σ Strahlungsaustauschkonstante des schwarzen Körpers [W/(m^2 K^4)]

σ' Oberflächenspannung [N/m]

τ Zeit [s]

τ Schubspannung [N/m^2]

Φ Potential

φ Einspritzverhältnis bei Dieselmotoren

φ Geschwindigkeitszahl

φ Lennard-Jones-Potential [J]

φ Winkel

χ isothermer Kompressibilitätskoeffizient [m^2/N]

Ψ Dissipationsenergie [J]

ψ Ausflussfunktion

ψ Reibungsbeiwert

ω dimensionslose Geschwindigkeit, Winkelgeschwindigkeit [l/s]

Gegenstand und Grundbegriffe der Thermodynamik

1.1 Gegenstand der Thermodynamik

Die Thermodynamik ist eine allgemeine Energielehre. Sie befasst sich mit den verschiedenen Erscheinungsformen der Energie, mit den Umwandlungen von Energien und mit den Eigenschaften der Materie, da Energieumwandlungen eng mit Eigenschaften der Materie verknüpft sind.

Da es kaum einen physikalischen Vorgang ohne Energieumwandlungen gibt, ist die Thermodynamik einer der grundlegenden Zweige der Naturwissenschaften. Sie ist gleichzeitig Grundlage vieler Ingenieurdisziplinen: Dem Verfahrenstechniker liefert sie die allgemeinen Gesetze der Stofftrennung, da diese stets über Energieumwandlungen ablaufen, dem Kälte- und Klimatechniker die Grundgesetze der Erzeugung tiefer Temperaturen und der Klimatisierung und dem Maschinen- und Elektroingenieur die Gesetze der Energieumwandlung. Es gehört zum Wesen der thermodynamischen Betrachtungsweise, dass sie – losgelöst von speziellen technischen Prozessen – die diesen innewohnenden allgemeinen und übergeordneten Zusammenhänge sucht.

So verschiedene technische Prozesse wie diejenigen, welche in einem Verbrennungsmotor, einem Kernkraftwerk, in einer Brennstoffzelle oder in einer Luftverflüssigungsanlage ablaufen, lassen sich mit Hilfe thermodynamischer Gesetze unter einheitlichen Gesichtspunkten zusammenfassen. Freilich wird der Ingenieur, welcher einen Verbrennungsmotor, ein Kernkraftwerk, eine Brennstoffzelle oder eine Luftverflüssigungsanlage plant und entwirft, sich noch viele andere Kenntnisse über Einzelheiten des Prozessablaufs, über Werkstoffe, Konstruktion und Fertigung, Eigenschaften der benötigten Maschinen und Apparate und über wirtschaftliche und vielfach auch über rechtliche und politische Zusammenhänge aneignen müssen. Eine sichere Beurteilung des Prozessablaufs und der energetischen Zusammenhänge ist jedoch ohne eine gründliche Beherrschung der thermodynamischen Gesetze nicht möglich.

Im Mittelpunkt der thermodynamischen Analyse von Prozessen der Energie- und Stoffumwandlung stehen drei Grundprinzipien der Physik:

P. Stephan, K. Schaber, K. Stephan, F. Mayinger, *Thermodynamik*, Springer-Lehrbuch, DOI 10.1007/978-3-642-30098-1_1, © Springer-Verlag Berlin Heidelberg 2013

- Die Erhaltung der Masse.
- Die Erhaltung der Energie.
- Die begrenzte Umwandelbarkeit einiger Energieformen ineinander, beispielsweise von Wärme in Arbeit.

Relativistische Effekte, d. h. die Umwandelbarkeit von Masse in Energie und umgekehrt, können bei der Betrachtung technischer Systeme vernachlässigt werden.

Eine Lehre von der Thermodynamik für Ingenieure verfolgt drei Ziele:

1. Die allgemeinen Gesetze der Energieumwandlung sollen bereitgestellt werden.
2. Die Eigenschaften der Materie sollen untersucht werden.
3. An ausgewählten, aber charakteristischen Beispielen soll gezeigt werden, wie diese Gesetze auf technische Prozesse anzuwenden sind.

Im Rahmen dieses Buches wird hierbei eine wichtige Einschränkung vorgenommen. Es werden vorwiegend Energieumwandlungen beim Übergang von einem Gleichgewichtszustand in einen anderen behandelt, und es werden die Eigenschaften der Materie im Gleichgewichtszustand untersucht. Auf Aussagen über den zeitlichen Ablauf von Vorgängen wird weitgehend verzichtet. Für viele technische Prozesse ist diese Einschränkung unerheblich, da hierbei das System tatsächlich von einem Gleichgewichtszustand in den anderen überführt wird und für eine Beurteilung des Prozesses der zeitliche Verlauf des Übergangs zwischen den Gleichgewichtszuständen uninteressant ist. Viele Prozesse laufen überdies so langsam ab, dass in dem System näherungsweise Gleichgewicht vorhanden ist und daher auch die Zwischenzustände mit dem nur für Gleichgewichte gültigen Formalismus näherungsweise beschrieben werden können. Man bezeichnet den Teil der Thermodynamik, welcher dem Studium der Gleichgewichte gewidmet ist, zutreffender auch als *Thermostatik*. Die Bezeichnung Thermodynamik hat sich jedoch auch für dieses Gebiet so eingebürgert, dass wir sie beibehalten wollen.

Eine andere Einschränkung, die wir vornehmen, besteht darin, dass wir – von einigen wenigen Ausnahmen abgesehen – nur das makroskopische Verhalten der Materie in ihren Gleichgewichtszuständen behandeln, d. h., wir verzichten darauf, die Bewegung einzelner Moleküle zu beschreiben. Bei einer solchen mikroskopischen Art der Beschreibung muss man die Geschwindigkeit und den Ort eines jeden Moleküls angeben. Im Gegensatz zu dieser aufwändigen Betrachtungsweise kommt die makroskopische Art der Beschreibung mit wenigen Veränderlichen aus. Diese Tatsache kann man sich leicht am Beispiel der Bewegung eines Kolbens im Zylinder eines Motors klarmachen. In jedem Augenblick der Bewegung besitzt das im Zylinder eingeschlossene Gas, Abb. 1.1, je nach Stellung des Kolbens ein ganz bestimmtes Volumen. Eine weitere für die Beschreibung des Vorgangs nützliche Größe ist der Druck, den man an einem Manometer ablesen kann und der sich – genau wie das Volumen – mit der Kolbenbewegung ändert. Weitere messbare Eigenschaften sind die Temperatur und die Zusammensetzung des Gases. Man kann das im Zylinder

Abb. 1.1 Bewegung eines
Kolbens in einem Zylinder

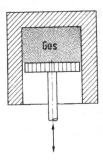

eingeschlossene Gas durch diese Eigenschaften charakterisieren. Sie sind makroskopische Eigenschaften, die man messen kann, ohne etwas über die komplizierte Bewegung der einzelnen Gasmoleküle zu wissen. Man nennt derartige Eigenschaften makroskopische Koordinaten.

Wie man an diesem Beispiel erkennt, erfordert die makroskopische Beschreibung keine spezielle Kenntnis der atomistischen Struktur der Materie. Makroskopische Koordinaten sind überdies leicht messbar, und man benötigt, wie das Beispiel zeigte, nur wenige Koordinaten, um den Vorgang zu charakterisieren.

1.2 Thermodynamische Systeme

Unter einem thermodynamischen System, kurz auch *System* genannt, versteht man das materielle Objekt, dessen thermodynamische Eigenschaften man untersuchen möchte. Im einfachsten Fall kann es sich dabei um eine abgegrenzte Gas- oder Flüssigkeitsmenge handeln. Beispiele für thermodynamische Systeme sind aber auch ganze Anlagen zur Energie- und Stoffumwandlung, wie beispielsweise ein Kohlekraftwerk. Das System wird durch die *Systemgrenze* von seiner Umwelt getrennt, die man seine Umgebung nennt. Eine Systemgrenze ist somit eine gedachte geschlossene Fläche im Raum. Sie muss keineswegs fest und unbeweglich sein, sondern sie darf sich während des Vorgangs, den man zu untersuchen wünscht, auch verschieben, und sie darf außerdem für Energie und Materie durchlässig sein. Eine Systemgrenze wird entsprechend der jeweiligen Aufgabenstellung festgelegt. Eine zweckmäßige Festlegung der Systemgrenze kann die thermodynamische Analyse von Problemstellungen wesentlich erleichtern.

Als Beispiel betrachten wir die Bewegung eines Kolbens in einem Zylinder mit Ein- und Auslassventilen, Abb. 1.2.

Will man nur die Eigenschaften des Gases untersuchen, so wird man die Systemgrenze, wie es die gestrichelte Linie in Abb. 1.2 andeutet, um den Gasraum legen. Alles, was außerhalb dieser Grenze liegt, gehört zur Umgebung des Systems. Mit dem Kolben verschiebt sich nun auch die Systemgrenze. Außerdem kann Gas über die Ventile ein- oder ausströmen, sodass Materie mit der Umgebung ausgetauscht wird. Schließlich ist noch ein

Abb. 1.2 Zum Begriff des
Systems

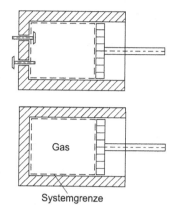

Abb. 1.3 Beispiel für ein geschlossenes System

Energieaustausch mit der Umgebung möglich, zum Beispiel, wenn man die Zylinderwand
mit Wasser kühlt.

Vereinbarungsgemäß bezeichnet man ein System als *geschlossen*, wenn die Systemgrenze undurchlässig für Materie ist, während die Grenze eines *offenen* Systems für Materie
durchlässig ist. Ein System, das, wie Abb. 1.3 zeigt, aus einem Gas besteht und durch Zylinder und Kolben begrenzt ist, nennt man demnach geschlossen, unabhängig davon, ob
sich der Kolben bewegt oder ob er stillsteht.

Andere Beispiele für ein geschlossenes System sind feste Körper oder Massenelemente
in der Mechanik. Die Masse eines geschlossenen Systems ist unveränderlich.

Abgeschlossen nennt man ein System dann, wenn es von allen Einwirkungen seiner
Umgebung isoliert ist, wenn also weder Materie noch Energie über die Systemgrenze transportiert werden kann.

In Abb. 1.4 ist ein Ventilator als Beispiel für ein offenes System dargestellt. Weitere Beispiele für offene Systeme sind unter anderem Dampfturbinen, Strahltriebwerke, strömende
Medien in Kanälen. Die Masse eines offenen Systems kann sich mit der Zeit ändern, wenn
die während einer bestimmten Zeit in das System einströmende Masse von der ausströmenden verschieden ist. Ein Beispiel hierfür ist ein Stausee, dessen Wasserspiegel je nach
Zu- und Abfluss in gewissen Grenzen variiert werden kann.

Handelt es sich bei dem zu untersuchenden offenen System um eine komplexe Anlage zur Stoff- oder Energieumwandlung verwendet man auch den Begriff des *Bilanz-* oder
Kontrollraums und der *Bilanz-* oder *Kontrollraumgrenze* anstelle der Begriffe offenes System und Systemgrenze. Dies ist dadurch begründet, dass bei durchströmten Apparaten und
Anlagen eigentlich nur die Änderung der thermodynamischen Zustände der über die Bi-
lanzgrenzen ein- und ausströmenden Flüssigkeiten und Gase unter der Einwirkung von
Energieaustauschprozessen betrachtet wird.

Jedes offene System kann in ein geschlossenes überführt werden und umgekehrt. Als
Beispiel hierfür betrachten wir die Bewegung einer Flüssigkeit oder eines Gases, indem
wir ein kleines Massenelement als unser System herausgreifen. Seine Bewegung kann man
beschreiben, indem man die Koordinaten des Massenelements als Funktion der Zeit an-

Abb. 1.4 Radialventilator als Beispiel für offenes System

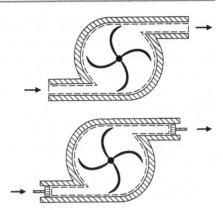

Abb. 1.5 Geschlossenes Ersatzsystem für das System nach Abb. 1.4

gibt. Jedes Massenelement stellt für sich ein geschlossenes System dar. Eine andere und oft einfachere Art der Beschreibung der Bewegung besteht darin, dass man ein raumfestes Volumenelement abgrenzt und die Strömung durch dieses Volumenelement studiert. Da ständig andere Teilchen durch das Volumenelement strömen, hat man es mit einem offenen System zu tun. Es ist demnach auch durchaus möglich, das in Abb. 1.4 dargestellte offene System in ein geschlossenes zu überführen, indem man sich in den Ein- und Austrittsquerschnitten Kolben angebracht denkt, Abb. 1.5, die sich mit dem einströmenden Gas nach innen und mit dem ausströmenden nach außen bewegen.

1.3 Die Koordinaten und der Zustand eines Systems

Nachdem man zur Lösung eines thermodynamischen Problems zuerst das System definiert hat, besteht die nächste Aufgabe darin, das System durch Beschreibung seiner Eigenschaften näher zu identifizieren. Da in thermodynamischen Systemen letztendlich Flüssigkeiten oder Gase bzw. Feststoffe Änderungen ihrer Eigenschaften erfahren, stehen im Mittelpunkt einer thermodynamischen Analyse typische Eigenschaften wie Druck, Temperatur, Dichte, Volumen, elektrische Leitfähigkeit, Brechungsindex oder Magnetisierung. Aufgrund ihrer technischen Bedeutung werden in der Thermodynamik überwiegend Syteme behandelt, in denen ein *Fluid* eingeschlossen ist bzw. die von fluiden Stoffströmen durchströmt werden. Der Begriff *Fluid* ist ein Überbegriff zu den Begriffen Flüssigkeit und Gas.

Pumpt man beispielsweise einen Gasballon auf, so kann man sich fragen, wie sich die Masse des Gases mit dem Volumen ändert. Obwohl das Gas noch durch viele andere Variablen charakterisiert wird, beispielsweise die Temperatur, die Dielektrizitätskonstante, den Brechungsindex, die Absorptionsfähigkeit von thermischer Strahlung, werden während des Aufpumpens doch nur wenige Größen verändert, alle anderen werden konstant gehalten und können daher außer Acht gelassen werden. Will man also ein System näher beschreiben, so wird man nur die Eigenschaften berücksichtigen, welche sich bei zu untersuchenden Vorgängen ändern. Man beschränkt sich somit von vornherein auf eine

bestimmte Anzahl von Variablen. Jede von ihnen hat eine bestimmte Dimension und wird
in den Einheiten eines Einheitensystems gemessen. Hat jede der Variablen, welche man
zur Beschreibung des Systems verwendet, einen festen Wert, so sagt man abkürzend, das
System befinde sich in einem bestimmten Zustand. Der *Zustand des Systems* ist demnach
charakterisiert durch feste Werte physikalischer Eigenschaften des Systems. Man kann allerdings, wie wir sahen, keine Regeln über die Eigenschaften aufstellen, welche man zur
Beschreibung eines Systems benötigt. Dies hängt ausschließlich davon ab, in welcher Hin-
sicht man den Zustand eines Systems beschreiben will. So wird man zur Beschreibung eines
thermodynamischen Systems, das aus einem Gas, einer Flüssigkeit oder einem Gemisch
verschiedener Gase und Flüssigkeiten besteht, beispielsweise die Mengen der verschiedenen Substanzen, ihren Druck und ihr Volumen als Eigenschaften wählen. Will man hingegen den Zustand eines Systems beschreiben, bei dem man das Verhalten der Oberflächen
von dünnen Flüssigkeitsfilmen betrachtet, so wird man physikalische Eigenschaften wie
die Oberflächenspannung heranziehen, während man zur Beschreibung des magnetischen
Zustands eines Systems die magnetische Feldstärke und die Magnetisierung verwenden
wird.

Wie die Erfahrung zeigt, sind nicht alle Eigenschaften eines Systems unabhängig voneinander. Beispielsweise ist der elektrische Widerstand eines metallischen Leiters von der
Temperatur abhängig, der Brechungsindex einer Flüssigkeit ändert sich mit dem Druck
und der Dichte. Man kann demnach nur bestimmte Eigenschaften unabhängig voneinander ändern. Nehmen diese unabhängigen Veränderlichen oder Koordinaten bestimmte
Werte an, so liegen die davon abhängigen Eigenschaften fest. Man nennt nun jede Auswahl
der Veränderlichen ein *Koordinatensystem*. Feste Werte der Koordinaten bestimmen den
Zustand des Systems. Die Anzahl der unabhängigen Koordinaten, also der unabhängigen
Variablen, nennt man auch die *Anzahl der Freiheitsgrade* des Systems. Kennt man sie und
hat man darüber hinaus noch die Werte aller abhängigen Variablen in jedem Zustand des
Systems ermittelt, so sind alle Angaben bekannt, die man zur vollständigen Beschreibung
der Zustände eines Systems benötigt.

In die Sprache der Mathematik übersetzt bedeuten diese Ausführungen, dass man ir-
gendeine Eigenschaft Y des Systems, beispielsweise sein Volumen, als Funktion von n unabhängigen Eigenschaften $X_1, X_2, \ldots, X_n$ zum Beispiel des Druckes und der Temperatur
ansieht und dass eine eindeutige Funktion

$$Y = f(X_1, X_2, \ldots, X_n) \tag{1.1}$$

existiert. Die Werte $X_1, X_2, \ldots, X_n$ sind hierbei die unabhängigen Variablen, bilden also
mit der abhängigen Variablen Y das Koordinatensystem. Die Auswahl der Variablen ist
nicht beliebig, da von vornherein nicht festlegt, welche der möglichen Variablen man als
abhängig und welche man als unabhängig ansehen soll. Die weiteren Betrachtungen werden zeigen, wie man eindeutige Funktionen Y gewinnt.

Gleichung 1.1 beschreibt den Zusammenhang zwischen physikalischen Eigenschaften
eines Systems. Man nennt sie eine *Zustandsgleichung* oder *Zustandsfunktion* und die in

ihr vorkommenden Koordinaten (Variablen) auch *Zustandsgrößen*. Derartige Zustandsgleichungen kann man aus Messwerten konstruieren oder in einfachen Fällen auch berechnen.

Den Übergang eines Systems von einem Zustand in einen anderen nennt man eine *Zustandsänderung*. Um eine Zustandänderung zu beschreiben, reicht es aus, den Endzustand
und den Anfangszustand anzugeben. Es ist dabei vollkommen gleichgültig, auf welchem
Weg diese Zustandsänderung erfolgt.

Allgemein werden Zustandsänderungen durch Energietransfer über eine Systemgrenze
und somit durch die Wechselwirkung des Systems mit seiner Umgebung hervorgerufen.
Den Energietransfer über eine Systemgrenze bezeichnet man als *Prozess*. Größen, die diesen Energietransfer und somit die Wechselwirkungen des Systems mit seiner Umgebung
beschreiben, nennt man *Prozessgrößen*. Wie wir später noch an mehreren Beispielen sehen
werden, kann ein und dieselbe Zustandsänderung durch ganz unterschiedliche Prozesse
realisiert werden.

1.4 Zustandsgrößen und Systemeigenschaften

Die Existenz einer Zustandsfunktion, Gl. 1.1, ist ein Erfahrungssatz, den man nicht beweisen, sondern bestenfalls auf andere Erfahrungssätze zurückführen kann. Tatsächlich
gibt es einige wenige Systeme, bei denen man für feste Werte der physikalischen Größen
$X_1, X_2, \ldots, X_n$ keine eindeutige Funktion Y angeben kann, da die Funktion Y nicht nur
von den jeweiligen Werten $X_1, X_2, \ldots, X_n$, sondern auch noch von deren Vorgeschichte
abhängt. Solche Systeme besitzen ein „Gedächtnis" oder Erinnerungsvermögen für ihre
Vorgeschichte. Da sie praktisch kaum vorkommen, wollen wir uns hier nicht mit ihnen
befassen, sondern nur Systeme untersuchen, für die eindeutige Zustandsfunktionen existieren, die durch die jeweiligen Werte $X_1, X_2, \ldots, X_n$ bestimmt sind, unabhängig davon
wie das System in diesen Zustand gelangte. Es spielt also für den Wert der Zustandsfunktion keine Rolle, in welcher Weise sich die Zustandsgrößen änderten, bevor das System in
einen bestimmten Zustand gelangte, mit anderen Worten: *die Zustandsfunktion ist „wegunabhängig"*.

Unter „Weg" in dem Wort „wegunabhängig" hat man hier allerdings nicht den Zustandsverlauf in einem gewöhnlichen Raum, sondern den Zustandsverlauf in einem thermodynamischen Raum zu verstehen, der durch die Zustandsgrößen gegeben ist und der
häufig auch als *Gibbsscher Phasenraum*[1] bezeichnet wird.

---

[1] So benannt nach Josiah Williard Gibbs (1839–1903), Professor für Mathematische Physik an der
Yale-Universität in New Haven, Connecticut, USA. Sein Hauptwerk „On the equilibrium of hete-
rogenous substances", erschienen 1876 in den Transactions Connecticut Academy, blieb lange Zeit
unbeachtet. Es wurde erst gegen Ende des 19. Jahrhunderts bekannt und ist eines der grundlegenden
Werke für die Theorie thermodynamischer Gleichgewichte.

Vertiefung

Für wegunabhängige Größen gilt nun folgender wichtiger Satz aus der Mathematik[2]:

Ist $Y(X_1, X_2, \ldots, X_n)$ eine wegunabhängige Größe, so kann man die Änderung von Y durch ein vollständiges Differential beschreiben.

$$dY = \frac{\partial Y}{\partial X_1} dX_1 + \frac{\partial Y}{\partial X_2} dX_2 + \cdots + \frac{\partial Y}{\partial X_n} dX_n$$

dY ist dann ein „vollständiges" Differential, wenn gilt

$$\frac{\partial^2 Y}{\partial X_i \partial X_k} = \frac{\partial^2 Y}{\partial X_k \partial X_i} \quad (i, k = 1, 2, \ldots, n).$$

Die Reihenfolge der Differentiation bei der Bildung der zweiten partiellen Ableitungen ist gleichgültig.

Es gilt auch die Umkehrung dieses Satzes:

Ist $\partial^2 Y/(\partial X_i \partial X_k) = \partial^2 Y/(\partial X_k \partial X_i)$, so ist die Funktion $Y(X_1, X_2, \ldots, X_n)$ wegunabhängig. Mit Hilfe dieser Bedingung kann man leicht nachprüfen, ob eine Größe eine Zustandsgröße ist.

Als Beispiel betrachten wir eine Funktion $Y(X_1, X_2) = KX_1/X_2$.

Es sind

$$\frac{\partial Y}{\partial X_1} = \frac{K}{X_2}, \quad \frac{\partial Y}{\partial X_2} = -\frac{KX_1}{X_2^2}$$

und

$$\frac{\partial^2 Y}{\partial X_2 \partial X_1} = -\frac{K}{X_2^2} = \frac{\partial^2 Y}{\partial X_1 \partial X_2} = -\frac{K}{X_2^2}.$$

Die gemischten partiellen Ableitungen stimmen überein. $Y(X_1, X_2)$ ist eine Zustandsfunktion.

Die Zustandsgrößen unterteilt man in drei Klassen, in *intensive*, *extensive* und *spezifische*.

▶ **Merksatz** Intensive Größen sind unabhängig von der Größe des Systems und behalten daher bei einer Teilung des Systems in Untersysteme ihre Werte unverändert bei.

Sie sind in Kontinuen stetige Funktionen von Raum und Zeit und werden dort auch Feldgrößen genannt. Beispiele sind Druck und Temperatur eines Systems.

▶ **Merksatz** Zustandsgrößen, die proportional zur Menge des Systems sind, heißen extensive Größen.

Hierzu gehören die Energie und das Volumen.

---

[2] Wegen Einzelheiten der Ableitung sei auf die Literatur verwiesen, z. B. Brenner, J., Lesky, P.: Mathematik für Ingenieure und Naturwissenschaftler IV. Wiesbaden: Akademische Verlagsgesellschaft, 1979, S. 70–72.

Zur Kennzeichnung von extensiven Größen werden wir große Buchstaben verwenden[3].

Dividiert man eine extensive Zustandsgröße X durch die Menge des Systems, so erhält man eine *spezifische Zustandsgröße*. Wird zur Kennzeichnung der Menge die Masse M verwendet, so ist

$$x = X/M$$

die auf die Masse bezogene spezifische Zustandsgröße x. Auf die Masse bezogene spezifische Zustandsgrößen werden wir durch kleine Buchstaben kennzeichnen. Eine wichtige spezifische Zustandsgröße ist das spezifische Volumen

$$v = V/M \quad \text{gemessen z. B. in } \text{m}^3/\text{kg} \, ;$$

es ist der Kehrwert der Dichte oder der Masse je Volumeneinheit

$$\rho = M/V = 1/v \quad \text{gemessen z. B. in } \text{kg}/\text{m}^3 \, .$$

Wird zur Kennzeichnung der Menge die Stoffmenge N verwendet[4], so ist

$$\overline{X} = X/N$$

die auf die Stoffmenge bezogene spezifische Zustandsgröße $\overline{X}$. Ein Beispiel ist das molare Volumen oder Molvolumen

$$\overline{V} = V/N, \quad \text{gemessen in } \text{m}^3/\text{mol} \, .$$

Eine andere wichtige molare Zustandsgröße ist die Molmasse

$$\overline{M} = M/N, \quad \text{gemessen in } \text{kg/kmol oder in g/mol} \, .$$

Zwischen molaren und spezifischen Größen besteht die Beziehung $\overline{X} = \overline{M}x$.

In bestimmten Eigenschaften stimmen spezifische und intensive Zustandsgrößen überein: Sie bleiben bei der Teilung eines Systems unverändert. In anderen Eigenschaften unterscheiden sie sich jedoch. Betrachtet man zum Beispiel Wasser, in dem sich Eis gebildet hat, so ist die Dichte des Eises als auf die Masse bezogene spezifische Zustandsgröße geringer als die des Wassers (Wasser dehnt sich beim Gefrieren aus). Die intensiven Größen Druck und Temperatur des Wassers und des Eises stimmen hingegen überein.

In Zusammenhang mit den Eigenschaften der Materie, wie z. B. beim Übergang einer Flüssigkeit von einem fluiden in einen festen Zustand, ist der Begriff der *Phase* von besonderer Bedeutung.

---

[3] Ausnahmen sind die „absolute Temperatur", die eine intensive Größe ist und für die international das Zeichen T vereinbart wurde.

[4] Dieser Begriff wird in Abschn. 3.3 noch ausführlich erörtert.

Abb. 1.6 Heterogenes System
mit Phasengrenze, G: Gasphase
(z. B. Luft und Wasserdampf
als Gasgemisch), L: Flüssigkeitsphase (L = Liquid, z. B.
Wasser)

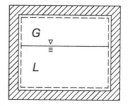

Eine *Phase* kann man zunächst als homogenen Bereich einer Materie betrachten. Homogen bedeutet, dass alle intensiven und spezifischen Zustandsgrößen (z. B. Temperatur und Dichte) innerhalb dieses Bereiches jeweils einen konstanten Wert annehmen. Ein *homogenes System* besteht somit aus einer Phase. *Heterogene Systeme* sind zwei- oder mehrphasige Systeme. Eine *Phasengrenze*, z. B. diejenige zwischen Wasser und Eis, ist sichtbar, weil sich dort die optischen Eigenschaften (Brechungsindizes) sprungartig ändern. Wie wir später noch sehen werden, ist es eine charakteristische Eigenschaft der intensiven Größen, dass sie in aus mehreren Phasen bestehenden Systemen, die sich berühren und im Gleichgewicht sind, miteinander übereinstimmen, während die spezifischen im Allgemeinen voneinander verschieden sind. So ändert sich beispielsweise die Dichte sprungartig an der Phasengrenze, beispielsweise an einer Phasengrenze zwischen Flüssigkeit und Gas, Abb. 1.6.

In der Thermodynamik werden im Allgemeinen (heterogene) Systeme mit homogenen Phasen behandelt. In Systemen im Schwerefeld der Erde oder in heterogenen fluiden Systemen, in denen sich Phasen nicht im Gleichgewicht befinden, sind intensive und spezifische Zustandsgrößen innerhalb einer Phase nicht konstant. So können beispielsweise Druck- und Dichtegradienten auftreten. Bei Systemen im festen Zustand, z. B. im Eisen-Kohlenstoff-System, können Phasen unterschiedlicher mikroskopischer Struktur auftreten. Unter Berücksichtigung dieser Phänomene kann man allgemein eine Phase wie folgt definieren:

▸ **Merksatz** Eine Phase ist ein Teilbereich eines Systems, an dessen Grenze („Phasengrenze") sich die Dichte ρ und optische Eigenschaften bzw. die Struktur sprungartig ändern.

Nicht verwechseln sollte man den Begriff der Phase mit demjenigen des Aggregatszustandes. Es gibt nur drei Aggregatszustände (fest, flüssig, gasförmig), aber beliebig viele (feste oder flüssige) Phasen.

1.5 Maßsysteme und Einheiten[5]. Größengleichungen

1.5.1 Das Internationale Einheitensystem

Das Nebeneinander verschiedener Maßsysteme wurde beseitigt durch das von Giorgi vorgeschlagene, 1948 von der 9. Generalkonferenz für Maß und Gewicht empfohlene und inzwischen als internationales Maßsystem anerkannte Einheitensystem (Système International d'Unités, SI). Die SI-Einheiten sind in der Bundesrepublik Deutschland die im „geschäftlichen und amtlichen Verkehr" gesetzlich vorgeschriebenen Einheiten.

Das Internationale Einheitensystem[6] wird aus den sieben Basiseinheiten der Tab. 1.1a und den ergänzenden Einheiten der Tab. 1.1b gebildet. Aus diesen ergeben sich die abgeleiteten Einheiten der Tab. 1.1c. Für jede physikalische Größe gibt es eine und nur eine SI-Einheit.

Die abgeleiteten Einheiten der Tab. 1.1c und weitere auf die Stoffmenge bezogene spezifische Einheiten gehen aus den Basiseinheiten durch einfache Produkt- und Quotientenbildung hervor, die keinen von Eins verschiedenen Faktor enthalten. In dieser Weise verknüpfte Einheiten nennt man aufeinander abgestimmt oder kohärent.

Ein Beispiel ist die Einheit der Kraft, das Newton, abgekürzt N. Es ist diejenige Kraft, die der Masseneinheit 1 kg die Beschleunigung $1\,\mathrm{m/s^2}$ erteilt.

$$1\,\mathrm{N} = 1\,\mathrm{kg} \cdot 1\,\mathrm{m/s^2} = 1\,\mathrm{kg\,m/s^2}\,.$$

Ein anderes Beispiel ist der Druck. Er wird im internationalen System gemessen in $\mathrm{N/m^2}$. Als Einheit dient das Pascal, für das man das Zeichen Pa verwendet.

Die dezimalen Vielfachen, beispielsweise das 10^3- oder 10^{-6}-fache einer Einheit, bezeichnet man durch Vorsilben, die als Kurzzeichen vor das Einheitensymbol geschrieben werden.

Diese Vorsilben sind in Tab. 1.2 aufgeführt. Sie sind international vereinbart[7] und genormt[8].

Einige der häufig verwendeten dezimalen Vielfachen von SI-Einheiten bezeichnet man mit besonderen Namen und Einheitenzeichen. Solche sind die Volumeneinheit Liter mit dem Einheitenzeichen l, für die

$$1\,\mathrm{l} = 10^{-3}\,\mathrm{m^3} = 1\,\mathrm{dm^3}$$

---

[5] Vgl. hierzu besonders die gründliche und erschöpfende Darstellung in Stille, U.: Messen und Rechnen in der Physik. Braunschweig: Vieweg 1955.

[6] Le Système International d'Unités (SI). Bureau International des Poids et Mesures, 2. Aufl. Paris 1973, Amtsblatt der Europäischen Gemeinschaft Nr. L 262, S. 204–216 (27.9.1976).

[7] Comité International des Poids et Mesures: Proc. Verb. Com. int. Poids Mes (2) 21 (1948) 79.

[8] Deutscher Normenausschuß: DIN 1301 „Einheiten, Kurzzeichen". 5. Ausgabe, Berlin, November 1961.

Tabelle 1.1   Internationales Einheitensystem

a SI-Basiseinheiten

Größe	Einheit	
	Name	Einheit
Länge	Meter	m
Masse	Kilogramm	kg
Zeit	Sekunde	s
el. Stromstärke	Ampère	A
Thermodyn. Temperatur	Kelvin	K
Stoffmenge	Mol	mol
Lichtstärke	Candela	cd

b ergänzende SI-Einheiten

Größe	Einheit	
	Name	Einheit
ebener Winkel (Winkel)	Radiant	rad
räumlicher Winkel (Raumwinkel)	Steradiant	sr

c Abgeleitete SI-Einheiten mit besonderem Namen

Größe	Einheit		
	Name	Einheit	Ableitung
Frequenz	Hertz	Hz	s^{-1}
Kraft	Newton	N	$kg\,m/s^2$
Druck, mech. Spannung	Pascal	Pa	$kg/(s^2\,m) = N/m^2$
Energie, Arbeit, Wärmemenge	Joule	J	$kg\,m^2/s^2 = N\,m$
Leistung, Wärmestrom	Watt	W	$kg\,m^2/s^3 = J/s$
Elektrizitätsmenge, el. Ladung	Coulomb	C	As
el. Spannung, el. Potential- differenz, elektromotorische Kraft	Volt	V	$kg\,m^2/(A\,s^3) = W/A$
el. Widerstand	Ohm	W	$kg\,m^2/(A^2\,s^3) = V/A$
el. Leitwert	Siemens	S	$A^2\,s^3/(kg\,m^2) = A/V$
el. Kapazität	Farad	F	$A^2\,s^4/(kg\,m^2) = A\,s/V$
magnetischer Fluß	Weber	Wb	$kg\,m^2/(A\,s^2) = V\,s$
magnetische Flußdichte	Tesla	T	$kg/(A\,s^2) = Wb/m^2$
Induktivität	Henry	H	$kg\,m^2/(A^2\,s^2) = Wb/A$
Lichtstrom	Lumen	lm	$cd\,sr$
Beleuchtungsstärke	Lux	lx	$cd\,sr/m^2$
Aktivität	Becquerel	Bq	s^{-1}
Energiedosis	Gray	Gy	$m^2/s^3 = J/kg$

Tabelle 1.2 Vorsilben und Zeichen für dezimale Vielfache und Teile von Einheiten

Vorsilbe	Zeichen	Zehnerpotenz	Vorsilbe	Zeichen	Zehnerpotenz
Tera-	T	10^{12}	Dezi-	d	10^{-1}
Giga-	G	10^{9}	Zenti-	c	10^{-2}
Mega-	M	10^{6}	Milli-	m	10^{-3}
Kilo-	k	10^{3}	Mikro-	μ	10^{-6}
Hekto-	h	10^{2}	Nano-	n	10^{-9}
Deka-	da	10^{1}	Piko-	p	10^{-12}

gilt, die Masseneinheit Tonne mit dem Einheitenzeichen t

$$1\,t = 10^3\,kg$$

und die Druckeinheit Bar mit dem Einheitenzeichen bar

$$1\,bar = 10^5\,N/m^2 = 10^5\,Pa\,.$$

1.5.2 Andere Einheitensysteme

Obwohl sich das internationale Einheitensystem in den letzten beiden Jahrzehnten weltweit durchgesetzt hat, wird man wegen des Vorhandenseins von älteren Messgeräten und Tabellen sowie für das Studium des älteren Schrifttums auch noch mit den früher zugelassenen Einheiten rechnen müssen.

Die verschiedenen Druckeinheiten sind mit ihren Umrechnungsfaktoren in Tab. 1.3, die verschiedenen Energieeinheiten mit ihren Umrechnungsfaktoren in Tab. 1.4 zusammengestellt.

Tabelle 1.5 enthält Umrechnungsfaktoren einiger wichtiger angelsächsischer Einheiten.

1.5.3 Größengleichungen

Das historisch bedingte Nebeneinander verschiedener Einheitensysteme macht erfahrungsgemäß dem Anfänger erhebliche Mühe. Aber die Schwierigkeiten vermindern sich zu einer algebraischen Formalität, wenn man alle Formeln und Gleichungen als Größengleichungen schreibt, wie wir das im Folgenden stets tun wollen, wenn nicht ausdrücklich etwas anderes gesagt ist. Dabei wird jede physikalische Größe aufgefasst als Produkt aus dem Zahlenwert (der Maßzahl) und der Einheit. Physikalische Größen und alle Beziehungen zwischen ihnen sind unabhängig von den benutzten Einheiten, denn die Naturgesetze bleiben dieselben, gleichgültig, mit welchen Maßstäben und Messgeräten man sie feststellt. Benutzt man kleinere Maßeinheiten, so erhält man größere Maßzahlen, aber die physikalischen Größen als Produkt aus beiden bleiben ungeändert.

Tabelle 1.3 Umrechnung von früher verwendeten Druckeinheiten

	at	Torr	atm	bar	lb/in^2
1 at	1	735,56	0,96784	0,980665	14,2234
1000 Torr	1,35951	1000	1,31579	1,333224	19,3368
1 atm	1,03323	760	1	1,013250	14,6960
1 bar	1,01972	750,06	0,98692	1	14,5038
10 kcal/m^3	0,42680	313,96	0,41310	0,41855	6,0704
10 lb/in^2	0,70307	517,15	0,68046	0,68948	10

Tabelle 1.4 Umrechnung von Energieeinheiten. (Bei durch Vereinbarung festgelegten Zahlen ist die letzte Ziffer fettgedruckt)

	J	mkp	kcal$_{15°}$
1 J	1	0,1019716	$2,38920 \cdot 10^{-4}$
1 mkp	9,80665	1	$2,34301 \cdot 10^{-3}$
1 kcal$_{15}$	4185,5	426,80	1
1 kcal$_{IT}$	4186,8	426,935	1,00031
1 kWh	3.600.000	367.097,8	860,11
1 PSh	2.647.796	270.000	632,61
1 B.t.u.	1055,056	107,5857	0,252074

	kcal$_{IT}$	kWh	PSh	B.t.u.
1 J	$2,38846 \cdot 10^{-4}$	$2,77778 \cdot 10^{-7}$	$3,77673 \cdot 10^{-7}$	$9,47817 \cdot 10^{-4}$
1 mkp	$2,34228 \cdot 10^{-3}$	$2,72407 \cdot 10^{-6}$	$3,70370 \cdot 10^{-6}$	$9,29491 \cdot 10^{-3}$
1 kcal$_{15}$	0,99969	$1,16264 \cdot 10^{-3}$	$1,58075 \cdot 10^{-3}$	3,96709
1 kcal$_{IT}$	1	$1,16300 \cdot 10^{-3}$	$1,58111 \cdot 10^{-3}$	3,96832
1 kWh	859,845	1	1,35962	3412,14
1 PSh	632,416	0,735499	1	2509,63
1 B.t.u.	0,251996	$2,93071 \cdot 10^{-4}$	$3,98466 \cdot 10^{-4}$ 1	

Setzt man in Größengleichungen nicht nur die Zahlenwerte der Größen, sondern auch ihre Einheiten mit ein, so ist es gleichgültig, welche Einheiten und welches Maßsystem man benutzt. Dabei kann man immer erreichen, dass auf beiden Seiten der Größengleichungen dieselben Einheiten stehen.

Ist z. B. in der Gleichung

$$\text{Geschwindigkeit} = \text{Weg} : \text{Zeit} \quad \text{oder} \quad w = s/\tau$$

der zurückgelegte Weg $s = 270$ km und die dabei verflossene Zeit $\tau = 3$ h, so hat man zu schreiben:

$$w = \frac{270\,\text{km}}{3\,\text{h}} = 90\,\frac{\text{km}}{\text{h}}$$

Tabelle 1.5 Umrechnung von angelsächsischen Einheiten

Größenart	Einheit	Umrechnung
Länge	inch	1 inch = 25,400 mm
	foot	1 ft = 0,30480 m
	yard	1 yd = 0,91440 m
Fläche	square inch	1 sq. in. = 6,4516 cm^2
	square foot	1 sq. ft. = 0,09290 m^2
Volumen	cubic foot	1 cu. ft. = 28,317 dm^3
Masse	ounce	1 ounce = 28,35 g
	pound (mass)	1 lb = 0,45359 kg
	short ton	1 sh ton = 907,18 kg
	long ton	1 lg ton = 1016,05 kg
Kraft	pound (force)	1 Lb = 4,4482 N
spez. Volum	cubic foot/pound	1 cft./lb = 0,062429 m^3/kg
Druck	pound/square inch	1 Lb/sq. in. = 0,068948 bar
Energie	British thermal unit	1 B.th.u. = 1,05506 kJ
Leistung	horse-power	1 h.p. = 0,74567 kW

Will man auf andere Einheiten, z. B. m und s übergehen, so braucht man nur km und h mit Hilfe der Gleichungen

$$1\,\mathrm{km} = 10^3\,\mathrm{m}\,,$$

$$1\,\mathrm{h} = 3600\,\mathrm{s}$$

zu ersetzen und erhält

$$w = 90\,\frac{10^3\,\mathrm{m}}{3600\,\mathrm{s}} = 25\,\frac{\mathrm{m}}{\mathrm{s}}\,.$$

Das thermodynamische Gleichgewicht und die empirische Temperatur

2

2.1 Das thermodynamische Gleichgewicht

Bringt man ein System mit seiner Umgebung oder verschiedene Systeme miteinander in Kontakt, so finden im allgemeinen Zustandsänderungen statt, weil einige oder mehrere der unabhängigen Variablen ihre Werte ändern. Man kann sich diesen Vorgang an einem einfachen Beispiel klarmachen. Ein System möge aus einem geschlossenen Zylinder bestehen, in dem sich ein beweglicher Kolben befindet, der zwei Teilsysteme A und B trennt. Beide Teilsysteme sind mit Gas gefüllt. Der Kolben wird zunächst durch Stifte festgehalten, ist also arretiert, Abb. 2.1. Der Druck p_A im Teilsystem A sei höher als der Druck p_B im Teilsystem B. Entfernt man nun die Arretierung, die als „Hemmung" aufgefasst werden kann, verschiebt sich der Kolben nach rechts. Das Volumen V_A nimmt dabei zu, das Volumen V_B nimmt ab und zwar so, dass gilt: $\Delta V_A = -\Delta V_B$. Das Teilsystem A gibt Energie ab, welche vom Teilsystem B aufgenommen wird. Die Energieab- und -aufnahme hat eine Änderung der Variablen Volumen und Druck zur Folge. Der Druck p_A im Teilsystem A nimmt ab, der Druck p_B im Teilsystem B nimmt zu. Dieser Vorgang ist charakteristisch für den Kontakt zwischen verschiedenen Systemen: Es kann hierbei ein Austausch zwischen bestimmten Variablen erfolgen, aber nicht alle Variablen müssen ihre Werte ändern. So bleibt beispielsweise die Zahl der Gasmoleküle in beiden Teilsystemen während des obigen Austauschprozesses konstant. Es werden aber eine oder mehrere Größen zwischen den Systemen dadurch ausgetauscht – in dem erwähnten Beispiel die Energie –, dass sich bestimmte Variablen ändern. Anschaulich ausgedrückt: *Energie „fließt" über die Variable Volumen V von einem System in das andere. Man spricht von einem Austauschprozess und der Austauschvariable Volumen.*

Ein solcher Prozess kann offenbar stets dann ablaufen, wenn man verschiedene Systeme miteinander in Kontakt bringt und eventuell vorhandene *Hemmungen*, beispielsweise eine Arretierung des Kolbens, beseitigt.

P. Stephan, K. Schaber, K. Stephan, F. Mayinger, *Thermodynamik*, Springer-Lehrbuch, DOI 10.1007/978-3-642-30098-1_2, © Springer-Verlag Berlin Heidelberg 2013

Abb. 2.1 Ausgleichsvorgang und mechanisches Gleichgewicht

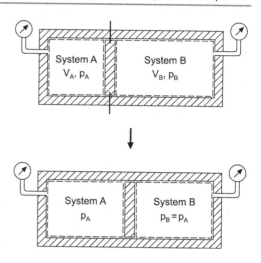

Man beobachtet nun, dass die unabhängigen Variablen, in unserem Beispiel die Werte V, nach einer hinreichend langen Zeit bestimmte feste Werte erreichen, die zeitunabhängig sind. In diesem Zustand ist der vom Gas in beiden Teilsystemen ausgeübte Druck gleich groß, d. h. es gilt dann $p_A = p_B$. Man sagt dann, das System befinde sich im *Gleichgewichtszustand*.

▶ **Merksatz** Der Gleichgewichtszustand ist somit der Endzustand eines Austauschprozesses zwischen zwei oder mehreren Systemen bzw. zwischen einem System und seiner Umgebung.

Wie das Beispiel lehrt, ist der Gleichgewichtszustand eines Systems jeweils davon abhängig, mit welchen anderen Systemen Kontakt besteht. Der sich einstellende Gleichgewichtszustand ist dann durch die Bedingungen definiert, unter denen sich der Austausch einer oder mehrerer Variablen vollzieht.

Ein System befindet sich somit im Gleichgewicht, wenn sich seine Zustandsgrößen nicht mehr ändern, nachdem es von den Einwirkungen der Umgebung oder anderer Teilsysteme isoliert wurde. Es ist allerdings möglich, dass nur eine Teilmenge der Zustandsgrößen eines Systems Werte annimmt, die einem thermodynamischen Gleichgewichtszustand entsprechen, während sich andere Zustandsvariablen durch systembedingte Hemmungen nicht ändern können. Beispielsweise kann ein Gemisch aus Wasserstoff und Sauerstoff einen partiellen Gleichgewichtszustand bezogen auf die Zustandsvariablen Druck und Temperatur annehmen, ohne chemisch zu reagieren. Erst nach Beseitigung der kinetischen Hemmung der Reaktion durch einen Katalysator kann das System seinen vollständigen thermodynamischen Gleichgewichtszustand einnehmen, d. h. zu Wasser reagieren. Der Begriff des Gleichgewichts lässt sich somit wie folgt verallgemeinern:

Abb. 2.2 Kontakt zwischen
zwei Systemen

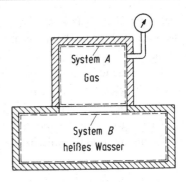

▸ **Merksatz** Ein System befindet sich im Gleichgewicht, wenn sich eine Teilmenge von
Zustandsgrößen nach Isolierung des Systems von seiner Umgebung und nach Beseitigung
der auf diese Zustandsgrößen bezogenen Hemmungen nicht mehr ändert.

Bei dem in Abb. 2.1 dargestellten System handelt es sich um ein mechanisches Gleichgewicht, dem ein mechanischer Ausgleichsvorgang vorausgegangen ist. Die *Triebkraft* für
diesen Ausgleichsvorgang ist ein Unterschied der intensiven Zustandsgröße p. Es existiert zu Beginn des Ausgleichsvorgangs eine Druckdifferenz $\Delta p = p_A - p_B$. Am Ende des
Ausgleichsvorgangs, also im Gleichgewicht, ist diese Triebkraft verschwunden, d. h. es gilt
$\Delta p = 0$.

Als weiteres Beispiel für einen Austauschprozess werde ein System A betrachtet, das aus
einem Behälter konstanten Volumens besteht. In diesem befinde sich ein Gas bei Raumtemperatur, dessen Druck man mit einem Manometer messen kann. Das Gas wird nun mit
einem anderen System B in Kontakt gebracht, beispielsweise mit einem großen Behälter,
der heißes Wasser enthält. Die beiden miteinander in Kontakt gebrachten Systeme bilden
ein Gesamtsystem, Abb. 2.2.

Dieses soll durch eine so dicke Wand von der Umgebung getrennt sein, dass keine Austauschprozesse mit der Umgebung ablaufen können. Die Trennwand zwischen
den beiden Systemen sei nun so beschaffen, dass sie lediglich jeden Stoffaustausch und
auch jede mechanische, magnetische oder elektrische Wechselwirkung zwischen den
Systemen A und B verhindert. Wie sich später zeigen wird, ist eine solche Wand wärmeleitend. Man nennt sie *diatherm*. Trotz Trennung der beiden Systeme A und B durch
die diatherme Wand beobachtet man nach dem Zusammenbringen der Systeme eine Zustandsänderung: Das Manometer zeigt einen Druckanstieg an, es muss also die Energie
des Systems A zugenommen haben. Das ist nur möglich, wenn Energie von System B in
das System A geflossen ist. Zwischen beiden Systemen muss daher ein, wenn auch nicht
sichtbarer, Mechanismus wirksam sein, der einen Energieaustausch ermöglicht. Dieser
Mechanismus wird uns im Zusammenhang mit dem zweiten Hauptsatz der Thermodynamik noch ausführlich beschäftigen. Vorerst halten wir nur fest, dass wie im vorigen
Beispiel eine Koordinate, die in beiden Systemen vorkommt – im vorigen Beispiel die
Koordinate V –, ihren Wert geändert haben muss. Wir folgern daher, dass hier noch

eine – im Gegensatz zum vorigen Beispiel nicht sichtbare – Austauschvariable vorhanden ist, durch deren Veränderung zwischen den Systemen Energie ausgetauscht werden kann.

Hinreichend lange Zeit, nachdem man beide Systeme in Kontakt zueinander gebracht hat, stellt sich erfahrungsgemäß ein Endzustand ein, der sich zeitlich nicht ändert und den wir im vorliegenden Fall *thermisches Gleichgewicht* nennen.

Der Begriff *thermodynamisches Gleichgewicht* ist der Überbegriff zu den Spezialfällen mechanisches und thermisches Gleichgewicht.

2.2 Der nullte Hauptsatz und die empirische Temperatur

Wir hatten gesehen, dass sich zwischen Systemen, die über eine diatherme Wand miteinander in Kontakt stehen, ein *thermisches Gleichgewicht* einstellt. Diese Tatsache nutzen wir nun aus, um eine neue Zustandsgröße, nämlich die empirische Temperatur, über eine Messvorschrift zu definieren, die uns eine Nachprüfung gestattet, ob zwischen verschiedenen Systemen thermisches Gleichgewicht herrscht oder nicht. Zu diesem Zweck ziehen wir einen Erfahrungssatz über das thermische Gleichgewicht zwischen drei Systemen A, B und C heran. Es möge thermisches Gleichgewicht zwischen den Systemen A, C und den Systemen B, C herrschen. Dann befinden sich, wie die Erfahrung lehrt, auch die Systeme A und B, wenn man sie über eine diatherme Wand in Kontakt bringt, miteinander im thermischen Gleichgewicht.

Diese Erfahrungstatsache bezeichnet man nach R.H. Fowler auch als den „*nullten Hauptsatz der Thermodynamik*" (die Bezeichnungen erster, zweiter und dritter Hauptsatz waren schon vergeben).

Es gilt also:

▶ **Merksatz** Zwei Systeme im thermischen Gleichgewicht mit einem dritten System befinden sich auch untereinander im thermischen Gleichgewicht.

Um festzustellen, ob sich zwei Systeme A und B im thermischen Gleichgewicht befinden, kann man sie demnach nacheinander in thermischen Kontakt mit einem System C bringen. Die Masse des Systems C muss man zu diesem Zweck sehr klein im Vergleich zu denjenigen der Systeme A und B wählen, damit die Zustandsänderungen der Systeme A und B vernachlässigbar klein sind während der Einstellung des thermischen Gleichgewichts. Bringt man zuerst das System C in Kontakt mit dem System A, so werden sich eine oder mehrere Zustandsvariablen des Systems C ändern, beispielsweise das Volumen bei konstantem Druck oder der elektrische Widerstand. Nach Einstellung des Gleichgewichts haben diese Zustandsvariablen neue feste Werte angenommen. Bringt man anschließend das System C in Kontakt mit dem System B, so bleiben diese Werte unverändert, wenn zwischen System A und B zuvor thermisches Gleichgewicht herrschte, sie ändern sich, wenn sich die beiden Systeme A und B nicht im thermischen Gleichgewicht befanden.

Man kann somit bestimmte Eigenschaften des Systems C ausnutzen, um festzustellen, ob zwischen zwei anderen Systemen thermisches Gleichgewicht herrscht oder nicht.

Das System C dient also als Messgerät, und man kann selbstverständlich den festen Werten, die man nach Einstellung des Gleichgewichts misst, willkürlich bestimmte Zahlen zuordnen. Auf diese Weise erhält man eine empirische Temperaturskala. Das Messgerät selbst nennt man *Thermometer*, die auf ihm angebrachten Zahlen sind die empirischen Temperaturen. Es ist allerdings zunächst nur ein provisorisches Thermometer, da man mit ihm nur nachprüfen kann, ob zwischen verschiedenen Systemen thermisches Gleichgewicht herrscht, wenn man sie in Kontakt brächte. Thermisches Gleichgewicht ist dann vorhanden, wenn die Temperaturen der beiden Systeme übereinstimmen, d. h., wenn man auf der Temperaturskala des Thermometers stets denselben Zahlenwert abliest, nachdem man es mit den Systemen A und B in Kontakt gebracht hat.

▶ **Merksatz**   Eine Differenz der intensiven Variablen Temperatur zwischen zwei Systemen ist somit die Triebkraft für einen thermischen Ausgleichsvorgang. Im thermischen Gleichgewicht wird die Triebkraft zu Null, d. h. die Temperaturen in beiden Teilsystemen sind gleich.

Um eine empirische Temperaturskala konstruieren zu können, wählt man ein Gasthermometer (als System C in obigem Beispiel). Dieses besteht aus einer gegebenen Menge eines Gases, die in einem Behälter eingeschlossen ist. An dem Behälter ist ein Manometer angebracht, sodass man den Druck des eingeschlossenen Gases messen kann. Voraussetzungsgemäß sollen die Gas- und die Behältermasse klein sein im Vergleich zur Masse der Systeme, mit denen thermisches Gleichgewicht herzustellen ist. Man bringt nun das Gasthermometer in thermisches Gleichgewicht mit einem Messobjekt, beispielsweise mit einem Gemisch aus Eis und Wasser, das unter einem Druck von 1 bar steht, und misst das Produkt aus Gasdruck p und Gasvolumen V für jeweils verschiedene Gasdrücke, die man am Manometer abliest. Die Messwerte pV trägt man über dem Druck p in ein Diagramm ein, Abb. 2.3.

Das Gasthermometer soll sich bei jedem der verschiedenen Gasdrücke im thermischen Gleichgewicht mit dem Gemisch aus Eis und Wasser befinden. Man bezeichnet jeden dieser Gleichgewichtszustände als „Gleichgewicht am Eispunkt". Extrapoliert man zum Druck $p = 0$, so findet man, dass der Grenzwert pV für $p \to 0$ eine endliche positive Größe A_0 ist, Abb. 2.3.

Bringt man anschließend das Gasthermometer mit siedendem Wasser, das unter einem bestimmten Druck, beispielsweise von 1 bar, steht, in thermisches Gleichgewicht, so erhält man bei Extrapolation auf den Druck $p \to 0$ eine andere Konstante A_1. Da sich während der Messungen die Gleichgewichte zwischen Wasser und Eis von 1 bar und zwischen Wasser und dem darüber befindlichen Wasserdampf von 1 bar wegen der Kleinheit des Gasthermometers nicht ändern, können wir sagen, dass Wasser und Eis sowie Wasser und Wasserdampf beim Druck von 1 bar bestimmte feste Temperaturen besitzen, die unabhängig vom Druck p des Gasthermometers sind. Die in Abb. 2.3 eingezeichneten Kurven sind

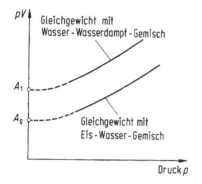
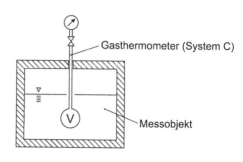

Abb. 2.3 Gasthermometer

daher Linien konstanter Temperatur, sogenannte *Isothermen*. Jede von ihnen kann man durch den jeweiligen Wert $A = A_0$ oder $A = A_1$ auf der Ordinate kennzeichnen. Man kann somit eine empirische Temperatur T einführen, die durch eine eindeutige Funktion der gemessenen Werte A beschrieben wird, beispielsweise durch den einfachen linearen Ansatz

$$T = \text{const} \cdot A \,. \tag{2.1}$$

Wie die Erfahrung zeigt, sind die Werte A von der Art und der Masse des Gases im Gasthermometer abhängig.

Wählt man den besonders einfachen Ansatz nach Gl. 2.1 zur Konstruktion der empirischen Temperaturskala, so sind nach Festlegung der Konstanten „const" alle Temperaturen bestimmt. Zur Festlegung der Temperaturskala aufgrund des obigen Ansatzes genügt also, wie schon Giauque[1] darlegte, ein einziger Fixpunkt. So könnte man beispielsweise dem Eispunkt eine bestimmte Temperatur T_0 zuordnen, dann den Zahlenwert A mit dem Gasthermometer messen und anschließend die Konstante berechnen. Alle übrigen Temperaturen, beispielsweise die Siedetemperatur des Wassers bei 1 bar, sind dann zahlenmäßig angebbar, nachdem man die Konstante A mit dem Gasthermometer gemessen hat.

Als Fixpunkt hat die 10. Generalkonferenz für Maße und Gewichte in Paris im Jahre 1954 den Tripelpunkt[2] des Wassers vereinbart und ihm die Temperatur

$$T_{\text{tr}} = 273{,}16 \,\text{Kelvin}^{[3]} \quad (\text{abgekürzt } 273{,}16 \,\text{K})$$

zugeordnet.

---

[1] Giauque, W.F.: Nature (London) 143 (1939) 623.
[2] Am Tripelpunkt stehen alle drei Phasen des Wassers, nämlich Dampf, flüssiges Wasser und Eis, miteinander im Gleichgewicht bei einem definierten Druck von 0,006112 bar. Der Tripelpunkt ist durch den Stoff selbst bestimmt und bedarf keiner besonderen Festsetzung.
[3] Zu Ehren des englischen Gelehrten William Thomson, seit 1892 Lord Kelvin (1824 bis 1907) von 1846 bis 1899 Professor an der Universität Glasgow. Von ihm stammen grundlegende thermodyna-

Die Temperatur am Eispunkt des Wassers beträgt annähernd 273,15 K.

Gleichung 2.1 ist natürlich nicht der einzige mögliche Ansatz. Man könnte ebensogut Ansätze der Form $T = aA + b$ oder $T = aA^2 + bA + c$ oder beliebige andere wählen. Auch logarithmische Temperaturskalen sind verschiedentlich vorgeschlagen worden. Der durch Gl. 2.1 definierten Temperaturskala haftet durch den Anschluss an das Gasthermometer noch eine gewisse Willkür an. Wir werden aber später im Zusammenhang mit der Einführung des Entropiebegriffs zeigen, dass man unabhängig von zufälligen Eigenschaften eines Stoffes eine Skala ableiten kann, die mit der des Gasthermometers vollkommen übereinstimmt. Man bezeichnet diese auch als *thermodynamische Temperaturskala* und die Temperaturen in ihr als thermodynamische oder absolute Temperaturen. Obwohl noch zu beweisen sein wird, dass die mit Hilfe des Gasthermometers und Gl. 2.1 konstruierte Temperaturskala mit der thermodynamischen übereinstimmt, wollen wir der Einfachheit halber kein besonderes Zeichen für die empirische Temperatur benutzen, sondern diese schon jetzt mit dem Buchstaben T bezeichnen, den man für thermodynamische Temperaturen vereinbart hat.

Vertiefung

Die Festlegung der Temperatur am Tripelpunkt durch die gebrochene Zahl 273,16 ist historisch bedingt. Der schwedische Astronom A. Celsius (1701–1744) hatte 1742 bereits eine empirische Temperaturskala dadurch konstruiert, dass er das Intervall zwischen dem Schmelzpunkt des Eises und dem Siedepunkt des Wassers bei 1 atm ($= 1,01325$ bar) auf einem Quecksilberthermometer in 100 äquidistante Abschnitte einteilte. Einen Intervallschritt nannte man 1 Grad Celsius (abgekürzt 1 °C). Nachdem später die Gasgesetze formuliert waren, wurde diese Skala korrigiert. Man übernahm jedoch die Forderung, dass die Temperaturdifferenz $T_1 - T_0$ zwischen dem Siedepunkt und dem Schmelzpunkt des Wassers bei 1 atm 100 Einheiten (°C oder K) betragen sollte:

$$T_1 - T_0 = 100\,\text{K}\,.$$

Bezeichnet man nun mit A_1 den zu T_1 und mit A_0 den zu T_0 gehörigen Wert von A, so muss wegen Gl. 2.1 gleichzeitig die Bedingung

$$\frac{T_1}{T_0} = \frac{A_1}{A_0}$$

erfüllt sein. Aus beiden Gleichungen folgt

$$T_0 = \frac{100}{\frac{A_1}{A_0} - 1}\,.$$

Durch Messungen von A_1/A_0 fand man als Wert für T_0:

$$T_0 = 273{,}15\,\text{K}\,.$$

Dies ist in guter Näherung die Temperatur des Eispunktes.

---

mische und elektrodynamische Untersuchungen. Er war maßgeblich an den Planungsarbeiten zur Verlegung des ersten transatlantischen Kabels (1856–1865) beteiligt.

Die Temperatur $T_{\mathrm{tr}} = 273{,}16\,\mathrm{K}$ am Tripelpunkt des Wassers liegt um $0{,}01\,\mathrm{K}$ höher als die Temperatur $T_0 = 273{,}15\,\mathrm{K}$ am Eispunkt. Da man die Temperatur am Tripelpunkt sicherer reproduzieren kann als die Temperatur anderer Punkte, hat man den Tripelpunkt als Fixpunkt vereinbart und die Temperatur des Tripelpunktes von Wasser zu $273{,}16\,\mathrm{K}$ festgesetzt.

Die vom Eispunkt $T_0 = 273{,}15\,\mathrm{K}$ gezählte Skala bezeichnet man heute als Celsius-Skala, die Temperaturen werden in $^\circ\mathrm{C}$ gemessen. In der Celsius-Skala angegebene Temperaturen pflegt man mit t im Unterschied zu den mit T bezeichneten Temperaturen der thermodynamischen Skala anzugeben; es gilt also

$$T = t + T_0 . \tag{2.2}$$

Der absoluten Temperatur von $T_0 = 273{,}15\,\mathrm{K}$ entspricht in der Celsius-Skala eine Temperatur von $t_0 = 0\,^\circ\mathrm{C}$. Diese ist praktisch gleich der Temperatur des Eispunktes, da nach den genauesten zur Zeit bekannten Messungen die Temperatur T_0 am Eispunkt

$$T_0 = (273{,}15 \pm 0{,}0002)\,\mathrm{K}$$

beträgt, sodass nach Gl. 2.2 der Nullpunkt der Celsius-Skala bis auf einen Fehler von $\pm 0{,}0002\,\mathrm{K}$ mit der Temperatur des Eispunktes übereinstimmt. Auch die Temperatur am Siedepunkt des Wassers bei 1 atm ($= 1{,}01325\,\mathrm{bar}$) ist nach der neuen Definition Gl. 2.2 der Celsius-Skala nur unerheblich von $100\,^\circ\mathrm{C}$ verschieden. Sie beträgt nach neuesten Messungen

$$T_1 = (373{,}1464 \pm 0{,}0036)\,\mathrm{K} .$$

Streng genommen stehen natürlich auf beiden Seiten von Gl. 2.2 die gleichen Einheiten. Die Einheit der Celsius-Temperatur ist also genau wie die Einheit der thermodynamischen Skala das Kelvin. Dennoch ist es erlaubt und wegen des anderen Nullpunktes auch zweckmäßig, für die Celsius-Temperaturen das besondere Zeichen $^\circ\mathrm{C}$ einzuführen.

In den angelsächsischen Ländern ist noch die Fahrenheit-Skala üblich mit dem Eispunkt bei $32\,^\circ\mathrm{F}$ und dem Siedepunkt von Wasser beim Druck von 1 atm ($= 1{,}01325\,\mathrm{bar}$) bei $212\,^\circ\mathrm{F}$. Für die Umrechnung einer in $^\circ\mathrm{F}$ angegebenen Temperatur t_{F} in die Celsius-Temperatur t gilt die Zahlenwertgleichung

$$t = \frac{5}{9}\,(t_{\mathrm{F}} - 32) ,$$

t in $^\circ\mathrm{C}$, t_{F} in $^\circ\mathrm{F}$. Die Temperaturintervalle in dieser Skala sind also um den Faktor 5/9 kleiner als in der thermodynamischen Skala. Die vom absoluten Nullpunkt in Grad Fahrenheit gezählte Skala bezeichnet man als Rankine-Skala (R). Für sie gilt die Zahlenwertgleichung

$$T_{\mathrm{R}} = \frac{9}{5}\,T ,$$

T_{R} in R, T in K. In ihr liegt der Eispunkt bei $491{,}67\,\mathrm{R}$ und der Siedepunkt des Wassers bei $671{,}67\,\mathrm{R}$.

2.3   Die internationale Temperaturskala

Da die genaue Messung von Temperaturen mit Hilfe des Gasthermometers eine sehr schwierige und zeitraubende Aufgabe ist, hat man noch eine leichter darstellbare Skala, die *Internationale Temperaturskala*, durch Gesetz eingeführt. Diese wurde in ihrer letzten Fassung 1990 vom Internationalen Komitee für Maß und Gewicht gegeben[4]. Die Internationale Temperaturskala ist so gewählt worden, dass eine Temperatur in ihr möglichst genau die thermodynamische Temperatur annähert. Die Abweichungen liegen innerhalb der heute erreichbaren kleinsten Messunsicherheit.

Die Abweichungen zwischen den Temperaturen in der Internationalen Temperaturskala von 1990 (ITS-90) und der früher vereinbarten Internationalen Praktischen Temperaturskala von 1948 (IPTS-48) sind bei geeichten Thermometern kleiner als die Eichfehlergrenzen.

Die Internationale Temperaturskala ist festgelegt durch eine Anzahl von Schmelz- und Siedepunkten bestimmter Stoffe, die so genau wie möglich mit Hilfe der Skala des Gasthermometers in den wissenschaftlichen Staatsinstituten der verschiedenen Länder bestimmt wurden. Zwischen diesen Festpunkten wird durch Widerstandsthermometer, Thermoelemente und Strahlungsmessgeräte interpoliert, wobei bestimmte Vorschriften für die Beziehung zwischen den unmittelbar gemessenen Größen und der Temperatur gegeben werden.

Die wesentlichen, in allen Staaten gleichen Bestimmungen über die internationale Temperaturskala lauten:

1. In der Internationalen Temperaturskala von 1948 werden die Temperaturen mit „°C" oder „°C (Int. 1948)" bezeichnet und durch das Formelzeichen t dargestellt.

2. Die Skala beruht einerseits auf einer Anzahl fester und stets wiederherstellbarer Gleichgewichtstemperaturen (Fixpunkte), denen bestimmte Zahlenwerte zugeordnet werden, andererseits auf genau festgelegten Formeln, welche die Beziehung zwischen der Temperatur und den Anzeigen von Messinstrumenten, die bei diesen Fixpunkten kalibriert werden, herstellen.

3. Die Fixpunkte und die ihnen zugeordneten Zahlenwerte sind in der Tab. 2.1 zusammengestellt. Mit Ausnahme der Tripelpunkte entsprechen die zugeordneten Temperaturen Gleichgewichtszuständen bei dem Druck der physikalischen Normalatmosphäre, d. h. per definitionem bei 101,325 kPa (= 1 atm).

4. Zwischen den Fixpunkttemperaturen wird mit Hilfe von Formeln interpoliert, die ebenfalls durch internationale Vereinbarungen festgelegt sind. Dadurch werden Anzeigen der sogenannten Normalgeräte, mit denen die Temperaturen zu messen sind, Zahlenwerte der Internationalen Temperatur zugeordnet. Eine Zusammenstellung der verschiedenen Interpolationsformeln und der in diesen vorkommenden Konstanten findet man in der Literatur[5].

---

[4] Deutsche Fassung veröffentlicht in: Physikalisch-Techn. Bundesanstalt-Mitteilungen 99 (1989) 411–418.
[5] Siehe Fußnote 4

Tabelle 2.1 Fixpunkte der Internationalen Temperaturskala von 1990 (ITS-90)

Gleichgewichtszustand	Zugeordnete Werte der Internationalen Praktischen Temperatur	
	T_{90} in K	t_{90} in °C
Dampfdruck des Heliums	3 bis 5	−270,15 bis −268,15
Tripelpunkt des Gleichgewichtswasserstoffs	13,8033	−259,3467
Dampfdruck des Gleichgewichtswasserstoffs	≈ 17	$\approx -256{,}15$
	$\approx 20{,}3$	$\approx -252{,}85$
Tripelpunkt des Neons	24,5561	−248,5939
Tripelpunkt des Sauerstoffs	54,3584	−218,7916
Tripelpunkt des Argons	83,8058	−189,3442
Tripelpunkt des Quecksilbers	234,3156	−38,8344
Tripelpunkt des Wassers	273,16	0,01
Schmelzpunkt des Galliums	302,9146	29,7646
Erstarrungspunkt des Indiums	429,7485	156,5985
Erstarrungspunkt des Zinns	505,078	231,928
Erstarrungspunkt des Zinks	692,677	419,527
Erstarrungspunkt des Aluminiums	933,473	660,323
Erstarrungspunkt des Silbers	1234,93	961,78
Erstarrungspunkt des Goldes	1337,33	1064,18
Erstarrungspunkt des Kupfers	1357,77	1084,62

Tabelle 2.2 Geschätzte Unsicherheit der Temperaturen in den Fixpunkten

Definierender Fixpunkt	Zugeordneter Wert	Geschätzte Unsicherheit in mK
Tripelpunkt des Gleichgewichtswasserstoffs	13,8033 K	0,3
Tripelpunkt des Neons	24,5561 K	0,4
Tripelpunkt des Sauerstoffs	54,3584 K	0,2
Tripelpunkt des Wassers	273,16 K	genau durch Definition
Erstarrungspunkt des Zinns	505,078 K	0,2
Erstarrungspunkt des Zinks	692,677 K	2,0
Erstarrungspunkt des Silbers	1234,93 K	10,0
Erstarrungspunkt des Goldes	1337,33 K	10,0

Die in Anbetracht der beschränkten Messgenauigkeit möglichen Abweichungen der Internationalen Temperaturskala von der thermodynamischen Temperatur sind in Tab. 2.2 angegeben.

Bei Temperaturen um 2000 °C sind die möglichen Fehler von der Größenordnung 2 K. Es ist daher sinnlos, z. B. bei Temperaturmessungen oberhalb 1500 °C noch Zehntel eines Grades anzugeben.

Tabelle 2.3 Einige Thermometrische Festpunkte. E.: Erstarrungspunkt und Sd.: Siedepunkt beim Druck 101,325 kPa, Tr.: Tripelpunkt

		°C
Normalwasserstoff	Tr.	−259,198
Normalwasserstoff	Sd.	−252,762
Stickstoff	Sd.	−195,798
Kohlendioxid	Tr.	−56,559
Brombenzol	Tr.	−30,726
Wasser (luftgesättigt)	E.	0
Benzoesäure	Tr.	122,34
Indium	Tr.	156,593
Wismut	E.	271,346
Cadmium	E.	320,995
Blei	E.	327,387
Quecksilber	Sd.	356,619
Schwefel	Sd.	444,613
Antimon	E.	630,63
Palladium	E.	1555
Platin	E.	1768
Rhodium	E.	1962
Iridium	E.	2446
Wolfram	E.	3418

Zur Erleichterung von Temperaturmessungen hat man eine Reihe weiterer thermometrischer Festpunkte von leicht genügend rein herstellbaren Stoffen so genau wie möglich an die gesetzliche Temperaturskala angeschlossen. Die wichtigsten sind in Tab. 2.3 zusammengestellt.

2.4 Praktische Temperaturmessung

2.4.1 Flüssigkeitsthermometer

Die gebräuchlichen Thermometer aus Glas mit Quecksilberfüllung sind verwendbar vom Erstarrungspunkt des Quecksilbers bei −38,862 °C an bis etwa +300 °C, wenn der Raum über dem Quecksilber luftleer ist. Man kann sie auch für Temperaturen bis erheblich über dem normalen Siedepunkt des Quecksilbers bei 356,66 °C hinaus verwenden, wenn man den Siedepunkt durch eine Druckfüllung des Thermometers mit Stickstoff, Kohlendioxid oder Argon erhöht. Bei 20 bar kommt man bis 600 °C, bei 70 bar in Quarzgefäßen sogar bis 800 °C.

Wesentlich für die Güte eines Thermometers ist die Art des Glases. Schlechte Gläser haben erhebliche thermische Nachwirkung, d. h., das einer bestimmten Temperatur entsprechende Gefäßvolumen stellt sich erst mehrere Stunden nach Erreichen der Temperatur ein. Wenn man also ein kurz vorher bei höherer Temperatur benutztes Thermometer in Eiswasser taucht, so sinkt die Quecksilbersäule etwas unter den Eispunkt (Eispunktdepression). Gute Gläser haben nach Erwärmen auf 100 °C eine Eispunktdepression von weniger als 0,05 °C.

Gute Quecksilberthermometer sind sehr genaue und bequeme Messgeräte. Im Gegensatz zu den elektrischen Temperaturmessgeräten geben sie ohne Hilfsapparate die Temperatur unmittelbar an. Zur Festlegung der Temperaturskala sind sie aber nicht geeignet, da der Ausdehnungskoeffizient sowohl des Quecksilbers als auch der etwa achtmal kleinere des Glases in verwickelter Weise von der Temperatur abhängen.

Für tiefe Temperaturen bis herab zu −100 °C füllt man Thermometer mit Alkohol, bis herab zu −200 °C mit Petrolether oder technischem Pentan. Mit diesen Flüssigkeiten, die im Gegensatz zu Quecksilber Glas benetzen, erreicht man aber bei weitem nicht die Genauigkeit des Quecksilberthermometers.

Bei der Teilung der Skalen von Flüssigkeitsthermometern wird vorausgesetzt, dass die ganze Flüssigkeitsmenge die zu messende Temperatur annimmt. Bei der praktischen Messung hat aber der obere Teil der Quecksilbersäule in der Kapillare, der sogenannte *herausragende Faden*, meist eine andere Temperatur. Bezeichnet man mit t_a die abgelesene Temperatur, mit t_f die mittlere Temperatur des herausragenden Fadens und mit n seine Länge in Grad, so ist die Ablesung um den Betrag

$$n\,\gamma\,(t_a - t_f)$$

zu berichtigen, wobei γ die relative Ausdehnung der Flüssigkeit im Glas ist und je nach der Glasart verschiedene Werte hat.

Die mittlere Temperatur des herausragenden Fadens kann entweder geschätzt oder genauer mit dem Mahlkeschen Fadenthermometer bestimmt werden. Das Fadenthermometer hat ein langes röhrenförmiges Quecksilbergefäß mit anschließender enger Kapillare und wird, wie Abb. 2.4 zeigt, so neben das Hauptthermometer gehalten, dass sich das obere Ende des langen Quecksilbergefäßes in gleicher Höhe mit der Kuppe des Fadens des Hauptthermometers befindet.

Das Fadenthermometer misst dann die mittlere Temperatur eines Fadenstückes des Hauptthermometers von der Länge des Quecksilbergefäßes des Fadenthermometers. In die Gleichung für die Fadenberichtigung ist dann für n die Länge des Quecksilbergefäßes des Fadenthermometers, gemessen in Graden des Hauptthermometers, einzusetzen. Ist der herausragende Faden des Hauptthermometers länger als das Quecksilbergefäß des Fadenthermometers, so muss man zwei Fadenthermometer übereinander anordnen. Die Fadenberichtigung kann bei Temperaturen von 300 °C Beträge von der Größenordnung 10 K erreichen.

Abb. 2.4 Fadenthermometer
nach Mahlke

Auf die vielen anderen Fehler, die bei der Temperaturmessung besonders mit Flüssigkeitsthermometern gemacht werden können, sei hier nicht weiter eingegangen, da sie ausführlich im Schrifttum behandelt sind[6].

2.4.2 Widerstandsthermometer

Das elektrische Widerstandsthermometer beruht auf der Tatsache, dass der elektrische Widerstand aller reinen Metalle je Grad Temperatursteigerung um ungefähr 0,004 seines Wertes bei 0 °C zunimmt. Der Betrag der Widerstandszunahme ist ungefähr ebenso groß wie der Ausdehnungskoeffizient der Gase.

Metalllegierungen haben sehr viel kleinere Temperaturkoeffizienten des Widerstandes und sind daher für Widerstandsthermometer ungeeignet. Bei Manganin und Konstantan ist der Widerstand in der Nähe der Zimmertemperatur sogar praktisch temperaturunabhängig. Manganin wird häufig für Normalwiderstände benutzt.

Reines Platin ist wegen seiner Widerstandsfähigkeit gegen chemische Einflüsse und wegen seines hohen Schmelzpunktes für Widerstandsthermometer am besten geeignet und liefert nach den zuvor erwähnten Interpolationsformeln für die Abhängigkeit des Widerstandes von der Temperatur unmittelbar die Internationale Praktische Temperaturskala. Daneben wird besonders Nickel benutzt.

Zur Messung des Widerstandes kann jedes geeignete Verfahren angewendet werden. Am bequemsten ist die Wheatstonesche Brücke nach Abb. 2.5.

Dabei ist w_a der Widerstand des Widerstandsthermometers, w_b und w_c sind bekannte feste Vergleichswiderstände, und w_d ist ein regelbarer Messwiderstand, e eine Stromquelle,

---

[6] Vgl. Knoblauch, O.; Hencky, K.: Anleitung zu genauen technischen Temperaturmessungen, 2. Aufl., München und Berlin 1926. Sowie: VDI-Temperaturmeßregeln. Temperaturmessungen bei Abnahmeversuchen und in der Betriebsüberwachung DIN 1953, 3. Aufl., Berlin 1953. Im Juli 1964 neu erschienen als VDE/VDI-Richtlinie 3511, Technische Temperaturmessungen.

Abb. 2.5 Widerstandsthermometer in Brückenschaltung

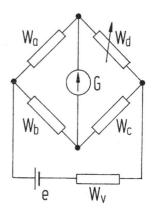

w_v ein Vorschaltwiderstand, G ein Nullinstrument. Durch ändern des Widerstandes w_d
bringt man den Ausschlag des Nullinstrumentes zum Verschwinden und erhält dann den
gesuchten Widerstand des Thermometers aus der Beziehung

$$w_a : w_d = w_b : w_c .$$

Das Widerstandsthermometer kann als Draht beliebig ausgespannt werden und eignet sich
deshalb besonders gut zur Messung von Mittelwerten der Temperatur größerer Bereiche.
Bei genauen Messungen müssen aber elastische Spannungen im Draht vermieden werden,
da auch diese Widerstandsänderungen verursachen.

2.4.3 Thermoelemente

Lötet man zwei Drähte aus verschiedenen Metallen zu einem geschlossenen Stromkreis
zusammen, so fließt darin ein Strom, wenn man die beiden Lötstellen auf verschiedene
Temperatur bringt. Schneidet man den Stromkreis an einer beliebigen Stelle auf und führt
die beiden Drahtenden zu einem Galvanometer, so erhält man einen Ausschlag, der als
Maß der Temperaturdifferenz der beiden Lötstellen dienen kann. Dieses Verfahren wird
für technische Temperaturmessungen viel benutzt. Die eine Lötstelle wird dabei auf Zimmertemperatur oder besser durch schmelzendes Eis auf 0 °C gehalten. Im ersten Fall kann
man sie auch ganz fortlassen und die beiden Drahtenden unmittelbar zu den Instrumen-
tenklemmen führen, die dann die zweite Lötstelle ersetzen.

Gegenüber den Flüssigkeitsthermometern hat das Thermoelement den Vorteil der geringen Ausdehnung, die das Messen auch in sehr kleinen Räumen erlaubt. Es erfordert
ebenso wie das Widerstandsthermometer Hilfsgeräte, die jedoch für eine große Zahl von
Messstellen nur einmal vorhanden zu sein brauchen. Bei sehr vielen Messstellen sind Temperaturmessungen mit Thermoelementen billiger und mit geringerem Zeitaufwand auszu-
führen als mit anderen Thermometern.

Abb. 2.6 Thermoelement mit
Kompensationsschaltung

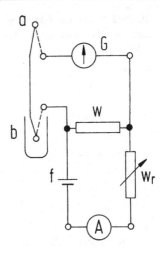

Die durch die Temperaturdifferenz der Lötstellen erzeugte elektromotorische Kraft kann entweder durch Kompensation oder mit direkt anzeigenden Instrumenten gemessen werden.

Eine einfache Kompensationsvorrichtung zeigt Abb. 2.6.

Darin sind a die Messstelle eines Thermoelements, b ist die in einem Glasröhrchen in schmelzendes Eis gebrachte zweite Lötstelle, w ist der feste Kompensationswiderstand, G ein Nullinstrument, A ein Strommesser, f eine Stromquelle, w_r ein regelbarer Widerstand.

Bei der Messung regelt man die Stromstärke i mit Hilfe des Widerstandes so ein, dass das Nullinstrument und damit auch das Thermoelement stromlos sind. Dann ist die gesuchte thermoelektrische Kraft gerade gleich dem Spannungsabfall $i \cdot w_r$ des Kompensationswiderstandes.

Bei Verwendung eines Anzeigeinstrumentes zur unmittelbaren Messung der thermoelektrischen Kraft ist zu beachten, dass der abgelesene Wert um den Spannungsabfall des Messstroms im Thermoelement kleiner ist.

Tabelle 2.4 enthält die wichtigsten, meist in Form von Drähten benutzten Metallpaare mit ungefähren Angaben der thermoelektrischen Kraft je 100 °C Temperaturdifferenz und der höchsten Temperatur, bei der die Drähte noch ausreichende Lebensdauer haben.

Für niedrige Temperaturen verwendet man Kupfer-Konstantan oder Manganin-Konstantan, wobei Manganin und Konstantan wegen ihres kleinen Wärmeleitvermögens den Messwert weniger stören als Kupfer. Konstantan ist eine Legierung aus 60 % Kupfer, 40 % Nickel. Manganin besteht aus 84 % Kupfer, 12 % Mangan, 4 % Nickel.

Um störende thermoelektrische Kräfte an den Klemmen der elektrischen Messinstrumente zu vermeiden, deren Temperatur wegen des Berührens mit den Händen oft nicht ganz mit der Raumtemperatur übereinstimmt, wird man die Messeinrichtung stets in den Drahtzweig einschalten, der gegen die Kupferleitung der Messgeräte die kleinere thermoelektrische Kraft hat, also z. B. in den Kupfer- oder Manganindraht.

Tabelle 2.4 Thermoelektrische Kraft und ungefähre höchste Verwendungstemperatur von Metallpaaren für Thermoelemente. (Das zuerst genannte Metall wird in seinem von der wärmeren Lötstelle kommenden Ende positiv)

Metallpaare	Verwendbar bis °C	thermoelektrische Kraft in Millivolt je 100 °C
Kupfer-Konstantan	400	4
Manganin-Konstantan	700	4
Eisen-Konstantan	800	5
Chromnickel-Konstantan	1000	4–6
Chromnickel-Nickel	1100	4
Platinrhodium-Palladiumgold	1200	4
Platinrhodium-Platin (90 % Pt, 10 % Rh)	1500	1
Iridium-Iridiumrhodium (40 % Ir, 60 % Rh)	2000	0,5
Iridium-Iridiumrhodium (90 % Ir, 10 % Rh)	2300	0,5
Wolfram-Wolframmolybdän (75 % W, 25 % Mo)	2600	0,3

Die Abhängigkeit der thermoelektrischen Kraft von der Temperatur ist für kein Thermoelement durch ein einfaches Gesetz angebbar. Nur für mehr oder weniger große Bereiche kann man sie durch Potenzgesetze darstellen, wie für das zur Festlegung der Internationalen Praktischen Temperaturskala oberhalb 630 °C benutzte Thermoelement aus Platin und Platinrhodium. Für kleinere Temperaturbereiche genügt oft die Annahme einer linearen Abhängigkeit. Im Allgemeinen müssen Thermoelemente durch Vergleich mit anderen Geräten kalibriert werden. Die Angaben der Tab. 2.4 sind daher nur als Richtwerte zu betrachten.

2.4.4 Strahlungsthermometer

Oberhalb 700 °C kann man Temperaturmessungen sehr bequem mit Strahlungsthermometern ausführen. Sie erlauben Fernmessung und sind die einzigen Thermometer für sehr hohe Temperaturen. Bei den meisten Bauarten wird die Helligkeit eines elektrisch geheizten Drahtes mit der Helligkeit eines Bildes des zu messenden Körpers verglichen, das eine Linse in der Ebene des Drahtes entwirft. Gleiche Helligkeit wird erreicht entweder durch Ändern des Heizstromes des Drahtes oder des Helligkeitsverhältnisses von Draht und Bild durch Nicolsche Prismen oder Rauchglaskeile. Neben solchen subjektiven Geräten gibt es auch objektive, bei denen ein Bild des zu messenden Körpers auf ein Thermoelement fällt, dessen Thermokraft zur Messung dient. Die Beziehung zwischen Strahlung und Temperatur ist genau bekannt, aber nur für den absolut schwarzen Körper, der durch einen Hohlraum mit kleiner Öffnung zum Austritt der Strahlung verwirklicht wird. Gewöhnliche Körperoberflächen, vor allem blanke Metalle, haben bei gleicher Helligkeit eine höhere Temperatur als der schwarze Körper.

Durch Infrarotbild- und Temperaturaufzeichnung wird die Eigenstrahlung eines Objektes erfasst, verstärkt und als Temperatur angezeigt. Indem man das Objekt zeilen- und spaltenweise abtastet, erhält man ein Bild von Temperaturverteilungen größerer Objekte. Hochgenaue Infrarot-Messgeräte enthalten auf etwa 100 K gekühlte Detektoren. Dadurch lassen sich Temperaturunterschiede bis 10 mK erfassen. Man kann mit ihnen durch Aufnahmen aus großer Höhe Bereiche von mehreren Kilometern Ausdehnung erfassen. Handelsübliche Geräte enthalten keine gekühlten Detektoren. Sie dienen zum Erkennen der Wärmeverluste von Bauten, Rohrleitungen und zur Temperaturkontrolle in der Produktion. Mit ihnen kann man Temperatur-Bereiche zwischen $-100\,°C$ und $+3000\,°C$ mit einer Messunsicherheit von 1 % bis 2 % bestimmen.

Die thermische Zustandsgleichung

3

In Abschn. 1.3 hatten wir die Begriffe Zustand, Zustandsgröße und Zustandsgleichung eingeführt. Mit Hilfe einer Zustandsgleichung, die in ihrer allgemeinen Form nach Gl. 1.1

$$Y = f(X_1, X_2, \ldots, X_n)$$

lautet, ließ sich ein mathematischer Zusammenhang zwischen einer abhängigen Zustandsgröße Y und den unabhängigen Zustandsgrößen $X_1, X_2, \ldots, X_n$ darstellen. Der Zustand eines Systems ließ sich also mit Hilfe dieser n Zustandsgrößen eindeutig festlegen. Ein *einfaches System* ist dadurch gekennzeichnet, dass sich dessen Zustand durch nur zwei Zustandsgrößen beschreiben lässt. Ein System, das aus einem *einheitlichen Stoff* besteht, ist ein solches einfaches System, da empirisch nachgewiesen werden konnte, dass zur Festlegung des Zustands eines *einheitlichen Stoffes* zwei voneinander unabhängige Zustandsgrößen ausreichen. Unter einem *einheitlichen Stoff* versteht man eine *Phase* (homogener Bereich eines Systems), die aus einem reinen Stoff in einem bestimmten *Aggregatszustand* (fest, flüssig oder gasförmig) besteht. Beispiele sind gasförmiges Kohlendioxid, gasförmiges Methan, flüssiges Wasser oder Wasserdampf. Auch ideale Gemische zweier oder mehrerer reiner Stoffe gleichen Aggregatszustands, bei denen sich die Wechselwirkungen zwischen den Molekülen verschiedener Stoffe nicht von denen zwischen den Molekülen des gleichen Stoffes unterscheiden, können als einheitlicher Stoff behandelt werden. Beispiele sind gasförmige Luft oder ein gasförmiges Abgas, bestehend aus Kohlendioxid, Stickstoff, Restsauerstoff und Wasserdampf. Der Zustand eines einheitlichen Stoffes ist somit durch zwei der drei Zustandsgrößen Temperatur T, spezifisches Volumen v und Druck p eindeutig festgelegt. Demnach lässt sich eine Zustandsgleichung der Form

$$0 = f(p, v, T) \tag{3.1}$$

aufstellen. Da die Gleichung als Variablen nur die thermischen Zustandsgrößen T, v und p beinhaltet, nennt man sie *thermische Zustandsgleichung*. Löst man Gl. 3.1 nach einer der

P. Stephan, K. Schaber, K. Stephan, F. Mayinger, *Thermodynamik*, Springer-Lehrbuch, DOI 10.1007/978-3-642-30098-1_3, © Springer-Verlag Berlin Heidelberg 2013

drei Variablen auf, so ergeben sich die Zusammenhänge

$$p = p\,(v, T)\,, \quad v = v\,(p, T) \quad \text{und} \quad T = T\,(p, v)\,. \tag{3.2a}$$

Berücksichtigt man ferner die Masse M des einheitlichen Stoffes, so gelten

$$p = p\,(M, V, T)\,, \quad V = V\,(M, p, T) \quad \text{und} \quad T = T\,(M, p, V)\,. \tag{3.2b}$$

Auch für feste Körper, die unter einem allseitigen Druck stehen, gilt eine solche Zustandsgleichung, sie kann mehrdeutig sein, wenn der feste Körper in verschiedenen Modifikationen vorkommt.

3.1 Das totale Differential der thermischen Zustandsgleichung

Die thermische Zustandsgleichung (3.1) läßt sich als Beziehung zwischen drei Unbekannten durch eine Fläche im Raum mit den drei Koordinaten p, v und T darstellen.

Die Zustandsgleichung muss im Allgemeinen durch Versuche bestimmt werden. Zwei Zustandsgrößen bestimmen nicht nur die dritte der genannten, sondern auch alle anderen Eigenschaften des Stoffes, wie Viskosität, Wärmeleitfähigkeit, optischen Brechungsindex usw. Differenziert man die Zustandsgleichung z. B. in der Form

$$T = T\,(p, v)\,.$$

so erhält man das totale Differential

$$dT = \left(\frac{\partial T}{\partial p}\right)_v dp + \left(\frac{\partial T}{\partial v}\right)_p dv\,. \tag{3.3}$$

Dabei sind

$$\left(\frac{\partial T}{\partial p}\right)_v \quad \text{und} \quad \left(\frac{\partial T}{\partial v}\right)_p$$

die partiellen Differentialquotienten, deren Indizes jeweils die zweite, beim Differenzieren konstant zu haltende unabhängige Veränderliche angeben.

In Abb. 3.1 ist Gl. 3.3 geometrisch veranschaulicht. Darin ist das umrandete Flächenstück ein Teil der Zustandsfläche, die Linien a_1 und a_2 sind Schnittkurven der Zustandsfläche mit zwei um dv voneinander entfernten Ebenen v = const, die Linien b_1 und b_2 Schnittkurven mit zwei um dp entfernten Ebenen p = const. Beide Kurvenpaare schneiden aus der Fläche das kleine Viereck 1 2 3 4 heraus. Durch die Punkte 1 und 3 sind dann zwei um dT entfernte Ebenen T = const gelegt, die mit der Zustandsfläche die Schnittkurven c_1 und c_2 ergeben.

Der partielle Differentialquotient $(\partial T/\partial p)_v$ bedeutet die Steigung des auf der Zustandsfläche parallel zur T,p-Ebene, also unter konstantem v, verlaufenden Weges 1 2, und er ist

Abb. 3.1 Zur Differentiation der thermischen Zustandsgleichung

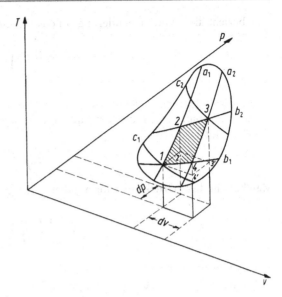

gleich dem Tangens des Winkels, den 12 mit der p,v-Ebene bildet. Die Strecke $2\,2'$ ist der beim Fortschreiten um dp längs des Weges 12 überwundene Höhen- bzw. Temperaturunterschied $(\partial T/\partial p)_v\, dp$.

Entsprechend bedeutet der partielle Differentialquotient $(\partial T/\partial v)_p$ die Steigung des parallel zur T,v-Ebene, also unter konstantem p verlaufenden Weges 14, er ist gleich dem Tangens des Winkels von 14 gegen die p,v-Ebene. Die Strecke $4\,4'$ ist der beim Fortschreiten um dv längs des Weges 14 überwundene Höhen- bzw. Temperaturunterschied $(\partial T/\partial v)_p\, dv$. Das totale Differential dT ist dann nichts anderes als die Summe dieser beiden Höhen- bzw. Temperaturunterschiede, die man überwinden muss, wenn man zugleich oder nacheinander auf der Fläche um dp und dv fortschreitet und dadurch von 1 nach 3 gelangt, es ist gleich der Strecke $3\,3' = 2\,2' + 4\,4'$.

In gleicher Weise kann man auch die anderen zwei Formen der thermischen Zustandsgleichung differenzieren und erhält

$$dp = \left(\frac{\partial p}{\partial v}\right)_T dv + \left(\frac{\partial p}{\partial T}\right)_v dT \tag{3.4}$$

und

$$dv = \left(\frac{\partial v}{\partial p}\right)_T dp + \left(\frac{\partial v}{\partial T}\right)_p dT. \tag{3.5}$$

Erwärmt man einen Körper um dT bei konstantem Druck, also bei $dp = 0$, so ändert sich sein Volumen nach der letzten Gleichung um

$$dv = \left(\frac{\partial v}{\partial T}\right)_p dT.$$

Man bezieht diese Volumenänderung auf das Volumen v und nennt die Größe

$$\beta = \frac{1}{v}\left(\frac{\partial v}{\partial T}\right)_p \tag{3.6}$$

den *Ausdehnungskoeffizienten*.

Erwärmt man um dT bei konstantem Volumen, also bei $dv = 0$, so ändert sich der Druck nach Gl. 3.4 um

$$dp = \left(\frac{\partial p}{\partial T}\right)_v dT.$$

Man bezieht diese Druckänderung auf den Druck p und nennt die Größe

$$\gamma = \frac{1}{p}\left(\frac{\partial p}{\partial T}\right)_v \tag{3.7}$$

den *Spannungskoeffizienten*.

Steigert man den Druck bei konstanter Temperatur durch Volumenverkleinerung, so ist

$$dv = \left(\frac{\partial v}{\partial p}\right)_T dp$$

und wenn man dies auf das Volumen v bezieht, kann man die Größe

$$\chi = -\frac{1}{v}\left(\frac{\partial v}{\partial p}\right)_T \tag{3.8}$$

als *isothermen Kompressibilitätskoeffizienten* bezeichnen.

Wendet man die Gl. 3.5 auf eine Linie v = const an, so ist $dv = 0$, und es wird

$$\left(\frac{\partial v}{\partial p}\right)_T \frac{dp}{dT} = -\left(\frac{\partial v}{\partial T}\right)_p.$$

Dabei kann man für dp/dT wegen der Voraussetzung v = const auch $\left(\frac{\partial p}{\partial T}\right)_v$ schreiben und erhält

$$\left(\frac{\partial v}{\partial p}\right)_T \left(\frac{\partial p}{\partial T}\right)_v \left(\frac{\partial T}{\partial v}\right)_p = -1. \tag{3.9}$$

Diese einfache Beziehung, in der v, p und T in zyklischer Reihenfolge vorkommen, muss offenbar zwischen den partiellen Differentialquotienten jeder durch eine Fläche darstellbaren Funktion mit drei Veränderlichen bestehen.

Führt man in Gl. 3.9 mit Hilfe von Gln. 3.6, 3.7 und 3.8 die Größen β, γ und χ ein, so erhält man die Beziehung

$$\beta = p\,\gamma\,\chi \tag{3.10}$$

zwischen den Koeffizienten der Ausdehnung, der Spannung und der Kompressibilität.

In der Mathematik pflegt man die Indizes bei den partiellen Differentialquotienten fortzulassen, was unbedenklich ist, solange man immer mit denselben unabhängigen Veränderlichen zu tun hat; wird nach einer von ihnen differenziert, so sind eben die anderen konstant zu halten. In der Thermodynamik werden wir aber später Zustandsgrößen durch verschiedene Paare von unabhängigen Veränderlichen darstellen, und dann ist die Angabe der jeweils konstant gehaltenen Veränderlichen notwendig, wenn man die partiellen Differentialquotienten auch außerhalb ihrer Differentialgleichung benutzt, wie wir das z. B. in Gl. 3.6 bis 3.8 getan haben.

3.2 Die thermische Zustandsgleichung des idealen Gases

Ein gasförmiger, reiner Stoff ist ein einheitlicher Stoff und somit gilt nach Gl. 3.2b für diesen die thermische Zustandsgleichung z. B. in der Form

$$T = T(M, p, V).$$

Aufgrund der Messungen mit dem Gasthermometer, siehe hierzu Abb. 2.3, hatte sich ergeben, dass für sehr kleine Drücke ($p \to 0$)

$$p V = A = \text{const} \cdot T = a\,T \tag{3.11}$$

ist, worin die Größen A und a von der Masse und der Art des als Thermometerfüllung verwendeten Gases abhängen. Für das Gleichgewicht mit einem Stoff am Tripelpunkt gilt

$$(p\,V)_{\text{tr}} = a T_{\text{tr}}. \tag{3.12}$$

$(pV)_{\text{tr}}$ ist hierbei das Produkt aus Druck und Volumen des Gases, das sich mit dem Stoff der Temperatur T_{tr} im Gleichgewicht befindet. Aus beiden Gleichungen erhält man

$$\frac{pV}{(pV)_{\text{tr}}} = \frac{T}{T_{\text{tr}}}$$

oder

$$pV = \left(\frac{pV}{T}\right)_{\text{tr}} T.$$

Nach Einsetzen des spezifischen Volumens $v = V/M$ erhält man hieraus

$$pV = M\left(\frac{pv}{T}\right)_{\text{tr}} T. \tag{3.13}$$

Vergleicht man diesen Ausdruck mit Gl. 3.11, so erkennt man, dass die von der Masse und der Art des Gases abhängige Größe a sich darstellen lässt durch

$$a = M\left(\frac{pv}{T}\right)_{\text{tr}}.$$

Hierin ist T_tr die Temperatur am Tripelpunkt des Stoffes, mit dem sich das Gas im Gleich-gewicht befindet. Das Produkt $(pv)_\text{tr}$ enthält nur Größen, die von der Masse des Gases unabhängig sind. Somit ist auch $(pv/T)_\text{tr}$ von der Masse des Gases unabhängig. Dieser Ausdruck ist aber von der Art des Gases abhängig, da, wie wir sahen, die Größe a eine Funktion der Masse *und* der Art des Gases ist. Somit ist

$$R = \left(\frac{pv}{T}\right)_\text{tr}$$

unabhängig von der Masse des Gases eine für jedes Gas charakteristische Konstante, die man die *individuelle Gaskonstante* nennt. Ihre Einheit ist J/(kg K). Man kann Gl. 3.13 hier-mit auch schreiben

$$pV = MRT \quad \text{oder} \quad pv = RT. \tag{3.14}$$

Dies ist die bekannte *thermische Zustandsgleichung des idealen Gases*.

Sie ergab sich aufgrund der Messungen bei sehr kleinem Druck ($p \to 0$), die zu dem Zusammenhang nach Gl. 3.11 führten. Natürlich ist ein Gas beim Druck $p = 0$ nicht mehr existent. Gleichung 3.14 gilt aber in guter Näherung, solange die Dichte oder der Druck eines wirklichen Gases nicht zu groß sind. Aus molekularkinetischer Sicht bedeutet $p \to 0$, dass die Gasmoleküle im Raum großen Abstand voneinander haben und sich gegenseitig nicht beeinflussen, d. h. Anziehungs- oder Abstoßungskräfte zwischen ihnen vernachläs-sigbar sind und sie sich frei im Raum bewegen können. Gase für die dies gilt bzw. solche, die Gl. 3.14 gehorchen, nennt man *ideale Gase*.

Die individuelle Gaskonstante R ist nach Gl. 3.14 eine kennzeichnende Konstante jedes Gases, die durch Messen zusammengehöriger Werte von p, v und T ermittelt wird. Bei Luft z. B. ergibt die Wägung bei

$$p = 0{,}1\,\text{MPa} = 10^5\,\text{N/m}^2 \quad \text{und} \quad T = 273{,}15\,\text{K}$$

eine Dichte $\rho = 1/v = 1{,}275\,\text{kg/m}^3$.

Damit wird die Gaskonstante der Luft

$$R = \frac{p}{\rho T} = \frac{100.000\,\text{N/m}^2}{1{,}275\,\text{kg/m}^3 \cdot 273{,}15\,\text{K}} = 287\,\frac{\text{m}^2}{\text{s}^2\,\text{K}} = 287\,\frac{\text{J}}{\text{kg}\,\text{K}}.$$

Die Gaskonstanten einiger Stoffe findet man in Tab. 6.2, Abschn. 6.3.

3.3 Die Einheit Stoffmenge und die universelle Gaskonstante

Jede Form von Materie besteht aus Teilchen (Moleküle, Atome, Ionen usw.), wobei die ab-solute Teilchenzahl makroskopischer Systeme extrem groß ist. Zur Quantifizierung einer Stoffmenge bezieht man die Zahl der darin enthaltenen Teilchen daher auf die Teilchen-zahl der festgelegten Menge eines anderen Stoffes. Als Basiseinheit der Stoffmenge definiert man das Mol und führt hierfür das Einheitssymbol mol ein, s. Tab. 1.1. Es gilt:

▸ **Merksatz**   Die Zahl der Teilchen eines Stoffes nennt man dann 1 mol, wenn dieser Stoff aus ebenso vielen unter sich gleichen Teilchen besteht wie in genau (12/1000) kg reinen atomaren Kohlenstoffs des Nuklids ^{12}C enthalten sind[1].

In der Technik benutzt man statt der Einheit 1 mol meistens das Kilomol, dessen Einheitensymbol kmol ist. Es sind 10^3 mol = 1 kmol.

Die Masse eines Mols, die *Molmasse*, hat die SI-Einheit kg/kmol und ergibt sich als Quotient aus der Masse M und Stoffmenge N

$$\overline{M} = M / N . \qquad (3.15)$$

Da Masse und Stoffmenge eines Stoffes einander direkt proportional sind, ist die Molmasse eine für jeden Stoff charakteristische Größe. Um sie zu bestimmen, muss man der Definitionsgleichung (3.15) entsprechend die Masse M und die Stoffmenge N eines Stoffes ermitteln. Während man die Masse M durch eine Wägung messen kann, bereitet die Bestimmung der Stoffmenge im festen und flüssigen Zustand meistens erhebliche Schwierigkeiten. Sie ist jedoch im idealen Gaszustand in einfacher Weise möglich[2]. Dort gilt nach Avogadro (1831):

Ideale Gase enthalten bei gleichem Druck und gleicher Temperatur in gleichen Räumen gleichviel Moleküle.

Ist daher ein beliebiger Stoff als ideales Gas von bestimmter Temperatur und bestimmtem Druck vorhanden, so besitzt er die gleiche Teilchenzahl wie (12/1000) kg des reinen atomaren Kohlenstoffs ^{12}C im idealen Gaszustand, wenn der betreffende Stoff auch das gleiche Volumen ausfüllt und die gleiche Temperatur und den gleichen Druck besitzt wie das gasförmige ^{12}C. Die Stoffmenge des Stoffes ist dann gerade 1 mol und seine Masse gleich der Molmasse.

Da definitionsgemäß die Teilchenzahl eines Mols mit der von (12/1000) kg des reinen atomaren Kohlenstoffnuklides ^{12}C übereinstimmt, enthält ein Mol eines jeden Stoffes dieselbe Anzahl von Teilchen, nämlich gerade soviel wie in (12/1000) kg des reinen atomaren ^{12}C enthalten sind. Man bezeichnet die in einem Mol enthaltene Anzahl von unter sich gleichen Teilchen als *Avogadro-Konstante*[3]. Sie ist eine universelle Naturkonstante der Physik und hat den Zahlenwert[4]

$$N_A = (6{,}0221367 \pm 0{,}000036)10^{26}/\text{kmol} .$$

---

[1] Diese Vereinbarung findet man in den Empfehlungen der International Union of Pure and Applied Physics (IUPAP), Units and Nomenclature in Physics, 1965, formuliert.

[2] Auf andere direkte Messungen der Molmasse soll hier nicht eingegangen werden. Jede dieser Methoden zur Bestimmung von Molmassen erfordert stets eine Extrapolation von Messwerten auf verschwindende Dichte oder unendliche Verdünnung, siehe hierzu Münster, A.: Chemische Thermodynamik. Weinheim/Bergstraße: Verlag Chemie 1969.

[3] In der deutschen Literatur findet man gelegentlich auch die Bezeichnung Loschmidt-Zahl.

[4] Phys. Techn. Bundesanstalt-Mitt. 97 (1987) 498–507.

Das Gesetz von Avogadro führt zu einem für die Thermodynamik sehr wichtigen Resultat, wenn man in der thermischen Zustandsgleichung des idealen Gases

$$pV = MRT$$

die Masse eliminiert durch die Beziehung

$$M = \overline{M}N.$$

Man erhält dann

$$pV = \overline{M}NRT$$

oder

$$pV/NT = \overline{M}R.$$

Nach Avogadro hat die linke Seite dieser Gleichung für vorgegebene Werte des Druckes, des Volumens und der Temperatur einen bestimmten festen Wert, der unabhängig von der Stoffart ist. Daher ist auch die rechte Seite unabhängig von der Stoffart. Sie ist außerdem, wie wir bei der Herleitung des idealen Gasgesetzes Gl. 3.14 sahen, unabhängig von Druck, Volumen und Temperatur. Die Größe

$$\overline{M}R = \overline{R}$$

muss daher für alle Gase denselben Wert haben. Man nennt sie *universelle Gaskonstante*. Sie ist eine universelle Naturkonstante der Physik. Mit ihr lautet die thermische Zustandsgleichung des idealen Gases

$$pV = N\overline{R}T \qquad (3.16)$$

oder, wenn man das *Molvolumen* $\overline{V} = V/N$ einführt,

$$p\overline{V} = \overline{R}T. \qquad (3.17)$$

Wie hieraus folgt, ist das Molvolumen $\overline{V}$ aller idealen Gase bei gleichem Druck und gleicher Temperatur gleich groß. Nach neuesten Messungen hat das Molvolumen der idealen Gase bei 0 °C und 101,325 kPa = 1 atm den Wert

$$\overline{V}_0 = 22,41410 \pm 0,000019 \, \text{m}^3/\text{kmol}.$$

Führt man dieses in die thermische Zustandsgleichung (3.17) des idealen Gases ein, so erhält man die universelle Gaskonstante

$$\overline{R} = 8,314510 \pm 0,000070 \, \frac{\text{kJ}}{\text{kmol K}}.$$

Bezieht man die Gaskonstante auf 1 Molekül, indem man durch die Avogadro-Zahl dividiert, so erhält man die sog. Boltzmannsche Konstante

$$k = \overline{R}/N_A = (1{,}380658 \pm 0{,}000012)10^{-23} \, \text{J/K}.$$

Neben dem kmol benutzt man als Mengeneinheit in der Technik noch den *Normkubikmeter* (m_n^3). Man versteht darunter die bei 0 °C und 101,325 kPa in 1 m^3 enthaltene Gasmenge von (1/22,4141) kmol. Es ist also

$$1\,\text{m}_n^3 = (1/22{,}4141) \, \text{kmol}.$$

Er ist kein Volumen, sondern die in Raumeinheiten ausgedrückte Stoffmenge des Gases.

3.4 Beispiele und Aufgaben

Beispiel 3.1

Eine Stahlkugel hat bei der Temperatur t_1 = 20 °C den Durchmesser d_1 = 10 mm. Auf welche Temperatur muss man sie mindestens abkühlen, damit sie durch einen Ring von d_2 = 9,98 mm hindurchfällt? Der Ausdehnungskoeffizient von Stahl ist β = 49,2 · 10^{-6} K^{-1}.

Ersetzt man in Gl. 3.6 den Differentialquotienten durch einen Differenzenquotienten, so gilt

$$\beta = \frac{1}{v} \cdot \frac{\Delta v}{\Delta T} = \frac{1}{V} \cdot \frac{\Delta V}{\Delta T} \quad \text{und} \quad \Delta T = \frac{1}{\beta} \cdot \frac{\Delta V}{V},$$

$$\Delta T = \frac{1}{\beta} \frac{d_2^3 \, \pi/6 - d_1^3 \, \pi/6}{d_1^3 \, \pi/6} = \frac{1}{\beta} \left[\left(\frac{d_2}{d_1} \right)^3 - 1 \right],$$

$$\Delta T = \frac{1}{49{,}2 \cdot 10^{-6} \, \text{K}^{-1}} \left[\left(\frac{9{,}98}{10} \right)^3 - 1 \right] = -121{,}7 \, \text{K}.$$

Es ist $T_2 = T_1 + \Delta T$ = 293,15 K − 121,7 K = 171,5 K = −101,7 °C.

Beispiel 3.2

Ein geschlossener, starrer Behälter ist vollständig mit Wasser gefüllt. Die Temperatur des Wassers beträgt anfangs 20 °C, der Druck beträgt 1 bar. Auf welchen Wert steigt der Druck im Behälter, wenn die Temperatur auf 25 °C ansteigt?

Um wieviel Prozent würde sich das Volumen des Wassers ausdehnen, wenn das Wasser isobar auf 25 °C erwärmt werden würde?

Im betrachteten Temperatur- und Druckbereich kann mit konstanten mittleren Werten für β und χ gerechnet werden. Diese betragen[5]

$$\beta = 235 \cdot 10^{-6}\,\text{K}^{-1} \qquad \text{(Ausdehnungskoeffizient)}$$

$$\chi = 0,436 \cdot 10^{-6}\,\text{kPa}^{-1} \qquad \text{(isothermer Kompressibilitätskoeffizient)}$$

Isochore Zustandsänderung $dv = 0$: Aus Gl. 3.5 folgt mit den Definitionen für β und χ (Gln. 3.6 und 3.8)

$$\frac{dv}{v} = \beta\,dT - \chi\,dp = 0$$

und somit

$$p_2 - p_1 = \frac{\beta}{\chi}(T_2 - T_1) = 5,39\,\frac{\text{bar}}{\text{K}}\,5\,\text{K} = 26,95\,\text{bar}\,.$$

Damit ist $p_2 = 27,95$ bar bei isochorer Erwärmung.

Isobare Erwärmung $dp = 0$: Aus der Definitionsgleichung für β (Gl. 3.6) folgt bei $p = \text{const.}$

$$\beta = \frac{1}{v}\frac{dv}{dT} \quad \text{bzw.} \quad \frac{dv}{v} = \beta\,dT\,.$$

Nach Integration erhält man

$$\frac{v_2}{v_1} = \exp\left(\beta(T_2 - T_1)\right) = \exp\left(235 \cdot 10^{-6}\,\frac{1}{\text{K}}\,5\,\text{K}\right)$$

$$\frac{v_2}{v_1} = 1,0012\,.$$

Das Volumen würde sich bei isobarer Erwärmung um 1,2 ‰ erhöhen.

Aufgabe 3.1

In einer Stahlflasche von $V_1 = 20\,\text{l}$ Inhalt befindet sich Wasserstoff von $p_1 = 120$ bar und $t_1 = 10\,°\text{C}$.

Welchen Raum nimmt der Inhalt der Flasche bei 0 °C und 1 bar ein, wenn man in diesem Zustand die geringen Abweichungen des Wasserstoffs vom Verhalten des idealen Gases vernachlässigt?

Aufgabe 3.2

Ein Zeppelinluftschiff von 200.000 m³ Inhalt der Gaszellen kann wahlweise mit Wasserstoff ($\overline{M}_{\text{H}_2} = 2,01588$ kg/kmol) oder mit Helium ($\overline{M}_{\text{He}} = 4,00260$ kg/kmol) gefüllt werden. Die Füllung wird so bemessen, dass die geschlossenen Zellen in 4500 m Höhe, wo ein Druck von 530 mbar und eine Temperatur von 0 °C angenommen wird, gerade prall sind ($\overline{M}_{\text{Luft}} = 28,953$ kg/kmol).

---

[5] Quelle: W. Wagner, H-J. Kretzschmer: International Steam Tables. Springer-Verlag 2nd ed. 2007

Wieviel kg Wasserstoff bzw. Helium erfordert die Füllung? Zu welchem Bruchteil sind die Gaszellen am Erdboden bei einem Druck von 935 mbar und einer Temperatur von 20 °C gefüllt? Wie groß darf das zu hebende Gesamtgewicht von Hülle, Gerippe und allen sonstigen Lasten in beiden Fällen sein? (Lösung der Aufgaben am Ende des Buches.)

Energieformen

4

In Kap. 1 wurde erläutert, dass die Aufgabe der Thermodynamik die Beschreibung der verschiedenen Erscheinungsformen der Energie sowie der Umwandlungen von Energien bei technischen Prozessen ist. Eng damit verknüpft sind die Beschreibung des Zustandes eines Stoffes durch Zustandsgrößen und des Verlaufs der Zustandsänderungen durch Prozessgrößen. Ziel dieses Kapitels ist es, die verschiedenen in der Natur und Technik vorkommenden Formen der Energie zu beschreiben und zu definieren sowie deren (mathematische) Zusammenhänge mit Zustands- und Prozessgrößen abzuleiten. Im Folgenden seien zunächst vier grundlegend verschiedene Energieformen allgemein beschrieben.

Betrachtet man ein thermodynamisches System entsprechend der Definiton in Abschn. 1.2, so enthält dieses System eine bestimmte Menge an Energie E, auch *Systemenergie* genannt. Ist dieses System mit seiner Umgebung (oder mit einem anderen System) in Kontakt, so kann über die Systemgrenze Energie von außen zugeführt oder Energie nach außen abgeführt werden. Dieser Energietransfer über die Systemgrenze kann in Form von *Arbeit L*, *Wärme Q* oder *an Materietransport gebundene Energie* E_M erfolgen. Energien, die dem System aus der Umgebung zugeführt werden, werden wir mit positivem Vorzeichen versehen. Energien, die dem System entzogen werden, werden wir mit negativem Vorzeichen versehen. Die Systemenergie ist an den Zustand des Systems geknüpft. Sie ist eine Zustandsgröße. Arbeit und Wärme sind Prozessgrößen. Abbildung 4.1 veranschaulicht diese grundlegend verschiedenen Energieformen. Sie werden in den folgenden Abschnitten genauer beschrieben und definiert.

4.1 Systemenergie

Jedes System beinhaltet eine bestimmte Menge Energie. Diese *Systemenergie E* ist eine extensive Zustandsgröße. Sie setzt sich additiv aus den aus der Mechanik bekannten Energieformen *kinetische Energie* E_{kin} und *potentielle Energie* E_{pot} sowie der *inneren Energie U* zusammen.

P. Stephan, K. Schaber, K. Stephan, F. Mayinger, *Thermodynamik*, Springer-Lehrbuch, 47
DOI 10.1007/978-3-642-30098-1_4, © Springer-Verlag Berlin Heidelberg 2013

Abb. 4.1 Energieformen Systemenergie, Arbeit, Wärme und an Materietransport gebundene Energie

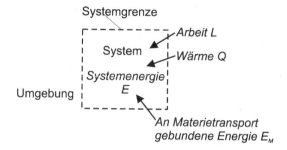

Es gilt für das System:

$$E = E_{\text{kin}} + E_{\text{pot}} + U \,. \tag{4.1}$$

Die Summe der kinetischen Energie und der potentiellen Energie bezeichnet man auch als *mechanische Energie* E_{mech}

$$E_{\text{mech}} = E_{\text{kin}} + E_{\text{pot}} \,, \tag{4.2}$$

da in der Mechanik der energetische Zustand eines starren Körpers ausschließlich durch diese beiden Energieformen beschrieben wird.

4.1.1 Mechanische Energie

Entsprechend Gl. 4.2 setzt sich die mechanische Energie E_{mech} eines Systems aus dessen kinetischer und potentieller Energie zusammen. Sie ist der Teil der Systemenergie E, der sich auf die *äußeren Koordinaten* des Systems bezieht. Im Rahmen unserer thermodynamischen Betrachtungen gehen wir davon aus, dass sich die mechanische Energie nur durch die folgenden Koordinaten beschreiben lässt: die *Schwerpunktsgeschwindigkeit w* und die *geodätische Höhe z* des Systems.[1] Aus dem Energiesatz der Mechanik, der in Abschn. 5.1 näher erläutert wird, geht hervor, dass die extensive Zustandsgröße *kinetische Energie* proportional zum Quadrat der Geschwindigkeit *w* des Systems ist und

$$E_{\text{kin}} = M \frac{w^2}{2} \tag{4.3}$$

gilt. Die extensive Zustandsgröße *potentielle Energie* ist proportional zur geodätischen Höhe *z* des Systems über einem festgelegten Referenzniveau, und es gilt

$$E_{\text{pot}} = M\,g\,z \,, \tag{4.4}$$

---

[1] Im allgemeinen Fall kann ein System auch rotieren oder in einem Kraftfeld schwingen. Die daraus resultierenden weiteren mechanischen Energieformen kann man als additive Terme zu den Gln. 4.3 bzw. 4.4 hinzufügen.

wobei g die Fallbeschleunigung ist. Verändert man die Geschwindigkeit w oder die Höhe z eines Systems, so transportiert man über diese Koordinaten Energie, und der Zustand des Systems ändert sich.

4.1.2 Innere Energie und ihre kinetische Deutung

Die *innere Energie U* ist der Teil der Systemenergie E, der im Inneren des Systems gespeichert ist, beispielsweise als Translations-, Rotations- und Schwingungsenergie der einzelnen Moleküle. Nach Gl. 4.1 ist sie definiert durch

$$U = E - E_{kin} - E_{pot}\,.\qquad\qquad(4.5)$$

Da die Systemenergie, die kinetische und die potentielle Energie Zustandsgrößen sind, muss auch die innere Energie eine Zustandsgröße sein. Mit der Einführung der inneren Energie durch Gl. 4.5 ist nur die Existenz einer Zustandsgröße „innere Energie" postuliert worden. Es ist allerdings noch nichts darüber ausgesagt, wie man diese ermitteln und über welche innere Koordinaten man diese verändern kann, da sowohl die Systemenergie E als auch die innere Energie U in Gl. 4.5 unbekannt sind. Die Erfahrung lehrt uns aber beispielsweise, dass ein System desto mehr Energie beinhaltet, je höher seine Temperatur ist. Die Zustandsgröße Temperatur wird also voraussichtlich eine Koordinate sein, über die wir die innere Energie verändern können. Methoden zur Messung der inneren Energie werden wir noch kennenlernen.

Eine einfache Methode zur Ermittlung und zugleich eine Deutung der inneren Energie wird im Folgenden für einatomige Gase beschrieben.

In der einfachen kinetischen Gastheorie geht man von der Vorstellung aus, dass ein Gas aus kugelförmigen Molekülen besteht, die nach allen Richtungen durcheinanderfliegen, wobei sie miteinander und mit den Wänden des Raumes wie vollkommen elastische Körper zusammenstoßen. Bei jedem Stoß findet ein Austausch von kinetischer Energie statt, deren Gesamtbetrag aber unverändert bleibt, wenn das Gas nach außen keine Energie austauscht. Die Einzelmoleküle haben verschiedene und mit jedem Stoß sich ändernde kinetische Energien, aber im Mittel über genügend lange Zeit hat die kinetische Energie jedes Moleküls einen bestimmten Wert, und die kinetischen Energien verschiedener Moleküle zu einem bestimmten Zeitpunkt gruppieren sich um diesen Mittelwert nach einem bestimmten statistischen Gesetz, das man in der „*kinetischen Theorie der Wärme*" als Maxwellsche Geschwindigkeitsverteilung bezeichnet.

Der Druck wird gedeutet als die Gesamtwirkung der Stöße der Moleküle auf die Wand.

Die Temperatur ist dem Mittelwert der kinetischen Energie der Moleküle proportional.

▸ **Merksatz** Innere Energie ist also nur eine besondere Erscheinungsform mechanischer Energie, die auf die Einzelmoleküle in denkbar größter Unordnung verteilt ist.

Es kommen alle möglichen Richtungen und Größen der Geschwindigkeit der Moleküle vor, für die sich nur Wahrscheinlichkeitsgesetze aufstellen lassen. Der Mittelwert der Geschwindigkeiten einer größeren herausgegriffenen Zahl von Molekülen nach Größe und Richtung ist, falls das System ruht, stets Null, d. h. es bewegen sich im Mittel immer ebenso viele Moleküle von links nach rechts wie umgekehrt.

Zur Vereinfachung betrachten wir die Moleküle als harte elastische Kugeln, die nur Translationsenergie annehmen. Tatsächlich haben mehratomige Moleküle auch noch Energie der Rotation und der Schwingung der Atome der Moleküle gegeneinander. Aber auch dann ist die Temperatur proportional der mittleren Translationsenergie.

Bei festen und flüssigen Körpern sind die Verhältnisse komplexer als bei Gasen. Die kleinsten Teile, als die wir beim festen Körper zweckmäßig die Atome ansehen, werden hier nicht durch feste Wände zusammengehalten, sondern durch gegenseitige Anziehung. Jedes Atom hat dabei in dem Raumgitter des Körpers eine bestimmte mittlere Lage, um die es Schwingungsbewegungen ausführen kann. Die mittlere kinetische Energie dieser Schwingungen ist hier ein Maß für die Temperatur. Neben der kinetischen Energie tritt aber auch potentielle Energie auf, denn bei jeder Schwingung eines Atoms pendelt seine Energie zwischen der kinetischen und der potentiellen Form hin und her. Beim Durchgang durch die Ruhelage hat das Atom nur kinetische, in den Umkehrpunkten der Bewegung, wo seine Geschwindigkeit gerade Null ist, nur potentielle Energie.

Die Kräfte zwischen den Atomen eines festen Körpers oder den Molekülen eines Gases oder einer Flüssigkeit setzen sich aus anziehenden und abstoßenden Kräften zusammen und hängen etwa nach Abb. 4.2 von der Entfernung ab; für große Abstände überwiegt die Anziehung, für kleine die Abstoßung. Für einen bestimmten Abstand a halten Anziehung und Abstoßung sich gerade die Waage. Verkleinert man den Abstand durch äußeren Druck, so wächst die abstoßende Kraft, bis sie dem äußeren Druck das Gleichgewicht hält. Vergrößert man den Abstand etwa durch allseitigen Zug, so überwiegen die anziehenden Kräfte, die mit wachsendem Abstand zunächst zunehmen, ein Maximum beim Abstand b erreichen und dann wieder abnehmen. Bei Überschreiten des Maximums reißen die Teilchen unter der Wirkung einer konstanten Kraft auseinander, ähnlich wie ein Werkstoff beim Zugversuch.

Durch Energiezufuhr werden die Teilchen des festen oder flüssigen Körpers zum Schwingen um die Ruhelage gebracht. Da das Kraftgesetz aber kein lineares ist, sondern bei Annäherung die Abstoßung stärker wächst als bei Entfernung die Anziehung, werden die Teilchen voneinander fort weiter ausschwingen als aufeinander zu. Ihr mittlerer Abstand wird sich also gegen den Abstand a der Ruhe vergrößern. Hierdurch erklärt sich die thermische Ausdehnung der Körper.

Beginnt ein fester Körper zu schmelzen, so hat die Bewegung der Moleküle den Gitterverband so weit aufgelockert, dass Teilchen aus dem Anziehungsbereich eines Nachbarn in den eines anderen hinüberwechseln können. Die kinetische Energie der Teilchen reicht aber noch nicht aus, um die Anziehung sämtlicher Nachbarn zu überwinden.

Abb. 4.2 Kräfte zwischen
Molekülen

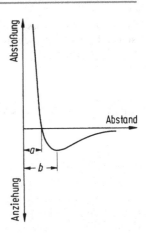

Bei der Verdampfung ist die Bewegung der Moleküle so stark geworden, dass eine merkliche Anzahl Teilchen vorhanden ist, deren Energie groß genug ist, um dem Anziehungsbereich aller ihrer Nachbarn zu entfliehen.

Bei Gasen ist der Abstand der Moleküle so groß, dass ihre Anziehung sehr schwach und damit auch die potentielle Energie klein gegen die kinetische ist. Beim idealen Gas sind außer beim unmittelbaren Zusammenstoß überhaupt keine Kräfte zwischen den Molekülen vorhanden. Aus dem asymptotischen Verlauf des Kraftgesetzes nach Abb. 4.2 folgt, dass die Moleküle jedes Körpers bei genügend großem Abstand, also bei großer Verdünnung, sich dem Verhalten des idealen Gases beliebig genau nähern, d. h. weder Anziehungs- noch Abstoßungskräfte aufeinander ausüben.

Vertiefung

Die *„kinetische Theorie der Wärme"* führt diese Gedanken näher aus und leitet aus ihnen auf mathematischem Wege das thermische Verhalten der Körper ab. Um die innere Energie bestimmen zu können, berechnet man zuerst den Druck. Er läßt sich in folgender Weise als Wirkung der Stöße der Moleküle auf die Wand deuten:

In einem Würfel von der Kantenlänge a mögen sich Z Moleküle von der Masse m und der mittleren Geschwindigkeit w befinden. Wir denken uns nun die komplexe ungeordnete Bewegung der Moleküle dadurch vereinfacht, dass sich je 1/3 von ihnen senkrecht zu einem der drei Paare von Würfelflächen bewegen und daran wie vollkommen elastische Kugeln reflektiert werden. Bei jedem Stoß gibt dann das Einzelmolekül den Impuls $2mw$ an die Wand ab, da sich seine Geschwindigkeit von $+w$ bis $-w$ ändert. Jedes Molekül braucht bei der Geschwindigkeit w zum Hin- und Rückgang zwischen den beiden Würfelflächen die Zeit $2a/w$. Die sekundliche Zahl der Stöße auf die Fläche a^2 ist daher $\frac{Z}{3}\frac{w}{2a}$, und in der Sekunde wird der Impuls

$$\frac{Z}{3}\frac{w}{2a}2mw = \frac{Zmw^2}{3a},$$

an die Fläche übertragen. Nach den Gesetzen der Mechanik ist der sekundlich abgegebene Impuls gleich der auf die Fläche ausgeübten Kraft. Teilt man diese Kraft durch die Fläche, so erhält man den Druck

$$p = \frac{1}{3}\frac{Zm}{a^3}w^2 = \frac{1}{3}\rho w^2,$$

da $Zm/a^3 = \rho$ die Masse aller Moleküle geteilt durch das Volumen und damit die Dichte des Gases ist. Für die mittlere Geschwindigkeit der Moleküle ergibt sich also

$$w = \sqrt{\frac{3p}{\rho}} = \sqrt{3pv}\,.$$

Luft hat bei $0\,^\circ$C und bei 1 bar die Dichte $\rho = 1{,}275\,\mathrm{kg/m^3}$, damit ist die mittlere Geschwindigkeit der Moleküle

$$w = \sqrt{\frac{3 \cdot 10.000\,\mathrm{kg/m\,s^2}}{1{,}275\,\mathrm{kg/m^3}}} = 485\,\mathrm{m/s}\,.$$

Bei Wasserstoff wird unter den gleichen Bedingungen $w = 1839$ m/s. Je leichter ein Gas ist, um so größer ist bei gleicher Temperatur die mittlere Geschwindigkeit seiner Moleküle. Da bei gleichbleibendem Volumen die Temperaturen der Gase sich wie ihre Drücke verhalten, ist die Temperatur dem Quadrat der mittleren Geschwindigkeit der Moleküle proportional. Multipliziert man den Druck mit dem Volumen $V = a^3$ des Gases, so folgt

$$pV = \frac{1}{3}Zmw^2 = \frac{2}{3}\frac{Zmw^2}{2}\,.$$

Die Größe $(Zmw^2)/2$ ist unter den getroffenen Vereinbarungen gerade die kinetische Energie des Gases, dessen Masse $M = Zm$ ist. Außerdem ist nach der thermischen Zustandsgleichung für ideale Gase, Gl. 3.14, $pV = MRT$, sodass folgender Zusammenhang zwischen der kinetischen Energie und der Temperatur besteht:

$$E_{\mathrm{kin}} = \frac{3}{2}MRT\,.$$

Dividiert man links und rechts durch die Stoffmenge N, so erhält man für die kinetische Energie $\overline{E}_{\mathrm{kin}}$ je Mol:

$$\overline{E}_{\mathrm{kin}} = \frac{3}{2}\overline{M}RT = \frac{3}{2}\overline{R}T\,.$$

$\overline{R}$ ist hierbei die universelle Gaskonstante. Die kinetische Energie aller Moleküle in einem Mol beträgt also $3/2\,\overline{R}T$.

Da wir kugelförmige Moleküle voraussetzen, was am ehesten bei einatomigen Gasen zutrifft, ist die Rotationsenergie vernachlässigbar, und außerdem ist bei einatomigen Gasen keine Schwingung der Atome im Molekül möglich. Die gesamte kinetische Energie $\overline{E}_{\mathrm{kin}}$ ist daher gleich der molaren Energie $\overline{U}$ und für einatomige Moleküle gegeben durch

$$\overline{E}_{\mathrm{kin}} = \overline{U} = \frac{3}{2}\overline{R}T\,,$$

wenn wir der Temperatur $T = 0$ die innere Energie Null zuordnen. Anderfalls müsste man auf der rechten Seite noch einen konstanten Wert für die innere Energie bei der Temperatur Null addieren. Die Bewegungsmöglichkeit in drei zueinander senkrechten Richtungen im Raum nennt man auch *Freiheitsgrade der Translation.* Jeder Freiheitsgrad besitzt daher im Mittel die molare innere Energie $\overline{R}T/2$. Bei einer Temperaturerhöhung um 1 K wächst daher die innere Energie je Mol und Freiheitsgrad um den Betrag $\overline{R}/2$.

Außer den drei Freiheitsgraden der Translation besitzt ein starrer Körper noch drei Freiheitsgrade der Rotation um drei zueinander senkrechte Achsen. Bei mehratomigen Molekülen findet daher auch noch ein Austausch der Rotationsenergie statt. In der statistischen Thermodynamik weist man nach, dass auf jeden rotatorischen Freiheitsgrad ebenfalls im Mittel die kinetische Energie $\overline{R}T/2$ entfällt.

Abb. 4.3 Zweiatomiges Molekül

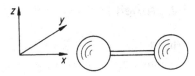

Zur Ermittlung der inneren Energie eines idealen Gases muss man also nur die Freiheitsgrade abzählen.

Betrachtet man ein zweiatomiges Molekül, Abb. 4.3, so tauschen nur die Rotation um die y- und z-Achse Energie aus, während die Rotationsenergie bei der Drehung um die x-Achse wegen des kleinen Trägheitsmoments vernachlässigt werden kann. Die Zahl der Freiheitsgrade setzt sich jetzt also aus den drei translatorischen und den zwei rotatorischen Freiheitsgraden zusammen und beträgt 5. Die molare innere Energie eines zweiatomigen Moleküls ist daher

$$\overline{U} = \frac{5}{2}\,\overline{R}\,T\,.$$

Dieser Zusammenhang gilt auch für linear gestreckte mehratomige Moleküle, beispielsweise CO_2. Entsprechend erhält man als molare innere Energie eines dreiatomigen, nicht linear gestreckten Moleküls

$$\overline{U} = \frac{6}{2}\,\overline{R}\,T\,.$$

Abweichungen von dieser einfachen Regel sind dadurch zu erklären, dass neben den Rotationen von zwei- oder dreiatomigen Molekülen insbesondere bei hohen Temperaturen auch Schwingungen der Atome im Molekül vorkommen, wodurch bei Zusammenstößen ebenfalls Energie ausgetauscht wird, sodass die tatsächlichen Werte für die innere Energie größer sind. Somit gilt im allgemeinen Fall entsprechend der statistischen Thermodynamik für die molare innere Energie eine Gleichung der Form

$$\overline{U} = \frac{1}{2}\left(f_{\text{trans}} + f_{\text{rot}} + 2f_{\text{schwing}}\right)\overline{R}\,T\,,$$

wobei der Wert f_{schwing} eine Funktion der Temperatur ist.

Die vorstehende Berechnung ging von einem sehr vereinfachten Schema der Bewegung der Gasmoleküle aus. In Wirklichkeit kommen alle möglichen Richtungen und Größen der Molekülgeschwindigkeit vor, die sich um die mittlere Geschwindigkeit nach dem Maxwellschen Verteilungsgesetz gruppieren. Berechnet man damit die mittlere Molekülgeschwindigkeit, so erhält man aber dasselbe Ergebnis wie oben. Wir wollen uns im Folgenden der kinetischen Vorstellung nur zur Veranschaulichung bedienen und die thermodynamischen Eigenschaften der Körper der Erfahrung entnehmen.

4.2 Arbeit

Arbeit L[2] ist, wie in Abb. 4.1 dargestellt wurde, eine Energieform, die nur bei einer Wechselwirkung zwischen einem System und seiner Umgebung auftreten kann.

Arbeit ist also eine Prozessgröße. In der Thermodynamik übernimmt man den Begriff der Arbeit aus der Mechanik und definiert:

▶ **Merksatz** Greift an einem System eine Kraft an, so ist die an dem System verrichtete Arbeit gleich dem Produkt aus der Kraft und der Verschiebung des Angriffspunktes der Kraft.

Bewegt sich ein Massenpunkt im Feld einer Kraft F zwischen den Punkten 1 und 2 auf einer Kurvenbahn, Abb. 4.4, und schließen die Kraft F und die Wegrichtung dz einen Winkel Φ ein, so ist die Arbeit dL an irgendeiner Stelle der Kurvenbahn gleich der Komponente der Kraft $F \cos \Phi$ in Richtung der Verschiebung dz, multipliziert mit der Verschiebung dz.

$$dL = F \cos \Phi \, dz \,,$$

wofür man in der Vektorrechnung abkürzend

$$dL = \boldsymbol{F} \cdot d\boldsymbol{z}$$

schreibt und das Produkt $\boldsymbol{F} \cdot d\boldsymbol{z}$ als Innenprodukt des Kraftvektors $\boldsymbol{F}$ und des Wegvektors $d\boldsymbol{z}$ bezeichnet. Die zwischen den Punkten 1 und 2 geleistete Arbeit ist

$$L_{12} = \int_1^2 F \cos \Phi \, dz = \int_1^2 \boldsymbol{F} \cdot d\boldsymbol{z} \,. \tag{4.6}$$

Greifen gleichzeitig mehrere Kräfte an einem System an, so ist die an dem System verrichtete Arbeit gleich der Summe der Arbeiten der einzelnen Kräfte.

Die je Zeitspanne $d\tau$ verrichtete Arbeit dL nennt man *Leistung*

$$P = \dot{L} = \frac{dL}{d\tau} \,. \tag{4.7}$$

---

[2] Abweichend von den Normen DIN 1304 und ISO 31 verwenden wir für die Arbeit nicht die Zeichen W, w (Work) sondern wie früher üblich L, l (labor). Dadurch wird das Zeichen w frei für die Geschwindigkeit. Hierfür sehen die genannten Normen die Zeichen u oder v vor, die aber außerdem auch innere Energie oder spez. Volumen kennzeichnen sollen. Wegen der Schwierigkeiten, die sich dadurch in der Thermodynamik ergeben, hielten wir ein Abweichen von der Norm für gerechtfertigt.

Abb. 4.4 Zur Berechnung der
Arbeit bei einer Verschiebung
von 1 nach 2

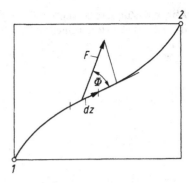

4.2.1 Mechanische Arbeit

Es soll nun die Arbeit berechnet werden, die man verrichten muss, um einen Massenpunkt reibungsfrei von der Geschwindigkeit w_1 auf die Geschwindigkeit w_2 zu beschleunigen. Bezeichnet man mit M die Masse und mit $w = dz/d\tau$ den Geschwindigkeitsvektor des Massenpunktes, so ist nach dem Newtonschen Grundgesetz die zeitliche Änderung des Impulses $J = Mw$ gleich der Kraft

$$F = \frac{dJ}{d\tau} = \frac{d}{d\tau}(Mw)$$

Multipliziert man die linke und rechte Seite von

$$\frac{d}{d\tau}(Mw) = F$$

mit dem zurückgelegten Weg dz, so erhält man

$$\frac{d}{d\tau}(Mw)\,dz = F\,dz\,.$$

Da die Masse M des Massenpunktes konstant und $dz = w\,dt$ ist, kann man hierfür auch schreiben

$$M\frac{dw}{d\tau} \cdot w\,d\tau = F\,dz$$

oder

$$Md\left(\frac{w^2}{2}\right) = F\,dz\,.$$

Integration zwischen den Grenzen 1 und 2 ergibt

$$M\left(\frac{w_2^2}{2} - \frac{w_1^2}{2}\right) = \int_1^2 F\,dz\,. \tag{4.8}$$

Abb. 4.5 Zur Berechnung
der Arbeit beim Heben einer
Masse

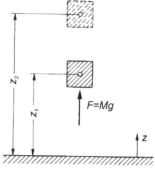

Abb. 4.6 Verkleinerung des
Volumens eines Systems

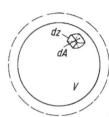

Die mechanische Arbeit $\int_1^2 \boldsymbol{F}\,d\boldsymbol{z} = L_{\mathrm{m12}}^{\mathrm{kin}}$, welche die am Massenpunkt angreifenden Kräfte $\boldsymbol{F}$ verrichten, dient zur Änderung der kinetischen Energie. Durch die Kräfte $\boldsymbol{F}$ wird
demnach ein Massenpunkt oder ein ganzes System beschleunigt. Gl. 4.8 kann man auch
schreiben

$$M\left(\frac{w_2^2}{2} - \frac{w_1^2}{2}\right) = \int_1^2 \boldsymbol{F}\,d\boldsymbol{z} = L_{\mathrm{m12}}^{\mathrm{kin}} \qquad (4.9\mathrm{a})$$

oder

$$E_{\mathrm{kin},2} - E_{\mathrm{kin},1} = L_{\mathrm{m12}}^{\mathrm{kin}}\,. \qquad (4.9\mathrm{b})$$

Um die Masse M durch eine der Schwerkraft entgegenwirkende Kraft $F = Mg$ von der
Höhe z_1 auf die Höhe z_2 anzuheben, Abb. 4.5, ist von der Kraft F eine Arbeit

$$L_{\mathrm{m12}}^{\mathrm{pot}} = Mg(z_2 - z_1) = E_{\mathrm{pot},2} - E_{\mathrm{pot},1} \qquad (4.10)$$

zu verrichten.

Sowohl zur Änderung der kinetischen als auch zur Änderung der potentiellen Energie haben wir außen an dem System Kräfte angebracht, durch welche die Geschwindigkeit
des Systems geändert oder das System angehoben wurde. Werden kinetische *und* potentielle Energie durch äußere Kräfte zwischen einem Zustandspunkt *1* und einem Zustandspunkt *2* geändert, so beträgt die von den angreifenden Kräften verrichtete „mechanische
Arbeit"

$$L_{\mathrm{m12}} = L_{\mathrm{m12}}^{\mathrm{kin}} + L_{\mathrm{m12}}^{\mathrm{pot}} = E_{\mathrm{kin},2} - E_{\mathrm{kin},1} + E_{\mathrm{pot},2} - E_{\mathrm{pot},1}$$

oder

$$L_{m12} = M \left(\frac{w_2^2}{2} - \frac{w_1^2}{2} \right) + M g \left(z_2 - z_1 \right) . \tag{4.11}$$

▶ **Merksatz** Unter der so definierten mechanischen Arbeit L_{m12} versteht man somit die Arbeit der Kräfte, die ein ganzes System beschleunigen und es im Schwerefeld anheben.

Mechanische Arbeit L_{m12} kann durch an der Oberfläche des Systems angreifende Druckkräfte, Schubspannungen oder durch im Massenmittelpunkt angreifende Kräfte verrichtet werden, wie die Zentrifugalkraft, elektrische oder magnetische Feldstärke. Greift keine dieser Kräfte an, so ist $L_{m12} = 0$.

Die kinetische Energie ändert sich dann nur auf Kosten der potentiellen, weil die Schwerkraft als einzige äußere Kraft wirkt.

4.2.2 Volumenänderungsarbeit und Nutzarbeit

Ein beliebiges unter Druck p stehendes System vom Volumen V möge einen reibungsfreien Prozess durchlaufen, bei dem das Volumen des Systems abnimmt. Dabei verschiebe sich durch Einwirken einer Kraft ein Element dA seiner Oberfläche nach Abb. 4.6 um die Strecke dz. Somit wird dem System von außen eine Arbeit $-p\,dA\,dz$ zugeführt[3]. Das Minuszeichen kommt dadurch zustande, dass das Volumen des Systems um $dA\,dz$ abnimmt, die Volumenänderung also einen negativen Wert hat, während die Arbeit vereinbarungsgemäß positiv sein soll.

Die Arbeit, die zur Reduzierung des Systemvolumens um dV notwendig ist, ist

$$dL = -p \int_A dA\,dz = -p\,dV \tag{4.12}$$

wobei dV die gesamte durch die Verschiebung aller Oberflächenteile hervorgerufenen Volumenänderung ist. Man nennt L die *Volumenänderungsarbeit* und schreibt L_v.

Beschreiben wir beispielhaft die Kompression eines in einem Zylinder eingeschlossenen Gases, die wir etwa durch Verschieben eines Kolbens in einem Zylinder ausgeführt denken, nach Abb. 4.7 durch eine Kurve 12 in einem p,V-Diagramm, so ist $p\,dV$ der schraffierte Flächenstreifen und die gesamte während der Zustandsänderung am System Gas verrichtete Arbeit (Volumenänderungsarbeit)

$$L_{v12} = - \int_1^2 p\,dV \tag{4.13}$$

---

[3] Der Einfachheit halber ist hier angenommen, dass die Verschiebung dz in Richtung der Kraft dF und senkrecht zum Flächenelement dA erfolgt. Andernfalls wird an dem Flächenelement eine Arbeit $-p\,dA\,dz$ verrichtet.

Abb. 4.7 Volumenänderungsarbeit durch Kompression
eines Gases

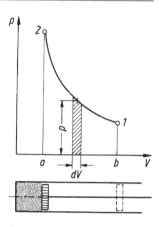

ist die Fläche *12ab* unter der Kurve *12*. Diese Darstellung wird in der Technik sehr viel
benutzt.

Die Fläche *12ab* hängt vom Verlauf der Zustandskurve zwischen den Punkten *1* und *2*
ab. Die Volumenänderungsarbeit ist daher keine Zustandsgröße, da das Integral in Gl. 4.13
wegabhängig ist und je nach Art des Prozesses bzw. Verlauf der Zustandsänderung verschiedene Werte annehmen kann.

Vertiefung

Dieser Sachverhalt ergibt sich auch aus dem mathematischen Kriterium für Zustandsgrößen (Abschn. 1.4), wonach

$$Y(X_1, X_2)$$

nur dann eine Zustandsgröße und

$$dY = \frac{\partial Y}{\partial X_1} dX_1 + \frac{\partial Y}{\partial X_2} dX_2$$

nur dann ein vollständiges Differential ist, wenn

$$\frac{\partial^2 Y}{\partial X_1 \partial X_2} = \frac{\partial^2 Y}{\partial X_2 \partial X_1}$$

ist. Um dieses Kriterium auf die Volumenänderungsarbeit anwenden zu können, wollen wir untersuchen, ob $L_v = L_v(V, p)$ ein totales Differential besitzt.

Dazu schreiben wir

$$dL_v = \left(\frac{\partial L_v}{\partial V}\right)_p dV + \left(\frac{\partial L_v}{\partial p}\right)_v dp,$$

andererseits ist $dL_v = -p\,dV = -p\,dV + 0 \cdot dp$. Durch Vergleich beider Beziehungen ergibt sich

$$\left(\frac{\partial L_v}{\partial V}\right)_p = -p \quad \text{und} \quad \left(\frac{\partial L_v}{\partial p}\right)_v = 0.$$

Es ist also

$$\frac{\partial^2 L_v}{\partial p\,\partial V} = -\frac{\partial p}{\partial p} = -1, \quad \text{während} \quad \frac{\partial^2 L_v}{\partial V\,\partial p} = 0 \quad \text{ist}.$$

Damit ist bewiesen, dass $L_v(V, p)$ kein totales Differential besitzt und dass L_v keine Zustandsgröße sein kann.

Ganz allgemein galt ja, dass Arbeit im Unterschied zur Systemenergie keine Eigenschaft des Systems, sondern mit einem Austauschprozess zwischen einem System und seiner Umgebung verbunden ist. Mit der Beendigung des Austauschprozesses ist keine Arbeit mehr vorhanden! Als Ergebnis des Austauschprozesses bleibt eine Energieänderung in dem System zurück.

Berechnet man die Arbeit nach Gl. 4.13, so muss man voraussetzen, dass das System in jedem Augenblick des Prozesses einen eindeutigen Druck besitzt. Dies ist allerdings nur möglich, wenn der Prozess nicht allzu schnell abläuft. Würde man beispielsweise den in Abb. 4.7 unten dargestellten Kolben extrem schnell nach rechts bewegen, so würden zunächst nur solche Gasmoleküle dem Kolben folgen können, deren Geschwindigkeit senkrecht zum Kolben mindestens gleich der Kolbengeschwindigkeit ist. Bei extrem schneller Kolbenbewegung wären dies nur einige Moleküle, sodass sich das Gas in Kolbennähe verdünnen würde, in einiger Entfernung vom Kolben aber praktisch überhaupt keine Druckabsenkung erführe. In diesem Fall ist der jeweilige Zustand des Gases nicht durch eindeutige Werte des Druckes charakterisiert, und man kann das Integral nach Gl. 4.13 nicht bilden, da kein eindeutiger Zusammenhang zwischen p und V existiert. Innerhalb des Systems herrscht kein Gleichgewicht hinsichtlich des Druckes. Derartige Prozesse, die so rasch ablaufen, dass man die dabei durchlaufenden Zustände nicht durch eindeutige Werte der Zustandsgrößen beschreiben kann, lassen sich mit den Methoden der Thermodynamik nicht behandeln.

Durch die Kolbenbewegung wird bei Ausdehnung des Gases eine Druckabsenkung eingeleitet. Wie man in der Gasdynamik zeigt, breitet sich eine Druckänderung mit Schallgeschwindigkeit aus, die bei den meisten Substanzen einige 100 m/s beträgt. Bewegt man also den Kolben in dem erwähnten Beispiel viel langsamer als die Schallgeschwindigkeit, so ist der Zustand des Gases in jedem Augenblick durch einheitliche Werte des Druckes charakterisiert. Diese Bedingung ist in der Technik fast immer erfüllt.

Während der nicht allzu schnellen Kolbenbewegung herrscht zwar streng kein Gleichgewicht, andererseits sind aber die Abweichungen des Druckes von den Gleichgewichtswerten in jedem Augenblick der Zustandsänderung vernachlässigbar gering. Derartige Prozesse, bei denen die Abweichungen vom Gleichgewicht vernachlässigbar klein sind, nennt man *quasistatische Prozesse*.

In einem Zustandsdiagramm, z. B. einem p, V-Diagramm, ist ein quasistatischer Prozess bzw. der Verlauf der entsprechenden Zustandsänderung als Kurve darstellbar, Abb. 4.7, während man einen nichtquasistatischen Prozess überhaupt nicht darstellen kann, da dem Volumen keine eindeutigen Werte des Druckes zugeordnet sind.

Ist in Gl. 4.13 $dV < 0$, so verringert sich das Volumen des Systems, und es wird dem System Arbeit zugeführt. Diese ist positiv. Ist $dV > 0$, so expandiert das System und verrichtet Arbeit, die negativ gezählt wird.

Abb. 4.8 Zur Berechnung der
Nutzarbeit

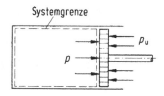

Bezieht man die Volumenänderungsarbeit auf die Masse des Systems, so erhält man die spezifische Volumenänderungsarbeit zur Änderung des Zustands von 1 nach 2

$$l_{v12} = \frac{L_{v12}}{M} = - \int_1^2 p\, dv\,. \tag{4.14}$$

Expandiert das von einem Zylinder eingeschlossene Gas in einer Umgebung vom Druck p_u (Abb. 4.8), so muss gegen diesen Druck Arbeit verricht werden. Diese wird von dem expandierenden Gas abgegeben. Bei Änderung des Gasvolumens von V_1 zu V_2 beträgt sie

$$-p_u(V_2 - V_1)$$

und dient dazu, das Umgebungsmedium vom Druck p_u wegzuschieben. Die vom expandierenden Gas verrichtete Arbeit

$$- \int_1^2 p\, dV$$

ist also nur zum Teil als Arbeit L_{n12} an der Kolbenstange verfügbar, der andere Teil wird als Verschiebearbeit an die Umgebung abgegeben. Somit gilt

$$L_{v12} = - \int_1^2 p\, dV = L_{n12} - p_u(V_2 - V_1)\,,$$

und man erhält nur den Teil

$$L_{n12} = - \int_1^2 p\, dV + p_u(V_2 - V_1) \tag{4.15}$$

als sogenannte *Nutzarbeit* an der Kolbenstange.

Wird umgekehrt das Gas komprimiert, so ist an der Kolbenstange eine Arbeit aufzuwenden, die um die Verschiebearbeit kleiner ist als die dem Gas zugeführte Arbeit, da von der Umgebung dem Gas noch der Anteil $-p_u(V_2 - V_1) > 0$ zugeführt wird.

4.2.3   Wellenarbeit

Ein geschlossenes oder offenes System kann Arbeit mit der Umgebung auch durch Drehen einer Welle austauschen. Die Welle, die beispielsweise mit einem Motor in der Umgebung

Abb. 4.9 Verrichtung von Wellenarbeit **a** an einem geschlossenen System, **b** an einem offenen System

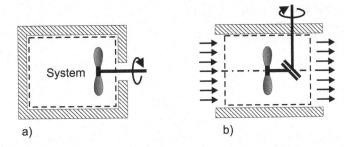

a)   b)

verbunden ist, ragt dabei über die Systemgrenze in das System hinein. Durch die Drehung der Welle wird das Volumen des Systems nicht verändert, also keine Volumenänderungsarbeit verrichtet.

Abbildung 4.9 zeigt ein geschlossenes (a) und ein offenes (b) System, in das jeweils eine Welle aus der Umgebung hineinragt, hier beispielsweise zum Antrieb eines Rührers. Die mittels der Welle transportierte Arbeit nennt man *Wellenarbeit* L_w. Wird sie vom System aufgenommen, so erhöht sie die Systemenergie. Wellenarbeit ist gleich dem Produkt aus Drehmoment M_d und Drehwinkel $d\alpha$

$$dL_w = M_d \, d\alpha \, . \qquad (4.16)$$

Da man unter der Leistung $P = dL/d\tau$ die je Zeiteinheit verrichtete Arbeit und unter der Ableitung des Drehwinkels nach der Zeit die Winkelgeschwindigkeit $\omega = d\alpha/d\tau$ versteht, gilt für die Wellenleistung

$$P_w = M_d \, \omega \, . \qquad (4.17a)$$

Häufig gibt man statt der Winkelgeschwindigkeit die Drehzahl n einer Welle in s^{-1} an. Es ist

$$\omega = 2\pi n \, ,$$

worin ω die Winkelgeschwindigkeit ist (Einheit s^{-1}). Damit erhält man die verrichtete Leistung an der Welle zu

$$P_w = M_d 2\pi n \, . \qquad (4.17b)$$

4.2.4 Elektrische Arbeit

Abbildung 4.10 zeigt das im vorherigen Kapitel im Zusammenhang mit der Wellenarbeit skizzierte geschlossene System, wobei nun der Elektromotor zum Antrieb der Welle mit in das System einbezogen wurde.

In diesem Fall wird über die Systemgrenze keine Wellenarbeit sondern elektrische Arbeit transportiert, die an den Transport elektrischer Ladungen geknüpft ist. Diese Art des

Abb. 4.10 Verrichtung von
elektrischer Arbeit an einem
geschlossenen System

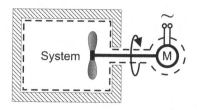

Energietransports wird in einem elektrischen Leiter zwischen zwei Orten unterschiedlichen elektrischen Potentials hervorgerufen. Liegt in obigem Beispiel an dem Elektromotor die Potentialdifferenz bzw. Spannung U_{el} in Volt an und fließt der elektrische Strom der Stärke I in Ampere, so ist die an das System übertragene elektrische Leistung

$$P_{el} = U_{el}\,I\,. \tag{4.18}$$

Die elektrische Arbeit, die in einer Zeit $d\tau$ übertragen wird, ist demnach

$$dL_{el} = U_{el}\,I\,d\tau = U_{el}\,dQ_{el}\,, \tag{4.19a}$$

wobei Q_{el} die elektrische Ladung kennzeichnet, die über die Systemgrenze transportiert wird. Sind Spannung und Stromstärke konstant, so gilt für die in einer Zeitspanne $\Delta\tau = \tau_2 - \tau_1$ übertragene Arbeit

$$L_{el,12} = U_{el}I\Delta\tau\,. \tag{4.19b}$$

Setzt man hierin den Zusammenhang $R_{el} = U_{el}/I$ zwischen elektrischem Widerstand R_{el} eines elektrischen Leiters, der Spannung und der Stromstärke ein, so ergibt sich die elektrische Arbeit zu

$$L_{el,12} = R_{el}I^2\Delta\tau = (U_{el}^2/R_{el})\Delta\tau\,. \tag{4.19c}$$

Während der Elektromotor in unserem Beispiel dazu dient, elektrische Arbeit in Wellenarbeit und letztlich in Systemenergie umzuwandeln, ist die Aufgabe eines Generators der umgekehrte Umwandlungsprozess. Ein System, welches einen Generator umschließt, kann also elektrische Energie abgeben. Auf den Arbeitstransport im Zusammenhang mit einer elektrochemischen Zelle wird gesondert im Abschn. 4.2.5.3 eingegangen.

4.2.5 Weitere Arbeitsformen

Außer durch Volumenänderungs-, Wellen- oder elektrische Arbeit kann an Systemen in vielfältiger anderer Weise Arbeit verrichtet werden, und es kann sich als Folge deren Zustand und Systemenergie ändern. Im Folgenden sollen einige charakteristischen Beispiele betrachtet werden.[4]

---

[4] Die folgenden Ausführungen bis zum Abschn. 4.2.5.6 können beim ersten Studium überschlagen werden, vgl. Fußnote 3.

Abb. 4.11 Dehnung eines
Stabes

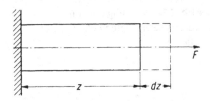

4.2.5.1   Arbeit durch elastische Verformung eines Stabes

Ein elastischer Stab von der Länge z und dem Querschnitt A werde durch eine Kraft F um
die Strecke dz verlängert, Abb. 4.11. Die längs des Weges zugeführte Arbeit ist

$$dL = F\,dz = \frac{F}{A}\frac{dz}{z}\,Az = \sigma\,d\varepsilon\,V \qquad (4.20a)$$

wenn $\sigma = f/A$ die Spannung, $d\varepsilon = dz/z$ die Dehnung und V das Volumen des Stabes sind.
Entlastet man den Stab, so gibt er die zugeführte Arbeit wieder ab. Um (Gl. 4.20a) integrieren zu können, muss man wissen, wie die jeweilige Spannung σ von der zugehörigen
Dehnung ε abhängt. Verläuft der Prozess annähernd bei konstanter Temperatur, so sind –
wie die Erfahrung lehrt – Spannungen und Dehnungen des elastischen Stabes einander
proportional.

$$\sigma = E^* \varepsilon \quad \text{oder} \quad \frac{F}{A} = E^* \frac{dz}{z}\,.$$

Man bezeichnet diesen Zusammenhang zwischen Spannung und Dehnung bekanntlich als
Hooksches Gesetz. Der Proportionalitätsfaktor ist der *Elastizitätsmodul E**. Die Größe der
angreifenden Kraft ist proportional der Längenänderung. Die Arbeit ist somit

$$dL = E^* \varepsilon\,d\varepsilon\,V\,,$$

woraus durch Integration

$$L = E^* V \frac{\varepsilon_1^2}{2} = V \frac{1}{2}\sigma_1 \varepsilon_1$$

folgt, wenn jetzt mit ε_1 die gesamte Dehnung $\Delta z/z$ und mit σ_1 die zugehörige Spannung
bezeichnet wird. Wenn wir in Richtung der Achsen x, y, z eines kartesischen Koordinaten-
systems die Normalspannungen mit σ_x, σ_y, σ_z und die Tangentialspannungen mit τ_x, τ_y, τ_z
bezeichnen, so ist die Arbeit an einem homogenen Körper vom Volumen V

$$dL = (\sigma_x d\varepsilon_x + \sigma_y d\varepsilon_y + \sigma_z d\varepsilon_z + \tau_x d\gamma_x + \tau_y d\gamma_y + \tau_z d\gamma_z)V\,, \qquad (4.20b)$$

wobei $\varepsilon_x, \varepsilon_y, \varepsilon_z, \gamma_x, \gamma_y, \gamma_z$ die von den jeweiligen Spannungen hervorgerufenen Verschiebungen parallel zu den Koordinatenachsen darstellen.

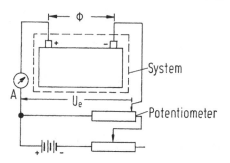

Abb. 4.12 Messung der von
einer Zelle erzeugten Potentialdifferenz

4.2.5.2   Arbeit zur Oberflächenvergrößerung einer Flüssigkeit

Während Moleküle im Inneren einer Flüssigkeit allseitig von Nachbarn umgeben sind, sodass sich Anziehungskräfte gegenseitig aufheben, sind die Oberflächenmoleküle von mehr
Nachbarn im Flüssigkeitsinneren als von solchen in Oberflächennähe umgeben. Auf die
Moleküle die sich innerhalb der Wirkungssphäre der Molekularkräfte (10^{-7} cm) unter einer Flüssigkeitsoberfläche befinden, wirkt daher eine einseitig ins Innere der Flüssigkeit
gerichtete resultierende Kraft, die um so größer ist, je geringer der Abstand von der Flüssigkeitsoberfläche ist. Moleküle in der Oberfläche einer Flüssigkeit besitzen daher eine höhere
potentielle Energie als Moleküle im Inneren, und man muss demnach Energie zuführen,
wenn man zur Vergrößerung von Oberflächen Moleküle aus dem Inneren an die Oberfläche bringt. Diese Energie können wir uns beispielsweise von äußeren Kräften zugeführt
denken, die eine Arbeit dL am System verrichten.

Bei isothermer Zustandsänderung nimmt hierdurch die Energie des Systems zu. Die
Energiezunahme ist gleich der aufzuwendenden Arbeit und direkt proportional der Flä-
chenvergrößerung dA

$$dL = \sigma' \, dA. \tag{4.21}$$

Die Oberflächenspannung σ' ist eine Zustandsgröße und hängt hauptsächlich von der
Temperatur ab.

4.2.5.3   Arbeit an einer elektrochemischen Zelle

In einer elektrochemischen Zelle, beispielsweise dem Akkumulator einer Kraftfahrzeuges,
ist elektrische Energie gespeichert, die zur Arbeitsleistung verwendet werden kann. Im
Inneren der Zelle laufen chemische Reaktionen ab, mit denen wir uns hier nicht näher
befassen wollen. Durch sie wird an den Klemmen der Batterie eine Potentialdifferenz Φ
erzeugt. Um diese messen zu können, wird mit Hilfe der in Abb. 4.12 skizzierten Potentiometerschaltung die äußere Spannung U_{el} gerade so eingestellt, dass über das Galvanometer
A kein Strom fließt. Der Spannungsabfall der Potentiometerschaltung ist dann gleich der
Potentialdifferenz Φ. Die Zelle gibt keine Energie nach außen ab, und es wird ihr keine
Energie zugeführt. Macht man nun die Potentialdifferenz um einen infinitesimalen Anteil
kleiner als Φ, so kann eine elektrische Ladung dQ_{el} durch den äußeren Kreis von der posi-

tiven zur negativen Elektrode transportiert werden. Die von der Zelle abgegebene Energie kann als Arbeit verrichtet werden; diese ist

$$dL_{el} = \Phi\, dQ_{el}\,. \tag{4.22}$$

Sie ist negativ, da die Ladung der Zelle in unserem Beispiel um dQ_{el} abnimmt. Macht man die äußere Potentialdifferenz etwas größer als das Potential Φ, so wird die Ladung in umgekehrter Richtung transportiert, sodass dQ_{el} positiv ist und dem System Energie zugeführt wird. Die an der Oberfläche des Systems angreifende „Kraft" ist in diesem Fall das elektrische Potential. Die Aufnahme oder Abgabe von Ladung bewirkt einen Transport elektrisch geladener Teilchen in der Zelle. Die transportierte Ladung ist proportional der Ladung eines Teilchens, der sogenannten *elektrochemischen Valenz z*, und außerdem der Anzahl dn der transportierten Teilchen (Stoffmenge)

$$dQ_{el} = Fz\, dn\,.$$

Der Proportionalitätsfaktor

$$F = e\, N_A = (9{,}6485309 \pm 0{,}000029)\cdot 10^7\ \text{C/kmol}$$

ist die *Faraday-Konstante* ($1\,\text{C} = 1\,\text{Coulomb} = 1\,\text{A s} = 1\,\text{J/V}$), die sich aus der *Elementarladung* $e = (1{,}60217733 \pm 0{,}0000049)\cdot 10^{-19}$ C und der *Avogadro-Konstanten* $N_A = (6{,}0221367 \pm 0{,}000036)\cdot 10^{26}$ ergibt.

Die elektrische Leistung ist

$$\frac{dL_{el}}{d\tau} = \Phi\frac{dQ_{el}}{d\tau} = \Phi I\,,$$

wenn I die Stromstärke in Ampere ist. Das Potential Φ der Zelle ist eine Eigenschaft des Systems und hängt hauptsächlich von der Temperatur ab. Über gewisse Bereiche der Ladung ist das Potential konstant, sodass die geleistete Arbeit dort

$$L_{el} = \Phi\, Q_{el} = \Phi \int_{\tau_1}^{\tau_2} I\, d\tau$$

ist.

4.2.5.4 Arbeit durch Polarisation in einem Dielektrikum

Bringt man zwischen die Platten eines geladenen und dann von der Stromquelle getrennten Kondensators einen Isolator, beispielsweise eine Glas- oder Kunststoffplatte, Abb. 4.13, so sinkt die Spannung. Entfernt man die Platte, so stellt sich wieder der ursprüngliche Wert der Spannung ein; dem Kondensator ist also keine Ladung entzogen worden. Entlädt man andererseits einen auf die Spannung U_{el} geladenen Kondensator, zwischen dessen Platten

Abb. 4.13 Dieletrikum in
einem Plattenkondensator

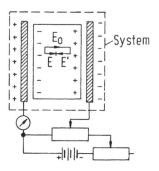

vor der Aufladung ein Dielektrikum geschoben wurde, so ist die Ladung größer als die des
auf die gleiche Spannung aufgeladenen Kondensators ohne Dielektrikum. Offensichtlich
wird durch das Dielektrikum die Kapazität vergrößert, gleichzeitig sinkt bei vorgegebener
Ladung die Spannung. Physikalische Ursache für diese Erscheinung ist die Polarisation der
Moleküle des Dielektrikums unter dem Einfluss des elektrostatischen Feldes. Man kann
sich diesen Vorgang so vorstellen, als ob an der Oberfläche eines jeden Moleküls positive
und negative Ladungen gebildet würden. In Richtung des elektrischen Feldes entstehen positive, in entgegengesetzter Richtung negative Ladungen. Da im Inneren des Dielektrikums
stets eine positive einer negativen Ladung gegenübersteht, kompensieren sich diese, und
es bleibt nur die Oberflächenladung übrig. Sie bewirkt eine Abschwächung der Feldstärke E_0 ohne Dielektrikum um den Anteil E', sodass als resultierende Feldstärke, Abb. 4.13,
$E = E_0 - E'$, übrig bleibt. Definitionsgemäß ist die Feldstärke E in jedem Punkt eines Feldes ihrer Größe und Richtung nach dadurch festgelegt, dass man die Kraft F misst, die in
diesem Punkt auf eine kleine ruhende Probeladung Q_{el} wirkt

$$F = Q_{el} E \,.$$

Da wegen des Satzes von der Erhaltung der Energie die Arbeit verschwindet, welche
man verrichten muss, um eine Ladung Q_{el} über eine geschlossene Kurve zu bewegen,
$\oint F \, dz = 0$, ist auch $\oint E \, dz = 0$. Es existiert also eine Zustandsgröße

$$\Phi = - \int_1^2 E \, dz \,,$$

die man das *elektrische Potential* nennt. Es ist $E = -\operatorname{grad} \Phi$, also beim Plattenkondensa-
tor $|E| = U_{el}/z$, wenn U_{el} die elektrische Spannung und z der Plattenabstand sind. Nach
Einschieben des Dielektrikums muss sich mit der Feldstärke auch die Spannung verringern. Denkt man sich den in Abb. 4.13 gezeichneten Kondensator an eine Spannungs-
quelle angeschlossen und deren Spannung U_{el} über ein Potentiometer gleich der Kon-
densatorspannung gewählt, so wird dem Kondensator weder Ladung zu- noch abgeführt,
und das Galvanometer ist stromlos. Erhöht man die Spannung des äußeren Kreises, um
einen kleinen Betrag, so kann eine Ladung dQ_{el} aufliefßen, und es wird dem System eine

Arbeit

$$dL = U_{el}\, dQ_{el} \tag{4.23a}$$

zugeführt. Um diese Gleichung integrieren zu können, muss man wissen, wie die Ladung Q_{el} von der Spannung U_{el} abhängt. Wie die Elektrostatik lehrt, ist die Ladung unabhängig davon, ob ein Dielektrikum vorhanden ist oder nicht, und proportional der Spannung U_{el}. Sie ist abhängig von der geometrischen Gestalt und der gegenseitigen Anordnung der Flächen des Kondensators, die wir durch den geometrische Faktor A' kennzeichnen

$$Q_{el} = \varepsilon_m A' U_{el}\,. \tag{4.23b}$$

Die Größe ε_m ist ein Proportionalitätsfaktor, den man aufspaltete in $\varepsilon_m = \varepsilon\,\varepsilon_0$, wobei ε_0 ein fester Wert ist. Den Faktor ε bezeichnet man als Dielektrizitätskonstante. Sie kennzeichnet die Polarisation des als isotrop vorausgesetzten Dielektrikums. Isotrop bedeutet, dass die Stoffeigenschaften des Mediums in abgeschlossenen Volumengebieten ortsunabhängig und in allen Richtungen im Material gleich groß sind. Die Stoffeigenschaften können allenfalls an Grenzflächen unstetig sein. Die Dielektrizitätskonstante ε ist eine Funktion von Druck, Temperatur und Zusammensetzung des Dielektrikums. Für Flüssigkeiten und feste Körper ist allerdings die Temperaturabhängigkeit über weite Zustandsbereiche nicht sehr stark. Für Gase ist ε nur eine Funktion der Dichte, $\varepsilon = \varepsilon(\rho)$, die ihrerseits über die thermische Zustandsgleichung $f(p, \rho, T) = 0$ mit Druck und Temperatur verknüpft ist. Der Zustand des Systems, welches aus Kondensator und einem Dielektrikum besteht, wird also durch fünf Variablen, nämlich durch $Q_{el}, U_{el}, p, \rho, T$ beschrieben, von denen drei unabhängig sind, da die thermische Zustandsgleichung und Gl. 4.23b zwei weitere Beziehungen zwischen den Variablen darstellen. Befindet sich ein Vakuum zwischen den Kondensatorflächen, so ist $\varepsilon = 1$. Die Größe ε_0 nennt man auch die *absolute Dielektrizitätskonstante des Vakuums*. Sie ist eine Fundamentalkonstante der Physik und hat den Wert

$$\varepsilon_0 = \frac{10^7}{4\pi/c_0^2}\, C^2/(N\,m^2) = 8{,}854187817 \cdot 10^{-12}\, C^2/(N\,m^2)\,,$$

wobei $1\,C = 1$ Coulomb $= 1$ Ampèresekunde und c_0 der Zahlenwert der Lichtgeschwindigkeit

$$c = 2{,}99792458 \cdot 10^8\, m/s$$

ist.

Den geometrischen Faktor A' in Gl. 4.23b findet man in Lehrbüchern des Elektromagnetismus vertafelt. Für den Plattenkondensator ist $A' = A/z$, wenn A die Fläche einer Platte und z der Plattenabstand sind. Für den Ausdruck $\varepsilon\,\varepsilon_0 A'$ setzt man auch das Zeichen C und nennt diese Größe die Kapazität des Kondensators

$$C = \varepsilon\,\varepsilon_0 A'\,.$$

Es ist also die Ladung

$$Q_{el} = C U_{el}.$$

Für die Ladung eines Kondensators ohne Dielektrikum gilt entsprechend

$$Q_{el} = C_0 U_{el}$$

mit der Kapazität $C_0 = \varepsilon_0 A'$.

Unter Beachtung von $Q_{el} = C U_{el}$ erhält man die Arbeit aus Gl. 4.23a

$$L_{el} = \frac{1}{C} \frac{Q_{el}^2}{2} = \frac{1}{2} C U_{el}^2 = \frac{1}{2} \varepsilon C_0 U_{el}^2$$

Um die Betrachtung auf kontinuierliche Systeme zu erweitern, in denen sich die Felder örtlich ändern dürfen, muss man die örtlichen Parameter für das elektrische Feld einführen. Grundsätzlich könnte man das Feld an jedem Ort durch die in Abb. 4.13 eingezeichneten Feldstärken E_0, E und E' beschreiben. Es hat sich aber als zweckmäßiger erwiesen, statt der Vektoren E_0 und E' zwei neue Größen einzuführen, nämlich die *dielektrische Verschiebung* D und die *Polarisation* P.

Die dielektrische Verschiebung eines elektrischen Feldes an irgendeiner Stelle denkt man sich dadurch ermittelt, dass man an diese Stelle einen kleinen Plattenkondensator bringt und diesen so im Felde dreht, dass die Ladung der Platten ein Maximum wird. Der Betrag der dielektrischen Verschiebung ist dann gleich der Ladung dividiert durch die Fläche des Kondensators; der Vektor steht senkrecht auf der Kondensatorebene und zeigt von der positiven zur negativen Ladung. In isotropen Medien fallen die Richtungen von E und D zusammen. In einem Vakuum ist

$$|D_0| = \frac{Q_{el}}{A} = \frac{\varepsilon_0 A' U_{el}}{A} = \frac{\varepsilon_0 A U_{el}}{zA} = \varepsilon_0 \frac{U_{el}}{z} = \varepsilon_0 |E_0|,$$

und $D_0 = \varepsilon_0 E_0$.

Für einen materieerfüllten Raum gilt diese Beziehung nicht mehr, da sich die Ladung ändert. Dort gilt entsprechend

$$D = \varepsilon \varepsilon_0 E = \varepsilon_m E,$$

wenn wir ein isotropes Medium und einen eindeutigen Zusammenhang zwischen D und E voraussetzen, d. h. wenn wir ferroelektrische Substanzen ausschließen. Statt die obige Gleichung zu verwenden, führt man ganz allgemein (für isotrope und anisotrope Medien) einen neuen Vektor ein durch die Gleichung

$$D = \varepsilon_0 E + P$$

und nennt P die *elektrische Polarisation*. Für das Vakuum ist $P = 0$. Für isotrope Medien ist ε_m ein Skalar und

$$D = \varepsilon_m E = \varepsilon_0 E + P \quad \text{oder} \quad P = \varepsilon_0 (\varepsilon - 1) E = \psi E.$$

Die dimensionslose Größe

$$\frac{\psi}{4\pi\varepsilon_0} = \frac{\varepsilon - 1}{4\pi}$$

nennt man häufig auch elektrische Suszeptibilität.

Man findet sie in vielen Lehrbüchern vertafelt. Der Faktor 4π ist dadurch zu erklären, dass die meisten früheren Betrachtungen von Feldern von Kugelkondensatoren ausgingen. Man hat dann den Faktor 4π, der sich hierbei ergibt, aus historischen Gründen beibehalten. Um die Energie an irgendeiner Stelle des Feldes zu berechnen, denken wir uns an diese Stelle einen kleinen Plattenkondensator gebracht und diesen so orientiert, dass die Ladung ein Maximum wird. Bei einer kleinen Spannungsänderung wird Ladung verschoben, und die Energieänderung ist in einem isotropen Medium genauso groß wie die Arbeit dL, die verrichtet werden könnte

$$dL = U_{el}\, dQ_{el} = \frac{U_{el}}{z} d\left(\frac{Q_{el}}{A}\right) Az = E\, dD\, V,$$

wenn $V = Az$ das vom Kondensator eingeschlossene Volumen ist. Damit ist die Arbeit je Volumeneinheit

$$dL^v = \frac{dL}{dV} = \boldsymbol{E} \cdot d\boldsymbol{D}.$$

In einem anisotropen Medium sind die Vektoren $\boldsymbol{D}$ und $\boldsymbol{E}$ nicht parallel zueinander und die Arbeit je Volumeneinheit

$$dL^v = (\boldsymbol{E} \cdot d\boldsymbol{D}).$$

Dieses Ergebnis sei, da es plausibel ist, ohne Beweis angeführt. Für den vollständigen Beweis benötigt man die sogenannten *Maxwellschen Gleichungen*. Im gesamten Feld ist also die Arbeit, die das Volumen V verrichten könnte

$$L = \int_{(V)} (\boldsymbol{E} \cdot d\boldsymbol{D})\, dV,$$

wobei die Integration über den ganzen Raum zu erstrecken ist. Für isotrope Medien war $\boldsymbol{D} = \varepsilon_m \boldsymbol{E} = \varepsilon_0 \varepsilon \boldsymbol{E}$; damit ist die Arbeit je Volumeneinheit oder die Energiedichte in isotropen Medien im elektrostatischen Feld:

$$L^v = \frac{1}{2}\varepsilon_0 \varepsilon \boldsymbol{E}^2.$$

4.2.5.5 Magnetisierungsarbeit

Als einfaches Beispiel betrachten wir einen ringförmig gebogenen Stab vom Querschnitt A, über den N Windungen einer Spule der Länge l_1 geschoben sind, Abb. 4.14. Um die Windungen der stromdurchflossenen Spule entsteht ein magnetisches Feld, dessen Kraftlinien im Innern der Spule parallel verlaufen, wenn man voraussetzt, dass die Spule sehr lang im

Abb. 4.14 Zur Berechnung
der Arbeit bei der Magnetisierung

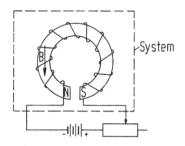

Vergleich zu ihrem Durchmesser ist. Entsprechend der elektrischen Feldstärke wird in dem
Stab ein magnetisches Feld induziert, dessen Richtung definitionsgemäß vom Südpol zum
Nordpol weist. Die Materie wird polarisiert, und es entstehen kleine Elementarmagnete.
Da sich im Innern des Stabes stets Nordpol und Südpol der Elementarmagnete gegenüber-
stehen, kompensieren sich diese, und es bleiben nur an den Enden des Stabes freie Pole.
Analog zur elektrischen Feldstärke, die in der Elektrodynamik definiert ist durch die Kraft
$F = Q_e E$ auf eine kleine Probeladung Q_e, definiert man eine magnetische Induktion B
durch folgende Vorschrift:

Man bringt einen vom Strom I durchflossenen Draht der Länge dz in ein magnetisches
Feld und misst die auf diesen Draht ausgeübte Kraft. Wie die Erfahrung zeigt, steht die
Kraft senkrecht auf der Ebene, welche von dem Drahtstück und dem magnetischen Feld
aufgespannt wird. Man definiert daher

$$dF = I \, dz \, B \sin \varphi \, ,$$

worin φ der Winkel zwischen den Vektoren z und B ist. In der Vektorrechnung schreibt
man dafür abkürzend

$$dF = I \, dz \times B \, .$$

Nach den heutigen Vorstellungen (Nahewirkungstheorie) von den elektromagnetischen
Erscheinungen ist das Feld des Vektors B auch dann vorhanden, wenn man seine Existenz nicht durch Kraftmessungen nachweisen kann. Wie Versuche zeigen, ist die magnetische Feldstärke, wenn man extreme Stromstärken in dem ringförmig gebogenen Stab
ausschließt, proportional der Zahl N der Windungen, der Stromstärke I und umgekehrt
proportional der Länge der Spule,

$$B = \mu_m \, NI / l_1 \, .$$

Hierbei wird vorausgesetzt, dass der Stab aus einem isotropen Medium besteht. Ferromagnetische Substanzen, deren Feldstärke noch von der Vorgeschichte abhängt, werden durch
die obige Beziehung nicht erfasst. Den Proportionalitätsfaktor μ_m spaltet man analog zum
Dielektrikum in zwei Faktoren auf, $\mu_m = \mu_0 \mu$, und nennt μ die Permeabilität. Sie ist von

Temperatur, Druck und Zusammensetzung des Mediums abhängig. Im Vakuum ist $\mu = 1$ und daher

$$B_0 = \mu_0 \, NI/l_1 \, .$$

Den Term NI/l_1 nennt man auch magnetische Feldstärke H. Sie ist ein Vektor, dessen Richtung im Stab definitionsgemäß vom Südpol zum Nordpol der Spule führt. Man kann daher auch schreiben

$$\boldsymbol{B} = \mu_m \boldsymbol{H} = \mu_0 \, \mu \boldsymbol{H}$$

und

$$\boldsymbol{B}_0 = \mu_0 \boldsymbol{H}_0 \, .$$

Die Größe μ_0 ist eine universelle Konstante und wird magnetische Fundamentalkonstante, Induktionskonstante oder magnetische Permeabilität des Vakuums genannt. Ihr Zahlenwert ist

$$\mu_0 = 4\pi 10^{-7} \, \frac{Js^2}{C^2 m} = 4\pi 10^{-7} \, \frac{VS}{Am} = 10^{-4} \, (Vs/m^2) \frac{10^{-3}}{4\pi A/m} \, .$$

Es bedeuten: C = Coulomb; V = Volt; A = Ampère.

Ändert man die Stromstärke in der Spule, so hat dies eine Änderung der magnetischen Induktion zur Folge. Nach den Maxwellschen Gleichungen erzeugt aber ein zeitlich veränderliches Magnetfeld ein elektrisches Feld

$$\oint \boldsymbol{E} \, dz = -\frac{d}{dt} \int_{(A)} \boldsymbol{B} \, dA \, .$$

In den Windungen der Spule wird eine elektrische Spannung

$$U_{el} = NA(dB/dt)$$

induziert. Da mit der Änderung der Stromstärke gleichzeitige eine Ladung verschoben wird, ändert sich die Energie um den Anteil dE, den man sich als Arbeit

$$dL = U_{el} \, dQ_{el} = NA\frac{Hl_1}{d\tau} \, dQ_{el} = NA\frac{dQ_{el}}{d\tau} \, dB = NAI \, dB$$

zugeführt denken kann. Mit der Definition der magnetischen Feldstärke $H = NI/l_1$ geht diese Beziehung über in

$$dL = NA\frac{Hl_1}{N} \, dB = VH \, dB = VH\mu_m \, dH \tag{4.24a}$$

wenn $V = Al_1$ das von der Spule eingeschlossene Volumen ist. Integration ergibt die Arbeit die ein Körper vom Volumen V verrichten könnte

$$L = V\mu_m\frac{H^2}{2} = V\mu_m\frac{N^2}{l_1^2}\frac{I^2}{2} = \frac{1}{2}\mu_m\frac{AN^2}{l_1} I^2 \, . \tag{4.24b}$$

Die vorigen Betrachtungen sollen nun auf kontinuierliche Systeme erweitert werden. Man muss dann wie zuvor beim elektrostatischen Feld örtliche Parameter für das magnetische Feld einführen. Die magnetische Induktion wurde bereits zuvor definiert und auf eine Kraft zurückgeführt. Eine Analogie zur elektrischen Ladung gibt es nicht. Man kann aber die Wirkung eines Magnetfeldes auf einen Körper anschaulich deuten, indem man sich in dem Körper kleine Magnete vorstellt, die aus magnetischem Nord- und Südpol bestehen und die sich ähnlich wie die elektrischen Dipole verhalten. Diese magnetischen Dipole denkt man sich auf kleine Punktdipole idealisiert, damit man die Materie als Kontinuum ansehen kann. Die Induktion B setzt sich zusammen aus dem Anteil B_0, der auch ohne Materie, also im Vakuum, vorhanden ist, und einem Anteil B', der von den magnetischen Dipolen herrührt. Das Magnetfeld wird somit durch drei Vektoren beschrieben, von denen zwei voneinander unabhängig sind. Statt der Vektoren B_0 und B führt man üblicherweise zwei andere Vektoren ein, deren Existenz man sich mit Hilfe der folgenden Überlegungen veranschaulichen kann:

Auf die Dipole wird in einem äußeren Magnetfeld ein Drehmoment ausgeübt, und sie richten sich so aus, dass das Drehmoment verschwindet. Diese Tatsache kann man nun ausnutzen, um analog zur elektrischen Verschiebung einen Vektor H für das Magnetfeld einzuführen. Dazu denkt man sich an die Stelle des Magnetfeldes, an der man die Feldstärke ermitteln will, den magnetischen Dipol durch eine kleine zylindrische Spule ersetzt, die aus N Windungen besteht und deren Länge l_1 groß ist im Verhältnis zum Durchmesser. Man schickt einen elektrischen Strom durch die Spule und ändert die Stromstärke I und die Richtungen der Spule so lange, bis das auf die Spule ausgeübte Drehmoment verschwindet, d. h. bis das ursprüngliche Magnetfeld durch das Spulenfeld kompensiert wird. Den Ausdruck IN/l_1 definiert man als Betrag der magnetischen Feldstärke H, sie ist definitionsgemäß vom Südpol zum Nordpol gerichtet. Die an der betreffenden Stelle induzierte Feldstärke B, die auf eine Kraftmessung zurückgeführt wird, ist von der so definierten Feldstärke verschieden. Um Induktion und Feldstärke miteinander verknüpfen zu können, führt man einen neuen Vektor M ein, über die Definitionsgleichung

$$B = \mu_0 H + M \,, \tag{4.25}$$

und nennt M die Magnetisierung. Sie stellt das Analogon zur elektrischen Polarisation P dar. Gleichung 4.25 besagt, dass das induzierte Feld aus zwei Anteilen besteht, wovon der eine $\mu_0 H$ auf das vom elektrischen Strom erzeugte Magnetfeld zurückzuführen ist und der andere M von den magnetischen Dipolen in der Materie herrührt. Im Vakuum ist $B_0 = \mu_0 H_0$ und $M = 0$. Untersucht man isotrope Medien, schließt man also ferromagnetische Substanzen aus, so ist die Permeabilität μ ein Skalar und

$$B_0 = \mu_m H = \mu_0 \mu H$$

und somit wegen Gl. 4.25

$$M = \mu_0 (\mu - 1) H = \chi H \,.$$

Die Größe

$$\frac{\chi}{4\pi\mu_0} = \frac{\mu - 1}{4\pi}$$

nennt man auch *magnetische Suszeptibilität*. Sie ist in vielen Lehrbüchern vertafelt. Der Faktor 4π ist dadurch zu erklären, dass man genau wie bei den Betrachtungen über elektrische Felder früher die magnetischen Felder an kugelförmigen Körpern studierte und später den Faktor 4π, der sich hierbei ergibt, aus historischen Gründen beibehielt. Die magnetische Suszeptibilität ist negativ bei diamagnetischen Stoffen; dort ist die Magnetisierung der Feldstärke proportional, aber ihr entgegen gerichtet. Bei paramagnetischen Stoffen ist die magnetische Suszeptibilität positiv, Magnetisierung und Feldstärke sind einander proportional und gleich gerichtet. Außerdem gilt, dass die Suszeptibilität nach dem Curieschen Gesetz für viele Stoffe bei nicht allzu tiefen Temperaturen umgekehrt proportional der absoluten Temperatur ist, $\chi = c/T$.

Bei ferromagnetischen Stoffen ist die Magnetisierung der Feldstärke gleichgerichtet, aber ihr nicht mehr proportional. Die Suszeptibilität ist keine Konstante, sondern eine Funktion der Feldstärke und der Vorgeschichte der Magnetisierung. Sie ist im Gegensatz zur Suszeptibilität dia- und paramagnetischer Stoffe auch keine Zustandsgröße.

Um die *Arbeit zur Magnetisierung* an irgendeiner Stelle eines Feldes berechnen zu können, denken wir uns ein Volumenelement der Materie an dieser Stelle von einer stromdurchflossenen Spule eingeschlossen, deren Feld so beschaffen ist, dass das Feld der Umgebung unverändert erhalten bleibt. Dann muss sich, wie wir gesehen hatten, bei einer kleinen Änderung der Stromstärke die Energie um den Anteil dE ändern, der zur Verrichtung von Arbeit dienen kann

$$dL = V H \, dB \tag{4.26}$$

oder für die Arbeit je Volumeneinheit

$$dL^{\mathrm{v}} = H \, dB, \tag{4.27a}$$

wenn H und B gleichgerichtet sind. In einem anisotropen Medium, in dem Feldstärke und Induktion nicht gleichgerichtet sind, muss man, wie man in der Elektrodynamik mit Hilfe der Maxwellschen Gleichungen zeigt, die Arbeit als inneres Produkt der Vektoren $\boldsymbol{H}$ und $d\boldsymbol{B}$ bilden

$$dL^{\mathrm{v}} = (\boldsymbol{H} \cdot d\boldsymbol{B}). \tag{4.27b}$$

Im gesamten Feld vom Volumen V ist daher die Arbeit

$$L = \int_{(V)} (\boldsymbol{H} \cdot d\boldsymbol{B}) \, dV, \tag{4.28}$$

wobei die Integration über das Volumen V zu erstrecken ist. Für isotrope Medien war $\boldsymbol{B} = \mu_0 \mu \boldsymbol{H}$ und damit

$$L^{\mathrm{v}} = \frac{1}{2} \mu_0 \mu H^2. \tag{4.29}$$

4.2.5.6 Arbeit durch elektomagnetische Felder

Die Energie in elektromagnetischen Feldern ist gleich der Summe der Arbeiten, welche man für den Aufbau des elektrischen Feldes und des Magnetfeldes verrichten muss. Entsprechend der beiden vorherigen Abschnitte gilt

$$L = \int_{(V)} \left[(\boldsymbol{E} \cdot d\boldsymbol{D}) + (\boldsymbol{H} \cdot d\boldsymbol{B}) \right] dV \, .$$

In isotropen Medien ist die Arbeit je Volumeneinheit L^{v}, die sogenannte Energiedichte

$$L^{\mathrm{v}} = \frac{1}{2} \left(\varepsilon_0 \varepsilon E^2 + \mu_0 \mu H^2 \right), \tag{4.30a}$$

woraus man die Arbeit, welche man dem Volumen zugeführt hat, durch Integration erhält zu

$$L = \frac{1}{2} \int_{(V)} \left(\varepsilon_0 \varepsilon E^2 + \mu_0 \mu H^2 \right) dV \, . \tag{4.30b}$$

4.2.6 Verallgemeinerung des Begriffes Arbeit und die dissipierte Arbeit

In den vorigen Abschnitten wurde die Arbeit bei verschiedenen physikalischen Vorgängen berechnet. In jedem Fall ließ sich die an dem System verrichtete Arbeit durch den Ausdruck von der Form

$$dL = F_{\mathrm{k}} \, dX_{\mathrm{k}} \tag{4.31}$$

darstellen, worin man F_{k} als „generalisierte Kraft" und dX_{k} als „generalisierte Verschiebung" bezeichnet. Die generalisierten Kräfte sind, wie die vorigen Beispiele zeigten, intensive, die generalisierten Verschiebungen extensive Zustandsgrößen. Die Größen X_{k} sind die Koordinaten, über die das System Energie in Form von Arbeit aus der Umgebung aufnehmen oder an sie abgeben kann. Man bezeichnet X_{k} daher auch als *Austauschvariable*.

Voraussetzung bei unseren Betrachtungen war, dass man den generalisierten Kräften in jedem Augenblick einen eindeutigen Wert der generalisierten Verschiebung zuordnen kann, da man nur dann die am System verrichtete Arbeit berechnen kann. Extrem schnelle Zustandsänderungen waren also von den Betrachtungen ausgeschlossen. Gleichung 4.31 ist die „verallgemeinerte Arbeit" bei quasistatischen, reibungsfreien Prozessen. Die insgesamt am System verrichtete Arbeit ist gleich der Summe aller n einzelnen Arbeiten

$$dL = \sum_{k=1}^{n} F_{\mathrm{k}} \, dX_{\mathrm{k}} \, . \tag{4.32}$$

In Tab. 4.1 sind verschiedene Formen der Arbeit, die generalisierten Kräfte und Verschiebungen und in Klammern ihre Einheiten im Internationalen Einheitensystem zusammengestellt.

Tabelle 4.1 Verschiedene Formen der Arbeit – Einheiten im Internationalen Einheitensystem sind in Klammern [] angegeben

Art der Arbeit	Generalisierte Kraft	Generalisierte Verschiebung	Verrichtete Arbeit
Lineare elastische Verschiebung	Kraft, F [N]	Verschiebung dz [m]	$dL = Fdz = \sigma d\varepsilon V$ [N m]
Wellenarbeit	Drehmoment, M_{d} [N m]	Drehwinkel, $d\alpha$ [–]	$dL_{\mathrm{w}} = M_{\mathrm{d}} d\alpha$ [N m]
Volumenänderungs-arbeit	Druck, p [N/m^2]	Volumen, dV [m^3]	$dL_{\mathrm{v}} = -p\, dV$ [N m]
Elektrische Arbeit	Spannung, U_{el} [V]	Ladung Q_{el} [C]	$dL_{\mathrm{el}} = U_{\mathrm{el}} dQ_{\mathrm{el}}$ [Ws] in einem linearen Leiter vom Widerstand R_{el} $dL_{\mathrm{el}} = U_{\mathrm{el}} I\, d\tau$ $= R_{\mathrm{el}} I^2\, d\tau$ $= (U_{\mathrm{el}}^2 / R_{\mathrm{el}})\, d\tau$
Oberflächenver-größerung	Oberflächenspannung, σ' [N/m]	Fläche A [m^2]	$dL = \sigma'\, dA$ [N m]
Magnetisierungsarbeit	Magnetische Feldstärke $\boldsymbol{H}_0$ [A/m]	Magnetische Induktion $d\boldsymbol{B} = d\,(\mu_0 \boldsymbol{H} + \boldsymbol{M})$ [V s/m^2]	$dL^{\mathrm{v}} = \boldsymbol{H}\, d\boldsymbol{B}$ [W s/m^3]
Elektrische Polarisation	Elektrische Feldstärke $\boldsymbol{E}$ [V/m]	Dielektrische Verschiebung $d\boldsymbol{D} = d\,(\varepsilon_0 \boldsymbol{E} + \boldsymbol{P})$ [A s/m^2]	$dL^{\mathrm{v}} = \boldsymbol{E}\, d\boldsymbol{D}$ [W s/m^3]

Zur Berechnung der an einem System verrichteten Arbeit und der damit verbundenen Energieänderung eines Systems mussten in jedem der bisher behandelten Fälle gewisse Idealisierungen vorgenommen werden, z. B. dass die Prozesse reibungsfrei ablaufen. In der Praxis sind die meisten Prozesse jedoch reibungsbehaftet, z. B. alle Prozesse, bei denen Bauteile bewegt werden.

Im Fall der Kompression bzw. Expansion eines in einem Zylinder eingeschlossenen Gases (siehe Abschn. 4.2.2) ist beispielsweise die vom Gas aufgenommene bzw. abgegebene Volumenänderungsarbeit $L_{\mathrm{v}12} = -\int_1^2 p\, dV$ nur dann gleich der von der Umgebung abgegebenen bzw. aufgenommenen Arbeit L_{12}, wenn der Kolben reibungsfrei gleitet.

Bei der reibungsbehafteten Kompression muss von der Umgebung an der Kolbenstange mehr Arbeit aufgewendet werden, als dem Gas tatsächlich in Form von Volumenänderungsarbeit zugeführt wird. Bei der reibungsbehafteten Expansion ist die über die Kolbenstange an die Umgebung abgegebene Arbeit geringer als die vom Gas abgegebene Volumenänderungsarbeit. Die Differenz ist die zur Überwindung der Reibung erforderliche

Reibungsarbeit L_R. Somit gilt im betrachteten Fall

$$L_{12} = - \int_1^2 p\, dV + L_{R12}\,. \tag{4.33}$$

Infolge der Reibung zwischen Zylinder und Kolben erhitzen sich diese und damit auch das Gas, sodass die Reibungsarbeit zur Erhöhung der in der Zylinderwand, dem Kolben und dem Gas „gespeicherten Energie" dient. Reibungsarbeit kann dem System somit stets nur zugeführt und nie entnommen werden. Sie ist daher immer positiv und nur im Grenzfall des reibungsfreien Prozesses Null, d. h. $L_{R12} \geq 0$. Analog gilt in Erweiterung von Abschn. 4.2.3 bei reibungsbehaftetem Transport von Wellenarbeit

$$L_{12} = \int_1^2 M_d\, d\alpha + L_{R12}\,. \tag{4.34}$$

Auch die Arbeit zur Dehnung eines Stabes ist nur dann gleich der von uns berechneten, wenn nicht noch zusätzlich Arbeit aufzuwenden ist, um die Reibung im Inneren des Stabes zu überwinden. Beim Laden oder Entladen einer elektrochemischen Zelle hatten wir den elektrischen Widerstand der Zuführungsleitung vernachlässigt. Jeder Vorgang, bei dem elektrische Ladungen verschoben werden, hat aber zur Folge, dass sich Elektronen durch einen Leiter bewegen und dabei Energie an das Gitter abgeben.

In allen genannten Fällen wird Energie „dissipiert" (zerstreut), d. h. nicht in die gewünschte, sondern in eine andere Energie umgewandelt. Es tritt ein erhöhter Energieaufwand oder ein verminderter Energiegewinn durch „Dissipation" auf, den wir mit L_{diss} bezeichnen, und *die an einem System tatsächlich zu verrichtende Arbeit setzt sich aus den bisher berechneten, dissipationsfreien Arbeiten, und der Dissipationsarbeit* zusammen. Die gesamte an einem System verrichtete Arbeit ist somit

$$dL = \sum_{k=1}^{n} F_k\, dX_k + dL_{diss}\,. \tag{4.35}$$

Dieser Ausdruck ist eine Definitionsgleichung für die Dissipationsarbeit L_{diss} und stellt die allgemeinste Beziehung für die Arbeit eines Systems dar. Danach besteht die *Gesamtarbeit dL*, die ein System mit seiner Umgebung austauscht, aus dem dissipationsfreien Anteil $\sum_{k=1}^{n} F_k\, dX_k$, der über die Koordinaten X_k transportiert wird, und der Dissipationsarbeit dL_{diss}. Wird ein System durch einen Prozess vom Zustand 1 in den Zustand 2 überführt, so folgt durch Integration die am System verrichtete Gesamtarbeit zu

$$L_{12} = \sum_{k=1}^{n} \int_1^2 F_k\, dX_k + L_{diss,12}\,. \tag{4.36}$$

Wie aus den obigen Ausführungen hervorgeht, ist Reibungsarbeit eine spezielle Form von Dissipationsarbeit, und Gl. 4.33 und 4.34 sind damit Sonderfälle von Gl. 4.36. Reibungsarbeit ist zur Überwindung von Schubspannungen erforderlich. Dissipationsarbeit ist der allgemeinere Begriff, da wie oben ausgeführt, auch bei Prozessen ohne Reibung Energie dissipiert werden kann. Überdies wird, wie wir in Abschn. 10.3 noch sehen werden, bei reibungsbehafteten Prozessen nur der Arbeitsanteil der Spannungen, der eine Verformung (Deformation) bewirkt, dissipiert. Auch wollen wir die gelegentlich zu findende Bezeichnung „Energieverlust" durch Dissipation vermeiden, da keine Energie verlorengeht. Die dissipierte Energie findet sich nur als andere häufig unerwünschte Energie im System wieder. Wir können allgemein auch sagen, die dissipierte Arbeit fließt nicht über die gewünschte Arbeitskoordinate [in Gl. 4.35 über die Koordinate X_k] in das System[5]. Wie die Reibungsarbeit, als Sonderfall der Dissipationsarbeit, so ist auch die Dissipationsarbeit stets positiv oder im Grenzfall des dissipationsfreien Prozesses gleich null, da dissipierte („zerstreute") Energie nicht wieder gebündelt und in Form von Arbeit über die Systemgrenze an die Umgebung abgegeben werden kann, d. h.

$$dL_{\text{diss}} \geq 0 \, .$$

Um die dissipierte Arbeit zu berechnen, muss man die im System ablaufenden inneren Vorgänge studieren. Das ist in vielen Fällen zu aufwändig oder unmöglich wegen der Kompliziertheit der Vorgänge; man behilft sich daher in der Technik meistens mit Erfahrungswerten oder wie in der Thermodynamik der irreversiblen Prozesse mit mathematischen Ansätzen, deren Brauchbarkeit letztlich nur durch das Experiment überprüft werden kann.

4.3 Wärme

Entsprechend Abb. 4.1 konnte Energie in Form von Arbeit L, Wärme Q und an einen Massenstrom gebundene Energie E_M über die Systemgrenze transportiert werden. Der Energietransport in Form von Wärme kommt zustande, wenn das System eine von der Umgebungstemperatur verschiedene Temperatur hat und es nicht ideal wärmeisoliert ist. Ein ideal wärmeisoliertes System, also ein System, das keinen Wärmetransport über die Systemgrenze zulässt, nennt man ein *adiabates System*. Beim nicht ideal wärmeisolierten System, dem *diabaten System*, führt eine Temperaturdifferenz zur Umgebung zu einem Wärmetransport vom Ort höherer Temperatur zum Ort niederer Temperatur[6]. Vereinbarungsgemäß kennzeichnen wir eine dem System *zugeführte Wärme* als *positiv*, eine *abgeführte* als *negativ*. Wärme kann durch verschiedene Transportmechanismen übertragen werden: durch Wärmeleitung in einem ruhenden Körper, durch konvektiven Wärmeübergang an ein strömendes Medium und durch nicht an Materie gebundene Wärmestrahlung.

[5] Vgl. hierzu: Baehr, H.D.: Über den thermodynamischen Begriff der Dissipationsenergie. Kältetechn.-Klimatisierung 23 (1971) Nr. 2, 38–42.
[6] In Abschn. 10.2 werden wir zeigen, dass ein Wärmetransport in umgekehrter Richtung unmöglich ist.

Die zwischen einem System und seiner Umgebung übertragene Wärmemenge Q ist im Falle der Wärmeleitung und des konvektiven Wärmeübergangs proportional zur Temperaturdifferenz zwischen Umgebung und System, $(T_u - T_{sys})$. Im Falle von Wärmestrahlung ist sie proportional zur Differenz der vierten Potenzen dieser Temperaturen. Darüber hinaus bestimmen z. B. Stoffeigenschaften und der geometrische Aufbau der beteiligten Systeme die übertragene Wärmemenge. Ausführlich werden diese Zusammenhänge in Kap. 15 behandelt.

Eine je Zeiteinheit $d\tau$ übertragene Wärmemenge dQ nennt man *Wärmestrom*,

$$\dot{Q} = \frac{dQ}{d\tau}. \tag{4.37}$$

Die während einer Zustandsänderung vom Zustand 1 zum Zustand 2 zugeführte Wärmemenge ist Q_{12}. Da Wärme, wie Arbeit auch, keine Systemeigenschaft oder Zustandsgröße sondern eine Prozessgröße ist, ist mit Abschluss eines Prozesses bzw. einer Zustandsänderung keine Wärme mehr vorhanden. Möglicherweise hat sich jedoch durch den Wärmetransport während des Prozesses die Systemenergie verändert. Es ist also falsch von der „Wärme eines Systems" zu sprechen! Gemeint ist hierbei wohl die innere Energie, ebenso wie z. B. bei den fälschlicherweise umgangssprachlich verwendeten Begriffen „Wärmeinhalt" oder „gespeicherte Wärme".

4.4 An Materietransport gebundene Energie und die Zustandsgröße Enthalpie

Wie in Abb. 4.1 dargestellt wurde kann während eines Prozesses zwischen einem System und dessen Umgebung Energie auch dadurch übertragen werden, dass Masse über die Systemgrenze transportiert wird. Da jede Masse Energie beinhaltet, wird diese mit der Masse selbst transportiert. Die Massenabgabe von einem offenen System an die Umgebung ist somit auch mit Energieabgabe verbunden und umgekehrt. Betrachten wir ein offenes System nach Abb. 4.15, in welches über die Systemgrenze hinweg ein kleines Massenelement ΔM eingeschoben wird. Im Zustand 1 befinde sich das Massenelement gerade außerhalb des Systems. Durch Verschiebung wird es nun über die Systemgrenze transportiert und im Zustand 2 ist es im Inneren des Systems. Wir untersuchen nun, welcher Energietransport an diesen Materietransport geknüpft ist.

Das Massenelement ΔM beinhaltet selbst Energie, die mit ihm über die Systemgrenze transportiert wird. Diese setzt sich aus innerer Energie sowie kinetischer und potentieller Energie des Massenelementes zusammen,

$$\Delta M \left(u + \frac{w^2}{2} + gz \right).$$

Abb. 4.15 Offenes System
mit Transport eines kleinen
Massenelementes ΔM

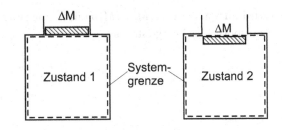

Zur Verschiebung des Massenelementes über die in Abb. 4.15 skizzierte Systemgrenze gegen den im System herrschenden Druck p muss Arbeit aufgewendet werden. Hierdurch wird das Medium im System um das von dem Massenelement ΔM eingenommene Volumen ΔV komprimiert. Die erforderliche *Verschiebearbeit* ist folglich gleich der Volumenänderungs- bzw. Kompressionsarbeit $p\Delta V = pv\Delta M$, die dem System zugeführt wird.

Dem System wird also während der Zustandsänderung von 1 nach 2 mit dem Massenelement ΔM insgesamt folgende Energie zugeführt:

$$\Delta E_M = E_2 - E_1 = pv\Delta M + \Delta M \left(u + \frac{w^2}{2} + gz \right). \qquad (4.38)$$

Umgekehrt würde diese Energie beim Verlassen des Massenelementes ΔM dem System entzogen.

Man kann die an den Materietransport gebundene Energie, die über die Systemgrenze übertragen wird, demnach zusammenfassen zu

$$\Delta E_M = \Delta M \left(u + pv + \frac{w^2}{2} + gz \right). \qquad (4.39)$$

Die spezifische innere Energie u sowie der Druck p und das spezifische Volumen v sind Zustandsgrößen. Somit ist auch die Summe $u + pv$ eine Zustandsgröße. Man nennt diese Größe *spezifische Enthalpie*,

$$h = u + pv. \qquad (4.40a)$$

Die entsprechende extensive Zustandsgröße ergibt sich durch Multiplikation mit der Masse zu

$$H = U + pV. \qquad (4.40b)$$

Damit kann Gl. 4.39 auch wie folgt geschrieben werden:

$$\Delta E_M = \Delta M \left(h + \frac{w^2}{2} + gz \right). \qquad (4.41)$$

Wird ein Massenstrom $\dot{M} = dM/d\tau$ über eine Systemgrenze transportiert, so ist damit der Transport eines Energiestromes

$$\dot{E}_M = \dot{M}\left(h + \frac{w^2}{2} + gz\right) \tag{4.42}$$

verbunden.

4.5 Beispiele und Aufgaben

Beispiel 4.1

Gas wird in einem Zylinder von 6 bar auf 2 bar entspannt. Der Prozess sei quasistatisch. Druck und Volumen ändern sich wie folgt:

p in bar	6	5	4	3	2
V in dm^3	0,5	0,88	1,13	1,34	1,5

Der Umgebungsdruck sei 1 bar. Man berechne die Nutzarbeit an der Kolbenstange. Es ist $L_{n12} = -\int_1^2 p\,dV + p_u\,(V_2 - V_1)$.

Da die Werte p, V numerisch gegeben sind, verwandeln wir zur näherungsweisen Berechnung das Integral in eine Summe $L_{n12} \cong -\sum_1^2 p\Delta V + p_u\,(V_2 - V_1)$. Dann setzen wir für p jeweils den Mittelwert zwischen zwei Drücken ein, ΔV ist die zugehörige Volumendifferenz.

$$L_{n12} \cong [-(5,5 \cdot 0,38 + 4,5 \cdot 0,25 + 3,5 \cdot 0,21 + 2,5 \cdot 0,16)$$
$$+ 1 \cdot (1,5 - 0,5)] \cdot 10^5\,\text{N/m}^2 \cdot 10^{-3}\,\text{m}^3 = -335\,\text{Nm}.$$

Anmerkung: Wenn man $p\,(V)$ durch ein Interpolationspolynom ersetzt, erhält man statt dessen den etwas genaueren Wert $L_{n12} \cong -338\,\text{Nm}$.

Aufgabe 4.1

Ein senkrecht stehender Zylinder mit $d = 20\,\text{cm}$ Innendurchmesser enthält ein Gas. Er ist durch einen reibungslos frei beweglichen Kolben der Masse $M = 1\,\text{kg}$ verschlossen. Der Umgebungsdruck am Kolben beträgt $p_u = 1\,\text{bar}$. Mit einer elektrischen Heizung wird das Gas beheizt, so dass es sich ausdehnt. Dadurch verschiebt sich der Kolben um $\Delta z_{12} = 2,5\,\text{cm}$ nach oben.

Wie groß ist die Volumenänderungsarbeit, die am Gas verrichtet wird, und wie groß ist die Nutzarbeit am Kolben? Um welchen Wert nimmt die potentielle Energie des Kolbens beim Anheben zu?

Methode der Bilanzierung und der erste Hauptsatz der Thermodynamik

5

Der erste Haupsatz der Thermodynamik ist der *Satz von der Erhaltung der Energie*. In diesem Kapitel werden wir den ersten Hauptsatz der Thermodynamik in verschiedenen Formen kennenlernen, verbal und mathematisch sowie allgemein gültig und für Sonderfälle.

Die mathematischen Formen des ersten Hauptsatzes beruhen auf der Bilanzierung der Größe Energie, wobei der Bilanzraum ein zuvor definiertes thermodynamisches System ist.

5.1 Die allgemeine Struktur einer Bilanzgleichung

Bilanzgleichungen sind immer gleich aufgebaut, unabhängig davon, welche Größe X bilanziert wird. Solche Größen können beispielsweise die Masse, die Energie, die Entropie oder auch Geld sein.

Der erste Schritt zur Erstellung einer Bilanz ist die Festlegung der Bilanzierungsgröße und des Bilanzraumes. Der monatliche Kontoauszug Ihres Bankkontos stellt beispielsweise nichts anderes als eine Bilanz der Geldmenge über die Zeitspanne eines Monats dar. Der Bilanzraum ist das Konto. Überweisungen von anderen Konten und Einzahlungen erhöhen die Geldmenge und Auszahlungen verringern sie.

Auf die Thermodynamik übertragen ist der Bilanzraum das thermodynamische System. Wird eine Menge der Bilanzierungsgröße X aus der Umgebung über die Systemgrenze transportiert, so erhöht sich die Menge X im System. Wird sie aus dem System über dessen Grenze an die Umgebung abgeführt, so verringert sich die Menge X im System. Außerdem können – sofern vorhanden – Quellen bzw. Senken im System die Menge X im System erhöhen bzw. verringern. Bei der Bilanzierung einer Teilmasse im System, beispielsweise der Masse des Gases CO_2, würde eine Reaktion unter Bildung von CO_2 (z. B. Verbrennung) einer Quelle, eine Reaktion unter Verbrauch von CO_2 (z. B. eine Photosynthese) einer Senke entsprechen. Eine Energiequelle oder -senke gibt es nicht.

P. Stephan, K. Schaber, K. Stephan, F. Mayinger, *Thermodynamik*, Springer-Lehrbuch, DOI 10.1007/978-3-642-30098-1_5, © Springer-Verlag Berlin Heidelberg 2013

Abb. 5.1 Zur Bilanzierung der Größe X im Bilanzraum bzw. System mit der Systemgrenze SG

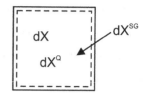

Die allgemeine Struktur einer Gleichung zur Bilanzierung der Größe X in einem System lautet somit in differentieller Form

$$dX = \sum_{k=1}^{n} dX_k^{\text{SG}} + dX^{\text{Q}}, \qquad (5.1)$$

wobei dX^{Q} den Quellterm beschreibt und k verschiedene Transporte dX_k^{SG} über die Systemgrenze erfasst werden. Abbildung 5.1 veranschaulicht die Bilanzierungsmethode. Alle Transportgrößen dX_k^{SG}, die dem System aus der Umgebung über die Systemgrenze zufließen, werden mit positivem Vorzeichen versehen, alle Größen, die aus dem System in die Umgebung fließen, mit negativem Vorzeichen. Betrachtet man eine Zustandsänderung des Systems vom Zustand 1 in den Zustand 2, so eignet sich besonders gut die Bilanzgleichung in der Form

$$X_2 - X_1 = \sum_{k=1}^{n} X_{k12}^{\text{SG}} + X_{12}^{\text{Q}}, \qquad (5.2)$$

die sich aus der Integration von Gl. 5.1 zwischen den Grenzen 1 und 2 ergibt.

Betrachtet man einen kontinuierlichen Prozess über eine gewisse Zeitspanne $d\tau$, so wählt man im Allgemeinen die Bilanzgleichung in der Form

$$\frac{dX}{d\tau} = \sum_{k=1}^{n} \dot{X}_k^{\text{SG}} + \dot{X}^{\text{Q}}. \qquad (5.3)$$

Der Term $dX/d\tau$ beschreibt die zeitliche Änderung der Größe X im System. Man bezeichnet diesen Term auch als *Speicherterm*. Der Term $\dot{X}_k^{\text{SG}}$ beschreibt die Zu- oder Abströme der Bilanzgröße X über die Systemgrenze je Zeiteinheit. $\dot{X}_k^{\text{SG}}$ ist somit eine *Stromgröße*. Der Quellterm $\dot{X}^{\text{Q}}$ beschreibt die je Zeiteinheit im Innern des Systems gebildete oder vernichtete Menge der Bilanzgröße X.

5.2 Formulierung des ersten Hauptsatzes und die technische Arbeit

Der erste Hauptsatz der Thermodynamik beschreibt eines der elementarsten und wichtigsten Prinzipien der Physik:

▸ **Merksatz** Das Prinzip von der Erhaltung der Energie.

Energie kann nicht erzeugt und nicht zerstört werden.

Ein Sonderfall des ersten Hauptsatzes ist der bekannte *Energiesatz der Mechanik*, der die Umwandlung kinetischer Energie eines starren Körpers in potentielle Energie oder den umgekehrten Vorgang beschreibt.

Wie die Erfahrung lehrt, ändert sich die Energie E eines im Schwerefeld reibungsfrei bewegten starren Körpers stets so, dass die Summe aus kinetischer und potentieller Energie konstant bleibt. Eine Abnahme der kinetischen Energie hat eine Zunahme der potentiellen und umgekehrt eine Zunahme der kinetischen eine Abnahme der potentiellen Energie zur Folge, und es gilt:

$$E = E_{\text{kin}} + E_{\text{pot}} = \text{const}.$$

Man nennt diesen Zusammenhang den *Energiesatz der Mechanik*. Er ist ein Erfahrungssatz und kann daher nicht bewiesen werden. Als Beweis für die Richtigkeit ist allein die Tatsache anzusehen, dass alle Folgerungen aus dem Energiesatz mit der Erfahrung übereinstimmen.

Die Thermodynamik erfordert eine Erweiterung des Energiesatzes der Mechanik, um zusätzlich die Änderung der inneren Energie eines Systems und den Energieaustausch mit der Umgebung des Systems in Form von Wärme, Arbeit und an Materietransport gebundene Energie zu erfassen. Das Prinzip der Energieerhaltung lautet dann in allgemeiner Form:

▶ **Merksatz** Jedes System besitzt eine extensive Zustandsgröße Energie. Diese Systemenergie ändert sich nur durch Zu- oder Abfuhr von Energie über die Systemgrenze.

Überträgt man in diesem Sinne die allgemeine Struktur der Bilanzgleichung (5.1) auf die Bilanzierungsgröße Energie, so folgt für die Änderung der Systemenergie E

$$dE = dQ + dL + \sum_{k=1}^{n} dM_k \left(u_k + \frac{w_k^2}{2} + g z_k \right), \tag{5.4a}$$

da über die Systemgrenze nur die Energieformen Wärme Q, Arbeit L und mit Masse M_k transportierte Energie (siehe Abschn. 4.4) ausgetauscht werden und Energiequellen oder -senken nicht existieren können.

Betrachtet man ein abgeschlossenes System, also ein System, über dessen Systemgrenzen keine Energie transportiert werden kann, so ergibt die Energiebilanzgleichung

$$dE = 0.$$

Eine häufig verwendete Formulierung des ersten Hauptsatzes lautet daher:

▶ **Merksatz** In einem abgeschlossenen System ist die Summe aller Energieänderungen gleich null.

Diese Formulierungen des ersten Hauptsatzes sind, ebenso wie der Energiesatz der Mechanik als Sonderfall des ersten Hauptsatzes, Erfahrungssätze.

Die Arbeit dL in der Energiebilanzgleichung (5.4a) ist die gesamte am System verrichtete Arbeit und beinhaltet auch die in Abschn. 4.4 erläuterte Verschiebearbeit $pv\,dM$, die mit dem Transport der Masse dM über die Systemgrenze verknüpft ist. Wie in Abschn. 4.4 gezeigt wurde, lässt sich diese Verschiebearbeit mit Hilfe der Definition der Zustandsgröße Enthalpie, $h = u + pv$, in geschickter Weise mit dem Term $dM(u + w^2/2 + gz)$ zu einem Term $dM(h + w^2/2 + gz)$ zusammenfassen. Damit lässt sich die Energiebilanzgleichung (5.4a) auch wie folgt schreiben:

$$dE = dQ + dL_t + \sum_{k=1}^{n} dM_k \left(h_k + \frac{w_k^2}{2} + gz_k \right), \qquad (5.4b)$$

wobei man die hierin verwendete Arbeit dL_t als *technische Arbeit* bezeichnet, da diese in durchströmten technischen Apparaten z. B. als Nutzen abgeführt werden kann oder als Aufwand zugeführt werden muss. Die technische Arbeit dL_t umfasst demnach alle Formen von Arbeit, die am System verrichtet werden, mit Ausnahme der Verschiebearbeit $pv\,dM$, die an den Transport der Masse dM über die Systemgrenze gekoppelt ist.

Für offene Systeme gilt somit der Zusammenhang

$$dL_t = dL - \sum_{k=1}^{n} p_k v_k \, dM_k \qquad (5.5)$$

zwischen der Gesamtarbeit dL und der technischen Arbeit dL_t. Für geschlossene Systeme unterscheiden sich Gesamtarbeit und technische Arbeit nicht, d. h.

$$dL_t = dL.$$

5.3 Der erste Hauptsatz für geschlossenen Systeme

Bei geschlossenen Systemen ist ein Materietransport über die Systemgrenze per Definition unmöglich. Die Energiebilanz nach Gl. 5.4a vereinfacht sich wegen $dM = 0$ für ein geschlossenes System daher zu

$$dE = dQ + dL \qquad (5.6a)$$

Da sich die Systemenergie E nach Gl. 4.1 aus innerer Energie, kinetischer Energie und potentieller Energie zusammensetzt, ist

$$dU + dE_{kin} + dE_{pot} = dQ + dL. \qquad (5.6b)$$

Beschreibt man die Änderung eines Systems von Zustand 1 in den Zustand 2, so wählt man die integrierte Form der Energiebilanzgleichung,

$$E_2 - E_1 = U_2 - U_1 + E_{kin,2} - E_{kin,1} + E_{pot,2} - E_{pot,1} = Q_{12} + L_{12}. \qquad (5.7)$$

Abb. 5.2 Zum Energiesatz der Mechanik

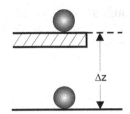

Sie entspricht der allgemeinen Form der Bilanzgleichung (5.2). Beschreibt man einen kontinuierliche Prozess über die Zeitspanne $d\tau$, so wählt man die Form analog zur allgemeinen Bilanzgleichung (5.3)

$$\frac{dE}{d\tau} = \frac{dU}{d\tau} + \frac{dE_{kin}}{d\tau} + \frac{dE_{pot}}{d\tau} = \dot{Q} + P \qquad (5.8)$$

mit dem Wärmestrom $\dot{Q}$ und der Leistung P (Einheit W oder J/s). Die Gln. 5.6a bis 5.8 stellen die mathematische Formulierung des ersten Hauptsatzes für ein geschlossenes System dar.

Ein Sonderfall des kontinuierlichen Prozesses ist der *stationäre Prozess*. Stationär bedeutet, dass die Zustandsgrößen des Systems keine zeitlichen Änderungen erfahren, d. h. $dE/d\tau = 0$. In diesem Fall gilt für ein geschlossenes System

$$0 = \dot{Q} + P. \qquad (5.9)$$

Drei Beispiele mögen diese Zusammenhänge verdeutlichen:

Eine Kugel liege wie in Abb. 5.2 skizziert auf einem Podest der Höhe Δz über dem Erdboden. Die Kugel sei in diesem Zustand 1 in Ruhe. Das Podest wird reibungsfrei weggezogen, die Kugel fällt im Schwerefeld. Im Zustand 2 trifft sie gerade auf dem Erdboden auf mit der Geschwindigkeit w_2. Wir definieren nun die Kugel als System. In diesem Fall gilt, dass weder Wärme noch Arbeit während der Zustandsänderung transportiert werden, also $Q_{12} = 0$ und $L_{12} = 0$. Weiter gilt $E_{kin,1} = 0$, da die Kugel im Zustand 1 in Ruhe ist, und $U_2 = U_1$, da sich die innere Energie der Kugel nicht ändert.

Somit folgt aus Gl. 5.7

$$E_{kin,2} + E_{pot,2} - E_{pot,1} = 0$$

oder

$$M\frac{w_2^2}{2} + Mg(z_2 - z_1) = 0.$$

Damit lässt sich die Geschwindigkeit w_2 aus

$$\frac{w_2^2}{2} = g(z_1 - z_2) = g\Delta z$$

bestimmen zu

$$w_2 = \sqrt{2g\Delta z}.$$

Abb. 5.3 Arbeits- und
Wärmeaustausch mit der Umgebung

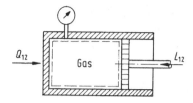

Wir haben in diesem Beispiel den Energiesatz der Mechanik als Sonderfall des ersten
Hauptsatzes betrachtet.

Nun denken wir uns das System Gas in Abb. 5.3 von einem Zustand 1 in einen Zustand 2
überführt, indem wir es mit einer Umgebung höherer oder tieferer Temperatur in Kontakt
bringen und gleichzeitig den Kolben verschieben. Während der Zustandsänderung werden
Wärme Q_{12} und Arbeit L_{12} mit der Umgebung ausgetauscht.

Die kinetische Energie des ruhenden Systems ist Null, $E_{kin,2} = E_{kin,1} = 0$. Die potentielle Energie ändert sich nicht, da die Lage des Systems unverändert bleibt, d. h. $E_{pot,2} -
E_{pot,1} = 0$. Es gilt daher entsprechend Gl. 5.7

$$U_2 - U_1 = Q_{12} + L_{12} \, . \tag{5.10a}$$

Zufuhr von Wärme und Arbeit bewirken also eine Erhöhung der inneren Energie, deren
Abfuhr eine Verringerung der inneren Energie. Bezieht man Wärme, Arbeit und innere
Energie auf die Masse M des Systems, so lautet der erste Hauptsatz für geschlossene ru-
hende Systeme

$$u_2 - u_1 = q_{12} + l_{12} \, . \tag{5.10b}$$

Setzt man weiter voraus, dass nur Volumenänderungsarbeit verrichtet wird und der Prozess nicht reibungsfrei abläuft, so kann man ausgehend von Gl. 4.36 die auf die Masse des
Systems bezogene Arbeit auch schreiben

$$l_{12} = - \int_1^2 p \, dv + l_{diss,12} \, .$$

Damit lautet der erste Hauptsatz in diesem besonderen Fall

$$u_2 - u_1 = q_{12} - \int_1^2 p \, dv + l_{diss,12} \, . \tag{5.11}$$

Im dritten Beispiel betrachten wir das System einer Flüssigkeit, Abb. 5.4, in die ein Rührer getaucht ist, der für eine bestimmte Zeit $d\tau$ kontinuierlich in Bewegung gesetzt wird.

Das System sei adiabat, $\dot{Q} = 0$, und der Einfachheit halber sei angenommen, dass der
Elektromotor, der den Rührer antreibt, seine bekannte elektrische Leistung P vollständig
in Wellenleistung umsetzt. Das System befinde sich zudem bezüglich seiner äußeren Koordinaten in Ruhe, d. h. $dE_{kin} = 0$ und $dE_{pot} = 0$. Damit vereinfacht sich der erste Hauptsatz

Abb. 5.4 Zum kontinuierlichen Prozess

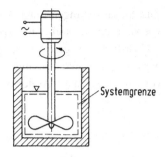

Systemgrenze

nach Gl. 5.8 zu

$$\frac{dU}{d\tau} = P.$$ (5.12)

Die Zufuhr von Wellenleistung führt hier demnach zur Erhöhung der inneren Energie der
Flüssigkeit.

5.4 Messung und Eigenschaften von innerer Energie und Wärme

Der erste Hauptsatz für geschlossene Systeme erlaubt es, eine Messvorschrift für die innere Energie und für die Wärme anzugeben. Zur *Messung der inneren Energie* betrachtet
man ein geschlossenes, adiabates System, das sich in Ruhe befindet. Der erste Hauptsatz in
differentieller Form lautet hierfür

$$dU = dL.$$ (5.13)

Erfährt das System eine Zustandsänderung von 1 nach 2, so folgt:

$$U_2 - U_1 = (L_{12})_{\text{ad}}.$$

Die einem geschlossenen adiabaten System zugeführte Arbeit $(L_{12})_{\text{ad}}$ dient folglich zur Erhöhung der inneren Energie. Umgekehrt stammt die von einem solchen System verrichtete
Arbeit aus seinem Vorrat an innerer Energie. Während die an einem System verrichtete Arbeit im Allgemeinen vom Verlauf der Zustandsänderung abhängt, ist die Arbeit bei
geschlossenen adiabaten Systemen nur durch den Anfangs- und Endzustand des Systems
gegeben und unabhängig vom Zustandsverlauf, da die innere Energie eine Zustandsgröße
ist. Die innere Energie eines Systems kann also bis auf eine additive Konstante dadurch gemessen werden, dass man das geschlossene System adiabat isoliert und dann die am System
verrichtete Arbeit bestimmt. Da man einen Zustand mit der Energie Null nicht herstellen kann, ist es nach dieser Methode nicht möglich, den Absolutwert der inneren Energie
zu ermitteln. Man legt daher willkürlich einen Bezugszustand für die innere Energie fest
und misst also Energiedifferenzen gegenüber diesem Zustand. Dass die auf diese Weise
ermittelte innere Energie noch eine additive Konstante enthält, ist belanglos, wenn man

Zustandsänderungen untersucht, da dann immer nur Differenzen von inneren Energien vorkommen und somit die Konstanten wegfallen[1].

Wird an dem geschlossenen adiabaten System Volumenänderungsarbeit während einer quasistatischen, reibungsfreien Zustandsänderung geleistet, ist also keine Dissipation vorhanden, so ist die Änderung der inneren Energie wegen Gl. 4.33

$$U_2 - U_1 = - \int_1^2 p \, dV \, .$$

Es gilt somit für das geschlossene adiabate System

$$p = -\left(\frac{dU}{dV}\right) .$$

Der Druck p ist somit bekannt, wenn man die innere Energie U eines solchen Systems in Abhängigkeit vom Volumen V kennt. Umgekehrt ist die inneren Energie bekannt, wenn man den Druck und das Volumen des Systems kennt. Man kann daher die innere Energie als Funktion der beiden unabhängigen Variablen p und V oder wegen der für Gase und Flüssigkeiten gegebener chemischer Zusammensetzung gültigen thermischen Zustandsgleichung $f(p, V, T) = 0$ auch als Funktion von Volumen und Temperatur darstellen

$$U = U(V, T) \, . \tag{5.14}$$

Diese Gleichung gilt allerdings nur unter der einschränkenden Voraussetzung, dass es sich um ein homogenes System handelt, das aus einem einheitlichen Stoff besteht. Wir nannten dies ein einfaches System. Andernfalls könnten weitere Variablen die innere Energie beeinflussen, z. B. die chemische Zusammensetzung, die elektrische oder die magnetische Feldstärke.

In Kap. 6 werden wir zeigen, dass die innere Energie idealer Gase nur von der Temperatur abhängt

$$U = U(T) \quad \text{(ideale Gase)} \, . \tag{5.15}$$

Dies ist in Übereinstimmung mit der kinetischen Deutung der inneren Energie nach Abschn. 4.1.2.

Zur Messung der Wärme bringt man das zuvor beschriebene, geschlossene adiabate System von einem Zustand 1, gekennzeichnet durch bestimmte Werte V_1, T_1 in einen Zustand 2, gekennzeichnet durch bestimmte Werte V_2, T_2. Hierfür galt

$$U_2 - U_1 = (L_{12})_{\mathrm{ad}} \, .$$

Nun entfernt man die Wärmeisolierung, sodass das System nicht mehr adiabat ist, und überführt es wieder vom Zustand 1 in den Zustand 2. Dabei misst man die am System

---

[1] Dies gilt im Allgemeinen nicht mehr, wenn chemische Reaktionen vorkommen.

verrichtete Arbeit L_{12}. Da das System nicht mehr adiabat ist, gilt jetzt

$$U_2 - U_1 = L_{12} + Q_{12} \,.$$

Vergleicht man beide Prozesse miteinander, so ist

$$(L_{12})_{ad} - L_{12} = Q_{12} \,.$$

Damit kann auch die Wärme mit Hilfe der bekannten Energieform Arbeit gemessen werden.

5.5   Die Massenbilanz für offene Systeme

Die *Gesamtmasse* eines geschlossenen Systems bleibt stets erhalten. Sie ist somit wie die Energie eine *Erhaltungsgröße*. Senken oder Quellen bezüglich der Gesamtmasse existieren nicht. Bei einem offenen System muss die Zu- oder Abnahme der Gesamtmasse des Systems gleich der Differenz aus den zugeführten und den abgeführten Massen sein. Entsprechend der allgemeinen Struktur einer Bilanzgleichung in differentieller Form, Gl. 5.1, bedeutet dies

$$dM = \sum_{k=1}^{n} dM_k^{SG} \qquad (5.16a)$$

oder

$$dM = \sum_{zu} dM_{zu} - \sum_{ab} dM_{ab} \,, \qquad (5.16b)$$

wenn man die verschiedenen über die Systemgrenze transportierten Massen dM_k^{SG} in zugeführte Massen dM_{zu} und abgeführte Massen dM_{ab} unterteilt und die in der Literatur für den Massentransport meist gewählte Vorzeichenkonvention[2] verwendet, nach der zugeführte und abgeführte Massen positiv sind, d. h. $dM_{zu} > 0$ und $dM_{ab} > 0$.

Für eine Änderung des Systemzustands von 1 nach 2 ergibt sich daraus

$$M_2 - M_1 = \sum_{zu} M_{zu,12} - \sum_{ab} M_{ab,12} \qquad (5.17)$$

und für einen kontinuierlichen Prozess

$$\frac{dM}{d\tau} = \sum_{zu} \dot{M}_{zu} - \sum_{ab} \dot{M}_{ab} \,. \qquad (5.18)$$

---

[2] In den folgenden Kapiteln werden die Größen dM_{zu} und dM_{ab} daher stets als positiv betrachtet, wenngleich dies streng genommen im Hinblick auf Abschn. 5.1 inkonsequent ist.

Abb. 5.5 Befüllen eines Behälters

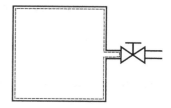

Handelt es sich um einen stationären Prozess, muss die zeitliche Änderung der Systemmasse Null sein, $dM/d\tau = 0$, und es gilt

$$0 = \sum_{zu} \dot{M}_{zu} - \sum_{ab} \dot{M}_{ab} \, . \tag{5.19}$$

Bei einem stationären Prozess muss also die Summe der zuströmenden Massenströme
gleich der Summe der abströmenden Massenströme sein.

Betrachten wir hierzu zwei Beispiele, das Befüllen eines zunächst evakuierten Behälters,
Abb. 5.5, und das stationäre Durchströmen eines Verdichters, Abb. 5.6.

Der Behälter in Abb. 5.5 sei im Zustand 1 evakuiert. Zum Befüllen wird ein zunächst
geschlossenes Ventil geöffnet und Luft strömt aus der Umgebung in den Behälter bis Druck-
gleichgewicht herrscht (Zustand 2). Im Zustand 1 war die Masse im System $M_1 = 0$, und
es wurde während der Zustandsänderung ausschließlich Masse zu- und nicht abgeführt.
Nach Gl. 5.17 gilt folglich

$$M_2 = M_{zu,12} \, .$$

Der stationär arbeitende Verdichter in Abb. 5.6 fördere ein Gas, wobei es auf einen höheren
Druck verdichtet wird. Nach Gl. 5.19 gilt in diesem Fall

$$\dot{M}_{zu} = \dot{M}_{ab} \, ,$$

da bei einem stationären Prozess keine Masse im System gespeichert wird, d. h. $dM/d\tau = 0$.

Wenngleich wir im Band 1 dieses Buches nur Einstoffsysteme behandeln, so sei bezüglich der Massenbilanz hier dennoch kurz auf die Besonderheiten von Mehrstoffsystemen
eingegangen. Zusätzlich zur Bilanzierung der Gesamtmasse eines Systems, Gl. 5.16a
bis 5.19, kann es bei Mehrstoffsystemen notwendig sein, für jede Stoffkomponente i eine
Bilanz der *Teilmasse* M_i dieser Komponente zu erstellen. Durch Stoffwandlungsprozesse
im System können im System einzelne Teilmassen erzeugt werden oder verschwinden.

Abb. 5.6 Stationärer Verdichter

Beispiele sind eine Verbrennung von Kohlenstoff C unter Bildung von CO_2, eine „kalte" Verbrennung von Wasserstoff H_2 in einer Brennstoffzelle unter Bildung von H_2O oder eine Photosynthese unter Abbau von CO_2. In den Bilanzen der Teilmassen sind also ein Quell- bzw. Senkenterm zu berücksichtigen. In Analogie zu den Bilanzgleichungen für die Gesamtmasse (5.16a) und (5.16b) gilt somit für jede Komponente i eine Bilanzgleichung für die Teilmasse M_i

$$dM_i = \sum_{k=1}^{n} dM_{i,k}^{SG} + dM_i^{Q} \qquad (5.20a)$$

oder

$$dM_i = \sum_{zu} dM_{i,zu} - \sum_{ab} dM_{i,ab} + dM_i^{Q}, \qquad (5.20b)$$

wobei dM_i^{Q} der Quellterm für die Masse der Komponente i ist.

5.6 Der erste Hauptsatz für offene Systeme

Der erste Hauptsatz für offene Systeme unterscheidet sich von dem für geschlossene Systeme dadurch, dass die mit Materietransport über die Systemgrenze ausgetauschte Energie berücksichtigt werden muss. Die differentielle Form des ersten Hauptsatzes für offene Systeme hatten wir bereits kurz in Abschn. 5.2, Gl. 5.4b, abgeleitet. Berücksichtigt man, dass k einzelne Massen über die Systemgrenze zu- oder abgeführt werden, so ergibt sich

$$dE = dQ + dL_t + \sum_{k=1}^{n} dM_k^{SG} \left(h_k + \frac{w_k^2}{2} + gz_k \right). \qquad (5.21a)$$

Greift man die bei der Massenbilanz (5.16b) getroffene Vereinbarung der Unterteilung in zugeführte Massen dM_{zu} und abgeführte Massen dM_{ab} auf, so folgt

$$dE = dQ + dL_t + \sum_{zu} dM_{zu} \left(h_{zu} + \frac{w_{zu}^2}{2} + gz_{zu} \right)$$
$$- \sum_{ab} dM_{ab} \left(h_{ab} + \frac{w_{ab}^2}{2} + gz_{ab} \right). \qquad (5.21b)$$

Für die Beschreibung einer Zustandsänderung von 1 nach 2 wählt man im Allgemeinen die integrierte Form

$$E_2 - E_1 = Q_{12} + L_{t12} + \sum_{zu} M_{zu} \left(h_{zu} + \frac{w_{zu}^2}{2} + gz_{zu} \right)$$
$$- \sum_{ab} M_{ab} \left(h_{ab} + \frac{w_{ab}^2}{2} + gz_{ab} \right) \qquad (5.22)$$

und für die Beschreibung eines kontinuierlichen Prozesses die Form

$$\frac{dE}{d\tau} = \dot{Q} + P + \sum_{zu} \dot{M}_{zu} \left(h_{zu} + \frac{w_{zu}^2}{2} + g z_{zu} \right)$$
$$- \sum_{ab} \dot{M}_{ab} \left(h_{ab} + \frac{w_{ab}^2}{2} + g z_{ab} \right) . \quad\quad (5.23a)$$

Handelt es sich um den Spezialfall eines stationären Prozesses, so gilt vereinfachend $dE/d\tau = 0$ und $\sum_{zu} \dot{M}_{zu} = \sum_{ab} \dot{M}_{ab}$. Es gilt dann

$$\dot{Q} + P = \sum_{ab} \dot{M}_{ab} \left(h_{ab} + \frac{w_{ab}^2}{2} + g z_{ab} \right)$$
$$- \sum_{zu} \dot{M}_{zu} \left(h_{zu} + \frac{w_{zu}^2}{2} + g z_{zu} \right) . \quad\quad (5.23b)$$

Wird das offene System nur von einem Stoffstrom durchflossen, so gilt $\dot{M}_{zu} = \dot{M}_{ab} = \dot{M}$, und aus Gl. 5.23b folgt

$$\dot{Q} + P = \dot{M} \left(h_{ab} - h_{zu} + \frac{w_{ab}^2}{2} - \frac{w_{zu}^2}{2} + g z_{ab} - g z_{zu} \right) . \quad\quad (5.23c)$$

Betrachten wir das in Abschn. 5.5 behandelte Beispiel des Befüllens eines starren Behälters, Abb. 5.5, der im Zustand 1 evakuiert war und sich im Zustand 2 nach dem Druckausgleich mit der Umgebung mit Luft gefüllt hatte. Wir nehmen zunächst an, dass diese Zustandsänderung sehr schnell ablief und daher während des Prozesses keine Wärme über die Systemgrenze transportiert wurde. Die Energiebilanz (5.22) vereinfacht sich dann wegen $E_1 = 0$ (evakuierter Behälter), $Q_{12} = 0$, $L_{t,12} = 0$ und $M_{ab} = 0$ sowie unter Vernachlässigung aller kinetischer und potentieller Energien zu

$$U_2 = M_{zu} h_{zu} .$$

Da die zugeführte Masse wegen $M_1 = 0$ der Systemmasse im Zustand 2 entspricht, ist $M_2 = M_{zu}$ und eine Division durch diese Masse ergibt

$$u_2 = h_{zu} .$$

Die innere Energie der Luft im Behälter im Zustand 2 entspricht also der Enthalpie der Luft in der Umgebung.

Der in Abschn. 5.5, Abb. 5.6, beispielhaft beschriebene stationär arbeitende Verdichter sei adiabat, d. h. es gilt $\dot{Q} = 0$ sowie $dE/d\tau = 0$. Gleichung 5.23a vereinfacht sich in diesem Fall unter Vernachlässigung einer Änderung der potentiellen Energie des ein- und austretenden Massenstroms zu

$$0 = P + \dot{M}_{zu} \left(h_{zu} + \frac{w_{zu}^2}{2} \right) - \dot{M}_{ab} \left(h_{ab} + \frac{w_{ab}^2}{2} \right) .$$

Da die Massenbilanz $\dot{M}_{zu} = \dot{M}_{ab}$ für den stationären Prozess ergab, kann mit $\dot{M} = \dot{M}_{zu} = \dot{M}_{ab}$ daraus die aufgenommene Verdichterleistung zu

$$P = \dot{M}\left(h_{ab} - h_{zu} + \frac{w_{ab}^2 - w_{zu}^2}{2}\right)$$

berechnet werden. Häufig kann die Änderung der kinetischen Energie gegenüber der Enthalpiedifferenz vernachlässigt werden. Dies führt dazu, dass die dem Verdichter zugeführte spezifische Leistung $P/\dot{M}$ gleich der Erhöhung der spezifischen Enthalpie des Stoffstromes ist.

5.7 Technische Arbeit in stationär durchströmten Kontrollräumen

In vielen technischen Maschinen wie Turbinen, Strahltriebwerken, Pumpen oder Kompressoren erfährt das Fluid beim Durchströmen der Maschine eine Druckänderung. Wir wollen die hierbei verrichtete, in der Praxis oft vorkommende und daher sehr wichtige technische Arbeit berechnen. Dazu betrachten wir als Beispiel einen Kompressor, Abb. 5.7, in dem ein Gas vom Druck p_1 auf den Druck p_2 verdichtet wird. Der Kompressor werde stationär durchströmt, in einer Zeitspanne $\Delta\tau$ tritt also ein Massenelement ΔM vom Zustand 1 ein und ein ebenso großes Massenelement ΔM vom Zustand 2 aus. Der erste Hauptsatz für dieses stationär durchströmte System lautet analog zu Gl. 5.23c

$$0 = Q_{12} + L_{t12} + \Delta M\left(h_1 - h_2 + \frac{w_1^2}{2} - \frac{w_2^2}{2} + gz_1 - gz_2\right) \qquad (5.24a)$$

bzw. nach Division durch das Massenelement ΔM

$$0 = q_{12} + l_{t12} + \left(h_1 - h_2 + \frac{w_1^2}{2} - \frac{w_2^2}{2} + gz_1 - gz_2\right). \qquad (5.24b)$$

Nun betrachten wir das Massenelement ΔM als geschlossenes Ersatzsystem, das in der Maschine eine Zustandsänderung von 1 nach 2 erfährt. Der erste Hauptsatz für dieses Ersatzsystem lautet

$$\Delta M\left(u_2 - u_1 + \frac{w_2^2}{2} - \frac{w_1^2}{2} + gz_2 - gz_1\right) = Q_{12} + L_{12} \qquad (5.25a)$$

bzw. nach Division durch das Massenelement ΔM

$$\left(u_2 - u_1 + \frac{w_2^2}{2} - \frac{w_1^2}{2} + gz_2 - gz_1\right) = q_{12} + l_{12}. \qquad (5.25b)$$

Abb. 5.7 Technische Arbeit
an einem offenen Kontrollsys-
tem am Beispiel Kompressor

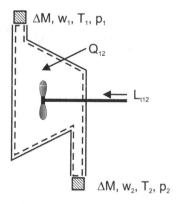

Die am Massenelement verrichtete Gesamtarbeit l_{12} setzt sich additiv zusammen aus der
Volumenänderungsarbeit l_{v12}, der beispielsweise durch Reibung in den Lagern auftretenden Dissipationsarbeit $l_{diss,12}$ und der mechanischen Arbeit l_{m12}, die die Änderung der
kinetischen und potentiellen Energie bewirkt. Es folgt

$$\left(u_2 - u_1 + \frac{w_2^2}{2} - \frac{w_1^2}{2} + gz_2 - gz_1\right) = q_{12} + l_{v12} + l_{diss,12} + l_{m12} \tag{5.25c}$$

oder

$$0 = q_{12} + l_{v12} + l_{diss,12} + l_{m12} + \left(u_1 - u_2 + \frac{w_1^2}{2} - \frac{w_2^2}{2} + gz_1 - gz_2\right). \tag{5.25d}$$

Die im Kompressor verrichtete technische Arbeit lässt sich nun berechnen, indem man
Gln. 5.24b und 5.25d gleichsetzt und dabei berücksichtigt, dass wegen $dh = du + p\,dv + v\,dp$

$$h_2 - h_1 = u_2 - u_1 + \int_1^2 p\,dv + \int_1^2 v\,dp$$

gilt. Es ergibt sich für die technische Arbeit damit

$$l_{t12} = \int_1^2 v\,dp + l_{diss,12} + l_{m12}. \tag{5.26}$$

Die technische Arbeit, die an dem Kompressor aufgewendet wird, entspricht also der zur
Verschiebung eines Fluidelementes gegen die Druckdifferenz dp erforderlichen Arbeit zu-
züglich der Dissipationsarbeit und der mechanischen Arbeit. Anschaulich kann man dies
auch wie folgt ableiten:
    Wir betrachten hierzu die Verdichtung eines Gases entsprechend Abb. 5.8. Der Druck-
anstieg sei durch den in dem oberen Teil des Bildes gezeichneten Kurvenverlauf gegeben.
Der Querschnitt A werde von dem kleinen Gasvolumen $dV = A\,dz$ durchströmt. Dieses

Abb. 5.8 Kompression eines
Gases

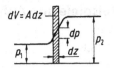

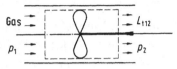

Abb. 5.9 Darstellung von
$\int_1^2 V\,dp$

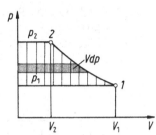

Volumen muss durch den Verdichter gegen den Druckanstieg dp verschoben werden. Dazu ist eine technische Arbeit, hier eine Wellenarbeit, zu verrichten. Die aufzuwendende Kraft ist dpA, der Weg dz und die technische Arbeit $dpA\,dz = dp\,dV$. Denkt man sich einen Beobachter an dem Querschnitt A postiert, der die aufzuwendende Arbeit misst, so würde dieser für jedes Volumen dV eine technische Arbeit $dp\,dV$ registrieren. Addition über alle Volumelemente, welche den Querschnitt A in einer bestimmten Zeitspanne $d\tau$ passieren, ergibt dann die Arbeit, um ein Volumen V gegen den Druckanstieg dp zu verschieben

$$dL_t = V\,dp.$$

Die an der Welle der Maschine verrichtete Arbeit diente hier ausschließlich zur Druckerhöhung. Man könnte sie daher auch als „Druckarbeit" bezeichnen. Da in realen Maschinen auch noch technische Arbeit dissipiert wird, beispielsweise durch Reibung in den Lagern oder durch Verwirbelung des Gases, und das Fluid beschleunigt und im Schwerefeld angehoben werden kann, kommen diese Terme, die nicht zur Druckerhöhung dienen, noch hinzu. Es folgt analog der zuvor abgeleiteten Gl. 5.26 der Zusammenhang

$$dL_t = V\,dp + dL_{\text{diss}} + dL_m \,. \tag{5.27}$$

Die Arbeit $\int_1^2 V dp$ ist die technische Arbeit bei dissipationsfreier Zustandsänderung, falls keine mechanische Arbeit verrichtet wird. Sie wird dem Betrag nach durch die senkrecht schraffierte Fläche in Abb. 5.9 dargestellt. Die grau hinterlegte Fläche ist ein Maß für die differentielle Arbeit $V\,dp$.

5.8   Beispiele und Aufgaben

Beispiel 5.1

In einer Entspannungsmaschine, siehe Skizze, wird ein konstanter Massenstrom von 100 kg/h Luft mit 90 °C von 240 bar auf 200 bar entspannt. Am Austrittsstutzen wird eine Temperatur von 80 °C, an der Welle eine Leistung von 0,2 kW gemessen. Aus einem Tabellenwerk (H.D. Baehr, K. Schwier, Die thermodynamischen Eigenschaften der Luft, Springer-Verlag 1961) entnimmt man folgende Werte für die Enthalpie von Luft: h_{zu} ($t_{zu} = 90 °C$; $p_{zu} = 240$ bar) $= 340,86$ kJ/kg und h_{ab} ($t_{ab} = 80 °C$; $p_{ab} = 200$ bar) $= 331,36$ kJ/kg. Kinetische und potentielle Energie seien vernachlässigbar.

Wie groß ist der während des Prozesses mit der Umgebung ausgetauschte Wärmestrom? Wird Wärme zu- oder abgeführt?

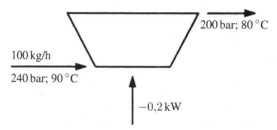

Aus Gl. 5.23a folgt

$$\dot{Q} = \dot{M}(h_{ab} - h_{zu}) - P$$

$$\dot{Q} = 100 \frac{kg}{h} \frac{1}{3600} \frac{h}{s} (331,36 - 340,86) \frac{kJ}{kg} + 0,2\,kW$$

$$\dot{Q} = -0,0639\,kW$$

Es wird Wärme an die Umgebung abgeführt.

Aufgabe 5.1

Ein senkrecht stehender Zylinder mit $d = 20$ cm Innendurchmesser enthält ein Gas. Er ist durch einen reibungslos beweglichen Kolben verschlossen, dessen Gewicht durch ein Gegengewicht ausgeglichen wird. Mit einer elektrischen Heizung von $P_{el} = 0,5$ kW Heizleistung wird das Gas $\Delta\tau_{12} = 5$ s lang beheizt. Dabei hebt sich der Kolben um $\Delta z_{12} = 2,5$ cm. Beim Beheizen treten Wärmeverluste von 20 % der Heizleistung auf. Der Umgebungsdruck am Kolben beträgt $p_u = 1$ bar.

Bestimmen Sie die Erhöhung der inneren Energie des Gases im Zylinder aufgrund der Beheizung.

Die kalorischen Zustandsgleichungen und die spezifischen Wärmekapazitäten

6

Die Betrachtungen in diesem Kapitel gelten für ideale Gase und inkompressible Stoffe. Allgemeinere und ausführlichere Betrachtungen werden in Kap. 12 vorgestellt.

Der Gleichgewichtszustand eines einfachen Systems wird, wie in Kap. 3 dargelegt worden war, durch zwei unabhängige Variablen beschrieben. Für die innere Energie galt nach Gl. 5.14

$$U = U(V, T) \quad \text{bzw.} \quad u = u(v, T)$$

für die spezifische innere Energie. Da die Enthalpie definiert ist durch $H = U + p\,V$ und andererseits für einfache Systeme die thermische Zustandsgleichung $v = f(p, T)$ lautet, kann man auch die Enthalpie als Funktion zweier unabhängiger Variablen, zum Beispiel

$$H = H(p, T) \quad \text{bzw.} \quad h = h(p, T)$$

darstellen. Die Beziehung zwischen den thermischen Zustandsgrößen p, v und T hatten wir als thermische Zustandsgleichung bezeichnet. Die Größen u und h nennt man spezifische *kalorische Zustandsgrößen*. Beziehungen zwischen u oder h und je zwei (oder im Fall des idealen Gases nur einer) der thermischen Zustandsgrößen sollen *kalorische Zustandsgleichungen* heißen.

Durch Differenzieren der spezifischen inneren Energie $u = u\,(T, v)$ erhält man das vollständige Differential

$$du = \left(\frac{\partial u}{\partial T}\right)_v dT + \left(\frac{\partial u}{\partial v}\right)_T dv. \tag{6.1a}$$

Darin sind $(\partial u/\partial T)_v$ und $(\partial u/\partial v)_T$ die partiellen Differentialquotienten, deren Indizes jeweils angeben, welche der unabhängigen Veränderlichen beim Differenzieren konstant zu halten ist. Die Ableitung

$$\left(\frac{\partial u}{\partial T}\right)_v = c_v(v, T) \tag{6.1b}$$

bezeichnet man als *spezifische Wärmekapazität bei konstantem Volumen*. Eine Möglichkeit, sie zu messen, besteht darin, dass man einem geschlossenen System bei konstantem

P. Stephan, K. Schaber, K. Stephan, F. Mayinger, *Thermodynamik*, Springer-Lehrbuch,
DOI 10.1007/978-3-642-30098-1_6, © Springer-Verlag Berlin Heidelberg 2013

Volumen Wärme zuführt ohne dabei Arbeit zu verrichten. Geht man von einer dissipationsfreien Zustandsänderung aus, so folgt aus dem ersten Hauptsatz in der Form $du = dq$

$$q_{12} = u_2 - u_1 = \int_{T_1}^{T_2} \left(\frac{\partial u}{\partial T} \right)_v dT \tag{6.2a}$$

oder

$$q_{12} = \int_{T_1}^{T_2} c_v(v, T) \, dT. \tag{6.2b}$$

Wegen dieser speziellen Messmethode, die darin besteht, dass man zur Ermittlung von c_v einem System bei konstantem Volumen Wärme zuführt, hat man den Namen spezifische Wärmekapazität bei konstantem Volumen gewählt. In gleicher Weise wie für die innere Energie erhält man für die Enthalpie $h(T, p)$ das vollständige Differential

$$dh = \left(\frac{\partial h}{\partial T} \right)_p dT + \left(\frac{\partial h}{\partial p} \right)_T dp. \tag{6.3a}$$

Die partielle Ableitung

$$\left(\frac{\partial h}{\partial T} \right)_p = c_p(p, T) \tag{6.3b}$$

bezeichnet man als *spezifische Wärmekapazität bei konstantem Druck*.

Sie kann über die einem geschlossenen System bei konstantem Druck zugeführte Wärme gemessen werden. Erfährt das System hierbei eine dissipationsfreie Zustandsänderung, so gilt wegen $du = dq + dl$

$$u_2 - u_1 = q_{12} - \int_1^2 p \, dv,$$

woraus man bei konstanten Druck die folgende Beziehung erhält

$$q_{12} = u_2 - u_1 + p(v_2 - v_1) = h_2 - h_1 = \int_{T_1}^{T_2} \left(\frac{\partial h}{\partial T} \right)_p dT, \tag{6.4a}$$

$$q_{12} = \int_{T_1}^{T_2} c_p(p, T) \, dT. \tag{6.4b}$$

Dieser speziellen Messmethode verdankt c_p den Namen spezifische Wärmekapazität bei konstantem Druck.

Die Einheit der spezifischen Wärmekapazitäten ergibt sich nach Gln. 6.2b bzw. 6.4b zu J/(kg K).

Die spezifische Wärmekapazität nimmt für konstanten Druck bei den meisten Stoffen mit steigender Temperatur zu. Bei Wasser hat sie bei $+48\,^\circ$C ein Minimum, wie Tab. 6.1 zeigt. Sie hängt für konstante Temperaturen in komplizierter Weise vom Druck ab, worauf in Abschn. 6.2 noch eingegangen wird.

Die kalorischen Zustandsgleichungen lassen sich ebenso wie die thermischen durch Kurvenscharen darstellen. In der Technik werden benutzt das h, T- und das h, p-Diagramm,

Tabelle 6.1 Spezifische isobare Wärmekapazität c_p von Wasser in kJ/(kg K) beim Druck $p = 1,0$ bar in Abhängigkeit von der Temperatur t in °C, berechnet mit der IAPS (International Association for the Properties of Water and Steam) Formulation 1984

t	0	1	2	3	4	5	6	7	8	9
0	4,2282	4,2206	4,2140	4,2084	4,2037	4,1997	4,1963	4,1935	4,1912	4,1893
10	4,1878	4,1866	4,1856	4,1848	4,1842	4,1838	4,1835	4,1833	4,1831	4,1830
20	4,1830	4,1830	4,1830	4,1830	4,1831	4,1831	4,1831	4,1831	4,1831	4,1831
30	4,1831	4,1830	4,1830	4,1829	4,1828	4,1828	4,1827	4,1826	4,1824	4,1823
40	4,1822	4,1821	4,1820	4,1819	4,1818	4,1817	4,1816	4,1816	4,1815	4,1815
50	4,1815	4,1815	4,1815	4,1816	4,1816	4,1817	4,1819	4,1820	4,1822	4,1824
60	4,1826	4,1829	4,1832	4,1836	4,1839	4,1843	4,1848	4,1852	4,1857	4,1862
70	4,1868	4,1874	4,1880	4,1887	4,1893	4,1901	4,1908	4,1916	4,1924	4,1932
80	4,1941	4,1950	4,1959	4,1969	4,1979	4,1989	4,1999	4,2010	4,2021	4,2032
90	4,2043	4,2055	4,2067	4,2079	4,2091	4,2104	4,2117	4,2130	4,2143	4,2157
100	4,2171[1]									

[1] beim Sättigungsdruck $p = 1,01322$ bar.

in denen die räumliche $h(p, T)$-Fläche durch Kurven $p = $ const in der h,T-Ebene bzw. durch Kurven $T = $ const in der h,p-Ebene dargestellt wird. Noch wichtiger ist das h,s-Diagramm, auf das wir später eingehen, wenn wir die Entropie s kennengelernt haben.

Man nennt Diagramme, in denen die Enthalpie als Koordinate benutzt wird, *Mollier-Diagramme* nach Richard Mollier[1], der sie 1904 zuerst einführte.

Auf weitere allgemeine Beziehungen zwischen den Zustandsgrößen soll in Kap. 12 eingegangen werden, nachdem wir spezielle einfache Formen der Zustandsgleichung behandelt haben.

6.1 Die spezifischen Wärmekapazitäten der idealen Gase

Als ideales Gas bezeichneten wir, Abschn. 3.2, ein Gas, dessen Gasmoleküle im Raum so großen Abstand voneinander haben, dass sie sich gegenseitig nicht beeinflussen. Dies ist gegeben bei sehr kleinen Drücken ($p \rightarrow 0$). Unter dieser Voraussetzung galt die thermische Zustandgleichung in der Form $p\,v = R\,T$. Über die Zusammenhänge zwischen den thermischen und kalorischen Zustandsgrößen idealer Gase, die kalorischen Zustandsgleichungen idealer Gase, gibt uns der im Folgenden beschriebene Überstromversuch Auskunft, der zu-

---

[1] Richard Mollier (1863–1935) war 1896 Professor für Angewandte Physik und Maschinenlehre an der Universität Göttingen und von 1897 bis 1933 Professor an der TH Dresden. Die auf ihn zurückgehenden Mollier-Diagramme dienten mehreren Ingenieurgenerationen zur Auslegung von energetischen Prozessen.

Abb. 6.1 Überstromversuch
von Gay-Lussac und Joule

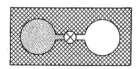

erst von Gay-Lussac (1806) durchgeführt und später von Joule (1845) mit besseren Mitteln wiederholt wurde.

Zwei Gefäße, von denen das erste mit einem Gas von mäßigem Druck gefüllt, das zweite evakuiert ist, sind nach Abb. 6.1 miteinander durch ein Rohr verbunden, das zunächst durch ein Ventil abgeschlossen ist.

Beide Gefäße sind gegen die Umgebung völlig wärmeisoliert. Öffnet man das Ventil, so strömt Gas aus dem ersten Gefäß in das zweite über, dabei kühlt sich aus Gründen, die wir später untersuchen werden, das Gas im ersten Gefäß ab, während es sich im zweiten erwärmt. Wartet man aber den Temperaturausgleich zwischen beiden Gefäßen ab, so zeigt der Versuch, dass dann das auf beide Gefäße verteilte Gas wieder dieselbe Temperatur hat wie zu Anfang im ersten Gefäß.

Bei dem Vorgang wurde mit der Umgebung keine Energie, weder in Form von Wärme noch als Arbeit, ausgetauscht. Die innere Energie des Gases ist also ungeändert geblieben, ebenso wie die Temperatur, obwohl das Volumen sich vergrößert hat. Daraus folgt, dass die innere Energie des Gases nicht vom Volumen, sondern nur von der Temperatur abhängig ist. Es ist

$$\left(\frac{\partial u}{\partial v} \right)_T = 0 \, .$$

Sehr genaue Versuche ergaben jedoch bei dem Überströmversuch eine kleine Temperaturänderung. Lediglich für ideale Gase bleibt die Temperatur unverändert, sodass für sie obige Beziehung streng erfüllt ist. Der Versuch bestätigt daher, dass die innere Energie eines idealen Gases nur von der Temperatur abhängt. Dann gilt entsprechend Gln. 6.1a und 6.1b für beliebige Zustandsänderungen idealer Gase, nicht nur für solche bei konstantem Volumen,

$$du = c_v \, dT \tag{6.5}$$

oder

$$u = \int_{T_0}^{T} c_v \, dT + u_0 = c_v (T - T_0) + u_0 (T_0) \, ,$$

wenn man die spezifische Wärmekapazität als konstant ansieht und $u_0(T_0)$ die festzusetzende Integrationskonstante ist. Für die spezifische Enthalpie idealer Gase gilt wegen $pv = RT$

$$h = u + pv = u(T) + RT = f(T) \, .$$

Somit ist die spezifische Wärmekapazität c_p idealer Gase

$$\frac{dh}{dT} = \frac{du}{dT} + R = c_v + R \, .$$

Man erhält also für ideale Gase die wichtige Beziehung

$$c_p - c_v = R\,. \tag{6.6}$$

Die spezifischen Wärmekapazitäten c_p und c_v idealer Gase unterscheiden sich um die Gaskonstante R. Aus $h = f(T)$ folgt $(\partial h/\partial p)_T = 0$. Die Enthalpie eines idealen Gases erhält man damit entsprechend Gln. 6.3a und 6.3b aus

$$dh = c_p\,dT\,, \tag{6.7}$$

also

$$h = \int_{T_0}^{T} c_p\,dT + h_0 = c_p(T - T_0) + h_0(T_0)\,,$$

wenn man die spezifische Wärmekapazität c_p als konstant ansieht und $h_0(T_0)$ die Integrationskonstante bezeichnet.

Für die weitere Behandlung ist es zweckmäßig, das Verhältnis der beiden spezifischen Wärmekapazitäten, *Isentropenexponent* genannt,

$$\varkappa = \frac{c_p}{c_v} \tag{6.8}$$

einzuführen. Mit Hilfe von Gl. 6.6 ergibt sich dann

$$\frac{c_p}{R} = \frac{\varkappa}{\varkappa - 1} \tag{6.9a}$$

und

$$\frac{c_v}{R} = \frac{1}{\varkappa - 1}\,. \tag{6.9b}$$

Berechnet man aus den Versuchswerten für verschiedene Gase das Verhältnis der beiden spezifischen Wärmekapazitäten, so findet man, wie in Tab. 6.2 gezeigt, dass $\varkappa$ für Gase gleicher Atomzahl im Molekül jeweils nahezu gleiche Werte hat und zwar ist

für einatomige Gase $\varkappa = 1{,}66$,
für zweiatomige Gase $\varkappa = 1{,}40$,
für dreiatomige Gase $\varkappa = 1{,}30$.

Bei den ein- und zweiatomigen Gasen stimmen diese Regeln recht genau, bei dreiatomigen treten etwas größere Abweichungen auf.

Wendet man weiter die Gl. 6.6 auf 1 Mol an, indem man sie mit der Molmasse $\overline{M}$ [kg/kmol] multipliziert, so erhält man

$$\overline{M}c_p - \overline{M}c_v = \overline{M}R\,.$$

Die Ausdrücke auf der linken Seite bezeichnet man als *molare Wärmekapazitäten* oder als *Molwärmen* $\overline{C}_p$ und $\overline{C}_v$. Der Ausdruck auf der rechten Seite ist nach den Ausführungen in Kap. 3 nichts anderes als die universelle Gaskonstante, sodass man schreiben kann

$$\overline{C}_p - \overline{C}_v = \overline{R}$$

mit

$$\overline{C}_p = \frac{\varkappa}{\varkappa - 1} \overline{R} \quad \text{und} \quad \overline{C}_v = \frac{1}{\varkappa - 1} \overline{R}.$$

Die Differenz der molaren Wärmekapazitäten bei konstantem Druck und bei konstantem Volumen hat also für alle idealen Gase denselben Wert. Da für Gase gleicher Atomzahl je Molekül auch die Verhältnisse der beiden spezifischen Wärmekapazitäten $\varkappa$ übereinstimmen, sind die Molwärmen aller Gase gleicher Atomzahl und damit auch die spezifischen Wärmekapazitäten je Kubikmeter dieselben.

Vergleicht man die spezifischen Wärmekapazitäten mit ihrer unveränderlichen Differenz $\overline{R}$, so findet man, dass beim

einatomigen Gas	$\overline{C}_v \approx 3/2\,\overline{R}$	und	$\overline{C}_p \approx 5/2\,\overline{R}$
zweiatomigen Gas	$\overline{C}_v \approx 5/2\,\overline{R}$	und	$\overline{C}_p \approx 7/2\,\overline{R}$
dreiatomigen Gas	$\overline{C}_v \approx 6/2\,\overline{R}$	und	$\overline{C}_p \approx 7/2\,\overline{R}$

ist, entsprechend den molaren inneren Energien $\overline{U}$ von $3/2\overline{R}T$, $5/2\overline{R}T$ und $6/2\overline{R}T$, wie wir sie in Abschn. 4.1.2 berechnet hatten. Diese Werte ergeben sich bei voller Anregung der Rotation, während Schwingungen der Atome im Molekül und Elektronenanregung nicht berücksichtigt sind (vgl. hierzu Abschn. 6.2). Die Molwärmen haben also für alle idealen Gase gleicher Atomzahl je Molekül dieselben festen Werte und stehen bei Gasen verschiedener Atomzahlen in einfachen Zahlenverhältnissen. Die kinetische Gastheorie gibt hierfür folgende Erklärung:

Die Moleküle eines einatomigen Gases werden aufgefasst als sehr kleine elastische Kugeln, die drei Freiheitsgrade der Bewegung besitzten, entsprechend der drei Verschiebungsrichtungen im Raum. Drehungen des Moleküls kommen nicht in Frage, da wir den Stoß zweier Moleküle als reibungsfrei ansehen oder besser annehmen, dass die Bewegung schon in dem die Moleküle umgebenden Kraftfeld zur Umkehr gebracht wird. Bei zweiatomigen Molekülen, die wir uns als hantelähnliche Gebilde vorstellen, kommen zu den drei Freiheitsgraden der translatorischen Bewegung noch zwei Drehungen um die beiden zur Verbindungslinie der Atome senkrechten Achsen. Die Drehung um die Verbindungslinie selbst bleibt außer Betracht aus dem gleichen Grunde wie bei den einatomigen Gasen. Das zweiatomige Molekül hat demnach fünf Freiheitsgrade. Das dreiatomige Molekül kann Drehungen um alle drei Achsen ausführen und hat daher sechs Freiheitsgrade. Die Molwärmen bei konstantem Volumen verhalten sich also wie die Anzahl der Freiheitsgrade der Moleküle, und auf jeden Freiheitsgrad kommt die Molwärme $1/2\overline{R}$.

6.2 Die mittleren spezifischen Wärmekapazitäten der idealen Gase

Die spezifischen Wärmekapazitäten der idealen Gase sind temperaturabhängig. Nur bei den einatomigen Gasen sind sie bei Temperaturen, die genügend weit oberhalb der Verflüssigungstemperatur liegen, temperaturunabhängig. Bei den zwei- und mehratomigen Gasen sind die spezifischen Wärmekapazitäten bei hohen Temperaturen größer als die oben aufgeführten Werte, weil neben der Translation und Rotation des ganzen Moleküls auch noch Schwingungen der Atome im Molekülverband auftreten. Bei zweiatomigen Gasen können die beiden Atome eines Moleküls längs ihrer Verbindungslinie gegeneinander schwingen. Dieser sog. innere Freiheitsgrad wird aber, wie die Quantentheorie näher ausführt, nur durch Zusammenstöße angeregt, bei denen eine gewisse Mindestenergie übertragen werden kann. Es wird daher erst merklich bei höheren Temperaturen, wo genügend viele Moleküle größere Geschwindigkeiten haben.

Nach der Quantentheorie, auf die wir hier nicht näher eingehen können, braucht man zur Anregung eine Mindestenergie vom Betrage hv, wobei

$$h = 6,626176 \cdot 10^{-34}\,\mathrm{J\,s}$$

das Plancksche Wirkungsquantum und v die Frequenz der Schwingung ist. Mit steigender Temperatur wächst die Anzahl der Moleküle, deren Energie den genannten Mindestwert übersteigt, es werden mehr Schwingungen angeregt, und die spezifische Wärmekapazität der Gase nimmt zu.

Bei dreiatomigen Gasen wird dieser Anteil der inneren Schwingungsenergie noch stärker, da drei Atome gegeneinander schwingen können, es ist daher die Molwärme bei konstantem Volumen merklich größer als $6/2\,\overline{R}$.

Bei den zweiatomigen Gasen ist bei 100 °C die spezifische Wärmekapazität bei konstantem Volumen um etwa 2 %, die spezifische Wärmekapazität bei konstantem Druck um etwa 1,5 % größer als bei 0 °C. Früher glaubte man, dass dieser Anstieg sich geradlinig bis zu hohen Temperaturen fortsetze. Aus der vorstehenden Deutung folgt aber in Übereinstimmung mit den Versuchen, dass die Zunahme nicht beliebig weitergeht, sondern sich asymptotisch einer oberen Grenze nähert, die der vollen Anregung der inneren Schwingungen entspricht. Die Quantentheorie kann diese Zunahme recht genau allein aus den spektroskopisch gemessenen Frequenzen der inneren Schwingungen der Moleküle berechnen. Bei sehr hohen Temperaturen tritt eine weitere Zunahme der spezifischen Wärmekapazitäten dadurch ein, dass Elektronen aus dem Grundzustand in angeregte Zustände höherer Energie übergehen.

In den meisten Tabellenwerken sind nicht die wahren, sondern die *mittleren spezifischen Wärmekapazitäten* vertafelt. Darunter hat man Folgendes zu verstehen: Für eine Zustandsänderung bei konstantem Druck ist

$$dh = c_p(p, T)\,dT = c_p(p, t)\,dt,$$

wenn t die Celsius-Temperatur ist.

Die Änderung der spezifischen Enthalpie zwischen zwei Zuständen 1 und 2 ist

$$h_2 - h_1 = \int_{t_1}^{t_2} c_p(p, t) \, dt.$$

Um das Integral leicht berechnen zu können, hat man nun eine mittlere spezifische Wärmekapazität $[c_p]_{t_1}^{t_2}$ definiert durch

$$\int_{t_1}^{t_2} c_p(p, t) \, dt = [c_p]_{t_1}^{t_2} (t_2 - t_1). \tag{6.10}$$

Meist wird die mittlere spezifische Wärmekapazität zwischen $0\,°\mathrm{C}$ und t vertafelt. Damit ist

$$\int_{t_1}^{t_2} c_p(p, t) \, dt = \int_{0\,°\mathrm{C}}^{t_2} c_p(p, t) \, dt - \int_{0\,°\mathrm{C}}^{t_1} c_p(p, t) \, dt = [c_p]_0^{t_2} t_2 - [c_p]_0^{t_1} t_1$$

und

$$h_2 - h_1 = [c_p]_{t_1}^{t_2} (t_2 - t_1) = [c_p]_0^{t_2} t_2 - [c_p]_0^{t_1} t_1. \tag{6.11a}$$

Entsprechend gilt für die Änderung der spezifischen inneren Energie bei Zustandsänderung mit konstantem Volumen

$$u_2 - u_1 = [c_v]_{t_1}^{t_2} (t_2 - t_1) = [c_v]_0^{t_2} t_2 - [c_v]_0^{t_1} t_1. \tag{6.11b}$$

Mischt man bei konstantem Druck zwei Stoffe von den Massen M_1 und M_2, den spezifischen Wärmekapazitäten c_{p1} und c_{p2} und den Temperaturen t_1 und t_2, so erhält man die Temperatur t_m der Mischung nach der Mischungsregel

$$t_\mathrm{m} = \frac{M_1 c_{p1} t_1 + M_2 c_{p2} t_2}{M_1 c_{p1} + M_2 c_{p2}}$$

oder für beliebig viele Stoffe

$$t_\mathrm{m} = \frac{\sum M c_p t}{\sum M c_p}.$$

Diese Formeln sind wichtig für die Messung von spezifischen Wärmekapazitäten mit dem Mischungskalorimeter, dabei ist vorausgesetzt, dass sich bei der Mischung keine mit „Wärmetönung" verbundenen physikalischen oder chemischen Vorgänge abspielen.

Häufig sind statt der auf 1 kg bezogenen Wärmekapazitäten auch die molaren Wärmekapazitäten

$$\overline{M} c_p = \overline{C}_p \quad \text{und} \quad \overline{M} c_v = \overline{C}_v$$

vertafelt.

Tabelle 6.2 enthält die spezifischen und molaren Wärmekapazitäten einiger idealer Gase bei $0\,°\mathrm{C}$, die Molmassen und die Gaskonstanten.

Tabelle 6.2 Spezifische und molare Wärmekapazitäten einiger idealer Gase bei 0 °C, Molmasse und Gaskonstante

		c_p kJ/(kg K)	c_v kJ/(kg K)	$\overline{C}_p$ kJ/(kmol K)	$\overline{C}_v$ kJ/(kmol K)	Molmasse $\overline{M}^a$ kg/kmol	Gaskonstante R kJ/(kg K)	$\varkappa = c_p/c_v$
Helium	He	5,2377	3,1605	20,9644	12,6501	4,00260	2,0773	1,66
Argon	Ar	0,5203	0,3122	20,7858	12,4715	39,948	0,2081	1,66
Wasserstoff	H_2	14,2003	10,0754	28,6228	20,3085	2,01588	4,1245	1,409
Stickstoff	N_2	1,0389	0,7421	29,0967	20,7824	28,01340	0,2968	1,400
Sauerstoff	O_2	0,9150	0,6551	29,2722	20,9579	31,999	0,2598	1,397
Luft		1,0043	0,7171	29,0743	20,7600	28,965	0,2871	1,400
Kohlenmonoxid	CO	1,0403	0,7433	29,1242	20,8099	28,01040	0,2968	1,400
Stickstoffmonoxid	NO	0,9983	0,7211	29,9464	21,6321	30,00610	0,2771	1,384
Chlorwasserstoff	HCl	0,7997	0,5717	29,1601	20,8458	36,46094	0,2280	1,40
Kohlendioxid	CO_2	0,8169	0,6279	35,9336	27,6193	44,00980	0,1889	1,301
Distickstoffmonoxid	N_2O	0,8507	0,6618	37,4326	29,1183	44,01280	0,1889	1,285
Schwefeldioxid	SO_2	0,6092	0,4792	38,9666	30,6523	64,0588	0,1298	1,271
Ammoniak	NH_3	2,0557	1,5674	35,0018	26,6875	17,03052	0,4882	1,312
Acetylen	C_2H_2	1,5127	1,1931	39,3536	31,0393	26,03788	0,3193	1,268
Methan	CH_4	2,1562	1,6376	34,5667	26,2524	16,04276	0,5183	1,317
Methylchlorid	CH_3Cl	0,7369	0,5722	37,1979	28,8836	50,48782	0,1647	1,288
Ethylen	C_2H_4	1,6119	1,3153	45,1842	36,8699	28,05276	0,2964	1,225
Ethan	C_2H_6	1,7291	1,4524	51,9556	43,6413	30,06964	0,2765	1,20
Ethylchlorid	C_2H_5Cl	1,3398	1,2109	86,4104	78,0961	64,51470	0,1289	1,106

^{a} Die Molmassen beziehen sich auf das jeweilige Hauptisotop entsprechend der ^{12}C-Skala.

Tabelle 6.3 Molwärme $\overline{C}_p$ von idealen Gasen in kJ/(kmol K) bei verschiedenen Temperaturen T in K. Für $\overline{C}_v$ gilt $\overline{C}_p - 8{,}3143$ kJ/(kmol K). Zur Umrechnung auf 1 kg ist durch die Molmasse $\overline{M}^a$ (letzte Zeile) zu dividieren

T in K	$\overline{C}_p$ in kJ/(kmol K)					
	H_2	N_2	O_2	OH	CO	NO
100	28,1522	29,0967	29,1116	31,6350	29,1042	32,3018
200	27,4471	29,0933	29,1274	30,5234	29,1083	30,4619
300	28,8481	29,1050	29,3860	29,8832	29,1416	29,8666
400	29,1806	29,2222	30,1077	29,6063	29,3395	29,9589
500	29,2596	29,5473	31,0921	29,4966	29,7917	30,4951
600	29,3261	30,0694	32,0915	29,5132	30,4394	31,2434
700	29,4401	30,7080	32,9844	29,6546	31,1703	32,0316
800	29,6230	31,3798	33,7385	29,9123	31,8978	32,7699
900	29,8807	32,0300	34,3630	30,2640	32,5729	33,4243
1000	30,2041	32,6303	34,8793	30,6797	33,1782	33,9896
1100	30,5799	33,1682	35,3124	31,1328	33,7086	34,4719
1200	30,9907	33,6438	33,6824	31,6001	34,1692	34,8818
1300	31,4222	34,0603	36,0075	32,0665	34,5683	35,2318
1400	31,8603	34,4245	36,3002	32,5188	34,9142	35,5319
1500	32,2968	34,7421	36,5712	32,9528	35,2135	35,7897
1600	32,7242	35,0198	36,8281	33,3627	35,4746	36,0142
1700	33,1383	35,2634	37,0767	33,7477	35,7040	36,2096
1800	33,5357	35,4779	37,3187	34,1085	35,9053	36,3825
1900	33,9156	35,6675	37,5581	34,4444	36,0832	36,5346
2000	34,2781	35,8354	37,7951	34,7587	36,2420	36,6718
2100	34,6224	35,9851	38,0304	35,0505	36,3842	36,7941
2200	34,9491	36,1189	38,2640	35,3241	36,5114	36,9055
2300	35,2601	36,2395	38,4952	35,5802	36,6269	37,0069
2400	35,5552	36,3476	38,7246	35,8196	36,7317	37,1000
2500	35,8371	36,4457	38,9500	36,0449	36,8273	37,1857
2600	36,1056	36,5346	39,1728	36,2569	36,9154	37,2655
2700	36,3625	36,6161	39,3914	36,4573	36,9969	37,3403
2800	36,6095	36,6910	39,6059	36,6469	37,0726	37,4101
2900	36,8464	36,7600	39,8155	36,8273	37,1424	37,4758
3000	37,0751	36,8232	40,0200	36,9994	37,2081	37,5382
3100	37,2962	36,8822	40,2195	37,1640	37,2696	37,5980
3200	37,5116	36,9371	40,4141	37,3212	37,3270	37,6554
3300	37,7211	36,9878	40,6028	37,4714	37,3819	37,7103
$\overline{M}$ in kg/kmol	2,01588	28,01340	31,999	17,00274	28,01040	30,00610

[a] Die aufgeführten Molmassen beziehen sich auf das jeweilige Hauptisotop entsprechend der ^{12}C-Skala.

Tabelle 6.3 (Fortsetzung)

T in K	$\overline{C}_p$ in kJ/(kmol K)				
	H_2O	CO_2	N_2O	SO_2	Luft
100	33,2871	29,2039	29,3486	33,5274	29,0277
200	33,3378	32,3376	33,5972	36,3817	29,0352
300	33,5839	37,1923	38,6905	39,9394	29,1042
400	34,2499	41,3037	42,6831	43,4829	29,3536
500	35,2127	44,6062	45,8575	46,5700	29,8192
600	36,3093	47,3083	48,4673	49,0418	30,4428
700	37,4792	49,5523	50,6407	50,9575	31,1346
800	38,7055	51,4264	52,4574	52,4366	31,8230
900	39,9726	52,9936	53,9772	53,5889	32,4665
1000	41,2563	54,3073	55,2501	54,4994	33,0493
1100	42,5293	55,4114	56,3218	55,2318	33,5657
1200	43,7681	56,3426	57,2306	55,8313	34,0196
1300	44,9554	57,1333	58,0055	56,3310	34,4195
1400	46,0803	57,8093	58,6731	56,7542	34,7704
1500	47,1362	58,3904	59,2526	57,1184	35,0805
1600	48,1215	58,8935	59,7606	57,4376	35,3566
1700	49,0369	59,3316	60,2096	57,7203	35,6043
1800	49,8866	59,7166	60,6112	57,9756	35,8288
1900	50,6739	60,0566	60,9729	58,2075	36,0317
2000	51,4039	60,3593	61,3021	58,4220	36,2179
2100	52,0816	60,6303	61,6031	58,6216	36,3892
2200	52,7109	60,8748	61,8816	58,8095	36,5480
2300	53,2979	61,0959	62,1402	58,9874	36,6952
2400	53,8450	61,2980	62,3838	59,1579	36,8332
2500	54,3580	61,4825	62,6141	59,3216	36,9621
2600	54,8394	61,6530	62,8328	59,4813	37,0834
2700	55,2934	61,8110	63,0415	59,6368	37,1982
2800	55,7216	61,9573	63,2427	59,7889	37,3071
2900	56,1273	62,0953	63,4372	59,9402	37,4094
3000	56,5139	62,2242	63,6260	60,0891	37,5050
3100	56,8822	62,3456	63,8105	60,2371	
3200	57,2348	62,4611	63,9910	60,3842	
3300	57,5740	62,5709	64,1689	60,5314	
$\overline{M}$ in kg/kmol	18,01528	44,00980	44,01280	64,0588	28,953

Tabelle 6.4 Mittlere Molwärme $[\overline{C}_p]_0^t$ von idealen Gasen in kJ/(kmol K) zwischen $0\,^\circ$C und $t\,^\circ$C. Die mittlere molare Wärmekapazität $[\overline{C}_v]_0^t$ erhält man durch Verkleinern der Zahlen der Tabelle um $8{,}3143$ kJ/(kmol K). Zur Umrechnung auf 1 kg sind die Zahlen durch die in der letzten Zeile angegebenen Molmassen zu dividieren

t in $^\circ$C	$[\overline{C}_p]_0^t$ in kJ/(kmol K)					
	H_2	N_2	O_2	OH	CO	NO
0	28,6202	29,0899	29,2642	30,0107	29,1063	29,9325
100	28,9427	29,1151	29,5266	29,8031	29,1595	29,8648
200	29,0717	29,1992	29,9232	29,6908	29,2882	29,9665
300	29,1362	29,3504	30,3871	29,6260	29,4982	30,1984
400	29,1886	29,5632	30,8669	29,6034	29,7697	30,5059
500	29,2470	29,8209	31,3244	29,6240	30,0805	30,8462
600	29,3176	30,1066	31,7499	29,6852	30,4080	31,1928
700	29,4083	30,4006	32,1401	29,7818	30,7356	31,5308
800	29,5171	30,6947	32,4920	29,9074	31,0519	31,8524
900	29,6461	30,9804	32,8151	30,0557	31,3571	32,1543
1000	29,7892	31,2548	33,1094	30,2209	31,6454	32,4354
1100	29,9485	31,5181	33,3781	30,3981	31,9198	32,6962
1200	30,1158	31,7673	33,6245	30,5831	32,1717	32,9377
1300	30,2891	31,9998	33,8548	30,7726	32,4097	33,1612
1400	30,4705	32,2182	34,0723	30,9640	32,6308	33,3683
1500	30,6540	32,4255	34,2771	31,1553	32,8380	33,5605
1600	30,8394	32,6187	34,4690	31,3448	33,0312	33,7391
1700	31,0248	32,7979	34,6513	31,5316	33,2103	33,9054
1800	31,2103	32,9688	34,8305	31,7148	33,3811	34,0607
1900	31,3937	33,1284	35,0000	31,8939	33,5379	34,2060
2000	31,5751	33,2797	35,1664	32,0684	33,6890	34,3421
2100	31,7545	33,4225	35,3263	32,2383	33,8290	34,4701
2200	31,9299	33,5541	35,4831	32,4034	33,9606	34,5905
2300	32,1024	33,6801	35,6366	32,5638	34,0838	34,7042
2400	32,2705	33,8006	35,7838	32,7196	34,2013	34,8117
2500	32,4358	33,9126	35,9309	32,8709	34,3133	34,9135
2600	32,5991	34,0190	36,0717	33,0177	34,4197	35,0101
2700	32,7583	34,1226	33,2124	33,1603	34,5205	35,1019
2800	32,9135	34,2179	36,3500	33,2988	34,6157	35,1895
2900	33,0667	34,3103	36,4844	33,4334	34,7080	35,2730
3000	33,2158	34,3971	36,6155	33,5642	34,7948	35,3528
3100	33,3625	34,4807	36,7451	33,6914	34,8780	35,4293
3200	33,5064	34,5605	36,8723	33,8150	34,9576	35,5026
3300	33,6476	34,6367	36,9972	33,9353	35,0338	35,5730
$\overline{M}$ in kg/kmol	2,01588	28,01340	31,999	17,00274	28,01040	30,00610

Tabelle 6.4   (Fortsetzung)

t in °C	$[\overline{C}_p]_0^t$ in kJ/(kmol K)				
	H_2O	CO_2	N_2O	SO_2	Luft
0	33,4708	35,9176	37,4132	38,9081	29,0825
100	33,7121	38,1699	39,6653	40,7119	29,1547
200	34,0831	40,1275	41,5569	42,4325	29,3033
300	34,5388	41,8299	43,1977	43,9931	29,5207
400	35,0485	44,3299	44,6457	45,3491	29,7914
500	35,5888	44,6584	45,9327	46,5260	30,0927
600	36,1544	45,8462	47,0813	47,5494	30,4065
700	36,7415	46,9063	48,1099	48,4321	30,7203
800	37,3413	47,8609	49,0342	49,1997	31,0265
900	37,9482	48,7231	49,8678	49,8777	31,3205
1000	38,5570	49,5017	50,6224	50,4725	31,5999
1100	39,1621	50,2055	51,3080	51,0098	31,8638
1200	39,7583	50,8522	51,9333	51,4895	32,1123
1300	40,3418	51,4373	52,5058	51,9181	32,3458
1400	40,9127	51,9783	53,0317	52,3146	32,5651
1500	41,4675	52,4710	53,5167	52,6728	32,7713
1600	42,0042	52,9285	53,9655	52,9990	32,9653
1700	42,5229	53,3508	54,3823	53,3060	33,1482
1800	43,0254	53,7423	54,7706	53,5875	33,3209
1900	43,5081	54,1030	55,1336	53,8497	33,4843
2000	43,9745	54,4418	55,4740	54,0928	33,6392
2100	44,4248	54,7629	55,7941	54,3230	33,7863
2200	44,8571	55,0576	56,0960	54,5405	33,9262
2300	45,2749	55,3392	56,3816	54,7452	34,0595
2400	45,6783	55,6031	56,6524	54,9435	34,1867
2500	46,0656	55,8494	56,9099	55,1290	34,3081
2600	46,4402	56,0870	57,1552	55,3081	34,4243
2700	46,8022	56,3069	57,3896	55,4744	34,5356
2800	47,1516	56,5181	57,6139	55,6407	
2900	47,4902	56,7204	57,8290	55,7942	
3000	47,8162	56,9140	58,0358	55,9477	
3100	48,1295	57,0964	58,2350	56,0940	
3200	48,4367	57,2707	58,4271	56,2358	
3300	48,7347	57,4374	58,6128	56,3735	
$\overline{M}$ in kg/kmol	18,01528	44,00980	44,01280	64,0588	28,953

Tabelle 6.4 (Fortsetzung)

t in °C	$[\overline{C}_p]_0^t$ in kJ/(kmol K)				
	H_2S	NH_3	CH_4	C_2H_4	C_2H_2
0	33,82	34,99	34,59	41,92	42,37
100	34,49	36,37	37,02	47,15	46,01
200	35,19	38,13	39,54	52,13	48,82
300	36,95	40,02	42,34	56,68	51,25
400	36,74	41,98	45,23	60,95	53,12
500	37,59	44,04	48,02	64,80	54,80
600	38,42	46,09	50,70	68,31	56,35
700	39,25	48,01	53,34	71,45	57,73
800	40,08	49,85	55,77	74,88	59,07
900	40,84	51,53	58,03	77,23	60,24
1000	41,59	53,08	60,25	79,81	61,37
1100	42,26	54,50	62,29		
1200	42,92	55,84	64,13		
1300	43,51	57,06			
1400	44,05	58,14			
1500	44,60	59,19			
1600	45,12	60,20			
1700	45,60	61,12			
1800	46,02	61,95			
1900	46,39	62,75			
2000	46,80	63,46			
2100	47,18	64,13			
2200	47,52	64,76			
2300	47,81	65,35			
2400	48,14	65,93			
2500	48,44	66,48			
2600	48,69	66,98			
2700	48,94	67,44			
2800	49,19	67,86			
2900	49,44	68,28			
3000	49,69	68,70			
$\overline{M}$ in kg/kmol	33,9880	17,03052	16,04276	28,05376	26,03788

Tabelle 6.5 Spezifische Wärmekapazität der Luft bei verschiedenen Drücken berechnet mit der Zustandsgleichung von Baehr und Schwier[a]

$p =$	1	25	50	100	150	200	300	bar
$t = 0\,°C$ $c_p =$	1,0065	1,0579	1,1116	1,2156	1,3022	1,3612	1,4087	kJ/(kg K)
$t = 50\,°C$ $c_p =$	1,0080	1,0395	1,0720	1,1335	1,1866	1,2288	1,2816	kJ/(kg K)
$t = 100\,°C$ $c_p =$	1,0117	1,0330	1,0549	1,0959	1,1316	1,1614	1,2045	kJ/(kg K)

[a] Baehr, H.D.; Schwier, K.: Die thermodynamischen Eigenschaften der Luft. Berlin, Göttingen, Heidelberg: Springer 1961.

Die Tab. 6.3 und 6.4 enthalten für die wichtigsten Gase die quantentheoretisch berechneten wahren und mittleren Wärmekapazitäten in Abhängigkeit von der Temperatur[2].

Die Zahlen gelten für niedrige Drücke, also solange die Gase der Zustandsgleichung $p\,v = R\,T$ gehorchen. Bei den wirklichen Gasen hängt die spezifische Wärmekapazität außer von der Temperatur auch noch vom Druck ab, wie das Tab. 6.5 beispielsweise für Luft zeigt. Die Druckabhängigkeit kann aus den Abweichungen des wirklichen Verhaltens der Gase von der Zustandsgleichung der idealen Gase berechnet werden, wie wir später zeigen wollen.

In den meisten Fällen, besonders bei der Berechnung von Verbrennungsvorgängen, wo man mit hohen Temperaturen, aber nur mit Drücken in der Nähe des atmosphärischen zu tun hat, ist es praktisch ausreichend, die Zustandsgleichung $p\,v = R\,T$ als gültig anzunehmen, damit die Druckabhängigkeit der spezifischen Wärmekapazität zu vernachlässigen und nur ihre Temperaturabhängigkeit zu berücksichtigen.

---

[2] Die Werte von H_2, N_2, O_2, OH, CO, NO, H_2O, CO_2, N_2O, O_2, H_2S, NH_3 wurden aus den Tabellen von H.D. Baehr, H. Hartmann, H.-Chr. Pohl, H. Schomäcker (Thermodynamische Funktionen idealer Gase, Berlin, Heidelberg, New York: Springer 1968) durch Multiplikation der dort vertafelten Werte $\overline{C}_p/\overline{R}$ mit der universellen Gaskonstanten $\overline{R} = 8{,}3143$ kJ/(kmol K) berechnet, die den Tabellenwerten zugrunde lag. Die molaren Wärmekapazitäten für Luft sind in den Tabellen in Landolt-Börnstein, Bd. IV, 4. Teil, Berlin, Göttingen, Heidelberg, New York: Springer 1967, S. 257, entnommen. Mittlere spez. Wärmekapazitäten der genannten Stoffe wurden durch Integration gebildet, soweit sie nicht vertafelt waren.

Die Werte von CH_4 wurden durch Interpolieren der Tabellen von Wagmann, Rossini und Mitarbeitern (NBS Research Paper RP 1634, Febr. 1945) ermittelt, die von C_2H_4 und C_2H_2 unter Benützung von Justi, E.: Spezifische Wärme, Enthalpie, Entropie und Dissoziation technischer Gase und Dämpfe, Berlin: Springer 1938. Das Absinken der spezifischen Wärmekapazitäten zwischen 100 K und 500 K bei OH und von 100 K bis 400 K bei NO entsteht dadurch, dass die Moleküle dieser Gase schon bei niederer Temperatur Elektronen aus dem Grundzustand in angeregte Zustände höherer Energie übertreten lassen. Der damit verbundene Beitrag zur spezifischen Wärmekapazität nimmt mit steigender Temperatur wieder ab, weil sich mit zunehmender Häufigkeit der angeregten Zustände die einer kleinen Temperatursteigerung entsprechende Zahl der Übergänge zu höheren Energiestufen wieder vermindert.

In der Nähe der Verflüssigung bei höheren Drücken weisen alle Gase größere Abweichungen von der Zustandsgleichung der idealen Gase und damit auch druckabhängige
spezifische Wärmekapazitäten auf, worauf wir bei den Dämpfen näher eingehen.

6.3   Die kalorischen Zustandsgleichungen inkompressibler Stoffe

Flüssigkeiten und Feststoffe können in guter Näherung als inkompressibel betrachtet werden, d. h. ihr spezifisches Volumen ändert sich auch unter der Einwirkung einer äußeren
Kraft oder eines Druckes kaum. Es gilt in guter Näherung $dv = 0$. Für die spezifische Enthalpie $h = u + pv$ bzw. $dh = du + p\,dv + v\,dp$ ergibt sich damit im Fall des inkompressiblen
Stoffes

$$dh = du + v\,dp\,,$$

und für die spezifische innere Energie folgt aus Gl. 6.1a

$$du = \left(\frac{\partial u}{\partial T}\right)_v dT\,.$$

Die spezifischen Wärmekapazitäten c_p und c_v unterscheiden sich bei festen Körpern praktisch gar nicht und bei Flüssigkeiten über weite Temperaturbereiche nur so wenig voneinander, dass man für inkompressible Stoffe in guter Näherung $c_p \approx c_v = c$ setzen darf. Damit
folgen die kalorischen Zustandsgleichungen für inkompressible Stoffe zu

$$du = c\,dT \tag{6.12}$$

und

$$dh = c\,dT + v\,dp\,. \tag{6.13}$$

Um einen festen Körper der Masse M um die Temperatur dT zu erwärmen, braucht
man wegen $du = dq$ demnach die Wärme

$$dQ = Mc\,dT\,. \tag{6.14}$$

6.4   Beispiele und Aufgaben

Beispiel 6.1

Dem Kühlgut eines Kühlschrankes werden aus dem ihn umgebenden Raum $\dot{Q}_K = 40\,\text{W}$
zugeführt. Die elektrische Leistung zum Antrieb des Kälteaggregats beträgt $P_{el} = 100\,\text{W}$.

a) Welchen Wärmestrom $\dot{Q}_{K,0}$ gibt der Kühlschrank im stationären Betrieb an den
   ihn umgebenden Raum ab?

b) Um wieviel würde sich die Temperatur der Raumluft in einer Stunde ändern (Raum-inhalt V_L = 35 m³, Dichte der Luft ρ_L = 1,2 kg/m³, spez. Wärmekapazität c_{vL} = 0,7203 kJ/(kg K)), wenn der Raum vollständig isoliert und luftdicht nach außen ab-geschlossen wäre?

zu a) Für das „System Kühlschrank" (Index K) gilt im stationären Betrieb

$$\dot{Q}_K + \dot{Q}_{K,0} + P_{el} = 0, \quad \text{somit}$$
$$\dot{Q}_{K,0} = -(\dot{Q}_K + P_{el}) = -140\,W$$

zu b) Der vom Raum abgeführte Wärmestrom $\dot{Q}_{L,0}$ wird dem Kühlgut zugeführt

$$\dot{Q}_{L,0} + \dot{Q}_K = 0.$$

Für das System „Raumluft" gilt

$$\frac{dU}{d\tau} = \dot{Q}_L + \dot{Q}_{L,0} = -\dot{Q}_{K,0} - \dot{Q}_K = P_{el}$$

oder

$$\rho_L c_{vL} V_L \frac{dT}{d\tau} = P_{el}.$$

Daraus

$$\Delta T = \frac{P_{el}}{\rho_L c_{vL} V_L} \Delta\tau = \frac{100\,W}{1{,}2\,kg/m^3 \cdot 0{,}7203 \cdot 10^3\,J/(kg\,K) \cdot 35\,m^3} \cdot 3600\,s$$
$$= 11{,}90\,K.$$

Aufgabe 6.1

In ein vollkommen gegen Wärmeverlust geschütztes Kalorimeter, das mit M = 800 g Wasser von t = 15 °C, spezifische Wärmekapazität c_p = 4,186 kJ/(kg K), gefüllt ist und dessen Gefäß aus Silber der Masse M_s = 250 g und der spezifischen Wärmekapazi-tät c_{p_s} = 0,234 kJ/(kg K) besteht, werden M_a = 200 g Aluminium von der Temperatur t_a = 100 °C geworfen. Nach dem Ausgleich wird eine Mischungstemperatur von t_m = 19,24 °C beobachtet.

Wie groß ist die spezifische Wärmekapazität c_{p_a} von Aluminium?

Anwendungen des ersten Hauptsatzes der Thermodynamik

7

In diesem Kapitel werden wir beispielhaft einige in der Technik relevante Energiewandlungsprozesse mit Hilfe des ersten Hauptsatzes und der thermischen und kalorischen Zustandsgleichungen beschreiben. Geschlossene und offene Systeme, stationäre und instationäre Prozesse werden betrachtet.

7.1 Zustandsänderungen idealer Gase

Zustände idealer Gase ließen sich durch die thermische Zustandsgleichung $pV = MRT$ sowie die kalorischen Zustandsgleichungen $du = c_v\,dT$ und $dh = c_p\,dT$ beschreiben. Bei den folgenden energetischen Betrachtungen gehen wir einschränkend von disspationsfreien Prozessen und ruhenden geschlossenen Systemen aus, an denen nur Volumenänderungsarbeit verrichtet werden kann. Somit gilt der erste Hauptsatz in der Form

$$dU = dQ + dL_\mathrm{v}\,.$$

7.1.1 Zustandsänderungen bei konstantem Volumen oder Isochore

Eine Zustandsänderung bei konstantem Volumen oder „Isochore"[1] stellt sich im p, V-Diagramm als senkrechte Linie 1–2 dar (Abb. 7.1).

Wenn der Anfangszustand 1 durch p_1 und V_1 gegeben ist, so ist dadurch für eine bestimmte Menge Gas von bekannter Gaskonstante auch die Temperatur T_1 bestimmt. Vom Endzustand seien $V_2 = V_1$ und T_2 gegeben, dann erhält man aus

$$p_1 V_1 = MRT_1 \quad \text{und} \quad p_2 V_2 = MRT_2$$

---

[1] Von griech. $\mathit{\iota\sigma o\varsigma}$ = gleich, $\chi\acute{\omega}\rho\alpha$ = Raum

P. Stephan, K. Schaber, K. Stephan, F. Mayinger, *Thermodynamik*, Springer-Lehrbuch, DOI 10.1007/978-3-642-30098-1_7, © Springer-Verlag Berlin Heidelberg 2013

Abb. 7.1 Isochore Zustandsänderung

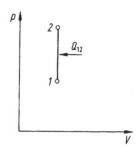

für den Druck p_2 des Endzustandes

$$\frac{p_2}{p_1} = \frac{T_2}{T_1}.$$ (7.1)

Bei den Isochoren verhalten sich also die Drücke wie die absoluten Temperaturen. Für
quasistatische, dissipationsfreie Zustandsänderungen ist die gesamte Wärmezufuhr längs
des Weges 1–2

$$Q_{12} = U_2 - U_1 = M \int_{T_1}^{T_2} c_v\, dT.$$ (7.2)

7.1.2 Zustandsänderung bei konstantem Druck oder Isobare

Eine Zustandsänderung unter konstantem Druck oder „Isobare"[2] wird im p,V-Diagramm
durch eine waagerechte Linie 1–2 dargestellt (Abb. 7.2). Die Volumina verhalten sich dabei
wie die absoluten Temperaturen nach der Gleichung

$$\frac{V_2}{V_1} = \frac{T_2}{T_1}.$$ (7.3)

Bei quasistatischer, dissipationsfreier Expansion entsprechend der Richtung 1–2 muss die
Wärme

$$Q_{12} = U_2 - U_1 + p(V_2 - V_1) = M \int_{T_1}^{T_2} c_v\, dT + p(V_2 - V_1)$$

$$= H_2 - H_1 = M \int_{T_1}^{T_2} c_p\, dT$$ (7.4)

zugeführt werden. Der größere Teil davon dient zur Erhöhung der inneren Energie $U_2 - U_1$,
der kleinere verwandelt sich in die Arbeit $p(V_2 - V_1)$, die in Abb. 7.2 durch das schraffierte
Flächenstück dargestellt ist. Kehrt man den Vorgang um, komprimiert also in der Richtung
2–1, so müssen Arbeit zugeführt und Wärme abgeführt werden.

---

[2] Von griech. $\acute{\iota}\sigma o\varsigma$ = gleich, $\beta\alpha\rho\acute{\upsilon}\sigma$ = schwer.

Abb. 7.2 Isobare Zustandsänderung

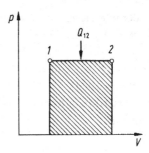

7.1.3 Zustandsänderung bei konstanter Temperatur oder Isotherme

Bei einer Zustandsänderung bei konstant gehaltener Temperatur oder „Isotherme" bleibt
das Produkt aus Druck und Volumen konstant nach der Gleichung

$$pV = p_1 V_1 = MRT_1 = \text{const}$$

oder differenziert

$$p\,dV + V\,dp = 0.$$

Diese Zustandsgleichung wird im p,V-Diagramm nach Abb. 7.3 durch eine gleichseitige
Hyperbel dargestellt.

Die Drücke verhalten sich dabei umgekehrt wie die Volumina. Bei der Expansion entsprechend der Richtung 1–2 muss eine Wärme zugeführt werden, die sich wegen

$$du = c_v\,dT = 0$$

zu

$$dQ = -d\,L_v = p\,dV \qquad\qquad (7.5a)$$

Abb. 7.3 Isotherme Zustandsänderung

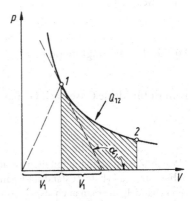

oder integriert

$$Q_{12} = -L_{v12} = \int_1^2 p \, dV \qquad (7.5b)$$

ergibt. Die zugeführte Wärme dient also ausschließlich zur Verrichtung von Volumenänderungsarbeit.

Ersetzt man p in Gl. 7.5a mit Hilfe der Zustandsgleichung idealer Gase durch T und V, so wird

$$dQ = MRT\frac{dV}{V} \qquad (7.5c)$$

oder integriert

$$Q_{12} = -L_{v12} = MRT \ln \frac{V_2}{V_1} \qquad (7.5d)$$

oder

$$L_{v12} = -p_1 V_1 \ln \frac{V_2}{V_1} = -p_1 V_1 \ln \frac{p_1}{p_2}. \qquad (7.5e)$$

Die Arbeit $-L_{v12}$ ist die in Abb. 7.3 schraffierte Fläche unter der Hyperbel. Die Arbeit ist nur abhängig vom Produkt pV und vom Druckverhältnis, dagegen unabhängig von der Art des Gases.

Bei der isothermen Kompression entsprechend der Richtung 2–1 muss die Arbeit zugeführt und ein äquivalenter Betrag von Wärme abgeführt werden.

7.1.4 Dissipationsfreie adiabate Zustandsänderungen

Die adiabate Zustandsänderung ist gekennzeichnet durch wärmedichten Abschluß des Gases von seiner Umgebung. Nach dem ersten Hauptsatz gilt für die dissipationsfreie adiabate Zustandsänderung[3] $dU = dL_v$ und somit

$$dU = -p \, dV$$

oder integriert

$$U_2 - U_1 = - \int_1^2 p \, dV.$$

Für ideale Gase folgt hieraus

$$p \, dV + Mc_v \, dT = 0. \qquad (7.6)$$

Nun ist für ideale Gase nach Gl. 6.6

$$c_p - c_v = R$$

---

[3] Wie im Zusammenhang mit dem zweiten Hauptsatz in Kap. 8 gezeigt wird, sind dissipations- bzw. reibungsfreie adiabate Zustandsänderungen stets reversibel. Es werden hier also Zustandsänderungen behandelt, die man auch als *reversibel adiabat* oder nach der Einführung der Größe Entropie in Abschn. 8.5(ff.) als *isentrop* bezeichnet.

oder

$$\frac{c_p}{c_v} - 1 = \frac{R}{c_v}.$$

Hieraus erhält man [vgl. auch Gl. 6.9b]

$$c_v = \frac{R}{\frac{c_p}{c_v-1}} = \frac{R}{\varkappa - 1}$$

mit dem bereits in Gl. 6.8 eingeführten sogenannten *Isentropenenexponenten*

$$\varkappa = c_p/c_v.$$

Setzt man $c_v = R/(\varkappa - 1)$ in Gl. 7.6 ein, so ergibt sich

$$p\,dV + M\frac{R}{\varkappa - 1}\,dT = 0. \tag{7.7}$$

Differenziert man die Zustandgleichung $p\,V = MRT$, so erhält man

$$p\,dV + V\,dp = MR\,dT.$$

Wir eliminieren in Gl. 7.7 das Differential dT und erhalten die Differentialgleichung für dissipationsfreie adiabate Zustandsänderungen

$$\frac{dp}{p} + \varkappa\frac{dV}{V} = 0. \tag{7.8}$$

Integriert zwischen p_0, V_0 und p, V bei konstantem $\varkappa$ ergibt sich

$$\ln\frac{p}{p_0} + \varkappa\ln\frac{V}{V_0} = 0$$

oder

$$\ln\frac{p}{p_0}\left(\frac{V}{V_0}\right)^{\varkappa} = 0 = \ln 1.$$

Durch Delogarithmieren erhält man daraus die Gleichung für dissipationsfreie adiabate Zustandsänderungen

$$pV^{\varkappa} = p_0 V_0^{\varkappa} = \text{const}, \tag{7.9}$$

wobei die Integrationskonstante durch ein Wertepaar p_0, V_0 bestimmt ist.

Den Verlauf der dissipationsfreien Adiabaten (d. h. Insentropen) im p,V-Diagramm übersieht man am besten durch Vergleich der Neigung ihrer Tangente mit der Neigung der Hyperbeltangente der isothermen Zustandsänderung anhand der Abb. 7.4 und 7.5.

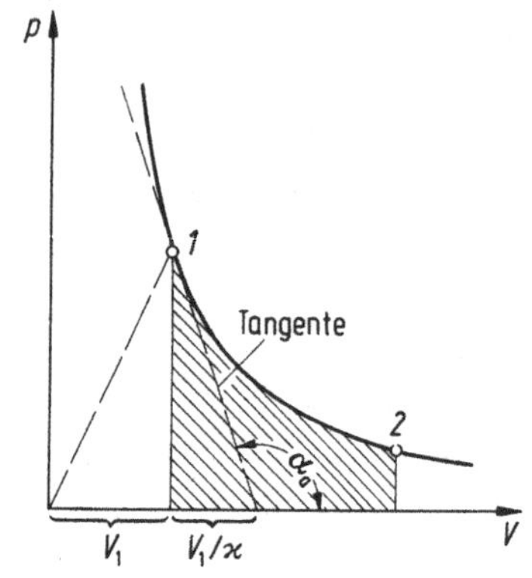

Abb. 7.4 Dissipationsfreie
adiabate Zustandsänderung

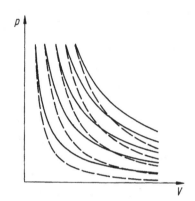

Abb. 7.5 Isothermen (*ausge-zogen*) und dissipationsfreie
Adiabaten (*gestrichelt*) des
idealen Gases bei dissipations-freier Zustandsänderung

Für die Isotherme ist wegen $p\,dV + V\,dp = 0$ der Neigungswinkel α_i der Tangente
bestimmt durch

$$\tan\alpha_i = \frac{dp}{dV} = -\frac{p}{V}.$$

Für den Neigungswinkel α_a der Tangente der Adiabate folgt aus Gl. 7.8 entsprechend

$$\tan\alpha_a = \frac{dp}{dV} = -\varkappa\frac{p}{V}.$$

Die dissipationsfreie Adiabate ist also $\varkappa$-mal steiler als die Isotherme durch den selben
Punkt. Die Subtangente der Isotherme ist bekanntlich gleich der Abszisse V, die Subtan-gente der Adiabate dagegen gleich $V/\varkappa$ (vgl. Abb. 7.3 und 7.4). In Abb. 7.5 sind die Isother-men und Adiabaten als Kurvenscharen im p,V-Diagramm gezeichnet.

Bei der Isothermen wurde die verrichtete Arbeit von der zugeführten Wärme geliefert,
bei der Adiabaten kann sie, da keine Wärme zugeführt wird, nur von der inneren Ener-gie bestritten werden. Es muss also u und damit auch T sinken, d. h., bei der adiabaten
Expansion kühlt sich ein Gas ab, bei adiabater Kompression erwärmt es sich.

Für den Verlauf der Temperatur längs der Adiabaten erhält man, wenn man in Gl. 7.8 mit Hilfe der differenzierten Zustandsgleichung des idealen Gases

$$p\,dV + V\,dp = MR\,dT \quad \text{oder} \quad \frac{dp}{p} = \frac{MR\,dT}{pV} - \frac{dV}{V} = \frac{dT}{T} - \frac{dV}{V}$$

den Druck eliminiert

$$\frac{dT}{T} + (\varkappa - 1)\frac{dV}{V} = 0 \tag{7.10}$$

und bei konstantem $\varkappa$ integriert,

$$TV^{\varkappa-1} = T_1 V_1^{\varkappa-1} = \text{const} \tag{7.11a}$$

oder, wenn V mit Hilfe von Gl. 7.9 durch p ersetzt wird,

$$\frac{T}{T_1} = \left(\frac{p}{p_1}\right)^{\frac{\varkappa-1}{\varkappa}}. \tag{7.11b}$$

Auch diese Gleichungen gelten für dissipationsfreie adiabate Zustandsänderungen.

Die bei der dissipationsfreien adiabaten Expansion verrichtete Arbeit dL_v ergibt sich aus Gl. 7.6 zu

$$dL_v = -p\,dV = M\,c_v\,dT \tag{7.12}$$

oder integriert zwischen den Punkten 1 und 2 unter der Voraussetzung konstanter spezifischer Wärmekapazität

$$L_{v12} = -\int_1^2 p\,dV = M\,c_v\,(T_2 - T_1). \tag{7.13a}$$

Führt man für T_1 und T_2 wieder $\frac{p_1 V_1}{MR}$ und $\frac{p_2 V_2}{MR}$ ein und berücksichtigt $\frac{c_v}{R} = \frac{1}{\varkappa-1}$, so wird

$$L_{v12} = \frac{1}{\varkappa - 1}(p_2 V_2 - p_1 V_1) \tag{7.13b}$$

oder

$$L_{v12} = \frac{p_1 V_1}{\varkappa - 1}\left[\left(\frac{T_2}{T_1}\right) - 1\right] \tag{7.13c}$$

oder

$$L_{v12} = \frac{p_1 V_1}{\varkappa - 1}\left[\left(\frac{p_2}{p_1}\right)^{\frac{\varkappa-1}{\varkappa}} - 1\right]. \tag{7.13d}$$

Die Arbeit eines vom Volumen V_1 auf V_2 ausgedehnten Gases ist bei der dissipationsfreien adiabaten Entspannung kleiner als bei der isothermen Entspannung.

Bei der dissipationsfreien adiabaten Expansion ist $p_2 < p_1$ und daher L_{v12} negativ entsprechend einer vom Gas unter Abkühlung abgegebenen Arbeit. Die Formeln gelten aber ohne weiteres auch für die Kompression, dann ist $p_2 > p_1$ und damit wird L_{v12} positiv entsprechend einer vom Gas unter Erwärmung aufgenommenen Arbeit.

7.1.5 Polytrope Zustandsänderungen

Die isotherme Zustandsänderung setzt vollkommenen Wärmeaustausch mit der Umgebung voraus. Bei der adiabaten Zustandsänderung ist jeder Wärmeaustausch verhindert. In Wirklichkeit lässt sich beides nicht völlig erreichen. Für die Vorgänge in den Zylindern realer Maschinen werden wir meist Kurven erhalten, die zwischen Adiabate und Isotherme liegen. Man führt daher analog zu Gl. 7.9 eine allgemeinere, die polytrope Zustandsänderung ein durch die Gleichung

$$pV^n = \text{const} \tag{7.14}$$

oder logarithmiert und differenziert

$$\frac{dp}{p} + n\frac{dV}{V} = 0, \tag{7.15}$$

wobei n eine beliebige Zahl ist, die in praktischen Fällen meist zwischen 1 und $\varkappa$ liegt.

Alle bisher betrachteten Zustandsänderungen können als Sonderfälle der Polytrope angesehen werden:

$n = 0$ gibt pV^0 $= p = \text{const}$ und ist die Isobare,
$n = 1$ gibt pV^1 $= \text{const}$ und ist die Isotherme,
$n = \varkappa$ gibt $pV^\varkappa$ $= \text{const}$ und ist die dissipationsfreie Adiabate,
$n = \infty$ gibt pV^∞ $= \text{const}$ oder $V = \text{const}$ und ist die Isochore.

In allen Fällen wird reibungsfreie, quasistatische Zustandsänderung vorausgesetzt.

Für die Polytrope gelten die Formeln der dissipationsfreien Adiabate, wenn man darin $\varkappa$ durch n ersetzt. Insbesondere ist

$$pV^n = p_1 V_1^n = \text{const}, \tag{7.16}$$

$$\frac{T}{T_1} = \left(\frac{p}{p_1}\right)^{\frac{n-1}{n}}, \tag{7.17}$$

$$L_{v12} = -\int_1^2 p\,dV = \frac{p_1 V_1}{n-1}\left[\left(\frac{p_2}{p_1}\right)^{\frac{n-1}{n}} - 1\right]. \tag{7.18}$$

Ebenso kann man die früheren Ausdrücke hinschreiben

$$L_{v12} = \frac{1}{n-1}(p_2 V_2 - p_1 V_1), \tag{7.19a}$$

$$L_{v12} = M\frac{R}{n-1}(T_2 - T_1), \tag{7.19b}$$

$$L_{v12} = Mc_v\frac{\varkappa-1}{n-1}(T_2 - T_1). \tag{7.19c}$$

Abb. 7.6 Polytropen mit verschiedenen Exponenten

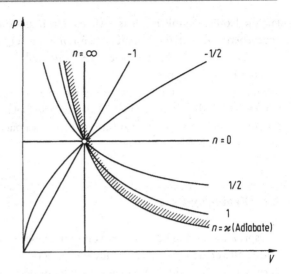

Im letzten Ausdruck darf im Zähler $\varkappa$ nicht durch n ersetzt werden, da hier $\varkappa - 1$ nur für das
Verhältnis R/c_v eingesetzt wurde. Für die bei polytroper Zustandsänderung eines idealen
Gases zugeführte Wärme gilt nach dem ersten Hauptsatz

$$dU = Mc_v\,dT = dQ + dL_{\mathrm{v}}.$$

Führt man darin aus Gl. 7.19c

$$dL_{\mathrm{v}} = Mc_v\frac{\varkappa - 1}{n - 1}\,dT$$

ein, so wird

$$dQ = Mc_v\frac{n - \varkappa}{n - 1}\,dT = Mc_n\,dT\,,\qquad(7.20)$$

wobei

$$c_n = c_v\frac{n - \varkappa}{n - 1}\qquad(7.21)$$

als spezifische Wärmekapazität der Polytrope bezeichnet wird. Für ein ideales Gas mit
temperaturunabhängiger spezifischer Wärmekapazität ist also auch die spezifische Wärmekapazität längs der Polytrope eine Konstante, und für eine endliche Zustandsänderung
gilt

$$Q_{12} = Mc_v\frac{n - \varkappa}{n - 1}(T_2 - T_1)\,.\qquad(7.22)$$

Vergleicht man damit den Ausdruck $L_{\mathrm{v}12}$ nach Gl. 7.19c, so wird

$$\frac{Q_{12}}{L_{\mathrm{v}12}} = \frac{n - \varkappa}{\varkappa - 1}\,.\qquad(7.23)$$

Für die Isotherme mit $n = 1$ ist, wie es sein muss, die zugeführte Wärme Q_{12} gleich der abgegebenen Arbeit; für die Adiabate mit $n = \varkappa$ ist $Q_{12} = 0$; für eine Polytrope mit $1 < n < \varkappa$ wird $|Q_{12}| < |L_{v12}|$, d. h., die Arbeit wird zum Teil aus der Wärmezufuhr, zum Teil aus der inneren Energie bestritten.

In Abb. 7.6 sind eine Anzahl von Polytropen für verschiedene n eingetragen. Geht man von einem Punkt der Adiabate längs einer beliebigen Polytrope in das schraffierte Gebiet hinein, so muss man Wärme zuführen, geht man nach der anderen Seite der Adiabate, so muss Wärme abgeführt werden.

7.2 Kreisprozesse

Kreisprozesse sind in der Technik von sehr großer Bedeutung. Beispiele für Kreisprozesse sind Kraftwerksprozesse zur Stromerzeugung oder Kältemaschinenprozesse zur Klimatisierung und Otto- oder Dieselprozesse, die in den Verbrennungsmotoren unserer Automobile ablaufen. Ein Kreisprozess ist ein Prozess, bei dem ein Fluid durch mehrere aufeinanderfolgende Zustandsänderungen (Teilprozesse) wieder in seinen Ausgangszustand gelangt. Ein Fluid wird kontinuierlich in diesem Kreislauf umgewälzt und durchströmt dabei zyklisch Maschinen und Apparate, in denen es mit der Umgebung Wärme und Arbeit austauscht. Schematisch veranschaulicht Abb. 7.7 einen solchen Kreisprozess mit beispielhaft vier Zustandsänderungen des umlaufenden Fluids.

Das Fluid erfährt hier vier Zustandsänderungen, in denen seine Energie $E = U + E_{kin} + E_{pot}$ jeweils zu- oder abnehmen kann, wobei bei einem stationären Prozess die Summe aller Energieänderungen Null ergeben muss, d. h.

$$(E_2 - E_1) + (E_3 - E_2) + (E_4 - E_3) + (E_1 - E_4) = 0$$

oder

$$\oint dE = 0 \,. \tag{7.24}$$

Das so genannte Ringintegral $\oint$ bedeutet, dass längs eines Weges, der wieder in seinem Ausgangspunkt endet, alle differentiellen Änderungen der betrachteten Größe summiert bzw. integriert werden. Wählt man die Systemgrenze so, dass der Fluidkreislauf vollständig innerhalb der Systemgrenzen liegt (vgl. Abb. 7.7), so erhält man ein geschlossenes System, das sich in einem stationären Zustand befindet. Der erste Hauptsatz lautet wegen $\oint dE = 0$ dann

$$0 = \oint dQ + \oint dL \,. \tag{7.25}$$

Da es sich um einen kontinuierlichen Prozess handelt, schreibt man

$$0 = \sum_i \dot{Q}_i + \sum_j P_j \,, \tag{7.26}$$

Abb. 7.7 Schematische Darstellung eines Kreisprozesses

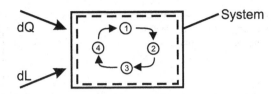

wobei *i* und *j* die einzelnen Wärme- und Arbeitsströme kennzeichnet, die in den verschiedenen am Kreisprozess beteiligten Apparaten oder Maschinen dem Fluid zugeführt oder entzogen werden.

Abbildung 7.8 zeigt beispielsweise das Schema eines einfachen Kraftwerksprozesses. Die Anlage besteht aus einer Speisewasserpumpe, einem Dampferzeuger, einer Turbine und einem Kondensator, die durch Rohrleitungen verbunden sind. Das umlaufende Fluid ist Wasser. In der Speisewasserpumpe wird dessen Druck unter Leistungsaufnahme P_{Sp} erhöht. Im Dampferzeuger wird das flüssige Wasser durch Zufuhr eines Wärmestromes $\dot{Q}_{DE}$, der durch Verbrennung eines fossilen Brennstoffs oder Kernspaltung freigesetzt wird, verdampft und überhitzt. In der Turbine wird der Dampf unter Leistungsabgabe P_T entspannt und im Kondensator durch Abfuhr eines Wärmestromes $\dot{Q}_{Ko}$ wieder vollständig verflüssigt. Die Details dieser vier Prozessschritte sind für die Bilanzierung der Energieströme jedoch nicht von Belang. Es gilt

$$0 = P_{Sp} + \dot{Q}_{DE} + P_T + \dot{Q}_{Ko} \,, \tag{7.27}$$

wobei nach unserer Vorzeichenregelung P_{Sp} und $\dot{Q}_{DE}$ positiv, P_T und $\dot{Q}_{Ko}$ negativ sind.

Abbildung 7.9 zeigt das Schaltschema einer einfachen Kältemaschine, nämlich eines Kühlschrankes. Das Fluid, ein so genanntes Kältemittel, wird in dampfförmigem Zustand in einem Kompressor unter der Leistungsaufnahme P_K vedichtet. Im Kondensator wird es unter Abgabe des Wärmestroms an die Umgebung $\dot{Q}_{Ko}$ kondensiert und anschließend zur

Abb. 7.8 Schematische Darstellung eines einfachen Kraftwerksprozesses

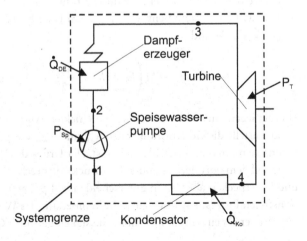

Abb. 7.9 Schematische Darstellung der Funktionsweise eines Kühlschrankes

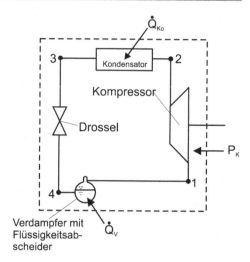

Druckreduktion durch eine adiabate Drossel geleitet. Durch Zufuhr eines Wärmestroms $\dot{Q}_V$ wird es wieder verdampft. Dieser Wärmestrom wird dem Kühlschrankinnern entzogen und sorgt dafür, dass sich das Kühlgut durch Wärmezufuhr aus der Umgebung nicht erwärmt. Es gilt

$$0 = \dot{Q}_V + \dot{Q}_{Ko} + P_K \tag{7.28}$$

wobei $\dot{Q}_V$ und P_K positiv, $\dot{Q}_{Ko}$ negativ sind.

7.3 Wasserkraftwerke

Ein Wasserkraftwerk lässt sich schematisch entsprechend Abb. 7.10 darstellen. Das skizzierte System wird stationär von Wasser durchströmt. Am Oberbecken fließt der Massenstrom $\dot{M}_{zu}$ bei einem Druck p_{zu} ein. Er durchströmt unter der Leistungsabgabe P_T die Turbine und verlässt das System beim Druck p_{ab} am Unterbecken. Wegen der Stationarität gelten $\dot{M}_{zu} = \dot{M}_{ab} = \dot{M}$ und

$$0 = P_T + \dot{M}\left(h_{zu} - h_{ab} + \frac{w_{zu}^2}{2} - \frac{w_{ab}^2}{2} + g\left(z_{zu} - z_{ab}\right)\right). \tag{7.29}$$

Hierbei legen wir die Systemgrenze geschickter Weise so, dass an der Zustrom- und der Abstromstelle die Geschwindigkeiten w_{zu} und w_{ab} sehr gering sind und die Änderung der kinetischen Energie vernachlässigbar ist. Der Druck des Wassers an der Zu- und Abstromstelle soll dem dort herrschenden Luftdruck entsprechen. Da sich der Luftdruck am Ober- und Unterbecken aber kaum unterscheiden, gilt $p_{zu} \approx p_{ab}$ bzw. $dp = 0$. Bei einem dissipationsfreien Prozess wird sich auch die Temperatur des Wassers kaum ändern, d. h. $dT = 0$. Für Wasser als eine inkompressible Flüssigkeit gilt nach Gl. 6.13 $dh = c\,dT + v\,dp$. Somit

Abb. 7.10 Schematische
Darstellung eines Wasserkraft-
werkes

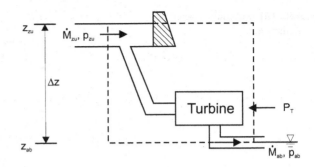

folgt $dh = 0$ und unter der Voraussetzung, dass die Abstromstelle auf Höhe der Turbine
liegt, weiter für die abgegebene Turbinenleistung

$$P_{\mathrm{T}} = -\dot{M} g (z_{\mathrm{zu}} - z_{\mathrm{ab}}) = -\dot{M} g \Delta z. \tag{7.30}$$

Die Leistung P_{T} ist bei $\Delta z > 0$ negativ. Potentielle Energie wird also in Arbeit gewandelt
und vom System abgegeben. Ein Pumpspeicherwerk arbeitet umgekehrt. Eine elektrisch
angetriebene Pumpe fördert Wasser in das Oberbecken. So kann z. B. überschüssige elektrische Energie aus dem Versorgungsnetz in potentielle Energie gewandelt und gespeichert
werden.

7.4   Stoffstrommischung

In der Technik mischt man häufig zwei oder auch mehrere Stoffströme entsprechend
Abb. 7.11 in einem offenen System unter Zufuhr von technischer Arbeit, z. B. zum Antrieb eines Rührers, der sicherstellen soll, dass am Austritt des Mischers eine möglichst
homogene Mischung der Stoffströme austreten soll. Die Massenbilanz ergibt hierfür

$$\dot{M}_{\mathrm{zu},1} + \dot{M}_{\mathrm{zu},2} = \dot{M}_{\mathrm{ab}} \tag{7.31}$$

und die Energiebilanz

$$0 = \dot{Q} + P + \dot{M}_{\mathrm{zu},1}\left(h_{\mathrm{zu},1} + \frac{w_{\mathrm{zu},1}^2}{2} + g z_{\mathrm{zu},1}\right)$$

$$+ \dot{M}_{\mathrm{zu},2}\left(h_{\mathrm{zu},2} + \frac{w_{\mathrm{zu},2}^2}{2} + g z_{\mathrm{zu},2}\right)$$

$$- \dot{M}_{\mathrm{ab}}\left(h_{\mathrm{ab}} + \frac{w_{\mathrm{ab}}^2}{2} + g z_{\mathrm{ab}}\right)$$

Vernachlässigt man die Änderungen der kinetischen und potentiellen Energie, so folgt mit
Gl. 7.31

$$- \dot{Q} - P = \dot{M}_{\mathrm{zu},1}(h_{\mathrm{zu},1} - h_{\mathrm{ab}}) + \dot{M}_{\mathrm{zu},2}(h_{\mathrm{zu},2} - h_{\mathrm{ab}}). \tag{7.32}$$

Abb. 7.11 Mischung zweier
Stoffströme

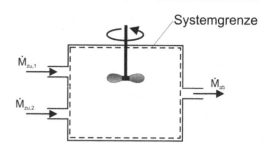

Findet die Mischung ohne Zufuhr von Leistung aus der Umgebung oder Wärmetransport über die Systemgrenze statt, so gilt

$$\dot{M}_{zu,1} h_{zu,1} + \dot{M}_{zu,2} h_{zu,2} = (\dot{M}_{zu,1} + \dot{M}_{zu,2}) h_{ab} . \tag{7.33}$$

7.5 Wärmeübertrager

Wärmeübertrager sind Apparate, in denen Fluide beheizt oder gekühlt werden. Dies kann direkt durch stationäre Zu- oder Abfuhr von Wärme (Abb. 7.12 links) erfolgen, z. B. mittels einer elektrischen Widerstandsheizung oder eines Peltierelements, oder indirekt (Abb. 7.12 rechts), z. B. durch stationäre Abkühlung oder Beheizung eines anderen Fluids. Der erste Hauptsatz liefert uns für den Fall der direkten Wärmezu- oder -abfuhr

$$\dot{Q} = \dot{M}(h_{ab} - h_{zu}) \tag{7.34}$$

wobei die Änderungen der kinetischen und potentiellen Energie des zu- und abströmenden Fluids vernachlässigt und $\dot{M}_{zu} = \dot{M}_{ab} = \dot{M}$ gesetzt wurden. Für den zweiten Fall, in dem ein heißer Stoffstrom $\dot{M}_1$ Wärme an eine zweiten, kalten Strom $\dot{M}_2$ überträgt, gilt

$$0 = \dot{M}_1(h_{zu,1} - h_{ab,1}) + \dot{M}_2(h_{zu,2} - h_{ab,2}) . \tag{7.35}$$

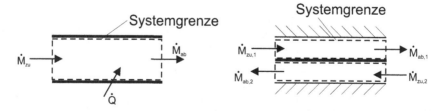

Abb. 7.12 Wärmeübertrager

7.6   Verdichten und Entspannen idealer Gase

Betrachten wir den in Abb. 7.13 unten skizzierten Verdichter. Der Zylinder des Kolben-
kompressors sei a. Luft oder Gas wird aus der Leitung b ansaugt, verdichtet und dann in
die Leitung c gedrückt. Das Ansaugventil öffnet selbständig, sobald der Druck im Zylinder
unter den der Saugleitung sinkt, das Druckventil öffnet, wenn der Druck im Zylinder den
der Druckleitung übersteigt. Der Kompressor sei verlustlos und möge keinen schädlichen
Raum haben, d. h., der Kolben soll in der linken Endlage (oberer Totpunkt) den Zylinder-
deckel gerade berühren, so dass der Zylinderinhalt auf Null sinkt. Geht der Kolben nach
rechts, so öffnet sich das Saugventil, und es wird Luft aus der Saugleitung beim Druck p_1
angesaugt, bis der Kolben die rechte Endlage (unterer Totpunkt) erreicht hat. Bei seiner
Umkehr schließt das Saugventil, und die nun im Zylinder abgeschlossene Luft wird verdichtet, bis sie den Druck p_2 der Druckleitung erreicht hat. Dann öffnet das Druckventil,
und die Luft wird bei gleichbleibendem Druck in die Druckleitung ausgeschoben, bis der
Kolben sich wieder in der linken Endlage befindet. Bei seiner Umkehr sinkt der Druck
im Zylinder von p_2 auf p_1, das Druckventil schließt, das Saugventil öffnet, und das Spiel
beginnt von neuem.

Im oberen Teil der Abb. 7.13 ist der Druckverlauf im Zylinder über dem Hubvolumen V
dargestellt.

Dabei ist

4–1   das Ansaugen beim Druck p_1,
1–2   das Verdichten vom Ansaugedruck p_1 auf den Enddruck p_2,

Abb. 7.13 Arbeit eines Luft-
verdichters

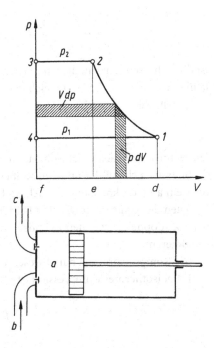

2–3   das Ausschieben in die Druckleitung beim Druck p_2 und

3–4   der Druckwechsel beim Schließen des Druck- und Öffnen des Saugventils.

Auf der anderen Kolbenseite denken wir uns zunächst Vakuum und berechnen die während der einzelnen Teile des Vorganges geleisteten Arbeiten, die wir mit entsprechenden Indizes bezeichnen. Es ist

$$|L_{41}| = \text{Fläche } 41df = p_1 V_1$$

die vom angesaugten Gas geleistete Verschiebearbeit. Sie ist als an den Kolben abgegebene Arbeit negativ, $L_{41} = -p_1 V_1$. Weiter gilt

$$L_{12} = L_{v12} = \text{Fläche } 12ed = -\int_1^2 p \, dV$$

für die dem Gas zugeführte Kompressionsarbeit. Sie ist positiv, da dV bei Volumenabnahme negativ ist. Für die zugeführte Ausschiebearbeit gilt

$$L_{23} = \text{Fläche } 23fe = p_2 V_2 \, .$$

Sie ist positiv. Beim Druckwechsel wird keine Arbeit geleistet, also gilt

$$L_{34} = 0 \, .$$

Die Summe dieser vier Teilarbeiten

$$L_t = L_{12} + L_{23} + L_{34} + L_{41} = -\int_1^2 p \, dV + p_2 V_2 - p_1 V_1 \tag{7.36}$$

ist die technische Arbeit, die am offenen System Kompressor während eines Prozessesumlaufes verrichtet wird. Sie ist gleich der Fläche *1 2 3 4*, kann also auch als Integral über dp dargestellt werden und ist

$$L_t = \int_1^2 V \, dp \, .$$

Die technische Arbeit L_t ist wohl zu unterscheiden von der Kompressionsarbeit $L_{12} = L_{v12}$.

Befindet sich auf der anderen Kolbenseite kein Vakuum, sondern der atmosphärische oder ein anderer konstanter Druck, so bleibt die technische Arbeit L_t ungeändert, da die Arbeiten des konstanten Druckes bei Hin- und Rückgang des Kolbens sich gerade aufheben. Bei doppelt wirkenden Zylindern sind die technischen Arbeiten beider Kolbenseiten zu addieren.

Die Kompressorarbeit hängt wesentlich vom Verlauf der Kompressionslinie *1 2* ab.

1. Bei isothermer Kompression ist

$$p_1 V_1 = p_2 V_2$$

und daher nach Gl. 7.5e

$$L_t = L_{12} = -p_1 V_1 \ln \frac{p_1}{p_2}.$$ (7.37)

Während der Verdichtung muss eine der Kompressionsarbeit äquivalente Wärme $|Q_{12}| = L_t$ abgeführt werden.

2. Bei dissipationsfreier adiabater Kompression ist nach Gl. 7.13b

$$L_{12} = \frac{1}{\varkappa - 1}(p_2 V_2 - p_1 V_1).$$

Damit wird

$$L_t = \frac{1}{\varkappa - 1}(p_2 V_2 - p_1 V_1) + p_2 V_2 - p_1 V_1,$$

$$L_t = \frac{\varkappa}{\varkappa - 1}(p_2 V_2 - p_1 V_1).$$ (7.38)

Es ist also $L_t = \varkappa L_{12}$ oder

$$\int_1^2 V \, dp = \varkappa \int_1^2 p \, dV.$$ (7.39)

Aus den Gln. 7.13c und 7.13d erhält man entsprechend

$$L_t = \frac{\varkappa}{\varkappa - 1} p_1 V_1 \left[\frac{T_2}{T_1} - 1 \right]$$ (7.40a)

und

$$L_t = \frac{\varkappa}{\varkappa - 1} p_1 V_1 \left[\left(\frac{p_2}{p_1} \right)^{(\varkappa - 1)/\varkappa} - 1 \right].$$ (7.40b)

3. Bei polytroper Kompression hat man in Gl. 7.40b nur $\varkappa$ durch n zu ersetzen und erhält

$$L_t = \frac{n}{n - 1} p_1 V_1 \left[\left(\frac{p_2}{p_1} \right)^{(n - 1)/n} - 1 \right].$$ (7.41)

Die genannten Formeln ergeben die Kompressorarbeit als positiv, wie es sein muss, da wir dem Gas zugeführte Arbeit als positiv eingeführt hatten.

Diese Formeln zeigen weiter, dass die Kompressionsarbeit außer von dem Produkt $p V = M R T$ nur vom Druckverhältnis p_2/p_1 abhängt. Zur Verdichtung von 1 kg Luft von 20 °C braucht man also z. B. die gleiche Arbeit, einerlei, ob man von 1 auf 10 bar, von 10 auf 100 bar oder von 100 auf 1000 bar verdichtet. Bei sehr hohen Drücken treten allerdings Abweichungen wegen der Druckabhängigkeit der spezifischen Wärmekapazitäten auf (vgl. Tab. 6.5). Ferner ist zu beachten, dass unsere Formeln für die reversibel adiabaten und polytropen Kompressionen temperaturunabhängige spezifische Wärmekapazitäten und damit konstante Werte von $\varkappa$ voraussetzten, in Wirklichkeit ist das nicht streng richtig, doch sind die Abweichungen bei Kompressoren bis 25 bar praktisch belanglos.

Abb. 7.14 Verdichtungsarbeit
bei quasistatischer isothermer
oder adiabater Verdichtung

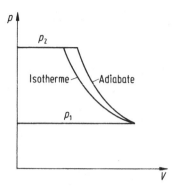

Bei isothermer Verdichtung ist, wie Abb. 7.14 zeigt, eine kleinere Arbeit nötig als bei polytroper (mit $1 < n < \varkappa$) oder adiabater. Der Unterschied ist um so größer, je größer das Druckverhältnis p_2/p_1 ist. Die isotherme Kompression ist also der anzustrebende Idealfall. Dabei muss aber die gesamte Kompressionsarbeit als Wärme durch die Zylinderwände abgeführt werden, was praktisch unmöglich ist. Die Verdichtung in ausgeführten Kompressoren kann vielmehr nahezu als Adiabate angesehen werden.

Der Vorgang im Luftkompressor lässt sich umkehren, wenn man die Ventile entsprechend steuert. Man erhält dann die Pressluftmaschine, die Arbeit leistet unter Entspannung von Gas höheren Druckes. Alle Formeln der Luftverdichtung gelten auch hier, nur ist $p_2 < p_1$, und es ergeben sich für Arbeiten und Wärmen umgekehrte Vorzeichen.

7.7 Strömungen durch Kanäle mit Querschnittsänderungen

In vielen technischen Anwendungen strömen Fluide durch Rohrleitungen oder Kanäle mit Querschnittsänderungen, z. B. durch Düsen oder Diffusoren, Abb. 7.15. Die Massenbilanz für diese Systeme lautet nach Gl. 5.18

$$\frac{dM}{d\tau} = \dot{M}_{\text{zu}} - \dot{M}_{\text{ab}}$$

und für den speziellen Fall der stationären Strömung folgt

$$\dot{M}_{\text{zu}} = \dot{M}_{\text{ab}} = \dot{M} = \text{const.}$$

Es tritt also durch jeden Querschnitt des Kanals der gleiche konstante Massenstrom hindurch. Für diesen gilt $\dot{M} = \rho\,\dot{V} = \rho\,w\,A$, worin w die über den Querschnitt A gemittelte Geschwindigkeit bezeichnet. Damit gilt für die Zu- und Abströmstelle

$$\dot{M} = A_{\text{zu}}\,w_{\text{zu}}\,\rho_{\text{zu}} = A_{\text{ab}}\,w_{\text{ab}}\,\rho_{\text{ab}} = \text{const.} \tag{7.42}$$

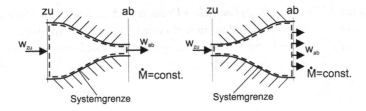

Abb. 7.15 Düse und Diffusor

Sofern das Fluid keine Wärme mit der Umgebung austauscht, und da keine technische Arbeit geleistet wird, lautet der erste Hauptsatz

$$0 = \dot{M}\left(h_{\text{zu}} - h_{\text{ab}} + \frac{w_{\text{zu}}^2}{2} - \frac{w_{\text{ab}}^2}{2} + g(z_{\text{zu}} - z_{\text{ab}})\right) \tag{7.43a}$$

oder auf den Massenstrom bezogen

$$0 = h_{\text{zu}} - h_{\text{ab}} + \frac{w_{\text{zu}}^2}{2} - \frac{w_{\text{ab}}^2}{2} + g(z_{\text{zu}} - z_{\text{ab}}) \tag{7.43b}$$

wobei es gleichgültig ist, ob es sich um dissipationsfreie oder dissipationsbehaftete Strömungsvorgänge handelt. Lässt man die zumindest bei Gasströmungen meist vernachlässigbare Hubarbeit $g\,\Delta z$ weg, so folgt die Beziehung

$$\left(\frac{w_{\text{zu}}^2}{2} - \frac{w_{\text{ab}}^2}{2}\right) = -(h_{\text{zu}} - h_{\text{ab}}). \tag{7.44}$$

oder

$$d\left(\frac{w^2}{2}\right) = -dh.$$

Die Zunahme der kinetischen Energie der Strömung in einer Düse ist also gleich der Abnahme der Enthalpie des Fluids. Umgekehrt ist es in einem Diffusor.

Gleichung 7.44 kann man für eine inkompressible Strömung wegen $dh = c\,dT + v\,dp$ und $v =$ const auch schreiben

$$\left(\frac{w_{\text{zu}}^2}{2} - \frac{w_{\text{ab}}^2}{2}\right) = c\,(T_{\text{ab}} - T_{\text{zu}}) + v\,(p_{\text{ab}} - p_{\text{zu}}). \tag{7.45}$$

Eine Temperaturerhöhung tritt nur bei Dissipation z. B. durch Fluidreibung auf. Ist dies nicht der Fall, so ergibt sich aus Gl. 7.45 die bekannte *Bernoullische Gleichung* der Hydromechanik

$$p_{\text{zu}} + \rho\frac{w_{\text{zu}}^2}{2} = p_{\text{ab}} + \rho\frac{w_{\text{ab}}^2}{2}. \tag{7.46}$$

Man bezeichnet $\rho w^2/2 = p_\mathrm{d}$ als *dynamischen Druck* oder *Staudruck* und nennt zum Unterschied den gewöhnlichen Druck, den ein mitbewegtes Manometer messen würde, *statischen Druck p*. Die Summe von beiden heißt *Gesamtdruck* p_g. Die Bernoullische Gleichung sagt also: in einer dissipationsfreien Strömung ohne Hubarbeit ist der Gesamtdruck an allen Stellen derselbe.

7.8 Drosselvorgänge

Häufig strömen Fluide durch Rohrleitungen, in denen sich Widerstände befinden. Dazu denken wir uns eine Rohrleitung, durch die ein Gas strömt, und in diese einen Widerstand in Gestalt eines porösen Pfropfens aus Asbest, Ton, Filz oder dgl. eingebaut, derart, dass das Gas einen Druckabfall beim Durchströmen dieses Hindernisses erfährt. Diesen Vorgang, der auch dann auftritt, wenn sich in einer Rohrleitung ein Hindernis befindet oder eine plötzliche Querschnittsveränderung vorhanden ist, bezeichnet man als *Drosselung*. Wir betrachten einen Querschnitt *zu* vor und einen Querschnitt *ab* hinter der Drosselstelle einer Rohrleitung, Abb. 7.16.

Die beiden Querschnitte seien gleich groß und weit von der Drosselstelle entfernt. Unter der Annahme, dass während der Drosselung kein Wärmeaustausch mit der Umgebung stattfindet und da keine technische Arbeit geleistet wird und sich die potentielle Energie in dem waagerecht liegenden Rohr nicht ändert, folgt analog dem vorangegangenen Kapitel

$$0 = h_\mathrm{zu} - h_\mathrm{ab} + \frac{1}{2}(w_\mathrm{zu}^2 - w_\mathrm{ab}^2)$$

oder

$$h_\mathrm{zu} + \frac{1}{2}w_\mathrm{zu}^2 = h_\mathrm{ab} + \frac{1}{2}w_\mathrm{ab}^2. \tag{7.47}$$

Die Zustandsänderung in der Drossel bewirkt an deren Austrittsstelle meist eine Verwirbelung der Strömung, die stromab zunehmend wieder abklingt. In vielen Fällen kann die kinetische Energie bzw. deren Änderung in Gl. 7.47 vernachlässigt werden. Dies ist beispielsweise der Fall, wenn die Geschwindigkeiten hinreichend gering sind (bei Gasen etwa $w < 40\,\mathrm{m/s}$), wenn bei kleinen Dichteänderungen die Strömungsquerschnitte vor und nach der Drosselstelle gleich sind (vgl. Gl. 7.42), oder wenn bei Dichteabnahme der Strömungsquerschnitt hinter der Drosselstelle so viel größer ist, dass trotz der Volumenzunahme die Strömungsgeschwindigkeit nicht ansteigt. In diesen Fällen vereinfacht sich die vorige Beziehung zu

$$h_\mathrm{zu} = h_\mathrm{ab}. \tag{7.48}$$

Die spezifische Enthalpie bleibt während einer adiabaten Drosselung also stets konstant, sofern sich die kinetische und die potentielle Energie des Stoffstroms nicht ändern. Der Vorgang ist *isenthalp*.

Abb. 7.16 Adiabate Drosselung

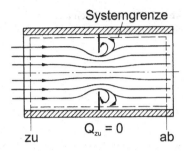

Für ideale Gase bedeutet dies, dass sich die Temperatur nicht ändert, weil die Enthalpie idealer Gase nur von der Temperatur abhängt, vgl. Gln. 6.5 und 6.7,

$$h = u(T) + pv = u(T) + RT = h(T).$$

Infolgedessen gilt der Satz: *Bei der adiabaten Drosselung idealer Gase bleibt die Temperatur konstant,* vorausgesetzt, dass sich kinetische und potentielle Energie vor und nach der Drosselstelle nicht merklich unterscheiden.

7.9 Überströmvorgänge

Wir hatten bereits zwei Beispiele für Überströmvorgänge behandelt: in Abschn. 5.6 das Befüllen eines zunächst evakuierten Behälters und in Abschn. 6.1 den Überströmversuch von Gay-Lussac und Joule.

Beim adiabaten Befüllen des zunächst evakuierten Behälters mit Luft aus der Umgebung ergab sich aus dem ersten Hauptsatz, dass die innere Energie nach dem Befüllen u_2 gleich der Enthalpie der zuströmenden Umgebungsluft h_L ist,

$$u_2 = h_L.$$

Erweitert man dies, so folgt für Luft als ideales Gas

$$u_2 = u_L + p_L v_L = u_L + R_L T_L$$

und weiter

$$u_2 - u_L = R_L T_L$$

oder

$$c_{vL}(T_2 - T_L) = R_L T_L$$

woraus sich die Temperatur im Behälter nach dem Befüllvorgang ergibt zu

$$T_2 = \frac{R_L T_L}{c_{vL}} + T_L = T_L \left(1 + \frac{R_L}{c_{vL}}\right) = T_L (1 + \varkappa - 1) = \varkappa T_L. \tag{7.49}$$

Abb. 7.17 Ausströmen aus
einem Behälter

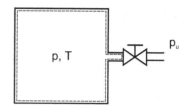

Sie ist somit um den Faktor des Isentropenexponenten größer als die Temperatur der Umgebungsluft. Ursache für diese Temperaturerhöhung ist die Umwandlung der Einschiebearbeit am offenen adiabaten System beim Zuströmen des Gases in innere Energie.

Beim Überströmversuch von Gay-Lussac und Joule (Abschn. 6.1) änderte sich hingegen die Temperatur nicht. Ursache hierfür ist, dass die Einschiebearbeit nicht von der Umgebung, sondern vom abgeschlossenen System selbst verrichtet wird und innerhalb des Systems stets von vollständigem Temperaturausgleich ausgegangen werden kann.

Betrachten wir nun einen Behälter, schematisch in Abb. 7.17 dargestellt, aus dem nach dem Öffnen eines Ventils im Zustand 1 ein unter hohem Druck p_1 stehendes ideales Gas in die Umgebung ausströmt bis Druckausgleich mit der Umgebung stattgefunden hat, $p_2 = p_u$.

Der Vorgang sei quasistatisch, reibungsfrei und adiabat. Kinetische und potentielle Energien seien vernachlässigbar. Der erste Hauptsatz in differentieller Form, Gl. 5.21b, vereinfacht sich dann zu

$$dU = dM_{ab} \cdot h_{ab} \tag{7.50a}$$

oder

$$u\,dM + M\,du = h_{ab}\,dM_{ab} . \tag{7.50b}$$

Da das System genau die Masse verliert, die abströmt, gilt $dM = dM_{ab}$. Mit $h_{ab} = u + pv$ folgt somit

$$u\,dM + M\,du = u\,dM + pv\,dM$$

oder

$$\frac{du}{pv} = \frac{dM}{M} .$$

Setzt man $du = c_v\,dT$ und $pv = RT$ ein, so ergibt sich

$$\frac{c_v}{R}\frac{dT}{T} = \frac{dM}{M}$$

und wegen $c_v/R = 1/(\varkappa - 1)$

$$\frac{1}{\varkappa - 1}\frac{dT}{T} = \frac{dM}{M} . \tag{7.51}$$

Durch Integration zwischen dem Ausgangszustand 1 und dem Endzustand 2 folgt

$$\frac{1}{\varkappa - 1}\ln\frac{T_2}{T_1} = \ln\frac{M_2}{M_1}$$

oder

$$\left(\frac{T_2}{T_1}\right)^{\frac{1}{\varkappa-1}} = \frac{M_2}{M_1}. \tag{7.52}$$

Ersetzt man die Massen M_1 und M_2 jeweils durch die Beziehung $pV = MRT$ für ideale Gase, so ergibt sich mit $p_2 = p_u$

$$\left(\frac{T_2}{T_1}\right)^{\frac{1}{\varkappa-1}} = \frac{p_u}{p_1} \cdot \frac{T_1}{T_2}$$

und weiter die bereits aus Abschn. 7.1.4 bekannte Beziehung für die reversibel adiabate Zustandsänderung

$$\left(\frac{T_2}{T_1}\right)^{\frac{\varkappa}{\varkappa-1}} = \frac{p_u}{p_1} \tag{7.53a}$$

oder

$$\frac{T_2}{T_1} = \left(\frac{p_u}{p_1}\right)^{\frac{\varkappa-1}{\varkappa}}. \tag{7.53b}$$

7.10 Beispiele und Aufgaben

Beispiel 7.1

Ein Autoreifen, dessen inneres Volumen $20\,\mathrm{dm}^3$ beträgt, ist mit Luft von $T_1 = 290\,\mathrm{K}$ und $p_1 = 2{,}2\,\mathrm{bar}$ gefüllt. Während der Fahrt erwärmt sich die Luft im Reifen durch Walkarbeit auf $T_2 = 325\,\mathrm{K}$

a) Welcher Druck herrscht dann im Reifen?
b) Welche Luftmenge ΔM muss man ablassen, damit der Reifendruck während der Fahrt, also bei $T_2 = 325\,\mathrm{K}$, genau $2{,}2\,\mathrm{bar}$ beträgt?
   Die Luft kann man als ideales Gas behandeln, $R = 0{,}2871\,\mathrm{kJ/(kg\,K)}$.

zu a) Die Zustandsänderung ist isochor, daher

$$p_2 = p_1 T_2/T_1 = 2{,}2\,\mathrm{bar} \cdot 325\,\mathrm{K}/290\,\mathrm{K} = 2{,}47\,\mathrm{bar}\,.$$

zu b) Es ist $M_2 = \frac{p_2 V_2}{R T_2} = \frac{p_1 V_1}{R T_2}$ und $M_1 = \frac{p_1 V_1}{R T_1}$.
Damit

$$\Delta M = M_2 - M_1 = \frac{p_1 V_1}{R}\left(\frac{1}{T_2} - \frac{1}{T_1}\right)$$

$$= \frac{2{,}2\,\mathrm{bar} \cdot 0{,}02\,\mathrm{m}^3}{287{,}1\,\mathrm{J/(kg\,K)}}\left(\frac{1}{325\,\mathrm{K}} - \frac{1}{290\,\mathrm{K}}\right)$$

$$\Delta M = -5{,}69 \cdot 10^{-3}\,\mathrm{kg}\,.$$

Beispiel 7.2

Ein konstanter Luftstrom von 240 bar und 50 °C wird in einem Ventil adiabat auf 200 bar gedrosselt.

240 bar ; 50°C   200 bar

Kinetische und potentielle Energie seien vernachlässigbar. Die Enthalpien von Luft entnehme man der folgenden Tabelle

t in °C	$p = 200\,\mathrm{bar}$ h in kJ/kg	$p = 240\,\mathrm{bar}$ h in kJ/kg
30	270,25	266,50
40	282,84	279,37
50	295,23	292,02

Welches ist die Temperatur nach der Drossselung?
Nach Gl. 7.47 ist

$$h_{zu}(p_{zu} = 240\,\text{bar}, t_{zu} = 50\,°C) = h_{ab}(p_{ab} = 200\,\text{bar}, t_{ab})$$

mit $h_{zu} = 292,02\,\text{kJ/kg}$. Wie man aus der Tabelle erkennt, liegt beim Druck 200 bar die Enthalpie $h_{ab} = 292,02\,\text{kJ/kg}$ zwischen den Temperaturen 40 °C und 50 °C.
Lineare Interpolation ergibt beim Druck $p_{ab} = 200\,\text{bar}$

$$\frac{h_{ab} - h(40\,°C)}{h(50\,°C) - h(40\,°C)} = \frac{t_{ab} - 40\,°C}{50\,°C - 40\,°C}$$

oder

$$t_{ab} = 40\,°C + 10\,°C\,\frac{292,02 - 282,84}{295,23 - 282,84} = 47,41\,°C.$$

Beispiel 7.3

In einen starren Behälter, in dem sich 10 kg Luft bei 20 °C und 200 bar befinden, wird über ein Drosselventil Luft gepumpt, sodass der Druck ansteigt. Die zugeführte Luft hat vor dem Drosselventil einen Druck von 240 bar und eine Temperatur von 20 °C. Nach dem Füllen wird Wärme mit der Umgebung ausgetauscht, sodass die Luft am Ende des Prozesses wieder eine Temperatur von 20 °C besitzt. Der Druck soll dann 220 bar betragen. Kinetische und potentielle Energie der zugeführten Luft seien vernachlässigbar.

Für Luft von 20 °C gilt:

p bar	v dm^3/kg	u kJ/kg	h kJ/kg
200	4,3205	171,00	257,41
220	3,9775	167,76	255,26
240	3,6967	164,66	253,38

Man berechne:

a) die zugeführte Luftmasse,
b) die mit der Umgebung ausgetauschte Wärme.

zu a) Mit v_1 = 4,3205 dm^3/kg bei p_1 = 200 bar und t_1 = 20 °C aus der Tabelle erhält man das Volumen des Behälters $V = M_1 v_1$ = 10 kg · 4,3205 dm^3/kg =
43,205 dm^3. Am Ende der Zustandsänderung ist die Masse $M_2 = V/v_2$, wobei
v_2 = 3,9775 dm^3/kg das spezifische Volumen bei 220 bar und 20 °C ist. Damit
wird M_2 = 43,205 dm^3/3,9775 dm^3/kg = 10,862 kg. Es ist $\Delta M = M_2 - M_1$ =
0,862 kg.
zu b) Wegen dL_t = 0, dM_2 = 0 gilt $dQ = dU - h_1 dM_1$ mit $U = M u$.
Daher ist $Q_{12} = M_2 u_2 - M_1 u_1 - h_1 \Delta M$. Hierin sind $u_2 = u(220\,\text{bar}, 20\,°C)$,
$u_1 = u(200\,\text{bar}, 20\,°C)$ und $h_1 = h(240\,\text{bar}, 20\,°C)$ aus der Tabelle zu entnehmen. Damit wird

$$Q_{12} = 10,862\,\text{kg} · 167,76\,\text{kJ/kg} - 10\,\text{kg} · 171,00\,\text{kJ/kg}$$
$$- 253,38\,\text{kJ/kg} · 0,862\,\text{kg} = -106,25\,\text{kJ}.$$

Es wird Wärme abgeführt.

Beispiel 7.4
Ein Autoreifen von V = 20 dm^3 Fassungsvermögen, in dem der Luftdruck auf p_1 =
1,5 bar abgesunken ist und die Temperatur 10 °C beträgt, soll wieder aufgepumpt werden. Dabei strömt Luft (ideales Gas, $\varkappa$ = 1,4, R = 0,287 kJ/(kg K)) aus einem großen
Behälter hohen Druckes, in dem eine Temperatur von 20 °C herrscht, in den Reifen.
Die Luft wird vor dem Einströmen in einer adiabaten Drossel auf den Druck im Reifen gedrosselt. Das Reifenvolumen V kann man als konstant ansehen. Kinetische und
potentielle Energie seien vernachlässigbar.

a) Auf welchen Höchstdruck p_2 muss man den Reifen aufpumpen, wenn in ihm nach
dem Temperaturausgleich mit der Umgebung, t_u = 10 °C, ein Druck von p_3 =
2,2 bar herrschen und während des Aufpumpens keine Wärme an die Umgebung
abgegeben werden soll?
b) Wie groß ist die zugeführte Luftmasse ΔM?

c) Welche Höchsttemperatur T_2 herrscht unmittelbar nach dem Aufpumpen im Reifen?

d) Welche Wärme wird bei Abkühlung von der Temperatur T_2 auf die Temperatur T_3 an die Umgebung übertragen?

Wir bezeichnen mit 1 den Zustand vor dem Aufpumpen, mit 2 unmittelbar nach dem Aufpumpen vor dem Temperaturausgleich und mit 3 nach dem Temperaturausgleich. Der Reifen sei das System A, der Behälter das System B.

zu a) Während des Aufpumpens (Zustandsänderung 1–2) gilt wegen $dQ = 0$, $dL_t = 0$, $dM_2 = 0$ und $dM_1 = dM^{(A)}$ die Bilanzgleichung $dU^{(A)} = h^{(B)} dM^{(M)}$. Integration ergibt $M_2^{(A)} u_2^{(A)} - M^{(A)} u_1^{(A)} = h^{(B)} (M_2^{(A)} - M_1^{(A)})$. Daraus folgt $M_2^{(A)} c_v T_2 - M_1^{(A)} c_v T_1 = c_p T^{(B)} (M_2^{(A)} - M_1^{(A)})$ und mit $pV = MRT$, $V_1 = V_2 = V$ und $c_p/c_v = \varkappa : p_2 - p_1 = \varkappa T^{(B)} \left(\frac{p_2}{T_2} - \frac{p_1}{T_1} \right)$.

Weiter ist für die Zustandsänderung 2–3:

$$V_2 = \frac{M_2 R T_2}{p_2} = V_3 = \frac{M_3 R T_3}{p_3} , \quad \text{woraus wegen } M_2 = M_3 = M \text{ folgt}$$

$$\frac{T_2}{p_2} = \frac{T_3}{p_3} .$$

Damit wird

$$p_2 = p_1 + \varkappa\, T^{(B)} \left(\frac{p_3}{T_3} - \frac{p_1}{T_1} \right)$$

$$= 1{,}5\,\text{bar} + 1{,}4 \cdot 293{,}15\,\text{K} \cdot \left(\frac{2{,}2\,\text{bar}}{283{,}15\text{K}} - \frac{1{,}5\,\text{bar}}{283{,}15\text{K}} \right)$$

$$= 2{,}51\,\text{bar} .$$

zu b)

$$\Delta M = M_2 - M_1 = \frac{p_2 V}{R T_2} - \frac{p_1 V}{R T_1} = \frac{V}{R} \left(\frac{p_2}{T_2} - \frac{p_1}{T_1} \right) = \frac{V}{R} \left(\frac{p_3}{T_3} - \frac{p_1}{T_1} \right)$$

$$= \frac{20 \cdot 10^{-3}\text{m}^3}{0{,}287 \cdot 10^3\,\text{J/(kg K)}} \left[\frac{2{,}2\,\text{bar}}{283{,}15\,\text{K}} - \frac{1{,}5\,\text{bar}}{283{,}15\,\text{K}} \right] 10^5 \frac{\text{J}}{\text{m}^3\,\text{bar}}$$

$$= 0{,}017\,\text{kg} .$$

zu c) Es ist $T_2 = T_3\, p_2/p_3 = 283{,}15\,\text{K} \cdot 2{,}51\,\text{bar}/\,2{,}2\,\text{bar} = 323{,}0\,\text{K}.$

zu d) $Q_{23} = M\, c_v\, (T_3 - T_2)$; $M = M_2 = p_2 V/(RT_2)$

$$Q_{23} = \frac{p_2 V}{RT_2}\, c_v\, (T_3 - T_2) = \frac{p_2 V}{(\varkappa - 1)\, T_2}\, (T3 - T2)$$

$$Q_{23} = \frac{2{,}51\,\text{bar} \cdot 20 \cdot 10^{-3}\,\text{m}^3}{(1{,}4 - 1) \cdot 323\,\text{K}} (283{,}15 - 323{,}0)\,\text{K}\, 10^2\, \frac{\text{kJ}}{\text{m}^3\,\text{bar}}$$

$$Q_{23} = -1{,}55\,\text{kJ}$$

Beispiel 7.5

Ein Wasserkraftwerk besteht aus 3 gleichartigen, parallel geschalteten Turbinen. Bei einem Höhenunterschied von Δz = 465 m zwischen der Oberfläche des Stausees und dem Austritt aus der Turbine wird jede Turbine von 11,5 t Wasser/s durchflossen. Während das Wasser (c_W = 4,19 kJ/(kg K)) beim Eintritt in den Stausee näherungsweise die Geschwindigkeit w_1 = 0 m/s hat, besitzt es beim Austritt aus den Turbinen eine Geschwindigkeit von w_2 = 14 m/s. Das System kann als adiabat angesehen werden.

a) Welche Gesamtleistung $P_{T,rev}$ könnten die Turbinen abgeben, wenn von einem reversiblen Fall ausgegangen wird, d. h. keine Reibung auftritt?
b) Tatsächlich tritt jedoch Reibung auf, die zu einer Leistungsminderung von 10 MW je Turbine führt. Welche Temperaturerhöhung ΔT des Wassers zwischen Ein- und Austrittstelle ergibt sich, wenn die Reibungsarbeit vollständig dem Wasser zugeführt wird?

Lösung:

a) Nach Gl. 7.29 gilt der erste Hauptsatz in der Form

$$0 = P_{T,rev} + \dot{M}\left(h_1 - h_2 + \frac{w_1^2}{2} - \frac{w_2^2}{2} + gz_1 - gz_2\right).$$

Da eine Temperaturerhöhung durch Reibung ausgeschlossen wurde und Druckunterschiede zwischen Ein- und Austrittstelle zu vernachlässigen sind, folgt $dh = c\,dT + v\,dp = 0$ und somit

$$P_{T,rev} = -\dot{M}\left(-\frac{w_2^2}{2} + g\Delta z\right)$$

$$= -3 \cdot 11.500\, \frac{\text{kg}}{\text{s}} \left(-\frac{14^2}{2}\, \frac{\text{m}^2}{\text{s}^2} + 9{,}81\, \frac{\text{m}}{\text{s}^2} \cdot 465\,\text{m}\right)$$

$$= -154{,}0\,\text{MW}.$$

b) Aufgrund der Temperaturerhöhung durch Reibung muss die Annahme $dh = 0$ aus a) fallen gelassen werden. Vielmehr folgt aus $dh = c\,dT + v\,dp = 0$ mit $dp \approx 0$

$$h_2 - h_1 = c_W(T_2 - T_1) = c_W \Delta T.$$

Aus dem ersten Hauptsatz ergibt sich

$$h_2 - h_1 = \frac{P_T}{\dot{M}} - \frac{w_2^2}{2} + g\Delta z,$$

und mit $|P_T| = |P_{T,\text{rev}}| - 3 \cdot 10\,\text{MW} = -124{,}0\,\text{MW}$ folgt

$$h_2 - h_1 = \frac{-124 \cdot 10^6\,\text{W}}{3 \cdot 11.500\,\text{kg/s}} - \frac{14^2}{2}\frac{\text{m}^2}{\text{s}^2} + 9{,}81\,\frac{\text{m}}{\text{s}^2} \cdot 465\,\text{m}$$

$$= 869{,}4\,\frac{\text{J}}{\text{kg}}.$$

Die Temperaturerhöhung des Wassers durch die Reibung ist demnach

$$\Delta T = \frac{h_2 - h_1}{c_W} = \frac{869{,}4}{4190}\,\text{K} = 0{,}21\,\text{K}.$$

Aufgabe 7.1

In einem geschlossenen Kessel von $V = 2\,\text{m}^3$ Inhalt befindet sich Luft von $t_1 = 20\,°\text{C}$ und $p_1 = 5$ bar. Auf welche Temperatur t_2 muss der Kessel erwärmt werden, damit sein Druck auf $p_2 = 10$ bar steigt? Welche Wärme muss dabei der Luft zugeführt werden?

Aufgabe 7.2

Eine Bleikugel fällt aus $z = 100\,\text{m}$ Höhe auf eine harte Unterlage, wobei sich ihre kinetische Energie in innere Energie verwandelt, von der 2/3 in die Bleikugel gehen. Die spezifische Wärmekapazität von Blei ist $c_p \approx c_v = c = 0{,}126\,\text{kJ/(kg K)}$. Um wieviel Grad erwärmt sich das Blei?

Aufgabe 7.3

Eine Kraftmaschine wird bei $n = 1200\,\text{min}^{-1}$ durch eine Wasserbremse abgebremst, wobei ihr Drehmoment zu $M_d = 4905\,\text{Nm}$ gemessen wurde. Der Bremse werden stündlich $8\,\text{m}^3$ Kühlwasser von $10\,°\text{C}$ zugeführt.

Mit welcher Temperatur fließt das Kühlwasser ab, wenn die ganze Bremsleistung sich in innere Energie des Kühlwassers verwandelt?

Aufgabe 7.4

Luft von $p_1 = 10$ bar und $t_1 = 25\,°\text{C}$ wird in einem Zylinder von $0{,}01\,\text{m}^3$ Inhalt, der durch einen Kolben abgeschlossen ist, a) isotherm, b) adiabat, c) polytrop mit $n = 1{,}3$ bis auf

1 bar durch quasistatische Zustandsänderungen entspannt. Wie groß ist in diesen Fällen das Endvolumen, die Endtemperatur und die vom Gas verrichtete Arbeit? Wie groß ist in den Fällen a) und c) die zugeführte Wärme?

Aufgabe 7.5

Ein Luftpuffer besteht aus einem zylindrischen Luftraum von 50 cm Länge und 20 cm Durchmesser, der durch einen Kolben abgeschlossen ist. Die Luft im Pufferzylinder habe ebenso wie in der umgebenden Atmosphäre einen Druck von $p_1 = 1$ bar und eine Temperatur von $t_1 = 20\,°C$.

Welche Stoßenergie in Nm kann der Puffer aufnehmen, wenn der Kolben 40 cm weit eindringt und wenn die Kompression der Luft adiabat erfolgt? Welche Endtemperatur und welchen Enddruck erreicht dabei die Luft?

Aufgabe 7.6

Eine Druckluftanlage soll stündlich 1000 m_n^3 Druckluft von 15 bar liefern, die mit einem Druck von $p_1 = 1$ bar und einer Temperatur von $t_1 = 20\,°C$ angesaugt wird.

Wieviel kW Leistung erfordert die als verlustlos angenommene Verdichtung, wenn sie a) isotherm, b) adiabat, c) polytrop mit $n = 1,3$ erfolgt? Welche Wärme muss in den Fällen a) und c) abgeführt werden?

Aufgabe 7.7

Ein Raum von $V = 50\,l$ Inhalt, in dem sich ebenso wie in der umgebenden Atmosphäre Luft von 1 bar und $20\,°C$ befindet, soll auf 0,01 bar evakuiert werden.

Welcher Arbeitsaufwand ist dazu erforderlich, wenn das Auspumpen bei $20\,°C$ erfolgt?

Aufgabe 7.8

In einer Gasflasche mit dem Volumen $V = 0,5\,m^3$ befindet sich Stickstoff (N_2) bei einem Druck von 1,2 bar und einer Temperatur von $27\,°C$. Die Flasche wird zum Füllen an eine Leitung angeschlossen, in der N_2 unter einem Druck von 7 bar und einer Temperatur von $77\,°C$ zur Verfügung steht. Der Füllvorgang wird abgeschlossen, wenn in der Flasche ein Druck von 6 bar erreicht ist. Die Temperatur des Flascheninhalts wird während des Füllens konstant auf $27\,°C$ gehalten.

Stickstoff darf als ideales Gas angesehen werden. Änderungen von potentieller und kinetischer Energie dürfen vernachlässigt werden. Während des Abfüllens bleibt der Zustand des Stickstoffs in der Leitung konstant.

Stoffwerte: $R_{N_2} = 0,2968$ kJ/kg K, $c_{pN_2} = 1,0389$ kJ/kg K.

a) Wie groß ist die während des Abfüllens zugeführte Stickstoffmasse M_{zu}?
b) Wieviel Wärme muss während des Füllens zu- oder abgeführt werden?

Das Prinzip der Irreversibilität und die Zustandsgröße Entropie 8

8.1 Das Prinzip der Irreversibilität

Bisher hatten wir die Richtungen der betrachteten thermodynamischen Vorgänge nicht besonders unterschieden, vielmehr in fast allen Fällen unbedenklich angenommen, dass jeder Vorgang, z. B. die Volumenänderung eines Gases in einem Zylinder, sowohl in der einen Richtung (als Expansion) wie in der anderen Richtung (als Kompression) vor sich gehen kann. Somit wären diese Vorgänge beliebig umkehrbar, ohne dass aus der Umgebung zusätzlich Energie zugeführt werden muss, um einen ursprünglichen Zustand wieder zu erreichen.

Die Vorgänge der Mechanik sind, soweit keine Reibung mitspielt, von dieser Art und werden daher als *reversibel* bezeichnet: Ein Stein kann nicht nur unter dem Einfluss der Erdschwere fallen, sondern er kann dieselbe Bewegung auch in der umgekehrten Richtung steigend durchlaufen. Beim senkrechten Wurf nach oben treten beide Bewegungen unmittelbar nacheinander auf. Ein anderes Beispiel ist die im indifferenten Gleichgewicht befindliche Waage: Legt man ein beliebig kleines Gewicht auf die eine Schale, so sinkt sie herunter, während die andere steigt. Legt man dasselbe Gewicht auf die andere Schale, so vollzieht sich genau der umgekehrte Vorgang.

Wir betrachten als Beispiel die Flugbahn AB einer Masse, Abb. 8.1, die sich vom Punkt A aus mit der Anfangsgeschwindigkeit w_0 und der Steigung α bewegt, nach einer Zeit τ im Punkt B angekommen ist und dort eine Geschwindigkeit w hat, die um den Winkel β gegen die Horizontale geneigt ist.

Würde die gleiche Masse ihre Bewegung im Punkt B mit der gleichen Geschwindigkeit in umgekehrter Richtung beginnen, so würde sie sich auf der gleichen Flugparabel bewegen und nach der Zeit τ in Punkt A mit der Geschwindigkeit w_0, die der ursprünglichen Geschwindigkeit entgegengerichtet ist, ankommen. Die Bewegung auf der Flugbahn kann also in umgekehrter Richtung durchlaufen werden. Die Masse durchläuft dabei die gleiche Wegstrecke in gleichen Zeiten.

P. Stephan, K. Schaber, K. Stephan, F. Mayinger, *Thermodynamik*, Springer-Lehrbuch, DOI 10.1007/978-3-642-30098-1_8, © Springer-Verlag Berlin Heidelberg 2013

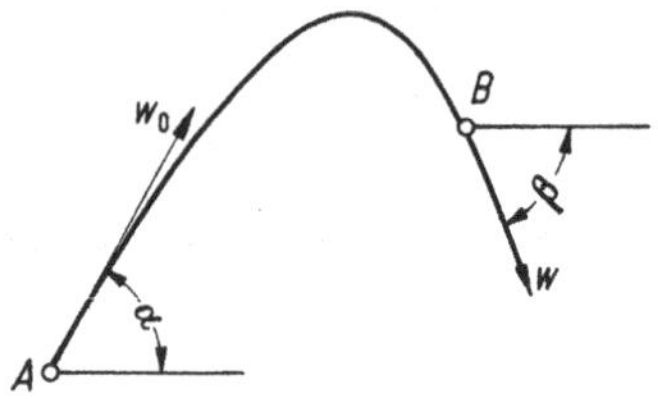

Abb. 8.1 Flugbahn eines Massenpunktes als umkehrbarer Vorgang

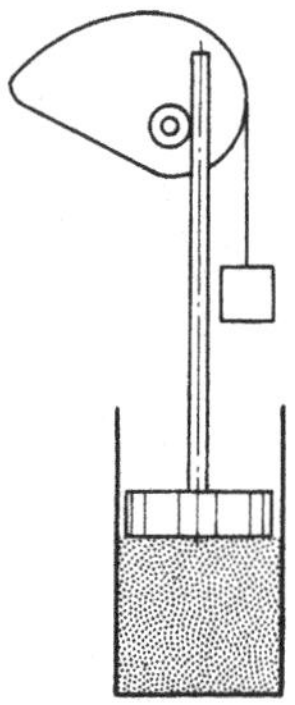

Abb. 8.2 Umkehrbare Kompression und Expansion eines Gases

Abb. 8.3 Umkehrbare Verdampfung

Auch die bisher von uns betrachteten thermodynamischen Vorgänge, z. B. die quasi-statische adiabate Volumenänderung, kann man in gleicher Weise als umkehrbar ansehen. Belastet man den Kolben eines Zylinders mit Hilfe eines geeigneten Mechanismus, wie z. B. der in der Abb. 8.2 dargestellten Kurvenbahn, auf der das Seil eines Gewichtes abläuft und die durch Zahnrad und -stange mit dem Kolben gekoppelt ist, so lässt sich bei richtiger Form der Kurvenbahn erreichen, dass der Kolben bei adiabater Expansion in jeder Lage stehenbleibt, gerade so wie eine im indifferenten Gleichgewicht befindliche Waage.

Die Zugabe oder Wegnahme eines beliebig kleinen Gewichtes genügt, um den Kolben sinken oder steigen zu lassen.

Noch einfacher lässt sich die Umkehrbarkeit verdeutlichen beim Verdampfen unter konstantem Druck, wenn die Temperatur der verdampfenden Flüssigkeit durch wärmeleitende Verbindung mit einem genügend großen Wärmespeicher konstant gehalten wird. In Abb. 8.3 möge der Kolben gerade dem Druck des Dampfes das Gleichgewicht halten.

Legt man ein beliebig kleines Übergewicht auf den Kolben, so kondensiert der Dampf vollständig. Erleichtert man den Kolben beliebig wenig, so steigt er, bis alles Wasser verdampft ist. Diese Beispiele zeigen, was man in der Thermodynamik unter umkehrbaren oder reversiblen Prozessen versteht.

Ein reversibler Prozess besteht demnach aus lauter Gleichgewichtszuständen, derart, dass eine beliebig kleine Kraft je nach ihrem Vorzeichen den Vorgang sowohl in der einen wie in der anderen Richtung auslösen kann.

Bei Wärmeströmungen entspricht dem Übergewicht eine beliebig kleine Übertemperatur, denn durch das kleine Übergewicht kann eine Kompression erzeugt werden, die mit einer kleinen Übertemperatur verbunden ist. Der Übergang von Wärme von einem Körper zu einem anderen ist also dann reversibel, wenn es nur einer beliebig kleinen Temperaturänderung bedarf, um die Wärme sowohl in der einen wie in der anderen Richtung zu befördern.

Reversible Prozesse sind nur idealisierte Grenzfälle. Erfahrungsgemäß kommen sie in der Natur nicht vor. In Wirklichkeit hat man es stets mit Vorgängen zu tun, die man als *nichtumkehrbar* oder *irreversibel* bezeichnet.

Die Reibung der Mechanik ist ein solcher nichtumkehrbarer Vorgang. Denn wenn bei den vorhin betrachteten umkehrbaren Vorgängen die Bewegung des Kolbens oder der Mechanismen nicht reibungslos stattfindet, so bedarf es eines endlichen Übergewichtes, das mindestens gleich dem Betrag der Reibungskraft ist, um den Vorgang in diesem oder jenem Sinne ablaufen zu lassen. Da bei den Vorgängen der Mechanik Reibung auftritt, sind sie also genaugenommen nicht vollständig umkehrbar.

Ebenso ist die rasche Verdichtung oder Entspannung eines Gases in einem Zylinder nicht umkehrbar. Es bilden sich in dem Gas Wirbel, die ihre Drehrichtung nicht umkehren, wenn man die Kolbenbewegung umkehrt.

Findet die in Abb. 8.1 dargestellte Bewegung in einem zähen Fluid statt, so übt dieses einen Widerstand aus, der, wie man aus der Strömungslehre weiß, proportional dem Quadrat der jeweiligen Geschwindigkeit ist. Auf die Masse wirkt daher eine Kraft, welche die Bewegung in jedem Punkt der Flugbahn verzögert. Kehrt man die Flugrichtung in irgendeinem Punkt um, so müsste man, um die gleiche Flugbahn wie zuvor zu durchlaufen, die Masse in jedem Punkt beschleunigen. In Wirklichkeit wird aber durch das zähe Fluid erneut eine Verzögerung ausgeübt.

Formal kann man reversible und irreversible Prozesse an der Differentialgleichung unterscheiden, welche den Bewegungsvorgang beschreibt. Da die Bewegung bei reversiblen Vorgängen in umgekehrter Richtung abläuft, wenn man die Zeit umkehrt, muss auch die Differentialgleichung erhalten bleiben, wenn man in ihr das Zeitdifferential $d\tau$ durch $-d\tau$ ersetzt. Reversible Vorgänge enthalten also in den Differentialgleichungen gerade, irreversible Vorgänge ungerade Potenzen der Zeit, sodass sich die Form der Differentialgleichung ändert, wenn man $d\tau$ durch $-d\tau$ ersetzt. Als Beispiel für einen reversiblen Vorgang sei die Differentialgleichung für den senkrechten freien Fall im luftleeren Raum genannt

$$\frac{d^2z}{d\tau^2} = g \, ,$$

in der man $d\tau$ durch $-d\tau$ vertauschen darf, ohne dass sich die Gleichung ändert. Hingegen beschreibt die Gleichung für den freien Fall unter Berücksichtigung des Luftwiderstandes

$$\frac{d^2z}{d\tau^2} = g + a\left(\frac{dz}{d\tau}\right)^2$$

mit $a > 0$, wenn $dz/d\tau < 0$, und $a < 0$, wenn $dz/d\tau > 0$, einen irreversiblen Vorgang.

Die Erfahrung zeigt weiter, dass Wärme wohl ohne unser Zutun von einem Körper höherer Temperatur auf einen solchen niederer Temperatur übergeht, aber niemals tritt der umgekehrte Vorgang ein, d. h., Temperaturunterschiede gleichen sich wohl aus, aber sie entstehen nicht von selbst.

Die Worte „von selbst" sind dabei wesentlich, sie sollen bedeuten, dass der genannte Vorgang sich nicht vollziehen kann, ohne dass in der Umgebung sonst noch Veränderungen eintreten. Dann ist aber der erfahrungsgemäß von selbst, d. h. ohne irgendwelche Veränderungen in der Umgebung, ablaufende Übergang von Wärme von einem Körper höherer Temperatur auf einen solchen niederer auf keine Weise vollständig rückgängig zu machen, wobei wir unter „vollständig rückgängig machen" verstehen, dass alle beteiligten Körper und alle zu Hilfe genommenen Gewichte und Apparate nachher wieder in derselben Lage und in demselben Zustand sind wie zu Anfang.

Ein Vorgang, der sich in diesem Sinne vollständig wieder rückgängig machen lässt, ist *umkehrbar* oder *reversibel*. Ein Vorgang, bei dem das nicht der Fall ist, ist *nichtumkehrbar* oder *irreversibel*. Damit haben wir eine zweite Definition dieses thermodynamischen Begriffes, die gleichbedeutend ist mit der oben gegebenen Erklärung eines umkehrbaren Vorganges als einer Folge von Gleichgewichtszuständen, die durch Herabsinken eines beliebig kleinen Übergewichts, also einer im Grenzfall verschwindend kleinen Veränderung der Umgebung, in der einen oder anderen Richtung zum Ablauf gebracht werden können.

Alle Naturvorgänge sind mehr oder weniger irreversibel. Die Bewegung der Himmelskörper kommt der reversiblen am nächsten, Bewegungen in der irdischen Atmosphäre werden aber stets durch Widerstände gekennzeichnet (Reibung, Viskosität, elektrische, magnetische u. a. Widerstände), die bei Umkehr der Bewegungsrichtung weiterhin die Bewegung verzögern und nicht beschleunigen, was geschehen müsste, wenn die Bewegung reversibel sein sollte.

Bei vielen Strömungsvorgängen kommen Nichtumkehrbarkeiten dadurch zustande, dass an Hindernissen Wirbel auftreten, die Energie verzehren und sie nicht wieder freigeben, wenn man die Strömungsrichtung umkehrt. Eine andere häufige Ursache von Nichtumkehrbarkeiten ist die mehr oder weniger starke Umwandlung einer makroskopischen geordneten Bewegung, zum Beispiel eines strömenden Fluids, in die statistisch ungeordnete Schwankungsbewegung einzelner Moleküle oder Molekülgruppen.

Auch beim freien Fall wird ein Teil der kinetischen Energie des fallenden Körpers an die umgebende Luft übertragen und dient zur Erhöhung der kinetischen Energie der Luftmoleküle. Da diese sich völlig ungeordnet nach den Gesetzen der Statistik bewegen, kann bei einer Bewegungsumkehr des Körpers die kinetische Energie der Luftmoleküle nicht wieder in Hubarbeit umgewandelt werden.

Alle diese Beispiele zeigen, dass bei den in Natur und Technik vorkommenden Prozessen das Gesetz von der Erhaltung der Energie zwar nicht verletzt wird, dass aber stets Energie „dissipiert", d. h. in eine andere Energie umgewandelt wird und daher die in Arbeit umwandelbare Energie abnimmt. Es gilt daher der Erfahrungssatz:

▸ **Merksatz** Alle natürlichen und technischen Prozesse sind irreversibel.

Oder:

▸ **Merksatz** Bei allen natürlichen und technischen Prozessen nimmt die in Arbeit umwandelbare Energie ab.

Neben diesen allgemeinen Aussagen kann man auch spezielle Prozesse konstruieren und feststellen, ob diese irreversibel sind oder nicht. So gilt nach M. Planck[1] für reibungsbehaftete Prozesse:

▸ **Merksatz** Alle Prozesse, bei denen Reibung auftritt, sind irreversibel.

Nach R. Clausius[2] gilt für alle Prozesse der Wärmeübertragung:

▸ **Merksatz** Wärme kann nie von selbst von einem Körper niederer auf einen Körper höherer Temperatur übergehen.

„Von selbst" bedeutet hierbei, dass man den genannten Vorgang nicht ausführen kann, ohne dass Änderungen in der Umgebung zurückbleiben. Andernfalls kann man durchaus Wärme von einem Körper tiefer auf einen Körper höherer Temperatur übertragen. Dies geschieht zum Beispiel bei allen Prozessen der Kälteerzeugung, da dort einem Kühlgut Wärme entzogen und bei höherer Temperatur wieder an einen anderen Körper abgegeben wird. Dazu ist jedoch eine Arbeitsleistung erforderlich, sodass nach Abschluss des Prozesses Veränderungen in der Umgebung zurückgeblieben sind, da Energie aufzuwenden war.

Diese Sätze stellen bereits einander äquivalente Formulierungen des zweiten Hauptsatzes der Thermodynamik dar. Reversible Prozesse sind nur Grenzfälle der wirklich vorkommenden Prozesse und lassen sich in den meisten Fällen höchstens angenähert verwirklichen. Da bei ihnen keine Energie dissipiert wird, stellen sie Idealprozesse dar, mit denen man die wirklichen Prozesse vergleichen und hinsichtlich ihrer Güte beurteilen kann. Es

---

[1] Planck, M.: Über die Begründung des zweiten Hauptsatzes der Thermodynamik. Sitz.-Ber. Akad. 1926, Phys. Math. Klasse, S. 453–463. Max Planck (1858–1947) war von 1885 an Professor für Theoretische Physik in Kiel und von 1889–1926 in Berlin. Aus seiner Feder stammen viele Beiträge zur Thermodynamik. 1918 erhielt er den Nobelpreis für die Begründung der Quantentheorie.

[2] Clausius, R.: Über eine veränderte Form des zweiten Hauptsatzes der mech. Wärmetheorie. Pogg. Ann. 93 (1854) S. 481. Rudolf Julius Emanuel Clausius (1822–1888) war Professor für Theoretische Physik in Zürich, Würzburg und Bonn.

wird das Ziel unserer weiteren Betrachtungen sein, diese bisherigen qualitativen Aussagen über den zweiten Hauptsatz durch eine quantitative, das heißt mathematische Formulierung zu ersetzen.

8.2 Entropie und absolute Temperatur

Um das Prinzip der Irreversibilität mathematisch formulieren zu können, ist es zweckmäßig, sich zuerst klarzumachen, welche Vorgänge ablaufen, wenn ein geschlossenes System Wärme mit der Umgebung austauscht. Die Betrachtungen hierüber führen, wie wir noch sehen werden, zur Einführung einer neuen Zustandsgröße, mit deren Hilfe man das Prinzip der Irreversibilität in Gestalt einer Ungleichung darstellen kann.

Zur Lösung der gestellten Aufgabe erinnern wir uns daran, wie ein geschlossenes System, zum Beispiel ein Zylinder mit einem beweglichen Kolben, Arbeit mit der Umgebung austauscht: Der Kolben wird verschoben, und gleichzeitig ändern sich das Volumen V des im Zylinder eingeschlossenen Gases und auch das Volumen der Umgebung. Die Verrichtung von Arbeit bedeutet demnach, dass zwischen System und Umgebung ein Austauschprozess stattfindet, bei dem die Koordinate V bewegt wird. Anschaulicher kann man sagen, dass Arbeit über die Koordinate V in das System einfließt, in ihm als innere Energie gespeichert wird und wieder als Volumenarbeit aus dem System entnommen werden kann. Die Koordinate V ist vergleichbar mit einem Kanal, der das System mit der Umgebung verbindet und durch den Arbeit mit der Umgebung ausgetauscht wird. Dies gilt allgemein für alle Arbeitskoordinaten X_i ($i = 1, 2, \ldots, n$), die man auch als *Austauschvariable* bezeichnet.

Man kann sich somit ein geschlossenes System als einen Speicher gemäß Abb. 8.4 vorstellen, in dem innere Energie in verschiedenen Kammern, also Koordinaten oder Austauschvariablen X_i eingespeichert und über diese Koordinaten bzw. Kanäle wieder als Arbeit entnommen werden kann.

Austauschvariablen sind *extensive* Zustandsgrößen, da auch die über diese Variablen im System gespeicherte Energie eine extensive Größe ist.

Allerdings wissen wir aus den Betrachtungen zum 1. Hauptsatz, dass ein Teil der Arbeit, die in ein geschlossenes System oder aus einem geschlossenen System über die „Kanäle" der Austauschvariablen fließt, dissipiert, somit offensichtlich als innere Energie im System verbleibt und nicht mehr über die ursprünglichen „Kanäle" der Austauschvariablen X_i aus dem System entnommen werden kann. Allgemein gilt nach Gl. 4.35

$$dL = \sum_{k=1}^{n} F_k \, dX_k + dL_{\text{diss}} .$$

Die dissipierte Arbeit fließt, wie in Abb. 8.4 dargestellt, in einen bisher nicht identifizierten Speicher.

Abb. 8.4 Geschlossenes
System als „Speicher" für Austauschvariable

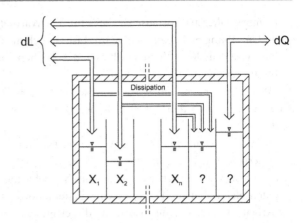

Stellt man sich nun zunächst die Frage, über welche Koordinate oder welchen „Kanal"
Wärme in das System fließt, so könnte man vermuten, dass es sich hierbei um die Koordinate T, also die Temperatur handelt.

Diese Annahme ist allerdings aus zweierlei Gründen nicht zutreffend. Wäre sie nämlich richtig, so könnte erstens in ein geschlossenes System, dessen Temperatur konstant
ist, keine Wärme einfließen, da die Koordinate T des Systems nicht verändert wird. Alle
Zustandsänderungen, bei denen die Temperatur konstant ist, müssten demnach adiabat
verlaufen, und umgekehrt dürfte sich bei adiabaten Zustandsänderungen geschlossener
Systeme die Temperatur eines Systems nicht ändern. Dass dies nicht richtig ist, zeigt schon
das Beispiel der adiabaten Zustandsänderung eines idealen Gases, bei der die verrichtete
Arbeit eine Änderung der inneren Energie U hervorruft und eine Temperaturänderung bewirkt. Ein anderes Beispiel ist das Verdampfen von Flüssigkeiten unter konstantem Druck.
Bei diesem Vorgang bleibt die Temperatur des Systems konstant; trotzdem muss man Wärme zuführen.

Die genannten Beispiele zeigen, dass Wärme in ein System fließen kann, ohne dass die
Koordinate T betätigt wird. Da man andererseits einem System auch bei konstantem Druck
oder bei konstantem Volumen Wärme zuführen kann, sind bei einfachen Systemen die
bisher bekannten Koordinaten p, V, T ungeeignet, den Austausch von Wärme zwischen
einem System und seiner Umgebung zu beschreiben. Zweitens ist die Temperatur T eine
intensive Variable und scheidet somit als Austauschvariable aus. Obwohl wir hier der An-
schaulichkeit wegen nur einfache Systeme betrachten, kann man sich ebenso an weiteren
Beispielen klarmachen, dass auch die anderen aus der Mechanik und Elektrodynamik bekannten Koordinaten (Ortskoordinaten, Geschwindigkeiten, elektrische und magnetische
Feldstärken) nicht als Austauschgrößen („Kanäle") für den Wärmefluss zwischen einem
System und seiner Umgebung in Frage kommen. Auf eine mathematisch strenge Begründung soll hier im Einzelnen nicht eingegangen werden. Entscheidend ist, dass offenbar
keine der bisher bekannten Koordinaten geeignet ist, den Vorgang des Wärmeaustausches
zwischen einem System und seiner Umgebung zu beschreiben.

Es muss daher als Austauschvariable für den Wärmefluss zwischen einem System und seiner Umgebung noch eine weitere uns bisher noch nicht bekannte Koordinate existieren. Für diese neue Koordinate wählt man das Zeichen S und nennt sie die *Entropie*.

In unserer obigen anschaulichen Ausdrucksweise ist die Entropie also ein Kanal, durch den Wärme zwischen dem System und seiner Umgebung fließt, ebenso wie das Volumen ein Kanal ist, durch den Arbeit zwischen der Umgebung und dem System ausgetauscht wird.

Die in das System einfließende Wärme wird als innere Energie in der Koordinate Entropie S gespeichert. Damit ist die in Abb. 8.4 dargestellte unbekannte, mit dem Zu- und Abstrom von Wärme verbundene Austauschvariable identifiziert.

Offen bleibt aber die Frage, welcher Systemkoordinate der im System dissipierte Teil der Arbeit zufließt. Zur Beantwortung dieser Frage hilft folgendes Gedankenexperiment: Wir betrachten ein geschlossenes System, in dem sich ein Rührwerk befindet. Die an der Rührerwelle während eines Rührvorgangs geleistete Arbeit L_{12} wird vollständig dissipiert,

$$L_{12} = L_{\text{diss},12} \, .$$

Führt man nun in einem zweiten Experiment ausgehend vom gleichen Anfangszustand 1 des Systems die betragsmäßig gleiche Wärmemenge $Q_{12} = L_{12}$ zu, so stellt man fest, dass sich in beiden Fällen der identische Endzustand 2 (T_2, p_2, V_2 etc.) einstellt. Hieraus ergibt sich die Schlussfolgerung, dass die im System dissipierte Arbeit dem „Entropiespeicher", d. h. der Systemkoordinate Entropie zufließt und diese vergrößert.

Natürlich ist mit den vorstehenden Erklärungen noch nicht die Existenz der Austauschgröße Entropie in aller Strenge nachgewiesen. Dies wird in dem folgenden Kapitel nachgeholt werden. Wir wollen uns jedoch vorerst mit dieser einfachen Erklärung begnügen, weil sie anschaulich und daher gut geeignet ist, sich mit dem Begriff der Entropie vertraut zu machen.

Wir wollen uns nun zunächst überlegen, welche Folgerungen sich aus der Einführung der neuen Koordinate ergeben. Nach den obigen Überlegungen ist die innere Energie eines Systems, das mit seiner Umgebung Wärme und Arbeit austauschen kann, nicht nur eine Funktion der Arbeitskoordinaten X_i ($i = 1, 2, \ldots, n$), also beispielsweise des Volumens V, sondern auch der Entropie S:

$$U = U(S, X_1, X_2, \ldots, X_n) \, .$$

Im Fall des einfachen Systems fließt Arbeit nur über die Koordinate V in das System, und es ist

$$U = U(S, V) \, . \tag{8.1}$$

Der neuen Koordinate S können wir zwei wichtige Eigenschaften zuschreiben: Da die Wärme, die ein System unter sonst gleichen Bedingungen aufnehmen kann, proportional seiner Masse ist, muss auch die Entropie als die zur Wärme gehörende Austauschgröße proportional der Masse des Systems sein. *Die Entropie ist somit eine extensive Größe.* Die von uns

betrachteten Systeme sollen außerdem kein „Gedächtnis" besitzen, ihr jeweiliger Zustand
ist somit unabhängig von der Vorgeschichte und daher auch unabhängig von dem „Weg",
auf dem das System in den betreffenden Zustand gelangte. Die Entropie ist also eine *Zustandsgröße*, und zwar eine extensive Zustandsgröße.

Wärme können wir nunmehr als diejenige Energie charakterisieren, die über die Systemgrenze befördert wird, wenn das System Entropie mit der Umgebung austauscht. Das
Ergebnis dieses Austauschprozesses ist eine Änderung der inneren Energie. Steht also das
System während einer kurzen Zeit $d\tau$ in Kontakt mit der Umgebung und wird hierbei nur
Wärme über die Systemgrenze befördert, so findet ein Austauschprozess statt, bei dem
die Austauschkoordinate Entropie um ein dS verschoben wird, wodurch im System ei-
ne Energieänderung dU eintritt. Wir verknüpfen nun die Energieänderung dU mit der
Entropieänderung dS durch den Ansatz

$$dU = T\,dS\,. \tag{8.2}$$

Diese Gleichung gilt unter der Annahme, dass das System *nur* Wärme mit der Umgebung
austauscht. In ihr darf der Faktor T noch eine Funktion aller Koordinaten $T(S, X_1, \ldots, X_n)$,
d. h. im Fall des einfachen Systems $T = T(S, V)$ sein. Die Größe T ist eine intensive Variable, da die Energieänderung dU und die Entropieänderung dS in einem geschlossenen
System als extensive Größen proportional der Masse des Systems sind und der Quotient
$dU/dS = T$ somit nicht von der Masse des Systems abhängt.

Man nennt die intensive Größe T die *thermodynamische Temperatur*. Sie ist durch
Gl. 8.2 definiert.

Die thermodynamische Temperatur ist eine Eigenschaft der Materie und gibt an, wie
„heiß" ein Körper ist. Instrumente, mit denen man diese Eigenschaft misst, nennt man
bekanntlich Thermometer.

Nachdem wir nun eine thermodynamische Temperatur eingeführt haben, ist noch zu
klären, wie man diese messen kann. Es ist naheliegend, hierfür eines der uns schon bekannten Thermometer zu benutzen. Dabei ergeben sich jedoch Schwierigkeiten, da man diesen
Thermometern durch die Festlegung verschiedener Fixpunkte völlig willkürlich empirische Temperaturen ϑ[3] zugeordnet hat, die natürlich nicht mit der zu messenden thermodynamischen Temperatur T übereinzustimmen brauchen. Vielmehr sind unendlich viele
empirische Temperaturen $\vartheta_1, \vartheta_2, \ldots$ denkbar, während es nach Gl. 8.2 nur eine einzige
thermodynamische Temperatur gibt. Die Messungen der thermodynamischen Tempera-
tur mit Hilfe eines der uns bekannten Thermometer ist daher nur dann möglich, wenn
man jeder gemessenen Temperatur ϑ in eindeutiger Weise eine thermodynamische Temperatur T zuordnen kann. Die Aufgabe, die thermodynamische Temperatur mit Hilfe eines
der bekannten Thermometer zu messen, kann somit gelöst werden, wenn man einen Zusammenhang

$$T = T(\vartheta)$$

---

[3] Für die empirische Temperatur wird in diesem Kapitel zur Unterscheidung der thermodynamischen
vorübergehend das Zeichen ϑ verwendet.

herstellen kann. Da man nun aber eine beliebige empirische Temperatur ϑ stets über das thermische Gleichgewicht mit beliebigen anderen empirischen Temperaturen $\vartheta_1, \vartheta_2, \vartheta_3, \ldots$ vergleichen kann, ist es stets möglich, einen Zusammenhang zwischen ϑ und allen anderen empirischen Temperaturen zu ermitteln. Es genügt daher, den Zusammenhang zwischen der thermodynamischen Temperatur T und einer einzigen empirischen Temperatur ϑ zu finden. Dann kann man auch alle anderen empirischen Temperaturen auf die thermodynamische zurückführen.

Als empirische Temperatur ϑ wollen wir die des Gasthermometers wählen und zeigen, wie man sie mit der thermodynamischen Temperatur T verknüpfen kann. Zu diesem Zweck denken wir uns ein Gasthermometer in Kontakt gebracht mit einem System, dessen Temperatur zu messen ist. Das Gasthermometer soll klein sein im Vergleich zu dem System, dessen Temperatur wir messen wollen, damit sich die Temperatur des Systems während der Messungen praktisch nicht ändert. Dem Gas wird von dem System Wärme zugeführt; gleichzeitig ändert sich das Volumen des Gases, es verrichtet eine Volumenarbeit, die wir als reversibel voraussetzen. Während einer kleinen Zeit $d\tau$ ändert sich daher die innere Energie des Gases um

$$dU = T\,dS - p\,dV\,,$$

oder es ist

$$dS = \frac{dU + p\,dV}{T}\,.$$

Andererseits hatte der Überströmversuch von Joule gezeigt, dass die innere Energie des idealen Gases nur von der Temperatur abhängt; unter Temperatur verstanden wir beim Überströmversuch die gemessene, also empirische Temperatur, für die wir jetzt das Zeichen ϑ benutzen wollen. Es gilt daher für ideale Gase

$$U = U(\vartheta) \quad \text{und} \quad dU = Mc_{\mathrm{v}}(\vartheta)\,d\vartheta\,,$$

wenn M die Masse des im Thermometer eingeschlossenen Gases ist. Schließlich gilt noch das ideale Gasgesetz, in dem wir für die Temperatur wiederum vorübergehend das Zeichen ϑ verwenden:

$$pV = MR\,\vartheta\,.$$

Die Entropieänderung des idealen Gases kann man also auch mit Hilfe von

$$dU = Mc_{\mathrm{v}}(\vartheta)\,d\vartheta \quad \text{und} \quad p = MR\vartheta/V$$

so schreiben:

$$dS = \frac{Mc_{\mathrm{v}}(\vartheta)}{T}\,d\vartheta + \frac{MR\vartheta}{V\,T}\,dV\,.$$

Die Entropie ist hierin als Funktion von ϑ und V dargestellt $S = S(\vartheta, V)$. Es ist somit

$$dS = \left(\frac{\partial S}{\partial \vartheta}\right)_V d\vartheta + \left(\frac{\partial S}{\partial V}\right)_\vartheta dV\,.$$

Daraus folgt durch Vergleich mit der vorigen Beziehung

$$\frac{Mc_v(\vartheta)}{T} = \left(\frac{\partial S}{\partial \vartheta}\right)_V \quad \text{und} \quad \frac{MR\vartheta}{VT} = \left(\frac{\partial S}{\partial V}\right)_\vartheta .$$

Da die Entropie eine Zustandsgröße ist, gilt

$$\frac{\partial^2 S}{\partial V \partial \vartheta} = \frac{\partial^2 S}{\partial \vartheta \partial V}$$

und daher

$$\frac{\partial}{\partial V}\left[\frac{Mc_v(\vartheta)}{T}\right]_\vartheta = \frac{\partial}{\partial \vartheta}\left[\frac{MR\vartheta}{VT}\right]_V .$$

Da T eine Funktion von ϑ sein soll, $T = T(\vartheta)$, ist die eckige Klammer auf der linken Seite nur von ϑ abhängig und verschwindet bei der Differentiation. Daher ist auch

$$\frac{\partial}{\partial \vartheta}\left[\frac{MR\vartheta}{VT}\right]_V = 0 .$$

Hieraus erhält man nach Division durch MR/V die Differentialgleichung

$$\frac{\partial}{\partial \vartheta}\left[\frac{\vartheta}{T}\right] = 0 ,$$

deren Lösung

$$\vartheta = CT \tag{8.3}$$

lautet. Die Größe C ist eine Konstante. Wie man aus diesem Ergebnis erkennt, ist die mit dem Gasthermometer gemessene Temperatur proportional der thermodynamischen Temperatur. Für die Konstante C kann man noch einen beliebigen Zahlenwert vorschreiben und damit jeder thermodynamischen Temperatur einen Messwert auf dem Gasthermometer zuordnen.

Wie wir bereits wissen (Abschn. 2.2), hat man durch Vereinbarung die thermodynamische Temperatur des Tripelpunktes von Wasser zu $T_{tr} = 273{,}16$ K festgelegt und auch die mit dem Gasthermometer am Tripelpunkt gemessene Temperatur $\vartheta_{tr} = 273{,}16$ K gesetzt. Setzt man diese Werte in Gl. 8.3 ein, so erhält man

$$273{,}16 = C \cdot 273{,}16 .$$

Für die Konstante C ist somit der Wert $C = 1$ vereinbart worden. Mit diesen Festlegungen ist als Einheit der thermodynamischen Temperatur das Kelvin gewählt.

In Gl. 8.2 für den Energieaustausch $dU = T\,dS$ ohne Verrichtung von Arbeit kennt man nunmehr ein Verfahren zur Messung der Temperatur T. Außerdem ist bekannt, wie man Änderungen der inneren Energie misst (Abschn. 5.4). Somit kann man Entropieänderungen auf die Messung von thermodynamischer Temperatur und von Änderungen der inneren Energie zurückführen.

Wegen des Zusammenhangs $dU = T\,dS$ hat die Entropie die Einheit einer Energie dividiert durch die thermodynamische Temperatur. Sie wird also gemessen in J/K.

Die spezifische Entropie

$$s = \frac{S}{M}$$

ist eine intensive Größe und wird gemessen in J/(kg K).

8.3 Die Entropie als vollständiges Differential und die absolute Temperatur als integrierender Nenner[4]

Wir wollen nun die Existenz der Zustandsgröße Entropie, die bisher nur über die Anschauung eingeführt worden war, mit Hilfe der Mathematik begründen.

In der Mathematik bezeichnet man bekanntlich einen Differentialausdruck von zwei oder mehr unabhängigen Veränderlichen, dessen Integral vom Weg unabhängig ist, als *vollständiges* Differential. Wir schreiben den 1. Hauptsatz für ein System, das nur Volumenarbeit leisten kann, in der Form

$$Q_{12} + L_{\mathrm{diss},12} = U_2 - U_1 + \int_1^2 p\,dV = \int_1^2 (dU + p\,dV)\,.$$

Da die linke Seite dieser Gleichung vom Weg abhängig ist, ist es auch die rechte. Der Ausdruck

$$dU + p\,dV$$

ist daher kein vollständiges Differential. In der Mathematik wird jedoch gezeigt, dass man jedes unvollständige Differential wie $dU + p\,dV$ zu einem vollständigen machen kann, indem man es durch einen integrierenden Nenner dividiert.

8.3.1 Mathematische Grundlagen zum integrierenden Nenner

Wir wollen die Methode des integrierenden Nenners zunächst am Beispiel einer Funktion zweier Veränderlicher

$$z = f(x, y)$$

---

[4] Die Abschn. 8.3 bis 8.4 stellen etwas höhere Ansprüche und können beim ersten Studium zunächst überschlagen und später nachgeholt werden, falls der Leser auf zu große Schwierigkeiten stößt.

behandeln. Diese lässt sich geometrisch als Fläche deuten. Ihr Differential lautet

$$dz = \frac{\partial f(x,y)}{\partial x}\, dx + \frac{\partial f(x,y)}{\partial y}\, dy = f_x(x,y)\, dx + f_y(x,y)\, dy.$$

Dabei sind die partiellen Differentialquotienten $\partial f(x,y)/\partial x = f_x(x,y)$ und $\partial f(x,y)/\partial y = f_y(x,y)$ wieder Funktionen von x und y.

Gilt zwischen ihnen die Gleichung

$$\frac{\partial f_x(x,y)}{\partial y} = \frac{\partial f_y(x,y)}{\partial x}, \tag{8.4}$$

die man erhält, wenn man die partiellen Differentialquotienten $\partial f(x,y)/\partial x$ und $\partial f(x,y)/\partial y$ das zweite Mal nach der zuerst konstant gehaltenen Veränderlichen differenziert, so nennt man das Differential dz ein vollständiges. Die Beziehung (8.4) heißt *Integrabilitätsbedingung*.

Zur Veranschaulichung betrachten wir die Fläche $z = f(x,y)$ wieder als topographische Darstellung z. B. eines Berggeländes mit x als Ost- und y als Nordrichtung. Dann ist $\partial f(x,y)/\partial x$ die Steigung an einer Stelle x, y, wenn man in östlicher Richtung fortschreitet, $\partial f(x,y)/\partial y$ die Steigung in nördlicher Richtung. Die Ausdrücke $\partial f(x,y)/\partial x$ und $\partial f(x,y)/\partial y$ sind die Höhenunterschiede, wenn man um dx bzw. dy fortschreitet, und das vollständige Differential

$$dz = \frac{\partial f(x,y)}{\partial x}\, dx + \frac{\partial f(x,y)}{\partial y}\, dy$$

ist der im Ganzen überwundene Höhenunterschied, wenn man zugleich oder nacheinander um dx nach Osten und um dy nach Norden geht. Legt man einen beliebigen Weg zwischen den Punkten x_1, y_1 und x_2, y_2 zurück und integriert über alle dz, so leuchtet sofort ein, dass der Höhenunterschied

$$\int_{x_1,y_1}^{x_2,y_2} dz = f(x_2,y_2) - f(x_1,y_1)$$

unabhängig von dem gewählten Weg ist.

In der unmittelbaren Umgebung eines Punktes x_1, y_1 können die Steigungen $\partial f(x,y)/\partial x = A$ und $\partial f(x,y)/\partial y = B$ als feste Werte angesehen werden. Dann ist $dz = A\, dx + B\, dy$ die Gleichung eines kleinen Flächenelementes, das die Fläche $z = f(x,y)$ oder eine aus ihr durch Parallelverschiebung längs der z-Achse um eine Integrationskonstante z_0 hervorgegangene berührt. Die Wegunabhängigkeit des Integrals bedeutet geometrisch, dass sich die durch den vollständigen Differentialausdruck definierten Flächenelemente zu einer Schar diskreter Flächen zusammenschließen. Bei der Integration längs eines beliebigen Weges bleibt man immer auf einer und derselben Fläche dieser Schar. Es ist nicht möglich, einen Integrationsweg anzugeben, der von einer Fläche der Schar zu einer anderen führt.

In einem Differentialausdruck von der Form

$$dZ = X(x, y) \, dx + Y(x, y) dy \qquad (8.5)$$

mit beliebigen $X(x, y)$ und $Y(x, y)$ ist im allgemeinen die Bedingung (8.4) nicht erfüllt, und man kann keine Fläche $Z = f(x, y)$ angeben, deren Differentiation den Ausdruck (8.5) ergibt. Aber stets lässt sich eine Funktion $N(x, y)$, der integrierende Nenner, finden, die (8.5) zu dem vollständigen Differential

$$d\varphi = \frac{dZ}{N(x, y)} = \frac{X(x, y)}{N(x, y)} \, dx + \frac{Y(x, y)}{N(x, y)} \, dy \qquad (8.6)$$

macht. Um das einzusehen, setzen wir $dZ = 0$ in Gl. 8.5 und erhalten die sog. Pfaffsche Differentialgleichung

$$X(x, y) \, dx + Y(x, y) \, dy = 0 \qquad (8.7a)$$

der Höhenschichtlinien $Z =$ const, durch die die Fläche Z dargestellt wird, falls sie überhaupt existiert. Schreiben wir

$$\frac{dy}{dx} = -\frac{X(x, y)}{Y(x, y)}, \qquad (8.7b)$$

so ist

$$-\frac{X(x, y)}{Y(x, y)} = R(x, y)$$

eine gegebene Funktion von x und y. Dadurch ist in jedem Punkt x, y eine Richtung dy/dx bestimmt, wie in Abb. 8.5 angedeutet.

Die Differentialgleichung lösen oder integrieren heißt Kurven suchen, die an jeder Stelle die durch sie bestimmte Richtung haben. Man sieht aus der Abbildung, dass die Lösung eine Kurvenschar ist, die einen Bereich der Koordinatenebene stetig und lückenlos überdeckt, wenn die Funktionen $X(x, y)$ und $Y(x, y)$ gewissen Stetigkeitsbedingungen genügen. Diese Kurvenschar kann als topographische Darstellung der Fläche

$$\varphi(x, y) = z$$

angesehen werden, wobei jeder Kurve ein bestimmter Wert c von z zugeordnet ist. Das Differential dieser Fläche ist natürlich ein vollständiges und lautet

$$d\varphi = dz = \frac{\partial \varphi}{\partial x} \, dx + \frac{\partial \varphi}{\partial y} \, dy \, .$$

Für jede Kurve $z =$ const dieser Fläche gilt

$$\frac{\partial \varphi}{\partial x} \, dx + \frac{\partial \varphi}{\partial y} \, dy = 0 \quad \text{oder} \quad \frac{dy}{dx} = -\frac{\partial \varphi/\partial x}{\partial \varphi/\partial y} \, .$$

Abb. 8.5 Integralkurven einer
Differentialgleichung

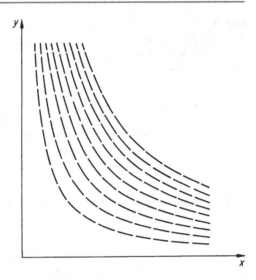

Andererseits ist nach Gl. 8.7b

$$\frac{dy}{dx} = -\frac{X(x,y)}{Y(x,y)} .$$

Diese beiden Gleichungen sind nur dann miteinander verträglich, wenn sich $\partial\varphi/\partial x$ und $\partial\varphi/\partial y$ von $X(x,y)$ und $Y(x,y)$ nur um denselben Nenner $N(x,y)$ unterscheiden, also wenn

$$\frac{\partial\varphi}{\partial x} = \frac{X(x,y)}{N(x,y)} \quad \text{und} \quad \frac{\partial\varphi}{\partial y} = \frac{Y(x,y)}{N(x,y)}$$

ist. Bei Division durch $N(x,y)$ wird also aus dem unvollständigen Differential dZ das vollständige $d\varphi$ der Gl. 8.6.

Der integrierende Nenner ist keine eindeutig bestimmte Funktion, sondern kann sehr viele verschiedene Formen haben. Ist nämlich ein integrierender Nenner $N(x,y)$ gefunden, derart, dass

$$d\varphi = \frac{X(x,y)}{N(x,y)}\,dx + \frac{Y(x,y)}{N(x,y)}\,dy$$

ein vollständiges Differential ist, und wird mit $F(\varphi)$ eine willkürliche Funktion von φ eingeführt, so sieht man sofort, dass auch

$$d\Phi = F(\varphi)d\varphi = \frac{X(x,y)}{\left[\frac{N(x,y)}{F(\varphi)}\right]}\,dx + \frac{Y(x,y)}{\left[\frac{N(x,y)}{F(\varphi)}\right]}\,dy \tag{8.8}$$

ein vollständiges Differential und demnach $N(x,y)/F(\varphi)$ ein neuer integrierender Nenner ist. Dabei geht $d\Phi$ aus $d\varphi$ durch Multiplikation mit einer nur von φ abhängigen willkürlichen Funktion hervor, was mit einer willkürlichen Verzerrung des Maßstabes von φ gleichbedeutend ist.

Abb. 8.6 Lage der durch
das unvollständige Diffe-
rential (8.9) definierten
Flächenelemente

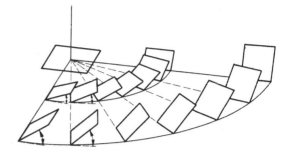

Zur Erläuterung dieser mathematischen Überlegungen betrachten wir das Differential

$$dz = -y\,dx + x\,dy\,. \tag{8.9}$$

Die Prüfung anhand von Gl. 8.4 ergibt

$$\frac{\partial(-y)}{\partial y} = -1 \quad \text{und} \quad \frac{\partial x}{\partial x} = 1\,.$$

Beide Ausdrücke sind verschieden, das Differential ist also kein vollständiges.

Um ein Bild über die Lage der durch dieses Differential definierten Flächenelemente zu erhalten, führen wir in der x,y-Ebene Polarkoordinaten ein:

$$x = r\cos\alpha\,; \quad dx = \cos\alpha\,dr - r\sin\alpha\,d\alpha\,,$$

$$y = r\sin\alpha\,; \quad dy = \sin\alpha\,dr + r\cos\alpha\,d\alpha\,.$$

Dann geht Gl. 8.9 über in

$$dz = r^2\,d\alpha\,.$$

Betrachtet man in dieser Gleichung dz und $d\alpha$ als Veränderliche, so wird ihr z. B. durch ein kleines Flächenelement genügt, das aus der Ebene $z = 0$ an der Stelle r durch Drehung um den Radiusvektor so weit herausgedreht ist, dass seine Neigung gegen diese Ebene die Größe $dz/(r\,d\alpha) = r$ hat. Mit wachsendem r wächst also die Neigung des Flächenelementes proportional an. Alle Flächenelemente für die Punkte der Ebene $z = 0$ erhält man, indem man den Radiusvektor mit den an ihm befestigt gedachten Flächenelementen um die z-Achse dreht. Abbildung 8.6 deutet die Lage dieser Flächenelemente für sieben solcher Radienvektoren an.

Alle der Differentialgleichung überhaupt genügenden Flächenelemente erhält man, wenn man die bisher gewonnenen parallel zur z-Achse verschiebt. Jedem Punkt des Raumes ist so ein Flächenelement zugeordnet. Von der Lage aller dieser Flächenelemente kann man sich auch auf folgende Weise ein Bild machen: Dreht man um eine in der z-Achse liegende Schraubenspindel eine Schraubenmutter, so beschreiben alle Punkte der beliebig ausgedehnt gedachten Mutter bei geeigneter Steigung und richtigem Drehsinn Schraubenlinien, die auf allen unseren Flächenelementen senkrecht stehen. Durch diese Flächenelemente kann man, wie die Anschauung lehrt, keine zusammenhängenden Flächen legen. Versucht man im Sinne einer Integration von einem Punkt x_1, y_1 zu einem Punkt x_2, y_2 zu gelangen, indem man immer von einem Flächenelement zum nächsten in Richtung seiner Ebene anschließenden fortschreitet, so gelangt man je nach dem gewählten Integrationswege zu ganz verschiedenen Werten von z.

Durch den integrierenden Nenner $N(x, y)$ wird anstelle von z die neue Variable φ nach der Gleichung

$$d\varphi = \frac{dz}{N(x, y)} = \frac{-y}{N(x, y)}\, dx + \frac{x}{N(x, y)}\, dy$$

eingeführt. Die durch diese Gleichung definierten Flächenelemente haben im Koordinatensystem x, y, φ offenbar eine andere Neigung gegen die Ebene φ = const als vorher im System x, y, z gegen die Ebene z = const.

Da nur die dritte Koordinate um einen Faktor geändert wurde, ist die Neigungsänderung jedes Flächenelementes gleichbedeutend mit einer Drehung um die in ihm enthaltene, zur x,y-Ebene parallele Gerade. Diese Drehung ist für jede Stelle x, y eine andere, entsprechend dem Wert der Funktion $N(x, y)$.

Die Aufgabe, einen integrierenden Nenner zu finden, besteht also darin, die Funktion $N(x, y)$ so zu wählen, dass nach der Drehung sich alle Flächenelemente zu einer Schar in sich geschlossener Flächen zusammenlegen.

Dividiert man $dz = -y\, dx + x\, dy$ z. B. durch xy, so wird daraus das vollständige Differential

$$d\varphi = \frac{dz}{xy} = -\frac{dx}{x} + \frac{dy}{y},$$

denn jetzt ist die Integrabilitätsbedingung (8.4) erfüllt, wie man durch Differenzieren leicht erkennt.

Die Integration ergibt

$$\varphi = \ln \frac{y}{x} + \text{const}.$$

Das ist eine Schar von Flächen, die durch Parallelverschieben längs der φ-Achse auseinander hervorgehen. Der Ausdruck $N(x, y) = xy$ war also ein integrierender Nenner. Nach Gl. 8.8 sind Ausdrücke der Form $F(\varphi) \cdot N(x, y)$ weitere integrierende Nenner, wobei $F(\varphi)$ eine willkürliche Funktion ist. Setzen wir z. B.

$$F(\varphi) = e^{\varphi - \text{const}} = e^{\ln(y/x)} = \frac{y}{x},$$

so erhalten wir in

$$N_1 = \frac{y}{x} N = y^2$$

einen anderen integrierenden Nenner; damit ergibt sich das vollständige Differential

$$d\varphi = \frac{dz}{y^2} = -\frac{1}{y}\,dx + \frac{x}{y^2}\,dy$$

oder integriert

$$\varphi = -\frac{x}{y} + \text{const}.$$

Das ist wieder eine Schar von Flächen, die durch Parallelverschieben längs der φ-Achse auseinander hervorgehen. In dieser Weise lassen sich durch Wahl anderer Funktionen $F(\varphi)$ beliebig viele weitere integrierende Nenner angeben.

8.3.2   Einführung des Entropiebegriffes und der absoluten Temperaturskala mit Hilfe des integrierenden Nenners

Wir wollen jetzt die vorigen Erkenntnisse über integrierende Nenner nach einem von M. Planck angegebenen Weg auf das unvollständige Differential

$$dU + p\,dV \tag{8.10a}$$

anwenden.

Mit $U = U(V, \vartheta)$, wo ϑ eine empirische Temperatur ist, kann man für das Differential der inneren Energie schreiben

$$dU = \left(\frac{\partial U}{\partial V}\right)_{\vartheta} dV + \left(\frac{\partial U}{\partial \vartheta}\right)_{V} d\vartheta.$$

Damit geht das unvollständige Differential Gl. 8.10a über in

$$\left(\frac{\partial U}{\partial \vartheta}\right)_{V} d\vartheta + \left[\left(\frac{\partial U}{\partial V}\right)_{\vartheta} + p\right] dV. \tag{8.10b}$$

Wie sich rein mathematisch ergab, muss aber immer ein integrierender Nenner $N(\vartheta, V)$ existieren, der aus dem unvollständigen Differential das vollständige

$$dS = \frac{dU + p\,dV}{N(V, \vartheta)} \tag{8.11}$$

macht. Dann ist $S(V, \vartheta)$ eine Zustandseigenschaft des betrachteten Körpers, die für einen bestimmten integrierenden Nenner durch Angabe zweier Zustandsgrößen, z. B. von V und ϑ, bis auf eine Integrationskonstante bestimmt ist. Wie wir gesehen haben, gibt es aber viele

Abb. 8.7 Umkehrbare
Zustandsänderung zweier Systeme

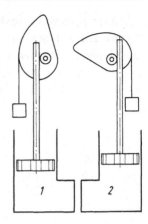

integrierende Nenner; denn jeder Ausdruck der Form $N(\vartheta, V) \cdot f(S)$, wobei $f(S)$ eine willkürliche Funktion von S bedeutet, ist ein solcher. Die Größe S, die wir Entropie nennen,
ist daher erst dann eindeutig bestimmt, wenn wir diese willkürliche Funktion festgelegt
haben. Wir lassen diese Unbestimmtheit, die durchaus von gleicher Art ist wie die der empirischen Temperaturskala, vorläufig bestehen und rechnen zunächst mit einem willkürlich
herausgegriffenen integrierenden Nenner, von dem wir nur fordern, dass

$$N > 0$$

ist.

Aus Gl. 8.11 folgt dann, dass die Kurven S = const für reversible Zustandsänderungen
$(dL_{\text{diss}} = 0)$ gemäß dem 1. Hauptsatz

$$dQ = dU + p\,dV = 0$$

Adiabaten sind. Jeder Adiabaten kann man bei reversibler Zustandsänderung einen bestimmten Wert von S zuordnen, wenn für eine Adiabate das zugeordnete S vereinbart wird.

Wir betrachten nun das Verhalten zweier Systeme, deren Zustand wir durch die un-
abhängigen Veränderlichen V_1, ϑ_1 und V_2, ϑ_2 kennzeichnen, wobei unter ϑ die mit einer
beliebigen empirischen Skala gemessene Temperatur verstanden ist. Beide Systeme sollen
umkehrbare Zustandsänderungen ausführen können, wobei wir uns die mechanische Arbeit durch Heben und Senken von Gewichten aufgespeichert denken. Ebenso wie früher
können dabei z. B., wie in der Abb. 8.7 angedeutet, die Gewichte an Fäden hängen, die auf
geeigneten, jederzeit abänderbaren Kurven abrollen, derart, dass stets Gleichgewicht besteht.

Sind beide Systeme sowohl voneinander wie von der Umgebung adiabat abgeschlossen,
so kann der Zustand jedes von ihnen sich nur längs einer Adiabaten ändern, wobei die
Größen S_1 und S_2 bestimmte feste Werte behalten, wenn wir für jedes System bestimmte
integrierende Nenner $N_1(\vartheta_1, V_1)$ und $N_2(\vartheta_2, V_2)$ gewählt haben.

Änderungen von S_1 und S_2 sind aber in umkehrbarer Weise folgendermaßen möglich: Wir bringen beide Systeme durch adiabate Zustandsänderungen zunächst auf eine gemeinsame Temperatur ϑ, stellen dann zwischen ihnen eine wärmeleitende Verbindung her und lassen die Wärme dQ umkehrbar zwischen ihnen austauschen. Dann nimmt das eine System gerade die Wärme auf, die das andere abgibt, und es ist

$$dU_1 + p_1\, dV_1 + dU_2 + p_2\, dV_2 = 0, \tag{8.12a}$$

wobei U_1 und U_2 bzw. p_1 und p_2 Funktionen von V_1 bzw. V_2 und der gemeinsamen Temperatur ϑ sind. Dafür kann man nach Gl. 8.11 schreiben

$$N_1\, dS_1 + N_2\, dS_2 = 0. \tag{8.12b}$$

Durch die Gln. 8.12a bzw. 8.12b wird die Änderung der drei Veränderlichen V_1, V_2 und ϑ, welche den Zustand des Systems bestimmen, einer Bedingung unterworfen, sodass nur zwei von ihnen, z. B. V_1 und ϑ, willkürlich wählbar sind. Wenn also das eine System auf einen Zustand V_1, ϑ gebracht ist, so ist dadurch auch der Zustand des anderen eindeutig bestimmt. Wir können aber darüber hinaus sagen: Jedesmal, wenn das erste System wieder seine ursprüngliche Entropie S_1 hat, und zwar gleichgültig bei welcher Temperatur, muss auch das zweite System wieder die ursprüngliche Entropie S_2 annehmen. Denn wenn das erste System wieder die alte Entropie hat, so liegt sein Zustand wieder auf der ursprünglichen Adiabaten, und man kann beide Systeme trennen und das erste adiabat und umkehrbar wieder auf den Anfangszustand bringen. Da der ganze Vorgang als umkehrbar vorausgesetzt war, muss dann auch der Zustand des zweiten Systems wieder auf der ursprünglichen Adiabaten entsprechend der Entropie S_2 liegen, sodass man auch dieses adiabat und umkehrbar auf den Anfangszustand zurückführen kann. Würde der Zustand des zweiten Systems nach der Trennung nicht wieder auf derselben Adiabaten liegen, so könnte man dieses zunächst adiabat umkehrbar auf seine Anfangstemperatur zurückführen, sodass es von da aus auf einer Isothermen umkehrbar ganz auf den Anfangszustand zurückgebracht würde. Längs dieser Isotherme muss entweder Wärme zugeführt oder Wärme entzogen werden. Wäre eine Wärmezufuhr nötig, so müsste diese Wärme, da sie nicht verschwinden kann und der Zustand beider Systeme wieder derselbe ist, sich vollständig in Arbeit verwandelt haben. Das ist aber nach dem zweiten Hauptsatz unmöglich, denn bei allen natürlichen Prozessen nimmt, wie wir sahen, die in Arbeit umwandelbare Energie ab. Wäre ein Wärmeentzug erforderlich, so müsste diese Wärme aus Arbeit entstanden sein, denn sie kann nicht aus der inneren Energie der beiden Systeme stammen, da diese wieder in ihrem Anfangszustand sind. Der Vorgang wäre also nichtumkehrbar, was unserer Voraussetzung widerspricht.

Bei der betrachteten umkehrbaren Zustandsänderung zweier Systeme gehört also zu einem bestimmten Wert der Entropie des einen ein ganz bestimmter Wert der Entropie des anderen, und zwar unabhängig davon, bei welcher Temperatur die beiden Systeme Wärme ausgetauscht hatten. Wenn wir in Gl. 8.12a anstelle der unabhängigen Veränderlichen V_1,

V_2 und ϑ die unabhängigen Veränderlichen S_1, S_2 und ϑ einführen, so muss demnach die Temperatur herausfallen und eine Beziehung nur zwischen S_1 und S_2 übrigbleiben von der Form

$$F(S_1, S_2) = 0$$

oder differenziert

$$\frac{\partial F}{\partial S_1} dS_1 + \frac{\partial F}{\partial S_2} dS_2 = 0.$$

Damit diese Gleichung mit Gl. 8.12b, in der auch die beiden Differentiale dS_1 und dS_2 vorkommen, vereinbar ist, muss

$$-\frac{dS_2}{dS_1} = \frac{N_2}{N_1} = \frac{\partial F/\partial S_1}{\partial F/\partial S_2}$$

sein, d. h., der Quotient N_1/N_2 hängt nur von S_1 und S_2, nicht von der Temperatur ab, da in F die Temperatur nicht vorkommt. Nun ist aber N_1 nur eine Funktion von S_1 und ϑ, N_2 nur eine Funktion von S_2 und ϑ. Es müssen daher N_1 und N_2 von der Form

$$N_1 = f_1(S)\, T \quad \text{und} \quad N_2 = f_2(S)\, T$$

sein, wobei T nur eine Funktion der Temperatur ϑ ist, wenn diese bei der Division herausfallen soll. Da die Funktionen $f_1(S)$ und $f_2(S)$ ganz willkürlich sind, also auch gleich 1 sein können, haben wir einen für alle Körper verwendbaren integrierenden Nenner $T(\vartheta)$ gefunden, der nicht mehr von zwei Veränderlichen abhängt, sondern eine Funktion der Temperatur allein ist.

Diese Temperaturfunktion T bezeichnen wir als absolute oder thermodynamische Temperatur, da sie unabhängig von allen Stoffeigenschaften ist. Der in ihr noch unbestimmte willkürliche Faktor wird wieder mit Hilfe des Tripelpunktes von Wasser festgelegt.

▶ **Merksatz** Die absolute Temperatur eines Körpers ist demnach definiert als diejenige Funktion seiner empirisch gewonnenen Temperatur, die als integrierender Nenner des unvollständigen Differentials $dU + p\,dV$ für alle Körper, unabhängig von ihren besonderen Eigenschaften, dienen kann.

Die Willkür in der Wahl der integrierenden Nenner beseitigen wir dadurch, dass wir die willkürlichen Funktionen $f_1(S)$ und $f_2(S)$ gleich 1 setzen, sodass

$$N_1 = N_2 = T$$

wird. Dann lautet Gl. 8.11

$$dS = \frac{dU + p\,dV}{T}, \tag{8.13}$$

und wir können die so von der Willkür des Maßstabes befreite Größe S in Übereinstimmung mit unseren früheren Festlegungen als Entropie bezeichnen.

Die vorstehende Ableitung führt auf die absolute Temperaturskala und auf die Entropie mit einem Mindestaufwand von Erfahrungstatsachen, sie setzt weder das Vorhandensein eines idealen Gases voraus, noch macht sie von speziellen Prozessen Gebrauch. Vom logischen Standpunkt ist sie darum den anderen Ableitungen überlegen. Für den Anfänger sind aber die von uns vorher begangenen Wege anschaulicher.

8.4   Statistische Deutung der Entropie

8.4.1   Die thermodynamische Wahrscheinlichkeit eines Zustandes

Die innere Energie als eine ungeordnete Bewegung der Moleküle hatten wir als eine besondere Form der mechanischen Energie gedeutet. Die Betrachtung der Bewegung der außerordentlich kleinen, aber noch endlichen Teilchen der Materie führt die Vorgänge der Thermodynamik auf die Dynamik zurück und vereinfacht unser physikalisches Weltbild erheblich. Die Dynamik erlaubt – wenigstens grundsätzlich –, aus den gegebenen Anfangsbedingungen aller Teilchen den ganzen Ablauf des Geschehens vorauszusagen.

Bei der Kleinheit eines Moleküls können wir aber seinen durch Lage und Geschwindigkeit gekennzeichneten Anfangszustand niemals genau ermitteln, da jede Beobachtung einen Eingriff in diesen Zustand bedeutet, der ihn in unberechenbarer Weise verändert. Noch viel weniger ist es möglich, für alle die ungeheuer zahlreichen Moleküle, mit denen wir es bei unseren Versuchen zu tun haben, die Lagen und Geschwindigkeiten, den *Mikrozustand* anzugeben. Messen können wir nur makroskopische Größen, d. h. Mittelwerte über außerordentlich viele Moleküle. Wir sind aber völlig außerstande, über das Verhalten der einzelnen Moleküle etwas Bestimmtes auszusagen. Durch den Makrozustand ist noch keineswegs der Mikrozustand bestimmt; derselbe Makrozustand kann vielmehr durch sehr viele verschiedene Mikrozustände verwirklicht werden.

Da nach der Dynamik der Mikrozustand den Ablauf des Geschehens bestimmt, erlaubt die Kenntnis des Makrozustandes noch keine bestimmte Voraussage der Zukunft, sondern je nach dem zufällig vorhandenen Mikrozustand kann Verschiedenes eintreten. Diese Unbestimmtheit umgehen wir dadurch, dass wir vom gleichen Makrozustand ausgehend sehr viele Versuche derselben Art ausführen und die Ergebnisse mitteln. Solche Mittelwerte können bei genügend großer Zahl der Versuche streng gültige Gesetze liefern, nur ist die Gesetzmäßigkeit von statistischer Art, sie hat Wahrscheinlichkeitscharakter und sagt nichts aus über das Schicksal des einzelnen Teilchens.

Der Mikrozustand ändert sich infolge der Bewegung der Teilchen auch bei gleichbleibendem Makrozustand dauernd, wobei alle aufeinanderfolgenden Mikrozustände gleich wahrscheinlich sind. Da ganz allgemein die Wahrscheinlichkeit eines Resultats der Anzahl der Fälle, die es herbeiführen können, proportional ist, liegt es nahe, die Wahrscheinlichkeit eines Makrozustandes zu definieren als die Anzahl aller Mikrozustände, die ihn verwirklichen können.

Würfelt man z. B. mit 2 Würfeln, deren jeder die Augenzahlen 1 bis 6 hat, so ist der Wurf 2 nur auf eine Weise zu erreichen, dadurch, dass jeder Würfel 1 zeigt. Der Wurf 3 hat schon 2 Möglichkeiten, da der erste Würfel 1 oder 2 und der andere entsprechend 2 oder 1 zeigen kann. Für den Wurf 7 gibt es die größte Zahl der Möglichkeiten, nämlich 6, da der erste Wurf alle Zahlen 1 bis 6 und der andere entsprechend 6 bis 1 ergeben kann. Da bei jedem Würfel jede Ziffer gleiche Wahrscheinlichkeit hat, ist der Wurf 7 (Makrozustand) auf 6mal soviel Arten (Mikrozustände) zu erzielen wie der Wurf 2, er ist also 6mal so wahrscheinlich. Würfelt man vielmals, so nähert sich mit steigender Gesamtzahl der Würfe das Verhältnis der Zahl der Würfe mit 7 Augen zur Zahl der Würfe mit 2 Augen beliebig genau dem Wert 6.

In Tab. 8.1 ist das tatsächliche Ergebnis von 433 Würfen mit 2 Würfeln zusammen mit der statistisch zu erwartenden Häufigkeit zusammengestellt. Schon bei dieser im Vergleich zu den Vorgängen bei Gasen sehr kleinen Zahl kommen wir dem theoretischen Häufigkeitsverhältnis recht nahe.

Erhöht man die Zahl der Würfe, so werden die theoretischen Häufigkeitsverhältnisse immer genauer erreicht, und man erkennt, dass die Statistik sehr wohl Gesetze ergeben kann, die an Bestimmtheit denen der Dynamik nicht nachstehen.

In der Mathematik bezeichnet man als Wahrscheinlichkeit das Verhältnis der Zahl der günstigsten Fälle zur Zahl der überhaupt möglichen. Die mathematische Wahrscheinlichkeit ist daher stets ein echter Bruch. In der Thermodynamik ist es üblich, unter der Wahrscheinlichkeit eines Makrozustandes die Anzahl der Mikrozustände zu verstehen, die ihn darstellen können. Die thermodynamische Wahrscheinlichkeit ist also eine sehr große ganze Zahl, da wir es immer mit ungeheuer vielen Möglichkeiten zu tun haben.

Als einfachstes Beispiel betrachten wir einen aus 2 Hälften von je 1 cm^3 bestehenden Raum, in dem sich $N = 10$ Gasmoleküle befinden, und untersuchen die Wahrscheinlichkeit der verschiedenen Möglichkeiten der Verteilung der Moleküle auf beide Hälften. Wir denken uns die Moleküle zur Unterscheidung mit den Nummern 1 bis 10 versehen. Nach den Regeln der Kombinationslehre lassen sie sich in $N! = 3.628.800$ verschiedenen Reihenfolgen anordnen. Denkt man sich von allen diesen Anordnungen die ersten N_1 Moleküle in der linken, die übrigen $N_2 = N - N_1$ in der rechten Hälfte des Raumes, so ergeben alle Anordnungen, welche sich nur dadurch unterscheiden, dass in jeder Raumhälfte dieselben N_1 bzw. N_2 Moleküle ihre Reihenfolge vertauscht haben, ohne dass Moleküle zwischen beiden Hälften ausgewechselt wurden, keine Verschiedenheiten der Verteilung aller Moleküle auf beide Hälften. Solche Vertauschungen der Reihenfolge innerhalb jeder Hälfte gibt es aber $N_1!$ bzw. $N_2!$. Daraus folgt, dass sich N Moleküle in

$$\frac{N!}{N_1! N_2!}$$

verschiedenen Arten auf die beiden Raumhälften verteilen lassen, wenn N_1 Moleküle in die linke und N_2 in die rechte Hälfte kommen.

Tabelle 8.1 Ergebnisse von 433 Würfen mit 2 Würfeln

Augenzahl	2	3	4	5	6	7	8	9	10	11	12
Theoretische Häufigkeit	12	24	36	48	60	72	60	48	36	24	12
Wirkliche Häufigkeit	11	16	38	53	69	76	57	45	27	29	12

Tabelle 8.2 Thermodynamische Wahrscheinlichkeit W der Verteilung von $N = N_1 + N_2$ Molekülen auf 2 Raumhälften und relative Wahrscheinlichkeit W/W_m, bezogen auf die gleichmäßige Verteilung

$N = 10$ Moleküle:

N_1	0	1	2	3	4	5	6	7	8	9	10
N_2	10	9	8	7	6	5	4	3	2	1	0
W	1	10	45	120	210	252	210	120	45	10	1
W/W_m	0,0040	0,0397	0,1786	0,476	0,833	1,000	0,833	0,476	0,1786	0,0397	0,0040

$N = 100$ Moleküle:

N_1	0	10	20	30	40	45	50
N_2	100	90	80	70	60	55	50
W	1	$1,6 \cdot 10^{13}$	$5,25 \cdot 10^{20}$	$2,8 \cdot 10^{25}$	$1,31 \cdot 10^{28}$	$6,65 \cdot 10^{28}$	$11,15 \cdot 10^{28}$
W/W_m	$9 \cdot 10^{-30}$	$1,44 \cdot 10^{-16}$	$4,72 \cdot 10^{-9}$	$2,51 \cdot 10^{-4}$	0,1175	0,5970	1,0000

$N = 1000$ Moleküle:

N_1	400	450	460	475	490	500
N_2	600	550	540	525	510	500
W	$6,25 \cdot 10^{290}$	$1,82 \cdot 10^{297}$	$1,1 \cdot 10^{298}$	$7,7 \cdot 10^{298}$	$2,21 \cdot 10^{299}$	$2,70 \cdot 10^{299}$
W/W_m	$2,31 \cdot 10^{-9}$	$6,72 \cdot 10^{-3}$	0,0408	0,287	0,819	1,000

Die Gesamtzahl aller Anordnungen von N Molekülen in beliebiger Verteilung auf die beiden Raumhälften ist offenbar 2N = 1024, denn man kann die beiden Möglichkeiten jedes einzelnen Moleküls mit den beiden Möglichkeiten jedes anderen Moleküls kombinieren.

In Tab. 8.2 ist die thermodynamische Wahrscheinlichkeit W verschiedener Verteilungsmöglichkeiten von 10, 100 und 1000 Molekülen und das Verhältnis W/W_m der Häufigkeit jeder Verteilung zur Häufigkeit W_m der gleichmäßigen Verteilung angegeben. Abbildung 8.8 stellt diese Häufigkeitsverhältnisse graphisch dar.

Man erkennt, wie mit wachsender Zahl der Moleküle die Zahl der Möglichkeiten ungeheuer anwächst und wie erhebliche Abweichungen von der gleichmäßigen Verteilung außerordentlich rasch seltener werden. Dass sich alle Moleküle in einer Raumhälfte befinden, kommt schon bei 100 Molekülen nur einmal unter 2^{100} = $1,268 \cdot 10^{30}$ Möglichkeiten vor. Um uns einen Begriff von der Seltenheit dieses Falles zu machen, denken wir uns die 100 Moleküle in einem Raum von 1 cm Höhe und Breite und 2 cm Länge und nehmen an, dass ein Drittel der Moleküle sich mit der mittleren Geschwindigkeit von 500 m/s, wie

Abb. 8.8 Verhältnis der
Häufigkeit W irgendeiner
Verteilung N_1/N von N Mo-
lekülen auf 2 Räume zur
Häufigkeit W_m der gleichmäßi-
gen Verteilung von $N_1/N = 0{,}5$

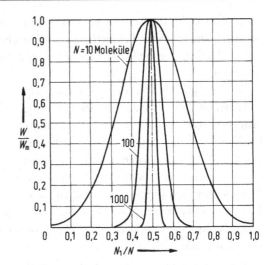

sie etwa bei Luft von Zimmertemperatur vorhanden ist, in der Längsrichtung des Raumes
bewegen.

In der Sekunde legt dann ein Molekül die Strecke von 2 cm 25.000mal zurück, und es
kommt im Mittel $25.000 \cdot 100/3 = 833.333$mal vor, dass ein Molekül von einer Hälfte des
Raumes in die andere hinüberwechselt[5]. Um alle $1{,}268 \cdot 10^{30}$ Möglichkeiten der Verteilung
durchzuspielen, braucht man $1{,}268 \cdot 10^{30}/833.333$ Sekunden oder rund $4{,}824 \cdot 10^{16}$ Jahre. Erst
etwa alle 50 Billiarden Jahre ist demnach einmal zu erwarten, dass alle Moleküle sich in einer Raumhälfte befinden, und dann dauert dieser Zustand nur etwa 1/25.000 s. Kleinere
Abweichungen von der mittleren Verteilung sind zwar nicht so unwahrscheinlich, aber bei
der großen Zahl von Molekülen, mit denen man es bei Versuchen zu tun hat, doch noch von
sehr geringer Wahrscheinlichkeit. Man kann die Häufigkeit ihres Auftretens berechnen,
indem man die Zahl der Mikrozustände eines von der häufigsten Verteilung abweichenden Makrozustandes mit der Zahl aller überhaupt möglichen Mikrozustände vergleicht.
Dabei ergibt sich, dass bei 1 Million Molekülen in unserem Raum von 2 cm^3 in einer Hälfte Druckschwankungen von 1/1.000.000 häufig vorkommen, dass aber solche von 1/1000
schon außerordentlich selten sind.

Denken wir uns in unserem Beispiel alle Moleküle zunächst in der einen, etwa durch
einen Schieber abgegrenzten Raumhälfte und nehmen die Trennwand plötzlich fort, so
haben wir nichts anderes als den schon behandelten Versuch von Gay-Lussac und Joule.
Zwischen beiden Räumen findet ein Druckausgleich statt, und der Vorgang ist auf keine
Weise wieder vollständig rückgängig zu machen. Im Gegensatz zu dieser Aussage schließt
die statistische Behandlung die Wiederkehr eines unwahrscheinlichen Anfangszustandes

---

[5] Vgl. hierzu Plank, R.: Begriff der Entropie. Z. VDI 70 (1926) 841–845 und die Behandlung dieses
Beispiels von Hausen, H.: Entropie und Wahrscheinlichkeit. Mitt. d. G.H.H.-Konzerns 2 (1932) 51–
56.

zwar nicht völlig aus, aber sie erweist diese bei einigermaßen großen Molekülzahlen als so ungeheuer unwahrscheinlich, dass wir berechtigt sind, die Wiederkehr nach menschlichem Maß als unmöglich zu bezeichnen und von einem nichtumkehrbaren Vorgang zu sprechen.

Die Statistik deutet also den zweiten Hauptsatz als ein Wahrscheinlichkeitsprinzip, das mit einer an Gewissheit grenzenden Wahrscheinlichkeit gilt. Die Umkehr von selbst verlaufenden Vorgängen ist aber nicht völlig unmöglich, in sehr kleinen Räumen und bei nicht zu großen Molekülzahlen ereignen sich vielmehr dauernd solche Vorgänge. Damit sind der Gültigkeit des zweiten Hauptsatzes Grenzen gesetzt. Für makroskopische Vorgänge sind diese Grenzen praktisch bedeutungslos, jedenfalls ist es völlig unmöglich, etwa die kleinen Druckschwankungen zwischen zwei Gasräumen zum Betrieb einer Maschine zu benutzen. Dazu müssten wir diese Schwankungen erkennen und stets im richtigen Augenblick eine Trennwand zwischen beide Räume schieben können. Bis aber die Wirkung des Eindringens eines Überschusses von Molekülen in dem einen Raum sich auf einem Druckmessgerät bemerkbar macht, haben soviel neue Molekülübergänge zwischen beiden Räumen stattgefunden, dass die Verteilung schon wieder eine ganz andere geworden ist.

8.4.2 Entropie und thermodynamische Wahrscheinlichkeit

Nach dem Vorstehenden folgen ohne unser Zutun auf Zustände geringer thermodynamischer Wahrscheinlichkeit höchstwahrscheinlich solche größerer Wahrscheinlichkeit. Es liegt daher nahe, jeden nichtumkehrbaren Vorgang als ein Übergehen zu Zuständen größerer Wahrscheinlichkeit zu deuten und einen universellen Zusammenhang

$$S = f(W) \tag{8.14}$$

zwischen der ebenfalls zunehmenden Entropie S und der thermodynamischen Wahrscheinlichkeit W zu vermuten. Diese Beziehung hat L. Boltzmann[6] gefunden in der Form $S = k \ln W$ und sie wird streng abgeleitet mit den Hilfsmitteln der statistischen Mechanik. Man kann sie am einfachsten verstehen, indem man untersucht, wie sich bei zwei voneinander unabhängigen und zunächst getrennt betrachteten Gebilden 1 und 2 einerseits die Entropie, andererseits die thermodynamische Wahrscheinlichkeit aus den Eigenschaften der Einzelgebilde zusammensetzen.

Für die Entropie des Gesamtgebildes gilt

$$S = S_1 + S_2 \,,$$

---

[6] Ludwig Boltzmann (1844–1906) lehrte als Professor in Graz, München, Wien, Leipzig und dann wieder in Wien. Durch Anwendung statistischer Methoden fand er den Zusammenhang zwischen Entropie und thermodynamischer Wahrscheinlichkeit, Gl. 8.17.

da die Entropie ebenso wie das Volumen, die innere Energie und die Enthalpie eine extensive Zustandsgröße ist. Für seine thermodynamische Wahrscheinlichkeit gilt

$$W = W_1 W_2 \, ,$$

da jeder Mikrozustand des einen Gebildes kombiniert mit jedem Mikrozustand des anderen einen Mikrozustand des Gesamtgebildes liefert. Für die gesuchte Funktion f muss dann die Funktionsgleichung

$$f(W_1 W_2) = f(W_1) + f(W_2) \tag{8.15}$$

gelten. Differenziert man zunächst nach W_1 bei konstant gehaltenem W_2, so wird

$$W_2 f'(W_1 W_2) = f'(W_1) \, ,$$

wobei f' der Differentialquotient von f nach dem jeweiligen Argument ist. Nochmaliges Differenzieren nach W_2 bei konstantem W_1 ergibt

$$f'(W_1 W_2) + W_1 \cdot W_2 f''(W_1 W_2) = 0$$

oder

$$f'(W) + W f''(W) = 0 \, . \tag{8.16}$$

Die allgemeine Lösung dieser Differentialgleichung lautet

$$f(W) = k \ln W + \text{const} \, ,$$

wobei sich durch Einsetzen in Gl. 8.15 const $= 0$ ergibt. Damit erhalten wir zwischen Entropie und thermodynamischer Wahrscheinlichkeit die universelle Beziehung

$$S = k \ln W \, . \tag{8.17}$$

Durch diese Gleichung erhält unsere zuvor getroffene Verabredung, dem Endzustand eines nichtumkehrbaren Vorganges eine größere Wahrscheinlichkeit zuzuschreiben als dem Anfangszustand, eine tiefere Begründung und einen genaueren Inhalt.

Die Größe k ist dabei die Boltzmannsche Konstante, d. h. die auf ein Molekül bezogene Gaskonstante, wie man in der kinetischen Gastheorie nachweist.

8.4.3 Die endliche Größe der thermodynamischen Wahrscheinlichkeit, Quantentheorie, Nernstsches Wärmetheorem

Oben hatten wir die thermodynamische Wahrscheinlichkeit der Verteilung einer bestimmten Anzahl von Molekülen auf zwei gleichgroße Raumhälften zahlenmäßig ausgerechnet.

In jeder Hälfte können aber wieder Ungleichmäßigkeiten der Verteilung auftreten; um den Zustand genauer zu beschreiben, müssen wir also feiner unterteilen. Man erkennt leicht, dass die Zahl der Möglichkeiten, N Moleküle auf n Fächer zu verteilen, sodass in jedes $N_1, N_2, N_3 \ldots N_n$ Moleküle kommen,

$$\frac{N!}{N_1! N_2! N_3! \ldots N_n!}$$

beträgt. Mit der Zahl der Fächer, die wir uns etwa als Würfel von der Kantenlänge ε vorstellen, wächst die Zahl der möglichen Mikrozustände und damit die Größe der thermodynamischen Wahrscheinlichkeit.

Durch die räumliche Verteilung allein ist aber der Mikrozustand eines Gases noch nicht erschöpfend beschrieben, sondern wir müssen auch noch angeben, welche Energien und welche Geschwindigkeitsrichtungen oder einfacher, welche drei Impulskomponenten jedes Molekül hat. Dabei ist „Impuls" bekanntlich das Produkt aus Masse und Geschwindigkeit. Tragen wir die Impulskomponenten in einem rechtwinkligen Koordinatensystem auf, so erhalten wir den sog. Impulsraum, den wir uns in würfelförmige Zellen von der Kantenlänge δ aufgeteilt denken können. Hat ein Molekül bestimmte Impulskomponenten, so sagen wir, es befindet sich an einer bestimmten Stelle des Impulsraumes oder in einer bestimmten Zelle desselben. Die Verteilung der Impulskomponenten auf die Moleküle ist dann eine Aufgabe ganz derselben Art wie die Verteilung von Molekülen auf Raumteile. Auch hier ist die Zahl der Möglichkeiten und damit die thermodynamische Wahrscheinlichkeit um so größer, je kleiner die Kantenlängen δ der Zellen gewählt werden.

Die thermodynamische Wahrscheinlichkeit der Verteilung von Molekülen auf den gewöhnlichen Raum und den Impulsraum enthält also noch einen unbestimmten Faktor C, der von den die Feinheit der Unterteilung von Raum und Impuls kennzeichnenden Größen ε und δ abhängt und der bei beliebig feiner Unterteilung über alle Grenzen wächst. Im Grenzfall unendlich feiner Unterteilung bildet dann die Gesamtheit der Mikrozustände ein Kontinuum. Dem unbestimmten Faktor C der Wahrscheinlichkeit entspricht nach Gl. 8.17 eine willkürliche Konstante der Entropie. Für alle Fragen, bei denen nur die Unterschiede des Wertes der Entropie gegen einen verabredeten Anfangszustand eine Rolle spielen, ist diese Unbestimmtheit bedeutungslos.

Max Planck erkannte im Jahre 1900, dass sich die gemessene Energieverteilung im Spektrum des absolut schwarzen Körpers theoretisch erklären lässt, wenn man die Unterteilung für die Berechnung der Zahl der Mikrozustände des als kleinen Oszillator gedachten strahlenden Körpers nicht beliebig klein wählt, sondern für das Produkt $\varepsilon \cdot \delta$ von der Dimension eines Impulsmomentes (Länge · Impuls) oder einer Wirkung (Energie · Zeit) eine bestimmte sehr kleine aber doch endliche Größe, das Plancksche Wirkungsquantum h, annimmt. Dieses neue Prinzip bildet die Grundlage der Quantentheorie. Danach ist jeder Mikrozustand vom benachbarten um einen endlichen Betrag verschieden. Der zu einem sechsdimensionalen Raum der Lage- und Impulskomponenten zusammengefasste Verteilungsraum der Moleküle hat nicht beliebig kleine Zellen, sondern nur solche der Kantenlänge h. Die Gesamtheit aller Mikrozustände bildet also kein Kontinuum mehr, sondern eine sog. diskrete Mannigfaltigkeit, und man kann sagen:

Ein jeder Makrozustand eines physikalischen Gebildes umfasst eine ganz bestimmte Anzahl von Mikrozuständen, und diese Zahl stellt die thermodynamische Wahrscheinlichkeit des Makrozustandes dar.

Damit ist nach Gl. 8.17 auch die willkürliche Konstante der Entropie beseitigt und dieser ein bestimmter Wert zugeteilt.

Gegen unsere Überlegungen kann man einwenden, dass die Entropie sich stetig verändert, während die thermodynamische Wahrscheinlichkeit W eine ganze Zahl ist und sich daher nur sprunghaft ändern kann. Wenn aber W, wie das in praktischen Fällen stets zutrifft, eine ungeheuer große Zahl ist, beeinflußt ihre Änderung um eine Einheit die Entropie so verschwindend wenig, dass man mit sehr großer Annäherung von einem stetigen Anwachsen sprechen kann. Diese Vereinfachung enthält eine grundsätzliche Beschränkung der makroskopisch-thermodynamischen Betrachtungsweise insofern, als man sie nur auf Systeme mit einer sehr großen Zahl von Mikrozuständen anwenden darf. Für mäßig viele Teilchen mit einer nicht sehr großen Zahl von Mikrozuständen verliert die Thermodynamik ihren Sinn. Man kann nicht von der Entropie und der Temperatur eines oder weniger Moleküle sprechen.

Eine starke Abnahme der thermodynamischen Wahrscheinlichkeit tritt bei Annäherung an den absoluten Nullpunkt ein; denn die Bewegungsenergie der Teilchen und damit die Gesamtzahl der Energiequanten wird immer kleiner, um schließlich ganz zu verschwinden. Zugleich ordnen sich erfahrungsgemäß die Moleküle, falls es sich um solche gleicher Art handelt, zu dem regelmäßigen Raumgitter des festen Kristalls, in dem jedes Molekül seinen bestimmten Platz hat, den es nicht mit einem anderen tauschen kann. Es gibt also nur den einen gerade bestehenden Mikrozustand, die Entropie muss den Wert Null haben, und man kann sagen:

▶ **Merksatz** Bei Annäherung an den absoluten Nullpunkt nähert sich die Entropie jedes chemisch homogenen, kristallisierten Körpers unbegrenzt dem Wert Null.

Dieser Satz ist das sog. *Nernstsche*[7] *Wärmetheorem* oder der *dritte Hauptsatz der Thermodynamik* in der Planckschen Fassung. In der Sprache der Mathematik lautet er

$$\lim_{T \to 0} S = 0 \,. \qquad (8.18)$$

---

[7] Walther Hermann Nernst (1864–1941) war Professor in Göttingen und Berlin. 1920 erhielt er den Nobelpreis für die Formulierung des Wärmetheorems. Er ist einer der führenden Begründer der Physikalischen Chemie.

8.5   Gibbssche Fundamentalgleichungen

Die Funktion $U(S, V)$ ist gemäß Gl. 8.1 und den in Abschn. 8.2 angestellten Überlegungen die Zustandsfunktion eines *einfachen geschlossenen* Systems, das mit der Umgebung Wärme und Volumenarbeit austauschen kann. Dabei spielt es keine Rolle, ob dieser Austausch reversibel erfolgt oder mit der Dissipation von Arbeit verbunden ist.

Die differentielle Änderung dU der Zustandsgröße innere Energie U lässt sich entsprechend den Regeln der Mathematik durch das vollständige Differential

$$dU = \left(\frac{\partial U}{\partial S}\right)_V dS + \left(\frac{\partial U}{\partial V}\right)_S dV \qquad (8.19)$$

beschreiben.

Gleichzeitig gilt der 1. Hauptsatz für ein einfaches geschlossenes System, das nur die Arbeitskoordinate Volumen besitzt:

$$dU = -p\, dV + dL_{\text{diss}} + dQ .$$

Zur Bestimmung der partiellen Ableitungen in Gl. 8.19 betrachten wir zwei Zustandsänderungen.

Zunächst soll die innere Energie durch adiabatische Zufuhr von reversibler Volumenarbeit verändert werden. Definitionsgemäß ist somit $dQ = 0$ und $dL_{\text{diss}} = 0$. Da aber eine Entropieänderung im System entweder mit Wärme oder mit der Dissipation von Arbeit gemäß den Betrachtungen in Abschn. 8.2 verbunden ist, gilt für diesen Fall

$$dS = 0 .$$

▶ **Merksatz** Bei einer reversiblen adiabatischen Zustandsänderung bleibt somit die Entropie konstant. Man spricht in diesem Fall auch von einer isentropen Zustandsänderung.

Durch Koeffizientenvergleich folgt somit aus dem 1. Hauptsatz und Gl. 8.19 der allgemein gültige Zusammenhang

$$\left(\frac{\partial U}{\partial V}\right)_S = -p . \qquad (8.20)$$

Betrachten wir nun eine Zustandsänderung unseres einfachen geschlossenen Systems, bei der keine Arbeit verrichtet und somit auch nicht dissipiert wird, gilt definitionsgemäß $dL = 0$, $dL_{\text{diss}} = 0$ und $dV = 0$.

Aus dem 1. Hauptsatz folgt somit $dQ = dU$ und aus Gl. 8.19

$$dU = \left(\frac{\partial U}{\partial S}\right)_V dS \quad \text{bei} \quad V = \text{const}. \qquad (8.21)$$

In Abschn. 8.2 wurde bereits nachgewiesen, dass in diesem Fall Gl. 8.2 gilt und somit die partielle Ableitung in Gl. 8.21 der thermodynamischen (absoluten) Temperatur T entspricht:

$$\left(\frac{\partial U}{\partial S}\right)_V = T.$$ (8.22)

Durch partielle Ableitung der Zustandsgleichung $U(S, V)$ erhält man somit die Zustandsgrößen Druck p und Temperatur T des Systems.

Da man in der Physik unter einem Potential ganz allgemein eine Größe versteht, deren Ableitung eine andere physikalische Größe ergibt, ist es berechtigt, die Funktion $U(S, V)$ ein *thermodynamisches Potential* zu nennen.

Außer der Temperatur und dem Druck sind auch alle anderen thermodynamischen Größen des Systems aus der Zustandsgleichung $U(S, V)$ ableitbar. Die Enthalpie ergibt sich zu

$$H = U + pV = U - \left(\frac{\partial U}{\partial V}\right)_S V.$$

Da man den Druck und die Temperatur kennt, kann man die Enthalpie als Funktion von Druck und Temperatur darstellen

$$H = H(p, T) \quad \text{oder} \quad h = h(p, T)$$

und damit auch die spezifische Wärmekapazität bei konstantem Druck

$$c_p = \left(\frac{\partial h}{\partial T}\right)_p$$

berechnen.

Weiter lässt sich die innere Energie $U(S, V)$ mit Hilfe von $T = T(S, V)$ in eine Funktion der Temperatur und des Volumens umformen,

$$U = U(T, V) \quad \text{oder} \quad u = u(T, v),$$

woraus man durch Differentiation die spezifische Wärmekapazität bei konstantem Volumen erhält

$$c_v = \left(\frac{\partial u}{\partial T}\right)_v.$$

Schließlich kann man in $p = p(S, V)$ mit Hilfe von $T = T(S, V)$ noch die Entropie eliminieren und so die thermische Zustandsgleichung

$$p = p(T, V)$$

bilden.

Die Gleichung $U = U(S, V)$ bietet somit die Möglichkeit, *alle* thermodynamischen Größen des Systems zu berechnen. Sie ist den thermischen und kalorischen Zustandsgleichungen äquivalent. Die Funktion $U(S, V)$ besitzt also umfassende Eigenschaften. Sie enthält alle Informationen über den Gleichgewichtszustand und über diejenigen Zustände des Nichtgleichgewichts, die aufgrund quasistatischer Prozesswege noch durch eine Funktion $U(S, V)$ darstellbar sind.

Wegen ihrer umfassenden Eigenschaften nennt man die Funktion $U(S, V)$ *Fundamentalgleichung oder kanonische Zustandsgleichung* eines einfachen Systems.

Andere Zustandsgleichungen als $U(S, V)$ mit der inneren Energie als der abhängigen Variablen besitzen nicht solche umfassenden Eigenschaften. So kann man beispielsweise, wie wir zuvor sahen, ohne weiteres in der Fundamentalgleichung $U(S, V)$ die Entropie mit Hilfe der Temperatur $T = T(S, V)$ eliminieren und eine Zustandsgleichung

$$U(T, V) = U\left[\left(\frac{\partial U}{\partial S}\right)_V, V\right]$$

bilden. Durch Integration dieser partiellen Differentialgleichung erster Ordnung $U = f\left[\left(\frac{\partial U}{\partial S}\right)_V, V\right]$ erhält man zwar wieder die innere Energie als Funktion der Entropie und des Volumens $U = U(S, V)$. Die integrierte Beziehung enthält jedoch unbestimmte Funktionen und besitzt somit einen geringeren Informationsgehalt als die ursprüngliche Funktion. Eine Gleichung der Form $U(T, V)$ hat also auch eine geringere Aussagekraft als die Fundamentalgleichung $U = U(S, V)$.

Durch Differentiation von $U(S, V)$ erhält man unter Verwendung der Gln. 8.20 und 8.22 die bereits in Abschn. 8.3.2 über die Methode des integrierenden Nenners hergeleitete Beziehung [vgl. Gl. 8.13]

$$dU = T\,dS - p\,dV \tag{8.23a}$$

oder, wenn man von der Fundamentalgleichung für spezifische Größen $u(s, v)$ ausgeht,

$$du = T\,ds - p\,dv. \tag{8.23b}$$

Durch diese Beziehungen werden alle Zustandsänderungen einfacher Systeme erfasst und beschrieben. Die Gültigkeit beider Gleichungen ist, wie wir sahen, nicht auf Zustandsänderungen beschränkt, die durch reversible Prozesse hervorgerufen werden. Wegen ihrer grundlegenden Bedeutung für Zustandsänderungen nennt man die Gl. 8.23a oder 8.23b auch *Gibbssche Fundamentalgleichung*. Im vorliegenden Fall handelt es sich um die Gibbssche Fundamentalgleichung einfacher Systeme. Zustandsänderungen in Mehrstoffsystemen mit veränderlicher Teilchenzahl der einzelnen Stoffe werden durch die Gln. 8.23a bzw. 8.23b nicht erfasst; mit ihnen beschäftigt man sich in der Thermodynamik der Mehrstoffsysteme (Bd. 2).

In den Gln. 8.23a bzw. 8.23b kann man die innere Energie durch die Enthalpie ersetzen. Es ergibt sich

$$U = H - pV \quad \text{bzw.} \quad u = h - pv$$

und

$$dU = dH - p\,dV - V\,dp \quad \text{bzw.} \quad du = dh - p\,dv - v\,dp.$$

Einsetzen in die Gln. 8.23a bzw. 8.23b ergibt dann eine diesen beiden Gleichungen völlig äquivalente, andere Form der Gibbsschen Fundamentalgleichung

$$dH = T\,dS + V\,dp \tag{8.24a}$$

bzw.

$$dh = T\,ds + v\,dp. \tag{8.24b}$$

Wie man hieraus erkennt, ist die Enthalpie als Funktion $H(S, p)$ bzw. $h(s, p)$ darstellbar. Diese Beziehungen sind die zur *Enthalpie gehörenden Fundamentalgleichungen*; sie sind ihrerseits äquivalent der Fundamentalgleichung $U(S, V)$. Durch Differentiation der zur Enthalpie gehörenden Fundamentalgleichung erhält man

$$dH = \left(\frac{\partial H}{\partial S}\right)_p dS + \left(\frac{\partial H}{\partial p}\right)_S dp$$

bzw.

$$dh = \left(\frac{\partial h}{\partial s}\right)_p ds + \left(\frac{\partial h}{\partial p}\right)_s dp.$$

Aus dem Vergleich mit den Gln. 8.24a und 8.24b folgt

$$\left(\frac{\partial H}{\partial S}\right)_p = T \quad \text{bzw.} \quad \left(\frac{\partial h}{\partial s}\right)_p = T \tag{8.25a}$$

und

$$\left(\frac{\partial H}{\partial p}\right)_S = V \quad \text{bzw.} \quad \left(\frac{\partial h}{\partial p}\right)_s = v. \tag{8.25b}$$

Aus den Gibbsschen Fundamentalgleichungen 8.23a und 8.24a folgen die wichtigsten Gleichungen zur allgemeinen Berechnung von Entropieänderungen:

$$dS = \frac{dU + p\,dV}{T}, \tag{8.26a}$$

$$ds = \frac{du + p\,dv}{T}, \tag{8.26b}$$

$$dS = \frac{dH - V\,dp}{T}, \tag{8.27a}$$

$$ds = \frac{dh - v\,dp}{T}. \tag{8.27b}$$

Die Gln. 8.26a bzw. 8.26b und 8.27a bzw. 8.27b können als Differentiale von Potential-funktionen $S(U, V)$ bzw. $s(u, v)$, sowie $S(H, p)$ bzw. $s(h, p)$ interpretiert werden.

8.6 Zustandsgleichungen für die Entropie und Entropiediagramme

8.6.1 Die Entropie idealer Gase und anderer Stoffe

Die Anwendung der Gibbsschen Fundamentalgleichung einfacher Systeme, Gl. 8.26b, auf
ideale Gase ergibt mit $du = c_v\, dT$ den Ausdruck

$$ds = \frac{c_v\, dT + p\, dv}{T}\,. \tag{8.28}$$

Mit Hilfe der thermischen Zustandsgleichung $pv = RT$ idealer Gase kann man daraus eine
der Größen p, v oder T eliminieren. Die Elimination von p liefert

$$ds = c_v \frac{dT}{T} + R\frac{dv}{v} \tag{8.29a}$$

oder, integriert bei konstanter spezifischer Wärmekapazität,

$$s_2 - s_1 = c_v \ln \frac{T_2}{T_1} + R \ln \frac{v_2}{v_1}\,. \tag{8.29b}$$

Benutzt man die Enthalpieform der Gibbsschen Fundamentalgleichung Gl. 8.27b, so erhält
man mit $dh = c_p\, dT$ die Beziehung

$$ds = \frac{c_p\, dT - v\, dp}{T} \tag{8.30}$$

und nach Elimination des spezifischen Volumens v mit Hilfe der thermischen Zustandsgleichung idealer Gase

$$ds = c_p \frac{dT}{T} - R\frac{dp}{p}\,. \tag{8.31a}$$

Durch Integration bei konstanter spezifischer Wärmekapazität findet man

$$s_2 - s_1 = c_p \ln \frac{T_2}{T_1} - R \ln \frac{p_2}{p_1}\,. \tag{8.31b}$$

Benutzt man das Mol als Mengeneinheit, so ergibt Gl. 8.31a durch Multiplikation der linken
und rechten Seite mit der Molmasse $\overline{M}$:

$$d\overline{S} = \overline{C}_p \frac{dT}{T} - \overline{R}\frac{dp}{p} = \overline{C}_p\, d(\ln T) - \overline{R}\, d(\ln p)\,. \tag{8.31c}$$

In Abschn. 8.5 hatten wir gesehen, dass reversibel adiabate Zustandsänderungen isentrop
sind. Unter Anwendung der Gln. 8.31a bzw. 8.31b lassen sich isentrope Zustandsänderungen idealer Gase einfach beschreiben, indem man $ds = 0$ bzw. $s_2 = s_1$ setzt. Dann folgt aus
Gl. 8.31b nach Umformen

$$\frac{T_2}{T_1} = \left(\frac{p_2}{p_1}\right)^{\frac{R}{c_p}}\,.$$

Drückt man R/c_p durch den in Abschn. 7.1 eingeführten Isentropenexponenten $\varkappa = c_p/c_v$ aus, ergibt sich für die isentrope Zustandsänderung eines idealen Gases mit konstanter spezifischer Wärmekapazität

$$\frac{T_2}{T_1} = \left(\frac{p_2}{p_1}\right)^{\frac{\varkappa-1}{\varkappa}}. \tag{8.32}$$

Dieser Zusammenhang wurde bereits in Abschn. 7.1 für dissipationsfreie (= reversible) adiabate Zustandsänderungen abgeleitet. Er ist äquivalent zu der ebenfalls für isentrope Zustandsänderungen geltenden Gleichung

$$p\,v^\varkappa = \text{const}.$$

Nach Einführung der Zustandsgröße Entropie ist somit offensichtlich, dass die Bezeichnung Isentropenexponent für die Größe $\varkappa$ gerechtfertig ist.

Auch die Entropie anderer Körper ist mit Hilfe der Gibbsschen Fundamentalgleichung

$$ds = \frac{du + p\,dv}{T} \quad \text{oder} \quad ds = \frac{dh - v\,dp}{T}$$

zu berechnen. Für feste und flüssige Körper kann man bei nicht zu hohen Drücken wegen ihrer kleinen Wärmeausdehnung in der Regel die Expansionsarbeit $p\,dv$ gegen du vernachlässigen. Dann verschwindet der Unterschied zwischen innerer Energie u und Enthalpie h, und wir brauchen nur eine spezifische Wärmekapazität c einzuführen

$$ds = \frac{du}{T} = c\frac{dT}{T} \tag{8.33}$$

oder

$$s = \int_0^T c\frac{dT}{T} + s_0, \tag{8.34a}$$

wobei s_0 die Integrationskonstante ist.

Theoretische Untersuchungen, die zu dem sog. Nernstschen Wärmetheorem führten, das man auch als den *dritten Hauptsatz der Thermodynamik* bezeichnet, haben ergeben, dass die Entropie aller festen Körper in der Nähe des absoluten Nullpunkts proportional der dritten Potenz der Temperatur gegen Null geht. Die Integrationskonstante in Gl. 8.34a fällt dann fort, und man kann für feste Körper schreiben

$$s = \int_0^T c\frac{dT}{T}. \tag{8.34b}$$

Für die praktische Anwendung dieser Gleichung ist zu beachten, dass die spezifische Wärmekapazität c bei festen Körpern in ihrem ganzen Verlauf bis herab zum absoluten Nullpunkt bekannt sein muss, wenn man die absoluten Werte der Entropie wirklich ausrechnen will.

8.6.2 Die Entropiediagramme

Da die Entropie eine Zustandsgröße ist, kann man in Zustandsdiagramme Isentropen, das sind Kurven gleicher Entropie, einzeichnen. Diese sind, wie wir sahen, im Fall des reversiblen Prozesses mit den reversiblen Adiabaten identisch. Man kann aber auch die Entropie als unabhängige Veränderliche benutzen und andere Zustandsgrößen als Funktion der Entropie auftragen.

Von besonderer Bedeutung ist das von Belpaire 1876 eingeführte Entropiediagramm, in welchem die Temperatur als Ordinate über der Entropie als Abszisse aufgetragen ist. In diesem T,s-Diagramm stellen sich die Isothermen als waagrechte, die reversiblen Adiabaten als senkrechte Linien dar.

Außer dem T,s-Diagramm wird in der Technik besonders das von Mollier eingeführte h,s-Diagramm benutzt, auf das wir aber erst bei der Behandlung der Dämpfe eingehen wollen. Für ideale Gase konstanter spezifischer Wärmekapazität unterscheiden sich die beiden Diagramme nur durch den Ordinatenmaßstab, denn es ist überall $dh = c_p\, dT$.

Die spezifische Entropie s eines idealen Gases vom spezifischen Volumen v, der Temperatur T und von konstanter spezifischer Wärmekapazität war nach Gl. 8.29b

$$s = c_v \ln \frac{T}{T_0} + R \ln \frac{v}{v_0} + s_0 \,,$$

bei konstantem spezifischem Volumen ist dann

$$s = c_v \ln T + c_1 \quad (v = \text{const}) \,,$$

wobei die Größe $c_1 = -c_v \ln T_0 + R \ln \frac{v}{v_0} + s_0$ für jedes spezifische Volumen v ein konstanter Wert ist. Die Isochoren sind demnach im T,s-Diagramm logarithmische Linien, die eine aus der anderen durch Parallelverschiebung längs der s-Achse hervorgehen, wie die gestrichelten Kurven der Abb. 8.9 zeigen.

Wegen der Gibbsschen Fundamentalgleichung einfacher Systeme [Gl. 8.24b] ist bei der isochoren Zustandsänderung

$$T\, ds = du \quad (dv = 0) \,.$$

Andererseits ist für reversible Zustandsänderungen geschlossener Systeme $dQ = T\, dS$ oder, wenn man auf die Masseneinheit bezogene Größen einführt,

$$dq = T\, ds \,.$$

Dies ergibt sich aus dem 1. Hauptsatz für geschlossene Systeme und der Gibbsschen Fundamentalgleichung.

Die Fläche unter der Isochoren stellt somit die Änderung der inneren Energie oder bei reversiblen Zustandsänderungen die bei konstantem Volumen zugeführte Wärme dar.

Abb. 8.9 T,s-Diagramm der idealen Gase mit Isobaren (*ausgezogen*) und Isochoren (*gestrichelt*)

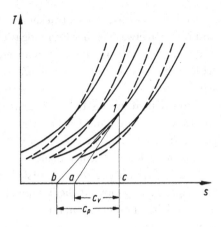

Für ideale Gase mit konstanter spezifischer Wärmekapazität c_v gilt

$$T\,ds = du = c_v\,dT \quad (dv = 0)\,,$$

demnach ist

$$\frac{c_v}{T} = \left(\frac{\partial s}{\partial T}\right)_v.$$

In Abb. 8.9 ist die Tangente an die Isochore gelegt und die Subtangente $\overline{ac}$ gezeichnet. Daraus folgt

$$\overline{ac} = T\left(\frac{\partial s}{\partial T}\right)_v,$$

d. h., die Subtangente $\overline{ac}$ stellt zugleich die spezifische Wärmekapazität c_v dar. Für die Isobare eines idealen Gases von konstanter spezifischer Wärmekapazität folgt aus Gl. 8.31b

$$s = c_p \ln T + c_2\,,$$

wobei die Größe $c_2 = -c_p \ln T_0 - R \ln(p/p_0) + s_0$ für jeden Druck konstant ist. Die Isobaren sind also im T,s-Diagramm ebenfalls logarithmische Linien, die durch Parallelverschieben längs der s-Achse miteinander zur Deckung gebracht werden können, wie die ausgezogenen Linien der Abb. 8.9 zeigen; sie verlaufen aber flacher als die Isochoren. Für reversible Prozesse ist die Fläche unter jeder Isobaren gleich der bei konstantem Druck zugeführten Wärme oder gleich der Enthalpieänderung, und die spezifische Wärmekapazität c_p wird dargestellt durch die Subtangente $\overline{bc}$ der Isobare, da

$$\frac{c_p}{T} = \left(\frac{\partial s}{\partial T}\right)_p$$

ist.

Sind die spezifischen Wärmekapazitäten temperaturabhängig, so weichen Isochoren und Isobaren etwas von der Form logarithmischer Linien ab und müssen nach Gln. 8.29a und 8.31a durch Integration ermittelt werden, sie gehen aber auch dann durch Parallelverschiebung in der s-Richtung auseinander hervor. Aus Entropietafeln kann man die Eigenschaften von Gasen veränderlicher spezifischer Wärmekapazitäten bequem entnehmen.

Benutzt man im T,s-Diagramm für die Temperatur logarithmische Koordinaten, so werden die Isobaren und Isochoren des Gases konstanter spezifischer Wärmekapazitäten gerade Linien, was das Zeichnen der Diagramme erleichtert. Man kann dann aber die Flächen nicht mehr als Wärmen deuten.

Eine logarithmische Temperaturskala ist auch sonst vorgeschlagen worden; in ihr hätte der absolute Nullpunkt die Temperatur $-\infty$, was die Schwierigkeit, sich ihm zu nähern, und die Unmöglichkeit, ihn zu erreichen oder gar zu unterschreiten, gut veranschaulicht.

8.7 Beispiele und Aufgaben

Beispiel 8.1

Ein 50 kg schweres Stahlwerkstück ($c_{\text{Stahl}} = 0{,}47\,\text{kJ/(kg K)}$) wird mit einer Temperatur von $t_0 = 500\,^\circ\text{C}$ aus einem Ofen entnommen und im Freien bei $t_{\text{u}} = 20\,^\circ\text{C}$ gelagert bis es vollständig abgekühlt ist. Wieviel Wärme gibt das Stahlwerkstück bei dem Abkühlvorgang ab und wie groß ist hierbei die Entropieänderung des Stahlwerkstücks.

Lösung:

Um einen festen Körper der Masse M um die Temperatur dT zu erwärmen, braucht man nach Gl. 6.14 die Wärme $dQ = Mc\,dT$.

Somit gilt hier

$$Q = Mc_{\text{Stahl}}(T_{\text{u}} - T_0)$$
$$= 50\,\text{kg} \cdot 0{,}47\,\frac{\text{kJ}}{\text{kg K}} \cdot (-480\,\text{K}) = -11{,}28\,\text{MJ}\,.$$

Das negative Vorzeichen weist hier darauf hin, dass die Wärme aus Sicht des Systems (Stahlwerkstück) abgegeben wird.

Die Entropieänderung des Stahlwerkstücks ergib sich mit Hilfe von Gl. 8.33 zu

$$\Delta S = M\int_0^{\text{u}} ds = Mc_{\text{Stahl}}\int_0^{\text{u}} \frac{dT}{T} = Mc_{\text{Stahl}}\ln\frac{T_{\text{u}}}{T_0}$$
$$= 50\,\text{kg} \cdot 0{,}47\,\frac{\text{kJ}}{\text{kg K}} \cdot \ln\frac{293{,}15}{773{,}15} = -22{,}79\,\frac{\text{kJ}}{\text{K}}\,.$$

Das negative Vorzeichen zeigt, dass sich die Entropie des Werkstücks mit der Wärmeabgabe verringert.

Aufgabe 8.1

Man beweise mit Hilfe der Gibbsschen Fundamentalgleichung Gl. 8.24a die „Maxwell-Relation" $(\partial V/\partial S)_p = (\partial T/\partial p)_S$.

Entropiebilanz und der zweite Hauptsatz der Thermodynamik

9.1 Austauschprozesse und das thermodynamische Gleichgewicht

Im Folgenden sollen die Eigenschaften der Entropie an ausgewählten typisch irreversiblen Prozessen untersucht und die dabei gewonnenen Erkenntnisse verallgemeinert werden.

Als erstes Beispiel betrachten wir zwei Teilsysteme (1) und (2), die ein abgeschlossenes Gesamtsystem bilden, Abb. 9.1, und über eine feststehende diatherme Wand miteinander verbunden sind. Die Temperatur $T^{(1)}$ des Teilsystems (1) sei größer als die Temperatur $T^{(2)}$ des Teilsystems (2). Wie wir aus Erfahrung wissen, fließt Wärme von dem Teilsystem (1) in das Teilsystem (2). Bei diesem Vorgang nimmt die innere Energie $U^{(1)}$ des Teilsystems (1) ab, die des Teilsystems (2) zu. Da das Gesamtsystem abgeschlossen ist, ist seine innere Energie $U = U^{(1)} + U^{(2)}$ konstant und daher die Änderung der inneren Energien der Teilsysteme während eines Zeitintervalls $d\tau$

$$-dU^{(1)} = dU^{(2)}.$$

In jedem Zeitintervall ist die Abnahme der inneren Energie des Teilsystems (1) genau so groß wie die Zunahme der inneren Energie des Teilsystems (2).

Legt man Systemgrenzen um die Teilsysteme (1) und (2) würde aus dem 1. Hauptsatz folgen: $dQ^{(1)} = dU^{(1)}$ bzw. $dQ^{(2)} = dU^{(2)}$, wobei $-dQ^{(1)} = dQ^{(2)}$ ist. Mit dieser Wärme strömt Entropie von (1) nach (2). Die Entropieänderung des Teilsystems (1) während eines Zeitintervalls $d\tau$ ist bei konstantem Volumen gemäß Gl. 8.26a

$$dS^{(1)} = \frac{dU^{(1)}}{T^{(1)}} < 0$$

und die des Teilsystems (2)

$$dS^{(2)} = \frac{dU^{(2)}}{T^{(2)}} > 0.$$

P. Stephan, K. Schaber, K. Stephan, F. Mayinger, *Thermodynamik*, Springer-Lehrbuch, DOI 10.1007/978-3-642-30098-1_9, © Springer-Verlag Berlin Heidelberg 2013

Abb. 9.1 Energieaustausch
zwischen Teilsystemen verschiedener Temperatur

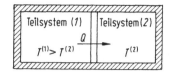

Die Entropie des Teilsystems (1) nimmt ab, da aufgrund des Wärmestroms von (1) nach (2) die innere Energie des Systems (1) abnimmt, $dU^{(1)} < 0$, die des Teilsystems (2) nimmt zu, da dessen innere Energie, aufgrund der von (1) nach (2) strömenden Wärme, zunimmt, $dU^{(2)} > 0$.

Dieses Ergebnis gilt allerdings nur dann, wenn wir fordern, dass die thermodynamische Temperatur stets positiv ist, was wir vorausgesetzt haben.

Die Entropieänderung dS des Gesamtsystems während des Zeitintervalls $d\tau$ setzt sich aus den Entropieänderungen der Teilsysteme zusammen, da die Entropie eine extensive Größe ist:

$$dS = dS^{(1)} + dS^{(2)} = \frac{dU^{(1)}}{T^{(1)}} + \frac{dU^{(2)}}{T^{(2)}} \, .$$

Nun ist aber $dU^{(1)} = -dU^{(2)}$ und daher

$$dS = dU^{(2)} \left[\frac{1}{T^{(2)}} - \frac{1}{T^{(1)}} \right] = dU^{(2)} \frac{T^{(1)} - T^{(2)}}{T^{(1)} \, T^{(2)}} \, .$$

Da die Änderung der inneren Energie $dU^{(2)} > 0$ ist und $T^{(1)} > T^{(2)}$ sein soll, ist die rechte Seite dieser Gleichung positiv. Dann ist auch

$$dS > 0 \, .$$

Bei dem Austauschprozess zwischen den Teilsystemen nimmt die Entropie des abgeschlossenen Gesamtsystems zu: Es wird Entropie erzeugt. Ursache für die Entropieerzeugung ist der Temperaturunterschied $T^{(1)} - T^{(2)}$ zwischen den beiden Systemen. Wie man sieht, ist die erzeugte Entropie proportional dem Temperaturunterschied und umgekehrt proportional dem Produkt der absoluten Temperaturen beider Teilsysteme.

Der Austauschprozess ist dann beendet, wenn die Temperaturen beider Teilsysteme gleich sind, $T^{(1)} = T^{(2)}$. Dann wird auch die Entropieänderung $dS = 0$. Da die Entropie bis zum Erreichen des Gleichgewichts zunahm, muss sie im Gleichgewicht ein Maximum erreichen.

Als weiteres Beispiel betrachten wir den Energieaustausch über eine diatherme bewegliche Wand. Zu diesem Zweck nehmen wir an, die diatherme Wand in Abb. 9.1 sei ein Kolben und es befinde sich im linken Teilsystem ein ideales Gas, dessen Dichte $\rho^{(1)}$ größer ist als die Dichte $\rho^{(2)}$ desselben idealen Gases im rechten Teilsystem. Außerdem soll wie zuvor $T^{(1)} > T^{(2)}$ sein. Aus Erfahrung wissen wir, dass sich die Druck- und Temperaturunterschiede auszugleichen suchen. Der Kolben wird sich in eine ganz bestimmte Richtung bewegen, nämlich von dem Teilsystem, in dem ein höherer Druck herrscht, zu dem Teilsystem, in dem ein niedrigerer Druck herrscht. Außerdem wird Wärme vom Teilsystem höherer zum Teilsystem tieferer Temperatur strömen. Der Prozess wird irreversibel sein, d. h. beide Vorgänge lassen sich nur durch Eingriffe von außen umkehren. Da das Gesamtsystem nach außen abgeschlossen ist, gilt wiederum für die innere Energie

$$U = U^{(1)} + U^{(2)} = \text{const}$$

und daher $-dU^{(1)} = dU^{(2)}$.

Das Volumen des Gesamtsystems ist

$$V = V^{(1)} + V^{(2)} = \text{const}.$$

Bewegt sich der Kolben während des Zeitintervalls $d\tau$ um ein kleines Stück Weg von links nach rechts, so ist die Zunahme des Volumens des linken Teilsystems gleich der Abnahme des Volums des rechten Teilsystems

$$dV^{(1)} = -dV^{(2)}.$$

Wir wollen annehmen, dass sich die Drücke $p^{(1)}$ und $p^{(2)}$ nicht sehr voneinander unterscheiden, sodass die Zustandsänderung als quasistatisch gelten kann. Dann gilt für die Teilsysteme (1) und (2):

$$dS^{(1)} = \frac{dU^{(1)}}{T^{(1)}} + \frac{p^{(1)}}{T^{(1)}} dV^{(1)}$$

und

$$dS^{(2)} = \frac{dU^{(2)}}{T^{(2)}} + \frac{p^{(2)}}{T^{(2)}} dV^{(2)}.$$

Die Entropie des Gesamtsystems setzt sich additiv aus den Entropien der Teilsysteme zusammen und ist

$$dS = dS^{(1)} + dS^{(2)} = dU^{(2)} \left[\frac{1}{T^{(2)}} - \frac{1}{T^{(1)}} \right] + dV^{(1)} \left[\frac{p^{(1)}}{T^{(1)}} - \frac{p^{(2)}}{T^{(2)}} \right].$$

In beiden Teilsystemen sollte sich voraussetzungsgemäß ein ideales Gas befinden, es ist daher wegen $p/\rho = RT$

$$\frac{p^{(1)}}{T^{(1)}} = \rho^{(1)} R \quad \text{und} \quad \frac{p^{(2)}}{T^{(2)}} = \rho^{(2)} R.$$

Damit erhält man für die Entropieänderung des Gesamtsystems während des Zeitintervalls $d\tau$

$$dS = dU^{(2)} \frac{T^{(1)} - T^{(2)}}{T^{(1)} T^{(2)}} + dV^{(1)} R[\rho^{(1)} - \rho^{(2)}].$$

Da jeder Ausdruck auf der rechten Seite dieser Beziehung voraussetzungsgemäß positiv ist, nimmt auch bei diesem Austauschprozess die Entropie des Gesamtsystems zu. Im Gleichgewicht ist $T^{(1)} = T^{(2)}$, $p^{(1)} = p^{(2)}$ und daher auch $\rho^{(1)} = \rho^{(2)}$. Im Gleichgewicht erreicht also die Entropie wiederum ein Maximum.

Diese am Beispiel des Energie- und des Volumenaustausches hergeleiteten Ergebnisse findet man auch für alle anderen Austauschprozesse bestätigt, etwa solche, in denen elektrische und magnetische Feldkräfte an den Teilchen des Systems angreifen, in denen chemische Reaktionen ablaufen, in denen Reibung oder Wirbelbildungen auftreten: *Stets laufen die Austauschvorgänge in einem abgeschlossenen System so ab, dass die Entropie zunimmt. Sie sind irreversibel. Im Grenzfall des Gleichgewichts erreicht die Entropie ein Maximum.*

Dieser Grenzfall ist allgemein dadurch charakterisiert, dass sich die Differenzen der intensiven Zustandsgrößen (Drücke und Temperaturen im Falle von Einstoffsystemen) zwischen allen Teilsystemen des Gesamtsystems ausgeglichen haben und somit ein *thermodynamisches Gleichgewicht* vorliegt, wie es in Abschn. 2.1 definiert wurde.

Da nach dem 1. Hauptsatz in einem abgeschlossenen System ($dL = 0$, $dQ = 0$) die innere Energie U konstant bleibt, lässt sich das Extremalprinzip der Entropie im Sinne der Variationsrechnung wie folgt formulieren:

$$(\delta S)_U \leq 0 \,. \tag{9.1}$$

Das Zeichen δ bedeutet hierbei eine virtuelle infinitesimal kleine Auslenkung aus dem thermodynamischen Gleichgewicht (Variation), die mit den Systembedingungen kompatibel sein muss, d. h. bei dieser infinitesimalen Auslenkung dürfen sich weder die Gesamtenergie U, noch das Gesamtvolumen V oder die Gesamtmasse des Systems ändern und die Entropie muss auch im ausgelenkten Zustand definiert sein.[1] Im Falle des in Abb. 9.1 dargestellten Systems wäre ein möglicher, die Auslenkung aus dem Gleichgewicht kennzeichnender, Variationsparameter ε die Temperaturdifferenz $\varepsilon = T^{(1)} - T^{(2)}$.

Gleichung 9.1 ist die allgemeine Formulierung für ein thermodynamisches Gleichgewicht in einem abgeschlossenen heterogenen System nach J.W. Gibbs[2]. Aus der Transformation dieser Gleichung in andere Potentialfunktionen folgen die in Band 2 dargestellten allgemeinen Bedingungen für Phasengleichgewichte und chemische Gleichgewichte.

9.2 Entropiebilanz und allgemeine Formulierung des zweiten Hauptsatzes

Wir hatten gesehen, dass bei Austauschvorgängen in einem abgeschlossenen System die Entropie nur zunehmen kann. Im Falle des Wärmeaustausches über eine diatherme Wand

---

[1] vgl. hierzu A. Münster, Chemische Thermodynamik, Verlag Chemie, 1969
[2] J.W. Gibbs: On the equilibrium of heterogeneous substances. Transactions of the Connecticut Academy, III, pp. 108–248, 1875

nach Abb. 9.1 nahm die Entropie des linken Teilsystems weniger ab, als die Entropie des rechten Teilsystems zunahm. Die Entropie in dem gesamten System nahm während des Austauschprozesses zu. Diese Entropieänderung im Inneren des abgeschlossenen Systems beruht auf Irreversibilitäten. Wir kennzeichnen sie durch das Zeichen dS_{irr} (Index irr = irreversibel), das für die Entropieänderung im Innern des gesamten Systems steht. Wäre das System hingegen nicht abgeschlossen, sondern nur geschlossen, würden wir also in Abb. 9.1 die adiabate Wand um das Gesamtsystem entfernen, so könnte noch Energie mit der Umgebung ausgetauscht werden. Handelt es sich hierbei um eine Wärmezufuhr, so fließt, wie wir wissen, Wärme über die Koordinate Entropie in das System, und die Entropie im System wird erhöht.

Schließlich können wir uns noch den Fall vorstellen, dass die Wand um das Gesamtsystem stoffdurchlässig, das System also offen ist. Wird dann von außen Materie zugeführt, so fließt mit dieser auch Entropie in das System, denn wir hatten erkannt, dass die Entropie eine (extensive) Zustandsgröße ist. Sie ist eine Eigenschaft der Materie und wird als solche mit der Materie in das System transportiert.

Wir kennzeichnen nun die Entropien, die aufgrund von Austauschprozessen des Systems mit seiner Umgebung über die Systemgrenze transportiert werden durch das Zeichen dS_k^{SG} (Index SG = Systemgrenze, vgl. Abschn. 5.1), bzw. deren Summe mit dS^{SG}.

Die gesamte Entropieänderung eines offenen oder geschlossenen Systems während eines Zeitintervalles $d\tau$ wird durch Austauschprozesse mit der Umgebung *und* durch Irreversibilitäten im Innern des Systems verursacht. Somit gilt entsprechend Abschn. 5.1 für die Entropie die allgemeine Bilanzgleichung:

$$dS = \sum_{k=1}^{n} dS_k^{\mathrm{SG}} + dS^{\mathrm{Q}} = dS^{\mathrm{SG}} + dS^{\mathrm{Q}}, \tag{9.2}$$

wobei der Quellterm dS^{Q} der Entropieerzeugung dS_{irr} im System entspricht.

Geschlossene Systeme können mit der Umgebung nur dann Entropie austauschen, wenn Wärme zu- oder abgeführt wird, offene Systeme hingegen können Entropie sowohl über Wärme als auch über Materietransport austauschen. Die Summe aller Entropieänderungen aufgrund von Wärmezu- oder abfuhr bezeichnen wir mit dS_{Q}, die aufgrund von Materietransport mit dS_{M}. Mit dem Quellterm $dS^{\mathrm{Q}} = dS_{\mathrm{irr}}$ ist dann

$$dS = dS^{\mathrm{SG}} + dS_{\mathrm{irr}} = dS_{\mathrm{Q}} + dS_{\mathrm{M}} + dS_{\mathrm{irr}} \tag{9.3a}$$

oder, wenn man durch das Zeitdifferential $d\tau$ dividiert,

$$\frac{dS}{d\tau} = \dot{S}^{\mathrm{SG}} + \dot{S}_{\mathrm{irr}} = \dot{S}_{\mathrm{Q}} + \dot{S}_{\mathrm{M}} + \dot{S}_{\mathrm{irr}}. \tag{9.3b}$$

Den Anteil $\dot{S}^{\mathrm{SG}}$, der auf Wärme- und Stoffaustausch mit der Umgebung beruht, nennt man *Entropieströmung*, der Anteil $\dot{S}_{\mathrm{irr}}$, der durch Irreversibilitäten im Inneren des Systems verursacht ist, heißt *Entropieerzeugung*.

Die Entropieströmungen $\dot{S}_Q$ und $\dot{S}_M$ und somit auch $\dot{S}^{SG}$ können je nach Größe und Vorzeichen der Wärme- und Stoffströme positiv, negativ oder gleich Null sein:

$$\dot{S}_Q \gtreqless 0, \tag{9.4a}$$

$$\dot{S}_M \gtreqless 0, \tag{9.4b}$$

$$\dot{S}^{SG} \gtreqless 0. \tag{9.4c}$$

Für geschlossene adiabate Systeme ist $dS_M = dS_Q = 0$ und daher dS^{SG} bzw. $\dot{S}^{SG} = 0$.

Die Entropieerzeugung kann hingegen, wie wir sahen, nie negativ sein; sie ist positiv bei irreversiblen und gleich Null bei reversiblen Prozessen,

$$\dot{S}_{irr} \geqq 0. \tag{9.5}$$

Die Entropie S des Systems kann je nach Größe von Entropieströmung und Entropieerzeugung entsprechend Gl. 9.3a zu- oder abnehmen. Sie nimmt bei einem irreversiblen Prozess zu, wenn aufgrund von Wärme- und/oder Materietransport $\dot{S}^{SG} > 0$ oder $\dot{S}^{SG} < 0$ mit $|\dot{S}^{SG}| < \dot{S}_{irr}$ ist, oder wenn das System geschlossen adiabat ist ($\dot{S}^{SG} = 0$). Sie nimmt ab, wenn Wärme- und/oder Materieabfuhr zu $|\dot{S}^{SG}| > |\dot{S}_{irr}|$ führen. Sie wird gleich null, wenn $-\dot{S}^{SG} = \dot{S}_{irr}$ ist.

Man kann nunmehr den zweiten Hauptsatz folgendermaßen formulieren:

▶ **Merksatz** Es existiert eine Zustandsgröße S, die Entropie eines Systems, deren zeitliche Änderung $dS/d\tau$ sich aus den Entropieströmungen $\dot{S}_Q$ und $\dot{S}_M$ sowie der Entropieerzeugung $\dot{S}_{irr}$ zusammensetzt. Für die Entropieerzeugung gilt

$$\dot{S}_{irr} = 0 \quad \text{für reversible Prozesse},$$
$$\dot{S}_{irr} > 0 \quad \text{für irreversible Prozesse}, \tag{9.6}$$
$$\dot{S}_{irr} < 0 \quad \text{nicht möglich}.$$

9.3 Der zweite Hauptsatz für geschlossene Systeme

Die Gl. 9.6 stellt die allgemeinste Formulierung des zweiten Hauptsatzes dar. Sie gilt für geschlossene und ebenso für offene Systeme. Bevor wir jedoch den zweiten Hauptsatz auf offene Systeme anwenden, sollen zuvor noch einige andere Formulierungen des zweiten Hauptsatzes für geschlossene Systeme besprochen werden. Für geschlossene Systeme ist in Gl. 9.3a $dS_M = 0$ und $dS^{SG} = dS_Q$ bzw. $\dot{S}^{SG} = \dot{S}_Q$.

a) In geschlossenen adiabaten Systemen ist $dS_M = 0$, $dS_Q = 0$ und somit $dS^{SG} = 0$. Daher ist $dS = dS_{irr}$ bzw. $dS/d\tau = \dot{S}_{irr}$. In geschlossenen adiabaten Systemen kann daher die Entropie niemals abnehmen, sie kann nur zunehmen bei irreversiblen Prozessen oder konstant bleiben bei reversiblen Prozessen. Da sich während einer Zustandsänderung die

Entropieänderung des Gesamtsystems additiv aus den Entropieänderungen $\Delta S^{(\alpha)}$ der α Teilsysteme zusammensetzt, gilt für ein geschlossenes adiabates System

$$\sum_{(\alpha)} \Delta S^{(\alpha)} \geq 0 . \tag{9.6a}$$

Diese Formulierung findet man häufig für den zweiten Hauptsatz angegeben. Da sie nur für geschlossene adiabate Systeme gilt, ist sie nicht so allgemein wie die vorige Formulierung nach Gl. 9.6.

b) Eine andere Formulierung erhält man, wenn man ein geschlossenes System betrachtet, das mit seiner Umgebung Wärme und Arbeit austauscht. Der Prozess sei irreversibel. Die während einer kleinen Zeit $d\tau$ zu- oder abgeführte Wärme dQ bewirkt eine Änderung der inneren Energie um

$$dU' = dQ = T\,dS_Q .$$

Die während der gleichen Zeit verrichtete Arbeit führt zu einer Änderung der inneren Energie um

$$dU'' = -p\,dV + dL_{\text{diss}} ,$$

wenn der Einfachheit halber nur eine Volumenarbeit verrichtet werden soll. Damit ist die gesamte Änderung der inneren Energie

$$dU = dU' + dU'' = T\,dS_Q - p\,dV + dL_{\text{diss}} .$$

Die Entropieänderung des Systems beträgt hierbei nach Gl. 9.3a $dS = dS_Q + dS_{\text{irr}}$.

Wir denken uns jetzt den irreversiblen Prozess durch einen reversiblen ersetzt, in dem das Volumen durch Verrichten einer reversiblen Arbeit $-p\,dV$ um den gleichen Anteil dV geändert wird wie zuvor und in dem die zugeführte Wärme dQ_0 so groß gewählt wird, dass sich die Entropie um den gleichen Anteil dS wie zuvor ändert. Da die innere Energie $U(S, V)$ von der Entropie und dem Volumen abhängt, wird durch den neuen Prozess auch die innere Energie um den gleichen Anteil geändert wie zuvor. Für den neuen Prozess ist

$$dU = dQ_0 - p\,dV .$$

Wie sich aus dem Vergleich mit der vorigen Beziehung für dU ergibt, ist

$$dQ_0 = T\,dS_Q + dL_{\text{diss}} .$$

Nun ist andererseits voraussetzungsgemäß

$$dQ_0 = T\,dS = T\,dS_Q + T\,dS_{\text{irr}}$$

und daher die dissipierte Arbeit

$$dL_{\text{diss}} = T\,dS_{\text{irr}} . \tag{9.7}$$

Den Ausdruck $T\,dS_{\mathrm{irr}}$ bezeichnet man auch als *Dissipationsenergie* $d\Psi$. Sie stimmt bei den hier behandelten einfachen Systemen mit der dissipierten Arbeit überein, ist aber im Allgemeinen größer als diese[3], weswegen wir für dissipierte Arbeit und Dissipationsenergie verschiedene Zeichen wählen. Es ist also im vorliegenden Fall $dL_{\mathrm{diss}} = d\Psi = T\,dS_{\mathrm{irr}}$. Wegen $dS_{\mathrm{irr}} \geq 0$ ist auch $dL_{\mathrm{diss}} > 0$. Damit haben wir eine andere Formulierung für den zweiten Hauptsatz gefunden. Sie lautet:

▸ **Merksatz** Die Dissipationsenergie (und auch die dissipierte Arbeit) kann nie negativ werden. Sie ist positiv für irreversible Prozesse und gleich Null für reversible Prozesse.

In dem Ausdruck für die zu- oder abgeführte Wärme

$$dQ = T\,dS_{\mathrm{Q}} \tag{9.8}$$

gibt der Anteil dS_{Q} vereinbarungsgemäß die Entropieänderungen durch Wärmeaustausch mit der Umgebung an. Wie hieraus ersichtlich wird, ist *Wärme eine Energie, die zusammen mit Entropie über die Systemgrenze strömt, während die Arbeit ohne Entropieaustausch übertragen wird.*

Wird eine reversible Volumenarbeit $dL = -p\,dV$ verrichtet, so fließt die Arbeit über die Arbeitskoordinate V in das System. Ist hingegen ein Prozess, bei dem Volumenarbeit verrichtet wird, irreversibel, so wird zwar infolge des Arbeitstransports keine Entropie mit der Umgebung ausgetauscht, es ist aber $dL_{\mathrm{diss}} > 0$; daher ändert sich die Entropie im Inneren des Systems: Nur ein Teil der verrichteten Arbeit bewirkt eine Änderung der Arbeitskoordinate Volumen, während der andere Teil zu einer Änderung der Koordinate Entropie im Inneren des Systems führt, wie bereits in Abschn. 8.2 diskutiert wurde.

c) Addiert man auf der rechten Seite von Gl. 9.8 noch den Term TdS_{irr}, der bekanntlich stets größer oder gleich Null ist, so erhält man

$$dQ \leq T\,dS \quad \text{oder} \quad \Delta S \geq \int_{1}^{2} \frac{dQ}{T}. \tag{9.9}$$

Das Gleichheitszeichen gilt für reversible, das Kleiner-Zeichen für irreversible Prozesse. Gleichung 9.9 stellt eine andere Formulierung des zweiten Hauptsatzes für geschlossene Systeme dar und wird gelegentlich als *Clausiussche Ungleichung* bezeichnet. Sie hat sich, wie wir noch sehen werden, als besonders nützlich erwiesen beim Studium von Kreisprozessen und wird daher in Lehrbüchern, die sich vorwiegend mit Kreisprozessen befassen, verständlicherweise an den Anfang aller Darstellungen über den zweiten Hauptsatz gestellt. Sie besagt, dass in irreversiblen Prozessen die Entropieänderung größer ist als das Integral über alle dQ/T. Nur bei reversiblen Prozessen ist die Entropieänderung gleich diesem Integral. Für adiabate Prozesse ergibt sich wiederum der schon bekannte Zusammenhang $\Delta S \geqq 0\ (dQ = 0)$.

---

[3] Vgl. hierzu Haase, R.: Thermodynamik irreversibler Prozesse. Darmstadt: Steinkopff 1963, S. 96.

d) Eine der Clausiusschen Ungleichung äquivalente Formulierung kann man sofort anschreiben, wenn man von dem ersten Hauptsatz für geschlossene Systeme ausgeht,

$$dU = dQ + dL \quad \text{oder} \quad dU - dL = dQ.$$

Zusammen mit Gl. 9.9 folgt hieraus sofort

$$dU - dL \leqq TdS \tag{9.10a}$$

oder, wenn man durch das Zeitintervall $d\tau$ dividiert und das Zeichen P für die Leistung $dL/d\tau$ setzt,

$$\frac{dU}{d\tau} - P \leqq T\dot{S}. \tag{9.10b}$$

Gleichung 9.10b hat Truesdell[4] zum Ausgangspunkt einer Darstellung der Thermodynamik irreversibler Prozesse gewählt.

Abschließend halten wir fest:

Alle hier aufgeführten Formulierungen des zweiten Hauptsatzes sind einander völlig äquivalent. Sie sind, wie wir sahen, alle aus der allgemeinen Formulierung Gl. 9.6 zusammen mit der Entropiebilanzgleichung (9.3a) herzuleiten, und es ist daher gleichgültig, für welche der genannten Formulierungen man sich entscheidet. Wir werden im Folgenden immer diejenige Formulierung bevorzugen, die sich zur Lösung einer speziellen Aufgabe am zweckmäßigsten erweist.

Die verschiedenen Formulierungen des zweiten Hauptsatzes der Thermodynamik für geschlossene Systeme ermöglichen es, einige wichtige und interessante Aussagen über thermodynamische Prozesse und Zustandsänderungen zu machen. Solche Aussagen werden in den folgenden Abschn. 9.3.1 bis 9.3.3 abgeleitet.

9.3.1 Zusammenhang zwischen Entropie und Wärme

Addiert man in Gl. 9.8 auf beiden Seiten $T\,dS_{\text{irr}}$, so erhält man

$$dQ + T\,dS_{\text{irr}} = T\,dS_{\text{Q}} + T\,dS_{\text{irr}}$$

oder, wenn man auf der linken Seite für die Dissipationsenergie $T\,dS_{\text{irr}} = d\Psi$ setzt und auf der rechten Seite Gl. 9.3a beachtet,

$$dQ + d\Psi = T\,dS. \tag{9.11a}$$

Durch Integration folgt hieraus

$$Q_{12} + \Psi_{12} = \int_1^2 T\,dS. \tag{9.11b}$$

---

[4] Truesdell, C.: Rational thermodynamics, New York: McGraw-Hill 1969.

Abb. 9.2 Wärme und
Dissipationsenergie im T,S-
Diagramm

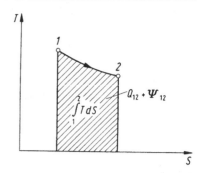

Bei einem reversiblen Prozess tritt keine Dissipationsenergie auf, und es ist

$$(Q_{12})_{\text{rev}} = \int_1^2 T\,dS. \qquad (9.11c)$$

Trägt man also in einem Temperatur-Entropie-Diagramm, abkürzend als T,S-Diagramm
bezeichnet, den Zustandsverlauf 1–2 ein, Abb. 9.2, so stellt nach Gl. 9.11b die Fläche unter
der Kurve 1–2 die Summe aus zu- oder abgeführter Wärme und der Dissipationsenergie
dar. Für *isotherme Prozesse* ist

$$Q_{12} + \Psi_{12} = T(S_2 - S_1)$$

und für den reversiblen isothermen Prozess

$$(Q_{12})_{\text{rev}} = T(S_2 - S_1).$$

Die Zustandslinie im T,S-Diagramm verläuft in diesem Fall horizontal. Nur im Fall des
reversiblen Prozesses ist die zu- oder abgeführte Wärme gleich der Fläche unter der Kurve
1–2. Bei dem in Abb. 9.2 eingezeichneten Zustandsverlauf wird bei reversibler Zustandsänderung Wärme zugeführt, da die Entropie des Systems zunimmt. Würde Wärme abgeführt,
so müsste die Entropie abnehmen, die Kurve 1–2 also von rechts nach links verlaufen.

Ein entsprechendes Ergebnis findet man für die Volumenarbeit. Sie war bei irreversiblen
Prozessen

$$L_{12} = -\int_1^2 p\,dV + L_{\text{diss},12}$$

oder

$$-L_{12} + L_{\text{diss},12} = \int_1^2 p\,dV. \qquad (9.12)$$

In einem p,V-Diagramm ist daher die Fläche unter der Zustandslinie 1–2 gleich der abgeführten Arbeit $-L_{12}$ und der dissipierten Arbeit $L_{\text{diss},12}$, Abb. 9.3, und nur bei reversiblen
Prozessen ist die Fläche unter der Kurve 1–2 gleich der vom System verrichteten Arbeit.

Prozesse lassen sich prinzipiell nur dann in Zustandsdiagrammen darstellen, wenn es
sich um quasistatische Prozesse handelt. Bei den in den Abb. 9.2 und 9.3 eingezeichneten
Prozessen handelt es sich somit um quasistatische irreversible Prozesse.

Abb. 9.3 Volumen- und Dissipationsarbeit im p,V-Diagramm

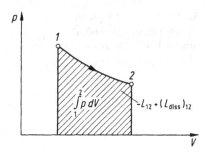

9.3.2 Zustandsänderungen geschlossener adiabater Systeme

Adiabate Systeme sind definitionsgemäß solche, bei denen im Verlauf einer Zustandsänderung weder Wärme zu- noch abgeführt wird. In jedem beliebig kleinen Zeitintervall $d\tau$ der Zustandsänderung ist $dQ = 0$.

Nach dem ersten Hauptsatz ist die verrichtete Arbeit in einem adiabaten, geschlossenen System gleich der Änderung der inneren Energie

$$dU = dL \quad \text{oder} \quad U_2 - U_1 = L_{12}\,, \tag{9.13}$$

und nach dem zweiten Hauptsatz ist für geschlossene adiabate Systeme

$$dS = dS_{\mathrm{irr}} \geqq 0 \quad \text{oder} \quad S_2 - S_1 \geqq 0\,. \tag{9.14}$$

Das Größer-Zeichen gilt für irreversible, das Gleichheitszeichen für reversible Prozesse.

▶ **Merksatz** Bei einer adiabaten Zustandsänderung in einem geschlossenen System ist demnach die verrichtete Arbeit gleich der Änderung der inneren Energie des Systems. Ist die Zustandsänderung irreversibel, so nimmt die Entropie zu, während sie bei reversiblen Zustandsänderungen konstant bleibt.

Wir veranschaulichen diese Ergebnisse in einem p,V- und in einem T,S-Diagramm, Abb. 9.4a und 9.4b, in die wir eine reversible adiabate Zustandsänderung *1–2* und eine irreversible Zustandsänderung *1–2'* einzeichnen.

Die Punkte *2–2'* sollen auf einer Linie konstanten Volumens liegen. Der Punkt *2'* kann im T,S-Diagramm nur rechts vom Punkt *2* liegen, da die Entropie bei der irreversiblen adiabaten Zustandsänderung zunimmt.

9.3.3 Isentrope Zustandsänderungen

Isentrope Zustandsänderungen sind solche, bei denen die Entropie während einer Zustandsänderung konstant bleibt; in einem beliebig kleinen Zeitintervall $d\tau$ ist die Entropieänderung $dS = 0$.

Abb. 9.4 **a** p,V-Diagramm mit adiabaten Zustandsänderungen; **b** T,S-Diagramm mit adiabaten Zustandsänderungen

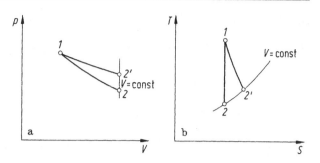

Nach der Clausiusschen Ungleichung (Gl. 9.9) ist für isentrope Zustandsänderungen

$$dQ \lessgtr 0 \quad \text{oder} \quad Q_{12} \lessgtr 0$$

und nach Gl. 9.10a

$$dU \lessgtr dL \quad \text{oder} \quad U_2 - U_1 \lessgtr L_{12}.$$

Das Kleiner-Zeichen gilt hier wieder für irreversible, das Gleichheitszeichen für reversible Zustandsänderungen.

Wir kommen zu folgendem Ergebnis für geschlossene Systeme:

Eine reversible isentrope Zustandsänderung ist adiabat; die Änderung der inneren Energie ist gleich der geleisteten Arbeit. Umgekehrt ist, wie wir zuvor sahen, auch eine reversible adiabate Zustandsänderung isentrop. Bei einer irreversiblen isentropen Zustandsänderung ist die aufzuwendende Arbeit größer als die Änderung der inneren Energie, da man noch die dissipierte Arbeit zuführen muss; gleichzeitig muss man Wärme abführen. Nur dadurch gelingt es, eine Entropiezunahme bei der irreversiblen Zustandsänderung zu verhindern.

Wie man durch Vergleich mit dem vorigen Ergebnis erkennt, ist eine reversible adiabate Zustandsänderung stets isentrop, hingegen ist eine irreversible adiabate Zustandsänderung nicht isentrop, da die Entropie zunimmt.

9.4   Der zweite Hauptsatz für offene Systeme

Offenen Systemen wird mit der Materie Entropie zugeführt. Es ist $dS_{\mathrm{M}} \neq 0$ und nach den Gln. 9.2 und 9.3a die Entropieänderung eines offenen Systems

$$dS = dS_{\mathrm{Q}} + dS_{\mathrm{M}} + dS_{\mathrm{irr}}. \tag{9.15}$$

Mit Hilfe dieser Gleichung wollen wir die Entropiebilanz eines offenen Systems aufstellen. Wir betrachten dazu zunächst ein einfaches offenes System, in das ein Stoffstrom $\dot{M}_{\mathrm{zu}}$ eintritt und aus dem ein Stoffstrom $\dot{M}_{\mathrm{ab}}$ austritt. In einem Zeitintervall $d\tau$ strömt somit die Stoffmasse dM_{zu} in das System ein, die Stoffmasse dM_{ab} verlässt das System. Gleichzeitig wird Wärme von außen zugeführt. Die mit der Materie zu- und abgeführte Entropie ist

$$dS_M = s_{zu}\, dM_{zu} - s_{ab}\, dM_{ab}\,.$$

Entsprechend der in Abschn. 5.5 festgelegten Vorzeichenkonvention werden zu- und abgeführte Massen bzw. Massenströme stets positiv gezählt.

Mit der Wärme wird ein Entropiestrom

$$dS_Q = dQ/T$$

zugeführt. Daher ist

$$dS = \frac{dQ}{T} + s_{zu}\, dM_{zu} - s_{ab}\, dM_{ab} + dS_{irr}\,. \tag{9.16a}$$

Falls die Wärme bei konstanter Temperatur übertragen wird, gilt

$$\frac{dS}{d\tau} = \frac{1}{T}\dot{Q} + s_{zu}\dot{M}_{zu} - s_{ab}\dot{M}_{ab} + \dot{S}_{irr}\,, \tag{9.16b}$$

wenn wir den Wärmestrom $\dot{Q} = dQ/d\tau$ und den Materiestrom $\dot{M}_{zu} = dM_{zu}/d\tau$ sowie $\dot{M}_{ab} = dM_{ab}/d\tau$ schreiben. Für stationäre Fließprozesse ist $dS/d\tau = 0$ und $\dot{M}_{zu} = \dot{M}_{ab} = \dot{M}$.

Somit gilt für diese

$$0 = \frac{1}{T}\dot{Q} + \dot{M}(s_{zu} - s_{ab}) + \dot{S}_{irr}\,. \tag{9.16c}$$

Für ein System, das von mehreren Stoffströmen durchflossen wird, gilt dann im allgemeinen Fall, gemäß Gln. 9.2 bzw. 9.3a

$$\frac{dS}{d\tau} = \sum_{zu}\dot{M}_{zu}s_{zu} - \sum_{ab}\dot{M}_{ab}s_{ab} + \sum_{j}\left[\int \frac{d\dot{Q}}{T}\right]_j + \dot{S}_{irr}\,. \tag{9.17}$$

Die Integrale für die Wärmeströme $\dot{Q}_j$ in Gl. 9.17 sind längs der jeweiligen Prozesswege zu berechnen, d. h. die Integrationsgrenzen sind die jeweiligen Anfangs- und Endtemperaturen zwischen denen die Wärmeströme $\dot{Q}_j$ übertragen werden.

Werden alle Wärmeströme $\dot{Q}_j$ bei jeweils konstanten Temperaturen T_j übertragen, können die Integrale in Gl. 9.17 durch $\dot{Q}_j/T_j$ ersetzt werden.

Unter dieser Annahme gilt dann für den stationären Fall, $dS/d\tau = 0$,

$$\sum_{ab}\dot{M}_{ab}s_{ab} = \sum_{zu}\dot{M}_{zu}s_{zu} + \sum_{j}\frac{\dot{Q}_j}{T_j} + \dot{S}_{irr}\,. \tag{9.18}$$

In einem offenen adiabaten System, $\dot{Q} = 0$, muss die Entropie für instationäre Fließprozesse im Unterschied zum adiabaten geschlossenen System nicht zunehmen. Nach Gl. 9.16b kann die Entropie durchaus abnehmen, wenn mit der abfließenden Materie mehr Entropie ab- als zugeführt und erzeugt wird.

9.5   Entropiebilanz und Kreisprozesse

Das Grundprinzip der Kreisprozesse wurde bereits in Abschn. 7.2 behandelt. Mit Hilfe eines *stationären* Kreisprozesses in einer *kontinuierlich* arbeitenden Maschine ist es möglich, Wärme in Arbeit umzuwandeln.

Wir wollen nun der Frage nachgehen, welcher Anteil der Wärme höchstens in Arbeit umgewandelt werden kann. Hierzu betrachten wir eine Maschine, z. B. eine Kolbenmaschine, der Wärme aus einem Energiespeicher der Temperatur T zugeführt wird.

Damit das mögliche Maximum an Arbeit verrichtet wird, müssen alle Zustandsänderungen reversibel ablaufen. Wir müssen weiter voraussetzen, dass nach Ablauf des Prozesses alle Maschinen und Apparate sowie das Arbeitsfluid wieder in ihren Ausgangszustand zurückgebracht werden, sodass ihre innere Energie unverändert bleibt, was die Grundvoraussetzung für einen kontinuierlich arbeitenden Kreisprozess ist.

Wir wollen zunächst einmal annehmen, es sei möglich, eine Maschine zu bauen, in der die zugeführte Wärme vollständig in Arbeit umgewandelt wird. Eine Wärmeabfuhr an die Umgebung sei also ausgeschlossen. Wir wollen nun zeigen, dass diese Annahme zu einem Widerspruch führt. Könnte man nämlich eine solche Maschine betreiben, so müsste, wie Abb. 9.5a darstellt, die vom Energiespeicher abgegebene und den Maschinen und Apparaten zugeführte Wärme Q ($Q > 0$) gleich der verrichteten Arbeit L ($L < 0$) sein,

$$Q = |L| \, .$$

Ein Arbeitszyklus eines Kreisprozesses besteht stets aus einer Summe von einzelnen Prozessschritten zwischen jeweils einem Anfangszustand i und einem Endzustand $i+1$, innerhalb deren eine Wärme $Q_{i,i+1}$ und/oder eine Arbeit $L_{i,i+1}$ übertragen werden kann.

Da wir uns im Folgenden nicht für die einzelnen Prozessfolgen interessieren, sondern den Kreisprozess als Ganzes betrachten, können wir auf die Indizierung von Wärme bzw. Arbeit und folglich auch auf die Angabe von Integrationsgrenzen bei der Berechnung von Entropieänderungen verzichten.

Nach dem zweiten Hauptsatz gilt für das aus Energiespeicher, Maschinen und Apparaten bestehende adiabate Gesamtsystem nach Gl. 9.6a

$$- \int \frac{dQ}{T} + \int dS_{\mathrm{MA}} \geqq 0 \, ,$$

wobei der erste Term die Entropieänderung des Energiespeichers und dS_{MA} die Entropieänderung der Maschinen, Apparate und des Arbeitsfluids kennzeichnet. Voraussetzungsgemäß sollen sich diese nach Ablauf eines Arbeitszyklus wieder in ihrem Ausgangszustand befinden. Es ist daher

$$\int dS_{\mathrm{MA}} = 0 \quad \text{und somit} \quad - \int \frac{dQ}{T} \geqq 0 \, .$$

Damit der zweite Hauptsatz erfüllt ist, müsste also unter den getroffenen Voraussetzungen von den Maschinen und Apparaten Entropie und somit Wärme abgeführt und dem Ener-

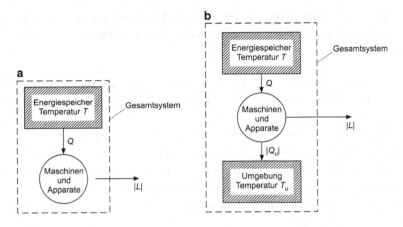

Abb. 9.5 Zur Umwandlung von Wärme in Arbeit

giespeicher zugeführt werden. Wir müssen somit unsere ursprüngliche Annahme, dass der Energiespeicher Wärme abgibt, die vollständig in Arbeit umwandelbar ist, fallenlassen.

Lässt man hingegen zu, dass ein Teil $|Q_u|$ der zugeführten Wärme wieder an die Umgebung übertragen wird, so muss nach dem zweiten Hauptsatz Gl. 9.6a

$$-\int \frac{dQ}{T} + \int \frac{|dQ_u|}{T_u} + \int dS_{MA} \geqq 0$$

gelten, oder mit $\int dS_{MA} = 0$

$$-\int \frac{dQ}{T} + \int \frac{|dQ_u|}{T_u} \geqq 0 , \tag{9.19}$$

was zu keinem Widerspruch führt, wenn man nur der Umgebung eine hinreichend große Wärme $|Q_u|$ zuführt, sodass die Entropie der Umgebung stärker zunimmt, als die Entropie des Energiespeichers abnimmt. Man muss also das Schema nach Abb. 9.5a ersetzen durch das nach Abb. 9.5b.

Ein kontinuierlich arbeitender Kreisprozess zur Umwandlung von Wärme in Arbeit erfordert damit stets, dass ein Teil der zugeführten Wärme wieder abgeführt werden muss, um eine Akkumulation von Entropie, die ein stationärer Prozess ausschließt, in der Wärmekraftmaschine zu vermeiden. Die Wärmeabfuhr erfolgt dabei auf einem niedrigeren Temperaturniveau, in der Regel bei Umgebungstemperatur.

Aus der im reversiblen Grenzfall geltenden Gleichung

$$\int \frac{dQ}{T} = \int \frac{|dQ_u|}{T_u}$$

kann man unmittelbar ableiten, dass bei Umgebungstemperatur $T_u < T$ weniger Wärme abgeführt (Q_u) als zugeführt (Q) werden muss.

Die Notwendigkeit der Entropie- und somit der Wärmeabfuhr aus einer Wärmekraft-maschine hat Max Planck 1879 in seiner Formulierung des 2. Hauptsatzes wie folgt zusam-mengefasst.

▹ **Merksatz** Es ist unmöglich eine periodisch funktionierende Maschine zu bauen, die weiter nichts bewirkt, als das Heben einer Last und die Abkühlung eines Wärmespeichers.

Man spricht auch von der Unmöglichkeit eines „perpetuum mobile" 2. Art.

Um nun die maximal gewinnbare Arbeit berechnen zu können, denken wir uns den in Abb. 9.5b gezeichneten Maschinen und Apparaten die Wärme Q zugeführt. Ein Teil hiervon wird durch reversible Prozesse in Arbeit L umgewandelt, ein Teil $|Q_u|$ wird an die Umgebung abgegeben. Nach dem ersten Hauptsatz gilt für das aus Maschinen und Appa-raten bestehende Teilsystem

$$Q = |Q_u| + |L| \, ,$$

was man auch

$$Q + Q_u + L = 0 \tag{9.20}$$

schreiben kann.

Nach dem zweiten Hauptsatz ist die Entropieänderung des adiabaten Gesamtsystems

$$\Delta S + \Delta S_u = 0 \, , \tag{9.21}$$

wenn man mit ΔS die Entropieabnahme des Energiespeichers, mit ΔS_u die Entropiezunah-me der Umgebung bezeichnet. Es ist

$$\Delta S = \int \frac{-dQ}{T} \, ,$$

worin dQ das Differential der zugeführten Wärme ist (dQ ist positiv). Weiter ist

$$\Delta(S_u) = \int \frac{-dQ_u}{T_u} \, ,$$

mit dem Differential dQ_u der abgeführten Wärme (dQ_u ist negativ). Damit lautet Gl. 9.21

$$\int \frac{-dQ}{T} - \int \frac{dQ_u}{T_u} = 0 \, . \tag{9.22}$$

Wird die Wärme Q bei konstanter Temperatur T in den Kreisprozess eingekoppelt und die Wärme Q_u bei konstanter Temperatur T_u aus dem Kreisprozess ausgekoppelt, kann man die konstanten Temperaturen vor die Integrale schreiben und es folgt mit Gl. 9.20

$$\frac{-L}{Q} = \left(1 - \frac{T_u}{T} \right) \, . \tag{9.23}$$

Man bezeichnet den Ausdruck in der Klammer als Carnot-Wirkungsgrad bzw. als Carnot-Faktor η_c,

$$\eta_c = \left(1 - \frac{T_u}{T}\right).$$ (9.24)

Somit ergibt sich:

▶ **Merksatz** In einem reversiblen Prozess ist nur der um den Faktor $1 - T_u/T$ verminderte Anteil der zugeführten Wärme in Arbeit umwandelbar.

Wärme kann nur teilweise in Arbeit umgewandelt werden, ein Teil der zugeführten Wärme ist unwiederbringlich verloren.

Der als Arbeit maximal gewinnbare Anteil hängt nach Gl. 9.24 von dem Faktor $1 - T_u/T$ ab. Wärme ist demnach um so wertvoller, je höher die Temperatur T ist, Wärme von Umgebungstemperatur ist wertlos.

Gleichung 9.23 lässt verschiedene Deutungen zu:

1. Ist die Temperatur T des Energiespeichers größer als die Umgebungstemperatur T_u, so ist der Faktor $1 - T_u/T$ positiv. Die verrichtete Arbeit ist dann dem Betrage nach kleiner als die zugeführte Wärme, weil ein Teil dieser Wärme noch an die Umgebung abfließt. Wie in Abb. 9.5b dargestellt, wird Maschinen und Apparaten eine Wärme Q zugeführt und teilweise als Arbeit $|L|$, teilweise als Wärme $|Q_u|$ wieder abgegeben. Eine solche Einrichtung, in der Wärme in Nutzarbeit umgewandelt wird, heißt *Wärmekraftmaschine*.

2. Liegt die Temperatur des Energiespeichers in Abb. 9.5b unterhalb der Umgebungstemperatur, $T < T_u$, so fließt die Wärme Q von einem Energiespeicher tiefer Temperatur T einer Anordnung von Maschinen und Apparaten zu. Dort wird Arbeit verrichtet. Außerdem wird eine Wärme $|Q_u|$ an die Umgebung abgegeben. In Gl. 9.23 ist nun der Faktor $1 - T_u/T$ negativ, die verrichete Arbeit dL also positiv. Die Wärme Q wird dem Energiespeicher bei tiefer Temperatur T entzogen und zusammen mit der zugeführten Arbeit L als Wärme $|Q_u|$ bei höherer Temperatur an die Umgebung abgegeben,

$$|Q_u| = Q + L.$$

Dies ist das *Prinzip der Kältemaschine*.

3. Ist die Temperatur des Energiespeichers größer als die Umgebungstemperatur, $T > T_u$, und kehrt man die Wärmepfeile der Abb. 9.5b um, so wird der Umgebung eine Wärme Q_u entzogen und nach Verrichten von Arbeit eine Wärme $|Q|$ an den Energiespeicher der hohen Temperatur T abgegeben. In diesem Fall ist der Faktor $1 - T_u/T$ in Gl. 9.22 positiv, aber dQ negativ und daher dL positiv. Man muss Arbeit zuführen, um Wärme von Umgebungstemperatur auf eine höhere Temperatur zu bringen,

$$|Q| = Q_u + L.$$

Dies ist das *Prinzip der Wärmepumpe*.

Wir werden sowohl die Kältemaschine wie auch die Wärmepumpe später noch eingehender behandeln.

9.6   Beispiele und Aufgaben

Beispiel 9.1

In ein gut isoliertes Kalorimeter, das mit $M_w = 0,8$ kg Wasser von $t_w = 15\,°C$ (spez. Wärmekapazität $c_w = 4{,}186$ kJ/(kg K)) gefüllt ist, und dessen Gefäß aus Silber der Masse $M_s = 0{,}25$ kg (spez. Wärmekapazität $c_s = 0{,}234$ kJ(kg K)) besteht, werden $M_a = 0{,}2$ kg Aluminium (spez. Wärmekapazität $c_a = 0{,}894$ kJ/(kg K)) von $t_a = 100\,°C$ geworfen.

Man berechne die Entropieerzeugung. Welche Ursache hat sie?

Nach dem 1. Hauptsatz beträgt die Mischtemperatur

$$t_m = \frac{M_w c_w t_w + M_s c_s t_s + M_a c_a t_a}{M_w c_w + M_s c_s + M_a c_a} = 19{,}24\,°C$$

Wir bezeichnen mit Index 1 den Zustand vor der Mischung, mit Index 2 den nach der Mischung. Die Energiebilanz lautet $U_2 - U_1 = 0$; die Entropiebilanz für das Gesamtsystem bestehend aus Kalorimeter, Wasserfüllung und Aluminium folgt aus Gl. 9.2 mit $dS^{SG} = 0$ zu $dS = dS_{irr}$; daraus $S_2 - S_1 = S_{irr,12}$. Es ist $S_2 - S_1 = (S_2 - S_1)_w + (S_2 - S_1)_s + (S_2 - S_1)_a$. Wegen $dS = Mc\,dT/T$ folgt

$$S_2 - S_1 = M_w c_w \ln\frac{T_2}{T_{1w}} + M_s c_s \ln\frac{T_2}{T_{1s}} + M_a c_a \ln\frac{T_2}{T_{1a}}.$$

Es ist $T_2 = 273{,}15\,K + 19{,}24\,K = 292{,}39\,K$ und damit $S_{irr,12} = S_2 - S_1 = 0{,}8\,kg \cdot 4{,}186$ kJ/(kg K)$\cdot \ln\frac{292{,}39\,K}{288{,}15\,K} + 0{,}25\,kg \cdot 0{,}234$ kJ/(kg K)$\cdot \ln\frac{292{,}39\,K}{288{,}15\,K} + 0{,}2\,kg \cdot 0{,}894$ kJ/(kg K)$\cdot$ $\ln\frac{292{,}39\,K}{373{,}15\,K} = 6{,}16$ J/K.

Ursache für die Entropieerzeugung ist die Wärmeübertragung infolge eines Temperaturgefälles.

Beispiel 9.2

In einem sogenannten Wirbelrohr wird Luft (Massenstrom $\dot{M}_L$) mit dem hohen Druck p_L und der Temperatur t_L auf den Druck p_0 so entspannt, dass man an dem einen Rohrende kalte Luft ($\dot{M}_K, t_K, p_0$), am anderen Ende warme Luft ($\dot{M}_W, t_W, p_0$) entnehmen kann.

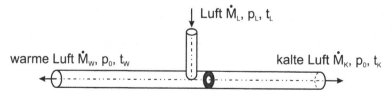

Erklärung der Wirkungsweise: Die Luft strömt in der Mitte des Rohres tangential ein und erzeugt eine Wirbelströmung. Dadurch erwärmen sich die äußeren in der Nähe der

Rohrwand strömenden Schichten, während sich die im Kern ausdehnt und abkühlt. Bei einem Versuch wurden folgende Daten gemessen:

$$\dot{M}_L = 0{,}03\,\text{kg/s}\,; \quad p_L = 5\,\text{bar}\,; \quad t_L = 27\,°C\,; \quad p_0 = 1\,\text{bar}\,;$$

$$t_K = -23\,°C\,; \quad t_W = 37\,°C\,.$$

Die Luft darf als ideales Gas ($\varkappa = 1{,}4$; $c_p = 1{,}0\,\text{kJ/(kg K)}$) behandelt werden. Das Wirbelrohr sei adiabat. Kinetische und potentielle Energie werden vernachlässigt.

a) Wie groß sind die Luftströme $\dot{M}_W$ und $\dot{M}_K$?
b) Wie groß ist der Strom der Entropieerzeugung?

zu a) die Massenbilanz lautet $\dot{M}_L = \dot{M}_W + \dot{M}_K$, die Energiebilanz $\dot{M}_L h_L = \dot{M}_W h_W + \dot{M}_K h_K$ oder mit $\dot{M}_K = \dot{M}_L - \dot{M}_W$:

$$\dot{M}_L h_L = \dot{M}_W h_W + \dot{M}_L h_K - \dot{M}_W h_K$$

Daraus folgt

$$\dot{M}_W = \dot{M}_L \frac{h_L - h_K}{h_W - h_K} = \dot{M}_L \frac{T_L - T_K}{T_W - T_K}$$

$$\dot{M}_W = 0{,}03\,\frac{\text{kg}}{\text{s}}\,\frac{27\,°C + 23\,°C}{37\,°C + 23\,°C} = 0{,}025\,\frac{\text{kg}}{\text{s}}$$

$$\dot{M}_K = \dot{M}_L - \dot{M}_W = 0{,}005\,\text{kg/s}\,.$$

zu b) In der Entropiebilanz für offene System Gl. 9.16b ist $dS/d\tau = 0$, $\dot{Q} = 0$. Zu beachten ist, dass zwei Ströme abgeführt werden. Die Entropiebilanz lautet

$$0 = s_L \dot{M}_L - s_W \dot{M}_W - s_K \dot{M}_K + \dot{S}_{\text{irr}}$$

Daraus folgt mit $\dot{M}_K = \dot{M}_L - \dot{M}_W$:

$$\dot{S}_{\text{irr}} = \dot{M}_L (s_K - s_L) + \dot{M}_W (s_W - s_K)$$

$$= \dot{M}_L \left(c_p \ln \frac{T_K}{T_L} - R \ln \frac{p_K}{p_L} \right) + \dot{M}_W \left(c_p \ln \frac{T_W}{T_K} - R \ln \frac{p_W}{p_K} \right),$$

worin $p_W = p_K = p_0$ ist.

$$\dot{S}_{\text{irr}} = 0{,}03\,\frac{\text{kg}}{\text{s}} \left(1\,\frac{\text{kJ}}{\text{kg K}} \ln \frac{250{,}15\,\text{K}}{300{,}15\,\text{K}} - 0{,}2872\,\frac{\text{kJ}}{\text{kg K}} \ln \frac{1}{5} \right)$$

$$+ 0{,}025\,\frac{\text{kg}}{\text{s}} 1\,\frac{\text{kJ}}{\text{kg K}} \ln \frac{310{,}15\,\text{K}}{250{,}15\,\text{K}}$$

$$\dot{S}_{\text{irr}} = 0{,}0442\,\text{kW/K}\,.$$

Aufgabe 9.1

Ein Elektromotor mit 5 kW Leistung wird eine Stunde lang abgebremst, wobei die gesamte Leistung als Reibungswärme Q an die Umgebung bei $t = 20\,°C$ abfließt.

Welche Entropiezunahme hat dieser Vorgang zur Folge?

Aufgabe 9.2

Zum Härten wird ein 50 kg schweres Stahlwerkstück ($c_{\text{Stahl}} = 0,47\,kJ/(kg\,K)$) mit einer Anfangstemperatur von $t_0 = 800\,°C$ in einem sehr großen Wasserbad der Temperatur $t_W = 20\,°C$ abgekühlt, bis Wasserbad und Werkstück die gleiche Temperatur haben. Bestimmen Sie unter der Annahme, dass sich die Temperatur t_W des Wasserbades nicht ändert, die bei diesem Vorgang erzeugte Entropie.

Anwendungen des zweiten Hauptsatzes der Thermodynamik

10

10.1 Reibungsbehaftete Prozesse

Als erstes Beispiel behandeln wir den klassischen Versuch, mit dem J.P. Joule die in innere Energie umgewandelte Arbeit ermittelte. In einem Behälter befindet sich ein Fluid, das mit Hilfe eines Rührers in Bewegung versetzt wird, Abb. 10.1.

Der Behälter sei adiabat und habe starre Wände, sodass das Fluid die Arbeit bei konstantem Volumen aufnimmt. Es handelt sich hier um einen typisch irreversiblen Vorgang, da man dem Fluid Arbeit zuführen und in innere Energie umwandeln kann, ohne dass eine Umkehrung möglich ist. Wäre dies dennoch der Fall, so müsste es möglich sein, die dem Fluid zugeführte Energie wieder an die Umgebung abzugeben, d. h., das Fluid müsste imstande sein, von selbst den Rührer in Bewegung zu setzen und auf Kosten seiner inneren Energie Arbeit zu verrichten. Aus Erfahrung weiß man, dass ein derartiger Prozess unmöglich ist. Da die Arbeitskoordinate V während des Rührprozesses nicht betätigt wird, kann das Fluid die Energie nur über die Koordinate Entropie aufnehmen. Alle zugeführte Energie wird somit dissipiert, und es ist die während der Zeit $d\tau$ zugeführte Arbeit

$$dL = dL_{\text{diss}} = T\, dS_{\text{irr}} = T\, dS,$$

somit

$$S_2 - S_1 = \int_1^2 \frac{dL}{T} > 0 \,. \tag{10.1}$$

Die zugeführte Arbeit wird über Tangential- und Normalkräfte, die an dem Rührer wirksam sind, dem Fluid mitgeteilt. Sie erzeugen in diesem eine Bewegung und erhöhen zunächst die kinetische Energie des Fluids. Durch die Reibung im Innern des Fluids wird jedoch dessen Bewegung gebremst und die kinetische Energie schließlich vollständig in innere Energie verwandelt. Während vor Beginn des Rührvorgangs die innere Energie $U_1 = U(S_1, V)$ war, ist sie nach Abschluss des Vorgangs durch $U_2 = U(S_2, V)$ gegeben, worin man die Entropie S_2 aus dem zuvor mitgeteilten Integral erhält.

P. Stephan, K. Schaber, K. Stephan, F. Mayinger, *Thermodynamik*, Springer-Lehrbuch, DOI 10.1007/978-3-642-30098-1_10, © Springer-Verlag Berlin Heidelberg 2013

Abb. 10.1 Zufuhr von Arbeit
durch einen Rührer

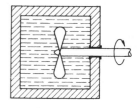

Abb. 10.2 Geschwindigkeiten
bei laminarer und turbulenter
Rohrströmung

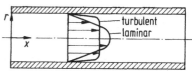

Vertiefung

Als weiteres Beispiel für einen irreversiblen Prozess wollen wir die *reibungsbehaftete Strömung* behandeln. Zur Vereinfachung wollen wir annehmen, das Fluid sei inkompressibel, d. h., seine Dichte sei konstant, die Strömung sei stationär und eindimensional[1]. Es sei also nur eine einzige Geschwindigkeitskomponente vorhanden, die zeitlich konstant ist. Ein Beispiel hierfür ist die ausgebildete laminare oder turbulente Rohrströmung, deren Geschwindigkeit in Abb. 10.2 skizziert ist.

Das Geschwindigkeitsprofil soll sich nur mit der radialen Koordinate r, nicht aber mit dem Strömungsweg x ändern.

Auf die Fluidteilchen wirken bekanntlich Normal- und Schubspannungen. Die Schubspannungen erzeugen Reibung und dämpfen die Bewegung des Fluids. Man muss daher von außen Arbeit zuführen, um die Reibung zu überwinden und das Fluid zu bewegen: Es ist ein Druckunterschied in Strömungsrichtung erforderlich, um das Fluid gegen die Reibungskräfte durch das Rohr zu schieben. Ein Teil der von außen zugeführten Arbeit wird infolge der Reibung in innere Energie verwandelt. Dieser Vorgang ist offensichtlich irreversibel, da es aller Erfahrung widerspricht, dass sich ein Fluid von selbst auf Kosten seiner inneren Energie wieder in Bewegung setzt.

Wir wollen nun die Entropiezunahme und die Dissipationsarbeit der Strömung berechnen. Als thermodynamisches System betrachten wir ein Massenelement des Fluids. Seine innere Energie ändert sich durch Übertragung von Wärme und Arbeit über die Systemgrenzen entsprechend dem Hauptsatz, den wir für ein kleines Zeitintervall[2] dt anschreiben.

$$du = dq + dl.$$

An dem Massenelement greifen Schubspannungen und Drücke an. Sie bewirken eine Verschiebung und eine Verformung, wozu von den Drücken und Schubspannungen eine Arbeit dl verrichtet werden muss. Wir berechnen zuerst die Arbeit der Drücke und betrachten dazu das in Abb. 10.3 skizzierte Massenelement.

Während der Zeit dt wandert das Massenelement mit der Geschwindigkeit w in Strömungsrichtung x weiter; es verschiebt sich also in Abb. 10.3 um die Strecke $dx = w\,dt$ nach rechts. Hierbei wird

---

[1] Eine Verallgemeinerung auf dreidimensionale Strömungen findet man u. a. bei Schade, H.: Kontinuumstheorie strömender Medien. Berlin, Heidelberg, New York: Springer 1970.

[2] Für die Zeit, die wir bisher mit τ bezeichneten, soll für diese Betrachtung vorübergehend in Abschn. 10.1 das Zeichen t benutzt werden, damit für die Schubspannung, wie in der Mechanik üblich, das Zeichen τ verwendet werden kann.

Abb. 10.3 Massenelement mit
Drücken und Schubspannungen in Strömungsrichtung

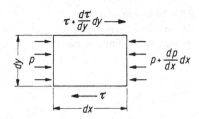

von dem Druck p die Arbeit

$$(p\,dy\,dz)w\,dt$$

verrichtet, während von dem Druck $p + (dp/dx)\,dx$ die Arbeit

$$-\left[\left(p + \frac{dp}{dx}dx\right)dy\,dz\right]w\,dt$$

verrichtet wird. Das Minuszeichen kommt dadurch zustande, dass die Kraft in der eckigen Klammer
und die Geschwindigkeit w verschiedene Vorzeichen haben, die Arbeit aber positiv sein muss, da
sie aufzuwenden ist, damit das Massenelement verschoben werden kann. Die insgesamt von den
Druckkräften verrichtete Arbeit ist daher

$$dL_\mathrm{p} = -\frac{dp}{dx}\,dx\,dy\,dz\,w\,dt$$

oder mit $dx\,dy\,dz = dV$ und $w\,dt = dx$

$$dL_\mathrm{p} = -dV\,dp$$

und somit nach Division durch die Masse dM des Volumenelements

$$dl_\mathrm{p} = -v\,dp\,.$$

Andererseits muss die Summe aller in Abb. 10.3 eingezeichneten Kräfte gleich Null sein, da die Strömung voraussetzungsgemäß stationär ist und somit keine Beschleunigungen auftreten. Es ist daher

$$\left(\frac{d\tau}{dy}dy\right)dx\,dz - \left(\frac{dp}{dx}dx\right)dy\,dz = 0$$

oder

$$dp = \frac{d\tau}{dy}\,dx\,.$$

Damit erhält man für die Arbeit der Druckkräfte

$$dl_\mathrm{p} = -v\frac{d\tau}{dy}\,dx = -v\frac{d\tau}{dy}\,w\,dt\,.$$

Um die Arbeit der Schubspannungen zu ermitteln, betrachten wir die Bewegung *und* Verformung
des Massenelements, Abb. 10.4.

Da die Schubspannungen am unteren und oberen Rand des Massenelements voneinander verschieden sind, wird die ursprüngliche rechteckige Grundfläche, wie in Abb. 10.4 skizziert, zu einem

Abb. 10.4 Zur Berechnung der Arbeit der Schubspannungen bei eindimensionaler Strömung

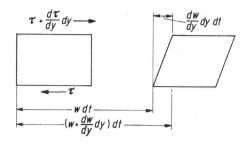

Parallelogramm verformt. Der untere Rand wird während der Zeit dt mit der Geschwindigkeit w um die Strecke $dx = w\,dt$ und der obere Rand mit der Geschwindigkeit $w + (dw/dy)\,dy$ um die Strecke $dx' = [w + (dw/dy)\,dy]\,dt$ verschoben. Dabei verrichten die Schubspannungen am unteren Rand des Massenelements die Arbeit

$$-(\tau\,dx\,dz)\,w\,dt\,,$$

wobei sich das Minuszeichen wieder dadurch erklärt, dass Schubspannung und Verschiebung entgegengesetzt gerichtet sind, die verrichtete Arbeit aber positiv sein muss. Die Schubspannungen am oberen Rande verrichten die Arbeit

$$\left[\left(\tau + \frac{d\tau}{dy}dy\right)dx\,dz\right]\left[w + \frac{dw}{dy}dy\right]dt\,.$$

Die insgesamt von den Schubspannungen verrichtete Arbeit ist somit

$$dL_\tau = \left(\tau\frac{dw}{dy} + w\frac{d\tau}{dy} + \frac{d\tau}{dy}\frac{dw}{dy}\right)dx\,dy\,dz\,dt\,.$$

Da man das letzte Glied in der runden Klammer gegenüber den beiden ersten vernachlässigen kann, folgt mit $dV = dx\,dy\,dz$

$$dL_\tau = \tau\frac{dw}{dy}\,dV\,dt + w\frac{d\tau}{dy}\,dV\,dt \quad \text{oder} \quad dl_\tau = v\tau\frac{dw}{dy}\,dV\,dt + v\frac{d\tau}{dy}w\,dt\,.$$

Die insgesamt verrichtete Arbeit ist

$$dl = dl_\mathrm{p} + dl_\tau = -v\frac{d\tau}{dy}w\,dt + v\tau\frac{dw}{dy}\,dt + v\frac{d\tau}{dy}w\,dt\,,$$

$$dl = v\tau\frac{dw}{dy}\,dt\,.$$

Wir setzen diesen Ausdruck in den ersten Hauptsatz ein und erhalten

$$du = dq + v\tau\frac{dw}{dy}\,dt\,.$$

Andererseits kann man für einen irreversiblen Prozess den ersten Hauptsatz auch schreiben

$$du = dq - p\,dv + dl_\mathrm{diss}\,.$$

Da wir eine inkompressible Strömung, d. h. eine Strömung mit ρ = const voraussetzen, ist v = const und $dv = 0$. Daher verschwindet der Term $-p\,dv$. Vergleicht man die beiden obigen Beziehungen für den ersten Hauptsatz miteinander, so sieht man, dass

$$dl_{\text{diss}} = v\tau\frac{dw}{dy}\,dt \tag{10.2a}$$

ist. Von der gesamten Arbeit der Schubspannungen $v\frac{d(w\tau)}{dy}\,dt = dl_\tau = vt\frac{dw}{dy}\,dt + v\frac{d\tau}{dy}w\,dt$ wird also nur ein bestimmter Anteil dissipiert, d. h. irreversibel über die Entropiekoordinate aufgenommen. Für Newtonsche Medien ist bei eindimensionaler Strömung

$$\tau = \eta\frac{dw}{dy}\,,$$

wobei η die dynamische Viskosität ist.

Es gilt somit

$$dl_{\text{diss}} = v\eta\left(\frac{dw}{dy}\right)^2 dt \tag{10.2b}$$

und nach Multiplikation mit der Menge $dM = \frac{1}{v}\,dV$ des Massenelements

$$dl_{\text{diss}} = \eta\left(\frac{dw}{dy}\right)^2 dV\,dt\,. \tag{10.2c}$$

Nach dem zweiten Hauptsatz der Thermodynamik ist

$$dl_{\text{diss}} \geqq 0$$

und daher

$$v\eta\left(\frac{dw}{dy}\right)^2 dt \geqq 0\,.$$

Das ist nur möglich, wenn $\eta \geqq 0$ ist. Aus dem zweiten Hauptsatz folgt somit, dass die Viskosität eines Fluids nie negativ sein kann.

Die Entropiezunahme infolge der Nichtumkehrbarkeit erhielt man für die hier betrachteten einfachen Systeme aus

$$dl_{\text{diss}} = T\,ds_{\text{irr}}\,.$$

Die im Inneren des Systems erzeugte Entropie ist also

$$ds_{\text{irr}} = \frac{1}{T}v\tau\frac{dw}{dy}\,dt$$

und für Newtonsche Medien

$$ds_{\text{irr}} = \frac{1}{T}v\eta\left(\frac{dw}{dy}\right)^2 dt\,.$$

Die gesamte Entropieänderung setzt sich zusammen aus der Entropieströmung

$$ds_{\text{A}} = \frac{dq}{T}$$

und der Entropieerzeugung ds_{irr}. Während eines kleinen Zeitintervalls dt ändert sich die Entropie somit um

$$ds = \frac{dq}{T} + \frac{1}{T} v\tau \frac{dw}{dy} dt$$

oder

$$dS = \frac{dQ}{T} + \frac{1}{T} V\tau \frac{dw}{dy} dt . \tag{10.3}$$

10.2 Wärmeleitung unter Temperaturgefälle

Fließt Wärme Q von einem Körper der konstanten Temperatur T auf einen Körper von niederer, ebenfalls konstanter Temperatur T_0, so erfährt der wärmere Körper die Entropieverminderung $-(Q/T)$, der kältere die Entropievermehrung Q/T_0, und im Ganzen nimmt die Entropie um

$$\Delta S = \frac{Q}{T_0} - \frac{Q}{T} = Q \frac{T - T_0}{T T_0} \tag{10.4}$$

zu.

Wird Wärme durch Leitung in einem Körper übertragen, so ändert sich die Temperatur im Allgemeinen *stetig* von Ort zu Ort. Außerdem sind die Temperaturen oft zeitlich veränderlich.

Die Wärme fließt von Volumenteilchen höherer zu solchen niederer Temperatur. Dieser Vorgang ist bekanntlich nicht umkehrbar. Um die Entropieänderung dS_{irr} durch Nichtumkehrbarkeiten berechnen zu können, denken wir uns aus dem Körper zwei kleine einander benachbarte Würfel mit den Kantenlängen dx, dy, dz herausgeschnitten, Abb. 10.5.

Die Temperatur des oberen Würfels sei um ein dT größer als die des unteren, und die dem unteren Würfel zugeführte Wärme dQ fließt nun entgegen der Richtung der y-Achse. Die Entropieänderung dS erhält man, indem man sich die beiden Würfel gegenüber ihrer Umgebung adiabat isoliert denkt. Man hat dann zwei Körper unterschiedlicher Temperaturen $T + dT$ und T, die wärmeleitend miteinander verbunden sind. In dem obigen Beispiel nimmt die Temperatur in Richtung der y-Achse zu, $dT > 0$, die Wärme fließt entgegen der Richtung der y-Achse, $dQ < 0$. Wäre umgekehrt $dT < 0$, so hätte man $dQ > 0$. Die Wärme fließt in Richtung fallender Temperatur. Die Entropieänderung $dS = dS_{\text{irr}}$ kann aus der zuvor abgeleiteten Beziehung Gl. 10.4 berechnet werden, indem man die neuen Temperaturen einsetzt und $dQ < 0$ beachtet.

Die Entropiezunahme beträgt somit

$$dS_{\text{irr}} = -dQ \frac{dT}{(T + dT) T} .$$

Sind die Temperaturunterschiede in dem Körper nicht extrem groß im Vergleich zu den absoluten Temperaturen, so ist $dT \ll T$, und wir dürfen schreiben

$$dS_{\text{irr}} = -dQ \frac{dT}{T^2} . \tag{10.5}$$

Abb. 10.5 Wärmeleitung zwischen zwei Volumenelementen bei stetiger Temperaturänderung in einem Körper. Wärme soll nur in Richtung der y-Achse fließen

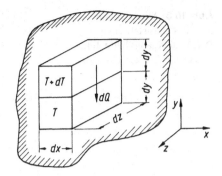

Vertiefung

Nach dem Fourierschen Gesetz der Wärmeleitung ist die zwischen den beiden Volumenelementen durch Leitung übertragene Wärme proportional dem Temperaturgefälle dT/dy, der Berührungsfläche $dx\,dz$ zwischen beiden Körpern und der Zeit dt, während welcher Wärme übertragen wird,

$$dQ = -\lambda \frac{dT}{dy}\,dx\,dz\,d\tau \;{}^{3}.$$
(10.6)

Das Minuszeichen kommt dadurch zustande, dass dT/dy positiv, die dem kälteren Volumenelement zugeführte Wärme dQ aber entgegen der y-Achse fließt und daher negativ ist. Den durch Gl. 10.6 definierten Proportionalitätsfaktor λ nennt man „*Wärmeleitfähigkeit*".

Damit wird

$$dS_{\text{irr}} = \lambda \frac{dT^2}{T^2\,dy^2}\,dx\,dy\,dz\,d\tau$$

oder

$$dS_{\text{irr}} = \frac{\lambda}{T^2}\left(\frac{dT}{dy}\right)^2 dV\,d\tau.$$

Die dissipierte Energie infolge Wärmeleitung im Inneren eines Körpers ist

$$d\Psi = T\,dS_{\text{irr}} = \frac{\lambda}{T}\left(\frac{dT}{dy}\right)^2 dV\,d\tau.$$
(10.7)

Nach dem zweiten Hauptsatz der Thermodynamik kann dieser Ausdruck nie negativ sein. Das ist nur möglich, wenn $\lambda \geqq 0$. Aus dem zweiten Hauptsatz folgt somit, dass die Wärmeleitfähigkeit eines Fluids nie negativ sein kann.

Gleichen zwei Körper ihre Temperaturen aus, was entweder durch wärmeleitende Verbindung oder bei Fluiden auch durch Mischung geschehen kann, so berechnet man nach der Mischungsregel zunächst die Ausgleichstemperatur. Aus den Temperaturänderungen beider Teile ergeben sich die Entropieänderungen und aus deren algebraischer Summe die Entropiezunahme des Vorganges.

---

[3] Im Fall des mehrdimensionalen Wärmeflusses hat man dT/dy durch grad T zu ersetzen.

Abb. 10.6 Modellvorstellung des quasistatischen
Wärmeübergangs beim Tem-
peraturausgleich zweier Körper
A und B

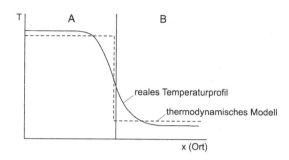

Hat der eine Körper die Masse M_1, die spezifische Wärmekapazität c_1 und die absolute
Temperatur T_1, der andere, wärmere, die Masse M_2, die spezifische Wärmekapazität c_2 und
die Temperatur T_2, so ist die Ausgleichstemperatur

$$t_m = \frac{M_1 c_1 t_1 + M_2 c_2 t_2}{M_1 c_1 + M_2 c_2}$$

und die Entropiezunahme $\Delta S = S_{irr}$ des Vorganges beträgt bei konstanter spezifischer Wärmekapazität

$$S_{irr} = M_1 c_1 \int_{T_1}^{T_m} \frac{dT}{T} - M_2 c_2 \int_{T_m}^{T_2} \frac{dT}{T} = M_1 c_1 \ln \frac{T_m}{T_1} - M_2 c_2 \ln \frac{T_2}{T_m}. \qquad (10.8)$$

Gleichung 10.8 setzt voraus, dass man während des Ausgleichsvorgangs den Zustand beider Körper mit einer mittleren Temperatur beschreiben kann, also im Körper selbst keine
Temperaturgradienten auftreten. Der Wärmeübergang innerhalb der beiden Körper erfolgt
also *quasistatisch*.

In Abb. 10.6 ist die thermodynamische Modellvorstellung des quasistatischen Wärmeübergangs verdeutlicht. Diese Modellvorstellung gilt für die gesamte phänomenologische
Thermodynamik.

Weiterhin gilt Gl. 10.8 bei Mischungsvorgängen nur, wenn beide Körper keine Materie
austauschen. Ist das nicht der Fall, wie z. B. bei der Mischung zweier verschiedener Gase, so
tritt außer dem Austausch der Wärme auch noch eine Diffusion der Gase ineinander ein,
die mit einer weiteren Entropiezunahme verbunden ist, die wir später berechnen wollen.

10.3   Drosselung

Als Drosselung hatten wir eine plötzliche Druckabsenkung in einem strömenden Gas
bezeichnet, die durch Hindernisse oder schroffe Querschnittsänderungen hervorgerufen
wird. Mit Hilfe des ersten Hauptsatzes für offene Systeme, hatte sich ergeben, dass die Summe aus Enthalpie und kinetischer Energie für adiabate Drosselvorgänge vor (Zustand 1)

und hinter (Zustand 2) der Drosselstelle konstant ist,

$$h_1 + \frac{1}{2}w_1^2 = h_2 + \frac{1}{2}w_2^2 \, .$$

Vernachlässigt man die Änderung der kinetischen Energie in diesem Zusammenhang, was – wie in Abschn. 7.8 erläutert wurde – in vielen Fällen gerechtfertigt ist, so ergibt sich

$$h_1 = h_2 \, ,$$

d. h., bei der Drosselung bleibt die Enthalpie ungeändert. Bei idealen Gasen ist dann wegen $dh = c_p \, dT$ auch die Temperatur konstant. Bei wirklichen Gasen und Dämpfen nimmt dagegen im Allgemeinen die Temperatur ab, wie wir später noch genauer sehen werden.

Der Drosselvorgang ist offenbar irreversibel, denn wir müssten in umgekehrter Richtung den endlichen Druckanstieg überwinden, wenn wir das Gas wieder zurückströmen lassen wollten, ganz ähnlich, wie es bei der Reibung eines Kolbens in einem Zylinder der Fall ist.

Die Entropiezunahme zwischen den Querschnitten *1* und *2* ergibt sich nach Gl. 9.7 zu

$$S_2 - S_1 = \int_1^2 \frac{d\Psi}{T} \, ,$$

wobei $d\Psi$ die infolge der Nichtumkehrbarkeiten dissipierte Energie ist; diese bewirkt eine Erhöhung der inneren Energie. Andererseits ist ganz allgemein für irreversible Prozesse einfacher Systeme nach Abschn. 4.2.6 die technische Arbeit bei Vernachlässigung der mechanischen Arbeit $L_{m12} = 0$ gegeben durch die Volumen- und Verschiebearbeit $\int_1^2 V \, dp$ und durch die Dissipationsarbeit $L_{diss,12}$

$$L_{t12} = \int_1^2 V \, dp + L_{diss,12} \, .$$

Da keine technische Arbeit gewonnen wird, ist $L_{t12} = 0$ und

$$L_{diss,12} = - \int_1^2 V \, dp \quad \text{oder} \quad dL_{diss} = d\Psi = -V \, dp \, . \tag{10.9}$$

Die Entropiezunahme bei der Drosselung ist nach Gl. 10.9

$$S_2 - S_1 = - \int_1^2 \frac{V \, dp}{T} \, . \tag{10.10a}$$

Da die Entropie eine Zustandsgröße ist, hängt der Wert des Integrals nach Gl. 10.10a nur von den Zustandsgrößen in den Ebenen *1* und *2* ab. Man kann daher das Integral nach Gl. 10.10a berechnen, ohne dass man Einzelheiten über den Zustandsverlauf bei der Drosselung kennt.

Für ideale Gase ist $V = (MRT)/p$ und somit die Entropieänderung bei der Drosselung

$$S_2 - S_1 = -MR \int_1^2 \frac{dp}{p} = MR \ln \frac{p_1}{p_2} . \qquad (10.10\text{b})$$

Die dissipierte Arbeit kann man hingegen mit Hilfe des Integrals von Gl. 10.9 nur berechnen, wenn die Drosselung nicht allzu heftig erfolgt, wenn also der Druckunterschied $p_1 - p_2$ nicht zu groß ist und daher in jedem Augenblick der Drosselung ein einheitlicher Druck p existiert, sodass man stets $V = V(p)$ angeben kann. Man vergleiche hierzu die Ausführungen in Abschn. 4.2.6.

Falls die Geschwindigkeitsenergie in den Querschnitten 1 und 2 vernachlässigbar ist, hat man dann längs einer Linie $h = \text{const}$ zu integrieren.

Bei idealen Gasen ist das zugleich eine Isotherme, und man erhält aus Gl. 10.9 mit Hilfe der Zustandsgleichung $pV = MRT$ für die dissipierte Arbeit

$$L_{\text{diss},12} = -MRT \int_1^2 \frac{dp}{p} = MRT \ln \frac{p_1}{p_2} \quad (\text{ideale Gase; } T = \text{const}) . \qquad (10.11)$$

Auch der von uns früher betrachtete Joulesche Überströmversuch, bei dem ein Gas aus einem geschlossenen Behälter in einen gasleeren zweiten ohne Arbeitsleistung überströmt, ist ein Drosselvorgang. Die bei reversibler Entspannung gewinnbare Arbeit wird hier durch turbulente Strömungsbewegungen wieder in innere Energie verwandelt, und die Enthalpie bleibt ungeändert. Bei einem idealen Gas muss daher auch die Temperatur im Endergebnis dieselbe sein. Im Einzelnen ist der Vorgang hier aber so verwickelt, dass während des Zustandsverlaufes die Temperatur nicht konstant bleibt und die Dissipationsarbeit nicht aus Gl. 10.11 berechenbar ist. Denken wir uns die beiden Behälter nicht nur von der Umgebung, sondern zunächst auch voneinander wärmeisoliert, so wird das Gas im gefüllten Behälter adiabat expandieren und sich dabei abkühlen; denn es kann nicht wissen, ob die ausströmenden Teile nachher in einem Zylinder Arbeit verrichten oder nur zum Auffüllen eines Vakuums dienen. Gleich nach Öffnen des Hahnes tritt das Gas also mit der Anfangstemperatur, die es im gefüllten Behälter hatte, in das Vakuum ein. Im weiteren Verlauf der Bewegung wird das zuerst überströmende Gas durch das nachströmende adiabat komprimiert und dadurch erwärmt. Andererseits werden das aus dem ersten Behälter kommende und dort schon durch adiabate Expansion abgekühlte Gas mit dieser erniedrigten Temperatur in den zweiten Behälter eintreten und sich dort mit dem vorher eingeströmten und durch Kompression erwärmten Gas mischen. Unmittelbar nach dem Druckausgleich sind also erhebliche Temperaturunterschiede in beiden Behältern vorhanden, die sich später durch Wärmeleitung ausgleichen, derart, dass bei einem idealen Gas die Anfangstemperatur gerade wieder erreicht wird.

10.4 Mischung und Diffusion

Wenn sich in einem geschlossenen Gefäß zwei chemisch verschiedene Gase befinden, die zunächst voneinander getrennt sind, so tritt im Laufe der Zeit auch ohne Umrühren – allein durch Diffusion – eine vollständige Mischung ein, wobei der Druck und die Temperatur sich nicht ändern, wenn das Gefäß keine Wärme mit der Umgebung austauscht. Die Erfahrung lehrt nun, dass Gase sich wohl freiwillig mischen, dass aber niemals der umgekehrte Vorgang der Entmischung von selbst stattfindet. Wir haben also offenbar einen nichtumkehrbaren Vorgang vor uns. Da die Nichtumkehrbarkeit nach dem zweiten Hauptsatz ganz allgemein durch eine Zunahme der Entropie gekennzeichnet ist, so muss auch hier eine solche Zunahme eintreten, deren Betrag wir berechnen wollen.

In Abb. 10.7 mögen die beiden Gase 1 und 2 mit den Massen M_1 und M_2 und den Gaskonstanten R_1 und R_2 sich zunächst getrennt in dem geschlossenen Raum V befinden, den sie bei der gemeinsamen Temperatur T und dem gemeinsamen Druck p mit ihren Teilvolumen V_1 und V_2 gerade ausfüllen. Bei dem Mischungsvorgang verteilen sich beide Gase bei gleichbleibender Temperatur auf das ganze Volumen V, und wir können bei nicht zu hohen Drücken nach Dalton jedes Gas so behandeln, als ob es alleine in dem Raum V vorhanden wäre. Da die Mischung adiabat ablaufen soll, ist die innere Energie des gesamten Systems konstant. Der Einfachheit wegen wollen wir ideale Gase voraussetzen. Da deren innere Energie nur von der Temperatur abhängt, bleibt bei der Mischung auch die Temperatur konstant. Der Mischungsvorgang ist demnach mit der Drosselung vergleichbar, bei der ebenfalls die Temperatur konstant bleibt, falls es sich um ideale Gase handelt. Man kann also das eine Gas gewissermaßen als den Drosselpfropfen betrachten, durch den hindurch das zweite Gas expandiert, und hat dann die vollständige Analogie zur Drosselung. Bei der Mischung haben dann beide Gase im Endergebnis eine isotherme Expansion von ihrem Anfangsvolumen V_1 bzw. V_2 auf das Endvolumen V ausgeführt, wobei ihre Drücke der Volumenzunahme entsprechend auf die Teildrücke

$$p_1 = p\frac{V_1}{V} \quad \text{und} \quad p_2 = p\frac{V_2}{V}$$

gesunken sind, deren Summe wieder den anfänglichen Druck p ergibt.

Wir können uns den Vorgang demnach so vorstellen, als ob das Gas 1 isotherm vom Zustand p, V_1 auf den Zustand p_1, V und das Gas 2 vom Zustand p, V_2 auf den Zustand p_2,

Abb. 10.7 Mischung zweier Gase

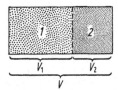

V expandierte. Dabei nimmt die Entropie des Gases 1 nach Gl. 10.10b um

$$\Delta S_1 = M_1 R_1 \ln \frac{p}{p_1}$$

und die des Gases *2* um

$$\Delta S_2 = M_2 R_2 \ln \frac{p}{p_2}$$

zu. Insgesamt nimmt die Entropie infolge der Nichtumkehrbarkeit somit um

$$\Delta S_{\text{irr}} = \Delta S_1 + \Delta S_2 = M_1 R_1 \ln \frac{p}{p_1} + M_2 R_2 \ln \frac{p}{p_2} \tag{10.12}$$

zu. Die Entropiezunahme infolge von Nichtumkehrbarkeiten eines Gemisches idealer Gase ist demnach gleich der Summe der Entropien der Bestandteile des Gemisches, wenn für jeden Bestandteil das Verhältnis von Gesamtdruck zu Teildruck eingesetzt wird. Für die Entropie S_{v} vor der Mischung erhält man durch Integration von Gl. 8.31a zwischen einem Bezugszustand p_0, T_0 und dem Zustand p, T und anschließender Addition der einzelnen Entropien

$$S_{\text{v}} = M_1 s_1 (p_0, T_0) + M_1 \int_{T_0}^{T} c_{\text{p1}} \frac{dT}{T} - M_1 R_1 \ln \frac{p}{p_0}$$
$$+ M_2 s_2 (p_0, T_0) + M_2 \int_{T_0}^{T} c_{\text{p2}} \frac{dT}{T} - M_2 R_2 \ln \frac{p}{p_0} .$$

Die gesamte Entropie des Gemisches setzt sich aus der Entropie S_{v} vor der Mischung und der Zunahme ΔS_{irr} der Entropie durch die Mischung zusammen

$$S = S_{\text{v}} + M_1 R_1 \ln \frac{p}{p_1} + M_2 R_2 \ln \frac{p}{p_2} . \tag{10.13a}$$

Man erhält also die Entropie eines Gemisches nicht einfach dadurch, dass man die Entropie der einzelnen Bestandteile beim Gesamtdruck p und der Temperatur T addiert. Es tritt vielmehr noch eine Mischungsentropie ΔS_{irr} auf, da der Vorgang irreversibel ist.

Die letzte Gleichung kann man noch umformen, indem man die Beziehung für S_{v} einsetzt und die Ausdrücke, welche den natürlichen Logarithmus enthalten, zusammenfasst. Man erhält dann

$$S = M_1 s_1 (p_0, T_0) + M_1 \int_{T_0}^{T} c_{\text{p1}} \frac{dT}{T} - M_1 R_1 \ln \frac{p_1}{p_0}$$
$$+ M_2 s_2 (p_0, T_0) + M_2 \int_{T_0}^{T} c_{\text{p2}} \frac{dT}{T} - M_2 R_2 \ln \frac{p_2}{p_0} .$$

Die Summe der ersten drei Glieder auf der rechten Seite ist die Entropie $S_1 (T, p_1)$ des Gases 1 bei der Temperatur T und dem Druck p_1 im Gemisch, die Summe der drei letzten

Abb. 10.8 Umkehrbare Mischung zweier Gase

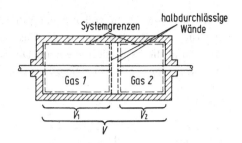

Glieder ist die Entropie $S_2(T, p_2)$ des Gases 2 bei der Temperatur T und dem Druck p_2 im
Gemisch. Es ist somit die Entropie eines Gemisches aus zwei idealen Gasen

$$S(p, T) = S_1(T, p_1) + S_2(T, p_2) \quad \text{(ideale Gase)} \tag{10.13b}$$

gleich der Summe der Entropien beim jeweiligen Teildruck der einzelnen Gase.
Die dissipierte Energie beträgt mit ΔS_{irr} nach Gl. 10.12

$$\Psi = T\Delta S_{irr} = M_1 R_1 T \ln \frac{p}{p_1} + M_2 R_2 T \ln \frac{p}{p_2} \quad (T = \text{const}). \tag{10.14}$$

Diese würde man als Arbeit gewinnen können, wenn man in einem reversiblen isothermen
Prozess das Gas 1 vom Zustand p, V_1 auf den Zustand p_1, V und das Gas 2 vom Zustand p,
V_2 auf den Zustand p_2, V expandieren ließe. Tatsächlich verzichtet man auf diesen Arbeitsgewinn. Umgekehrt gibt die Größe L_{diss} = Ψ an, welche Arbeit man aufwenden müsste,
wenn man das Gasgemisch durch einen reversiblen isothermen Prozess wieder in seine
Komponenten zerlegte, sodass nach Abschluss der Zerlegung jede Gaskomponente wieder
bei dem Druck p und der Temperatur T vorhanden wäre.

Um die Arbeit L_{diss} bei der Mischung durch einen reversiblen Prozess zu gewinnen,
kann man sich nach van't Hoff das Volumen V_1 des Gases 1 und das Volumen V_2 des Gases
2 durch verschiebbare Kolben voneinander getrennt denken, Abb. 10.8, welche aus *halb-
durchlässigen* oder *semipermeablen* Wänden bestehen.

Solche Wände lassen nur das eine der beiden Gase ungehindert durch, während sie für
das andere völlig undurchlässig sind. Stoffe dieser Eigenschaften sind zwar nur für wenige
Gase bekannt, aber dadurch ist ihre grundsätzliche Möglichkeit auch für beliebige Gasge-
mische sichergestellt. Glühendes Platin- oder Palladiumblech z. B. ist nur für Wasserstoff
durchlässig, für andere Gase undurchlässig.

Zwei solche halbdurchlässige Wände denken wir uns nach Abb. 10.8 als Kolben an der
Trennfläche der beiden noch ungemischten Gase eingesetzt. Der linke Kolben 1 sei für das
Gas 1, der rechte Kolben 2 nur für das Gas 2 durchlässig. In dem schmalen Raum zwischen
den sich gegenüberstehenden Kolbenoberflächen kann von beiden Seiten Gas gelangen,
sodass sich ein Gemisch bildet. Auf den Kolben 1 übt das Gas 1 keine Kräfte aus, da es
durch ihn frei hindurchtreten kann und sein Druck daher auf beide Kolbenseiten derselbe
ist. Das Gas 2 dagegen, das durch Kolben 2 frei hindurchtritt, aber von Kolben 1 aufgehalten

wird, drückt mit seinem vollen Anfangsdruck auf diesen und schiebt ihn nach links, wobei der Druck allmählich abnimmt, das Gas von V_2 expandiert und eine Arbeit L_{20} geleistet wird. Damit die Expansion wie beim Diffusionsvorgang isotherm verläuft, muss aus der Umgebung eine Wärme Q_{20} zugeführt werden, wobei nach den Gesetzen der isothermen Expansion

$$-L_{20} = Q_{20} = pV_2 \ln \frac{V}{V_2}$$

ist. Für das Gas *1* erhält man in gleicher Weise

$$-L_{10} = Q_{10} = pV_1 \ln \frac{V}{V_1}$$

und die gesamte Arbeit der reversiblen Mischung wird

$$L = L_{10} + L_{20} = - \left[pV_1 \ln \frac{V}{V_1} + pV_2 \ln \frac{V}{V_2} \right]$$

oder

$$L = -pV \left(\frac{V_1}{V} \ln \frac{V}{V_1} + \frac{V_2}{V} \ln \frac{V}{V_2} \right), \tag{10.15}$$

wobei zugleich die Wärme $Q = |L|$ aus der Umgebung zugeführt wird.

Für die reversible isotherme Entmischung zweier Gase muss dieselbe Arbeit aufgewendet und eine entsprechende Wärme abgeführt werden. Für ein aus gleichen Raumteilen zweier Gase bestehendes Gemisch der Masse M mit der Gaskonstanten R ist die Entmischungsarbeit also

$$L = pV \left(\frac{1}{2} \ln 2 + \frac{1}{2} \ln 2 \right) = 0{,}693 \, pV = 0{,}693 \, MRT .$$

Sie beträgt in diesem Beispiel rund 70 % der Verdrängungsarbeit pV und nimmt wie diese für eine gegebene Gasmenge mit steigender Temperatur zu. Bei Gemischen aus ungleichen Raumteilen ist die Entmischungsarbeit kleiner.

In wirklichen Anlagen zur Entmischung von Gasen hat man meistens keine semipermeablen Wände, kann also das Gemisch nicht durch einen reversiblen Prozess in seine Bestandteile zerlegen, sondern muss durch andere nichtumkehrbare Prozesse wie Kondensation, Destillation und Rektifikation die Bestandteile voneinander trennen. Der Energieaufwand beträgt dabei ein Vielfaches des hier errechneten. Dieser stellt nur einen Mindestaufwand dar, der von keinem thermodynamisch noch so günstigen Prozess unterboten werden kann.

10.5   Isentrope Strömung eines idealen Gases durch Düsen

Wir lassen ein ideales Gas aus einem großen Gefäß, das etwa durch Nachpumpen auf konstantem Druck gehalten wird und in dem es den Zustand p_0, v_0, T_0 und die Geschwindigkeit $w_0 = 0$ (Ruhezustand) hat, durch eine gut gerundete Düse mit dem Endquerschnitt A_e,

Abb. 10.9 Ausfluss aus einem
Druckbehälter

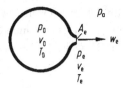

der zunächst auch ihr engster Querschnitt sein soll (verjüngte oder konvergente Düse),
nach Abb 10.9 in einen Raum von dem niederen Druck p_a austreten und wollen die End-
geschwindigkeit w_e berechnen. Den Zustand im Endquerschnitt bezeichnen wir mit p_e,
v_e, T_e. Beim idealen Gas mit konstanter spezifischer Wärmekapazität gilt

$$h_0 - h_e = c_p(T_0 - T_e).$$

Damit folgt aus dem 1. Hauptsatz für adiabate Strömungsprozesse Gl. 7.44, wenn man
$w_0 = 0$ setzt,

$$\frac{w_e^2}{2} = c_p(T_0 - T_e) = c_p\, T_0 \left(1 - \frac{T_e}{T_0}\right).$$

Verläuft die Strömung isentrop, also reversibel adiabat, so folgt gemäß Gl. 8.32 oder 7.11b
für den hier vorliegenden Fall.

$$\frac{T_e}{T_0} = \left(\frac{p_e}{p_0}\right)^{\frac{\varkappa-1}{\varkappa}}. \qquad (10.16)$$

Wenn wir noch

$$T_0 = \frac{p_0 v_0}{R} \quad \text{und} \quad \frac{c_p}{R} = \frac{\varkappa}{\varkappa - 1}$$

setzen, wird

$$w_e = \sqrt{2\,\frac{\varkappa}{\varkappa - 1} p_0 v_0 \left[1 - \left(\frac{p_e}{p_0}\right)^{\frac{\varkappa-1}{\varkappa}}\right]}. \qquad (10.17\text{a})$$

Bei der Strömung mit Reibung ist die wirkliche Geschwindigkeit w_{er} kleiner als die theoretische, was wir durch eine Geschwindigkeitszahl φ berücksichtigen. Dann ist

$$w_{er} = \varphi w_e = \varphi \sqrt{2\,\frac{\varkappa}{\varkappa - 1} p_0 v_0 \left[1 - \left(\frac{p_e}{p_0}\right)^{\frac{\varkappa-1}{\varkappa}}\right]}. \qquad (10.17\text{b})$$

Ist die Mündung nicht gerundet, sondern eine scharfkantige Öffnung, so zieht der Strahl
sich nach dem Austritt zusammen und die Geschwindigkeit w_e tritt erst ein Stück hinter
der Öffnung im engsten Querschnitt μA_e auf, wobei μ die Einschnürzahl ist. Bei gut ge-
rundeten Düsen mit zur Achse paralleler Austrittstangente ist $\mu = 1$.

Die in der Zeiteinheit ausströmende Gasmenge ist

$$\dot{M} = \mu \varphi w_e A_e \rho_e. \qquad (10.18)$$

Im Folgenden wollen wir die isentrope, also reibungsfreie Strömung in einer gut abgerundeten Düse betrachten und $\mu\varphi = 1$ setzen. Durch Einsetzen von Gl. 10.17a in Gl. 10.18 und mit Hilfe der Gleichung für die dissipationsfreie Adiabate (Gl. 7.9)

$$\frac{v_0}{v_e} = \left(\frac{p_e}{p_0}\right)^{1/\varkappa}$$

erhalten wir dann

$$\dot{M} = A_e \left(\frac{p_e}{p_0}\right)^{1/\varkappa} \sqrt{\frac{\varkappa}{\varkappa-1}\left[1-\left(\frac{p_e}{p_0}\right)^{\frac{\varkappa-1}{\varkappa}}\right]}\sqrt{2\frac{p_0}{v_0}}. \tag{10.19a}$$

Diese Gleichung gilt nicht nur für den Endquerschnitt A_e, sondern auch für jeden vorhergehenden A, wenn wir den Querschnitt über eine gekrümmte, überall senkrecht auf der Geschwindigkeit stehende Fläche messen. Wir wollen daher den Index bei A_e und p_e fortlassen und schreiben

$$\dot{M} = A\psi\sqrt{2\frac{p_0}{v_0}}, \tag{10.19b}$$

wobei

$$\psi = \left(\frac{p}{p_0}\right)^{\frac{1}{\varkappa}} \sqrt{\frac{\varkappa}{\varkappa-1}\left[1-\left(\frac{p}{p_0}\right)^{\frac{\varkappa-1}{\varkappa}}\right]}$$

$$= \sqrt{\frac{\varkappa}{\varkappa-1}} \sqrt{\left(\frac{p}{p_0}\right)^{\frac{2}{\varkappa}} - \left(\frac{p}{p_0}\right)^{\frac{\varkappa-1}{\varkappa}}} \tag{10.20}$$

die Abhängigkeit der Ausflussmenge vom Druckverhältnis und von $\varkappa$ enthält, während der übrige Teil der Gl. 10.19b nur von festen Größen und dem Zustand des Gases im Druckraum abhängt. In Abb. 10.10 ist die Funktion ψ, die wir als *Ausflussfunktion* bezeichnen wollen, über dem Druckverhältnis p/p_0 für einige Werte von $\varkappa$ dargestellt. Sie wird Null für $p/p_0 = 0$ und $p/p_0 = 1$ und hat, wie man aus der Gleichung

$$d\psi/d(p/p_0) = 0$$

leicht feststellt, ein Maximum bei einem bestimmten sog. *kritischen Druckverhältnis*, für das die Bezeichnung Laval-Druckverhältnis[4] vorgeschlagen wird

$$\frac{p_s}{p_0} = \left(\frac{2}{\varkappa+1}\right)^{\frac{\varkappa}{\varkappa-1}} \tag{10.21}$$

---

[4] Nach dem schwedischen Dampfturbinen-Konstrukteur Carl Gustav Patrick de Laval (1845–1913).

Abb. 10.10 Ausflussfunktion ψ

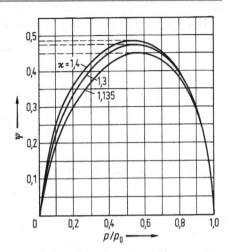

von der Größe

$$\psi_{max} = \left(\frac{2}{\varkappa+1}\right)^{\frac{1}{\varkappa-1}} \sqrt{\frac{\varkappa}{\varkappa+1}} \, . \tag{10.22}$$

Bei gleichem Druckverhältnis und damit gleichem ψ hängt die Ausflussmenge eines bestimmten Gases nur vom Anfangszustand im Druckraum ab. Für ideale Gase mit $pv = RT$ erhält man

$$\dot{M} = A\psi p_0 \sqrt{\frac{2}{RT_0}} \, , \tag{10.23}$$

d. h., bei gleichem Anfangsdruck nimmt die ausströmende Menge mit steigender Temperatur proportional $1/\sqrt{T_0}$ ab; das gilt näherungsweise auch für Dämpfe.

Bei stationärer Strömung, die wir hier voraussetzen, und bei gleichbleibendem Zustand im Dampfbehälter strömt durch alle aufeinanderfolgenden Querschnitte dieselbe Gasmenge, es muss daher an allen Stellen

$$A\psi = \text{const}$$

sein. Bei einer Düse, deren Querschnitt A sich nach Abb. 10.9 in Richtung der Strömung stetig verjüngt, sodass sie ihren engsten Querschnitt am Ende hat, muss dann ψ in Richtung der Strömung und damit in Richtung abnehmenden Druckes bis zum Düsenende dauernd zunehmen.

Nach Abb. 10.10 nimmt aber ψ vom Wert null bei $p/p_0 = 1$ mit abnehmendem Druck nur so lange zu, bis es beim Laval-Druckverhältnis sein Maximum erreicht hat. Daraus folgt der zunächst überraschende Satz:

▶ **Merksatz** In einer in Richtung der Strömung verjüngten Düse kann der Druck im Austrittsquerschnitt nicht unter den Laval-Druck sinken, auch wenn man den Druck im Außenraum beliebig klein macht.

Nur solange $p_a \gtreqqless p_s$ ist, darf man also $p_e = p_a$ setzen und schreiben

$$w = \sqrt{2\frac{\varkappa}{\varkappa-1}p_0 v_0 \left[1 - \left(\frac{p_a}{p_0}\right)^{\frac{\varkappa-1}{\varkappa}}\right]}, \qquad (10.24)$$

$$\dot{M} = A_0 \sqrt{2\frac{\varkappa}{\varkappa-1}\frac{p_0}{v_0}\left[\left(\frac{p_a}{p_0}\right)^{\frac{2}{\varkappa}} - \left(\frac{p_a}{p_0}\right)^{\frac{\varkappa+1}{\varkappa}}\right]}. \qquad (10.25)$$

Ist gerade $p_a = p_s$, so ergibt Gl. 10.17a wegen Gl. 10.21 im engsten Querschnitt

$$w_s = \sqrt{2\frac{\varkappa}{\varkappa+1}p_0 v_0} \qquad (10.26a)$$

oder mit Benutzung der Enthalpie $h_0 = c_p T_0 = \frac{\varkappa}{\varkappa-1}p_0 v_0$ im Behälter

$$w_s = \sqrt{2\frac{\varkappa-1}{\varkappa+1}h_0}. \qquad (10.26b)$$

Führen wir mit Hilfe der Gleichung für die Isentrope $p_0 v_0^\varkappa = p_s v_s^\varkappa$ und der Gl. 10.21 in Gl. 10.26a anstelle der Zustandsgrößen p_0, v_0 im Druckbehälter die Zustandsgrößen p_s und v_s des Gases im engsten Querschnitt ein, so wird

$$w_s = \sqrt{\varkappa p_s v_s}. \qquad (10.27)$$

Das ist der Wert der *isentropen Schallgeschwindigkeit* in einem Gas, wie man in der Gasdynamik nachweisen kann. Wenn der äußere Druck dem Laval-Druck gleich ist oder ihn unterschreitet, tritt also gerade Schallgeschwindigkeit im engsten Querschnitt auf.

Auch für $p_a < p_s$ kann im engsten Querschnitt der verjüngten Düse, den wir jetzt mit A_s bezeichnen wollen, keine größere Geschwindigkeit als die Schallgeschwindigkeit erreicht werden, da der Druck an dieser Stelle nicht unter p_s sinken kann. Für $p_a \le p_s$ gilt also

$$w = w_s = \sqrt{2\frac{\varkappa}{\varkappa+1}p_0 v_0},$$

$$\dot{M} = A_s \psi_{max}\sqrt{2\frac{p_0}{v_0}} = A_s \left(\frac{2}{\varkappa+1}\right)^{\frac{1}{\varkappa-1}}\sqrt{\frac{\varkappa}{\varkappa+1}}\sqrt{2\frac{p_0}{v_0}}. \qquad (10.28)$$

Die Ausflussmenge hängt dann außer von $\varkappa$ nur vom Zustand im Druckraum, aber nicht mehr vom Gegendruck ab.

In Tab. 10.1 sind für eine Anzahl von $\varkappa$-Werten die kritischen oder Laval-Druckverhältnisse und die Werte von ψ_{max} angegeben.

Ist die Geschwindigkeit im Druckraum nicht zu vernachlässigen, sondern strömt das Gas z. B. in einer Rohrleitung mit der Geschwindigkeit w_1 und einem ebenfalls durch den

Tabelle 10.1 Kritische oder Laval-Druckverhältnisse

$\varkappa =$	1,4	1,3	1,2	1,135
$p_s/p_0 =$	0,530	0,546	0,564	0,577
$\psi_{max} =$	0,484	0,472	0,459	0,449

Abb. 10.11 Expansionsarbeit
und kritischer Druck

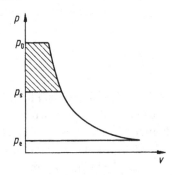

Index 1 gekennzeichneten Zustand p_1, v_1, h_1 der Düse zu, so erhält man nach Gl. 7.44 für die Austrittsgeschwindigkeit

$$w_e = \sqrt{2(h_1 - h_0) + w_1^2}$$

oder bei idealen Gasen

$$w_e = \sqrt{2\frac{\varkappa}{\varkappa - 1}p_1 v_1\left[1 - \left(\frac{p_e}{p_1}\right)^{\frac{\varkappa-1}{\varkappa}}\right] + w_1^2}\,.$$

Nach dem Vorstehenden wird in einer verjüngten Düse nur der in Abb. 10.11 schraffierte Teil der Arbeitsfläche oberhalb des Laval-Druckes p_s in kinetische Energie der Strömung umgesetzt, der untere Teil von p_s bis p_e verwandelt sich nach dem Austritt aus der Düse in Schallenergie und durch Reibung in innere Energie und geht dadurch als kinetische Energie verloren. Wie de Laval 1887 zeigte, kann man das ganze Enthalpiegefälle bis herab zum Druck p_e in kinetische Energie verwandeln, wenn man nach Abb. 10.12 an die verjüngte Düse eine schlanke Erweiterung anschließt (Laval-Düse), in der der Querschnitt von seinem kleinsten Wert A_s auf A_e zunimmt. Da im engsten Querschnitt schon die Schallgeschwindigkeit erreicht wird, muss im erweiterten Teil Überschallgeschwindigkeit auftreten.

Im erweiterten Teil der Laval Düse gelten bei isentroper Strömung alle bereits für den konvergenten Teil der Düse abgeleiteten Gleichungen.

Abb. 10.12 Laval-Düse

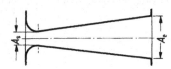

Abb. 10.13 Erweiterungsverhältnis von Laval-Düsen

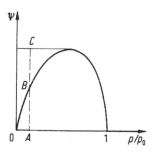

Wie wir dort gesehen hatten, nimmt ψ mit abnehmendem Druck zunächst zu bis zu einem Maximum beim Laval-Druck. Da $A\psi$ wegen der Kontinuitätsgleichung konstant ist, konnte in einer konvergenten Düse ψ nur zunehmen und daher sein Maximum nicht überschreiten. Erweitern wir die Düse aber hinter ihrem engsten Querschnitt, in dem gerade die Schallgeschwindigkeit erreicht ist, wieder, so nimmt A zu, und damit muss ψ abnehmen, d. h., der Druck kann weiter sinken, und wir kommen auf den linken Ast der ψ-Kurve, der nun den Vorgang im erweiterten Teil der Düse beschreibt. Da an jeder Stelle wieder

$$A\psi = A_s\psi_{max} = \text{const}$$

sein muss, ist nach Abb. 10.13

$$\frac{A}{A_s} = \frac{\psi_{max}}{\psi} = \frac{AC}{AB}. \tag{10.29}$$

Die ψ-Kurve liefert damit das Erweiterungsverhältnis A/A_s der Düse, das notwendig ist, um das Enthalpiegefälle bis herab zu unterkritischen Drücken in kinetische Energie umzusetzen.

Führt man bei Gasen die Werte von ψ und ψ_{max} nach Gl. 10.20 und 10.22 ein, so erhält man für das Verhältnis des engsten Querschnittes A_s zum Endquerschnitt A_e einer Düse, die ein Gas vom Druck p_s auf den Druck $p_e < p_s$ reversibel adiabat unter Umwandlung von Enthalpie in kinetische Energie entspannt, die Gleichung

$$\frac{A_s}{A_e} = \frac{\psi_e}{\psi_{max}} = \left(\frac{\varkappa+1}{2}\right)^{\frac{1}{\varkappa-1}}\sqrt{\frac{\varkappa+1}{\varkappa-1}\left[\left(\frac{p_e}{p_0}\right)^{\frac{2}{\varkappa}}-\left(\frac{p_e}{p_0}\right)^{\frac{\varkappa+1}{\varkappa}}\right]}$$

$$= \left(\frac{\varkappa+1}{2}\right)^{\frac{1}{\varkappa-1}}\left(\frac{p_e}{p_0}\right)^{\frac{1}{\varkappa}}\sqrt{\frac{\varkappa+1}{\varkappa-1}\left[1-\left(\frac{p_e}{p_0}\right)^{\frac{\varkappa-1}{\varkappa}}\right]}. \tag{10.30}$$

Das Erweiterungsverhältnis A_e/A_s hängt also außer von $\varkappa$ nur vom Druckverhältnis ab. Für das Verhältnis der Geschwindigkeit erhält man aus Gln. 10.17a und 10.26a

$$\frac{w_e}{w_s} = \sqrt{\frac{\varkappa+1}{\varkappa-1}\left[1-\left(\frac{p_e}{p_0}\right)^{\frac{\varkappa-1}{\varkappa}}\right]}. \tag{10.31}$$

Tabelle 10.2 Erweiterungsverhältnis A_e/A_s und Geschwindigkeitsverhältnis w_e/w_s bei Laval-Düsen für zweiatomige Gase ($\varkappa = 1{,}4$) und überhitzten Dampf ($\varkappa = 1{,}3$) bei reibungsfreier Strömung

p_0/p_e	$\varkappa = 1{,}4$		$\varkappa = 1{,}3$	
	A_e/A_s	w_e/w_s	A_e/A_s	w_e/w_s
∞	∞	2,45	∞	2,77
100	8,13	2,10	9,71	2,24
80	7,04	2,07	8,26	2,21
60	5,82	2,03	6,76	2,17
50	5,16	2,01	5,97	2,14
40	4,46	1,98	5,12	2,10
30	3,72	1,93	4,20	2,04
20	2,90	1,86	3,22	1,96
10	1,94	1,72	2,08	1,78
8	1,70	1,64	1,82	1,71
6	1,47	1,55	1,55	1,61
4	1,21	1,40	1,26	1,45
2	1,02	1,04	1,03	1,07

In Tab. 10.2 sind für zweiatomige Gase und für überhitzten Dampf die zu verschiedenen Druckverhältnissen p_0/p_e gehörigen Werte von A_e/A_s und w_e/w_s ausgerechnet.

Zu einem bestimmten Erweiterungsverhältnis der Laval-Düse gehört nach dem vorstehenden ein ganz bestimmter Gegendruck, und es erhebt sich die Frage, wie sich die Strömung ändert, wenn der Gegendruck vom richtigen Wert abweicht.

Wird er unter den richtigen Wert gesenkt, so bleiben die Verhältnisse in der Düse ungeändert, da die Drucksenkung sich nicht gegen den mit Überschallgeschwindigkeit austretenden Gasstrom ausbreiten kann. Der Strahl expandiert aber nach dem Austreten ebenso, wie wir das bei der konvergenten Düse mit unterkritischem Gegendruck gesehen hatten.

Wird eine Laval-Düse mit größerem Gegendruck betrieben als es ihrem Erweiterungsverhältnis entspricht, so tritt in der Düse ein Drucksprung auf, den man in der Gasdynamik als *Verdichtungsstoß* bezeichnet. Meist handelt es sich dabei um einen geraden Verdichtungsstoß.

Der gerade Verdichtungsstoß verursacht einen Übergang der Geschwindigkeit von Überschall auf Unterschall, und hinter dem Verdichtungsstoß wirkt die Düsenerweiterung als Diffusor mit Verzögerung der Strömung unter Druckanstieg.

In Abb. 10.14 unten ist eine Düse dargestellt, in der das Gas aus einem Kessel (Index 0), in dem es die Geschwindigkeit Null hat, über den engsten Querschnitt (Index s) in den Zustand *1* gelangt, von dem es durch den Verdichtungsstoß auf den Zustand *2* gebracht wird. Denken wir uns die Düse bis auf unendlichen Querschnitt erweitert, so kommt das Gas bei Entspannung ins Vakuum auf die Grenzgeschwindigkeit w_∞.

Wird eine Laval-Düse mit erheblich größerem Gegendruck betrieben als ihrem Erweiterungsverhältnis entspricht, so wandert ein gerader Verdichtungsstoß so weit in die

Abb. 10.14 Verdichtungsstöße
in einer Lavaldüse

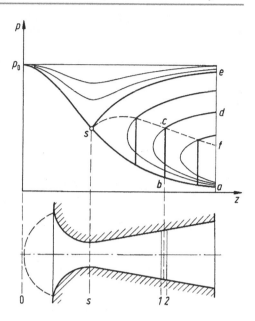

Erweiterung hinein, dass sein Drucksprung zusammen mit der Drucksteigerung des Diffusors dahinter gerade den vorgegebenen Austrittsdruck liefert. In Abb. 10.14 sind die Druckverläufe in einer Laval-Düse bei verschiedenem Gegendruck über ihrer Längenkoordinate z aufgetragen. Soll die Düse in ihrer ganzen Länge die Strömung beschleunigen mit einem Druckverlauf nach der stark ausgezogenen Kurve $p_0 \, s \, a$, so muss der Gegendruck am Austritt kleiner oder gleich den Werten dieser Kurve sein. Entspricht der Austrittsdruck dem Punkt d, so erhalten wir den Druckverlauf $p_0 \, s \, b \, c \, d$ mit dem senkrechten Verdichtungsstoß $b \, c$. Für Gegendrücke oberhalb der gestrichelten Kurve $s \, c \, f$ erhalten wir solche Verdichtungsstöße. Ist der Gegendruck größer als im Punkt e, so erreichen wir nicht die Laval-Geschwindigkeit im Punkt s und bleiben, wie die oberen Kurven der Abbildung andeuten, ganz im Bereich der Unterschallströmung. Liegt der Gegendruck zwischen der gestrichelten Kurve $s \, c \, f$ und der Kurve $s \, b \, a$, so reicht er nicht aus, um einen senkrechten Verdichtungsstoß aufzubauen, und der Druck kann nur in Form von sog. schiefen Verdichtungsstößen in die Düse eindringen, wobei sich der Strahl von der Wand ablöst. Dadurch werden die Verhältnisse verwickelter und lassen sich nicht mehr als Funktion nur einer Koordinate darstellen.

10.6   Beispiele und Aufgaben

Beispiel 10.1

Druckluft (ideales Gas, $R = 287{,}2 \, \text{J/(kg K)}$) von $p_1 = 20$ bar strömt kontinuierlich durch ein adiabates Drosselventil und expandiert dabei auf $p_2 = 1{,}2$ bar. Die Luftgeschwindig-

keiten vor und nach der Drosselung seien ungefähr gleich. Wie groß ist die Entropieänderung?

Nach Gl. 10.10b ist $s_2 - s_1 = R \ln p_1/p_2 = 287{,}2\,\text{J}/(\text{kg K}) \cdot \ln(20\,\text{bar}/1{,}2\,\text{bar}) =$
$808\,\text{J}/(\text{kg K})$.

Beispiel 10.2

Ein Dampfkessel liefert überhitzten Dampf von $p_0 = 10$ bar und $t_0 = 350\,^\circ$C. Der Dampf
wird durch ein kurzes gerades Rohrstück von $d_2 = 4$ cm Durchmesser einer Düse von
$d_s = 2$ cm Durchmesser im engsten Querschnitt und $d_e = 5$ cm Durchmesser im Austrittsquerschnitt zugeführt und strömt nach Verlassen der Düse in einen Kondensator.
Die Strömung sei reversibel adiabat, der Dampf ein ideales Gas mit $\varkappa = 1{,}3$.

Welche Dampfmenge $\dot{M}$ durchströmt die Düse je Sekunde? Welche Drücke, Temperaturen und Geschwindigkeiten hat der Dampf im geraden Rohrstück, im engsten
Querschnitt und im Austrittsquerschnitt der Düse?

Für den Zustand im engsten Querschnitt liefert Gl. 10.28 bei einem spez. Volumen
des Dampfes $v_0 = 0{,}288\,\text{m}^3/\text{kg}$ und $\psi_{\max} = 0{,}472$ den Dampfstrom $\dot{M} = 0{,}391\,\text{kg/s}$. Im
engsten Querschnitt ist $p_s = 5{,}46$ bar, $t_s = 268{,}8\,^\circ$C, $v_s = 0{,}458\,\text{m}^3/\text{kg}$, $w_s = 570{,}2$ m/s.
Im geraden Rohrstück ist $\psi = \psi_{\max}d_s^2/d_e^2 = 0{,}118$. Den zugehörigen Druck erhält
man durch Probieren aus Gl. 10.20 zu $p_2 = 9{,}86$ bar; die Adiabatengleichung ergibt
dort $v_2 = 0{,}291\,\text{m}^3/\text{kg}$ sowie $t_2 = 348\,^\circ$C, und damit liefert die Kontinuitätsgleichung
die Geschwindigkeit $w_2 = 90{,}5$ m/s. Im Austrittsquerschnitt wird $\psi_e = \psi_{\max}d_s^2/d_e^2 =$
$0{,}0755$. Durch Probieren aus Gl. 10.20 erhält man $pe = 0{,}187$ bar und aus Gl. 10.17a
$w_{e=1224,6}$ m/s. Hierbei ist angenommen, dass der Dampf nicht kondensiert.

Beispiel 10.3

In einen horizontalen Diffusor tritt ein Luftstrom mit einem Druck von $p_1 = 1$ bar
und einer Temperatur von $T_1 = 300$ K ein. Die Strömungsgeschwindigkeit beträgt $w_1 =$
150 m/s. Der Diffusor weist ein Querschnittsverhältnis von $A_2/A_1 = 1{,}4$ auf.

Kann der Luftstrom bei adiabatischem Betrieb des Diffusors auf einen Druck von
$p_2 = 1{,}3$ bar aufgestaut werden?

Luft soll als perfektes Gas mit $c_p = 1{,}0\,\text{kJ}/(\text{kg K})$ und $R = 0{,}287\,\text{kJ}/(\text{kg K})$ betrachtet
werden. Die Strömung ist als reibungsbehaftet anzusehen.

Für den adiabatischen Betrieb gilt nach dem 2. Hauptsatz

$$\Delta s_{12} = \Delta s_{\text{irr}} \geq 0$$

$$\Delta s_{12} = c_p \ln\left(\frac{T_2}{T_1}\right) - R \ln\left(\frac{p_2}{p_1}\right)$$

Temperatur T_2 ist unbekannt:
Aus dem 1. Hauptsatz

$$q_{12} + l_{t,12} = h_2 - h_1 + \frac{w_2^2}{2} - \frac{w_1^2}{2} + g(z_2 - z_1)$$

mit $q_{12} = 0$; $l_{t,12} = 0$; $(z_2 - z_1) = 0$ und der kalorischen Zustandsgleichung für perfekte Gase $h_2 - h_1 = c_p(T_2 - T_1)$ folgt

$$\frac{T_2}{T_1} = 1 + \frac{w_1^2}{2\,c_p\,T_1}\left[1 - \left(\frac{w_2}{w_1}\right)^2\right].$$

Aus der Kontinuitätsgleichung $\dot{M}_{\text{gas}} = \rho_1 w_1 A_1 = \rho_2 w_2 A_2$ und dem idealen Gasgesetz für die Dichten ρ_1 und ρ_2 ergibt sich

$$\frac{w_2}{w_1} = \frac{T_2 p_1 A_1}{T_1 p_2 A_2} \quad \text{und somit}$$

$$\frac{T_2}{T_1} = 1 + \frac{w_1^2}{2c_p T_1}\left[1 - \left(\frac{T_2 p_1 A_1}{T_1 p_2 A_2}\right)^2\right].$$

Umformen in die Normalform der quadratischen Gleichung ergibt:

$$\left(\frac{T_2}{T_1}\right)^2 + \left(\frac{p_2 A_2}{p_1 A_1}\right)^2 \frac{2c_p T_1}{w_1^2}\left(\frac{T_2}{T_1}\right) - \left(1 + \frac{2c_p T_1}{w_1^2}\right)\left(\frac{p_2 A_2}{p_1 A_1}\right)^2 = 0.$$

Nach Einsetzen der Zahlenwerte erhält man die Gleichung:

$$\left(\frac{T_2}{T_1}\right)^2 + 88{,}33\left(\frac{T_2}{T_1}\right) - 91{,}64 = 0 \quad \text{mit den Lösungen:}$$

$$\left(\frac{T_2}{T_1}\right) = 1{,}0256; \quad \left(\frac{T_2}{T_1}\right) = -89{,}356 \quad \text{negativer Wert physikalisch unmöglich}.$$

Somit ist $T_2 = 307{,}68\,\text{K}$ und für die Entropieänderung ergibt sich:

$$\Delta s_{12} = 1000\,\text{J/(kg K)}\ln(1{,}0256) - 287\,\text{J/(kg K)}\ln\left(\frac{1{,}3}{1{,}0}\right).$$

$$\Delta s_{12} = -50{,}02\,\text{J/(kg K)}$$

Daraus folgt:

$$\Delta s_{12} = \Delta s_{\text{irr}} \leq 0 \quad \text{Physikalisch nicht möglich!}$$

Somit kann in einer adiabatischen Betriebsweise des Diffusors der Druck p_2 nicht erreicht werden. Um den Druck p_2 erreichen zu können, müsste dem Luftstrom im Diffusor Wärme von außen zugeführt werden.

Beispiel 10.4

Ein Aufwindkraftwerk beruht auf dem Prinzip, dass erwärmte Luft eine geringere Dichte besitzt als kalte Luft und somit im Schwerefeld der Erde einen Auftrieb erfährt. Auf diesem Effekt beruht auch die Sogwirkung eines Kamins, die als Kaminzug bezeichnet wird. Ein Aufwindkraftwerk zeichnet sich im Gegensatz zu anderen solarthermischen Kraftwerken durch eine einfache Bauart aus, siehe Abbildung.

Unter einem flachen kreisförmigen, am Umfang offenen Glasdach, das zusammen mit dem natürlichen Boden darunter einen Warmluftkollektor bildet, wird Luft durch Sonnenstrahlung erwärmt. In der Mitte des Daches steht eine Kaminröhre mit großen Zuluftlöffnungen am Fuß. Das Dach ist luftdicht an den Kaminfuß angeschlossen. Die durch Sonnenstrahlung erwärmte Luft steigt im Kamin auf und erzeugt einen Sog, der warme Luft aus dem Kollektor nachsaugt. Gleichzeitig strömt wieder kalte Luft von außen zu. So bewirkt die Sonnenstrahlung einen kontinuierlichen Aufwind im Kamin, der zum Antrieb von Windturbinen genutzt wird. Über Generatoren wird dann die mechanische Leistung in Strom umgewandelt.

Ein Prototyp eines solchen Kraftwerks mit einer Spitzenleistung von 50 kW (el) und einer Kaminhöhe von 195 m sowie einem Durchmesser von 10 m umgeben von einem Kollektor von 240 m Durchmesser wurde in 7-jährigem Betrieb in Manzanares/Spanien erfolgreich getestet. (siehe: Jörg Schlaich: Das Aufwindkraftwerk, Deutsche Verlagsanstalt, Stuttgart, 1994)

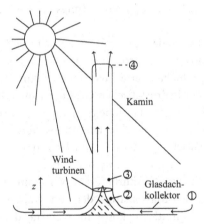

Der thermodynamische Prozess des Aufwindkraftwerkes kann näherungsweise wie folgt beschrieben werden:

$1 \rightarrow 2$ Reibungsfreie Strömung mit Wärmezufuhr

$2 \rightarrow 3$ Adiabate Expansion in der Windturbine

$3 \rightarrow 4$ Isentrope Expansionsströmung (reibungsfreie Strömung) im Inneren des Kamins. Die Geschwindigkeiten bzw. die Geschwindigkeitsänderungen im Kamin können vernachlässigt werden.

In einem Aufwindkraftwerk mit einer Turmhöhe von 1000 m soll eine mechanische Leistung von 140 MW erzeugt werden, Es gelten folgende Annahmen:

- Um den Kamin befindet sich eine ruhende, stabil geschichtete Atmosphäre. Aus Stabilitätsbetrachtungen folgt, dass für eine stabil geschichtete ruhende Atmosphäre die Entropie über der Höhe konstant ist. Man spricht auch von einer isentropen Schichtung.
- An der Spitze des Turms herrscht mechanisches Gleichgewicht, d. h. Außendruck (A = außen) und Innendruck sind gleich: $p_4^A = p_4$
- Am Turmfuß gilt:

$$p_1 = p_1^A = 1000\,\text{mbar}$$
$$\text{und}\quad t_1 = t_1^A = 18\,°\text{C}$$

- Die Einstrahlung (von Sonne eingestrahlte am Kollektor ankommende Wärme) beträgt $E = 1000\,\text{W/m}^2$, der Wirkungsgrad des Kollektors (Nutzwärme/Einstrahlung) beträgt 60 %.
- Der Temperaturhub am Kollektor $\Delta T_H = T_2 - T_1$ beträgt 35 K.
- Die Luft im Kollektor wird reibungsfrei von 0 auf 20 m/s beschleunigt.
- Der mechanische Wirkungsgrad der Windturbine beträgt 75 %.
- Die Zustandspunkte 1, 2 und 3 liegen näherungsweise auf dem Niveau $z = 0$.

a) Führen Sie den Nachweis, dass die hydrostatische Grundgleichung aus dem 1. HS für stationär durchflossene Kontrollräume folgt, wenn $w \to 0$ geht und die „Luftsäule" als isentrop geschichtet betrachtet werden kann.

b) Entwickeln Sie aus der hydrostatischen Grundgleichung eine Formel zur Berechnung des Druckverlaufes über die Höhe $p(z)$ und eine Formel für den Temperaturverlauf $T(z)$ für eine isentrop geschichtete Atmosphäre.

c) Berechnen Sie den Druck p_2 unter der Annahme, dass für die Dichte der Luft ein konstanter Mittelwert angenommen werden kann.

d) Berechnen Sie die in der Windturbine zur Verfügung stehende Druckdifferenz $\Delta p(= p_3 - p_2)$ und den Massenstrom der Luft. Näherungsweise kann $T_2 = T_3$ gesetzt und von einer mittleren konstanten Dichte der Luft ausgegangen werden.

e) Wie groß sind die in den Prozess eingekoppelte Wärme und der thermodynamische Wirkungsgrad des Prozesses?

f) Berechnen Sie den ungefähren Durchmesser des Turms und den Durchmesser des kreisförmigen Kollektors.

Stoffdaten von Luft: $c_p = 1{,}0\,\text{kJ/(kg K)}$; $R = 0{,}287\,\text{kJ/(kg K)}$; $\kappa = 1{,}4$

a) An ein Volumenelement einer stabilen (isentrop geschichteten) Atmosphäre wird keine Wärme oder technische Arbeit zugeführt. Somit sind $dq = 0$ und $dl_t = 0$. Ebenso gilt für ein ruhendes System bzw. für eine mit geringer Geschwindigkeit strömende Kaminströmung $dw = 0$ bzw. $dw \ll dh$.
Damit folgt aus dem 1. Hauptsatz für stationär durchströme Kontrollräume

$$dh + g\,dz = 0 \,.$$

Aus der Fundamentalgleichung für die Enthalpie (Gl. 8.24b) ergibt sich mit $ds = 0$ (isentrope Schichtung)

$$dh = v\,dp = \frac{1}{\rho}\,dp \,.$$

Nach Einsetzten in den 1. Hauptsatz erhält man die hydrostatische Grundgleichung

$$dp = -\rho\,g\,dz \,.$$

b) Zustandsgleichung des idealen Gases und Isentropenbeziehung $p/\rho^\kappa = p_0/\rho_0^\kappa = $ const. eingesetzt in die hydrostatische Grundgleichung ergibt die gesuchte Beziehung $p(z)$:

$$p = p_0 \left[1 - \frac{\kappa - 1}{\kappa} \frac{gz}{RT_0} \right]^{\frac{\kappa}{\kappa - 1}} \,.$$

Der Temperaturverlauf ist im Prinzip mit $\frac{T}{T_0} = \left(\frac{p}{p_0}\right)^{\frac{\kappa-1}{\kappa}}$ berechenbar.
Eine alternative Gleichung erhält man durch Einsetzen der kalorischen Zustandsgleichung des idealen Gases in den 1. Hauptsatz.

$$dh + g\,dz = 0, \quad dh = c_p\,dT, \quad dT = -\frac{g}{c_p}\,dz, \quad T - T_0 = -\frac{g\Delta z}{c_p} \,.$$

c) Anwendung der Gleichung von Bernoulli für eine inkompressible Strömung mit einer mittleren Dichte $\bar{\rho} = (\rho_1 + \rho_2)/2$:

$$p_1 + \bar{\rho}\frac{w_1^2}{2} = p_2 + \bar{\rho}\frac{w_2^2}{2} \,.$$

Setzt man zur Berechnung der mittleren Dichte näherungsweise $p_1 \approx p_2$, erhält man aus dem idealen Gasgesetz $\rho = \frac{p}{RT}$ mit $T_1 = 291\,K$, $T_2 = T_1 + 35\,K = 326\,K$ und $p_1 = 1000\,mbar$ eine mittlere Dichte $\bar{\rho} = 1,13\,kg/m^3$.

$$\Delta p = \bar{\rho}\frac{w_2^2}{2} = 2,3\,mbar$$

$$p_2 = 997,7\,mbar$$

d) Anwendung der Gleichung $p(z)$ für den Druckverlauf außerhalb und innerhalb des Turm ergibt mit $p_{4,\text{außen}} = p_{4,\text{innen}}$

$$p_4 = p_1 \underbrace{\left[1 - \frac{gH}{c_p T_1}\right]}_{I}^{3,5} \quad , \quad p_4 = \underbrace{(p_2 - \Delta p)}_{p_3} \underbrace{\left[1 - \frac{gH}{c_p T_3}\right]}_{II}^{3,5} \quad ,$$

$$\Delta p = p_2 - p_1 \left(\frac{I}{II}\right)^{3,5} .$$

Mit $T_1 = 291\,\text{K}$, $T_2 \approx T_3 = 326\,\text{K}$, $p_2 = 997{,}7\,\text{mbar}$ und $p_1 = 1000\,\text{mbar}$ ergibt sich bei $H = 1000\,\text{m}$

$$\Delta p = 11\,\text{mbar} .$$

Der Massenstrom kann aus der mechanischen Leistung der Turbine ermittelt werden:

$$P_{\text{Turb}} = \dot{M} l_{t,\text{rev}} \eta_{\text{Turb}} = -140\,\text{MW} ,$$
$$\dot{M} l_{t,\text{rev}} = -187\,\text{MW} .$$

Unter den Annahmen $w_2 \approx w_3$ und $z_2 \approx z_3$ ist

$$l_{t,\text{rev}} = \int_2^3 v\,dp .$$

Das Arbeitsintegral ist unter Annahme einer isentropen Expansion im Prinzip berechenbar, wenn man T_3 aus dem Druckverlauf mit $p(z)$ ermittelt. Bei der vorliegenden geringen Druckdifferenz von 11 mbar kann man aber auch mit einem konstanten Wert der Dichte rechnen, beispielsweise mit $\rho_2 = p_2/(RT_2) = 1{,}07\,\text{kg/m}^3$. Somit gilt

$$l_{t,\text{rev}} = \rho_2(p_3 - p_2)$$

$$\text{und} \quad \dot{M} = \frac{-187\,\text{MW}\,1{,}07\,\text{kg/m}^3}{0{,}011\,\text{bar}} = 181\,900\,\text{kg/s} .$$

e) Der in den Prozess eingekoppelte Wärmestrom ergibt sich aus der Energiebilanz um den durchströmten Kollektor, wobei die Geschwindigkeitsänderung im Vergleich zur Enthalpieänderung vernachlässigt werden kann,

$$\dot{Q} = \dot{M} c_p \Delta T = 6366{,}5\,\text{MW} .$$

Der thermodynamische Wirkungsgrad des Prozesses beträgt

$$\eta = \frac{140\,\text{MW}}{6366{,}5\,\text{MW}} = 0{,}022$$

entsprechend 2,2 %.

f) Der bekannte Wärmestrom $\dot{Q}$ ergibt sich aus der Einstrahlung E, der Kollektorfläche und dem Kollektorwirkungsgrad

$$\dot{Q} = EA\eta_{\text{Koll}}.$$

Hiermit ist A berechenbar zu

$$A = 10\,610\,833\,\text{m}^2.$$

Der Durchmesser des Kollektorfeldes beträgt bei einem kreisförmigen Querschnitt ca. 3,7 km.

Bei einer maximalen Strömungsgeschwindigkeit der Luft von 20 m/s, einer Dichte von $\rho_2 = 1{,}07\,\text{kg/m}^3$ ermittelt man einen Turmdurchmesser von ca. 104 m.

Aufgabe 10.1

Zwei Behälter, von denen der eine von $V_1 = 5\,\text{m}^3$ Inhalt mit Luft von $p_1 = 1\,\text{bar}$ und $t_1 = 20\,°\text{C}$, der andere von $V_2 = 2\,\text{m}^3$ Inhalt mit Luft von $p_2 = 20\,\text{bar}$ und $t_2 = 20\,°\text{C}$ gefüllt ist, werden durch eine dünne Rohrleitung miteinander verbunden, sodass die Drücke sich ausgleichen.

a) Wie ist der Endzustand der Luft in beiden Behältern, wenn sie miteinander in Wärmeaustausch stehen, aber gegen die Umgebung isoliert sind? Welche Entropiezunahme tritt durch den Druck- und Temperaturausgleich ein?

   Welche Arbeit würde bei umkehrbarer Durchführung des Ausgleichs gewonnen werden, wenn beide Behälter mit der Umgebung von +20 °C dauernd in vollkommenem Wärmeaustausch stehen?

b) Wie ist der Endzustand, wenn die Behälter auch voneinander isoliert sind, sodass keine Wärme vom Inhalt des einen Behälters in den des anderen übertreten kann? Die Expansion im Behälter 2 sei reversibel adiabat.

Aufgabe 10.2

Welche theoretische Arbeit erfordert die Entmischung von 1 kg Luft von 20 °C und 1 bar in ihre Bestandteile (79 Vol.-% N_2 und 21 Vol.-% O_2), wenn diese nachher denselben Druck und dieselbe Temperatur haben?

Aufgabe 10.3

Ein vorhandener Kamin mit einer Höhe von $H = 100\,\text{m}$ soll zur Ableitung von heißen Rauchgasen aus einem Heizkessel eingesetzt werden. Der Heizkessel befindet sich näherungsweise auf einer geodätischen Höhe von $z = \pm 0\,\text{m}$. Zum ordnungsgemäßen Betrieb des Heizkessels wird am Kaminfuß ein Unterdruck von 3 mbar benötigt. Die Temperatur des in den Kamin eintretenden Rauchgases ist $t_2 = 90\,°\text{C}$, am Kaminfuß betragen die Außentemperatur $t_1 = 20\,°\text{C}$ und der Außendruck $p_1 = 1013\,\text{mbar}$.

Ist die Höhe des Kamins für den Heizkessel ausreichend?

Gehen Sie bei den Berechnungen von folgenden vereinfachenden Annahmen aus:

- Die Luftschichtung außerhalb des Kamins und die Rauchgasströmung im Kamin können als isentrop angesehen werden.
- Änderungen der kinetischen Energie können vernachlässigt werden.
- An der Kaminspitze ($z = H$) sind der Druck innerhalb und außerhalb des Kamins gleich.
- Luft und Rauchgas sind perfekte Gase mit:

$$c_p = 1{,}0 \, \text{kJ/(kg K)} \, ;$$
$$R = 0{,}287 \, \text{kJ/(kg K)}$$

- Die Erdbeschleunigung beträgt $g = 9{,}81 \, \text{m/s}^2$.

Energieumwandlungen und Exergie 11

11.1 Einfluss der Umgebung auf Energieumwandlungen

Nach dem ersten Hauptsatz der Thermodynamik bleibt die Energie in einem abgeschlossenen System konstant. Da man jedes nicht abgeschlossene System durch Hinzunahme der Umgebung in ein abgeschlossenes verwandeln kann, ist es stets möglich, ein System zu bilden, in dem während eines thermodynamischen Prozesses Energie weder erzeugt noch vernichtet werden kann. Ein Energieverlust ist daher nicht möglich. Durch einen thermodynamischen Prozess wird lediglich Energie umgewandelt. Führt man beispielsweise einem System Wärme zu ohne Verrichtung von Arbeit, so muss sich die innere Energie um den Anteil der zugeführten Wärme erhöhen. Wird von einem System Arbeit verrichtet, so wird ein gleichgroßer Anteil einer anderen Energie verbraucht. Nach dem ersten Hauptsatz entsteht also der Eindruck, als seien alle Energien gleichwertig. Aus Erfahrung wissen wir aber, dass man die einzelnen Energieformen unterschiedlich bewerten muss. So sind die gewaltigen, in der uns umgebenden Atmosphäre gespeicherten Energien praktisch nutzlos. Man kann sie weder zum Heizen von Gebäuden noch zum Antrieb von Fahrzeugen verwerten. Auch die Bewegungsenergie der Erde kann man nicht beeinflussen und in andere Energien umwandeln, da man zu diesem Zweck gleichgroße und entgegengesetzt gerichtete Reaktionen an anderen Körpern erzeugen müsste. Bewegt sich hingegen ein Körper mit einer Relativgeschwindigkeit zu einem anderen, so kann Arbeit verrichtet werden, bis sich beide Körper relativ zueinander in Ruhe befinden. Man denke etwa an eine ortsfeste Maschine. In dieser kann Geschwindigkeitsenergie eines strömenden Fluids in technische Arbeit umgewandelt werden, bis das Fluid gegenüber der Maschine keine Geschwindigkeit mehr besitzt. Betrachtet man andererseits ein bewegtes System, zum Beispiel einen Behälter, in dem sich Kugeln mit der Systemgeschwindigkeit bewegen, so herrscht zwischen den Kugeln keine Relativgeschwindigkeit, und man kann keine Arbeit verrichten, wenn man von einer Kugel auf die andere übergeht. Obwohl man ein bewegtes System hat, kann man also in diesem Fall keine Arbeit verrichten, solange man in dem System bleibt! Ein Beobachter im Inneren des Systems würde diesem daher die kinetische Energie null zuordnen,

P. Stephan, K. Schaber, K. Stephan, F. Mayinger, *Thermodynamik*, Springer-Lehrbuch, DOI 10.1007/978-3-642-30098-1_11, © Springer-Verlag Berlin Heidelberg 2013

obwohl das System gegenüber einer ruhenden oder mit anderer Geschwindigkeit bewegten Umgebung Arbeit verrichten könnte.

Offensichtlich hängt, wie diese Überlegungen zeigen, die Umwandelbarkeit der Energie eines Systems von dem Zustand der Umgebung ab. Da ein großer Teil der thermodynamischen Prozesse in der irdischen Atmosphäre abläuft, stellt diese die Umgebung der meisten thermodynamischen Systeme dar. Wir können die irdische Atmosphäre im Hinblick auf die im Vergleich zu ihr kleinen thermodynamischen Systeme als ein unendlich großes System ansehen, dessen intensive Zustandsgrößen Druck, Temperatur und Zusammensetzung sich während eines thermodynamischen Prozesses nicht ändern. Die täglichen und die jahreszeitlich bedingten Temperaturschwankungen wollen wir bei unseren Betrachtungen außer acht lassen.

Bei vielen technischen Prozessen wird Arbeit gewonnen, indem ein System von einem gegebenen Anfangszustand mit der Umgebung ins Gleichgewicht gebracht wird. Von besonderem Interesse ist hierbei die Frage, welche Arbeit man maximal gewinnen kann. Wie wir wissen, wird das *mögliche Maximum an Arbeit dann verrichtet, wenn das System durch reversible Zustandsänderungen mit der Umgebung in Gleichgewicht gebracht wird.* Man bezeichnet diese bei der Einstellung des Gleichgewichtes mit der Umgebung maximal gewinnbare Arbeit nach einem Vorschlag von Rant[1] abkürzend als Exergie [von ex ergon = Arbeit, die man (aus einem System) herausholen kann]. Wir verwenden für sie das Zeichen L_{ex}.

11.2 Die Exergie eines geschlossenen Systems

Wir berechnen zuerst die Exergie eines geschlossenen Systems. Dabei ist es gleichgültig, ob das System anfangs wärmer oder kälter als die Umgebung war oder ob es einen höheren oder niedrigeren Druck hatte. Schließlich kann die Abweichung vom Gleichgewicht auch darin bestehen, dass das System bei gleichem Druck und gleicher Temperatur wie die Umgebung ein Arbeitsvermögen in Form von chemischer Energie besitzt, die durch eine chemische Reaktion, beispielsweise durch Verbrennung, frei wird.

Damit das System mit der Umgebung ins Gleichgewicht kommt, müssen wir seine innere Energie durch Wärmezufuhr oder -entzug und durch Arbeit ändern. Dafür gilt allgemein nach dem ersten Hauptsatz

$$dU = dQ + dL .$$

Alle Wärme muss bei der konstanten Temperatur T_u der Umgebung ausgetauscht werden. Da der Vorgang umkehrbar verlaufen soll, muss sie dem System auch bei derselben

---

[1] Rant, Z.: Exergie, ein neues Wort für „technische Arbeitsfähigkeit". Forsch.-Ing. Wes. 22 (1956) 36–37.

Zoran Rant (1904–1972) war slowenischer Abstammung. Er wurde nach langjähriger Tätigkeit im Solvay-Konzern als Professor für Theoretische Maschinenlehre und Thermodynamik an die Universität Ljubljana berufen. Von 1962 an war er Professor an der Technischen Universität Braunschweig.

Temperatur zugeführt oder entzogen werden, d. h., dieses muss vor dem Wärmeaustausch reversibel adiabat auf Umgebungstemperatur gebracht werden. Dann ist nach dem zweiten Hauptsatz die reversibel zu- oder abgeführte Wärme $dQ = T_u\, dS$. Die Arbeit dL setzt sich zusammen aus der maximalen Arbeit dL_{ex}, der Exergie, die wir nutzbar machen können, und der Arbeit $p_u\, dV$, die zur Überwindung des Druckes der Umgebung aufgewendet werden muss. Damit wird

$$dU = T_u\, dS + dL_{ex} - p_u\, dV \,,$$

und die Integration zwischen dem Umgebungszustand (Index u) und dem Ausgangszustand (Index 1) ergibt für die maximale Arbeit

$$-L_{ex} = U_1 - U_u - T_u(S_1 - S_u) + p_u(V_1 - V_u)\,. \tag{11.1a}$$

Bezogen auf die im System eingeschlossene Masse M gilt

$$-l_{ex} = u_1 - u_u - T_u(s_1 - s_u) + p_u(v_1 - v_u)\,. \tag{11.1b}$$

Über die Arbeit der reversiblen Zustandsänderungen ist bei der Ableitung von Gl. 11.1a nichts vorausgesetzt worden. Gleichung 11.1a gilt daher unabhängig davon, in welcher Art die maximale Arbeit gewonnen wird. Das System kann also durch mechanische, elektrische, chemische (z. B. Verbrennung) oder thermische Zustandsänderungen mit der Umgebung ins Gleichgewicht gebracht werden.

Hat das System starre Wände oder ist die Verschiebearbeit $p_u(V_1 - V_u)$ vernachlässigbar klein, so ist die Exergie des geschlossenen Systems

$$-L_{ex} = U_1 - U_u - T_u(S_1 - S_u) = U_1 - [U_u + T_u(S_1 - S_u)]\,. \tag{11.1c}$$

Wie man aus Gl. 11.1c erkennt, ist auch dann, wenn keine Verschiebearbeit verrichtet wird, von der inneren Energie U_1 nur der um $U_u + T_u(S_1 - S_u)$ verminderte Anteil in Arbeit umwandelbar. Der Anteil $T_u(S_1 - S_u)$ ist positiv, wenn die Entropie S_1 des Systems im Ausgangszustand größer ist als die Entropie S_u des Systems im Gleichgewicht mit der Umgebung. Dann gibt das System Wärme an die Umgebung ab, während es ins Gleichgewicht mit dieser überführt wird. Ist umgekehrt die Entropie S_1 im Ausgangszustand kleiner als die Entropie S_u im Gleichgewicht mit der Umgebung, so wird dem System Wärme aus der Umgebung zugeführt und in Arbeit verwandelt. Die verrichtete Arbeit ist somit größer als die Änderung der inneren Energie.

Ein Beispiel für derartige Zustandsänderungen zeigt Abb. 11.1.

Hierbei ist der Ausgangszustand p_1, T_1 eines Systems so beschaffen, dass nach der reversiblen adiabaten Expansion $11'$ bis auf Umgebungstemperatur T_u der Druck p_1' immer noch größer als der Druck p_u der Umgebung ist. Das System kann dann ausgehend vom Zustand $1'$ isotherm expandieren, wobei ihm aus der Umgebung die Wärme $T_u(S_u - S_1') = T_u(S_u - S_1)$ zugeführt wird.

Abb. 11.1 Maximale Arbeit,
mit Wärmezufuhr aus der Umgebung

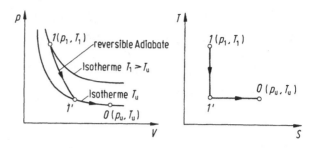

Ist das System bereits in seinem Ausgangszustand im Gleichgewicht mit der Umgebung,
so kann, wie sich aus den Gln. 11.1a bzw. 11.1b ergibt, keine Arbeit gewonnen werden. Wir
folgern daraus:

▸ **Merksatz** Die innere Energie der Umgebung kann nicht in Exergie umgewandelt werden.

Es ist also beispielsweise unmöglich, Ozeandampfer auf Kosten des riesigen Energie-
vorrates der Weltmeere anzutreiben.

Für den nicht in Arbeit umwandelbaren Anteil der inneren Energie in Gl. 11.1a schreiben wir abkürzend

$$B_U = U_u + T_u(S_1 - S_u) - p_u(V_1 - V_u).$$

Diese Größe kann, wie die vorhergehenden Überlegungen zeigten, positiv, negativ oder
gleich Null sein. Man nennt B nach einem Vorschlag von Rant[2] *Anergie*. In diesem Fall
handelt es sich um die Anergie B der inneren Energie U, weshalb man hier B_U schreibt.
Damit lautet Gl. 11.1a

$$U_1 = (-L_{ex}) + B_U. \qquad (11.1\mathrm{d})$$

Innere Energie besteht aus Exergie und Anergie. Wie Rant erstmalig dargelegt hat, gilt
ganz allgemein:

▸ **Merksatz** Jede Energie setzt sich aus Exergie und Anergie zusammen.

In besonderen Fällen können sowohl die Exergie als auch die Anergie zu Null werden.
So stellt beispielsweise jede Form von mechanischer Energie ausschließlich Exergie dar,
während die innere Energie der Umgebung nur aus Anergie besteht. Je nach Vorzeichen
der Anergie in Gl. 11.1d kann die maximal gewinnbare Arbeit, wie auch die Überlegungen
zu Abb. 11.1 zeigten, größer, kleiner oder gleich dem Energievorrat U_1 sein.

---

[2] Rant, Z.: Die Thermodynamik von Heizprozessen. Strojniski vertnik 8 (1962) 1/2 (slowenisch). Die
Heiztechnik und der zweite Hauptsatz der Thermodynamik. Gaswärme 12 (1963) 297–304.

11.3 Die Exergie eines Stoffstroms

Die von einem Stoffstrom $\dot{M}$ verrichtete spezifische Arbeit, die sogenannte technische Arbeit, ist durch den ersten Hauptsatz für stationär durchströmte Kontrollräume gegeben, den wir in differentieller Form schreiben

$$dQ + dL_t = dH + M\,d\left(\frac{w^2}{2}\right) + M g\,dz\,.$$

Die maximale technische Arbeit oder *Exergie eines Stoffstroms* erhält man wieder dadurch, dass der Stoffstrom mit der Umgebung ins Gleichgewicht gebracht wird und dabei alle Zustandsänderungen reversibel sind, d. h.

$$L_{\text{ex}} = \int_1^u dL_t\,.$$

Da Wärme nur mit der Umgebung ausgetauscht werden soll, muss der Stoffstrom zunächst reversibel adiabat auf Umgebungstemperatur T_u gebracht werden. Anschließend wird reversibel die Wärme

$$Q_u = \int_1^u T_u\,dS = T_u(S_u - S_1)$$

mit der Umgebung ausgetauscht. Damit erhält man durch Integration des ersten Hauptsatzes vom Anfangszustand bis zum Umgebungszustand u:

$$-L_{\text{ex}} = H_1 - H_u - T_u(S_1 - S_u) + M\frac{w_1^2}{2} + M g z_1\,. \tag{11.2a}$$

Von der Enthalpie H_1 und der potentiellen und kinetischen Energie des Stoffstroms im Anfangszustand 1 ist also nur der um $H_u + T_u(S_1 - S_u)$ verminderte Anteil in technische Arbeit umwandelbar. Der Anteil $T_u(S_1 - S_u)$ ist, wie zuvor dargelegt, positiv, wenn der Stoffstrom Wärme an die Umgebung abgibt, und negativ, wenn ihm Wärme aus der Umgebung zugeführt wird. In diesem Fall ist die Exergie um den Anteil der zugeführten Wärme größer als die Änderung der Enthalpie. Da die irdische Atmosphäre als ruhender Energiespeicher angesehen werden kann, ist $w_u = 0$. Ebenso gilt für die Höhenkoordinate der Umgebung $z_u = 0$. Bezieht man die Energie eines Stoffstroms auf die pro Zeiteinheit durchströmte Masse M, erhält man für die spezifische Exergie

$$-l_{\text{ex}} = h_1 - h_u - T_u(s_1 - s_u) + \frac{w_1^2}{2} + g z_1\,. \tag{11.2b}$$

Den nicht in Arbeit umwandelbaren Anteil der Enthalpie

$$B_H = H_u + T_u(S_1 - S_u)$$

bezeichnet man entsprechend den vorigen Überlegungen wieder als Anergie. In diesem Fall handelt es sich um die Anergie einer Enthalpie und man schreibt B_H. Sie kann positiv, negativ oder gleich Null sein. Vernachlässigt man die kinetische und die potentielle Energie des Stoffstroms, kann man Gl. 11.2a in folgender Form schreiben

$$H_1 = (-L_{ex}) + B_H \, . \tag{11.2c}$$

Die Enthalpie eines Stoffstroms besteht aus Exergie und Anergie. Je nach Vorzeichen von B_H kann, wie auch die obigen Überlegungen zeigen, die Exergie größer, kleiner oder gleich der Enthalpie H_1 des Stoffstroms sein.

11.4 Die Exergie einer Wärme

Die Exergie einer Wärme entspricht der Arbeit, die maximal aus Wärme gewonnen werden kann, wenn in einer reversiblen Wärmekraftmaschine die Abwärme aus dem Kreisprozess bei konstanter Temperatur TL_u an die Umgebung abgegeben wird.

In Abschn. 9.5 hatten wir die maximal gewinnbare Arbeit bereits berechnet. Es gilt somit nach Gl. 9.18

$$- dL_{ex} = \left(1 - \frac{TL_u}{T} \right) dQ \tag{11.3a}$$

In einem reversiblen Prozess ist nur der um den Carnot-Faktor η_c verminderte Anteil der zugeführten Wärme in Arbeit umwandelbar. Der Anteil $dQL_u = -TL_u \, dS$ wird wieder an die Umgebung abgegeben und kann nicht als Arbeit gewonnen werden. Man nennt

$$dB_Q = TL_u \frac{dQ}{T}$$

die Anergie einer Wärme dQ, und Gl. 11.3a lässt sich daher auch schreiben

$$dQ = (-dL_{ex}) + dB_Q \tag{11.3b}$$

Will man reale Energiewandlungsprozesse hinsichtlich ihrer thermodynamischen Güte bewerten, so ist es zweckmäßig einen *exergetischen Wirkungsgrad* einzuführen.

Man vergleicht dabei bei gegebenen Temperaturen T der Wärmequelle und TL_u der Umgebung die wirklich gewonnene Arbeit L mit der Exergie

$$\eta_{ex} = \frac{|L|}{|L_{ex}|} \, . \tag{11.4a}$$

Mit der integrierten Version von Gl. 11.3a gilt

$$\eta_{ex} = \frac{|L|}{\left(1 - \frac{TL_u}{T} \right) Q} \, . \tag{11.4b}$$

11.5 Die Exergie bei der Mischung zweier idealer Gase

Falls der arbeitende Stoff chemisch von anderer Art ist als die Umgebung, so ist er auch beim Druck und der Temperatur der Umgebung mit dieser nicht im Gleichgewicht, sondern durch reversible Mischung kann, wie in Abschn. 10.4 gezeigt wurde, eine weitere Arbeit gewonnen werden. Obwohl sich die reversible Mischung mangels geeigneter halbdurchlässiger Wände praktisch meistens nicht durchführen lässt, kann man doch leicht die maximale Arbeit oder Exergie L_{ex} der Mischung berechnen. Wir gehen dazu von Gl. 10.15 für die Arbeit L zur reversiblen Mischung zweier idealer Gase aus

$$L = -pV \left(\frac{V_1}{V} \ln \frac{V}{V_1} + \frac{V_2}{V} \ln \frac{V}{V_2} \right),$$

und beachten, dass beide Gase bei Umgebungstemperatur T_u gemischt werden sollen. Bezeichnet man mit M_1 und M_2 die Massen und mit R die Gaskonstante des Gemisches, so ist nach dem idealen Gasgesetz

$$pV = (M_1 + M_2)RT_u,$$

wenn p der Gesamtdruck ist. Weiter bleibt bei der Mischung die Temperatur konstant. Daher ist

$$\frac{V}{V_1} = \frac{p}{p_1} \quad \text{und} \quad \frac{V}{V_2} = \frac{p}{p_2},$$

wobei p_1 und p_2 die Teildrücke der Gase sind. Damit erhält man aus Gl. 10.15 die Exergie bei der Mischung

$$- L_{ex} = (M_1 + M_2)RT_u \left(\frac{p_1}{p} \ln \frac{p}{p_1} + \frac{p_2}{p} \ln \frac{p}{p_2} \right). \tag{11.5}$$

Diese Arbeit L_{ex} muss man umgekehrt mindestens aufwenden, um ein aus zwei Komponenten bestehendes Gasgemisch isotherm bei Umgebungstemperatur T_u in seine Bestandteile zu zerlegen.

11.6 Exergieverlust und Exergiebilanz

In nichtumkehrbaren Prozessen nimmt, wie wir sahen, die Entropie S_{irr} im Inneren des Systems zu, und es wird ein Teil der Energie dissipiert. Bei allen Austauschprozessen tritt das System über die Austauschvariablen, beispielsweise über die Arbeitskoordinate V und die Entropie S in Kontakt mit der Umgebung. Die gesamte Änderung dS der Entropie setzt sich daher zusammen aus dem Anteil dS^{SG} aufgrund des Wärme- und Materieaustausches über die Systemgrenze und dem Anteil dS_{irr}, der durch Dissipation erzeugt wird [Gl. 9.2]. Es war

$$dS = dS^{SG} + dS_{irr} = dS_M + dS_Q + dS_{irr}.$$

Abb. 11.2 Zur Umwandlung
von Dissipationsenergie in
Exergie

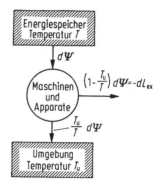

Wir betrachten nun ein geschlossenes System. Dann ist $dS^{\mathrm{SG}} = dS_{\mathrm{Q}}$. In dem System kann man die gleiche gesamte Entropieänderung natürlich auch dadurch erzielen, dass man einen reversiblen Ersatzprozess ausführt ($dS_{\mathrm{irr}} = 0$) und ihm die Wärme dQ zusammen mit der Dissipationsenergie $d\varPsi$ als Wärme dQ' von außen zuführt

$$dQ' = dQ + d\varPsi .$$

Die Entropieänderung ist dann gegeben durch

$$T\, dS = dQ' = T\, dS'_{\mathrm{Q}} = T\, dS_{\mathrm{Q}} + T\, dS_{\mathrm{irr}} .$$

Enthält das Ersatzsystem Maschinen und Apparate zur Umwandlung von Wärme in Arbeit, so kann, wie im vorigen Kapitel gezeigt wurde, nur ein Teil der zugeführten Wärme dQ' in Arbeit verwandelt werden. Wäre der ursprüngliche Prozess reversibel ($d\varPsi = 0$) gewesen, so würde man die Wärme dQ zuführen und nach Gl. 11.3a aus der zugeführten Wärme gerade in maximale Arbeit

$$-(dL_{\mathrm{ex}})_{\mathrm{Q}} = \left(1 - \frac{T_{\mathrm{u}}}{T}\right) dQ$$

gewinnen. Da man in dem Ersatzprozess außerdem noch die Dissipationsenergie $d\varPsi$ als Wärme von außen zuführt, wird zusätzlich eine maximale Arbeit

$$-dL_{\mathrm{ex}} = \left(1 - \frac{T_{\mathrm{u}}}{T}\right) d\varPsi \tag{11.6}$$

gewonnen. *Die dissipierte Energie ist demnach nicht vollständig verloren, sondern der durch Gl. 11.6 gegebene Anteil ist in Exergie umwandelbar!*

Den reversiblen Ersatzprozess, in dem die Dissipationsenergie als Wärme zugeführt und in Arbeit dL_{ex} umgewandelt wird, denken wir uns durch das Schema nach Abb. 11.2 verwirklicht.

Von der als Wärme zugeführten Dissipationsenergie $d\varPsi$ wird in einem reversiblen Prozess der Anteil

$$\left(1 - \frac{T_{\mathrm{u}}}{T}\right) d\varPsi$$

als Arbeit gewonnen, während der restliche Anteil

$$\frac{T_\mathrm{u}}{T}\, d\Psi$$

der Umgebung als Wärme zugeführt wird und nicht mehr in Arbeit umwandelbar ist. Für den restlichen Anteil kann man wegen Gl. 9.7 auch schreiben

$$\frac{T_\mathrm{u}}{T}\, d\Psi = T_\mathrm{u}\, dS_\mathrm{irr}\,.$$

Die gewinnbare maximale Arbeit wird demnach bei allen irreversiblen Prozessen um diesen Anteil vermindert. Man bezeichnet diesen der Umgebung als Wärme zugeführten Teil der Dissipationsenergie als *Exergieverlust*. Dieser ist also durch die wichtige Beziehung

$$Ex_{\mathrm{V}\,12} = \int_1^2 T_\mathrm{u}\, dS_\mathrm{irr} = \int_1^2 \frac{T_\mathrm{u}}{T}\, d\Psi = T_\mathrm{u} S_{\mathrm{irr},12} \tag{11.7a}$$

gegeben. Nach den Ausführungen in Abschn. 11.4 ist der Exergieverlust die Anergie der Dissipationsenergie.

Für irreversible Prozesse geschlossener *adiabater* Systeme ist die gesamte Entropieänderung gleich der Entropieänderung im Inneren des Systems, $dS = dS_\mathrm{irr}$, und daher der Exergieverlust gegeben durch

$$Ex_{\mathrm{V}\,12}^{(\mathrm{ad})} = \int_1^2 T_\mathrm{u}\, dS = T_\mathrm{u}\,(S_2 - S_1)\,. \tag{11.7b}$$

Für die Exergie gilt somit im Gegensatz zur Energie kein Erhaltungssatz! In jedem irreversiblen Prozess wird Exergie vernichtet, die maximal gewinnbare Arbeit nimmt ab um den durch die Gln. 11.7a bzw. 11.7b gegebenen Anteil.

Wie man aus dem Quotienten

$$\frac{dEx_\mathrm{V}}{d\Psi} = \frac{T_\mathrm{u}}{T} \tag{11.7c}$$

erkennt, ruft der gleiche Anteil an Dissipationsenergie einen um so größeren Exergieverlust hervor, je tiefer die Temperatur T ist. Nichtumkehrbarkeiten wirken sich daher thermodynamisch um so ungünstiger aus, je tiefer die Temperatur ist, bei welcher ein Prozess abläuft.

Ist das System kälter als seine Umgebung, $T < T_\mathrm{u}$, so ist nach Gl. 11.7c der Exergieverlust dEx_V größer als die dissipierte Energie $d\Psi$. Dieses zunächst überraschende Ergebnis wird folgendermaßen verständlich: Will man die Dissipationsenergie einem System als Wärme bei einer tiefen Temperatur T zuführen und auf die Umgebungstemperatur T_u anheben, so muss man noch eine Arbeit dL' verrichten. Die an die Umgebung abgeführte Wärme ist in diesem Fall gleich dem Exergieverlust dEx_V. Er besteht aus der als Wärme zugeführten Dissipationsenergie $d\Psi$ und der zugeführten Arbeit dL':

$$dEx_\mathrm{V} = d\Psi + dL'\,, \tag{11.7d}$$

Tabelle 11.1 Exergieverluste einiger Prozesse

Prozess	Exergieverlust	Dissipation nach Gl.
Strömung mit Reibung; Newtonsches Fluid	$\dot{E}x_V = \int_{(V)} \eta \frac{T_u}{T} \left(\frac{dw}{dy}\right)^2 dV$ $\dot{E}x_V$ = Exergieverlust je Zeiteinheit. Integration über das Volumen V des Fluids	(10.2c)
Eindim. Wärmeleitung bei stetigem Temperaturgefälle	$\dot{E}x_V = \int_V \lambda \frac{T_u}{T^2} \left(\frac{dT}{dy}\right)^2 dV$ $\dot{E}x_V$ = Exergieverlust je Zeiteinheit. Integration über das Volumen V des Körpers	(10.7)
Temperaturausgleich durch Wärmeleitung zwischen zwei Körpern von anfänglich verschiedenen Temperaturen $T_2 > T_1$	$Ex_{V12} = T_u \left(M_1 c_1 \ln \frac{T_M}{T_1} - M_2 c_2 \ln \frac{T_2}{T_M} \right)$	(10.8)
Drosselung eines idealen Gases vom Druck p_1 auf den Druck $p_2 < p_1$	$Ex_{V12} = T_u M R \ln \frac{p_1}{p_2}$	(10.11)
Mischung von zwei idealen Gasen	$Ex_{V12} = T_u \left(M_1 R_1 \ln \frac{p}{p_1} + M_2 R_2 \ln \frac{p}{p_2} \right)$	(10.14)
Wärmeübertragung von einem Fluid der Temperatur T_1 auf ein Fluid der Temperatur $T_2 < T_1$	$dEx_V = T_u \, dQ \frac{T_1 - T_2}{T_1 T_2}$	(10.4)

woraus man mit Gl. 11.7c die Arbeit dL' erhält, um die der Exergieverlust größer als die Dissipationsenergie ist

$$dL' = dEx_V - d\Psi = \left(\frac{T_u}{T} - 1\right) d\Psi. \tag{11.7e}$$

Nach Gl. 11.7a kann man Exergieverluste leicht berechnen, wenn man die Dissipationsenergie kennt. Da wir diese aber bereits für zahlreiche irreversible Prozesse in Kap. 10 ermittelt haben, können wir die Exergieverluste dieser Prozesse anschreiben. Als Ergebnis dieser Umrechnungen sind in Tab. 11.1 die Exergieverluste der in Kap. 10 behandelten technisch wichtigen Prozesse zusammengestellt.

Den in der letzten Zeile angegebenen Exergieverlust durch Wärmeübertragung bei endlichem Temperaturunterschied $T_1 - T_2$ in einem Wärmeübertrager erhält man aus der Entropieänderung dS_{irr} des adiabaten Gesamtsystems, bestehend aus heißem und kaltem

Fluid. Während das heiße Fluid die Wärme dQ abgibt, nimmt seine Entropie um dQ/T_1 ab. dQ sei die dem kalten Fluid zugeführte Wärme, $dQ > 0$. Gleichzeitig nimmt die Entropie des kalten Fluids um dQ/T_2 zu.

Die gesamte irreversible Entropieänderung beträgt also, vgl. Gl. 10.4:

$$dS_{irr} = -\frac{dQ}{T_1} + \frac{dQ}{T_2} = dQ\left(\frac{1}{T_2} - \frac{1}{T_1}\right) = dQ\frac{T_1 - T_2}{T_1 T_2}.$$

Durch Multiplikation mit der Umgebungstemperatur T_u erhält man den in der Tabelle aufgeführten Exergieverlust der Wärmeübertragung.

Ausgehend von der in Abschn. 5.1 dargestellten allgemeinen Struktur einer Bilanzgleichung und analog zur Entropiebilanz Gl. 9.18 lässt sich im Fall eines von mehreren Stoffströmen stationär durchflossenen Kontrollraums der pro Zeiteinheit anfallende Exergieverlust durch eine Exergiebilanz in einfacher Weise ermitteln, indem man über die Exergien der ein- und austretenden Stoffströme, die zu- oder abgeführte Leistung sowie die Exergien der zu- und abgeführten Wärmeströme bilanziert. Es folgt

$$\dot{Ex}_V = -\sum_{zu} \dot{M}_{zu} \cdot l_{ex,\,zu} + P + \sum_{j} \dot{Q}_j\left(1 - \frac{T_u}{T_j}\right) + \sum_{ab} \dot{M}_{ab} \cdot l_{ex,\,ab}. \tag{11.8}$$

Gleichung 11.8 setzt dabei voraus, dass die Wärmeströme $\dot{Q}_j$ bei jeweils konstanten Temperaturen übertragen werden.

Die Exergiebilanz ist im Prinzip einer Entropiebilanz äquivalent, da stets

$$\dot{Ex}_V = T_u \cdot \dot{S}_{irr} \tag{11.9}$$

gilt und die Entropieproduktion aus einer Entropiebilanz ermittelt werden kann.

11.7 Beispiele und Aufgaben

Beispiel 11.1

Ein gut isolierter Rührkessel enthält 5 kg einer Flüssigkeit (spez. Wärmekapazität $c = 0{,}8\,\text{kJ}/(\text{kg K})$) bei Umgebungszustand ($p_u = 1\,\text{bar}$, $T_u = 300\,\text{K}$). Durch das Rührwerk wird der Flüssigkeit eine Arbeit von 0,2 kWh zugeführt.

a) Wie groß ist der Exergieverlust?

b) Welcher Anteil der Energie, die der Flüssigkeit zugeführt wird, könnte bestenfalls als Arbeit wiedergewonnen werden?

c) Wie groß sind die Exergien der Flüssigkeit im Anfangs- und im Endzustand der Prozesse?

zu a) Wie aus Gl. 8.33 folgt, ist $S_1 - S_u = Mc \ln T_1/T_u$. Die Temperatur T_1 folgt aus einer Energiebilanz $U_1 - U_u = L_{u1}$ unter Berücksichtigung der kalorischen Zustandsgleichung $U_1 - U_u = Mc(T_1 - T_u)$ zu

$$T_1 = T_u + \frac{U_1 - U_u}{Mc} = T_1 + \frac{L_{u1}}{Mc}$$

$$T_1 = 300\,\text{K} + \frac{0{,}2\,\text{kWh} \cdot 3600\,\text{s/h}}{5\,\text{kg} \cdot 0{,}8\,\text{kJ/(kg K)}} = 480\,\text{K}.$$

Damit wird $S_1 - S_u = 5\,\text{kg} \cdot 0{,}8\,\frac{\text{kJ}}{\text{kg K}} \ln \frac{480}{300} = 1{,}88\,\text{kJ/kg} = S_{\text{irr,1u}}$.
Der Exergieverlust ist nach Gl. 11.7a

$$Ex_V = T_u S_{\text{irr,1u}} = 300\,\text{K} \cdot 1{,}88\,\text{kJ/K} = 564\,\text{kJ}$$

zu b) Nach Gl. 11.1b kann man aus der inneren Energie höchstens die Arbeit

$$-L_{\text{ex}} = U_1 - U_u - T_u(S_1 - S_u) = Mc(T_1 - T_u) - T_u(S_1 - S_u)$$

$$= 5\,\text{kg} \cdot 0{,}8\,\frac{\text{kJ}}{\text{kg K}}(480 - 300)\,\text{K} - 300\,\text{K} \cdot 1{,}88\,\frac{\text{kJ}}{\text{K}}$$

$$-L_{\text{ex}} = 156\,\text{kJ}$$

gewinnen. Dies ist die Differenz zwischen zugeführter Arbeit und Exergieverlust.

zu c) Im Anfangszustand (Umgebungszustand) besitzt die Flüssigkeit keine Exergie. Im Endzustand ist die Exergie

$$-L_{\text{ex}} = 156\,\text{kJ}.$$

Beispiel 11.2

Eine stationär arbeitende Wärmekraftmaschine nimmt von einem Energiespeicher mit der Temperatur $T = 1500\,\text{K}$ die Wärme $Q = 700\,\text{kJ}$ pro Sekunde auf. Für die Wärmeabgabe steht die Umgebung mit einer Temperatur von $t_u = 15\,°\text{C}$ zur Verfügung. Die Wärmekraftmaschine gibt eine Leistung von $|P| = 320\,\text{kW}$ ab.

a) Zeigen Sie, dass die Wärmekraftmaschine irreversibel arbeitet.

b) Wie groß ist der Exergieverlust pro Sekunde durch Irreversibilitäten? Welche maximale Leistung könnte die Maschine abgeben, wenn sie vollständig reversibel arbeiten würde?

Lösung:

a) Der erste Hauptsatz um die Wärmekraftmaschine lautet

$$0 = \dot{Q} + \dot{Q}_u + P.$$

Daraus folgt der an die Umgebung abgegebene Wärmestrom zu

$$\dot{Q}_u = -\dot{Q} - P = -700 \, \text{kJ/s} - (-320) \, \text{kW} = -380 \, \text{kW} .$$

Der zweite Hauptsatz lautet

$$0 = \frac{\dot{Q}}{T} + \frac{\dot{Q}_u}{T_u} + \dot{S}_{irr} .$$

Der Entropiestrom aufgrund von Irreversibilitäten ist somit

$$\dot{S}_{irr} = -\frac{\dot{Q}}{T} - \frac{\dot{Q}_u}{T_u} = -\frac{700 \, \text{kW}}{1500 \, \text{K}} - \frac{-380 \, \text{kW}}{288,15 \, \text{K}} = 0,85 \, \frac{\text{kW}}{\text{K}} .$$

Da $\dot{S}_{irr} > 0$ arbeitet die Wärmekraftmaschine irreversibel. Bei einer reversibel arbeitenden Maschine müsste $\dot{S}_{irr} = 0$ sein.

b) Für den Exergieverlust pro Sekunde $\dot{E}x_v$ durch Irreversibilitäten gilt entsprechend Gl. 11.7a

$$\dot{E}x_v = T_u \dot{S}_{irr} = 288,15 \, \text{K} \cdot 0,85 \, \frac{\text{kW}}{\text{K}} = 244,93 \, \text{kW} .$$

Die Maschine könnte, sofern sie reversibel arbeiten würde, diese Exergieverluste ebenfalls in Form von Arbeit bzw. Leistung abgeben. Folglich ist

$$P_{max} = P_{rev} = P - \dot{E}x_v = -320 \, \text{kW} - 244,93 \, \text{kW} = -564,93 \, \text{kW} .$$

Aufgabe 11.1

In einer Umgebung von $t_u = 20\,°\text{C}$ schmelzen $100 \, \text{kg}$ Eis von $t_0 = -5\,°\text{C}$ zu Wasser von $t_u = 20\,°\text{C}$. Die spezifische Schmelzenthalpie des Eises ist $\Delta h_s = 333,5 \, \text{kJ/kg}$, seine spezifische Wärmekapazität $c = 2,04 \, \text{kJ/(kg K)}$. Wie groß ist bei diesem nichtumkehrbaren Vorgang die Entropiezunahme?

Welche Arbeit müsste man aufwenden, um ihn wieder rückgängig zu machen?

Aufgabe 11.2

In einer Pressluftflasche von $V = 100 \, \text{l}$ Inhalt befindet sich Luft von $p_1 = 50 \, \text{bar}$ und $t_1 = 20\,°\text{C}$. Die Umgebungsluft habe einen Druck $p_2 = 1 \, \text{bar}$ und eine Temperatur $t_2 = 20\,°\text{C}$.

Wie groß ist die aus der Flasche gewinnbare Arbeit, wenn man den Inhalt a) isotherm, b) adiabat auf den Druck der Umgebung entspannt? Welche tiefste Temperatur tritt in der Flasche auf, wenn man das Ventil öffnet und den Inhalt in die Umgebung abblasen lässt, bis der Druck in der Flasche auch auf 1 bar gesunken ist und wenn der Vorgang so schnell abläuft, dass kein merklicher Wärmeaustausch zwischen Flasche und Inhalt stattfindet? Welche Entropiezunahme ist durch das Abblasen eingetreten, nachdem auch die Temperaturen sich ausgeglichen haben?

Aufgabe 11.3

1 kg eines idealen Gases (R = 0,2872 kJ/(kg K), $\varkappa$ = 1,4) wird vom Zustand *1*, p_1 = 8 bar, T_1 = 400 K, auf Umgebungszustand p_u = 1 bar, T_u = 300 K entspannt.

Welche Arbeit kann hierbei maximal gewonnen werden?

Aufgabe 11.4

In einer Gasturbine wird ein ideales Gas (R = 0,2872 kJ/(kg K), $\varkappa$ = 1,4) vom Anfangszustand p_1 = 15 bar, T_1 = 800 K, $w_1 \approx 0$ adiabat auf den Druck p_2 = 1,5 bar entspannt. Das Gas verlässt die Turbine mit einer Temperatur T_2 = 450 K und einer Geschwindigkeit w_2 = 100 m/s.

a) Welche Leistung gibt die Turbine ab, wenn der Massenstrom des Gases $\dot{M}$ = 10 kg/s beträgt?

b) Wie groß ist der Exergieverlust? Umgebungstemperatur T_u = 300 K.

Aufgabe 11.5

In einem Wärmeaustauscher wird zwischen zwei durch eine Wand getrennten Gasströmen der mittleren Temperatur T_1 = 360 K und T_2 = 250 K ein Wärmestrom von $\dot{Q}$ = 1 MW übertragen. Die Umgebungstemperatur beträgt T_u = 300 K.

a) Wie groß ist der Exergieverlust?

b) Man gebe eine zweckmäßige allgemeine Definition des exergetischen Wirkungsgrades an.

Aufgabe 11.6

Aus der Umgebung mit der Temperatur t_u = +20 °C strömen in einen Kühlraum, in dem eine Temperatur von t_1 = −15 °C herrscht, 35 kW hinein.

Welche theoretische Leistung erfordert eine Kältemaschine, die dauernd −15 °C im Kühlraum aufrechterhalten soll, wenn sie Wärme bei +15 °C an Kühlwasser abgibt? Wieviel Kühlwasser wird stündlich verbraucht, wenn es sich um 7 °C erwärmt?

Aufgabe 11.7

In einem adiabat isolierten Lufterhitzer werden 10 kg/s Luft isobar von der Umgebungstemperatur T_u = 300 K und p_u = 1 bar durch einen Rauchgasstrom von 10 kg/s erwärmt, der sich dabei von 1200 K auf 800 K abkühlt.

a) Auf welche Temperatur wird die Luft erwärmt?

b) Welcher Exergieverlust entsteht durch den Wärmeaustausch in dem Lufterhitzer? Spezifische Wärmekapazität der Luft c_{pL} = 1,0 kJ/(kg K), spezifische Wärmekapazität des Rauchgases

$$c_{pR} = 1,1\,\frac{kJ}{kg\,K} + 0,5 \cdot 10^{-3}\,\frac{kJ}{kg\,K^2}\,T.$$

Aufgabe 11.8

In einem isolierten, starren Behälter befinden sich durch eine starre adiabate Wand voneinander getrennt zwei ideale Gase. Die eine Kammer enthält $M' = 18$ kg Gas von $V' = 10\,\mathrm{m}^3$, $p'_1 = 1$ bar, $T'_1 = 294$ K, die andere Kammer $M'' = 30$ kg Gas von $V'' = 3\,\mathrm{mm}^3$, $p''_1 = 10$ bar und $T''_1 = 530$ K.

a) Welche Endtemperatur und welcher Enddruck stellen sich ein, wenn man die Trennwand entfernt?

b) Man zeige, dass die Mischung irreversibel ist, und berechne den Exergieverlust. Gaskonstante $R' = R'' = 0{,}189$ kJ/(kg K), spezifische Wärmekapazität $c'_v = c''_v = 0{,}7$ kJ/(kg K), Umgebungstemperatur $t_u = 20\,^\circ$C.

Allgemeine Beziehungen zwischen kalorischen und thermischen Zustandsgrößen

12

In Kap. 6 wurden bereits die kalorischen Zustandsgleichungen für die spezifische innere Energie und die spezifische Enthalpie eingeführt. Allerdings beschränkten sich diese Ausführungen auf ideale Gase und ideal inkompressible Stoffe. Bei idealen Gasen sind die innere Energie und die Enthalpie und somit auch die spezifischen Wärmkapazitäten nur Funktionen der Temperatur. Wertetabellen für temperaturabhängige spezifische Wärmekapazitäten im Idealgaszustand sind in Kap. 6 dargestellt.

Die Enthalpie inkompressibler Stoffe ist, wie ebenfalls in Kap. 6 beschrieben, von Druck und Temperatur abhängig. Die Druckabhängigkeit kann allerdings für diesen Spezialfall sehr einfach formuliert werden.

Im vorliegenden Kapitel sollen nun allgemein gültige Beziehungen für kalorische Zustandsgleichungen abgeleitet werden, die vollkommen unabhängig von konkreten Stoffmodellen gelten. Die kalorischen Zustandsgleichungen für die Stoffmodelle ideales Gas und ideale inkompressible Flüssigkeit können dann als Grenzfälle aus diesen allgemein gültigen Beziehungen gewonnen werden.

12.1 Darstellung der thermodynamischen Eigenschaften durch Zustandsgleichungen

Zur Beschreibung des Gleichgewichtszustandes einfacher Systeme hatte sich die Fundamentalgleichung $U(S, V)$, vgl. Abschn. 8.5, als eine Funktion mit umfassenden Eigenschaften erwiesen. Aus ihr erhält man durch Differentiation (Gln. 8.20 und 8.22) die Ausdrücke

$$\left(\frac{\partial U}{\partial S}\right)_V = T \quad \text{und} \quad \left(\frac{\partial U}{\partial V}\right)_S = -p$$

für die Temperatur und den Druck, und man kann weiter alle anderen Zustandsgrößen wie spezifische Wärmekapazitäten, Enthalpien, Kompressibilität usw. berechnen.

P. Stephan, K. Schaber, K. Stephan, F. Mayinger, *Thermodynamik*, Springer-Lehrbuch, DOI 10.1007/978-3-642-30098-1_12, © Springer-Verlag Berlin Heidelberg 2013

Die phänomenologische Thermodynamik macht jedoch keine Aussagen über die Form der Fundamentalgleichung. Diese muss man vielmehr aus Messungen bestimmen. Zur Lösung dieser Aufgabe müsste man die Variablen U, S, V unabhängig voneinander messen, man müsste also geeignete Verfahren kennen, mit denen man jede der Variablen unabhängig von den übrigen verändern und außerdem die Absolutwerte der Variablen ermitteln kann. Die praktische Durchführung dieses Vorhabens stößt auf erhebliche Schwierigkeiten, denn man misst bekanntlich immer nur Differenzen der inneren Energie und kann Entropien nicht direkt messen. Man kann bestenfalls Entropieunterschiede aus Messwerten berechnen, beispielsweise aus der in einem reversiblen Prozess zugeführten Wärme und der Temperatur, bei der die Wärme zugeführt wird.

Leichter zu messen sind hingegen intensive Größen wie Druck, Temperatur u. a., welche man durch Differentiation aus der Fundamentalgleichung gewinnt. Im Gegensatz zu den Variablen U und S kann man sie sogar absolut messen. Die Forderung, eine Fundamentalgleichung aus Messwerten der extensiven Zustandsgrößen U, S und V aufzubauen und anschließend durch Differentiation die intensiven Zustandsgrößen T, p u. a. zu berechnen, steht also in direktem Gegensatz zu den Möglichkeiten der Messtechnik. Diese kennt viele genaue Verfahren zur Ermittlung der intensiven Zustandsgrößen, während von den Zustandsgrößen, die man zum Aufstellen der Fundamentalgleichung braucht, die innere Energie und die Entropie nicht absolut bestimmt werden können und schließlich die Entropie gar nicht direkt gemessen werden kann. Hinzu kommt, dass durch Differentiation der Fundamentalgleichung alle Messfehler vergrößert werden, sodass man U, S und V sehr genau bestimmen müsste, um daraus zuverlässige Werte für die intensiven Zustandsgrößen zu erhalten.

In der Praxis geht man daher so vor, dass man in den meisten Fällen auf eine Ermittlung der Fundamentalgleichung verzichtet und nur die thermischen Zustandsgrößen p, V, T und gelegentlich auch die kalorischen Zustandsgrößen c_p, c_v, h, u misst und anschließend die Messwerte durch eine Interpolationsgleichung darstellt. Wie wir noch sehen werden, kann man auch auf die Messung der kalorischen Zustandsgrößen verzichten und aus gemessenen thermischen Zustandsgrößen die kalorischen unter Zuhilfenahme der spezifischen Wärmekapazitäten idealer Gase berechnen.

Die Darstellung der Messwerte durch Interpolationsgleichungen ist meistens mehr oder weniger gut theoretisch begründet, und es gibt eine Vielzahl von Vorschlägen für Gleichungsansätze. Derartige Gleichungen sind für weitere Rechnungen notwendig und nützlich, worauf wir im Einzelnen bei der Berechnung von Zustandsgrößen noch zurückkommen.

Die *Messmethoden* zur Ermittlung der thermischen Zustandsgrößen sind in den letzten Jahren sehr verfeinert worden. Will man Enthalpien aus thermischen Zustandsgleichungen berechnen, so sind, wie noch zu zeigen sein wird, Differentiationen und Integrationen erforderlich. Da beim Differenzieren bekanntlich die Fehler einer durch Versuche aufgenommenen Funktion sich stark vergrößern, muss die thermische Zustandsgleichung sehr genau bekannt sein, wenn die Enthalpie sich aus ihr ohne große Fehler ergeben soll. Man bestimmt daher die Enthalpie häufig unmittelbar, indem man in einem Kalorimeter strömendem Dampf bei konstantem Druck durch elektrische Heizung Wärme zuführt und den Temperaturanstieg beobachtet. Die zugeführte Wärme ist dann gleich der Änderung der Enthalpie, und wenn man durch den Temperaturanstieg dividiert, erhält man die spezifische Wärmekapazität $c_p = (\partial h/\partial T)_p$.

In den folgenden Abschnitten sollen zunächst Zusammenhänge für die kalorischen Zustandsgrößen innere Energie und Enthalpie sowie die Entropie hergeleitet werden, die es erlauben diese Größen aus thermischen Zustandsgleichungen zu berechnen. Diese Zusammenhänge gelten allgemein für alle realen Fluide unabhängig von irgendwelchen Stoffmodellen.

Wir benutzen zur Herleitung dieser Beziehungen ausschließlich mathematische Gesetzmäßigkeiten für Funktionen mehrerer Variablen sowie die Gibbsschen Fundamentalgleichungen. Damit lassen sich eine Vielzahl von thermodynamischen Beziehungen zwischen den einfachen Zustandsgrößen und ihren Ableitungen herleiten.

Es sollen davon nur einige angegeben werden, die von besonderem technischen und physikalischen Interesse sind.

12.2   Innere Energie und Enthalpie als Funktion der thermischen Zustandsgrößen

Um die spezifische innere Energie und die spezifische Enthalpie als Funktionen der thermischen Zustandsgrößen p, v und T auszudrücken, schreiben wir die kalorischen Zustandsgleichungen $u(T, v)$ sowie $h(T, p)$ als totale Differentiale:

$$du = \left(\frac{\partial u}{\partial T}\right)_v dT + \left(\frac{\partial u}{\partial v}\right)_T dv, \tag{12.1}$$

$$dh = \left(\frac{\partial h}{\partial T}\right)_p dT + \left(\frac{\partial h}{\partial p}\right)_T dp. \tag{12.2}$$

Definitionsgemäß entsprechen die partiellen Ableitungen nach der Temperatur den spezifischen isochoren bzw. isobaren Wärmekapazitäten. Diese sind im allgemeinen Fall eines realen Stoffes Funktionen der Temperatur und des spezifischen Volumens bzw. der Temperatur und des Drucks:

$$c_v(T, v) = \left(\frac{\partial u}{\partial T}\right)_v, \tag{12.3}$$

$$c_p(T, p) = \left(\frac{\partial h}{\partial T}\right)_p. \tag{12.4}$$

Auch die spezifische Entropie kann als Funktion der thermischen Zustandsgrößen als kalorische Zustandsgleichung in der Form $s(T, v)$ bzw. $s(T, p)$ dargestellt werden. Die totalen

Differentiale beider Funktionen lauten:

$$ds = \left(\frac{\partial s}{\partial T}\right)_v dT + \left(\frac{\partial s}{\partial v}\right)_T dv \,, \tag{12.5}$$

$$ds = \left(\frac{\partial s}{\partial T}\right)_p dT + \left(\frac{\partial s}{\partial p}\right)_T dp \,. \tag{12.6}$$

Die totalen Differentiale der inneren Energie bzw. der Enthalpie einerseits und der Entropie andererseits sind durch die Gibbsschen Fundamentalgleichungen (Abschn. 8.5) verknüpft, die wir in der Entropieform schreiben. Es gilt

$$ds = \frac{du}{T} + \frac{p}{T} dv \,,$$

$$ds = \frac{dh}{T} - \frac{v}{T} dp \,.$$

Durch Einsetzen der totalen Differentiale der inneren Energie (12.1) bzw. der Enthalpie (12.2) in die jeweilige Gibbssche Fundamentalgleichung und Zusammenfassen der Terme mit dv bzw. dp erhält man folgende Ausdrücke:

$$ds = \frac{1}{T}\left(\frac{\partial u}{\partial T}\right)_v dT + \frac{1}{T}\left[\left(\frac{\partial u}{\partial v}\right)_T + p\right] dv \,, \tag{12.7}$$

$$ds = \frac{1}{T}\left(\frac{\partial h}{\partial T}\right)_p dT + \frac{1}{T}\left[\left(\frac{\partial h}{\partial p}\right)_T - v\right] dp \,. \tag{12.8}$$

Sowohl die Gln. 12.5 bzw. 12.6 als auch die Gln. 12.7 bzw. 12.8 beschreiben totale Differentiale der spezifischen Entropie in den Variablen v und T bzw. p und T. Die Gln. 12.5 und 12.7 müssen somit identisch sein. Gleiches gilt für die Gln. 12.6 und 12.8.

Ein Vergleich der Koeffizienten in den Gln. 12.5 und 12.7 ergibt:

$$\left(\frac{\partial s}{\partial T}\right)_v = \frac{1}{T}\left(\frac{\partial u}{\partial T}\right)_v \,, \tag{12.9}$$

$$\left(\frac{\partial s}{\partial v}\right)_T = \frac{1}{T}\left[\left(\frac{\partial u}{\partial v}\right)_T + p\right] \,. \tag{12.10}$$

In gleicher Weise folgt aus dem Vergleich der Koeffizienten in den Gln. 12.6 und 12.8:

$$\left(\frac{\partial s}{\partial T}\right)_p = \frac{1}{T}\left(\frac{\partial h}{\partial T}\right)_p \,, \tag{12.11}$$

$$\left(\frac{\partial s}{\partial p}\right)_T = \frac{1}{T}\left[\left(\frac{\partial h}{\partial p}\right)_T - v\right] \,. \tag{12.12}$$

Für vollständige Differentiale ist die Reihenfolge der Differentation bei der Bildung der gemischten zweiten Ableitung beliebig, wie in Abschn. 1.4 bereits erwähnt wurde (Satz von Schwarz)[1]. Es folgt

$$\frac{\partial^2 s}{\partial T \partial v} = \frac{\partial^2 s}{\partial v \partial T} \quad bzw. \quad \frac{\partial^2 s}{\partial T \partial p} = \frac{\partial^2 s}{\partial p \partial T}.$$

Durch Gleichsetzen der gemischten zweiten Ableitungen in den Gln. 12.9 und 12.10 bzw. 12.11 und 12.12 ergeben sich folgende Ausdrücke:

$$\frac{1}{T}\left(\frac{\partial^2 u}{\partial T \partial v}\right) = -\frac{1}{T^2}\left(\frac{\partial u}{\partial v}\right)_T + \frac{1}{T}\left(\frac{\partial^2 u}{\partial v \partial T}\right) - \frac{p}{T^2} + \frac{1}{T}\left(\frac{\partial p}{\partial T}\right)_v,$$

$$\frac{1}{T}\left(\frac{\partial^2 h}{\partial T \partial p}\right) = -\frac{1}{T^2}\left(\frac{\partial h}{\partial p}\right)_T + \frac{1}{T}\left(\frac{\partial^2 h}{\partial p \partial T}\right) + \frac{v}{T^2} - \frac{1}{T}\left(\frac{\partial v}{\partial T}\right)_p.$$

Durch die Gleichheit der gemischten Ableitungen von u bzw. h entfallen diese Summanden auf beiden Seiten der Gleichungen. Nach Umsortieren der Terme erhält man für die Ableitungen der inneren Energie nach dem Volumen bzw. der Enthalpie nach dem Druck folgende Beziehungen:

$$\left(\frac{\partial u}{\partial v}\right)_T = T\left(\frac{\partial p}{\partial T}\right)_v - p, \tag{12.13}$$

$$\left(\frac{\partial h}{\partial p}\right)_T = v - T\left(\frac{\partial v}{\partial T}\right)_p = -T^2\left[\frac{\partial(v/T)}{\partial T}\right]_p. \tag{12.14}$$

Damit kann man nun die vollständigen Differentiale der spezifischen inneren Energie und der spezifischen Enthalpie für reale Fluide in allgemeingültiger Weise formulieren:

$$du = c_v(T, v)\,dT + \left[T\left(\frac{\partial p}{\partial T}\right)_v - p\right]dv, \tag{12.15}$$

$$dh = c_p(T, p)\,dT + \left[v - T\left(\frac{\partial v}{\partial T}\right)_p\right]dp. \tag{12.16}$$

Die Ausdrücke in den eckigen Klammern kann man aus thermischen Zustandsgleichungen der Form $p(T, v)$ bzw. $v(T, p)$ berechnen.

Für *ideale Gase* folgt mit der Zustandsgleichung des idealen Gases $p = RT/v$ bzw. $v = RT/p$ aus (12.13) bzw. (12.14)

$$\left(\frac{\partial u}{\partial v}\right)_T = 0 \quad und \quad \left(\frac{\partial h}{\partial p}\right)_T = 0.$$

---

[1] Korrekterweise müsste man schreiben

$$\left(\frac{\partial}{\partial v}\left(\frac{\partial s}{\partial T}\right)_v\right)_T = \left(\frac{\partial}{\partial T}\left(\frac{\partial s}{\partial v}\right)_T\right)_v$$

Wir wollen aber hier der Einfachheit halber die in der Mathematik übliche verkürzte Schreibweise der zweiten gemischten Ableitung benutzen.

Abb. 12.1 Integrationswege für die Berechnung einer Enthalpiedifferenz $\Delta h = h_2 - h_1$

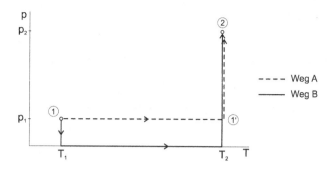

Damit ist der Beweis erbracht, dass bei idealen Gasen die innere Energie keine Funktion des Volumens und die Enthalpie keine Funktion des Drucks ist.

Für ideale Gase gilt somit exakt

$$u = u(T) \quad \text{und} \quad h = h(T).$$

Die Integration der Gln. 12.15 und 12.16 erfolgt zweckmäßigerweise in mehreren Schritten bei jeweils konstanten Werten einer Variablen. In Abb. 12.1 sind am Beispiel der Enthalpie zweckmäßige Integrationswege in einer p,T-Ebene dargestellt.

Da innere Energie und Enthalpie Zustandsgrößen sind, ist die Wahl des Integrationsweges selbstverständlich beliebig und nur dadurch bestimmt, welche Funktion $c_v(T,v)$ bzw. $c_p(T,p)$ für die Berechnung bekannt ist.

Der Integrationsweg A ($1 \to 1' \to 2$) setzt voraus, dass eine Funktion $c_p(T,p_1)$ bekannt ist. Es gilt

$$\Delta h = \int_{T_1}^{T_2} c_p(T,p_1)\, dT + \int_{p_1}^{p_2} \left[v(p,T_2) - T_2 \left(\frac{\partial v}{\partial T} \right)_p \right] dp. \tag{12.17}$$

In vielen Fällen ist allerdings nur die *spezifische Wärmekapazität des idealen Gases*, d. h. im Grenzzustand $p \to 0$ bekannt.

$$c_p^\circ = c_p \quad (T, p = 0) \tag{12.18}$$

Dann ist die Integration in drei Abschnitten zu vollziehen:

$$\Delta h = \int_{p_1}^{0} \left[v(p,T_1) - T_1 \left(\frac{\partial v}{\partial T} \right)_p \right] dp + \int_{T_1}^{T_2} c_p^\circ(T)\, dT$$

$$+ \int_{0}^{p_2} \left[v(p,T_2) - T_2 \left(\frac{\partial v}{\partial T} \right)_p \right] dp. \tag{12.19a}$$

Ausgehend von Gl. 12.19a kann man die Enthalpie $h(T,p)$ auch als absolute Größe darstellen, wenn man von einer beliebig festzulegenden Nullpunktsenthalpie $h(T_0)$ eines idealen Gases beginnend bis zu den aktuellen Werten von p und T integriert. Es gilt

$$h(p, T) = h_0(T_0) + \int_{T_0}^{T} c_p^{\circ}(T)\, dT + \int_{0}^{p} \left[v(p, T) - T \left(\frac{\partial v}{\partial T} \right)_p \right] dp \qquad (12.19b)$$

oder

$$h(p, T) = h_0(T_0) + \int_{T_0}^{T} c_p^{\circ}(T)\, dT - T^2 \int_{0}^{p} \left[\frac{\partial (v/T)}{\partial T} \right] dp. \qquad (12.19c)$$

12.3   Die Entropie als Funktion der thermischen Zustandsgrößen

Unter Verwendung der in Abschn. 12.2 hergeleiteten Beziehungen für die vollständigen Differentiale du und dh lassen sich nunmehr in einfacher Weise die entsprechenden Zusammenhänge für die Differentiale der Entropiefunktionen $s(T, v)$ sowie $s(T, p)$ formulieren.

Setzt man in die Fundamentalgleichungen

$$ds = \frac{du}{T} + \frac{p}{T}\, dv \quad \text{bzw.}$$

$$ds = \frac{dh}{T} - \frac{v}{T}\, dp$$

die Ausdrücke (12.15) bzw. (12.16) ein, ergeben sich für die vollständigen Differentiale der Entropie folgende Ausdrücke:

$$ds = c_v(T, v) \frac{dT}{T} + \left(\frac{\partial p}{\partial T} \right)_v dv, \qquad (12.20)$$

$$ds = c_p(T, p) \frac{dT}{T} - \left(\frac{\partial v}{\partial T} \right)_p dp. \qquad (12.21)$$

Die Integration dieser Differentiale von einem Zustand 1 zu einem Zustand 2 muss wie bereits in Abschn. 12.2 dargelegt schrittweise bei konstanten Werten T und v bzw. p erfolgen. Entscheidend ist dabei, welche Funktionen $c_v(T, v)$ bzw. $c_p(T, p)$ vorgegeben sind (vgl. Abb. 12.1).

Vergleicht man die Koeffizienten der Gln. 12.20 und 12.21 mit den totalen Differentialen beider Entropiefunktionen,

$$ds = \left(\frac{\partial s}{\partial T} \right)_v dT + \left(\frac{\partial s}{\partial v} \right)_T dv,$$

$$ds = \left(\frac{\partial s}{\partial T} \right)_p dT + \left(\frac{\partial s}{\partial p} \right)_T dp,$$

erhält man folgende Zusammenhänge:

$$\left(\frac{\partial s}{\partial T}\right)_v = \frac{c_v}{T}, \tag{12.22}$$

$$\left(\frac{\partial s}{\partial T}\right)_p = \frac{c_p}{T}, \tag{12.23}$$

$$\left(\frac{\partial s}{\partial v}\right)_T = \left(\frac{\partial p}{\partial T}\right)_v, \tag{12.24}$$

$$\left(\frac{\partial s}{\partial p}\right)_T = -\left(\frac{\partial v}{\partial T}\right)_p. \tag{12.25}$$

Man kann die Entropie auch als Funktion der beiden unabhängigen Variablen p und v darstellen. Das vollständige Differential der Funktion $s(p,v)$ ist

$$ds = \left(\frac{\partial s}{\partial p}\right)_v dp + \left(\frac{\partial s}{\partial v}\right)_p dv. \tag{12.26}$$

Setzt man darin unter Berücksichtigung der Gln. 12.22 und 12.23

$$\left(\frac{\partial s}{\partial p}\right)_v = \left(\frac{\partial s}{\partial T}\right)_v \left(\frac{\partial T}{\partial p}\right)_v = \frac{c_v}{T}\left(\frac{\partial T}{\partial p}\right)_v$$

und

$$\left(\frac{\partial s}{\partial v}\right)_p = \left(\frac{\partial s}{\partial T}\right)_p \left(\frac{\partial T}{\partial v}\right)_p = \frac{c_p}{T}\left(\frac{\partial T}{\partial v}\right)_p,$$

so wird

$$ds = \frac{c_v}{T}\left(\frac{\partial T}{\partial p}\right)_v dp + \frac{c_p}{T}\left(\frac{\partial T}{\partial v}\right)_p dv. \tag{12.27}$$

Für *ideale Gase* gilt $p = \frac{RT}{v}$ bzw. $v = \frac{RT}{p}$.
Berechnet man hierfür die partiellen Ableitungen in den Gln. 12.20 und 12.21,

$$\left(\frac{\partial p}{\partial T}\right)_v = \frac{R}{v} \quad \text{und} \quad \left(\frac{\partial v}{\partial T}\right)_p = \frac{R}{p},$$

erhält man die bekannten Beziehungen für *ideale Gase*

$$ds = c_v(T)\frac{dT}{T} + R\frac{dv}{v}$$

und

$$ds = c_p(T)\frac{dT}{T} - R\frac{dp}{p}.$$

12.4 Die spezifischen Wärmekapazitäten

Differenziert man c_p in Gl. 12.23 partiell nach p bei konstantem T, so erhält man

$$\left(\frac{\partial c_p}{\partial p}\right)_T = T\frac{\partial^2 s}{\partial T \partial p}.$$

Andererseits ergibt Gl. 12.25 bei nochmaligem Differenzieren

$$\frac{\partial^2 s}{\partial p \partial T} = -\left(\frac{\partial^2 v}{\partial T^2}\right)_p.$$

Daraus folgt wegen der Gleichheit der gemischten Ableitungen (Satz von Schwarz) die *Clausiussche Differentialgleichung*

$$\left(\frac{\partial c_p}{\partial p}\right)_T = -T\left(\frac{\partial^2 v}{\partial T^2}\right)_p, \tag{12.28}$$

welche die Änderung von c_p längs der Isotherme für einen kleinen Druckanstieg verknüpft mit dem zweiten Differentialquotienten $(\partial^2 v/\partial T^2)_p$ eines isobaren Weges auf der p,v,T-Zustandsfläche.

Integrieren wir Gl. 12.28 längs einer Isotherme, vom Druck Null beginnend, so wird

$$c_p(p,T) - c_p(p=0,T) = \int_0^p \left(\frac{\partial c_p}{\partial p}\right)_T dp = -T\int_0^p \left(\frac{\partial^2 v}{\partial T^2}\right)_p dp.$$

Dabei ist $c_p(p=0,T)$ die spezifische Wärmekapazität $c_p^\circ(T)$ des idealen Gases, und wir können schreiben

$$c_p = c_p^\circ - T\int_0^p \left(\frac{\partial^2 v}{\partial T^2}\right)_p dp. \tag{12.29}$$

In entsprechender Weise kann man c_v in Gl. 12.22 bei konstantem T partiell nach v differenzieren und erhält dann mit Hilfe von Gl. 12.24 für c_v die Differentialgleichung

$$\left(\frac{\partial c_v}{\partial v}\right)_T = T\left(\frac{\partial^2 p}{\partial T^2}\right)_v. \tag{12.30}$$

Die Differenz der spezifischen Wärmekapazitäten $c_p - c_v$ ist bei Dämpfen nicht mehr gleich R wie beim idealen Gas. Setzt man die beiden Ausdrücke (12.20) und (12.21) für das Differential der Entropie einander gleich, so erhält man

$$c_p - c_v = T\left[\left(\frac{\partial p}{\partial T}\right)_v \frac{\partial v}{\partial T} + \left(\frac{\partial v}{\partial T}\right)_p \frac{\partial p}{\partial T}\right]. \tag{12.31}$$

Da die Veränderlichen p, v und T durch die Zustandsgleichung verknüpft sind, gilt

$$dv = \left(\frac{\partial v}{\partial T}\right)_p dT + \left(\frac{\partial v}{\partial p}\right)_T dp.$$

Ersetzt man damit dv in Gl. 12.31 durch dT und dp und beachtet, dass wegen Gl. 3.9

$$\left(\frac{\partial p}{\partial T}\right)_v \left(\frac{\partial v}{\partial p}\right)_T + \left(\frac{\partial v}{\partial T}\right)_p = 0$$

ist, so erhält man

$$c_p - c_v = T \left(\frac{\partial p}{\partial T}\right)_v \left(\frac{\partial v}{\partial T}\right)_p. \qquad (12.32a)$$

Mit der Definition des Ausdehnungskoeffizienten β (Gl. 3.6)

$$\left(\frac{\partial v}{\partial T}\right)_p = \beta v$$

und der Definition des Spannungskoeffizienten γ (Gl. 3.7)

$$\left(\frac{\partial p}{\partial T}\right)_v = \gamma p$$

kann man Gl. 12.32a auch wie folgt schreiben

$$c_p - c_v = T p v \beta \gamma. \qquad (12.32b)$$

Unter Verwendung von Gl. 3.10 ergibt sich

$$c_p - c_v = T v \frac{\beta^2}{\chi} \qquad (12.32c)$$

mit χ als dem isothermen Kompressibilitätskoeffizienten nach Gl. 3.8.

Wendet man die Beziehungen (12.32a) auf die Zustandsgleichung des idealen Gases an, so muss die rechte Seite, wie man sich leicht überzeugt, natürlich R ergeben.

Thermodynamische Eigenschaften der Materie 13

Gegenstand aller bisherigen Betrachtungen waren allgemein gültige Bilanzen und Zusammenhänge zwischen thermodynamischen Zustandsgrößen. Diese sind vollkommen unabhängig vom Verhalten konkreter Stoffe. Wir hatten lediglich als einfachste Modellsubstanzen das ideale Gas und die ideale inkompressible Flüssigkeit eingeführt, die nur Grenzfälle des realen Stoffverhaltens darstellen und deren Verhalten durch einfachste thermodynamische und kalorische Zustandsgleichungen beschrieben werden kann.

In diesem Kapitel wollen wir uns mit dem Verhalten realer Stoffe im gesamten fluiden und festen Zustandsbereich befassen. Die dabei auftretenden Phänomene, z. B. bei Phasenübergängen zwischen festen, flüssigen und gasförmigen Phasen sind für alle Stoffe prinzipiell gleich. Unterschiede ergeben sich lediglich in den Temperatur- und Druckbereichen, in denen gewisse Phänomene auftreten.

Im Mittelpunkt der Betrachtungen steht die Darstellung des Stoffverhaltens in Zustandsdiagrammen und dessen Beschreibung durch thermische und kalorische Zustandsgleichungen.

Es sei an dieser Stelle vermerkt, dass aus der phänomenologischen Thermodynamik keinerlei Aussagen über das reale Stoffverhalten abgeleitet werden können. Stoffeigenschaften werden in der Regel aus Messungen ermittelt, mathematisch korreliert und dann in Form von Zustandsgleichungen oder Diagrammen dargestellt.

Das Verhalten realer Stoffe ist insbesondere dadurch gekennzeichnet, dass diese in *festen*, *flüssigen* und *gasförmigen Phasen* vorliegen können. Phasenwechselvorgänge, auch *Phasenübergänge* genannt, spielen in technischen Prozessen eine bedeutende Rolle.

Den Übergang von einer festen in eine flüssige Phase bezeichnet man als *Schmelzen*, den umgekehrten Vorgang als *Erstarren* oder *Gefrieren*.

Den Übergang von einer festen in eine gasförmige Phase bezeichnet man als *Sublimation*, den umgekehrten Vorgang als *Desublimation*.

Den Begriff *Verdampfen* verwendet man für den Übergang eines Stoffes von der flüssigen in die gasförmige Phase. Den umgekehrten Vorgang bezeichnet man als *Kondensieren* oder *Verflüssigen*.

P. Stephan, K. Schaber, K. Stephan, F. Mayinger, *Thermodynamik*, Springer-Lehrbuch,
DOI 10.1007/978-3-642-30098-1_13, © Springer-Verlag Berlin Heidelberg 2013

Als *Dämpfe* bezeichnet man Gase in der Nähe ihrer Verflüssigung. Man nennt einen Dampf *gesättigt*, wenn schon eine beliebig kleine Temperatursenkung ihn verflüssigt; er heißt *überhitzt*, wenn es dazu einer endlichen Temperatursenkung bedarf. Gase sind nichts anderes als stark überhitzte Dämpfe. Da sich alle Gase verflüssigen lassen, besteht kein grundsätzlicher Unterschied zwischen Gasen und Dämpfen; bei genügend hoher Temperatur und niedrigen Drücken nähert sich das Verhalten beider dem des idealen Gases.

Flüssigkeiten und Gase bzw. Dämpfe werden auch als *Fluide* bezeichnet.

13.1   Thermische Zustandsgrößen und *p,v,T*-Diagramme

Als wichtigstes Beispiel eines realen Stoffes behandeln wir Wasser, doch verhalten sich andere Stoffe, wie z. B. Kohlendioxid, Ammoniak, Schwefeldioxid, Luft, Sauerstoff, Stickstoff, Quecksilber usw. ganz ähnlich, nur liegen die Zustände vergleichbaren Verhaltens in anderen Druck- und Temperaturbereichen.

Im Vordergrund unserer Betrachtungen stehen dabei fluide Phasen und deren Phasenübergänge, aufgrund ihrer Bedeutung in der Technik.

Bei der Verflüssigung trennt sich die Flüssigkeit vom Dampf längs einer deutlich erkennbaren Grenzfläche, bei deren Überschreiten sich gewisse Eigenschaften des Stoffes, wie z. B. Dichte, innere Energie, Brechungsindex usw., sprunghaft ändern, obgleich Druck und Temperatur dieselben Werte behalten. Eine Grenzfläche gleicher Art tritt beim Erstarren zwischen der Flüssigkeit und dem festen Körper auf. Man bezeichnet solche trotz gleichen Druckes und gleicher Temperatur durch sprunghafte Änderungen der Eigenschaften unterschiedene Zustandsgebiete als „Phasensysteme“, wie bereits in Abschn. 1.4 erläutert wurde. Eine Phase braucht nicht aus einem chemisch einheitlichen Stoff zu bestehen, sondern kann auch ein Gemisch aus mehreren Stoffen sein, z. B. ein Gasgemisch, eine Lösung oder ein Mischkristall. Da sich Gase stets unbeschränkt mischen, wenn man von extrem hohen Drücken absieht, kann ein aus mehreren chemischen Bestandteilen zusammengesetztes gasförmiges System nur eine Gasphase haben. Dagegen sind immer so viele flüssige und feste Phasen vorhanden wie nicht miteinander mischbare Bestandteile. Auch ein chemisch einheitliches System kann mehr als eine feste Phase haben, wenn es in verschiedenen Modifikationen vorkommt (Allotropie).

In einem Zylinder befinde sich 1 kg Wasser von 0 °C unter konstantem, etwa nach Abb. 13.1 durch einen belasteten Kolben hervorgerufenem Druck.

Erwärmen wir das Wasser, so zieht es sich zunächst ein wenig zusammen, erreicht sein kleinstes Volumen bei +4 °C, falls der Druck gleich 1 bar ist, und dehnt sich dann bei weiterer Erwärmung wieder aus.

Diese Volumenabnahme des Wassers bei Erwärmung von 0 auf 4 °C ist eine ungewöhnliche, bei anderen Flüssigkeiten nicht auftretende Erscheinung. Man erklärt sie damit, dass im Wasser außer H_2O-Molekülen auch noch die Molekülarten H_4O_2 und H_6O_3 vorhanden sind, die verschiedene Dichten haben und deren Mengenverhältnis von der Temperatur abhängt. Sind nun bei höherer Temperatur verhältnismäßig mehr Moleküle der dichteren

Abb. 13.1 Die Verdampfung

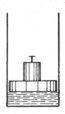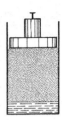

Arten vorhanden, so tritt eine Volumenabnahme auf, obwohl jede Molekülart ihr Volumen mit steigender Temperatur vergrößert.

Wenn bei dem konstant gehaltenen Druck von 1 bar die Temperatur von rund 100 °C (genau 99,632 °C) erreicht wird, beginnt sich aus dem Wasser unter sehr erheblicher Volumenvergrößerung Dampf von gleicher Temperatur zu bilden. Solange noch Flüssigkeit vorhanden ist, bleibt die Temperatur trotz weiterer Wärmezufuhr unverändert. Man nennt den Zustand, bei dem sich flüssiges Wasser und Dampf im Gleichgewicht befinden, Sättigungszustand, gekennzeichnet durch Sättigungsdruck und Sättigungstemperatur. Erst nachdem alles Wasser zu Dampf geworden ist, dessen Volumen bei 100 °C das 1673fache des Volumens von Wasser bei +4 °C beträgt, steigt die Temperatur des Dampfes weiter an, und der Dampf geht aus dem gesättigten in den überhitzten Zustand über.

Führt man den Verdampfungsvorgang bei verschiedenen Drücken durch, so ändert sich die Verdampfungstemperatur. Die Abhängigkeit des Sättigungsdruckes von der Sättigungstemperatur heißt *Dampfdruckkurve*, sie ist in Abb. 13.2 für einige technisch wichtige Stoffe dargestellt.

Die Dampfdruckkurve beginnt im *Tripelpunkt*. Er kennzeichnet den Zustand, in dem die drei Phasen Gas, Flüssigkeit und Festkörper miteinander im Gleichgewicht stehen. Sie endet im kritischen Punkt, in dem flüssige und gasförmige Phase stetig ineinander übergehen.

Verdampft man bei verschiedenen Drücken und trägt die beobachteten spezifischen Volumina der Flüssigkeit bei Sättigungstemperatur vor der Verdampfung und des gesättigten Dampfes nach der Verdampfung, die wir von jetzt ab mit v' und v'' bezeichnen wollen, in einem p,v-Diagramm auf, so erhält man zwei Kurven a und b der Abb. 13.3, die linke und die rechte Grenzkurve.

Bei nicht zu hohen Drücken verläuft die linke Grenzkurve fast parallel zur Ordinate. Mit steigendem Druck wird die Volumenzunahme $v'' - v'$ bei der Verdampfung immer kleiner, die beiden Kurven nähern sich und gehen schließlich, wie Abb. 13.3 zeigt, in einem Punkt K ineinander über, den man als *kritischen Punkt* bezeichnet. Für ihn gilt:

$$\left(\frac{\partial p}{\partial v}\right)_T = 0 \quad \text{und} \quad \left(\frac{\partial^2 p}{\partial v^2}\right)_T = 0.$$

Wärmezufuhr bei höheren Drücken verursacht nur ein stetiges Steigen der Temperatur und eine stetige Volumenzunahme, ohne dass der Stoff sich in eine flüssige und eine gasförmige

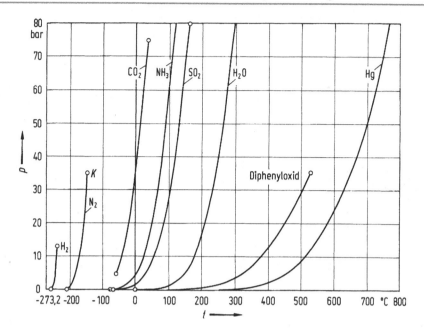

Abb. 13.2 Dampfdruckkurven einiger Stoffe

Phase trennt. Die flüssige Phase geht kontinuierlich in die Gasphase über, ohne dass eine Phasengrenze wahrnehmbar ist. In Dampfkesseln wird manchmal eine solche Erwärmung von Wasser oberhalb des kritischen Druckes ausgeführt.

Der Druck, bei dem die Verdampfung, d. h. die Volumenzunahme durch Wärmezufuhr unter konstantem Druck ohne gleichzeitigen Temperaturanstieg, gerade aufhört und die flüssige Phase kontinuierlich in die Gasphase überzugehen beginnt, heißt kritischer Druck p_k, die zugehörige Temperatur kritische Temperatur T_k, und das dabei vorhandene spezifische Volumen ist das kritische Volumen v_k. Bei Wasser liegt nach den neuesten Untersuchungen der kritische Punkt bei p_k = 220,64 bar und T_k = 647,096 K (373,946 °C), und das kritische Volumen beträgt v_k = 3,106 × 10^{-3} m^3/kg[1].

In Tab. 13.1 sind die kritischen Daten einiger technisch wichtiger Stoffe angegeben. Das kritische Volumen ist in allen Fällen rund dreimal so groß wie das spezifische Volumen der Flüssigkeit bei kleinen Drücken in der Nähe ihres Erstarrungspunktes. Bei den meisten organischen Fluiden liegt der kritische Druck zwischen 30 und 80 bar.

Damit ein Dampf sich merklich wie ein ideales Gas verhält, hatten wir bisher verlangt, dass er noch genügend weit von der Verflüssigung entfernt ist. Besser würden wir sagen: sein Druck muss klein gegen den kritischen sein, denn bei kleinen Drücken verhält sich ein Dampf auch in der Nähe der Verflüssigung noch mit guter Annäherung wie ein ideales

---

[1] Vgl. hierzu Wagner, W. et al.: The IAPWS Industrial Formulation 1997 for the Thermodynamic Properties of Water and Steam. Transactions of the ASME, Vol. 122 (2000) 150–182.

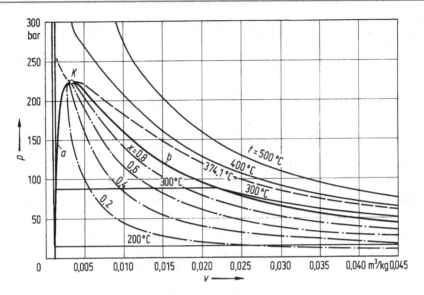

Abb. 13.3 *p,v*-Diagramm des Wassers

Gas. Da der kritische Druck fast aller Stoffe groß gegen den atmosphärischen ist, weicht das Verhalten ihrer Dämpfe bei atmosphärischem Druck nur wenig von dem des idealen Gases ab.

Verdichtet man überhitzten Dampf bei konstanter Temperatur, z. B. bei 300 °C, durch Verkleinern seines Volumens, so nimmt der Druck ähnlich wie bei einem idealen Gas nahezu nach einer Hyperbel zu, vgl. Abb. 13.3. Sobald der Sättigungsdruck erreicht ist, beginnt die Kondensation, und das Volumen verkleinert sich ohne Steigen des Druckes so lange, bis aller Dampf verflüssigt ist. Verkleinert man das Volumen noch weiter, so steigt der Druck stark an, da Flüssigkeiten ihrer Kompression einen hohen Widerstand entgegensetzen. Trägt man das Ergebnis solcher bei verschiedenen konstanten Temperaturen durchgeführten Verdichtungen in ein *p,v*-Diagramm ein, so erhält man die Isothermenschar der Abb. 13.3. Bei Temperaturen unterhalb der kritischen liegt zwischen den Grenzkurven ein waagerechtes Stück, dessen Punkte Gemischen aus Dampf und Wasser entsprechen und das mit steigender Temperatur immer kürzer wird und im kritischen Punkt zu einem waagerechten Linienelement zusammenschrumpft. Hier geht die Isotherme des Dampfes in einem Wendepunkt mit waagerechter Wendetangente stetig in die der Flüssigkeit über. Bei noch höheren Temperaturen bleibt der Wendepunkt zunächst noch erhalten, aber die Wendetangente richtet sich auf, bis sich schließlich der Kurvenverlauf immer mehr glättet und sich den hyperbelförmigen Isothermen des idealen Gases angleicht.

Verdichtet man ein Gas bei einer Temperatur oberhalb der kritischen, so tritt bei keinem noch so hohen Druck eine Trennung in eine flüssige und eine gasförmige Phase ein, man kann also nicht sagen, wo der gasförmige Zustand aufhört und der flüssige beginnt. Man

Tabelle 13.1 Kritische Daten einiger Stoffe, geordnet nach den kritischen Temperaturen

	Zeichen	$\overline{M}$ kg/kmol	p_k bar	T_k K	v_k dm^3/kg
Quecksilber	Hg	200,59	1490	1765	0,213
Anilin	C_6H_7N	93,1283	53,1	698,7	2,941
Wasser	H_2O	18,0153	220,64	647,1	3,106
Benzol	C_6H_6	78,1136	48,98	562,1	3,311
Ethylalkohol	C_2H_5OH	46,0690	61,37	513,9	3,623
Diethylether	$C_4H_{10}O$	74,1228	36,42	466,7	3,774
Ethylchlorid	C_2H_5Cl	64,5147	52,7	460,4	2,994
Schwefeldioxid	SO_2	64,0588	78,84	430,7	1,901
Methylchlorid	CH_3Cl	50,4878	66,79	416,3	2,755
Ammoniak	NH_3	17,0305	113,5	405,5	4,255
Chlorwasserstoff	HCl	36,4609	83,1	324,7	2,222
Distickstoffmonoxid	N_2O	44,0128	72,4	309,6	2,212
Acetylen	C_2H_2	26,0379	61,39	308,3	4,329
Ethan	C_2H_6	30,0696	48,72	305,3	4,926
Kohlendioxid	CO_2	44,0098	73,84	304,2	2,156
Ethylen	C_2H_4	28,0528	50,39	282,3	4,651
Methan	CH_4	16,0428	45,95	190,6	6,173
Stickstoffmonoxid	NO	30,0061	65	180	1,901
Sauerstoff	O_2	31,999	50,43	154,6	2,294
Argon	Ar	39,948	48,65	150,7	1,873
Kohlenmonoxid	CO	28,0104	34,98	132,9	3,322
Luft	–	28,953	37,66	132,5	3,195
Stickstoff	N_2	28,0134	33,9	126,2	3,195
Wasserstoff	H_2	2,0159	12,97	33,2	32,26
Helium-4	He	4,0026	2,27	5,19	14,29

[1] Zusammengestellt nach:
Rathmann, D.; Bauer, J.; Thompson, Ph.A.: Max-Planck-Inst. f. Strömungsforschung, Göttingen. Bericht 6/1978. Atomic weight of elements 1981. Pure Appl. Chem. 55 (1983) 7, 1112–118. Ambrose, D.: Vapour-liquid critical properties. Nat. Phys. Lab., Teddington 1980.

glaubte daher früher, dass es sog. permanente, d. h. nicht verflüssigbare Gase gäbe. Erst nachdem die Technik tiefer Temperaturen gelehrt hatte, die kritischen Temperaturen dieser Gase zu unterschreiten, gelang es, sie zu verflüssigen.

Die Kurvenschar der Abb. 13.3 ist nichts anderes als eine graphische Darstellung der Zustandsgleichung eines Fluids. Man kann sie als eine Fläche im Raum mit den Koordinaten p, v, t ansehen, ebenso wie wir das mit der Zustandsgleichung des idealen Gases getan hatten. In Abb. 13.4 ist diese Fläche perspektivisch dargestellt.

Abb. 13.4 Zustandsfläche des Wassers (fluider Bereich) in perspektivischer Darstellung

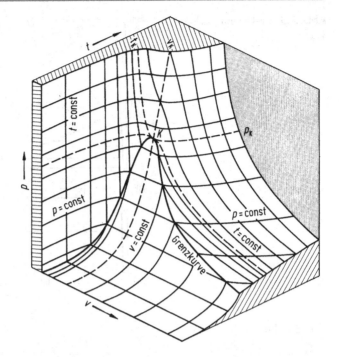

Das zwischen den Grenzkurven liegende Stück ist dabei nicht doppelt gekrümmt wie die übrige Fläche, sondern in eine Ebene abwickelbar.

Schneidet man die Fläche durch Ebenen parallel zur v,t-Ebene und projiziert die Schnittkurven auf diese, so erhält man die Darstellung der Zustandsgleichung durch Isobaren in der t,v-Ebene nach Abb. 13.5.

Eine dritte Darstellung nach Abb. 13.6 durch Isochoren in der p,t-Ebene erhält man als Schar der Schnittkurven der Zustandsfläche mit den Ebenen $v = $ const; hierbei fallen die beiden Äste der Grenzkurve bei der Projektion in eine Kurve zusammen, die nichts anderes ist als die uns schon bekannte Dampfdruckkurve, die, wie wir sehen, im kritischen Punkt endet.

Außerhalb der Grenzkurven ist der Zustand des Dampfes oder der Flüssigkeit stets durch zwei beliebige Zustandsgrößen gekennzeichnet. Zwischen den Grenzkurven ist durch eine der beiden Angaben von p oder T die andere mitbestimmt, da während des ganzen Verdampfungsvorganges p und T unverändert bleiben. Es wächst aber das spezifische Volumen, über das wir nun eine Angabe machen müssen.

Dazu bezeichnet man den *Dampfgehalt*, d. h. den jeweils verdampften Bruchteil des Stoffes, mit x und definiert ihn durch die Beziehung

$$x = \frac{\text{Masse } M'' \text{ des gesättigten Dampfes}}{\text{Masse } M' \text{ der siedenden Flüssigkeit} + \text{Masse } M'' \text{ des gesättigten Dampfes}}$$

Abb. 13.5 t,v-Diagramm des
Wassers

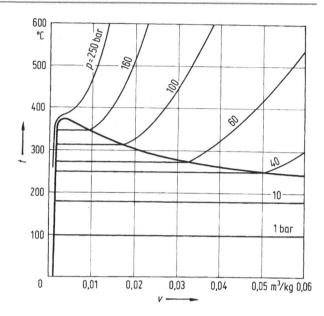

oder abgekürzt

$$x = \frac{M''}{M' + M''}. \qquad (13.1)$$

Somit ist für die siedende Flüssigkeit an der linken Grenzkurve $x = 0$, da $M'' = 0$ ist,
während für den trocken gesättigten Dampf an der rechten Grenzkurve $x = 1$ ist, da $M' = 0$

Abb. 13.6 p,t-Diagramm des
Wassers

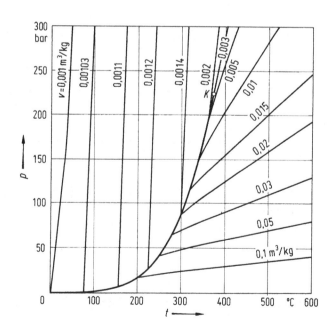

wird. Die linke Grenzkurve nennt man *Siedelinie*, die rechte *Taulinie*. Das Volumen V des nassen Dampfes setzt sich zusammen aus dem Volumen $M'v'$ der siedenden Flüssigkeit und dem Volumen $M''v''$ des gesättigten Dampfes

$$V = M'v' + M''v''.$$

Das spezifische Volumen $v = V/(M' + M'')$ des Dampf-Wasser-Gemisches, das man auch als *Nassdampf* bezeichnet, ist somit

$$v = \frac{V}{M' + M''} = \frac{M'}{M' + M''}\, v' + \frac{M''}{M' + M''}\, v'',$$

woraus sich mit der Definition des Dampfgehaltes die Beziehung

$$v = (1 - x)v' + xv''$$

oder

$$v = v' + x(v'' - v') \tag{13.2}$$

ergibt.

In Abb. 13.3 sind Kurven gleichen Dampfgehaltes für einige Werte von x eingezeichnet, sie teilen die Verdampfungsgeraden zwischen den Grenzkurven in gleichen Verhältnissen.

Da das Volumen der Flüssigkeit und erst recht seine Änderung durch Druck und Temperatur sehr klein sind, fallen die Isothermen des p,v-Diagramms und die Isobaren des T,v-Diagramms sehr nahe mit der Grenzkurve zusammen, und diese selber verläuft dicht neben der Achse.

Die Abweichungen des Verhaltens des Wasserdampfes von der Zustandsgleichung der idealen Gase zeigt Abb. 13.7, in der pv/T über t für verschiedene Drücke dargestellt ist. Für den Druck Null ist dieser Ausdruck gleich der Gaskonstanten R. Das Verhältnis $(pv)/(RT)$ ist für ideale Gase gleich eins, weicht aber für reale Gase hiervon ab.

Um einen Begriff von der ungefähren Größe der Abweichungen zu geben, sind in Tab. 13.2 nach Span[2] für Luft und in Tab. 13.3 nach Bender[3] für Normal-Wasserstoff berechnete Werte des Ausdruckes $(pv)/(RT)$ angegeben, den man Realgasfaktor nennt.

Bei den Drücken von etwa 20 bar erreichen die Abweichungen vom idealen Gaszustand bei Luft und Wasserstoff die Größenordnung 1 %. Bis zum atmosphärischen Druck sind sie bei allen Gasen praktisch zu vernachlässigen.

Bei höheren Drücken, besonders in der Nähe der Verflüssigung, werden die Abweichungen größer. In Abb. 13.8 ist für Kohlendioxid der Wert des Produktes $p\overline{V}$ über dem Druck für verschiedene Temperaturen bis zu Drücken von 1000 bar aufgetragen. Wäre Kohlendioxid ein ideales Gas, so müssten alle Isothermen vom linken Rand der Abbildung an als waagerechte Geraden verlaufen.

[2] Span, R.; Stoffwerte von Luft. VDI-Wärmeatlas, Kap. Dbb, 10. Auflage, Springer 2006.
[3] Bender, E.: Zustandsgleichung für Normal-Wasserstoff im Temperaturbereich von 18 K bis 700 K und für Drücke bis 500 bar. VDI-Forschungsheft 609 (1982) 15–20.

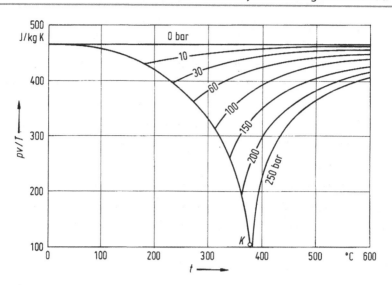

Abb. 13.7 $\frac{pv}{T}$, t-Diagramm des Wasserdampfes

In Wirklichkeit sinken sie mit steigendem Druck, erreichen ein Minimum und steigen dann wieder. Durch die Minima aller Kurven ist die gestrichelte Kurve gelegt. Bei der Isothermen für ungefähr 500 °C liegt dieses Minimum gerade auf der Ordinatenachse. Für diese Temperatur ist also $p\overline{V}$ bis zu Drücken von über 100 bar praktisch konstant. In jedem Minimum ist $\left(\frac{\partial(pv)}{\partial p}\right)_T = 0$ und somit das Produkt aus pv nur von der Temperatur abhängig, wie es das Boylesche Gesetz für ideale Gase verlangt. Man bezeichnet die gestrichelte Kurve daher auch als „Boyle-Kurve" und ihren Wert bei $p = 0$ als „Boyle-Temperatur". Das schraffierte Gebiet am linken unteren Rand der Abb. 13.8 entspricht dem Verflüssi-

Tabelle 13.2 Werte von $(pv)/(RT)$ für Luft

$t =$	0 °C	50 °C	100 °C	150 °C	200 °C
$p =$ 0	1	1	1	1	1
10	0,9944	0,9989	1,0012	1,0024	1,0031
20	0,9893	0,9982	1,0027	1,0051	1,0064
30	0,9849	0,9979	1,0045	1,0080	1,0098
40	0,9810	0,9980	1,0066	1,0111	1,0134
50	0,9777	0,9986	1,0089	1,0143	1,0171
60	0,9750	0,9994	1,0115	1,0177	1,0210
70	0,9729	1,0007	1,0143	1,0213	1,0249
80	0,9714	1,0022	1,0173	1,0251	1,0290
90	0,9706	1,0042	1,0206	1,0290	1,0332
100 bar	0,9704	1,0065	1,0241	1,0330	1,0374

Abb. 13.8 Abweichungen des
Kohlendioxids vom Verhalten
des idealen Gases

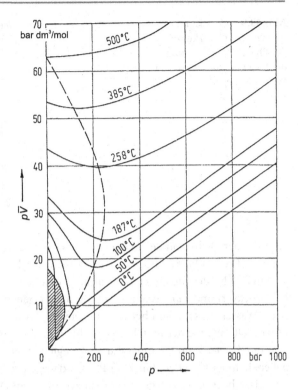

gungsbereich unter der Grenzkurve. Für Luft liegt die Boyle-Temperatur bei +75 °C, für
Normal-Wasserstoff bei −164 °C.

Die bisher für die fluiden Zustandsgebiete durchgeführten Betrachtungen wollen wir
nun auf das Erstarren und den festen Zustand erweitern.

Tabelle 13.3 Werte von $(pv)/(RT)$ für Normal-Wasserstoff

$t =$	−150 °C	−100 °C	−50 °C	0 °C	50 °C	100 °C	200 °C
$p =$ 0	1	1	1	1	1	1	1
10	1,0043	1,0069	1,0068	1,0063	1,0057	1,0051	1,0043
20	1,0092	1,0140	1,0137	1,0125	1,0113	1,0102	1,0085
30	1,0146	1,0212	1,0206	1,0188	1,0170	1,0153	1,0128
40	1,0207	1,0285	1,0275	1,0250	1,0226	1,0204	1,0170
50	1,0274	1,0361	1,0345	1,0313	1,0282	1,0255	1,0212
60	1,0348	1,0438	1,0415	1,0376	1,0338	1,0306	1,0254
70	1,0430	1,0517	1,0486	1,0439	1,0394	1,0356	1,0296
80	1,0518	1,0598	1,0558	1,0502	1,0451	1,0407	1,0338
90	1,0613	1,0681	1,0630	1,0566	1,0507	1,0457	1,0380
100 bar	1,0715	1,0766	1,0703	1,0630	1,0564	1,0508	1,0421

Abb. 13.9 p,T-Diagramm mit den drei Grenzkurven der Phasen. (Die Steigung der Schmelzdruckkurve von Wasser ist negativ, *gestrichelte Kurve*)

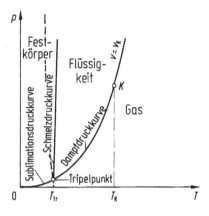

Nach der Definition des Eispunktes gefriert Wasser bei einem Druck von 1,01325 bar bei 0 °C. Da sich Wasser beim Gefrieren ausdehnt, kann man durch Drucksteigerung, also durch Behinderung dieser Ausdehnung, den Gefrierpunkt senken, umgekehrt muss er bei Druckverminderung steigen. Unter seinem eigenen Dampfdruck von 0,006112 bar gefriert Wasser daher schon bei 0,01 °C. Diesen Zustand, bei dem Flüssigkeit, Dampf und fester Stoff miteinander im Gleichgewicht sind, nannten wir den Tripelpunkt. Nur in diesem durch Druck und Temperatur festgelegten Punkt können alle drei Phasen dauernd nebeneinander bestehen. Für zwei Phasen dagegen, z. B. Dampf und Wasser oder Wasser und Eis, gibt es innerhalb gewisser Grenzen zu jedem Druck eine Temperatur, bei der beide Phasen gleichzeitig existieren. Man erkennt dies deutlich aus Abb. 13.9. Darin sind die gasförmige und die flüssige Phase durch die Dampfdruckkurve, die flüssige und die feste Phase durch die Schmelzdruckkurve und die feste und die gasförmige Phase durch die sog. Sublimationsdruckkurve voneinander getrennt.

Der Tripelpunkt legt für jeden Stoff ohne weitere Angabe ein bestimmtes Wertepaar von Druck und Temperatur fest in ähnlicher Weise wie der kritische Punkt. Deshalb wurde auch die thermodynamische Temperaturskala durch den Tripelpunkt des Wassers mit dem vereinbarten Wert 273,16 K festgelegt. Der Tripelpunkt des Wassers liegt so nahe am normalen Eispunkt, dass eine Unterscheidung beider in der Regel nicht notwendig ist. Für sehr genaue Untersuchungen ist auch zu beachten, dass der normale Eispunkt nicht genau auf der Grenzkurve liegt.

Wie bereits zu Beginn des Kapitels angedeutet, verhalten sich alle reinen Stoffe ähnlich, nur liegen die Bereiche, in denen Phasenübergänge möglich sind, bei sehr unterschiedlichen Drücken und Temperaturen.

In Abb. 13.10 ist die vollständige thermische Zustandsfläche eines reinen Stoffes schematisch dargestellt. Man erkennt die einphasigen Gebiete des Festkörpers, der Flüssigkeit und des Gases. Die beiden letztgenannten Bereiche gehen oberhalb des kritischen Punktes in einander über. In den zweiphasigen Gebieten, also dem Sublimationsgebiet, dem Schmelzgebiet und dem Nassdampfgebiet stehen jeweils zwei Phasen im thermodynamischen Gleichgewicht.

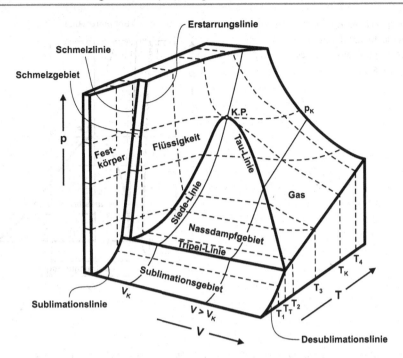

Abb. 13.10   Die thermische Zustandsfläche eines reinen Stoffes

Das Nassdampfgebiet wird durch *Siede-* und *Taulinie*[4] begrenzt, das Sublimationsgebiet durch *Sublimations-* und *Desublimationslinie*, das Schmelzgebiet durch *Schmelz-* und *Erstarrungslinie*.

Die Tripellinie kennzeichnet das Dreiphasengleichgewicht am Tripelpunkt und erlaubt die spezifischen Volumina der festen, flüssigen und gasförmigen Phase beim Tripelpunktsdruck und der Tripelpunktstemperatur abzulesen.

Die Projektion der thermischen Zustandsfläche auf die p,v-Ebene zeigt Abb 13.11. Wie zuvor bei Abb. 13.10 sind die drei einphasigen und die drei zweiphasigen Zustandsgebiete zu erkennen.

Im Gegensatz zu allen anderen Stoffen weist Wasser Anomalien auf, die bereits erwähnt wurden. So ist die Dichte von Eis geringer, als die des flüssigen Wassers, bzw. das spez. Volumen des Eises ist größer als das des Wassers. Somit gelten Abb. 13.10 und 13.11 nicht für Wasser. Bei Wasser liegt das Schmelzgebiet vor dem Nassdampfgebiet.

Die geringere Dichte des Eises hat zur Folge, dass Eis auf Wasser schwimmt. Bei allen anderen Stoffen sinkt die feste Phase aufgrund der höheren Dichte in der Flüssigkeit ab. Auf eine weitere Anomalie des Wassers wurde in Abb 13.9 hingewiesen. Die nach links geneigte

---

[4] Der Begriff Taulinie hat sich international durchgesetzt, obwohl eigentlich „Kondensationslinie" der richtige Begriff wäre.

Abb. 13.11 Projektion der Zustandsfläche auf die p,V-Ebene (p,V-Diagramm) eines reinen Stoffes

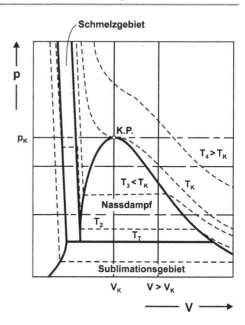

Schmelzdruckkurve bedeutet, dass Eis unter Druck schmilzt. Dieser Effekt ermöglicht u. a. das Gleiten von Kufen auf Eis.

13.2 Kalorische Zustandsgrößen. Enthalpie- und Entropiediagramme

13.2.1 Kalorische Zustandsgrößen von Dämpfen

Die Zustandsgrößen h, u und s von Dämpfen, Flüssigkeiten und Feststoffen werden im Allgemeinen aus kalorimetrischen Messungen bestimmt bzw. daraus berechnet.

Wie in Kap. 12 dargelegt sind diese aber auch mit Hilfe präziser thermischer Zustandsgleichungen berechenbar.

Ebenso wie beim spezifischen Volumen sollen die Zustandsgrößen für Flüssigkeit im Sättigungszustand mit h', u' und s', für Dampf im Sättigungszustand mit h'', u'' und s'' bezeichnet werden. Für die Technik am wichtigsten sind die Enthalpie und die Entropie. Um nicht immer die Integrationskonstanten mitführen zu müssen, hat man verabredet, dass für Wasser von $0,01\,°C$ ($273,16$ K) und dem zugehörigen Sättigungsdruck von $0,006112$ bar am Tripelpunkt die Enthalpie $h = h'_0 = 0$ und die Entropie $s = s'_0 = 0$ sein sollen. Die innere Energie u des Wassers hat dann bei diesem Zustand nach der Gleichung $h = u + pv$ den kleinen negativen Wert

$$u'_0 = -p_0 v'_0 = -611,2\,\text{N/m}^2 \cdot 0,001\,\text{m}^3/\text{kg} = -0,6112\,\text{Nm/kg}$$

oder

$$u_0' = -0,0006112 \, \text{kJ/kg} .$$

Das ist viel weniger als der unvermeidliche Fehler der besten kalorimetrischen Messungen. Man kann daher genau genug $u_0' = 0$ setzen.

Bringt man flüssiges Wasser von 0 °C auf höheren Druck, ohne die Temperatur zu ändern, so bleibt bis zu Drücken von etwa 100 bar die innere Energie u_0 praktisch gleich Null, denn die Kompressionsarbeit ist wegen der kleinen Kompressibilität des kalten Wassers sehr klein. Dann ist genügend genau $h_0 = pv_0$, d. h., die Enthalpie bei 0 °C wächst annähernd proportional dem Druck und erreicht z. B. bei 100 bar den Wert 10,0 kJ/kg. Oberhalb 100 bar ist auch die innere Energie bei 0 °C schon von merklichem Betrage. Die Entropie erhält man für beliebige Zustandsänderungen des Wassers, ausgehend von der Sättigungstemperatur T_0 bei 0,01 °C, durch Integration der Gibbsschen Fundamentalgleichung

$$s = \int_{T_0}^{T} \frac{du + p\,dv}{T} .$$

Da für flüssiges Wasser im Sättigungszustand bei nicht zu hohen Temperaturen und damit auch bei nicht zu hohen Drücken die spezifische Wärmekapazität nahezu konstant ist, kann man bis etwa 150 °C die obige Gleichung integrieren unter Beachtung von $du = c\,dT \gg p\,dv$, wodurch man die Näherungsbeziehung

$$s' = c \ln \frac{T}{T_0} \quad (T_0 = 273,16 \, \text{K}) \tag{13.3}$$

erhält.

Die Enthalpie h'' des gesättigten Dampfes unterscheidet sich von der Enthalpie h' der Flüssigkeit im Sättigungszustand bei gleichem Druck und gleicher Temperatur um den Anteil

$$\Delta h_{\mathrm{V}} = h'' - h' , \tag{13.4a}$$

den man *Verdampfungsenthalpie* nennt. Da definitionsgemäß die Enthalpie $h = u + pv$ ist, besteht die Verdampfungsenthalpie

$$\Delta h_{\mathrm{V}} = h'' - h' = u'' - u' + p(v'' - v') \tag{13.4b}$$

aus der Änderung $u'' - u'$ der inneren Energie und der Volumenänderungsarbeit $p(v'' - v')$ bei der Verdampfung. Die Änderung der inneren Energie dient zur Überwindung der Anziehungskräfte zwischen den Molekülen. Obwohl das spezifische Volumen v'' des Dampfes viel größer als das spezifische Volumen v' der Flüssigkeit ist, bildet die Volumenänderungsarbeit nur einen Bruchteil der Verdampfungsenthalpie; sie beträgt bei Wasser von 100 °C etwa 1/13 der Verdampfungsenthalpie.

Verdampft man reversibel bei konstantem Druck, so erhält man die zugeführte Wärme aus dem ersten Hauptsatz zu

$$(q_{12})_{\text{rev}} = h'' - h' = \Delta h_{\text{V}} .$$

Sie ist gleich der Verdampfungsenthalpie; häufig wird daher für Δh_{V} auch die Bezeichnung Verdampfungswärme verwendet. Wir wollen diese Bezeichnung vermeiden und nur von Verdampfungsenthalpie sprechen, da Δh_{V} eine Zustandsgröße ist, die nur im Fall des reversiblen, isobaren Prozesses mit der zugeführten Wärme übereinstimmt.

Aus der Gibbsschen Fundamentalgleichung $T\,ds = dh - v\,dp$ erhält man, da sich bei Verdampfung im Sättigungszustand Druck und Temperatur nicht ändern ($dp = 0, dT = 0$), die wichtige Beziehung

$$T(s'' - s') = h'' - h' = \Delta h_{\text{V}} , \tag{13.5a}$$

wobei T die Sättigungstemperatur ist. Den Unterschied $s'' - s'$ bezeichnet man als *Verdampfungsentropie*.

Auflösen von Gl. 13.5a nach der Verdampfungsentropie ergibt

$$s'' - s' = \frac{\Delta h_{\text{V}}}{T} . \tag{13.5b}$$

Die Verdampfungsentropie erhält man aus der Verdampfungsenthalpie Δh_{V} nach Division durch die absolute Temperatur, bei der verdampft wurde.

Für das überhitzte Gebiet bestimmt man die Enthalpie h entweder durch unmittelbare kalorimetrische Messungen oder aus den gemessenen spezifischen Wärmekapazitäten c_p des überhitzten Dampfes durch Integration längs einer Isobare mit Hilfe der Gleichung

$$h(p, T) = h''(p, T_s) + \int_{T_s}^{T} c_p\, dT . \tag{13.6}$$

T_s ist dabei die zum Druck p gehörige Sättigungstemperatur.

Die Entropie des überhitzten Dampfes ergibt sich aus

$$s(p, T) = s''(p, T_s) + \int_{T_s}^{T} c_p\, \frac{dT}{T} , \tag{13.7}$$

wobei wieder längs einer Isobare zu integrieren ist.

Die spezifische Wärmekapazität c_p des Dampfes hängt außer von der Temperatur in erheblichem Maße vom Druck ab, wie man aus Abb. 13.12 erkennt.

Die eingezeichneten Isobaren enden jeweils bei der Sättigungstemperatur auf der Grenzkurve. Beim Druck Null ist auch Wasserdampf ein ideales Gas, dessen spezifische Wärmekapazität mit der Temperatur zunimmt. Für höhere Drücke wächst c_p bei

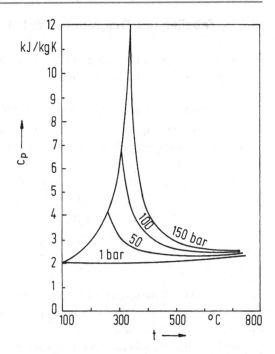

Abb. 13.12 Spezifische Wärmekapazität c_p des überhitzten Wasserdampfes

Annäherung an die Grenzkurve mit abnehmender Temperatur stark an und wird im kritischen Punkt sogar unendlich groß. Die Fläche unter einer Isobaren ergibt unmittelbar das für die Berechnung der Enthalpie von überhitztem Dampf nach Gl. 13.6 benötigte Integral.

Die innere Energie findet man entweder aus Werten der spezifischen Wärmekapazität bei konstantem Volumen nach der Gleichung

$$u(v, T) = u''(v, T_s) + \int_{T_s}^{T} c_v \, dT, \qquad (13.8)$$

wobei längs einer Isochoren zu integrieren ist, oder besser nach der Gleichung $u = h - pv$ auf dem Wege über die Enthalpie. Denn die spezifischen Wärmekapazitäten bei konstantem Volumen lassen sich nur schwer bestimmen, und bei Dämpfen ist die Differenz der spezifischen Wärmekapazitäten $c_p - c_v$ keine konstante Größe mehr, wie bei den idealen Gasen, da Enthalpie und innere Energie nicht vom Volumen unabhängig sind.

Bei den vorstehenden Ermittlungen der Zustandsgrößen des Wassers ist der grundsätzlich einfachste Weg angegeben, daneben gibt es noch andere, die für die experimentelle Ausführung von Messungen oft vorteilhafter sind.

13.2.2 Tabellen und Diagramme der kalorischen Zustandsgrößen

Die Zustandsgrößen von Wasser und Dampf im Sättigungszustand stellt man nach Mollier in Dampftabellen dar, die entweder nach Temperatur- oder nach Druckstufen fortschreiten.

Die Tab. A.1 bis A.8 des Anhanges zeigen solche Dampftafeln.

Für das Nassdampfgebiet zwischen den Grenzkurven erhält man die spezifischen Zustandsgrößen für einen gegebenen Dampfgehalt x ebenso wie beim spezifischen Volumen nach den Gleichungen

$$\left.\begin{aligned}
v &= (1-x)v' + xv'' = v' + x(v'' - v')\,, \\
h &= (1-x)h' + xh'' = h' + x\Delta h_V\,, \\
u &= (1-x)u' + xu'' = u' + x(u'' - u')\,, \\
s &= (1-x)s' + xs'' = s' + x(\Delta h_V/T)\,.
\end{aligned}\right\}
\tag{13.9}$$

Für das Gebiet der Flüssigkeit und des überhitzten Dampfes gibt Tab. A.3 des Anhangs das spezifische Volumen, die spezifische Enthalpie und die spezifische Entropie für eine Anzahl von Drücken und Temperaturen an.

Anschaulicher als Tabellen sind Darstellungen der Zustandsgrößen in Diagrammen. Die spezifische Enthalpie des Wassers und Dampfes in Abhängigkeit von der Temperatur und dem Druck gibt das h,t-Diagramm, Abb. 13.13, in das die Isobaren eingezeichnet sind. Man sieht daraus, dass die spezifische Enthalpie h'' des gesättigten Dampfes mit steigender Temperatur zunächst ansteigt, ein Maximum überschreitet und dann wieder fällt. Gesättigter Dampf z. B. von 160 bar lässt sich demnach mit geringerem Wärmeaufwand herstellen als solcher von 40 bar. Die Isobaren im Flüssigkeitsgebiet verlaufen so nahe der Grenzkurve, dass sie für praktische Zwecke als damit zusammenfallend angesehen werden können; nur bei Drücken, die dem kritischen nahekommen, ist der Unterschied bei hohen Temperaturen nicht zu vernachlässigen, wie die Isobare für 250 bar zeigt.

Eine etwas andere Darstellung gibt das p,h-Diagramm mit den Isothermen, das in Abb. 13.14 schematisch mit den jeweils drei ein- und zweiphasigen Zustandsgebieten dargestellt ist.

Die kritische Isotherme hat am kritischen Punkt (K) eine waagerechte Tangente. Die Isothermen verlaufen im Gasgebiet (g) bei niedrigen Drücken und ausreichend hohen Enthalpien (Temperaturen) senkrecht, da für ideale Gase die Enthalpie nur eine Funktion der Temperatur ist. Bei hohen Drücken weisen die Isothermen ein Enthalpieminimum auf.

In der Kältetechnik werden p,h-Diagramme häufig benutzt, wobei in der Regel die Ordinate im logarithmischen Maßstab dargestellt wird (log p,h-Diagramm), Abb. 13.15 zeigt ein log p,h-Diagramm für Stickstoff[5].

---

[5] Enthalpiedaten wurden aus dem VDI-Wärmeatlas, 9. Auflage, Abschnitt Db mit der dort festgelegten Nullpunktsenthalpie entnommen.

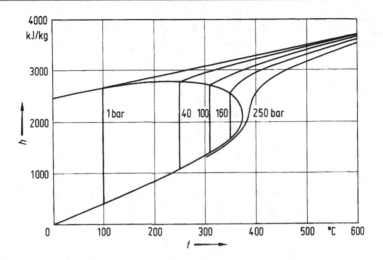

Abb. 13.13 h,t-Diagramm des Wassers

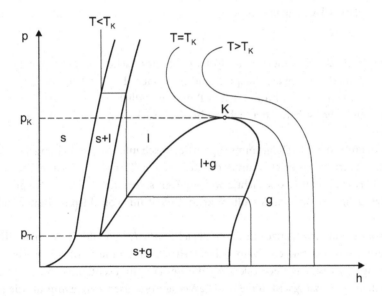

Abb. 13.14 p,h-Diagramm eines realen Stoffes

Für Wasserdampf bevorzugt man in der Technik Diagramme mit der Entropie als Abszisse. Abbildung 13.16 zeigt das t,s-Diagramm des Wassers. Darin sind die Isobaren in großer Entfernung von der Grenzkurve nahezu logarithmische Kurven wie bei den idealen Gasen. Bei Annäherung an die Grenzkurve wird ihre Neigung flacher, besonders in der Nähe des kritischen Punktes. Die durch den kritischen Punkt selbst hindurchgehende Isobare hat dort einen Wendepunkt mit waagerechter Tangente. Wie wir bei den Gasen ge-

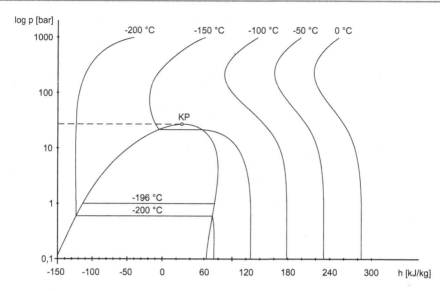

Abb. 13.15 log p,h-Diagramm für Stickstoff

zeigt hatten, stellt die Subtangente der Isobare die spezifische Wärmekapazität c_p dar, die daher dem Verlauf der Isobare entsprechend für höhere Drücke bei Annäherung an die Grenzkurve zunehmen und im kritischen Punkt unendlich werden muss. Im Gebiet der Flüssigkeit fallen die Isobaren bei nicht zu hohen Drücken mit der Grenzkurve praktisch zusammen.

Die Bedeutung des T,s-Diagramms liegt in der anschaulichen Darstellung der reversibel umgesetzten Wärmen als Flächen unter der Kurve einer Zustandsänderung. Wenn die Flächen die Wärmen in der Größe richtig wiedergeben sollen, muss das T,s-Diagramm aber unverkürzt, d. h. vom absoluten Nullpunkt und nicht nur vom Eispunkt an, aufgetragen sein.

Insbesondere stellt die ganze schraffierte Fläche $0abcde$ unter der Isobaren in Abb. 13.17 die Enthalpie von überhitztem Dampf dar. Dabei ist $0abg$ die Enthalpie h' des Wassers im Sättigungszustand, das Rechteck $gbcf$ die Verdampfungsenthalpie Δh_V und die Fläche $fcde$ die Überhitzungsenthalpie $h_{\ddot{u}}$. Die Verdampfungsenthalpie nimmt, wie man aus ihrer Darstellung als Rechteck sofort erkennt, mit Annäherung an den kritischen Punkt schließlich bis auf Null ab, da sie zu einem immer schmäler werdenden Streifen zusammenschrumpft. Ermittelt man für alle Zustandspunkte T, s die Enthalpie als Fläche unter der zugehörigen Isobaren und verbindet die Punkte gleicher Enthalpie, so erhält man im T,s-Diagramm die Kurven h = const der Abb. 13.16. Zeichnet man auch die Isochoren ein, so hat man alle wichtigen Zustandsgrößen in diesem Diagramm vereint. Im überhitzten Gebiet sind die Isochoren den Isobaren ähnlich, aber steiler. Im Nassdampfgebiet sind es gekrümmte Kurven, die von der Nähe des Eispunktes fächerförmig auseinanderlaufen.

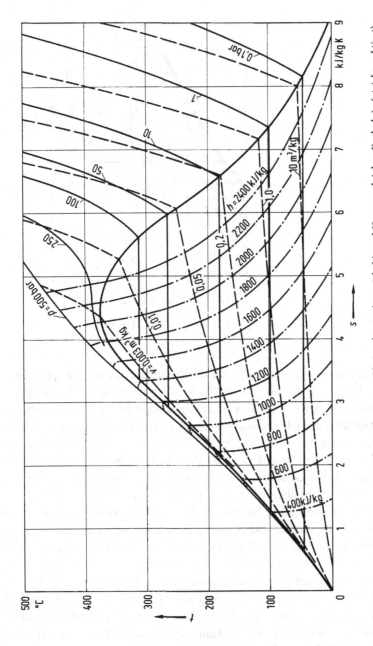

Abb. 13.16 t,s-Diagramm des Wassers mit Isobaren (*ausgezogen*), Isochoren (*gestrichelt*) und Kurven gleicher Enthalpie (*strichpunktiert*)

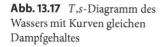

Abb. 13.17 T,s-Diagramm des Wassers mit Kurven gleichen Dampfgehaltes

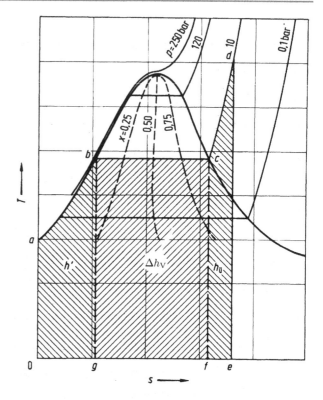

Bequemer als das T,s-Diagramm ist für die Ermittlung der aus Dampf gewinnbaren Arbeit das h,s-Diagramm der Abb. 13.18. Das *h,s-Diagramm* mit den Isobaren p = const ist die graphische Darstellung der Fundamentalgleichung $h\,(s,p)$ und enthält somit alle Informationen über den Gleichgewichtszustand. Darauf beruht sein besonderer Vorteil gegenüber anderen Darstellungen. Bei ihm liegt der kritische Punkt nicht auf dem Gipfel, sondern auf dem linken Hang der Grenzkurve. Die Isobaren und Isothermen fallen im Nassdampfgebiet zusammen und sind Geraden mit der Neigung $dh/ds = T$, da längs der Isobare $dh = T \cdot ds$ ist. Im überhitzten Gebiet haben alle Isobaren an den Stellen, wo sie dieselbe Isotherme treffen, gleiche Neigung. In die linke Grenzkurve münden die Isobaren tangential ein und fallen im Flüssigkeitsgebiet praktisch mit ihr zusammen. Die Grenzkurven durchsetzen sie ohne Knick und sind im überhitzten Gebiet logarithmischen Kurven ähnlich.

Die Isothermen sind im Gebiet des hochüberhitzten Dampfes waagerechte Geraden und krümmen sich nach unten bei Annäherung an die Grenzkurve, die sie mit einem Knick überschreiten. Aus dem T,s-Diagramm kann man den Verlauf der Isothermen und Isobaren im Einzelnen entwickeln. In das Nassdampfgebiet des h,s-Diagramms der Abb. 13.18 sind endlich noch die Kurven gleichen Dampfgehaltes x eingetragen, welche die geraden Isobaren zwischen den Grenzkurven in gleichen Verhältnissen teilen.

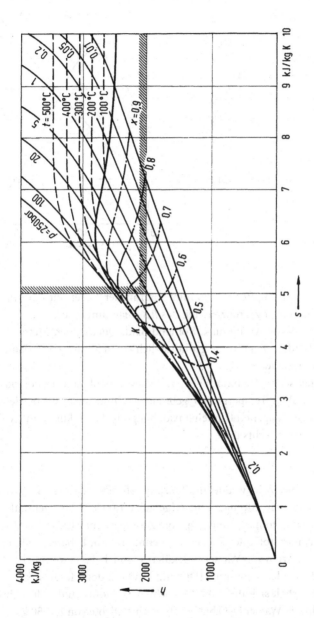

Abb. 13.18 h,s-Diagramm des Wassers

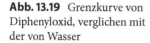

Abb. 13.19 Grenzkurve von Diphenyloxid, verglichen mit der von Wasser

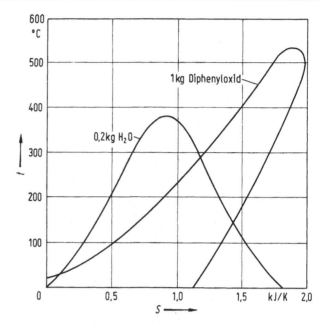

Für die Zwecke der Dampftechnik kommt man in der Regel mit dem in Abb. 13.18 durch starke Umrahmung abgegrenzten Teil des h,s-Diagramms aus.

Für andere Dämpfe, wie Ammoniak, Kohlendioxid, Quecksilber, Methylchlorid usw., haben die entsprechenden Diagramme grundsätzlich einen ähnlichen Verlauf, wenn auch die Zahlenwerte andere sind.

Bei einigen organischen Verbindungen, z. B. bei Benzol und Toluol oder dem als „Wärmeträger" bei hohen Temperaturen gebrauchten und auch als Betriebsflüssigkeit für Dampfkessel vorgeschlagenen Diphenyloxid, hängt die Grenzkurve im t,s-Diagramm, wie Abb. 13.19 zeigt, nach rechts über.

Schweres Wasser

Im Jahre 1932 haben Urey, Brickwedde und Murphy gefunden, dass es außer dem gewöhnlichen Wasserstoffatom vom Atomgewicht 1 (genauer 1,007825 bezogen auf Kohlenstoff mit 12) noch eine zweite Atomart, ein Isotop vom Atomgewicht 2 (genauer 2,014102), gibt, die man schweren Wasserstoff oder Deuterium nennt und mit D bezeichnet. Dann gibt es aber drei verschiedene Arten von Wassermolekülen, nämlich das gewöhnliche H_2O mit der Molmasse 18 und die beiden schweren HDO und D_2O mit den Molmassen 19 und 20. Im natürlichen Wasser verhält sich die Zahl der leichten H-Atome zu der der schweren etwa wie 4500 : 1. Das schwere Wasser D_2O hat bei 20 °C eine Dichte von 1,1050 gegen 0,9982 kg je dm^3 bei natürlichem Wasser. Unter normalem Druck gefriert es bei +3, 8 °C und siedet bei 101,42 °C. Sein Dichtemaximum liegt bei 11, 6 °C. Gemische von leichtem und schwerem Wasser können also je nach dem Mischungsverhältnis verschiedene Schmelz- und Siedepunkte haben. Die Festsetzungen unserer Temperaturskala beziehen sich strenggenommen nur auf Wasser von einem bestimmten Mischungsverhältnis. Glücklicherweise ist schweres Wasser in so geringer Menge vorhanden und das Mischungsverhältnis in der Natur so wenig veränderlich, dass das in üblicher Weise destillierte Wasser die Fixpunkte der Temperaturskala richtig liefert. Nur durch besondere Methoden, z. B. durch Elektrolyse, gelingt es, das schwere Wasser merklich anzureichern[6].

Schweres Wasser wird heute in großen Mengen als Moderator für Kernenergieanlagen benötigt.

13.3 Die Gleichung von Clausius und Clapeyron

Führt man im Nassdampfgebiet zwischen den Grenzkurven den im p,v-Diagramm der Abb. 13.20a dargestellten elementaren Prozess *1234* durch, indem man von der linken Grenzkurve ausgehend beim Druck $p + dp$ Wasser verdampft, den Dampf längs der rechten Grenzkurve ein wenig expandieren lässt, dann beim Druck p kondensiert und die Flüssigkeit längs der linken Grenzkurve wieder auf den Druck $p + dp$ bringt, so wird dabei eine durch den schraffierten Flächenstreifen von der Höhe dp dargestellte Arbeit geleistet, die bei Vernachlässigung unendlich kleiner Größen zweiter Ordnung

$$-dl = (v'' - v') \, dp$$

ist.

Überträgt man denselben Prozess in das T,s-Diagramm nach Abb. 13.20b, so ist dort der schraffierte Flächenstreifen von der Höhe dT und der Länge $s'' - s'$ gleich der geleisteten Arbeit, und mit $s'' - s' = \Delta h_V / T$ wird

$$-dl = (s'' - s') \, dT = \frac{\Delta h_V}{T} \, dT \, .$$

Setzt man beide Ausdrücke einander gleich, so erhält man die *Clausius-Clapeyronsche Gleichung*[7] (1850)

$$\Delta h_V = (v'' - v') \, T \frac{dp}{dT} \tag{13.10a}$$

oder mit $\Delta h_V / T = s'' - s'$ auch

$$\frac{s'' - s'}{v'' - v'} = \frac{dp}{dT} \, . \tag{13.10b}$$

---

[6] Einzelheiten hierzu: Stephan, K., in Plank, R.: Handbuch der Kältetechnik, Band XII. Berlin, Heidelberg, New York: Springer 1967, S. 42–45.

[7] R. Clausius, s. Fußnote 2 im Abschn. 8.1. Benoît Paul Emile Clapeyron (1799–1864), französischer Ingenieur, war am Bau der ersten Eisenbahnlinien in Frankreich beteiligt. Er wandte die Thermodynamik Carnots auf den Bau von Dampfmaschinen an.

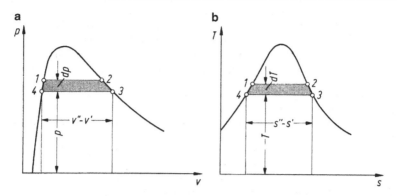

Abb. 13.20 Zur Ableitung der Clausius-Clapeyronschen Gleichung

Man erhält sie streng analytisch aus dem Zusammenhang, Gl. 12.13,

$$\left(\frac{\partial u}{\partial v}\right)_T + p = T\left(\frac{\partial p}{\partial T}\right)_v$$

zwischen thermischen und kalorischen Zustandsgrößen. Im Nassdampfgebiet ist

$$\left(\frac{\partial u}{\partial v}\right)_T = \frac{u'' - u'}{v'' - v'} \quad \text{und} \quad \left(\frac{\partial p}{\partial T}\right)_v = \frac{dp}{dT}.$$

Damit geht Gl. 12.13 über in

$$\frac{u'' - u'}{v'' - v'} + p = T\frac{dp}{dT} \quad \text{oder} \quad \frac{h'' - h'}{v'' - v'} = T\frac{dp}{dT},$$

woraus sich mit der Verdampfungsenthalpie $\Delta h_V = h'' - h'$ die zuvor auf anschauliche Weise hergeleitete Gl. 13.10a ergibt.

Die Gleichung von Clausius-Clapeyron verknüpft bei der Sättigungstemperatur T die Verdampfungsenthalpie Δh_V mit der Volumenänderung $v'' - v'$ bei der Verdampfung und dem Differentialquotienten dp/dT der Dampfdruckkurve. Man kann sie daher benutzen, um aus zwei dieser Größen die dritte zu ermitteln. Insbesondere kann man mit ihrer Hilfe aus gemessenen Werten von Verdampfungsenthalpie, Temperatur und Volumenzunahme die Dampfdruckkurve erhalten. Davon wird bei kleinen Drücken, wo der Dampf sich praktisch wie ein ideales Gas verhält, oft Gebrauch gemacht. Dann kann man v' gegen v'' vernachlässigen und nach der Zustandsgleichung der idealen Gase $v'' = RT/p$ setzen. Damit wird

$$\frac{dp}{p} = \frac{\Delta h_V}{R}\frac{dT}{T^2}, \tag{13.11a}$$

woraus sich nach Integration bei konstanter Verdampfungsenthalpie Δh_V zwischen einem festen Punkt p_0, T_0 und einem beliebigen Punkt p, T der Dampfdruckkurve die Beziehung ergibt

$$\ln \frac{p}{p_0} = \frac{\Delta h_V}{R} \left(\frac{1}{T_0} - \frac{1}{T} \right). \tag{13.11b}$$

Für Wasser zwischen $0\,°C$ (genauer $0,01\,°C$) und $100\,°C$ kann man die Abhängigkeit der Verdampfungsenthalpie von der Temperatur als geradlinig von der Form

$$\Delta h_V = a - bT$$

mit $a = 3161,8\,\text{kJ/kg}$ und $b = 2,43\,\text{kJ/(kg\,K)}$ annehmen.

Setzt man diesen Ausdruck für die Verdampfungsenthalpie in Gl. 13.11a ein und integriert zwischen den Grenzen $T_0 = 273,16\,\text{K}$, $p_0 = 0,006112\,\text{bar}$ und einem Wertepaar p, T, so erhält man mit $R = 0,4615\,\text{kJ/(kg\,K)}$ die Gleichung

$$\ln \frac{p}{0,006112\,\text{bar}} = \frac{1}{0,4615\,\text{kJ/(kg\,K)}}$$
$$\times \left[3161,8\,\frac{\text{kJ}}{\text{kg}} \left(\frac{1}{273,16\,\text{K}} - \frac{1}{T} \right) - 2,43\,\frac{\text{kJ}}{\text{kg\,K}} \ln \frac{T}{273,16\,\text{K}} \right]. \tag{13.12}$$

Trägt man den Logarithmus des Sättigungsdruckes über dem Kehrwert $1/T$ der absoluten Temperatur auf, so erhält man bei allen Stoffen nahezu eine Gerade; bei strenger Gültigkeit von Gl. 13.11b würde es eine genaue Gerade sein. Die Auftragung eignet sich daher besonders gut zur Interpolation von Dampfdrücken, wie Abb. 13.21 zeigt, in der die Dampfdruckkurven einiger Stoffe eingezeichnet sind.

Gleichung 13.11b ist von der Form

$$\ln p/p_0 = A - \frac{B}{T},$$

während Gl. 13.12 von der Form

$$\ln p/p_0 = A - \frac{B}{T} + C \ln T$$

ist. Beide Gleichungen sind wegen der getroffenen Vereinfachungen nur Näherungen für den wirklichen Verlauf der Dampfdruckkurve. Um diesen möglichst genau wiedergeben zu können, hat man zahlreiche halbempirische Gleichungen entwickelt. Eine der ältesten und genauesten Gleichungen dieser Art entsteht dadurch, dass man in die Gl. 13.11b noch eine weitere Konstante einführt. Man erhält die sogenannte *Antoine*-Gleichung (1888)

$$\ln p/p_0 = A - \frac{B}{C + T}, \tag{13.13}$$

in der die Größen A, B, C stoffabhängige Konstanten sind, die man aus Messungen bestimmt. Es hat sich gezeigt, dass man durch die Antoine-Gleichung die Dampfdrücke vieler

Abb. 13.21 Dampfdruck-kurven einiger Stoffe

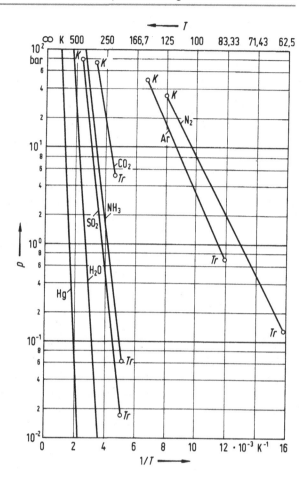

Stoffe vom Tripelpunkt bis zum Siedepunkt bei Atmosphärendruck sehr genau wiederge-ben kann. In Tab. A.9 des Anhangs sind die Konstanten der Antoine-Gleichung für eine größere Zahl von Stoffen vertafelt.

Die Clausius-Clapeyronsche Gleichung gilt nicht nur für den Verdampfungsvorgang, sondern auch für andere mit einer plötzlichen Volumenzunahme verbundene Zustands-änderungen wie das Schmelzen und Erstarren, die Sublimation oder die Umwandlung in eine allotrope Modifikation.

Für die Schmelzenthalpie von Eis gilt demnach

$$\Delta h_s = (v''' - v')\, T\, \frac{dp}{dT}\,.$$

Dabei ist das Volumen v''' des Eises aber größer als das des Wassers v'. Da Δh_s und T positive Größen sind, müssen dp und dT entgegengesetzte Vorzeichen haben, d. h., mit steigendem Druck nimmt die Schmelztemperatur des Eises ab, was die Erfahrung bestätigt.

Bei fast allen anderen Stoffen verkleinert sich dagegen das Volumen bei der Erstarrung, und die Schmelztemperatur nimmt mit steigendem Druck zu.

Löst man die Clausius-Clapeyronsche Gleichung nach T auf, so erhält man

$$\frac{dT}{T} = \frac{(v'' - v')}{\Delta h_V} dp$$

oder integriert

$$\ln(CT) = \int \frac{(v'' - v')}{\Delta h_V} dp,$$

wobei C eine willkürliche Integrationskonstante ist. Mit dieser Gleichung kann man die absolute Temperaturskala bis auf eine willkürliche Maßstabkonstante C aus Messungen bei der Verdampfung, Erstarrung oder der Umwandlung irgendeines Körpers gewinnen, ohne dass über sein Verhalten besondere Voraussetzungen gemacht werden müssen, wie es bei der Einführung der absoluten Temperaturskala mit Hilfe des idealen Gases der Fall ist.

13.4 Spezifische Wärmekapazität und Entropie fester Körper

13.4.1 Das Gefrieren von Wasser

Beim Phasenübergang flüssig-fest wird die Schmelzenthalpie des Wassers von 333,5 kJ/kg bei 0 °C abgeführt. Die Entropie des Eises von 0 °C beträgt dann, wenn man die Entropie von Wasser bei 0 °C gleich Null setzt,

$$s_0''' = -\frac{333,5}{273,15} \frac{\text{kJ}}{\text{kg K}} = -1{,}22\,\text{kJ/(kg K)}\,.$$

Bei weiterer Abkühlung erhält man die Entropie s''' des Eises bei Temperaturen T unter 0 °C aus

$$s''' = s_0''' - \int_T^{273,15\,\text{K}} c\,\frac{dT}{T}\,, \tag{13.14}$$

wobei die spezifische Wärmekapazität c des Eises aus Tab. 13.4 folgt. In Abb. 13.22 sind die Grenzkurven von Wasser und Eis dargestellt.

Das Gebiet unterhalb der Eispunkttemperatur zwischen bd und ce entspricht der Sublimation, also dem unmittelbaren Übergang vom festen in den gasförmigen Zustand, wobei die Sublimationsenthalpie gleich der Summe aus Schmelz- und Verdampfungsenthalpie ist.

Dies am Beispiel des Wassers aufgezeigte Verhalten ist für alle Stoffe charakteristisch.

13.4.2 Kristalline Festkörper

Bei den Gasen hatten wir gesehen, dass die Molwärmen von Gasen gleicher Atomzahl je Molekül nahezu übereinstimmen. Bei den kristallisierten festen Elementen haben Du-

Tabelle 13.4 Spezifische Wärmekapazität von Eis in kJ/(kg K)

t in °C =	0	−20	−40	−60	−80	−100	−250
c =	2,039	1,947	1,817	1,658	1,465	1,361	0,126

Abb. 13.22 Grenzkurven von Wasser und Eis

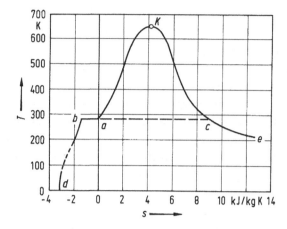

long und Petit 1819 gefunden, dass das Produkt aus der molaren Wärmekapazität und der Atommasse, die Atomwärme, unabhängig von der Art des Körpers nahezu gleich 25,9 kJ/(kmol K) ist. Für feste kristallisierte Verbindungen zeigt die Erfahrung, dass die durchschnittliche Atomwärme, d. h. die Molwärme geteilt durch die Anzahl der Atome je Molekül, auch ungefähr den Wert 25,9 kJ/(kmol K) hat.

Wenn diese Regel auch nur grob gilt, so ist sie doch ein Ausdruck gemeinsamer Eigenschaften des festen Zustandes, und es ist berechtigt, ebenso wie von einem idealen Gas auch von einem idealen festen Körper zu sprechen, der in den Kristallen nahezu verwirklicht ist. In einem solchen sind die Atome regelmäßig in einem räumlichen Gitter angeordnet und können Schwingungen um ihre mittleren Lagen ausführen, deren Energie gleich der inneren Energie des Festkörpers ist. Jedes punktförmig zu denkende Atom hat dabei drei Freiheitsgrade der Bewegung. Im Gegensatz zu den idealen Gasen, wo nur kinetische Energie vorhanden ist, pendelt bei der Schwingung der Atome im Kristall die Energie dauernd zwischen der potentiellen und der kinetischen Form hin und her derart, dass immer ebensoviel potentielle wie kinetische Energie vorhanden ist. Die Gesamtenergie ist also das Doppelte der kinetischen und entspricht 6 Freiheitsgraden. Ebenso wie bei den Gasen liefert jeder Freiheitsgrad zur molaren Wärmekapazität einen Beitrag von rund 4,3 kJ/(kmol K).

Die Abweichungen von der *Dulong-Petitschen Regel* sind im wesentlichen auf die verschiedene Temperaturabhängigkeit der molaren Wärmekapazitäten zurückzuführen. Abbildung 13.23 zeigt diese Temperaturabhängigkeit für einige Elemente und Verbindungen.

Man sieht daraus, dass für alle Körper die molare Wärmekapazität bei abnehmender Temperatur zunächst langsam, bei Annäherung an den absoluten Nullpunkt aber sehr rasch bis auf außerordentlich kleine Werte sinkt. Für eine Gruppe besonders einfacher

Abb. 13.23 Molare Wärmekapazitäten einiger fester Körper
bei tiefen Temperaturen

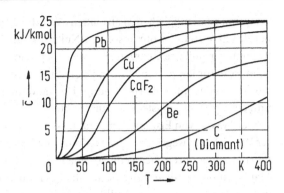

Körper, nämlich für regulär kristallisierende Elemente und für Verbindungen mit Atomen
nicht allzu verschiedener Atommasse, die in nahezu gleichen Abständen aufgebaut sind,
kann man die verschiedenen Kurven der molaren Wärmekapazität recht gut durch eine
einzige darstellen, wenn man für jeden Körper eine besondere charakteristische Temperatur Θ, die sogenannte *Debye[8]-Temperatur*, einführt und seine molare Wärmekapazität
über T/Θ aufträgt. Für ganz tiefe Temperaturen in der Nähe des absoluten Nullpunktes
ist, wie Debye 1912 theoretisch ableitete, für alle Körper die Atomwärme bei konstantem
Volumen

$$\overline{C} = a\left(\frac{T}{\Theta}\right)^3 , \tag{13.15}$$

wobei a eine universelle, für alle Stoffe gleiche Konstante ist, was die Erfahrung für sehr
tiefe Temperaturen gut bestätigt. Zählt man die innere Energie des Atoms vom absoluten
Nullpunkt aus, so wird in seiner Nähe

$$\overline{U}_{\text{abs}} = a \int_0^T \left(\frac{T}{\Theta}\right)^3 dT = \frac{a}{4}\Theta\left(\frac{T}{\Theta}\right)^4 . \tag{13.16}$$

Wenn die molare Wärmekapazität bis zum absoluten Nullpunkt hinab bekannt ist, kann
man auch die Entropie für beliebig tiefe Temperaturen berechnen, wobei es naheliegt, sie
vom absoluten Nullpunkt an zu zählen und zu schreiben

$$\overline{S}_{\text{abs}} = \int_0^T \overline{C}\,\frac{dT}{T} \tag{13.17}$$

wobei nach dem dritten Hauptsatz die Entropie im absoluten Nullpunkt verschwindet.

---

[8] Peter Debye (1884–1966), amerikanischer Physiker niederländischer Herkunft war Professor in
Zürich, Utrecht, Göttingen, Leipzig, Berlin und Ithaka. Von ihm stammt die Theorie der spez.
Wärmekapazität fester Körper. 1923 stellte er mit E. Hückel eine Theorie der Leitfähigkeit starker
Elektrolyte auf (Debye-Hückelsche Theorie). 1936 erhielt er den Nobelpreis für Chemie.

Damit ist es möglich, den absoluten Wert der Entropie aller Körper anzugeben[9]. Treten bei der Erwärmung vom absoluten Nullpunkt an außer der Temperatursteigerung Umwandlungen auf, wie Übergang in eine andere Modifikation, Schmelzen oder Verdampfen, so muss dafür jeweils eine Entropiezunahme berücksichtigt werden, die sich als Quotient aus der sogenannten Wärmetönung (Umwandlungs-, Schmelz-, Verdampfungsenthalpie) und der Umwandlungstemperatur ergibt.

Für Wasser von Eispunkttemperatur ist die absolute Entropie s_{abs} = 3,56 kJ/(kg K). Dieser Wert ist aber wegen der Unsicherheit der Messung der spezifischen Wärmekapazität bei tiefen Temperaturen viel weniger genau als die Entropiedifferenzwerte der Dampftafeln. Man wird daher für technische Rechnungen auch in Zukunft die Zählung der Entropie vom Tripelpunkt oder vom Nullpunkt der Celsius-Skala beibehalten, wie in Abschn. 13.4.1 dargestellt.

13.5 Zustandsgleichungen für reale Fluide

13.5.1 Reale Gase

Die Zustandsgleichung des idealen Gases gilt für wirkliche Gase und Dämpfe nur als Grenzgesetz bei kleinen Dichten. Sie lässt sich nach der kinetischen Theorie der Gase herleiten mit Hilfe der Vorstellung, dass ein Gas aus im Verhältnis zu ihrem Abstand verschwindend kleinen Molekülen besteht, die sich bei Zusammenstößen wie vollkommen elastische Körper verhalten. Die wirklichen Gase zeigen ein davon abweichendes Verhalten, das wir am Beispiel des Wasserdampfes anhand der Erfahrung kennengelernt haben. Im Abschn. 4.1.2 hatten wir gesehen, dass die Gesamtenergie eines Moleküls sich aus kinetischen und potentiellen Anteilen zusammensetzt. Wir hatten dort weiterhin festgestellt, dass die kinetische Energie aus der Translationsbewegung, der Rotation und der Schwingung besteht. Potentielle Energie tritt einmal an den Umkehrpunkten der Schwingungsbewegung auf, weiterhin besitzen die Atome in ihren mittleren Lagen eine zweite Art von potentieller Energie, die daher rührt, dass anziehende und abstoßende Kräfte zwischen den Atomen eines festen Körpers oder den Molekülen eines Gases bzw. einer Flüssigkeit vorhanden sind, deren Größe und Richtung vom Abstand der Moleküle abhängt. Diese Beziehung zwischen potentieller Energie und dem Abstand der Moleküle bezeichnet man als intermolekulares Potential.

Abstoßende Kräfte zwischen den Molekülen lassen sich durch die gegenseitige Berührung der Elektronenhüllen (bzw. Elektronenorbitale) erklären. Sie werden dann wirksam, wenn sich der Abstand der Molekülzentren dem Moleküldurchmesser nähert.

Schließt man geladene Teilchen (Ionen) aus, lassen sich bei größeren Molekülabständen drei Arten der anziehenden Wechselwirkungen unterscheiden:

---

[9] D'Ans, J., Lax, E.: Taschenbuch für Chemiker und Physiker, 3. Aufl., 3 Bde., Berlin, Heidelberg, New York: Springer ab 1964.

- Die Wechselwirkung permanenter Dipole (beispielsweise von Wassermolekülen) bzw. generell von permanenten Multipolen.
- Die Wechselwirkung von permanenten Dipolen mit unpolaren Molekülen durch Induktion von Dipolen aufgrund von Ladungsverschiebungen. Man bezeichnet diesen Effekt als Polarisation.
- Die sog. Dispersionswechselwirkung aufgrund von kurzzeitig auftretenden unsymmetrischen Ladungsverschiebungen (beispielsweise bei Stößen) in unpolaren Molekülen.

In der molekularen Thermodynamik versucht man basierend auf quantenmechanischen Modellen realistische Ansätze für zwischenmolekulare Wechselwirkungen zu entwickeln und unter Zuhilfenahme der statistischen Thermodynamik Zustandsfunktionen zu berechnen. Dies gelingt allerdings bisher nur für einfachere Stoffe in engen Zustandsbereichen.

Für die Belange der technischen Thermodynamik weist die Literatur eine Vielzahl von Zustandsgleichungen auf, die das Verhalten von realen Gasen beschreiben. Man kann diese in erster Näherung in drei Gruppen einteilen.

Die erste Gruppe fasst alle die Beziehungen zusammen, die rein empirisch durch Interpolation von Messwerten ohne physikalische Betrachtung der intermolekularen Kräfte und der Molekülstruktur nach mathematischen Korrelationsverfahren aufgestellt wurden. Sie gelten nur für den betrachteten Stoff und nur in dem von den Messungen abgedeckten Bereich, an den sie angepasst wurden und über den hinaus sie nicht extrapolierbar sind.

Die zweite Gruppe der Zustandsgleichungen versucht mit Hilfe des Prinzips der übereinstimmenden Zustände, das wir in Abschn. 13.5.4 und 13.5.5 näher kennenlernen werden, allgemein gültigere und physikalisch fundierte Aussagen zu treffen. Das auf Ähnlichkeitsüberlegungen beruhende Prinzip der übereinstimmenden Zustände entstand aus der Beobachtung, dass die Isothermen in p,v-Diagrammen für viele Gase einen qualitativ ähnlichen Verlauf haben. Quantitative Übereinstimmung kann man im einfachsten Fall schon dadurch erreichen, dass man normierte Zustandsgrößen einführt, indem man Druck, Temperatur und spezifisches Volumen durch ihren Wert am kritischen Punkt dividiert und das p,v-Diagramm in diesen neuen Koordinaten aufträgt.

Die dritte Gruppe der Zustandsgleichungen ist in der theoretisch begründeten sog. Virialform dargestellt, bei der die in die Gleichung eingeführten Konstanten direkt aus den intermolekularen Kräften abgeleitet sind. Diese Gleichungen werden in der Regel als Funktion des Realgasfaktors Z dargestellt. Er ist definiert über die Gleichung des idealen Gases

$$pv = RT$$

zu

$$Z = \frac{pv}{RT}. \tag{13.18}$$

Für das ideale Gas ist der Realgasfaktor 1, für reale Gase kann er sowohl größer als auch kleiner als 1 sein. Es gibt für jedes reale Gas eine Zustandskurve, auf der sein Realgasfaktor gerade den Wert 1 annimmt und sich das reale Gas dort wie ein ideales Gas verhält. Man nennt diese Zustandskurve auch Idealkurve des realen Gases. Sie zeigt, wie Morsy[10] nachweist, für eine Reihe von Stoffen im p,v-Diagramm einen linearen Verlauf.

Das Verhalten des Realgasfaktors Z in seinem ganzen Zustandsbereich wird in Form einer Reihenentwicklung in der Dichte bzw. im spezifischen Volumen dargestellt,

$$Z = 1 + \frac{B(T)}{v} + \frac{C(T)}{v^2} + \frac{D(T)}{v^3} + \dots . \tag{13.19}$$

Man nennt in Gl. 13.19 B den zweiten, C den dritten und D den vierten Virialkoeffizienten. Sie sind für reine Stoffe nur eine Funktion der Temperatur und können aus dem intermolekularen Energiepotential abgeleitet werden. Für nichtpolare Moleküle berücksichtigt man dabei die anziehenden und abstoßenden Kräfte, und man beschreibt die aus diesen Wechselwirkungen resultierende Energie φ in Abhängigkeit vom Molekülabstand r mit dem einfachen Ansatz

$$\varphi(r) = Xr^{-m} - Yr^{-n} . \tag{13.20}$$

Hierin sind X und Y Konstanten, die sich aus dem Verlauf der anziehenden und abstoßenden Kräfte über dem Molekülabstand r (siehe Abschn. 4.4) ergeben. Der steile Verlauf des Abstoßungspotentials kann nach Lennard-Jones mit dem Exponenten 12, der etwas flachere des Anziehungspotentials mit dem Exponenten 6 wiedergegeben werden, und man kommt so zu dem 12-6-Lennard-Jones-Potential

$$\varphi(r) = 4\varepsilon_0 \left[\left(\frac{a}{r} \right)^{12} - \left(\frac{a}{r} \right)^6 \right] , \tag{13.21}$$

in dem ε_0 der Wert für das intermolekulare Energiepotential in der Potentialmulde ist und a denjenigen Molekülabstand bezeichnet, bei dem die Funktion $\varphi(r)$ durch Null geht. Für eine eingehendere Erläuterung zum Lennard-Jones-Potential sei auf das Schrifttum, z. B. J.O. Hirschfelder u. a.[11], verwiesen.

Für den praktischen Gebrauch ist es von Interesse, welchen Beitrag die verschiedenen Virialkoeffizienten zum Realgasfaktor liefern, d. h., in welchem Maße sie das wirkliche Verhalten des Gases beschreiben. Hirschfelder u. a. geben für Stickstoff bei 0 °C die in Tab. 13.5 gezeigte Druckabhängigkeit an.

Man sieht daraus, dass sich Stickstoff bei dieser Temperatur bis zu einem Druck von 10 bar nahezu wie ein ideales Gas verhält und erst bei höheren Drücken die Virialkoeffizienten den Realgasfaktor merklich beeinflussen.

---

[10] Morsy, T.E.: Zum thermischen und kalorischen Verhalten realer fluider Stoffe. Diss. TH Karlsruhe 1963.
[11] Hirschfelder, J.O.; Curtiss, C.F.; Bird, R.B.: The molecular theory of gases and liquids. New York: Wiley. 1967.

Tabelle 13.5 Virialkoeffizienten für Stickstoff bei 0 °C

Druck in bar	B/v	C/v^2
1	−0,0005	+ 0,000003
10	−0,005	+ 0,0003
100	−0,05	+ 0,03

13.5.2 Die van-der-Waalssche Zustandsgleichung

Der erste Versuch zur Aufstellung einer Zustandsgleichung, die das reale Verhalten von *Gasen und Flüssigkeiten* beschreibt, wurde von van der Waals[12] unternommen. Er führte in die thermische Zustandsgleichung idealer Gase Korrekturglieder beim Druck und beim Volumen ein und kam zu der Beziehung

$$\left(p + \frac{a}{v^2}\right)(v - b) = RT. \tag{13.22}$$

Darin sind a und b für jedes Gas charakteristische Größen ebenso wie die Gaskonstante R.

Der als *Kohäsionsdruck* bezeichnete Ausdruck a/v^2 berücksichtigt die Anziehungskräfte zwischen den Molekülen, die den Druck auf die Wände vermindern. Man muss also statt des beobachteten Druckes p den größeren Wert $p + a/v^2$ in die Zustandsgleichung des idealen Gases einsetzen. Der Nenner v^2 des Korrekturgliedes wird dadurch gerechtfertigt, dass einerseits die Wirkung der anziehenden Kräfte den Druck um so mehr vermindert, je größer die Zahl der Moleküle in der Volumeneinheit ist, andererseits aber die anziehenden Kräfte mit abnehmenden Molekülabständen und also mit abnehmendem spezifischem Volumen zunehmen; der Einfluss des spezifischen Volumens macht sich also in zweifacher Weise geltend.

Die als *Kovolumen* bezeichnete Größe b trägt dem *Eigenvolumen* der Moleküle Rechnung und ist ungefähr gleich dem Volumen der Flüssigkeit bei niederen Drücken. In die Zustandsgleichung der idealen Gase wird also nur das für die thermische Bewegung der Moleküle tatsächlich noch freie Volumen eingesetzt.

Die van-der-Waalssche Zustandsgleichung ist für die Koordinate v von drittem Grade und enthält drei Konstanten a, b und R. Man kann sie schreiben:

$$(pv^2 + a)(v - b) = RTv^2$$

---

[12] Van der Waals, J.D.: Over de continuiteit van den gas en vloeistof toestand. Diss. Univ. Leiden 1873.
Johannes Diderick van der Waals (1837–1923) war Professor in Amsterdam. Er stellte die nach ihm benannte Zustandsgleichung realer Gase auf und formulierte eine thermodynamische Theorie der Oberflächenspannung und der Kapillarität. 1910 erhielt er den Nobelpreis für Physik.

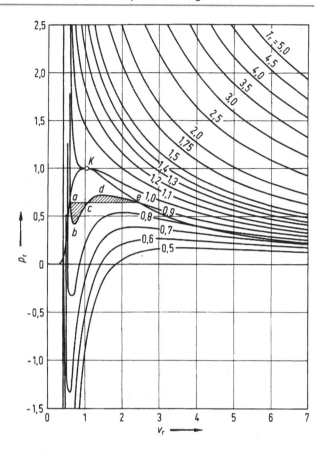

Abb. 13.24 Auf den kritischen Punkt normierte Isothermen nach der van-der-Waalsschen Zustandsgleichung. $p_r = p/p_k$; $v_r = v/v_k$; $T_r = T/T_k$

oder

$$v^3 - v^2\left(\frac{RT}{p} + b\right) + v\frac{a}{p} - \frac{ab}{p} = 0 \,. \tag{13.23}$$

In Abb. 13.24 ist sie durch Isothermen in der p,v-Ebene dargestellt; dabei sind als Koordinaten die weiter unten eingeführten normierten, d. h. durch die kritischen Werte dividierten Zustandsgrößen benutzt. Sämtliche Kurven haben die Senkrechte $v = b$ als Asymptote. Für $p \gg a/v^2$ und $v \gg b$ gehen die Isothermen in die Hyperbel der Zustandsgleichung des idealen Gases über. Für große Werte von T erhält man, wie die Abb. 13.24 zeigt, zu einem bestimmten Wert von p nur einen reellen Wert von v, die anderen beiden Wurzeln sind komplex. Für nicht zu hohe Werte von T und p hat die Gleichung dagegen drei reelle Wurzeln für v. Für ein bestimmtes Wertepaar T, p fallen die drei reellen Wurzeln zusammen, und wir erhalten hier den kritischen Punkt K des Gases.

Unterhalb der kritischen Temperatur zeigen die Isothermen nach van der Waals ein Minimum und ein Maximum dort, wo in Wirklichkeit das von waagerechten Isothermen durchzogene Nassdampfgebiet liegt. Die van-der-Waalsschen Isothermen haben aber auch über die Grenzkurven hinaus eine Bedeutung:

Zwischen der linken Grenzkurve und dem Minimum entsprechen sie nämlich überhitzter Flüssigkeit, deren Temperatur höher ist als der ihrem Druck entsprechende Siedepunkt. Solche Zustände lassen sich bei vorsichtigem Erwärmen tatsächlich herstellen und sind als Siedeverzug bekannt.

Bei niederen Temperaturen reichen die Isothermen nach van der Waals sogar unter die v-Achse in das Gebiet negativer Drücke hinab. Auch solche Zustände, bei denen die Flüssigkeit unter einem allseitigen Zug steht, ohne dass Verdampfung eintritt, sind bei kaltem Wasser bis zu negativen Drücken von etwa −40 bar, für andere Flüssigkeiten bis zu −70 bar beobachtet worden.

Zwischen der rechten Grenzkurve und dem Maximum entsprechen die van-der-Waalsschen Isothermen unterkühltem Dampf. Dabei besteht noch der dampfförmige Zustand, obwohl die Temperatur unter der Sättigungstemperatur des Dampfes bei dem vorhandenen Druck liegt. Unterkühlter Dampf tritt z. B. bei adiabater Entspannung in Turbinen und in der freien Atmosphäre auf, bevor Nebel- und Wolkenbildung einsetzen.

Die Zustände der überhitzten Flüssigkeit und des unterkühlten Dampfes sind metastabil, d. h., sie sind stabil gegen kleine Störungen, bei Störungen von einer gewissen Größe an klappt aber der metastabile einphasige Zustand unter Entropiezunahme in den stabilen zweiphasigen um.

Das mittlere Stück der van-der-Waalsschen Isothermen zwischen dem Maximum und dem Minimum ist dagegen instabil und nicht erreichbar, da hier der Druck bei Volumenverkleinerung abnehmen würde.

Die Schnittpunkte der van-der-Waalsschen Isothermen mit den stabilen geradlinigen Isothermen konstanten Druckes erhält man aus der Bedingung, dass die von beiden begrenzten Flächenstücke abc und cde der Abb. 13.24 gleich groß sein müssen. Wäre das nicht der Fall und etwa $cde > abc$, so würde bei Durchlaufen eines aus der van-der-Waalsschen Isothermen $abcde$ und der geraden Isothermen ae gebildeten Prozesses in dem einen oder anderen Umlaufsinn eine der Differenz der beiden Flächenstücke gleiche Arbeit gewonnen werden können, ohne dass überhaupt Temperaturunterschiede vorhanden wären. Das ist aber nach dem zweiten Hauptsatz unmöglich. Alle so erhaltenen Schnittpunkte bilden die Grenzkurven, aus denen man wieder die Dampfdruckkurve ermitteln kann.

Aus der van-der-Waalsschen Zustandsgleichung kann man in folgender Weise die kritischen Zustandswerte berechnen, d. h. auf die Konstanten a, b und R zurückführen:

Im kritischen Punkt hat die Isotherme einen Wendepunkt mit waagerechter Tangente, es ist dort also

$$\left(\frac{\partial p}{\partial v}\right)_T = 0 \quad \text{und} \quad \left(\frac{\partial^2 p}{\partial v^2}\right)_T = 0 \, . \tag{13.24}$$

Zusammen mit der van-der-Waalsschen Zustandsgleichung hat man dann die drei Gleichungen

$$p = \frac{RT}{v-b} - \frac{a}{v^2},$$

$$\left(\frac{\partial p}{\partial v}\right)_T = -\frac{RT}{(v-b)^2} + \frac{2a}{v^3} = 0,$$

$$\left(\frac{\partial^2 p}{\partial v^2}\right)_T = -\frac{2RT}{(v-b)^3} + \frac{6a}{v^4} = 0,$$

die die kritischen Werte v_k, T_k und p_k bestimmen. Ihre Auflösung ergibt die kritischen Zustandsgrößen

$$\left.\begin{aligned} v_k &= 3b, \\ T_K &= \frac{8a}{27bR}, \\ p_k &= \frac{a}{27b^2}, \end{aligned}\right\} \tag{13.25}$$

ausgedrückt durch die Konstanten der van-der-Waalsschen Gleichung. Löst man wieder nach b, a und R auf, so wird

$$\left.\begin{aligned} b &= \frac{v_k}{3}, \\ a &= 3p_k v_k^2, \\ R &= \frac{8}{3}\frac{p_k v_k}{T_k}. \end{aligned}\right\} \tag{13.26}$$

Das kritische Volumen ist also das Dreifache des Kovolumens b, und die Gaskonstante ergibt sich aus den kritischen Werten p_k, v_k und T_k in gleicher Weise wie bei den idealen Gasen, nur steht der sog. kritische Faktor 8/3 davor. Wenn man ausgehend von Gln. 13.22 und 13.24 die charakteristischen Größen a und b der van-der-Waalsschen Gleichung durch Anpassung an den kritschen Punkt berechnet, so muss man beachten, dass die sich ebenfalls ergebende Größe R nach Gl. 13.26 nicht mit der individuellen Gaskonstante $R = \overline{R}/\overline{M}$ identisch ist.

Setzt man die Werte der Konstanten nach Gl. 13.26 in die van-der-Waalsche Gleichung ein und dividiert durch p_k und v_k, so wird

$$\left[\frac{p}{p_k} + 3\left(\frac{v_k}{v}\right)^2\right]\left[3\frac{v}{v_k} - 1\right] = 8\frac{T}{T_k}.$$

Führt man die auf die kritischen Daten bezogenen und dadurch dimensionslos gemachten Zustandsgrößen, die sogenannten *reduzierten* Zustandsgrößen

$$\frac{p}{p_k} = p_r, \quad \frac{v}{v_k} = v_r \quad \text{und} \quad \frac{T}{T_k} = T_r$$

ein, so erhält man die normierte Form der van-der-Waalsschen Zustandsgleichung

$$\left(p_r + \frac{3}{v_r^2}\right)(3v_r - 1) = 8T_r, \tag{13.27}$$

in der nur dimensionslose Größen und universelle Zahlenwerte vorkommen. Man bezeichnet diese Gleichung als das van-der-Waalssche *Gesetz der übereinstimmenden Zustände*, da sie die Eigenschaften aller Gase durch Einführen der normierten Zustandsgrößen auf dieselbe Formel bringt.

Die van-der-Waalsche Zustandsgleichung gibt nicht nur das Verhalten des Dampfes, sondern auch das der Flüssigkeit wieder. In dieser Zusammenfassung der Eigenschaften des gasförmigen und des flüssigen Zustandes liegt ihre Bedeutung, sie bringt mathematisch zum Ausdruck, dass der gasförmige und flüssige Zustand stetig zusammenhängen, was man oberhalb des kritischen Punktes tatsächlich beobachten kann.

Abbildung 13.24 stellte bereits die normierte Form der van-der-Waalsschen Gleichung dar. Abbildung 13.25 gibt die nach van der Waals berechneten Werte der Verdrängungsarbeit $p_r v_r$ in Abhängigkeit vom Druck in guter Übereinstimmung in der allgemeinen Gesetzmäßigkeit mit Versuchsergebnissen an Kohlendioxid wieder. Wir wollen ein Gas, das der Zustandsgleichung (13.27) gehorcht, kurz als van-der-Waalssches Gas bezeichnen.

Die Darstellung der Verdrängungsarbeit als Funktion des Druckes bei konstanten Temperaturen wurde zuerst von Amagat benutzt, um die Abweichungen eines realen Gases vom Verhalten des idealen zu beschreiben. Man nennt deshalb dieses Diagramm auch eine Darstellung in *Amagat-Koordinaten*.

Vertiefung
In der Nähe der Minima der Isothermen von Abb. 13.25 befolgt das reale Gas für nicht zu große Druckänderungen recht genau das Boylesche Gesetz, d. h., die Verdrängungsarbeit pv ist unabhängig vom Druck und nur eine Funktion der Temperatur. Die in Abb. 13.25 gestrichelte Verbindungslinie *a* der Minima der Isothermen ist die Boyle-Kurve. Sie lässt sich aus der Bedingung, dass dort die Isothermen im Amagat-Diagramm waagerechte Tangenten aufweisen müssen, leicht ableiten, und man erhält für das van-der-Waals-Gas

$$(p_r v_r)^2 - 9(p_r v_r) + 6p_r = 0. \tag{13.28}$$

Ein anderes wichtiges Kennzeichen für die Abweichungen eines realen Gases vom Verhalten des idealen ist der Thomson-Joule-Effekt. Wenn man ein reales Gas drosselt, kühlt es sich ab, besonders bei hohen Drücken und niederen Temperaturen, während beim idealen Gas die Temperatur konstant bleibt. Die Erfahrung lehrt aber, dass es für jedes Gas eine Temperatur gibt, bei der der Thomson-Joule-Effekt verschwindet und bei deren Überschreitung er sein Vorzeichen ändert, sodass das Gas sich beim Drosseln erwärmt. Diese Temperatur nennt man *Inversionstemperatur*.

Wir wollen nun die Kurve der Inversionstemperatur in Amagat-Koordinaten ableiten. In den Punkten dieser Kurve soll beim adiabaten Drosseln, also bei konstanter Enthalpie, keine Temperaturänderung eintreten. Es muss daher ebenso wie beim idealen Gas $(\partial h/\partial p)_T = 0$ sein oder wegen $h = u + pv$ auch

$$\left(\frac{\partial u}{\partial p}\right)_T + \left(\frac{\partial(pv)}{\partial p}\right)_T = 0.$$

Abb. 13.25 Verdrän-
gungsarbeit $p_r v_r$ nach der
van-der-Waalsschen Glei-
chung. *a* Boyle-Kurve;
b Inversionskurve des
Thomson-Joule-Effektes. Das
Verflüssigungsgebiet ist schraf-
fiert gezeichnet

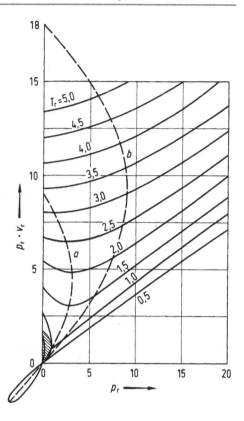

Setzen wir

$$\left(\frac{\partial u}{\partial p}\right)_T = \left(\frac{\partial u}{\partial v}\right)_T \left(\frac{\partial v}{\partial p}\right)_T$$

und berücksichtigen die für beliebige Stoffe abgeleitete Beziehung Gl. 12.13

$$\left(\frac{\partial u}{\partial v}\right)_T = T \left(\frac{\partial p}{\partial T}\right)_v - p \,,$$

so erhalten wir für die Inversionskurve die Bedingung

$$\left[T\left(\frac{\partial p}{\partial T}\right)_v - p\right]\left(\frac{\partial v}{\partial p}\right)_T + \left(\frac{\partial (pv)}{\partial p}\right)_T = 0 \,.$$

Wenden wir diese Gleichung auf ein van-der-Waalssches Gas an, so erhalten wir die Gleichung der
Inversionskurve in Amagat-Koordinaten

$$(p_r v_r)^2 - 18(p_r v_r) + 9 p_r = 0 \,.$$

Links der Kurve *b* in Abb. 13.25 haben wir einen positiven Thomson-Joule-Effekt, d. h. Abkühlung
beim Drosseln, rechts von ihr Erwärmung durch Drosseln (negativer Thomson-Joule-Effekt).

Die van-der-Waalssche Zustandsgleichung hat heute nur noch historische Bedeutung, da auf ihr eine Reihe anderer dem realen Verhalten der Gase näherkommende Zustandsgleichungen aufgebaut sind und da mit ihrer Hilfe zuerst das Gesetz der übereinstimmenden Zustände, auch Korrespondenzprinzip genannt, in seiner klassischen Form aufgestellt wurde. Genau gilt die van-der-Waalssche Gleichung für keinen Stoff.

13.5.3 Das erweiterte Korrespondenzprinzip

Das klassische Gesetz der übereinstimmenden Zustände fordert, wie wir bei der Behandlung der van-der-Waalsschen Zustandsgleichung gesehen haben, die Existenz einer universellen Funktion

$$F(p_r, T_r, v_r) = 0,\qquad(13.29)$$

die für alle Gase gilt. Man nennt diese strenge Forderung das klassische Korrespondenzprinzip, und es lässt sich aus den Gesetzen der statistischen Thermodynamik[13] zeigen, dass hierfür eine Reihe von Voraussetzungen für die inneren Freiheitsgrade und die Bewegung der Moleküle sowie für das Potential, d. h. die Wechselwirkung zwischen Molekülen, erfüllt sein müssen. Die Koeffizienten der Zustandsgleichungen solcher Gase müssen sich allein aus den kritischen Zustandsgrößen ableiten lassen, was, wie wir bei der van-der-Waalsschen Zustandsgleichung gesehen haben, für kein Gas genau gilt.

Es gibt eine Reihe von Versuchen, dieses klassische Korrespondenzprinzip zu modifizieren und zu erweitern. Dies kann z. B. so geschehen, dass man in der Zustandsgleichung zu den normierten Größen p_r, v_r, T_r stoffspezifische Kenngrößen, sogenannte Korrespondenzparameter k, hinzufügt, wodurch die Zustandsgleichung dann die Form

$$F(p_r, T_r, v_r, k_1, k_2, \ldots) = 0\qquad(13.30)$$

erhält. Umfassend und systematisch hat sich Straub[14] mit diesem Problem befasst und mit Hilfe der Methoden der phänomenologischen Thermodynamik eine Theorie für ein allgemeines Korrespondenzprinzip erarbeitet. Er führte den Begriff des „isothermen Gleichungssystems" ein, der dazu dient, längs ausgewählter Isothermen mehrere für alle Gase gültige Beziehungen abzuleiten. Die Zustandsgleichung einer beliebigen Isotherme lässt sich als Taylor-Reihe um die Entwicklungsstelle $\rho = 0$ darstellen. Für den Spezialfall der kritischen Isotherme ergibt sich dann mit dem Realgasfaktor $Z = Z(T, v)$ unter Einführung der Dichte $\rho = 1/v$ eine Zustandsfunktion in der Virialform

$$Z(\rho, T_k) = Z(\rho, T_k)_{\rho=0} + \left[\frac{\partial Z(\rho, T_k)}{\partial \rho}\right]_{\rho=0} \frac{\rho}{1!} + \ldots.\qquad(13.31)$$

[13] Guggenheim, E.A.; McGlashan, M.L.: Corresponding states in mixtures of slightly imperfect gases. Proc. Roy. Soc. A 206 (1951) 448–463.
[14] Straub, D.: Zur Theorie eines allgemeinen Korrespondenzprinzips der thermischen Eigenschaften fluider Stoffe. Diss. TH Karlsruhe 1964.

Um den Wert eines Virialkoeffizienten eines Gases mit dem Wert des gleichen Virialkoeffizienten eines anderen Gases vergleichen zu können, setzte Straub zunächst als Hypothese einen korrespondierenden thermodynamischen Zustand beider Gase voraus. Als solchen Korrespondenzpunkt hatten wir bei der Diskussion der van-der-Waalsschen Zustandsgleichung und bei der Aufstellung des klassischen Korrespondenzprinzips bereits den kritischen Punkt kennengelernt. Als weitere Korrespondenzpunkte kommen beispielsweise in Frage das Maximum der Boyle-Kurve im p,T-Diagramm, der Schnittpunkt der Boyle-Isotherme mit der Thomson-Joule-Inversionskurve sowie andere durch ihr thermodynamisches Verhalten ausgezeichnete Punkte. Auf diese Weise lassen sich neben dem klassischen Korrespondenzpunkt, nämlich dem kritischen Punkt, weitere Korrespondenzpunkte festlegen. Eine solche phänomenologische Theorie gilt auch für Stoffe, die sich in das bisherige Korrespondenzprinzip nicht einordnen ließen. Es wird die bisherige Sonderstellung des kritischen Punktes aufgehoben.[15]

13.5.4 Zustandsgleichungen für den praktischen Gebrauch und Stoffdaten

Die Kenntnis der Stoffwerte ist eine der grundlegenden Voraussetzungen für die Lösung von Ingenieuraufgaben. Für die meisten technisch bedeutsamen Stoffe kann man thermische und kalorische Stoffwerte sowie entsprechende Gleichungen zur Interpolation dieser Daten Tabellenwerken entnehmen[16].

Zur Berechnung von Reinstoff- und Gemischeigenschaften, insbesondere in der Verfahrenstechnik, kommt aber auch Zustandsgleichungen eine große Bedeutung zu. Die gebräuchlichsten und leistungsfähigsten sind in Rechenprogrammen zur Simulation von Prozessen implementiert. Trotz dieses Komforts erfordert die Handhabung dieser Stoffdatenprogramme vertiefte Kenntnisse über die möglichen Grenzen ihrer Verwendbarkeit für bestimmte Aufgabenstellungen, um Fehler bei der Auslegung von Prozessen zu vermeiden. Seit Einführung der Virialgleichung bzw. der Zustandsgleichung von van der Waals sind ca. 130 Jahre vergangen, in denen eine nahezu unüberschaubare Vielfalt von Zustandsgleichungen entwickelt wurde, die größtenteils auf diese beiden Urformen zurückgehen und die – unter Zuhilfenahme weiterer spezifischer Konstanten bzw. Korrespondenzparameter – eine erheblich realistischere Beschreibung des Stoffverhaltens ermöglichen. Im Folgenden sollen nur einige charakteristische Entwicklungswege dieser Gleichungen aufgezeigt werden. Für zusammenfassende Darstellungen sei auf die Literatur verwiesen.[17]

---

[15] Bezüglich einer Weiterentwicklung dieser Theorie sei verwiesen auf: Lucas, K.: Proc. 6th Symp. on thermophysical properties, Atlanta, Georgia, August 6–8, 1973, S. 167–173.
[16] VDI-Wärmeatlas, Kap. D, 10. Auflage, Springer-Verlag, Berlin, 2006.
[17] – Dohrn, R.: Berechnung von Phasengleichgewichten. Grundlagen und Fortschritte der Ingenieurwissenschaften, Vieweg Verlag, Braunschweig, 1994.

Man kann Zustandsgleichungen in drei Klassen einteilen:

a) Erweiterte Virialgleichungen.
b) Kubische Zustandsgleichungen. Diese sind Weiterentwicklungen der Zustandsgleichung von van der Waals. Sie beruhen größtenteils auf dem erweiterten Korrespondenzprinzip.
c) Auf der molekularen bzw. statistischen Thermodynamik beruhende Zustandsgleichungen.

Unter Heranziehung der Virialform der Zustandsgleichungen hat Kamerlingh Onnes die empirische Zustandsgleichung

$$pv = A + \frac{B}{v} + \frac{C}{v^2} + \frac{D}{v^4} + \frac{E}{v^6} + \frac{F}{v^8} \tag{13.32}$$

angegeben, wobei die Koeffizienten wieder durch Reihen dargestellte Temperaturfunktionen sind:

$$\left.\begin{aligned} A &= RT, \\ B &= b_1 T + b_2 + \frac{b_3}{T} + \frac{b_4}{T^2} + \ldots, \\ C &= c_1 T + c_2 + \frac{c_3}{T} + \frac{c_4}{T^2} + \ldots, \\ &\text{usw. für D, E und F}. \end{aligned}\right\} \tag{13.33}$$

Mit der Zahl der Reihenglieder kann die Genauigkeit der Anpassung an gegebene Versuchswerte beliebig gesteigert werden.

Erhöht man die Zahl der Konstanten, so wird die mathematische Form der Gleichung flexibler, und sie lässt sich besser an gegebene Messwerte anpassen. Eine häufig für leichte Kohlenwasserstoffverbindungen verwendete Beziehung ist die Zustandsgleichung von Benedict-Webb-Rubin (BWR)[18]

$$Z = 1 + \left(B_0 - \frac{A_0}{RT} - \frac{C_0}{RT^3}\right)\frac{1}{v} + \left(b - \frac{a}{RT}\right)\frac{1}{v^2} + \left(a\frac{\alpha}{RT}\right)\frac{1}{v^5}$$
$$+ \left(\frac{c}{RT^3 v^2}\right)[1 + \gamma/v^2]e^{-\gamma/v^2} \tag{13.34}$$

mit den acht Koeffizienten B_0, A_0, C_0, b, a, c, α und γ.

– Sandler, S.I. (Editor): Models for thermodynamic and phase equilibria calculations. Marcel Dekker Inc., New York, 1994.
– Poling, B.E., Prausnitz, J.M., O'Connell, J.P.: The properties of gases and liquids, 5. Auflage, McGrawHill, 2001.
[18] Benedict, M.; Webb, G.B.; Rubin, L.C.: An empirical equation for thermodynamic properties of light hydrocarbons and their mixtures. J. Chem. Phys. 8 (1940) 334–345, 10 (1942) 747–758.

Sie stellt einen ausgewogenen Kompromiss zwischen rechnerischem Aufwand und erzielbarer Genauigkeit dar.

Um eine bessere Beschreibung des Zustandsverhaltens insbesondere bei höheren Dichten zu erreichen, wurden aufbauend auf der BWR-Gleichung weitere Zustandsgleichungen vorgeschlagen. Beispielhaft sei die Gleichung von Bender mit 20 Konstanten bzw. die generalisierte Bender-Gleichung[19] erwähnt.

Neben diesen erweiterten Virialgleichungen sind heute insbesondere zur Beschreibung von Stoffsystemen bei erhöhten Drücken kubische Zustandsgleichungen in Gebrauch.

Redlich und Kwong führten 1949 in die van der Waals-Gleichung eine Temperaturabhängigkeit in den attraktiven Term ein.[20]

$$p = \frac{RT}{v-b} - \frac{a/\sqrt{T}}{v(v+b)} \tag{13.35}$$

Die Zustandsgleichung von Redlich-Kwong erbrachte allerdings nur kleinere Verbesserungen, beispielsweise in der Beschreibung des zweiten Virialkoeffizienten, da sie ebenso auf dem klassischen Korrespondezprinzip beruht wie die Zustandsgleichung von van der Waals, also nur zwei Parameter, nämlich a und b enthält.

Nennenswerte Verbesserungen bei der Beschreibung des p,v,T-Verhaltens reiner Stoffe und insbesondere von Stoffgemischen erreicht man erst durch Einführen weiterer stoffspezifischer Korrespondenzparameter. Hier ist besonders der von Pitzer[21] vorgeschlagene Azentric-Faktor ω zu erwähnen. Dieser wird aus experimentellen Daten des Dampfdrucks $p_s(T)$ nach folgender Rechenvorschrift bestimmt:

$$\omega = -\log\frac{p_s(T_r = 0{,}7)}{p_k} - 1 \tag{13.36}$$

Soave[22] erweiterte den attraktiven Term der Zustandsgleichung von Redlich-Kwong um eine Funktion, die den Azentric-Faktor ω enthält.

$$p = \frac{RT}{v-b} - \frac{a\alpha(\omega, T_r)}{v(v+b)} \tag{13.37}$$

$$\alpha = \left[1 + \left(0{,}48 + 1{,}57\omega - 0{,}176\omega^2\right)\left(1 - T_r^{0,5}\right)\right]^2 \tag{13.38}$$

Diese als Zustandsgleichung von Redlich-Kwong-Soave (RKS) bezeichnete Form ist zur Beschreibung des p,v,T-Verhaltens und von Phasengleichgewichten unpolarer Fluide bevorzugt bei erhöhten Drücken weit verbreitet.

---

[19] Platzer, B.; Maurer, G.: A generalized equation of state for pure polar and nonpolar fluids. Fluid Phase Equilibria 51 (1989) 223–236.

[20] Redlich, O.; Kwong, J.N.S.: On the thermodynamics of solutions. Chem. Rev. 44 (1949) 233–244.

[21] Pitzer, K.S.: The volumetric and thermodynamic properties of fluids. I Theoretical basis and virial coefficients. J. Am. Chem. Soc. 77 (1955) 3427

[22] Soave, G.: Equilibrium constants from a modified Redlich-Kwong equation of state. Chem. Eng. Sc. 27 (1972) 1197–1203.

Mittlerweile sind eine Vielzahl von Modifikationen kubischer Zustandsgleichungen bekannt geworden. Durch Einführen weiterer Korrespondenzparameter ist es gelungen auch das Verhalten polarer Moleküle innerhalb von gewissen Zustandsbereichen zu beschreiben. Hierzu sei auf die weiterführende Literatur verwiesen.[23]

Der wesentliche Vorteil der kubischen Zustandsgleichungen besteht darin, dass man mit wenigen Parametern sowohl die Gasphase als auch die Flüssigkeitsphase eines Stoffes beschreiben kann. Besonders vorteilhaft ist diese Eigenschaft bei der Berechnung von Phasengleichgewichten in Mehrstoffsystemen (vgl. Bd. 2: Mehrstoffsysteme).

Die Schwächen kubischer Zustandsgleichungen liegen in der korrekten Wiedergabe der Siededichten, bzw. der Flüssigkeitsdichten generell, sowie der Zustandsgrößen in der Nähe des kritischen Punktes. Dies lässt sich vor allem damit begründen, dass der repulsive Term der Gleichungen die physikalische Realität nicht genau genug modelliert.

Die meisten aktuellen auf molekulartheoretischen Überlegungen gegründeten Zustandsgleichungen benutzen einen wesentlich verbesserten Hartkugelterm als Referenzfluid und beschreiben das davon abweichende Verhalten mit Ansätzen aus der Störungstheorie. Einführende Darstellungen zu dieser Thematik finden sich beispielsweise bei Sandler[23].

Zur präzisen Auslegung thermodynamischer Prozesse benutzt man heute vielfach Zustandsfunktionen, die aus Fundamentalgleichungen abgeleitet werden. In Abschn. 8.5 wurde am Beispiel der Fundamentalgleichungen $U(S, V)$ und $H(S, p)$ gezeigt, dass man aus diesen thermodynamischen Potentialfunktionen alle thermischen und kalorischen Zustandsgrößen durch einfache mathematischen Operationen gewinnen kann. Für eine Reihe technisch bedeutsamer Stoffe existieren Fundamentalgleichungen, die basierend auf einer Vielzahl genauer Messdaten gewonnen wurden[24].

Allerdings benutzt man aus Gründen der Zweckmäßigkeit nicht die thermodynamischen Potentialfunktionen $u(s, v)$ sondern die sog. freie Energie $f(v, T)$, die man mittels einer mathematischen Transformation aus der Funktion $u(s, v)$ ableiten kann ($f = u - Ts$; siehe Bd. 2: Mehrstoffsysteme).

13.5.5   Zustandsgleichungen des Wasserdampfes

Wasser in flüssiger oder auch als Dampf in gasförmiger Form ist der technisch wichtigste Stoff. Wasserdampf treibt zur Stromerzeugung die Turbinen in den Kraftwerken an, dient durch Abgabe seiner Kondensationsenthalpie als Heizmittel in chemischen Anlagen, und flüssiges wie auch siedendes Wassser werden als Wärmeübertragungsmittel in einer Vielzahl technischer Prozesse verwendet. Seine technische Bedeutung führte dazu, dass schon früh eine Reihe von Zustandsgleichungen speziell für Wasserdampf erarbeitet wurden. Von

---

[23] vgl. Fußnote 17.
[24] Span, R.: Multi parameter equation of state. An accurate source of thermodynamic property data, Springer-Verlag, Berlin, 2000

Clausius stammt die Form

$$p + \left[\frac{\varphi(\tau)}{(v + c)^2} \right] (v - b) = RT, \tag{13.39}$$

die zwar das Gesetz der Anziehung zwischen den Molekülen etwas allgemeiner fasst als van der Waals, die aber nur in den Anfängen der Technik, als die Dampfmaschinen und Dampfturbinen noch mit bescheidenden Drücken arbeiteten, in ihrer Genauigkeit den Anforderungen entsprach. Mollier entwickelte 1925 eine verbesserte Gleichung. Diese bildete die Grundlage der von ihm den in den dreißiger Jahren herausgegebenen Dampftabellen. Diese Dampftabellen wurden 1937 von den VDI-Wasserdampftafeln abgelöst, die auf einer Erweiterung der von Mollier entwickelten Gleichung beruhen. Der von E. Schmidt 1963 herausgegebenen 6. Auflage der VDI-Wasserdampftafeln liegt die folgende thermische Zustandsgleichung mit 9 dimensionslosen Parametern zugrunde[25]:

$$v = \frac{\tilde{R} T_r}{p_r} - \frac{A - E(c - p_r) T_r^{5,64}}{T_r^{2,82}}$$

$$- \left[\frac{B - (d p_r - T_r^3) D p_r}{T_r^{14}} + \frac{C}{T_r^{32}} \right] p_r^2 - (1 - e p_r) F T_r \tag{13.40}$$

$$\tilde{R} = \frac{\overline{R}}{\overline{M}} \frac{T_k}{p_k}; \quad T_r = T / T_k; \quad p_r = p / p_k$$

T_k und p_k kennzeichnen die kritische Temperatur und den kritischen Druck von Wasser. Die Gl. 13.40 gilt für Temperaturen bis 800°C und Drücke bis 500 bar.

Um eine international einheitliche und verbindliche Basis von Stoffdaten zur Auslegung von Dampfkraftprozessen zu schaffen, wurde auf der sechsten Internationalen Dampftafelkonferenz 1963 in New York ein „International Formulation Committee" (IFC) gegründet, das neue international einheitlich gültige Zustandsgleichungen für den industriellen Gebrauch erarbeitete. Da es wegen der hohen Genauigkeitsanforderungen nicht möglich war, den gesamten Zustandsbereich des Wasserdampfes – vom flüssigen über das kritische bis zum dampfförmigen Gebiet – in einer Beziehung darzustellen, wurde das Zustandsgebiet in verschiedene Bereiche unterteilt und für jeden Bereich eine Gleichung angegeben.

Die erste Formulierung eines Gleichungssystems erschien 1967 unter dem Namen „*The 1967 IFC Formulation for Industrial Use (IFC 67)*". Darauf aufbauend verabschiedete 1997 die IAPWS (International Association for the Properties of Water and Steam) die heute weltweit anerkannte „*IAPWS Industrial Formulation 1997 for the Thermodynamic Properties of Water and Steam*"[26]. Die mit den Gleichungen errechneten Zahlenwerte sind in einer Internationalen Dampftafel[27] dargestellt. Parallel zu der Entwicklung von

---

[25] VDI-Wasserdampftafeln, 6. Auflage. Berlin, Springer 1963.

[26] Wagner, W. et al.: The IAPWS industrial formulation 1997 for the thermodynamic properties of water and steam. Transaction of the ASME 122 (2000) 150–182.

[27] Wagner, W., Ketschmar, H.J.: International Steam Tables for Industrial Use. Berlin, Springer 2007.

Zustandsgleichungen für den industriellen Gebrauch wurde seit Anfang der 70er Jahre an der Entwicklung einer Fundamentalgleichung für Wasser gearbeitet. Im Jahr 1995 verabschiedete die IAPWS die von W. Wagner und Mitarbeitern entwickelte Zustandsgleichung unter dem Namen „*IAPWS Formulation 1995 for the Thermodynamic Properties of Ordinary Water Substances for the General and Scientific Use*" als neue internationale Standard-Zustandsgleichung[28]. Diese in Form einer Fundamentalgleichung für die freie Energie entwickelte Gleichung basiert auf ca. 6400 präzisen Messdaten und erlaubt die zur Zeit genaueste Berechnung der thermodynamischen Zustandsgrößen von Wasser im fluiden Bereich für Temperaturen von der Schmelzdruckkurve (tiefste Temperatur 251,2 K) bis 1273 K bei Drücken bis 1000 MPa.

Die spezifische Freie Energie f ($f = u - Ts$) ist eine thermodynamische Potentialfunktion in den Variablen v und T (siehe Bd. 2: Mehrstoffsysteme). Anstelle des spezifischen Volumens v wird zweckmäßigerweise die Dichte $\rho = 1/v$ als Variable benutzt. Die Fundamentalgleichung ist als Summe aus einem Idealanteil (ideales Gas) und einem Residualterm aufgebaut, der das vom idealen Gas abweichende Verhalten beschreibt:

$$f(\rho, T) = f^{id}(\rho, T) + f^{res}(\rho, T) \qquad (13.41)$$

In den einschlägigen Publikationen wird Gl. 13.41 in dimensionsloser Form mit reduzierten, d. h. auf die kritischen Werte bezogenen Dichten und Temperaturen dargestellt.

13.6 Zustandsänderungen realer Fluide

13.6.1 Die adiabate Drosselung realer Gase

In Abschn. 13.5.2 wurden bereits am Beispiel der Zustandsgleichung von van der Waals der Verlauf realer Isothermen in einem pv,p-Diagramm und die Inversionskurve des Thomson-Joule-Effektes diskutiert.

Eine kleine (differentielle) Druckabsenkung bei konstanter Enthalpie (adiabate Drosselung) bewirkt im allgemeinen Fall entweder eine Erwärmung oder eine Abkühlung des realen Gases. Bei einem idealen Gas bleibt dahingegen die Temperatur beim Drosseln konstant.

Man bezeichnet den *Thomson-Joule-Effekt* auch als differentiellen Drosseleffekt. Die Inversionskurve des Thomson-Joule-Effektes, also der geometrische Ort in einem Zustandsdiagramm, an dem bei differentieller Drosselung die Temperatur eines realen Gases konstant bleibt, lässt sich besonders einfach in einem p,h-Diagramm (bzw. log p,h-Diagramm) darstellen. sie verläuft durch die Enthalpieminima der Isothermen, siehe Abb. 13.26.

---

[28] Wagner, W., Pruß, A.: The IAPWS Formulation 1995 for the Thermodynamic Properties of Ordinary Water Substance for General and Scientific Use. Journal of Physical and Chemical Reference Data 31 (2002) 2, 387–535.

Für den Thomson-Joule-Effekt folgt aus Gl. 12.14 mit $dh = 0$

$$\left(\frac{\partial T}{\partial p}\right)_h = -\frac{1}{c_p}\left[v - T\left(\frac{\partial v}{\partial T}\right)_p\right].$$ (13.42)

Man bezeichnet den Differentialkoeffizienten $(\partial T/\partial p)_h$ als Thomson-Joule-Koeffizient. Auf der Inversionskurve des differentiellen Drosseleffektes ist dieser gleich Null.

Drosselt man ein reales Gas isenthalp über eine endliche Druckdifferenz Δp, kann sich das Gas ebenso erwärmen oder abkühlen. Man spricht dann von einem integralen Drosseleffekt. Als Endpunkt des Drosselvorgangs wurde dabei der ideale Gaszustand festgelegt. Es gilt

$$(\Delta T)_h = T_2(p_2 = 0, h_1) - T_1(p_1, h_1).$$ (13.43)

Ist $(\Delta T)_h = 0$, befindet sich der Ausgangszustand des Drosselvorgangs auf der Inversionskurve des integralen Drosseleffektes. Diese lässt sich in einem p,h-Diagramm einfach konstruieren, indem man die Isothermen im Gebiet des idealen Gases (senkrechter Verlauf) linear soweit zu höheren Drücken verlängert, bis sich ein Schnittpunkt mit der betrachteten realen Isotherme ergibt, siehe Abb. 13.26.

Erfolgt die Drosselung unterhalb der Inversionskurve, kühlt sich das Gas ab. Drosselt man beispielsweise Luft ausgehend von einem Druck von 420 bar und einer Temperatur von 300 K ergibt sich eine Abkühlung von ca. 45 K. Dieser Effekt spielt bei der Verflüssigung von Luft (Linde-Verfahren) eine wichtige Rolle.

Man kann den differentiellen Drosseleffekt nutzen, um Werte für die Enthalpie realer Gase zu bestimmen.

Entspannt man das reale Gas in einem Drosselkalorimeter, das den Wärmeaustausch mit der Umgebung verhindert, um einen kleinen Wert Δp, so tritt bei konstanter Enthalpie eine Temperaturabnahme

$$\Delta T = \left(\frac{\partial T}{\partial p}\right)_h \Delta p$$

auf, die man messen kann. Der Versuch liefert somit den Differentialquotienten $(\partial T/\partial p)_h$, d. h. die Neigung der Kurve $h = $ const im p,T-Diagramm. Bestimmt man solche Neigungen für viele Punkte, so kann man daraus durch Integration die ganze Schar der Kurven gleicher Enthalpie erhalten.

Messtechnisch noch günstiger ist die *isotherme Drosselung*, bei der während der Drosselung so viel Wärme zugeführt wird, dass gerade keine Temperatursenkung eintritt. Die zugeführte Wärme ist dann $(\partial h/\partial p)_T \Delta p$, und der Versuch ergibt den Differentialquotienten $(\partial h/\partial p)_T$, also die Neigung der Isotherme im h,p-Diagramm. Durch Integration erhält man daraus die Schar der Isothermen.

Aus den kalorischen Messungen kann man umgekehrt auch Aussagen über die thermische Zustandsgleichung machen. Ist z. B. $c_p = f(T, p)$ aus Messungen bekannt, so liefert Gl. 12.28

$$\left(\frac{\partial^2 v}{\partial T^2}\right)_p = -\frac{1}{T}\left(\frac{\partial c_p}{\partial p}\right)_T.$$

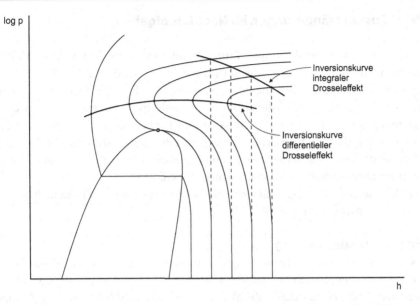

Abb. 13.26 log p,h-Diagramm eines realen Gases mit Inversionskurven des differentiellen (Thomson-Joule) und des integralen Drosseleffekts

Durch Integrieren erhält man daraus

$$\left(\frac{\partial v}{\partial T}\right)_p = -\int \left(\frac{\partial c_p}{\partial p}\right)_T \frac{dT}{T} + f(p)$$

und

$$v = -\iint \left(\frac{\partial c_p}{\partial p}\right)_T \frac{dT^2}{T} + Tf(p) + f_1(p),$$ (13.44a)

wobei zwei willkürliche Funktionen $f(p)$ und $f_1(p)$ auftreten. Um für kleine Drücke den Übergang in die Zustandsgleichung der idealen Gase erkennen zu lassen, schreibt man meist

$$v = \frac{RT}{p} - \iint \left(\frac{\partial c_p}{\partial p}\right)_T \frac{dT^2}{T} + f_1(p) + Tf_2(p),$$ (13.44b)

indem man

$$f_2(p) = f(p) - \frac{R}{p}$$

als neue willkürliche Funktion einführt. Die willkürlichen Funktionen können nur durch Versuche bestimmt werden, sie müssen aber so beschaffen sein, dass im Grenzfall sehr kleiner Drücke $f_1(p) + Tf_2(p)$ endlich bleibt, während RT/p unendlich groß wird.

13.6.2 Zustandsänderungen im Nassdampfgebiet

Einen anschaulichen Überblick über Zustandsänderungen von Dämpfen erhält man am besten anhand der Diagramme. Aus ihnen kann man auch die für praktische Rechnungen wichtigen Zustandsgrößen abgreifen. Besonders im überhitzten Gebiet kann man fast alle praktischen Fragen durch Abgreifen der Zustandsgrößen aus einem Mollierschen h,s-Diagramm lösen, in das außer den Isobaren und Isothermen auch die Isochoren eingetragen sind. Für das Sättigungsgebiet benutzt man die Dampftafeln, welche die Zustandsgrößen für die Grenzkurven enthalten, und berechnet die Werte für nassen Dampf mit gegebenem Dampfgehalt x nach den Formeln der Gl. 13.9.

Im Folgenden sollen einige einfache Zustandsänderungen näher behandelt und in Diagrammen veranschaulicht werden.

Isobare Zustandsänderung

Im Nassdampfgebiet ist die Isobare zugleich Isotherme. Geht man von einem Dampfzustand mit dem Dampfgehalt x_1 zu einem solchen mit dem größeren Dampfgehalt x_2 über, so verdampft von 1 kg Nassdampf die Menge $x_2 - x_1$, und es ist bei reversibler Zustandsänderung die Wärme

$$q_{12} = (x_2 - x_1)\Delta h_\mathrm{V}$$

zuzuführen. Dabei erhöht sich die innere Energie um

$$u_2 - u_1 = (x_2 - x_1)(u'' - u') = (x_2 - x_1)\varphi \,,$$

und es wird die Expansionsarbeit

$$l_{12} = (x_2 - x_1)p(v'' - v') = (x_2 - x_1)\psi$$

geleistet. In der letzten Gleichung kann für nicht zu große Drücke das Flüssigkeitsvolumen v' gegen das Dampfvolumen v'' in der Regel vernachlässigt werden. Aus den letzten drei Gleichungen folgt

$$q_{12} : (u_2 - u_1) : l_{12} = \Delta h_\mathrm{V} : \varphi : \psi \,.$$

Im überhitzten Gebiet erhält man die Wärmezufuhr längs der Isobare aus den Diagrammen als Änderung der Enthalpie.

Isochore Zustandsänderung

Führt man nassem Dampf bei konstantem Volumen Wärme zu, so steigt sein Druck, und er wird im Allgemeinen trockener, wie die Linie *12* des p,v-Diagramms der Abb. 13.27 zeigt.

Soll der Druck von p_1 im Punkte *1* mit dem Anfangsdampfgehalt x_1 auf p_2 in Punkt *2* mit dem noch unbekannten Dampfgehalt x_2 steigen, so gilt für die Volumina beider Zustände nach Gl. 13.2

$$v_1 = v_1' + x_1(v_1'' - v_1'),$$
$$v_2 = v_2' + x_2,(v_2'' - v_2').$$

Auf der Isochoren ist $v_1 = v_2$, damit wird

$$x_2 = x_1 \frac{v_1'' - v_1'}{v_2'' - v_2'} + \frac{v_1' - v_2'}{v_2'' - v_2'},$$

und es ist bei reversibler Zustandsänderung die Wärme

$$q_{12} = u_2 - u_1 = u_2' - u_1' + x_2\varphi_2 - x_1\varphi_1$$

zuzuführen, wobei die Zustandsgrößen an den Grenzkurven für die Drücke p_1 und p_2 aus den Dampftafeln zu entnehmen sind. Die Formeln gelten natürlich nur bis zum Erreichen der Grenzkurve. Bei weiterer Wärmezufuhr kommt man ins überhitzte Gebiet, wo das Verhalten des Dampfes mit Hilfe der Diagramme weiter zu verfolgen ist.

Ist der Anfangsdampfgehalt x so klein, dass das spezifische Volumen des Gemisches kleiner als das kritische Volumen ist, so trifft die Isochore bei Drucksteigerung durch Wärmezufuhr den linken Ast der Grenzkurve entsprechend der Linie ab der Abb. 13.27, bei b ist dann aller Dampf wieder verflüssigt. Aus dem p,v-Diagramm kann man die Isochoren in das T,s-Diagramm übertragen, indem man punktweise für jeden Zustand p, x einer Isochore des p,v-Diagramms den entsprechenden Punkt T, x in das T,s-Diagramm einzeichnet. Man erhält so den in Abb. 13.16 bereits dargestellten Verlauf der Isochoren. Die Flächen unter den Isochoren im T,s-Diagramm stellen die innere Energie dar.

Beobachtet man isochore Zustandsänderungen in einem Autoklaven mit gegenüberliegenden Sichtfenstern, die von Licht durchstrahlt werden, kann man je nach Ausgangspunkt der Zustandsänderung folgende Phänomene beobachten.

Eine isochore Zustandsänderung längs der Linie ab (in Abb. 13.27), also bei $v < v_k$, bewirkt bei Druckerhöhung – also Erwärmung – ein Ansteigen des Flüssigkeitsspiegels und somit eine Abnahme des Gasvolumens bis schließlich am Punkt b bei Erreichen der Siedelinie die Gasphase vollkommen verschwindet.

Führt man die gleiche Zustandsänderung bei Werten $v > v_k$ durch, beispielsweise beginnend von Punkt 1 (in Abb. 13.27), so bewirkt eine Druckerhöhung ein Absinken des Flüssigkeitsspiegels bis bei Erreichen der Grenzkurve schließlich die letzte Flüssigkeit verdampft ist.

Erwärmt man Nassdampf bei $v = v_k$ bleibt der Flüssigkeitsspiegel bis kurz vor dem kritischen Punkt nahezu an der gleichen Stelle des Autoklaven stehen. Am kritischen Punkt verdunkelt sich das Sichtfeld bis schließlich kein Licht mehr das Fluid durchdringen kann. Erst wenn der kritische Druck überschritten ist, hellt sich das Sichtfenster wieder auf und die Phasengrenze ist verschwunden. Man bezeichnet dieses Phänomen als *kritische Opaleszenz*.

Abb. 13.27 Isochoren und
Adiabaten des Wasserdampfes
im p,v-Diagramm

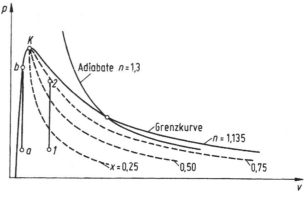

Abb. 13.28 Expansion im
T,s-Diagramm von überhitztem Dampf (*1 2 3 4*) und von
Wasser im Sättigungszustand
(*ab*)

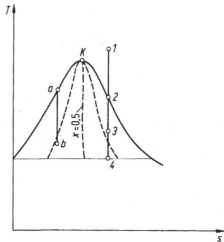

Es lässt sich damit erklären, dass am kritischen Punkt ausgeprägte Dichtefluktuationen
auftreten, an denen das Licht gestreut wird. Dieser Effekt ist mit einem dichten Nebel vergleichbar, der nicht mehr von Licht durchdrungen werden kann.

Reversible adiabate Zustandsänderung

Reversible adiabate Zustandsänderungen verfolgt man am besten im T,s-Diagramm, da
die reversiblen Adiabaten zugleich Isentropen und daher hier senkrechte Geraden sind.
Entspannt man überhitzten Dampf, beispielsweise überhitzten Wasserdampf, reversibel
adiabat genügend weit, entsprechend der Linie *12* der Abb. 13.28, so wird er trocken gesättigt.

Senkt man den Druck noch weiter nach der Linie *23*, so wird der gesättigte Dampf nass,
und man kann den Dampfgehalt x an den gestrichelten Kurven konstanten Dampfgehaltes
ablesen. Sinkt bei weiterer Entspannung längs der Linie *34* der Druck bis auf den des Tripelpunktes, so gefriert das zunächst in Form feiner Flüssigkeitstropfen ausgeschiedene Wasser

bei 0,01 °C zu Eis oder Schnee. Trifft die reversible Adiabate die Grenzkurve bei noch tieferen Temperaturen, so scheidet sich gleich Schnee aus. Solche Zustandsänderungen spielen sich vor allem in der freien Atmosphäre ab. Dabei treten aber häufig Unterkühlungen und Übersättigungen auf, d. h., Wasser bleibt noch flüssig und Dampf noch gasförmig bis herab zu Temperaturen, bei denen eigentlich schon ein Teil fest oder flüssig sein sollte. Man spricht dann von „metastabilem" Gleichgewicht. Durch eine geeignete Störung z. B. durch Hineinbringen einer winzigen Menge der Gleichgewichtsphase – eines Eiskristalles oder eines Wassertröpfchens – stellt sich aber rasch das stabile Gleichgewicht unter Entropiezunahme ein.

Entspannt man Wasser vom Sättigungszustand reversibel adiabat, so verdampft es teilweise entsprechend der Linie ab der Abb. 13.28, und der Dampfgehalt wächst mit abnehmendem Druck. Geht man dabei gerade vom kritischen Punkt aus, so bleibt der Zustand des Gemisches in der Nähe der schwach S-förmigen geschwungenen, von der Senkrechten nur wenig abweichenden Linie $x = 0,5$.

Im p,v-Diagramm (Abb. 13.27) kann man die reversiblen Adiabaten des überhitzten Wasserdampfes für nicht zu hohe Drücke wie bei den Gasen durch die Gleichung

$$pv^{1,30} = p_1 v_1^{1,30} = \text{const}$$

näherungsweise wiedergeben.

Aus Abb. 13.28 erkennt man, dass bei adiabater Entspannung nasser Dampf hohen Dampfgehaltes (etwa $x > 0,5$) noch nasser, Dampf niederen Dampfgehaltes (etwa $x < 0,5$) trockener wird. Ebenso wie bei Gasen kann man für überhitzten Wasserdampf (aber bei Drücken > 25 bar nicht bis zu nahe an die Grenzkurve heran) aus Adiabaten der Form $pv^n = \text{const}$ die Arbeit der reversiblen adiabaten Expansion vom Druck p_1 auf den Druck p_2 nach der Gleichung

$$L_{12} = \frac{p_1 V_1}{n-1} \left[\left(\frac{p_2}{p_1} \right)^{\frac{n-1}{n}} - 1 \right]$$

berechnen. Falls die Adiabate die Grenzkurve überschreitet oder ihr bei hohen Drücken auch nur nahekommt, verfolgt man adiabate Zustandsänderungen bequemer und genauer mit Hilfe der Dampftafeln und -diagramme.

Adiabate Drosselung

Bei der Zustandsänderung durch adiabates Drosseln hat die Enthalpie vor und nach der Drosselung denselben Wert, sie kann daher am besten anhand des h,s-Diagramms oder eines T,s-Diagramms mit eingezeichneten Kurven konstanter Enthalpie verfolgt werden. Die Drosselung kann als nichtumkehrbare Zustandsänderung nur in Richtung zunehmender Entropie verlaufen. Dann muss nasser Dampf, wie aus dem t,s-Diagramm der Abb. 13.16 in Verbindung mit den Kurven $x = \text{const}$ der Abb. 13.17 hervorgeht, sich abkühlen und dabei im Allgemeinen trockener werden. Nur wenn die Drosselung in einem gewissen Gebiet in der Nähe des kritischen Punktes beginnt, wird der Dampf zunächst nasser.

Man erkennt das noch besser an dem h,s-Diagramm der Abb. 13.18, in dem die Kurven konstanter Enthalpie waagrecht verlaufen. Drosselt man gesättigten Dampf, so fällt, wie die Isothermen im überhitzten Gebiet des h,s-Diagramms zeigen, die Temperatur in der Nähe der Grenzkurve zunächst, und zwar um so mehr, je höher der Anfangsdruck war. Entfernt man sich weiter von der Grenzkurve, so bleibt die Temperatur schließlich konstant, entsprechend dem sich asymptotisch der Waagerechten nähernden Verlauf der Isothermen.

Durch Drosseln kann man den Feuchtigkeitsgehalt nassen Dampfes ermitteln, dessen unmittelbare Messung etwa durch Wägen des Wasseranteils auf große Schwierigkeiten stößt, da durch Wärmeaustausch mit der Umgebung Feuchtigkeitsänderungen auftreten. Man lässt dazu nassen Dampf in einem gut vor Wärmeaustausch geschützten sog. Drosselkalorimeter durch eine Drosselstelle strömen, wobei der Druck so weit zu senken ist, dass der Dampf sich überhitzt. Misst man nun Druck und Temperatur, so ist dadurch der Zustand, z. B. in einem h,s-Diagramm, durch einen Punkt des überhitzten Gebietes eindeutig festgelegt. Von diesem Punkt braucht man nur waagerecht in das Nassdampfgebiet zu gehen und kann dann an den Kurven $x = $ const den anfänglichen Dampfgehalt ablesen oder ihn berechnen, da die Enthalpie h des überhitzten Dampfes gleich der des Nassdampfes ist $h = h' + x \Delta h_V$, woraus der Dampfgehalt $x = (h - h')/\Delta h_V R$ folgt.

13.7 Beispiele und Aufgaben

Beispiel 13.1

In einem gut isolierten Verdampfer soll Toluol beim Druck $p = 1$ bar verdampft werden. Das Toluol tritt flüssig mit Siedetemperatur in den Verdampfer ein und verläßt ihn als Sattdampf (Verdampfungsenthalpie $\Delta h_V = 115,6$ kJ/kg). Beheizt wird der Verdampfer von $\dot{M}_w = 20$ kg/h Wasserdampf, der isobar durch eine Heizschlange strömt und in diese mit 200 °C bei einem Druck von 10 bar eintritt. Die Heizleistung beträgt $\dot{Q} = 5$ kW.

Wieviel kg Wasser kondensiert stündlich in der Heizschlange und wieviel kg Toluoldampf werden stündlich erzeugt?

Die Energiebilanz für das Wasser in der Heizschlange lautet (1 = Eintrittszustand des Wassers in die Heizschlange, 2 = Austrittszustand aus der Heizschlange) $\dot{M}_w h_1 - \dot{Q} - \dot{M}_w h_2 = 0$ mit $h_1 = h$ ($p = 10$ bar; $t = 200$ °C).

Aus der Wasserdampftafel, Tab. A.3 im Anhang, liest man ab $h_1 = 2827,4$ kJ/kg. Damit wird

$$h_2 = \frac{\dot{M}_w h_1 - \dot{Q}}{\dot{M}_w} = \frac{5,556 \cdot 10^{-3}\,\text{kg/s} \cdot 2827,4\,\text{kJ/kg} - 5\,\text{kJ/s}}{5,556 \cdot 10^{-3}\,\text{kg/s}} = 1927,5\,\text{kJ/kg} .$$

Nun ist $h_2 = h_2' + x_2 (h_2'' - h_2')$ oder $x_2 = \frac{h_2 - h_2'}{h_2'' - h_2'}$.

Aus der Wasserdampftafel, Tab. A.2 im Anhang, entnimmt man für $p = 10$ bar: $h_2' =$ 762,88 kJ/kg, $h_2'' = 2777,7$ kJ/kg. Damit wird

$$x_2 = \frac{1927,5 - 762,88}{2777,7 - 762,88} = 0,578$$

und es kondensieren $(1 - x_2)\dot{M}_w = 8,44$ kg/h.

Die stündlich erzeugte Toluolmenge ist

$$\dot{M}_{\text{Toluol}} = \frac{\dot{Q}}{\Delta h_V} = \frac{5\,\text{kW}}{115,6\,\text{kJ/kg}} = 4,325 \cdot 10^{-2}\,\text{kg/s} = 155,7\,\text{kg/h}.$$

Beispiel 13.2

Man berechne die Enthalpie h und die Entropie s von Wasserdampf mit Hilfe der thermischen Zustandsgleichung von Koch, Gl. 13.41. Dabei sei vorausgesetzt, dass die spez. Wärmekapazität c_p^o des Wasserdampfes im Zustand des idealen Gases bekannt sei.

Die spez. Enthalpie folgt aus Gl. 12.19c. Durch Differentiation der Gl. 13.41 folgt

$$\left(\frac{\partial(v/T)}{\partial T}\right)_p = -\frac{A \cdot (100)^{2,82} \cdot 3,82}{T^{4,82}} - p_2\left(-\frac{B \cdot (100)^{14} \cdot 15}{T^{16}} - \frac{C \cdot (100)^{31,6} \cdot 32,6}{T^{33,6}}\right).$$

Weiter ist

$$T^2 \int_{p_0}^{p}\left(\frac{\partial(v/T)}{\partial T}\right)_p dp = \frac{A \cdot (100)^{2,82} \cdot 3,82}{T^{2,82}}(p - p_0)$$

$$- \frac{(p - p_0)^3}{3}\left[-\frac{B \cdot (100)^{14} \cdot 15}{T^{14}} - \frac{C \cdot (100)^{31,6} \cdot 32,6}{T^{31,6}}\right]$$

und somit nach Gl. 12.19c

$$h(p, T) = \int_{T_0}^{T} c_p^o\, dT + \frac{A \cdot 3,82}{\left(\frac{T}{100}\right)^{2,82}}(p - p_0)$$

$$- \frac{(p - p_0)^3}{3}\left[\frac{B \cdot 15}{\left(\frac{T}{100}\right)^{14}} + \frac{C \cdot 32,6}{\left(\frac{T}{100}\right)^{31,6}}\right] + h(p_0, T_0).$$

Setzt man willkürlich die Enthalpie des flüssigen Wassers am Tripelpunkt $T_0 = 273,16$ K, $p_0 = 0,006112$ bar Null, so ist die Enthalpie $h(T_0)$ des idealen Gases $h(T_0 = 273,16\,\text{K}) = \Delta h_{v,0} = 2501,6$ kJ/kg.

Die Entropie ergibt sich mit Hilfe von Gl. 12.21. Darin ist

$$\int_{p_0}^{p}\left(\frac{\partial v}{\partial T}\right)_p dp = R \ln\frac{p}{p_0} + \frac{A \cdot (100)^{2,82} \cdot 2,82}{T^{3,82}}(p - p_0)$$

$$+ \frac{(p - p_0)^3}{3}\left(\frac{B \cdot (100)^{14} \cdot 14}{T^{15}} + \frac{C \cdot (100)^{31,6} \cdot 31,6}{T^{32,6}}\right)$$

und somit

$$s = s(p_0, T_0) + \int_{T_0}^{T} c_p^\circ \frac{dT}{T} - R \ln \frac{p}{p_0} - \frac{A \cdot 2{,}82}{100 \cdot (T/100)^{3{,}82}} (p - p_0)$$
$$+ \frac{(p - p_0)^3}{3} \left[\frac{B \cdot 14}{100 \cdot (T/100)^{15}} + \frac{C \cdot 31{,}6}{100 \cdot (T/100)^{32{,}6}} \right].$$

Setzt man willkürlich auch die Entropie des flüssigen Wassers am Tripelpunkt $T_0 =$ 273,16 K, $p_0 = 0{,}006112$ bar Null, so ist $s(p_0, T_0) = \Delta h_{v,0}/T_0 = 9{,}158$ kJ/kg K.

Beispiel 13.3

Ein Massenstrom von $\dot{M} = 10$ kg/s gesättigten Wassers der Temperatur $T_1 = 473{,}15$ K werde auf $p_2 = 2$ bar gedrosselt.

a) Welches ist die Temperatur T_2 nach der Drosselung?
b) Wie groß ist der Dampfgehalt nach der Drosselung?
c) Welches ist die Entropieerzeugung $(\dot{S}_{irr})_{12}$ infolge Drosselung?

zu a) Aus der Dampftabelle des Anhanges, Tab. A.1, entnimmt man einen Sättigungsdruck $p_1 = 15{,}537$ bar und $h_1' = 852{,}38$ kJ/kg. Nach der Drosselung entsteht Nassdampf von $p_2 = 2$ bar; er hat Sättigungstemperatur. Aus der Dampftabelle liest man ab: $t_2 = 120{,}241\,^\circ$C.

zu b) Es ist $h_1' = h_2 = h_2' + x_2(h_2'' - h_2')$

$$x_2 = \frac{h_1' - h_2'}{h_2'' - h_2'}.$$

Aus der Dampftabelle liest man ab:

$$h_2' = h_2'(2\,\text{bar}) = 504{,}80\,\text{kJ/kg}$$
$$h_2'' = h_2''(2\,\text{bar}) = 2706{,}5\,\text{kJ/kg}.$$

Somit $x_2 = \frac{852{,}38\,\text{kJ/kg} - 504{,}80\,\text{kJ/kg}}{2706{,}5\,\text{kJ/kg} - 504{,}8\,\text{kJ/kg}} = 0{,}158.$

zu c) Es ist $(\dot{S}_{irr})_{12} = \dot{M}(s_2 - s_1)$ mit $s_2 = s_2' + x_2(s_2'' - s_2')$

$$s_2 = 1{,}53036\,\frac{\text{kJ}}{\text{kg K}} + 0{,}158 \left(7{,}1272\,\frac{\text{kJ}}{\text{kg K}} - 1{,}53036\,\frac{\text{kJ}}{\text{kg K}} \right)$$

$$s_2 = 2{,}414\,\frac{\text{kJ}}{\text{kg K}} \quad \text{(Werte } s_2' \text{ und } s_2'' \text{ aus Dampftabelle bei } p_2 = 2\,\text{bar)}$$

und $s_1 = s_1' = 2{,}33076\,\frac{\text{kJ}}{\text{kg K}}$ (Wert bei 200 °C aus Dampftabelle).

Damit $(\dot{S}_{irr})_{12} = 10\,\frac{\text{kg}}{\text{s}} \left(2{,}414\,\frac{\text{kJ}}{\text{kg K}} - 2{,}33076\,\frac{\text{kJ}}{\text{kg K}} \right) = 0{,}832\,\frac{\text{kW}}{\text{K}}.$

Aufgabe 13.1

In der Nachbarschaft des Tripelpunktes ist der Dampfdruck von flüssigem Ammoniak gegeben durch

$$\ln \frac{p}{1\,\text{bar}} = 12{,}665 - \frac{3023{,}3\,\text{K}}{T}$$

und der von festem Ammoniak durch

$$\ln \frac{p}{1\,\text{bar}} = 16{,}407 - \frac{3754\,\text{K}}{T}.$$

Man berechne Temperatur und Druck am Tripelpunkt. Wie groß sind Verdampfungs- und Sublimationsenthalpie?

Die Gaskonstante von Ammoniak ist $R = 0{,}4882$ kJ/(kg K), das spezifische Volumen des flüssigen Ammoniaks am Tripelpunkt $v' = 0{,}1365 \cdot 10^{-2}$ m^3/kg, das des festen Ammoniaks $v''' = 0{,}1224 \cdot 10^{-2}$ m^3/kg.

Aufgabe 13.2

Längs der Boyle-Kurve im pv,v-Diagramm haben die Isothermen waagerechte Tangenten. Es ist aus dieser Bedingung die Gleichung der Boyle-Kurve in Amagat-Koordinaten abzuleiten, wenn man die van-der-Waalssche Gleichung zugrunde legt.

In gleicher Weise soll die Gleichung für die Inversionskurve aus der Bedingung, dass dort beim Drosseln keine Temperaturänderung des realen Gases eintritt, in Amagat-Koordinaten abgeleitet werden.

Aufgabe 13.3

Für die Gleichung von Benedict, Webb und Rubin ist der Verlauf der Idealkurve (Realgasfaktor $Z = 1$) anzugeben.

Aufgabe 13.4

Eine Kesselanlage erzeugt stündlich 20 t Dampf von 100 bar und 450 °C. Dabei wird dem Vorwärmer des Kessels Speisewasser von 100 bar und 30 °C zugeführt und darin auf 180 °C vorgewärmt. Von dort gelangt es in den Kessel, in dem es auf Siedetemperatur gebracht und verdampft wird. Dann wird der Dampf im Überhitzer auf 450 °C überhitzt.

Welche Wärmen werden in den einzelnen Kesselteilen zugeführt?

Aufgabe 13.5

In einem Kessel von 2 m^3 Inhalt befinden sich 1000 kg Wasser und Dampf von 121 bar und Sättigungstemperatur.

Welches spezifische Volumen hat der Dampf? Wieviel Dampf und wieviel Wasser befinden sich im Kessel? Welche Enthalpie haben der Dampf und das Wasser im Kessel?

Aufgabe 13.6

Einem Kilogramm Nassdampf von 10 bar und einem Dampfgehalt von $x = 0,49$ wird bei konstantem Druck so viel Wärme zugeführt, dass sich sein Volumen gerade verdoppelt.

Wie groß ist die zugeführte Wärme, und welchen Zustand hat der Dampf danach?

Aufgabe 13.7

Der Druck in einem Dampfkessel von 5 m³ Inhalt, in dem sich 3000 kg Wasser und Dampf befinden, ist in einer Betriebspause auf 2 bar gesunken.

Wieviel Wärme muss dem Kesselinhalt zugeführt werden, um den Druck auf 20 bar zu steigern? Wieviel Wasser verdampft dabei?

Aufgabe 13.8

Wasserdampf von 15 bar und 60 °C Überhitzung expandiert reversibel adiabat auf 1 bar.

Welchen Endzustand erreicht der Dampf? Bei welchem Druck ist er gerade trocken gesättigt? Welche Arbeit gewinnt man je kg Dampf bei der Expansion in einer kontinuierlich arbeitenden Maschine?

Aufgabe 13.9

Nasser Dampf von 20 bar wird zur Bestimmung seines Wassergehaltes in einem Drosselkalorimeter auf 1 bar entspannt, wobei seine Temperatur auf 110 °C sinkt.

Wie groß ist der Wassergehalt? Welche Entropiezunahme erfährt der Dampf bei der Drosselung? Wie groß ist der Exergieverlust bei einer Umgebungstemperatur von 20 °C?

Thermodynamische Prozesse, Maschinen und Anlagen

Thermodynamische Maschinen und Anlagen dienen allgemein der Energiewandlung, wobei die Bereitstellung einer ganz bestimmten Energieform das Ziel ist, z. B. die Bereitstellung von Wellenarbeit zum Antrieb eines Fahrzeugs, von elektrischer Arbeit für unser Stromnetz oder von Wärme zur Beheizung von Gebäuden. In den vorangegangenen Kapiteln wurden die Energiewandlungsprozesse und Zustandsänderungen, die in solchen Maschinen und Anlagen stattfinden, weitgehend nur von einem abstrakten thermodynamischen Standpunkt aus behandelt. Auf spezifische Eigenschaften realer Maschinen und Anlagen konnte dabei nur wenig eingegangen werden. Eine detaillierte Behandlung dieser realen Maschinen und Anlagen würde jedoch den Rahmen dieses Buches bei weitem sprengen. Gegenstand der technischen Thermodynamik als Grundlagenwissenschaft und Inhalt dieses vierzehnten Kapitels ist daher ausschließlich die zusammenfassende Darstellung der wichtigsten Eigenschaften von realen Maschinen und Anlagen im Hinblick auf ihre thermodynamische Modellierung.

Die thermodynamische Modellierung beruht auf den Prozessbeschreibungen mittels der Bilanzgleichungen für Masse, Energie und Entropie sowie den Zustandsgleichungen der Stoffe. Die Energiewandlung in den Maschinen und Anlagen zur kontinuierlichen Bereitstellung einer gewünschten Energieform beruht meist auf Kreisprozessen. Bevor wir ab Abschn. 14.2 wichtige Kreisprozesse behandeln, wird in Abschn. 14.1 zunächst auf grundlegende thermodynamische Modellvorstellungen einzelner, häufig eingesetzter Anlagenkomponenten eingegangen. Solche Anlagenkomponenten sind z. B. Pumpen, Turbinen, Wärmeübertrager etc. Kreisprozesse wurden in diesem Buch bereits an verschiedenen Stellen unter verschiedenen speziellen Aspekten behandelt: In Abschn. 7.2 im Zusammenhang mit dem ersten Hauptsatz bzw. der Energiebilanz, in Abschn. 9.5 im Zusammenhang mit dem zweiten Hauptsatz bzw. der Entropiebilanz und in Abschn. 11.6 im Zusammenhang mit der Exergiebilanz bzw. dem Exergieverlust. In den Abschn. 14.2 bis 14.11 werden Kreisprozesse nun umfassend behandelt. Zunächst werden allgemeine Größen abgeleitet, mit denen die energetische Effizienz der Prozesse beurteilt werden kann. Dies sind thermische und exergetische Wirkungsgrade und Leistungszahlen. Anschließend werden auf

P. Stephan, K. Schaber, K. Stephan, F. Mayinger, *Thermodynamik*, Springer-Lehrbuch, DOI 10.1007/978-3-642-30098-1_14, © Springer-Verlag Berlin Heidelberg 2013

der Basis der zuvor bereits behandelten Hauptsätze, Zustandsgleichungen und Stoffeigenschaften zahlreiche in der Technik besonders weit verbreitete Kreisprozesse beschrieben und charakterisiert.

14.1 Thermodynamische Modelle von Anlagenkomponenten

Im Folgenden werden die wichtigsten Eigenschaften einiger Anlagenkomponenten, die für die spätere Behandlung der Kreisprozesse elementar sind und sofern sie nicht schon in vorangegangenen Kapiteln behandelt wurden, im Hinblick auf ihre thermodynamische Modellierung zusammenfassend dargestellt.

14.1.1 Pumpen

Eine Pumpe dient zum Fördern von Flüssigkeiten auf einen vorgegebenen Druck. Entsprechend Abb. 14.1 wird die Pumpe von einem Massenstrom $\dot{M}$ durchströmt und der Zustand der Flüssigkeit ändert sich hierbei durch Arbeitszufuhr von 1 nach 2. Die Flüssigkeit wird bei der thermodynamischen Betrachtung dieses Prozesses in erster Näherung als inkompressibel angenommen.

Die meisten heute in der Technik eingesetzten Pumpen sind Kreiselpumpen, in denen ein propellerartiges Laufrad den Flüssigkeitsstrom fördert. Weitere gebräuchliche Pumpen sind Kolbenpumpen und Membranpumpen.

Die Leistungsaufnahme einer Pumpe lässt sich aus dem ersten Hauptsatz für ein stationär durchströmtes System (Abschn. 5.7) bestimmen. Sofern man annimmt, dass die Pumpe adiabat sei und die Flüssigkeit beim Durchströmen weder eine Änderung der kinetischen noch der potentiellen Energie erfährt, so folgt aus der Energiebilanzgleichung (5.23c) mit $\dot{Q} = 0$, $\Delta z = 0$ und $\Delta w = 0$ für die Pumpenleistung

$$P_\mathrm{P} = \dot{M} l_\mathrm{t} = \dot{M}(h_2 - h_1)\,. \tag{14.1}$$

Für eine inkompressible Flüssigkeit gilt für die Enthalpiedifferenz nach Gl. 6.13,

$$dh = c\,dT + v\,dp\,,$$

und somit

$$\Delta h = c\Delta T + v\Delta p\,,$$

wobei der erste Term $c\Delta T = c(T_2 - T_1)$ die in der Pumpe dissipierte Energie charakterisiert und der zweite Term $v\Delta p = v(p_2 - p_1)$ den eigentlichen energetischen Nutzen, der im Zusammenhang mit der Druckerhöhung steht.

Kennt man neben Δp auch ΔT, so kann man die Leistung nach Gl. 14.1 berechnen. In der Technik ist aber ΔT in der Regel unbekannt. Die Auslegung erfolgt daher mittels einem

Abb. 14.1 Symbol einer Pumpe

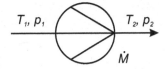

sog. *Pumpenwirkungsgrad*. Dieser ist definiert zu

$$\eta_P = \frac{v \Delta p}{l_t} = \frac{v(p_2 - p_1)}{(h_2 - h_1)} \tag{14.2}$$

und stellt das Verhältnis der zur reinen Druckerhöhung erforderlichen Energie zur tatsächlich zugeführten technischen Arbeit dar. Ist η_P bekannt, so folgt die zur Förderung eines Massenstromes $\dot{M}$ gegen eine Druckdifferenz Δp erforderliche Pumpenleistung aus

$$P_P = \frac{1}{\eta_P} \dot{M} v \Delta p = \frac{1}{\eta_P} \dot{V} \Delta p . \tag{14.3}$$

Typische Wirkungsgrade von Kreiselpumpen liegen im Fall von Kunststoffpumpen bei etwa $\eta_P = 0{,}4$, im Fall von Metallpumpen be etwa $\eta_P = 0{,}8$. Aus Gl. 14.3 wird deutlich, dass eine Pumpe bei konstanter Leistungsaufnahme P_P und bei festliegender Druckdifferenz Δp einen konstanten Volumenstrom $\dot{V}$ fördert. Man bezeichnt eine Pumpe daher auch als einen Volumenförderer und charakterisiert sie durch die sogenannte Förderhöhe

$$H = \frac{\Delta p}{\rho g} .$$

14.1.2 Verdichter, Kompressoren und Ventilatoren

Verdichter, auch Kompressoren genannt, und Ventilatoren dienen zum Fördern und Verdichten von Gasen oder Dämpfen. Für kleine Volumenströme werden im Allgemeinen Kolbenverdichter, Schraubenverdichter, Membranverdichter oder Wälzkolbenverdichter eingesetzt, für große Volumenströme meist Turbokompressoren. Abbildung 14.2 zeigt Verdichtersymbole.

Im thermodynamischen Modell wird der Verdichter meist als adiabat betrachtet[1]. Die Verdichterleistung zur Förderung des Massenstroms $\dot{M}$ ergibt sich dann zu

$$P_V = \dot{M} l_t = \dot{M}(h_2 - h_1) , \tag{14.4}$$

---

[1] Dies gilt auch in den meisten praktischen Anwendungen mit sehr guter Genauigkeit, da die durch Wärmeübertragung an die Umgebung abgegebene Wärme im Allgemeinen sehr viel kleiner ist, als die dem Fluid zugeführte Energie.

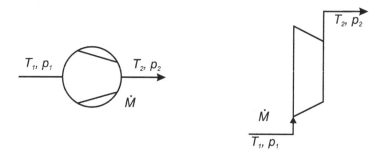

Verdichter allgemein   Turboverdichter

Abb. 14.2 Verdichtersymbole

wobei wir mit $\dot{Q} = 0$, $\Delta w = 0$ und $\Delta z = 0$ die gleichen vereinfachenden Annahmen getroffen haben wie im vorangegangenen Kapitel bei der Ableitung der Pumpleistung (Gl. 14.1). Im thermodynamisch idealen Fall erfolgt die Verdichtung reversibel – also reibungsfrei und adiabat bzw. isentrop – und endet ausgehend von Zustand 1 in einem Zustand 2_{rev}. Die spezifische Arbeit des Verdichters beträgt in diesem reversiblen Fall

$$l_{\text{t,rev}} = h_{2,\text{rev}} - h_1 \,. \tag{14.5}$$

Im h,s-Diagramm, Abb. 14.3, lässt sich diese spezifische Arbeit bei reversibler Verdichtung als Strecke zwischen den Punkten 1 und 2_{rev} ablesen, die wegen der Isentropie auf einer Senkrechten $s = $ const zwischen den Isobaren p_1 und p_2 liegen.

Im realen Verdichter wird jedoch Reibung auftreten, was Entropiezunahme zur Folge hat und weshalb der Endzustand der Verdichtung bei gleichem Enddruck p_2 in Abb. 14.3 Punkt 2 sein wird. Wiederum ist die zugeführte spezifische Arbeit $l_t = h_2 - h_1$ als Strecke ablesbar. Zur Auslegung realer Verdichter wird zunächst von isentroper Verdichtung ausgegangen und mittels eines sog. isentropen Wirkungsgrades

$$\eta_{\text{SV}} = \frac{l_{\text{t,rev}}}{l_t} = \frac{h_{2,\text{rev}} - h_1}{h_2 - h_1} \tag{14.6}$$

aus der bei reversibler Zustandsänderung erforderlichen Leistung die tatsächliche Leistung berechnet. Mit Gl. 14.4 bis 14.6 folgt

$$P_V = \frac{1}{\eta_{\text{SV}}} \dot{M} l_{\text{t,rev}} = \frac{1}{\eta_{\text{SV}}} \dot{M} (h_{2,\text{rev}} - h_1) \,. \tag{14.7}$$

Wird ideales Gas verdichtet, so folgt wegen $dh = c_p\,dT$

$$P_V = \dot{M} c_p (T_2 - T_1) = \frac{1}{\eta_{\text{SV}}} \dot{M} c_p (T_{2,\text{rev}} - T_1) \,, \tag{14.8}$$

wobei $c_p = $ const angenommen wurde.

Abb. 14.3 Verdichtung im h,s-Diagramm

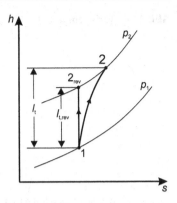

Ventilatoren können als eine Untergruppe von Verdichtern behandelt werden, die zum Fördern von Gasen über geringe Druckdifferenzen (etwa < 0,1 bar) dienen. Die Förderung erfolgt mittels propellerartiger Laufräder. Bei solch niedrigen Druckänderungen können Gase in guter Näherung als inkompressibel angenommen werden. Die Ventilatorleistung P_V kann man dann analog zu einer Pumpenleistung, Gl. 14.3, ermitteln. Es ergibt sich

$$P_V = \frac{1}{\eta_{SV}} \dot{M} v \Delta p = \frac{1}{\eta_{SV}} \dot{V} \Delta p. \tag{14.9}$$

14.1.3 Turbinen

In Turbinen wird durch Entspannen von Gasen oder Dämpfen Arbeit gewonnen. Abbildung 14.4 zeigt das Turbinensymbol. Im Inneren der Turbine wird das Gas oder der Dampf hierbei zunächst in einer Düse beschleunigt. Die kinetische Energie wird dann an Schaufeln und somit an eine rotierende Welle übertragen. Bei der thermodynamischen Betrachtung kann man wie beim Verdichter näherungsweise davon ausgehen, dass die Turbine ein offenes adiabates System darstellt. Die gewonnene Leistung P_T durch Entspannung eines Massenstroms $\dot{M}$ ist

$$P_T = \dot{M} l_t = \dot{M}(h_2 - h_1), \tag{14.10}$$

wobei wiederum $\dot{Q} = 0$, $\Delta w = 0$ und $\Delta z = 0$ angenommen wurde[2]. Analog zum Verdichter lässt sich die spezifische Arbeit $|l_t| = |h_2 - h_1|$ in einem h,s-Diagramm, Abb. 14.5, darstellen.

---

[2] Bei einem Flugtriebwerk beispielsweise dient die Turbine nicht nur dem Arbeitsgewinn, der hier zum Antrieb des Verdichters notwendig ist, sondern größtenteils zur Erzeugung von Schub, d. h. kinetischer Energie der austretenden Gase. In diesem Fall ist die Annahme $\Delta w = 0$ nicht gerechtfertigt. Die Gl. 14.10 kann jedoch einfach um die entsprechenden Terme ergänzt werden.

Abb. 14.4 Turbinensymbol

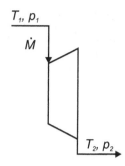

Im reibungsfrei adiabaten Fall ist der Zustand nach der Entspannung 2_rev und die spezifischen Turbinenleistung

$$l_\mathrm{t,rev} = h_\mathrm{2,rev} - h_1.$$ (14.11)

Zur Berechnung der tatsächlichen Turbinenleistung berücksichtigt man die Irreversibilitäten wiederum in Form eines isentropen Wirkungsgrades

$$\eta_\mathrm{ST} = \frac{l_\mathrm{t}}{l_\mathrm{t,rev}} = \frac{h_2 - h_1}{h_\mathrm{2,rev} - h_1}.$$ (14.12)

Damit ergibt sich die Turbinenleistung zu

$$P_\mathrm{T} = \eta_\mathrm{ST}\dot{M}l_\mathrm{t,rev} = \eta_\mathrm{ST}\dot{M}\left(h_\mathrm{2,rev} - h_1\right),$$ (14.13)

wobei für die Entspannung idealer Gase

$$P_\mathrm{T} = \eta_\mathrm{ST}\dot{M}c_p\left(T_\mathrm{2,rev} - T_1\right)$$ (14.14)

gilt, sofern c_p in diesem Temperaturbereich als konstant angenommen werden kann.

Abb. 14.5 Entspannung im h,s-Diagramm

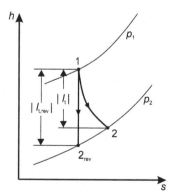

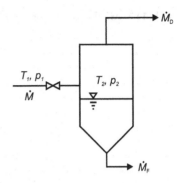

Abb. 14.6 Entspannungsverdampfung

14.1.4 Verdampfer und Kondensatoren

Verdampfer können konstruktiv und technisch sehr unterschiedlich gestaltet sein, ebenso Kondensatoren.

Für die Betrachtungen in diesem Buch sind jedoch ausschließlich die Energiebilanzen dieser Wärmeübertragertypen von Interesse. Für Verdampfer oder Kondensatoren, die als Wärmeübertrager direkt oder indirekt mittels eines zweiten Fluidstroms beheizt oder gekühlt werden, gelten die in Abschn. 7.5 aufgestellten Energiebilanzgleichungen 7.34 und 7.35. Für die bilanzielle Betrachtung solcher Verdampfer und Kondensatoren sei hier auf dieses Kapitel verwiesen. Sonderfälle, die mit den dort angegebenen Gln. 7.34 und 7.35 nicht behandelt werden können, stellen lediglich die Entspannungsverdampfung und die Mischkondensation dar. Bei der Entspannungsverdampfung wird entsprechend Abb. 14.6 eine Flüssigkeit vom Zustand 1 in einer Drossel so entspannt, dass durch Druckreduktion im Zustand 2 Nassdampf vorliegt. Die Drosselung wird i. A. als adiabat angesehen, d. h. entsprechend Abschn. 7.8 bleibt die Enthalpie hierbei konstant und die Temperatur des Fluids nimmt ab.

Das zweiphasige Gemisch vom Zustand 2 wird dann z. B. durch Schwerkraft oder Zentrifugalkräfte getrennt, und der gesättigte Dampf und die siedende Flüssigkeit werden getrennt abgezogen. Die Energiebilanz liefert für den als adiabat angenommenen Prozess

$$\dot{M}_1 \cdot h_1 = \dot{M}_D h_2'' + \dot{M}_F h_2' , \qquad (14.15)$$

wobei die Hochindizes $'$ den Zustand von Flüssigkeit im Sättigungszustand und $''$ den Zustand von Dampf im Sättigungszustand kennzeichnen. Die Massenbilanz der stationären Entspannungsverdampfung ergibt

$$\dot{M} = \dot{M}_D + \dot{M}_F . \qquad (14.16)$$

Bei *Mischkondensatoren*, auch Einspritzkondensatoren genannt, kondensiert der dem Apparat entsprechend Abb. 14.7 zugeführte Dampf an in den Dampf eingespritzten kalten Flüssigkeitstropfen. Die Kühlflüssigkeit wird in Mischkondensatoren meist durch Düsen dispergiert. Der Vorteil der Mischkondensation ist ihre einfache Bauart. Der Nachteil

Abb. 14.7 Mischkondensator

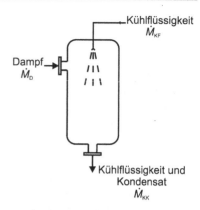

besteht darin, dass Kühlflüssigkeit und Kondensat vermischt werden. Die Energiebilanz ergibt

$$\dot{M}_D h_D + \dot{M}_{KF} h_{KF} = \dot{M}_{KK} h_{KK} \,, \tag{14.17}$$

die Massenbilanz

$$\dot{M}_D + \dot{M}_{KF} = \dot{M}_{KK} \,. \tag{14.18}$$

14.2 Rechtsläufige und linksläufige Kreisprozesse. Wärmekraftmaschinen, Kältemaschinen und Wärmepumpen

Kreisprozesse dienen der kontinuierlichen Erzeugung einer für einen bestimmten Nutzen erwünschten Energieform aus einer anderen. Wie in Abschn. 7.2 bereits erwähnt wurde, wird dabei ein Arbeitsfluid kontinuierlich in einer Maschine umgewälzt, wobei es zyklisch verschiedene einzelne Apparate durchströmt, in denen es mit der Umgebung Wärme und Arbeit austauscht. Entsprechend der Energieform, die den Nutzen einer Maschine darstellt, unterscheidet man drei Arten von Maschinen:

• Wärmekraftmaschinen (WKM),
• Kältemaschinen (KM) und
• Wärmepumpen (WP).

Bei einer Wärmekraftmaschine stellt eine abgeführte Arbeit L den Nutzen dar. Um diese zu erzeugen, wird der Wärmekraftmaschine entsprechend Abb. 14.8 eine Wärme Q von einer Wämequelle der Temperatur T zugeführt, und es muss nach dem zweiten Hauptsatz, Abschn. 9.5. eine Wärme Q_0 an eine Wärmesenke der Temperatur T_0 abgegeben werden. Hierbei gilt zwingend $T_0 < T$. Die Wärmesenke ist im Allgemeinen die Umgebung der Temperatur T_u. Als Wärmequelle können z. B. heiße Verbrennungsgase, konzentrierte Solarenergie oder spaltbares Kernmaterial zur Verfügung stehen.

Abb. 14.8 Schema zur
Energiewandlung in einer
Wärmekraftmaschine (WKM)

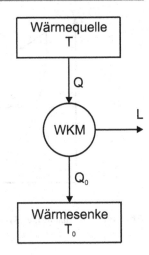

Das in einem Kreislauf geführte Arbeitsfluid dient dazu, in einem Wärmeübertrager die Wärme Q aufzunehmen, in einer Maschine Arbeit zu verrichten und in einem anderen Wärmeübertrager die Wärme Q_0 abzugeben. Entsprechend Gl. 7.25

$$0 = \oint dQ + \oint dL$$

wird das Fluid dann in der Maschine insgesamt die technische Arbeit

$$|L_t| = |L| = Q - |Q_0| \tag{14.19a}$$

abgeben[3]. Gleichung 14.19a formt man, sofern man einen kontinuierlichen Prozess betrachtet, in dem der Massenstrom $\dot{M}$ des Arbeitsfluids umgewälzt wird, leicht um zu

$$|P| = \dot{Q} - |\dot{Q}_0| \,. \tag{14.19b}$$

Die Folge der Zustandsänderungen des zirkulierenden Fluids kann in Zustandsdiagrammen, z. B. p,V- oder T,S-Diagrammen dargestellt werden. Abbildung 14.9 zeigt beispielhaft eine solche Folge von Zustandsänderungen für eine (fiktive) Wärmekraftmaschine.

Der Einfachheit halber gehen wir zunächst von einem dissipationsfreien Prozess aus. Im T,S-Diagramm lässt sich die umgesetzte Wärme dann wegen $dQ = T\,dS$ als Fläche darstellen. Damit von dem Kreisprozess Arbeit abgegeben werden kann ($\oint dL < 0$), muss gelten

$$-\oint dL = \oint dQ = \oint T\,dS > 0 \,.$$

---

[3] Da man bei dieser Energiebilanz die Wärmekraftmaschine als geschlossenes System betrachtet, unterscheiden sich die Arbeit L und die technische Arbeit L_t nicht (siehe Abschn. 5.2)

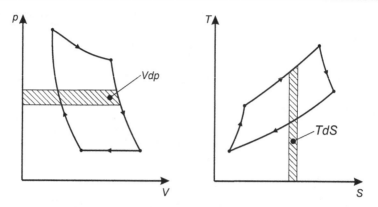

Abb. 14.9 Rechtsläufiger Kreisprozess im p,V-Diagramm (*links*) und im T,S-Diagramm (*rechts*)

Der Kreisprozess muss im T,S-Diagramm (Abb. 14.9 rechts) folglich rechtsläufig sein, d. h. im Uhrzeigersinn erfolgen. Gleiches folgt aus der Betrachtung des p,V-Diagrammes (Abb. 14.9 links), da im dissipationsfreien Fall

$$\oint dL_t = \oint V\,dp < 0$$

gelten muss. Die während eines Kreisprozesses umgesetzte technische Arbeit L_t lässt sich im dissipationsfreien Fall folglich sowohl im p,V- als auch im T,S-Diagramm als die von den Zustandskurven eingeschlossene Fläche darstellen. Alle Kreisprozesse für Wärmekraftmaschinen nennt man auch *rechtsläufige Kreisprozesse*.

Das Verhältnis vom Nutzen, der abgeführten technischen Arbeit, zum Aufwand eines solchen Prozesses, der zugeführten Wärme, bezeichnet man als *thermischen Wirkungsgrad η*. Es gilt

$$\eta = \frac{-L}{Q} = \frac{|L|}{Q}.\tag{14.20}$$

Wird der Kreisprozess in umgekehrter Richtung durchlaufen, so wird, wie man es aus Abb. 14.9 sieht, mehr Arbeit zugeführt als abgeführt bzw. weniger Wärme zu- als abgeführt. Solche *linksläufigen Kreisprozesse* finden Anwendung für Kältemaschinen und Wärmepumpen. Dabei wird entsprechend Abb. 14.10 einem kälteren System der Temperatur T_0 eine Wärme Q_0 entzogen. Das Arbeitsfluid nimmt diese Wärme auf und gibt nach weiterer Zufuhr der Arbeit L die Wärme Q an eine Wärmesenke der Temperatur $T > T_0$ ab.

Im Falle der Wärmepumpe wird die Wärme Q_0 aus der Umgebung der Temperatur $T_0 = T_u$ aufgenommen. Der Nutzen der Wärmepumpe liegt dann in der bei der höheren Temperatur T z. B. zu Heizzwecken abgegebenen Wärme Q. Den Aufwand stellt die zugeführte Arbeit L dar. Zur Beurteilung der energetischen Effizienz des linksläufigen Kreisprozesses wählt man ebenfalls das Verhältnis von Nutzen zu Aufwand und spricht – anstatt wie im Falle des rechtsläufigen Kreisprozesses vom thermischen Wirkungsgrad – von einer *Leis-*

Abb. 14.10 Schema zur Energiewandlung in einer Kältemaschine (KM) oder Wärmepumpe (WP)

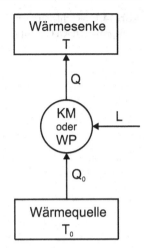

tungszahl ε. Im Falle eines Wärmepumpenprozesses ist sie

$$\varepsilon_{WP} = \frac{-Q}{L} = \frac{|Q|}{L} \,. \tag{14.21}$$

Bei einer Kältemaschine liegt der Nutzen in der dem Kaltraum entzogenen Wärme Q_0. Der Aufwand ist, wie bei der Wärmepumpe, die zugeführte Arbeit L. Die Leistungszahl einer Kältemaschine ist demnach

$$\varepsilon_{KM} = \frac{Q_0}{L} \,. \tag{14.22}$$

14.3 Der rechtsläufige Carnotsche Kreisprozess und seine Anwendung auf das ideale Gas

Von besonderer Bedeutung für die Thermodynamik, wenn auch nicht für die Praxis, ist der 1824 von Carnot[4] eingeführte dissipationsfreie Kreisprozess, bestehend aus 2 Isothermen und 2 Isentropen in der Reihenfolge: isotherme Expansion, isentrope (dissipationsfreie und adiabte) Expansion, isotherme Kompression und isentrope Kompression zurück zum Anfangspunkt. Die Verwirklichung in der Praxis scheitert an dem hohen maschinellen Auf-

---

[4] Nicolas Léonard Sadi Carnot (1796–1832) schloss als Siebzehnjähriger sein Studium an der Ecole Polytechnique de Paris ab und diente dann einige Jahre als Ingenieur-Offizier. Er nahm aber bald seinen Abschied vom Militär und lebte als Privatmann in Paris, wo er während der Choleraepidemie 1832 starb. Er beschäftigte sich mit den physikalischen Grundlagen der Dampfmaschine. Seine Gedanken hierzu legte er 1824 in seiner berühmt gewordenen Schrift „Réflexions sur la puissance motrice du feu et sur les machines propres à développer cette puissance" nieder, mit der er die Thermodynamik als Wissenschaft begründete.

Abb. 14.11 Rechtsläufiger
Kreisprozess nach Carnot

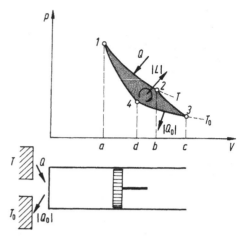

Abb. 14.12 Rechtsläufiger
Carnotscher Kreisprozess in
getrennten Zylindern

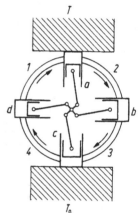

wand und an dem unrealistisch groß zu wählenden Druckverhältnis p_1/p_3 (Abb. 14.11),
um eine ausreichend große Arbeit zu erhalten.

Das Arbeitsfluid denken wir uns dabei nach Abb. 14.11 in einem Zylinder eingeschlossen. Während der isothermen Expansion *1–2* bringen wir das Fluid mit einem Wärmespeicher von der Temperatur T, während der isothermen Kompression *3–4* mit einem solchen
von der Temperatur T_0 in wärmeleitende Verbindung. Beide Wärmespeicher sollen so groß
sein, dass ihre Temperatur sich durch Entzug oder Zufuhr der bei dem Kreisprozess umgesetzten Wärmen nicht merklich ändert. Während der isentropen Zustandsänderungen
2–3 und *4–1* ist das Arbeitsfluid wärmedicht abgeschlossen.

Ebensogut können wir die einzelnen Teilvorgänge auch in getrennten Zylindern ausführen, die das Arbeitsfluid im Kreislauf durchströmt, wie das Abb. 14.12 zeigt. Dabei
arbeiten Zylinder *c* und *d* als Kompressoren, Zylinder *a* und *b* als Expansionsmaschinen. In
a wird isotherm expandiert unter Wärmezufuhr von dem Wärmespeicher T, in *c* wird isotherm komprimiert unter Wärmeabfuhr an den Wärmespeicher T_0. Die Zylinder *b* und *d*

sind wärmedicht abgeschlossen; in *b* wird isentrop expandiert, in *d* isentrop komprimiert. Durch die als Viertelkreise gezeichneten Rohrleitungen strömt das Arbeitsfluid im Kreislauf in Richtung der Pfeile durch alle 4 Zylinder, wobei die Ziffern *1–4* seinem Zustand im *p,V*-Diagramm der Abb. 14.11 entsprechen. Die Rohrleitungen müssen zugleich ein ausreichendes Speichervolumen haben, damit trotz des absatzweisen Zu- und Abströmens von Fluid keine zeitlichen Zustandsänderungen in ihnen auftreten. Durch entsprechende Steuerung der Ventile kann man den Prozess leicht umkehren, wobei das Arbeitsfluid entgegengesetzt strömt und der Maschine Arbeit zugeführt werden muss (siehe hierzu Abschn. 14.3).

Statt der Kolbenmaschinen könnte man auch Turbinen und Turbokompressoren für die Entspannung und Verdichtung wählen.

Um den thermischen Wirkungsgrad des Carnotschen Kreisprozesses zu berechnen, führen wir ihn zunächst mit einem idealen Gas als Arbeitsfluid durch. Für ein solches Gas galt die Zustandsgleichung

$$\frac{pV}{MR} = T.$$

Weiter zeigte uns der Versuch von Gay-Lussac und Joule, dass die innere Energie eines idealen Gases nur von der Temperatur, nicht von seinem spezifischen Volumen abhängt, sodass man nach Gl. 6.5 schreiben kann:

$$dU = Mc_v \, dT,$$

dabei darf c_v noch eine Funktion der Temperatur sein.

Wir betrachten nun den Wärme- und Arbeitsumsatz des reversiblen Carnotschen Kreisprozesses. Längs der beiden Isothermen ist die innere Energie des Gases konstant, und die zugeführte Wärme Q und die abgeführte Wärme – Q_0 sind gleich der abgegebenen (Fläche *12ba* in Abb. 14.11) und zugeführten Arbeit (Fläche *34dc*) nach den Gleichungen

$$Q = -L_{v12} = \int_1^2 p \, dV \quad \text{und} \quad Q_0 = -L_{v34} = \int_3^4 p \, dV.$$

Setzt man in diese beiden Ausdrücke $p = MRT/V$ bzw. $p = MRT_0/V$ ein und nimmt die konstanten Temperaturen vor das Integral, so wird

$$\left.\begin{aligned}
Q &= MRT \int_1^2 \frac{dV}{V} = MRT \ln \frac{V_2}{V_1}, \\
Q_0 &= MRT_0 \int_3^4 \frac{dV}{V} = MRT_0 \ln \frac{V_4}{V_3}, \\
\text{oder} \quad & \\
|Q_0| &= MRT_0 \ln \frac{V_3}{V_4}.
\end{aligned}\right\} \qquad (14.23)$$

Längs der Isentropen *2–3* und *4–1* gilt auch bei temperaturabhängiger spezifischer Wärmekapazität die Differentialgleichung (7.10)

$$\frac{dT}{T} + (\varkappa - 1)\frac{dV}{V} = 0$$

oder integriert

$$\ln\frac{V_3}{V_2} = -\int_T^{T_0} \frac{1}{\varkappa-1}\frac{dT}{T},$$

$$\ln\frac{V_4}{V_1} = -\int_T^{T_0} \frac{1}{\varkappa-1}\frac{dT}{T}.$$

Da die rechten Seiten dieser beiden Gleichungen übereinstimmen, sind auch ihre linken gleich, und man erhält

$$\frac{V_3}{V_2} = \frac{V_4}{V_1} \quad \text{oder} \quad \frac{V_3}{V_4} = \frac{V_2}{V_1}. \tag{14.24}$$

Diese Beziehung muss zwischen den 4 Eckpunkten des Carnotschen Kreisprozesses erfüllt sein, damit das Diagramm sich schließt. Aus Gl. 14.23 folgt damit

$$\frac{Q}{|Q_0|} = \frac{T}{T_0} \quad \text{oder} \quad \frac{Q-|Q_0|}{Q} = \frac{T-T_0}{T}, \tag{14.25}$$

d. h., die umgesetzten Wärmen verhalten sich wie die zugehörigen absoluten Temperaturen. Längs der beiden Isentropen werden nach Gl. 7.12 die Arbeiten

$$L_{v23} = M\int_T^{T_0} c_v\,dT = -M\int_{T_0}^T c_v\,dT \quad \text{und} \quad L_{v41} = M\int_T^{T_0} c_v\,dT$$

verrichtet, die auch bei temperaturabhängigem c_v entgegengesetzt gleich sind und sich daher aufheben. Da nur längs der Isothermen des Kreisprozesses Wärmen umgesetzt werden, gilt nach dem ersten Hauptsatz für die vom Kreisprozess verrichtete Arbeit nach Gl. 14.19a

$$|L| = Q - |Q_0|,$$

und wir erhalten für den thermischen Wirkungsgrad den einfachen Ausdruck

$$\eta = \frac{|L|}{Q} = \frac{T-T_0}{T} = 1 - \frac{T_0}{T}. \tag{14.26}$$

▶ **Merksatz** Der thermische Wirkungsgrad des reversiblen Carnotschen Kreisprozesses hängt also nur von den absoluten Temperaturen der beiden Wärmespeicher ab, mit denen die Wärmen ausgetauscht werden.

Dabei wollen wir besonders beachten, dass wir zur Ausführung eines solchen Kreisprozesses, der Wärme in Arbeit verwandelt, wie in Abschn. 9.5 nachgewiesen wurde, zwei
Wärmespeicher brauchen, von denen der eine als Wärmequelle, der andere als Wärmesenke fungiert.

Das Ergebnis von Gl. 14.26 über das Verhältnis von verrichteter Arbeit $|L|$ und zuzu-
führender Wärme Q hatten wir in Abschn. 9.5 ohne den Umweg über die Berechnung
der Zustandsänderungen des idealen Gases auch über den zweiten Hauptsatz unmittelbar
hergeleitet. Dabei wurde bereits gezeigt, dass der Carnot-Wirkungsgrad η_c einen Faktor
darstellt, der beschreibt, welcher Anteil einer Wärme, die bei Temperatur T bereitgestellt
wird, bei gegebener Temperatur T_0 maximal in Arbeit gewandelt werden kann. Ebenso
konnten wir dies z. B. unter Zuhilfenahme der in Abschn. 11.4 angestellten Exergiebetrach-
tung und der dort abgeleiteten Gl. 11.3a

$$- dL_{ex} = \left(1 - \frac{T_u}{T}\right) dQ \qquad (14.27)$$

zeigen. Hierin stellt dL_{ex} die Exergie der Wärme bzw. die maximal gewinnbare Arbeit dar,
wenn ein System durch reversible Zustandsänderungen – und nur um solche handelt es
sich im Carnot-Prozess – mit der Umgebung ins Gleichgewicht gebracht wird. Wir denken
uns deshalb den Carnot-Prozess zwischen den Grenzen Umgebungstemperatur ($T_0 = T_u$)
und der Temperatur T betrieben. Der Wärmeaustausch erfolgt damit längs der Isothermen
$T_0 = T_u$ und T, und wir erhalten durch Integration von Gl. 14.27 unmittelbar

$$\frac{|L_{ex}|}{Q} = 1 - \frac{T_u}{T} = \eta_c . \qquad (14.28)$$

Der so abgeleitete Carnot-Faktor η_c stimmt also mit dem thermischen Wirkungsgrad des
Carnot-Prozesses überein.

In Wirklichkeit lässt sich ein Kreisprozess nie völlig reversibel ausführen. So erfolgt der
Wärmeaustausch immer unter Temperaturgefälle, d. h. beispielsweise $T_u < T_0$, und die den
Prozess ausführende Arbeitsmaschine läuft nicht reibungsfrei, wodurch Energie dissipiert
wird. Damit ist die tatsächlich gewinnbare Arbeit L kleiner als die maximale Arbeit bzw.
die Exergie L_{ex} des wärmeabgebenden Systems. Als Maß für die Irreversibilität der Energieumwandlung in einer Wärmekraftmaschine hatten wir in Abschn. 11.4, Gl. 11.4a, das
Verhältnis aus tatsächlicher Arbeit und Exergie

$$\eta_{ex} = |L|/|L_{ex}| = \frac{\eta}{\eta_c} \qquad (14.29)$$

eingeführt, das in der Literatur[5] als *exergetischer Wirkungsgrad* bezeichnet wird. Es gibt
hinsichtlich der Energieumwandlung unmittelbar Auskunft über die Güte der Prozessfüh-
rung sowie der dafür verwendeten Apparate und Maschinen.

---

[5] Fratzscher, W.: Zum Begriff des exergetischen Wirkungsgrades. BWK 13 (1961) 486–493.

Dieser exergetische Wirkungsgrad ist ein wesentlich besseres Maß für die im thermodynamischen Sinne vollkommene Nutzung eines gegebenen Wärmereservoirs als der thermische Wirkungsgrad. Er gibt uns unmittelbar an, wie vollkommen eine Energieumwandlung abläuft und welcher Anteil der theoretisch als Arbeit nutzbaren Exergie unwiederbringlich verloren ist.

Andererseits darf man aber den exergetischen Wirkungsgrad keineswegs zum alleinigen Maßstab auch energiebewussten technischen Denkens machen, da Kraftmaschinen, die nach dem exergetischen Optimum ausgelegt sind, einen so hohen konstruktiven Aufwand erfordern, dass sie wegen der großen Investitionskosten unwirtschaftlich arbeiten würden.

14.4 Der linksläufige Carnotsche Kreisprozess

Lässt man den reversiblen Carnotschen Kreisprozess in der umgekehrten Reihenfolge, also linksläufig, die Zustände *4 3 2 1* durchlaufen (siehe Abb. 14.13), so kehren sich die Vorzeichen der Wärmen und Arbeiten um. Entsprechend Abb. 14.10 kann dieser Prozess in einer Kältemaschine oder Wärmepumpe angewandt werden. Es wird keine Arbeit gewonnen, sondern es muss die Arbeit *L* zugeführt werden. Längs der Isotherme *4 3* wird die Wärme Q_0 dem Wärmespeicher von der niederen Temperatur T_0 entzogen und längs der Isotherme *2 1* die Wärme

$$|Q| = Q_0 + L$$

an den Wärmespeicher von der höheren Temperatur T abgeführt.

Beispielhaft betrachten wir zunächst eine reversible Wärmepumpe. Dabei werde der Umgebung bei $T_0 = 293\,\mathrm{K}$ eine Wärme Q_0 entzogen, um z. B. an die Heizung einer Destillieranlage etwa bei 100 °C entsprechend annähernd $T = 373\,\mathrm{K}$ eine Wärme $|Q|$ abzugeben. Dann ist die Leistungszahl nach Gl. 14.21

$$\varepsilon_{\mathrm{WP}} = \frac{|Q|}{L} = \frac{T}{T - T_0} = \frac{373\,\mathrm{K}}{80\,\mathrm{K}} = 4{,}66$$

oder

$$|Q| = 4{,}66 L \, .$$

Würde man die Arbeit *L* etwa durch Reibung oder, falls sie als elektrische Energie vorhanden ist, durch elektrische Widerstandsheizung in Wärme verwandeln, so würde nach dem ersten Hauptsatz nur das entsprechende Äquivalent entstehen. Durch die reversible Wärmepumpe wird also das Mehrfache, in unserem Beispiel das 4,66-fache der aufgewendeten Arbeit als Wärme nutzbar gemacht. Die Wärmepumpe ist hier also energetisch wesentlich effizienter als die Widerstandsheizung.

Nun betrachten wir eine Anwendung des linksläufigen Carnot-Prozesses als Kältemaschine. Dabei werde die Wärme Q_0 einem Körper entzogen, dessen Temperatur T_0 unter

Abb. 14.13 Linksläufiger Carnotscher Kreisprozess

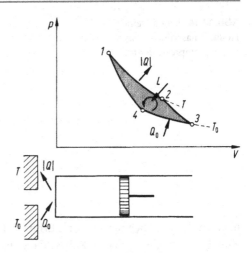

der Umgebungstemperatur liegt, und es wird an die Umgebung oder an Kühlwasser von der Temperatur T eine Wärme $|Q| = Q_0 + L$ abgegeben.

Will man einen Raum auf $-10\,°C$ halten in einer Umgebung von $+20\,°C$, so muss die Kältemaschine die dem Kühlraum durch die Wände zufließende Wärme wieder herausschaffen. Da dann die Leistungszahl nach Gl. 14.22

$$\varepsilon_{KM} = \frac{Q_0}{L} = \frac{T_0}{T - T_0} = \frac{263\,K}{30\,K} = 8{,}8$$

ist, kann also der 8,8-fache Betrag von L dem Kühlraum als Kälteleistung entzogen werden. Hierbei sind die Verluste durch Unvollkommenheiten aber noch nicht berücksichtigt.

In der Technik werden nach dem Carnotschen Prozess arbeitende Kaltluftmaschinen mit dem Arbeitsfluid Luft nicht gebaut, sondern man benutzt ausschließlich kondensierende Gase, sog. Kaltdämpfe, als Arbeitsmedien und arbeitet auch nach einem vom Carnotschen etwas abweichenden Prozess, den wir in Abschn. 14.11 kennenlernen werden.

14.5 Die Heißluftmaschine und die Gasturbine

Die Teilvorgänge des Carnotschen Kreisprozesses hatten wir in vier getrennten Zylindern ausgeführt, die das Arbeitsmittel nacheinander durchströmte. Dabei wurden zwei Zylinder zur Verdichtung des Gases verwendet und zwei dienten als Expansionsmaschinen. In je einer dieser Kompressions- und Expansionsmaschinen wurde Wärme zu- bzw. abgeführt, die beiden anderen arbeiteten reversibel adiabat, also isentrop.

Ersetzt man nun die beiden erstgenannten Maschinen durch Wärmeübertrager, in denen die Wärmezu- und -abfuhr isobar erfolgt, so kommt man zu der in Abb. 14.14 gezeigten *Heißluftmaschine*. Im linken Zylinder wird die mit der Temperatur T_1 und dem Druck p_0 angesaugte Luft auf p verdichtet, wobei ihre Temperatur auf T_2 steigt. Dann wird die Luft

Abb. 14.14 Schema einer
Heißluftmaschine mit isen-
troper Kompression und
Expansion

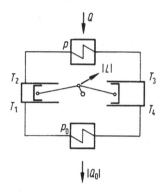

in einem Wärmeübertrager, der als Erhitzer dient und z. B. die Form einer von außen mit
einer Flamme beaufschlagten Rohrschlange hat, bei dem konstanten Druck p unter Zufuhr
der Wärme

$$Q = M c_p (T_3 - T_2) \tag{14.30}$$

von T_2 auf T_3 erwärmt, wobei wir konstante spezifische Wärmekapazität c_p annehmen. Im
Expansionszylinder wird sie dann vom Druck p auf p_0 entspannt, wobei ihre Temperatur
von T_3 auf T_4 sinkt. Dabei muss natürlich T_4 größer sein als T_1. Die mit der Temperatur
T_4 aus dem Expansionszylinder austretende Luft wird in einem zweiten Wärmeübertrager,
der als Kühler dient, bei dem konstanten Druck p_0 wieder auf die Anfangstemperatur T_1
gebracht durch Entzug der Wärme

$$|Q_0| = M c_p (T_4 - T_1) \tag{14.31}$$

und strömt dann wieder dem Kompressionszylinder zu. Wenn p_0 gleich dem Umgebungsdruck ist, könnte man auch die Luft in die Umgebung entweichen und vom Kompressionszylinder Frischluft ansaugen lassen, was thermodynamisch das Gleiche ist, da dann die
Umgebung als unendlich großes Wärmereservoir betrachtet werden kann.

Behandelt man die Luft als ideales Gas, so gilt bei reversiblen adiabaten Zustandsänderungen zwischen denselben Druckgrenzen und bei gleichem Isentropenexponenten $\varkappa$ für
Expansion und Kompression

$$\frac{T_1}{T_2} = \frac{T_4}{T_3} = \left(\frac{p_0}{p} \right)^{(\varkappa-1)/\varkappa} \quad \text{und} \quad \frac{T_4 - T_1}{T_3 - T_2} = \frac{T_1}{T_2} = \left(\frac{p_0}{p} \right)^{(\varkappa-1)/\varkappa} . \tag{14.32}$$

Die verrichtete Arbeit ist die Differenz der zugeführten und der abgeführten Wärmen

$$|L| = Q - |Q_0| = M c_p (T_3 - T_2) \left[1 - \frac{T_4 - T_1}{T_3 - T_2} \right]$$

$$= M c_p (T_3 - T_2) \left[1 - \frac{T_1}{T_2} \right] \tag{14.33}$$

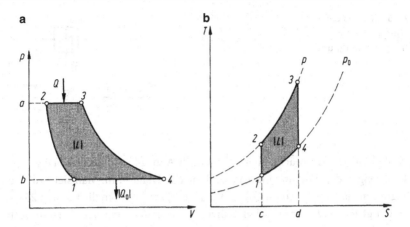

Abb. 14.15 Prozess der Heißluftmaschine und der Gasturbine mit reversibler adiabater Kompression und Expansion im p,V- und T,S-Diagramm (Joule-Prozess)

und der thermische Wirkungsgrad wird

$$\eta = \frac{|L|}{Q} = 1 - \frac{T_1}{T_2} = 1 - \left(\frac{p_0}{p}\right)^{(\varkappa - 1)/\varkappa}. \tag{14.34}$$

Der Wirkungsgrad dieses zuerst von *Joule* behandelten Prozesses der verlustlosen Heißluftmaschine hängt also nur vom Temperaturverhältnis T_1/T_2 oder dem Druckverhältnis p_0/p der Verdichtung ab, er ist unabhängig von der Größe der Wärmezufuhr und von der Höhe der damit verbundenen Temperatursteigerung.

Die Abb. 14.15a und 14.15b zeigen den Vorgang im p,V- und im T,S-Diagramm. In beiden Diagrammen ist die bei einem Durchlauf des Kreisprozesses von der Maschine abgegebene Arbeit $|L|$ durch die jeweils graue Fläche dargestellt. In Abb. 14.15a ergibt sich diese Arbeit $|L|$ aus der Differenz der Kompressionsarbeit (Fläche $12ab$) und der Expansionsarbeit (Fläche $34ba$). In Abb. 14.15b ergibt sie sich aus der Differenz der zugeführten Wärme (Fläche $23dc$) und der abgeführten Wärme (Fläche $41cd$).

Statt einer adiabaten Zustandsänderung können wir uns die Verdichtung bzw. Expansion in den beiden Zylindern der Heißluftmaschine auch isotherm durchgeführt denken. Dann wird auch in den beiden Zylindern Wärme übertragen, und es ist

$$T_1 = T_2 \quad \text{und} \quad T_3 = T_4. \tag{14.35}$$

Die beiden in Erwärmer und Kühler umgesetzten Wärmen

$$Q_{23} = Mc_p(T_3 - T_2) \quad \text{und} \quad |Q_{41}| = Mc_p(T_4 - T_1)$$

dieses zuerst von Ericsson angegebenen Prozesses sind einander gleich und werden bei denselben Temperaturen übertragen. Man kann sie daher in umkehrbarer Weise mit Hilfe

Abb. 14.16 Schema einer
Heißluftmaschine mit iso-
thermer Kompression und
Expansion

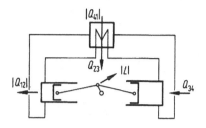

eines idealen Gegenstromwärmeübertragers nach Abb. 14.16 umsetzen. Die Abb. 14.17a
und 14.17b zeigen den Vorgang im p,V- und im T,S-Diagramm. Man sieht auch aus dem
T,S-Diagramm, dass die Wärmen Q_{23} und $|Q_{41}|$, dargestellt durch die Flächen *23 cb* und *41
ad*, einander gleich sind. Wir brauchen daher nur die in den Zylindern bei den isothermen
Zustandsänderungen umgesetzten Wärmen zu berücksichtigen. Ihr Betrag ist gleichwertig
der Größe der Arbeitsflächen *34 dc* und *12 ba* im p,V-Diagramm und gleich den Flächen
34 dc und *12 ba* im T,S-Diagramm, und es ist

$$Q_{34} = MRT_3 \ln \frac{p}{p_0}, \tag{14.36}$$

$$|Q_{12}| = MRT_1 \ln \frac{p}{p_0}, \tag{14.37}$$

$$|L| = Q_{34} - |Q_{12}| = MR(T_3 - T_1) \ln \frac{p}{p_0}.$$

Damit wird der thermische Wirkungsgrad

$$\eta = \frac{|L|}{Q_{34}} = \frac{T_3 - T_1}{T_3} = 1 - \frac{T_1}{T_3}. \tag{14.38}$$

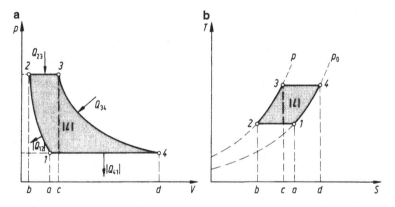

Abb. 14.17 Prozess der Heißluftmaschine und der Gasturbine mit isothermer Kompression und Expansion im p,V- und T,S-Diagramm (Ericsson-Prozess)

Der Wirkungsgrad der Heißluftmaschine mit isothermen Kompression und Expansion ist also gleich dem des reversiblen Carnotschen Prozesses. Bei Anwendungen kommt es aber nicht nur auf den Wirkungsgrad, sondern auch auf den Maschinenaufwand an. Bei gegebenem Anfangsdruck steigt dieser Aufwand mit wachsendem Höchstdruck und wird um so kleiner, je mehr Arbeit bei gegebenem Höchstdruck aus der Mengeneinheit angesaugter Luft zu gewinnen ist. Zeichnet man in einem T,S-Diagramm zwischen den Isobaren des kleinsten und größten Druckes Prozesse nach Carnot und nach Ericsson ein, so sieht man, dass bei gleichen Temperaturgrenzen und daher auch gleichem Wirkungsgrad der Ericsson-Prozess die größere Arbeitsfläche liefert, er nutzt also die Maschine besser aus. Ähnliches gilt für den Vergleich mit dem Joule-Prozess. Beim Ericsson-Prozess ist aber ein guter Gegenstromwärmeübertrager nötig.

Die bisherigen Überlegungen gelten für verlustlose Maschinen, bei Berücksichtigung von isentropen Wirkungsgraden der Kompression und Expansion entsprechend Abschn. 14.1 werden die Ausdrücke komplexer.

Die Heißluftmaschine ist in der in Abb. 14.16 skizzierten Form ohne praktisches Interesse. Als Strömungsmaschine, bestehend aus einem Turboverdichter und einer Gasturbine, hat sie dagegen größere Bedeutung dank der Steigerung der Gütegrade dieser Maschine durch die Fortschritte der Strömungslehre und den weitverbreitetem Einsatz in der Praxis in stationären Gasturbinenanlagen und Flugtriebwerken.

Bei der *Gasturbine* kann die Erhitzung der verdichteten Arbeitsluft durch Einspritzen von Brennstoff als innere Wärmezufuhr oder durch Heizflächen hindurch als äußere Wärmezufuhr erfolgen. Im zweiten Fall wird als Arbeitsmedium nicht Luft, sondern Helium oder auch Kohlendioxid verwendet. Bei dem sog. offenen Kreislauf, der z. B. für Flugtriebwerke als Vergleichsprozess relevant ist, saugt der Verdichter die Luft aus dem Freien mit dem Druck und der Temperatur der Umgebung an, und die Turbine lässt sie mit höherer Temperatur wieder ins Freie austreten. Lufterhitzung durch innere Wärmezufuhr ist nur bei offenem Kreislauf möglich. Bei geschlossenem Kreislauf läuft immer dasselbe Arbeitsgas um, ihm wird im Erhitzer Wärme durch Heizflächen hindurch zugeführt und hinter der Turbine vor Wiedereintritt in den Verdichter ebenfalls durch Heizflächen hindurch wieder entzogen.

Will man hohe Wirkungsgrade erreichen, so ist bei beiden Systemen ein Wärmeübertrager nötig, der im Gegenstrom Wärme von dem heißen Arbeitsgas hinter der Turbine an das aus dem Verdichter kommende kältere Gas überträgt, bevor ihm die Verbrennungswärme zugeführt wird.

Das Schema einer Gasturbinenanlage mit offenem Kreislauf und innerer Wärmezufuhr zeigt Abb. 14.18. Die aus dem Freien angesaugte Luft wird im Verdichter a auf höheren Druck gebracht, vorgewärmt und dann in der Brennkammer b durch Einspritzen von Brennstoff und dessen Verbrennung erhitzt. Darauf wird die Luft[6] in der Turbine c

---

[6] Genau genommen tritt nicht Luft, sondern das bei der Verbrennung von Brennstoff mit Luft entstandene Abgas in die Turbine ein. Für die hier betrachteten grundlegenden thermodynamischen Zusammenhänge kann das Abgas jedoch durch die Eigenschaften der Luft beschrieben werden.

Abb. 14.18 Gasturbinenprozess mit offenem Kreislauf. *a* Verdichter; *b* Brennkammer; *c* Turbine; *d* Wärmeübertrager; *e* elektrischer Stromerzeuger (Generator)

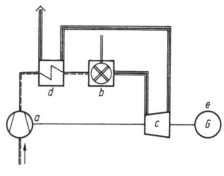

Abb. 14.19 *t,s*-Diagramm des Gasturbinenprozesses mit offenem Keislauf nach Abb 14.18

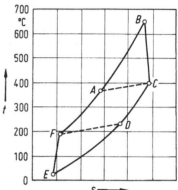

unter Arbeitsleistung entspannt, gibt im Wärmeübertrager *d* einen Teil ihrer Restwärme zur Luftvorwärmung ab und tritt dann ins Freie aus. Im Stromerzeuger *e* wird die Nutzarbeit des Prozesses in elektrische Energie verwandelt. Das *t,s*-Diagramm des Vorganges zeigt Abb. 14.19. Dabei entspricht die Isobare *AB* der Erhitzung durch innere Verbrennung, *BC* ist die Expansionslinie, deren Neigung gegen die Senkrechte die Entropiezunahme durch Verluste angibt, die entsprechend Abschn. 14.1.3, Gl. 14.12, durch den isentropen Turbinenwirkungsgrad quantifiziert werden. Längs *CD* wird Wärme im Wärmeübertrager entzogen, *DE* entspricht dem mit dem Auspuff verbundenen Wärmeentzug. Bei *E* wird frische Luft angesaugt und längs *EF* verdichtet, wobei die Neigung der Kompressionslinie wieder die Entropiezunahme durch die Verluste des Verdichters darstellt, quantifiziert durch den isentropen Verdichterwirkungsgrad, Gl. 14.6. Längs *FA* wird der verdichteten Luft die dem Abgas längs *CD* entzogene Wärme zugeführt. Da der Wärmeübertrager ein Temperaturgefälle benötigt, liegen die Punkte von *CD* bei höheren Temperaturen als die entsprechenden der Kurve *AF*.

Der Gasturbinenprozess mit geschlossenem Kreislauf, wie er zuerst von Ackeret und Keller[7] angegeben wurde, hatte insbesondere in Verbindung mit gasgekühlten Kernreak-

---

[7] Ackeret, J.; Keller, C.: Eine aerodynamische Wärmekraftanlage. Schweiz. Bauztg. 113 (1939) 229–230; Aerodynamische Wärmekraftmaschine mit geschlossenem Kreislauf. Z. VDI 85 (1941) 491–500;

Abb. 14.20 Gasturbinenprozess mit geschlossenem Kreislauf

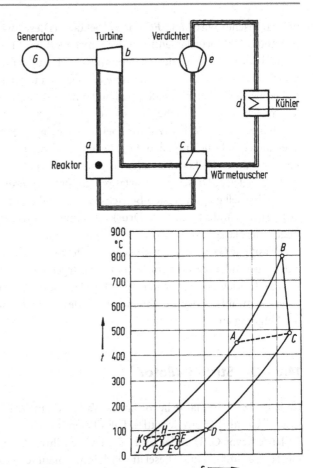

Abb. 14.21 t,s-Diagramm des Gasturbinenprozesses mit geschlossenem Kreislauf nach Abb. 14.20

toren an Interesse gewonnen. Um die Wirtschaftlichkeit solcher Anlagen zu verbessern, wird, wie Abb. 14.20 schematisch zeigt, das in den Brennelementen des Reaktors *a* durch Wärme aus Uranzerfall erhitzte Gas in einer nachgeschalteten Gasturbine *b* unter Arbeitsleistung entspannt. Das Gas – meist Helium – gibt dann in dem Wärmeübertrager *c* einen Teil seiner Energie als Wärme an das aus dem Verdichter kommende Gas ab und wird in einem Flüssigkeitskühler *d* möglichst tief heruntergekühlt. Dann wird es im Verdichter *e* auf höheren Druck gebracht, im Wärmeübertrager vorgewärmt und im Reaktor weiter erhitzt. Das t,s-Diagramm des Vorganges zeigt Abb. 14.21. Dabei entspricht *AB* der Wärmezufuhr im Reaktor, *BC* der Entspannung in der Turbine. Längs *CD* wird Wärme im Wärmeübertrager *c* wieder in den Kreislauf gegeben, längs *DE* wird Wärme durch den Kühler *d* abgeführt. Die Verdichtung erfolgt in diesem Beispiel in drei Stufen *EF*, *GH* und

Hot-air turbine power plant. Engineering 161 (1946) 1–4; Keller, C.: The Escher-Wyss-AK closed-cycle turbine, its actual development and future prospects. Trans. ASME (1946) 791–822.

JK, dazwischen wird längs *FG* und *HJ* gekühlt. (Diese Zwischenkühler sind in dem Schema der Abb. 14.20 fortgelassen.) Auf der Strecke *KA* wird im Wärmeübertrager die längs *CD* abgegebene Wärme wieder aufgenommen. Die zugeführte Wärme entspricht der Fläche unter *AB*, die abgeführte der Summe der Flächen unter *DE*, *FG* und *HJ*. Die gewonnene Arbeit ist die Differenz beider. Anhand eines maßstäblichen *T,s*-Diagrammes des Gases lassen sich so alle Einzelheiten des Vorganges genau verfolgen. Die Leistung regelt man durch Steuern der Wärmezufuhr ebenso wie beim offenen Prozess. Zugleich ändert man aber auch den Druck und damit die Dichte des Arbeitsmittels durch Zufuhr oder Ablassen von Gas, denn die Leistung aller Strömungsmaschinen ist der Dichte des Arbeitsmittels verhältnisgleich. Dieses Regelverfahren erlaubt es, Verdichter und Turbine auch bei Teillast an demselben günstigsten Betriebspunkt zu fahren, indem man zwar die Absolutwerte des Druckes ändert, aber alle Druckverhältnisse und damit auch alle Geschwindigkeiten ungeändert lässt.

Der offene Gasturbinenprozess hat zweifellos seine wichtigste Anwendung als Flugzeugantrieb gefunden. Dabei verarbeitet in der Regel die Turbine vom Druckgefälle nur so viel, wie der Antrieb des Verdichters benötigt. Der Rest des Druckgefälles dient zur Erzeugung eines Gasstrahls hoher Geschwindigkeit. Dessen Reaktion, der Schub, treibt unmittelbar das Flugzeug an.

14.6 Der Stirling-Motor

Im Jahre 1816, drei Jahre bevor James Watt starb, meldete Robert Stirling, ein presbyterianischer Geistlicher aus Schottland, ein Patent für einen Heißluftmotor an. Dies war rund 70 Jahre bevor G. Daimler und W. Maybach ihren Otto-Motor in einem ersten Motorfahrzeug erprobten und Diesel die nach ihm benannte Verbrennungskraftmaschine erfand. Während Otto- und Diesel-Motor eine gewaltige Entwicklung erfuhren und heute nahezu ausschließlich die Antriebsaggregate unserer Kraftfahrzeuge sind, geriet der Stirling-Motor für lange Zeit in Vergessenheit.

Im Jahre 1968 griff die Firma Philips Industries[8] in Eindhoven (Niederlande) die Idee von Stirling wieder auf und begann, diesen Motor weiterzuentwickeln. Die Gründe, die zum Wiederaufgreifen der Idee von Stirling führten, sind in dem ruhigen, nahezu geräuschlosen Lauf dieser Maschine, in der Tatsache, dass sie mit beliebigen Wärmequellen betrieben werden kann, sowie in ihren schadstofffreien Abgasen auch bei Verwendung fossiler Brennstoffe als Wärmequelle zu suchen. Der Stirling-Motor wird auch Philips-Motor genannt.

Das gasförmige Arbeitsmedium – aus wärme- und strömungstechnischen Gründen meist Wasserstoff, teilweise auch Helium – beschreibt im Stirling-Prozess einen geschlos-

---

[8] Meijer, R.J.: Der Philips-Stirling-Motor, Z. MTZ 29 (1968) 7, 284–298 u. Meijer, R.J.: Möglichkeiten des Stirling-Fahrzeugmotors in unserer künftigen Gesellschaft. Philips Tech. Rundsch. 31 (1970/71) Nr. 5/6, 175–193.

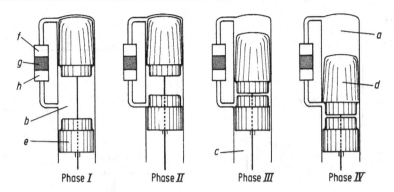

Abb. 14.22 Bewegungsablauf des Stirling-Motors. *a* Warmer Raum; *b* Kalter Raum; *c* Pufferraum; *d* Verdrängerkolben; *e* Arbeitskolben; *f* Erhitzer; *g* Regenerator; *h* Kühler. Phase:
I. Arbeitskolben in tiefster, Verdrängerkolben in höchster Lage; alles Gas im kalten Raum.
II. Der Verdrängerkolben ist in der höchsten Lage geblieben; der Arbeitskolben hat das Gas bei niedriger Temperatur verdichtet.
III. Der Arbeitskolben ist in höchster Lage geblieben; der Verdrängerkolben hat das Gas über Kühler, Regenerator und Erhitzer in den heißen Raum geschoben.
IV. Das heiße Gas ist expandiert, Verdrängerkolben und Arbeitskolben sind zusammen in der tiefsten Lage, wo der Arbeitskolben stehenbleibt, während der Verdrängerkolben das Gas über Erhitzer, Regenerator und Kühler in den kalten Raum schiebt (Stellung I)

senen Kreislauf und wird zwischen den beiden Zylinderräumen *a* und *b*, Abb. 14.22, von denen der erste auf hoher, der zweite auf niedriger Temperatur gehalten wird, von einem Verdrängerkolben *d* laufend hin- und hergeschoben. Dieser Verdrängerkolben ist mit dem Arbeitskolben *e* über eine spezielle Gestängeanordnung und ein sogenanntes Rhombengetriebe verbunden, das die Bewegung beider Kolben synchronisiert und ihren Arbeitsablauf steuert.

In Phase *I* der Abb. 14.22 befindet sich das gesamte Gas im kalten Zylinderraum *b* mit den beiden Kolben in ihren Extremlagen. Der Arbeitskolben *e* wird nun nach oben bewegt und das Gas in Phase *II* im kalten Zylinderraum *b* komprimiert. Anschließend bewegt sich der Verdrängerkolben *d* nach unten und schiebt das Gas über einen Kühler *h*, der aber in dieser Kreislaufphase nicht wirkt, da Kühler und Gas dieselbe Temperatur besitzen, über einen Regenerativwärmeübertrager *g* und über einen Erhitzer *f* in den warmen Zylinderraum *a*. Während dieses Überschiebens wird das Gas im Regenerator *g* und im Erhitzer *f* bei nahezu konstantem Volumen erwärmt, da während des Überschiebens der Verdrängerkolben *d* entsprechend dem Einschubvolumen des Gases, wie aus Phase *III* zu erkennen ist, nach unten bewegt wurde. In der Phase *IV* leistet schließlich das Gas durch Expansion Arbeit, wobei das gesamte Kolbensystem, sowohl der Arbeitskolben *e* als auch der Verdrängerkolben *d*, nach unten bewegt wird. Schließlich wird das expandierte Gas durch Hochschieben des Verdrängerkolbens *d* bei in unterer Totlage festgehaltenem Arbeitskolben *e* wieder in den kalten Zylinderraum *b* befördert und gibt dabei im Kühler *h* Wärme ab.

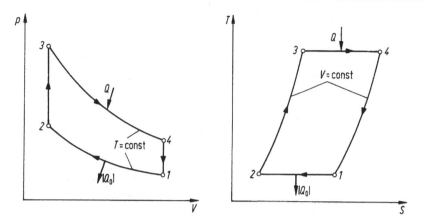

Abb. 14.23 Stirling-Prozess im p,V- und T,S-Diagramm

Wir wollen nun den thermodynamischen Kreisprozess dieses Motors betrachten. Die Bewegung der beiden Kolben ist so gesteuert, dass die Überschiebevorgänge als isochore Zustandsänderungen verlaufen, bei denen dem Arbeitsmedium Wärme zugeführt oder entzogen wird. Während des Kompressions- und des Expansionsvorganges steht das Gas laufend mit dem Kühler h bzw. dem Erhitzer f in Verbindung und erfährt damit eine Wärmeübertragung, weshalb wir diese Zustandsänderungen in erster Näherung als isotherm ansehen können. Damit ist, wie in Abb. 14.23 dargestellt, der Stirling-Prozess aus zwei Isochoren und zwei Isothermen zusammengesetzt.

Der Unterschied zu dem im vorhergehenden Abschnitt behandelten Ericsson-Prozess liegt darin, dass die dort bei konstantem Druck erfolgte Wärmeübertragung im Regenerator hier bei konstantem Volumen vor sich geht. Damit sind aber auch hier die beim Überschieben umgesetzten Wärmen einander gleich und werden bei denselben Temperaturen übertragen. Für die Berechnung des Wirkungsgrades ist deshalb nur der Wärmeumsatz während der isothermen Expansion und Kompression zu betrachten. Damit gilt

$$\left.\begin{aligned} Q = Q_{34} &= MRT_3 \ln \frac{V_4}{V_3}, \\ |Q_0| = |Q_{12}| &= MRT_1 \ln \frac{V_1}{V_2}, \end{aligned}\right\} \tag{14.39}$$

$$|L| = Q_{34} - |Q_{12}| = MR(T_3 - T_1) \ln \frac{V_1}{V_2}, \tag{14.40}$$

woraus sich der thermische Wirkungsgrad η zu

$$\eta = \frac{|L|}{Q_{34}} = \frac{T_3 - T_1}{T_3} = 1 - \frac{T_1}{T_3} \tag{14.41}$$

ergibt. Der Wirkungsgrad des Stirling-Prozesses ist also gleich dem des Carnotschen Prozesses.

Abb. 14.24 Stirling-
Kältemaschine. *a* Kalter Raum;
b warmer Raum; *c* Küh-
ler; *d* Verdrängerkolben;
e Arbeitskolben; *f* Froster;
g Regenerator

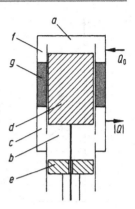

14.7 Die Stirling-Kältemaschine

Die hohen Herstellungskosten und vor allem sein großes Gewicht ließen den Stirling-
Motor bis heute, auch nach einer versuchten Renaissance, nur für wenige spezielle Anwendungen zum Einsatz kommen. Durchgesetzt und bewährt hat sich für einige Zwecke jedoch
die Umkehrung des Stirling-Verfahrens in einer Kältemaschine zur Tieftemperaturerzeu-
gung. Der konstruktive Aufbau dieser Gaskältemaschine, Abb. 14.24, ist identisch mit dem
des vorher erläuterten Stirling-Motors. Der Kreisprozess wird jetzt jedoch in umgekehrter
Richtung durchlaufen und die Maschine von außen angetrieben. Der bisher als Erhitzer
f bezeichnete Teil arbeitet jetzt als Froster und wird mit dem zu kühlenden Raum oder
Gut verbunden, dem er Wärme entzieht und dem Arbeitsmittel in der Gaskältemaschine
zuführt, während der Kühler *c* aus dem Prozess Wärme an Luft oder Wasser bei Umgebungstemperatur abführt. Das Arbeitsmittel wird im Raum *b* bei Umgebungstemperatur
längs der Isotherme *1-2*, Abb. 14.25, komprimiert, anschließend vom Verdrängerkolben
unter Wärmeentzug im Regenerator *g* in den Zylinderraum *a* übergeschoben, wobei es
sich längs der Isochore *2-3* auf die Temperatur T_0 abkühlt. Nun schließt sich die isotherme Expansion *3-4* längs T_0 an, während der das Arbeitsmittel dem zu kühlenden Raum
Wärme entzieht. Beim isochoren Rückschieben *4-1* durch den Verdrängerkolben *d* in den
unteren Raum *b* nimmt das Arbeitsmittel im Regenerator *g* die dort vorher abgegebene
Wärme wieder auf und erwärmt sich auf die Temperatur *T*.

Da sich die im Regenerator längs der Isochoren *4-1* und *2-3* ausgetauschten Wärmen
wieder gerade aufheben, brauchen wir sie bei der Energiebilanz nicht zu berücksichtigen,
und die dem Kühlgut entzogene Wärmemenge Q_0 errechnet sich als Differenz der im Kühler *c* abgeführten Wärme *Q* und der zugeführten Arbeit *L*

$$Q_0 = |Q| - L \, . \tag{14.42}$$

Setzt man in die Definitionsgleichung der Leistungszahl ε_{KM} der Kälteanlage, Gl. 14.22,

$$\varepsilon_{KM} = \frac{Q_0}{L}$$

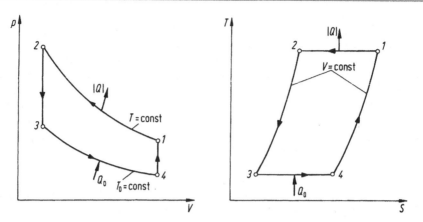

Abb. 14.25 Kreisprozess der Stirling-Kältemaschine

die Beziehungen für die Zustandsänderungen längs der Isothermen ein, so erhält man

$$\varepsilon_{\mathrm{KM}} = \frac{T_0}{T - T_0},\qquad(14.43)$$

d. h., die Leistungszahl der Stirling-Gaskältemaschine ist gleich der des linksläufigen Carnotschen Kreisprozesses, was aufgrund unserer Wirkungsgradbetrachtungen beim Stirling-Motor zu erwarten war. Die tiefste Temperatur, die bisher mit dem beschriebenen einfachen Prozess in einer Stirling-Gaskältemaschine erreicht wurde, lag bei 20 K. Bei einer abgewandelten Bauweise, der sogenannten zweistufigen Ausführung[9], gelang es 10,5 K zu erzielen, wobei Helium als Arbeitsmittel verwendet werden muss.

Die Leistungszahl $\varepsilon_{\mathrm{KM}}$ erreicht hier jedoch nur geringe Werte, da zur Kühlung der Maschine in der Regel Wasser oder Luft von Umgebungstemperatur verwendet werden muss und T zu rund 300 K einzusetzen ist.

Will man die Stirling-Maschine schließlich als Wärmepumpe betreiben, so ist der Kreisprozess im selben Sinne wie bei der Kältemaschine zu umfahren, es erfolgt dann jedoch die Expansion des Gases bei der niederen Temperatur T_0 im unteren Zylinderraum b und seine isotherme Kompression im oberen Zylinderraum a. Die während dieser isothermen Kompression bei der Temperatur T abzuführende Wärme $|Q|$ kann zur Heizung verwendet werden. Dabei ist es ohne weiteres möglich, Temperaturen von 800 °C zu erreichen.

---

[9] Prast, G.: Gas refrigerating machine for temperatures down to 20 K and lower. Philips Tech. Rev. 26 (1965) No. 1, 1–11.

14.8   Verbrennungsmotoren mit innerer Verbrennung. Otto- und Diesel-Motor

Die heute weitaus verbreitetste Kolbenkraftmaschine ist der Verbrennungsmotor mit innerer Verbrennung, wobei die Wärme durch Verbrennen eines Gemisches von Luft und Gas oder mit einem zerstäubten flüssigen Kraftstoff im Zylinder entwickelt wird. Man unterscheidet zwei Verfahren, das Viertakt- und das Zweitaktverfahren. Das Viertaktverfahren ist heute am meisten gebräuchlich. Das Zweitaktverfahren findet vornehmlich in kleinen Motoren als Antrieb für Zweiradfahrzeuge, aber auch in sehr großen Diesel-Motoren für Schiffsantriebe Verwendung.

Beim Viertaktverfahren, dessen Diagramm Abb. 14.26 darstellt, hat nur jede zweite Kurbelumdrehung einen Arbeitshub, und es bedeutet:

0–1 das Ansaugen des brennbaren Gemisches (1. Takt),
1–2 die Verdichtung des Gemisches (2. Takt),
2–3 die Verbrennung,
3–4 die Expansion (3. Takt),
4–5 das Auspuffen,
5–0 das Ausschieben der Verbrennungsgase (4. Takt).

Beim Zweitaktverfahren, dessen Diagramm Abb. 14.27 gibt, hat jede Kurbelumdrehung einen Arbeitshub, und es bedeutet:

0–1 das Spülen und Einführen der neuen Ladung,
1–2 die Verdichtung (1. Takt),
2–3 die Verbrennung,
3–4 die Expansion (2. Takt),
4–0 den Auspuff.

Der Auspuff erfolgt bei Zweitaktmaschinen, wie in Abb. 14.27 angedeutet, meist durch Kanäle in der Zylinderwand, welche durch den Kolben freigelegt werden.

Ferner unterscheidet man: *Otto*[10]-Motoren (auch *Gleichraum- oder Zündermotoren*) genannt, mit plötzlicher, durch besondere, in der Regel elektrische Zündung eingeleitete Verbrennung am oberen Totpunkt mit raschem Druckanstieg entsprechend der Linie *23* der Abb. 14.26. *Diesel*[11]*-Motoren (auch Gleichdruck- oder Brennermotoren)* genannt, saugen reine Luft an, verdichten sie und spritzen den Brennstoff bei nahezu gleichbleibendem

---

[10] Nicolaus August Otto (1832–1891) war als Kaufmann tätig, experimentierte aber seit 1861 mit den damaligen von Lenoir erfundenen Zweitaktmotoren. Er gründete 1864 mit dem Ingenieur Eugen Langen (1833–1895) in Deutz bei Kön eine Fabrik zum Bau von Gasmotoren. 1876 erfand Otto den Viertaktmotor, der von seiner Firma gebaut wurde.

[11] Rudolf Diesel (1858–1913) studierte Maschinenbau am damaligen Polytechnikum München, der heutigen Technischen Universität. Angeregt durch seinen Thermodynamik-Lehrer Carl Linde versuchte er, den Carnot-Prozess zu verwirklichen. Er erhielt für sein Verfahren auch ein Patent,

Abb. 14.26 Viertaktverfahren mit Gleichraumverbrennung (Otto-Prozess)

Abb. 14.27 Zweitaktverfahren mit Gleichdruckverbrennung (Diesel-Prozess)

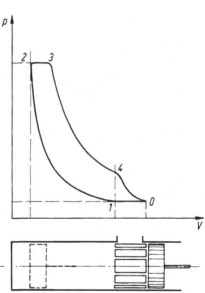

Druck nach Linie *23* der Abb. 14.27 in die hochverdichtete und dadurch stark erhitzte Luft ein, wobei er sich von selbst entzündet.

Für die theoretische Behandlung vereinfacht man die Arbeitsprozesse gewöhnlich durch folgende Annahmen:

aufgrund dessen die Maschinenfabrik Augsburg Nürnberg (MAN) mit der Entwicklung von Dieselmotoren begann. 1897 wurde von dieser der erste Dieselmotor gebaut, der von dem Patent aber erheblich abwich. Diesel ertrank 1913 bei einer Schiffahrt im Ärmelkanal.

1. Der Zylinder enthält während des ganzen Vorganges stets Gas derselben Menge und Zusammensetzung. 2. Die Wärmeentwicklung durch innere Verbrennung wird wie eine Wärmezufuhr von außen behandelt. 3. Die Wärmeabgabe durch Auspuffen und das Einführen von frischem Gemisch wird durch Abkühlen des sonst unverändert bleibenden Zylinderinhaltes ersetzt. 4. Die spezifische Wärmekapazität des Arbeitsgases wird als unabhängig von der Temperatur angenommen und dieses als ideales Gas angesehen.

14.8.1   Der Otto-Prozess

Am Ende des Saughubes ist der Zylinder im Punkt *1* der Abb. 14.28a mit dem brennbaren Gemisch von Umgebungstemperatur und atmosphärischem Druck gefüllt. Bei flüssigen Kraftstoffen kann das Gemisch entweder vor dem Zylinder in einem Vergaser gebildet werden (Vergasermotor) oder durch Einspritzen des Kraftstoffes in den Zylinder oder in das Saugrohr während des Saughubes (Einspritzmotor). Längs der Isentropen *12* wird das Gemisch vom Anfangsvolumen $V_k + V_h$ auf das Kompressionsvolumen V_k verdichtet. Am sog. oberen Totpunkt (Kolben in oberer Stellung bei $V = V_k$) erfolgt meist durch elektrische Zündung plötzlich die Verbrennung. Dabei ändert sich das eingeschlossene Volumen kaum, weshalb der Otto-Prozess auch Gleichraumprozess genannt wird. Wir denken uns die Verbrennungsenergie als Wärme von außen zugeführt, wobei der Druck des sonst unveränderten Gases von Punkt *2* auf *3* steigt. Beim Zurückgehen des Kolbens expandiert das Gas längs der Isentropen *34*. Den in *4* beginnenden Auspuff denken wir uns ersetzt durch den Entzug einer Wärme Q_0 bei konstantem Volumen, wobei der Druck von Punkt *4* nach *1* sinkt. In Punkt *1* müssten die Verbrennungsgase durch neues Gemisch ersetzt werden, wozu im wirklichen Motor ein Doppelhub gebraucht wird (vgl. Abb. 14.26).

Im *T,S*-Diagramm der Abb. 14.28b wird der Vorgang durch den Linienzug *1 2 3 4* dargestellt, wobei *2 3 b a* die zugeführte Wärme Q und *4 1 a b* die abgeführte Wärme $|Q_0|$ ist.

Der Auspuffvorgang ist ein irreversibler Prozess und demnach mit Verlust verbunden. Auch die Abgabe der Wärme $|Q_0|$ an die Umgebung längs der Linie *41* ist irreversibel, da die Temperatur des Gases höher ist als die der Umgebung und die Wärme daher unter einem Temperaturgefälle abfließt. Bezeichnet man als *Verdichtungsverhältnis* den Ausdruck

$$\varepsilon = \frac{V_1}{V_2} = \frac{V_k + V_h}{V_k}, \tag{14.44}$$

so ist, wenn für Kompressions- und Expansionslinie Isentropen mit gleichen Exponenten $\varkappa$ angenommen werden,

$$\frac{p_2}{p_3} = \frac{p_3}{p_4} = \varepsilon^\varkappa$$

und

$$\frac{T_2}{T_3} = \frac{T_3}{T_4} = \frac{T_3 - T_2}{T_4 - T_1} = \varepsilon^{\varkappa-1}.$$

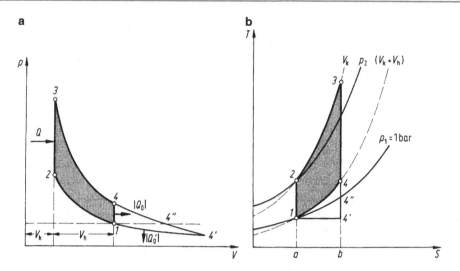

Abb. 14.28 Theoretischer Prozess des Otto-Motors im p,V- und T,S-Diagramm

Bei konstanter spezifischer Wärmekapazität der Gase ist für die Masse M des Arbeitsgases die zugeführte Wärme

$$Q = Q_{23} = Mc_v(T_3 - T_2),$$

die abgeführte Wärme

$$|Q_0| = |Q_{41}| = Mc_v(T_4 - T_1),$$

also die verrichtete Arbeit

$$|L| = Q - |Q_0|$$

und der thermische Wirkungsgrad

$$\eta = \frac{|L|}{Q} = 1 - \frac{|Q_0|}{Q} = 1 - \frac{T_4 - T_1}{T_3 - T_2} = 1 - \frac{T_1}{T_2}$$

oder

$$\eta = 1 - \frac{1}{\varepsilon^{\varkappa-1}} = 1 - \left(\frac{p_1}{p_2}\right)^{(\varkappa-1)/\varkappa}. \tag{14.45}$$

Der Wirkungsgrad hängt also ebenso wie bei der Heißluftmaschine außer von $\varkappa$ nur vom Druckverhältnis p_2/p_1 und nicht von der Größe der Wärmezufuhr und damit nicht von der Belastung ab. Je höher man verdichtet, um so besser wird die Wärme ausgenutzt.

Das Verdichtungsverhältnis ist bei Otto-Motoren durch die Selbstentzündungstemperatur des Gemisches begrenzt, die bei der isentropen Verdichtung nicht erreicht werden darf, da sonst die Verbrennung schon während der Kompression einsetzen würde. Praktisch setzt aber das sogenannte Klopfen dem Verdichtungsverhältnis schon eher eine Grenze als die Selbstentzündungstemperatur.

14.8.2 Der Diesel-Prozess

Die Beschränkung des Verdichtungsdruckes durch die Entzündungstemperatur des Gemisches fällt fort bei den Dieselmotoren, in denen die Verbrennungsluft durch hohe Verdichtung über die Entzündungstemperatur des Brennstoffes hinaus erhitzt wird und dieser in die heiße Luft eingespritzt wird, wobei er sich von selbst entzündet. Hält man den
Druck während des ganzen Einspritzvorganges möglichst gleich, so verschwindet die bei
den Otto-Motoren vorhandene Druckspitze, und der Motor wird trotz hohen Kompres-
sionsenddruckes nicht so stark beansprucht. Man nennt den Diesel-Motor daher auch
Gleichdruckmotor.

Den Einspritzvorgang kennzeichnen wir nach Abb. 14.29a durch das Einspritzvolumen
V_e und bezeichnen

$$\varphi = \frac{V_k + V_e}{V_k} \qquad (14.46)$$

als *Einspritzverhältnis*. Um den Wirkungsgrad des Gleichdruckprozesses *1 2 3' 4* unter denselben vereinfachenden Annahmen wie beim Otto-Prozess zu berechnen, denken wir uns
die Isentropen *3' 4 über 3'* bis zum Punkt *3* fortgesetzt und erhalten so den Otto-Prozess *1
2 3 4*, der sich vom Diesel-Prozess *1 2 3' 4* nur um die Fläche *2 3 3'* unterscheidet.

Die beim Gleichdruckprozess längs der Isobare *2 3'* zugeführte Verbrennungswärme ist

$$Q = M c_p \left(T_{3'} - T_2 \right),$$

die längs der Isochore *4 1* abgeführt gedachte Auspuffwärme ist

$$|Q_0| = M c_v \left(T_4 - T_1 \right).$$

In Abb. 14.29b ist der Gleichdruckprozess in ein T,S-Diagramm übertragen. Darin wer-
den die Wärmen Q und $|Q_0|$ durch die Fläche *2 3' b a* und *4 1 ab* dargestellt. Da längs der
Isentropen *12* und *3' 4* ein Wärmeaustausch nicht stattfindet, ist

$$|L| = Q - |Q_0|$$

und

$$\eta = \frac{|L|}{Q} = 1 - \frac{1}{\varkappa} \frac{T_4 - T_1}{T_{3'} - T_2}$$

oder

$$\eta = 1 - \frac{1}{\varkappa} \frac{\frac{T_4}{T_3} \frac{T_3}{T_2} - \frac{T_1}{T_2}}{\frac{T_{3'}}{T_2} - 1}.$$

Für den Otto-Prozess *1 2 3 4* war

$$\frac{T_1}{T_2} = \frac{T_4}{T_3} = \frac{1}{\varepsilon^{\varkappa-1}}.$$

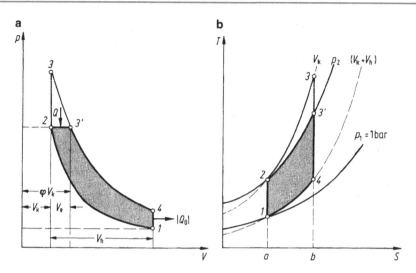

Abb. 14.29 Theoretischer Prozess des Gleichdruckmotors im p,V- und T,S-Diagramm

Weiter ist auf der Isobaren *2 3'*

$$\frac{T_{3'}}{T_2} = \frac{\varphi V_k}{V_k} = \varphi \, ,$$

auf der Isentropen *3 3'*

$$\frac{T_3}{T_{3'}} = \varphi^{\varkappa - 1} .$$

Damit wird

$$\frac{T_3}{T_2} = \frac{T_{3'}}{T_2} \frac{T_3}{T_{3'}} \varphi^{\varkappa} \, ;$$

dieses eingesetzt ergibt

$$\eta = 1 - \frac{1}{\varkappa \varepsilon^{\varkappa - 1}} \frac{\varphi^{\varkappa} - 1}{\varphi - 1} . \tag{14.47}$$

Der theoretische thermische Wirkungsgrad des Diesel-Prozesses hängt also außer von $\varkappa$ nur vom Verdichtungsverhältnis ε und vom Einspritzverhältnis φ ab, das sich mit steigender Belastung vergrößert.

14.8.3 Der gemischte Vergleichsprozess

Die beiden Formeln 14.45 und 14.47 lassen sich in eine zusammenfassen, wenn man einen allgemeinen Prozess betrachtet, bei dem der Druck nach Abb. 14.30 am Ende der Kompression im oberen Totpunkt wie bei der Zündung im Otto-Motor plötzlich ansteigt und sich dann wie beim Gleichdruckprozess im Diesel-Motor noch einige Zeit auf dieser Höhe hält. Diesen gemischten Vergleichsprozess nennt man *Seilinger-Prozess*. Führen wir als

Abb. 14.30 Gemischter Prozess des Verbrennungsmotors (Seilinger-Prozess)

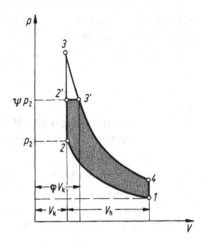

Drucksteigerungsverhältnis $\psi = p_{2'}/p_2$ das Verhältnis des Druckes nach der plötzlichen Drucksteigerung zu dem am Ende der Kompression vorhandenen ein, so erhält man für den Wirkungsgrad

$$\varphi = 1 - \frac{\psi \varphi^{\varkappa-1}}{\varepsilon^{\varkappa-1}\left[\psi - 1 + \varkappa\psi(\varphi - 1)\right]}. \tag{14.48}$$

Tabelle 14.1 zeigt für Otto-Motoren die nach Gl. 14.45 für ein Gas mit $\varkappa = 1,35$ berechnete Zunahme des Wirkungsgrades mit dem Druckverhältnis p_2/p_1 der Kompression und dem zugehörigen Verdichtungsverhältnis ε.

Bei Benzinmotoren ist $\varepsilon = 6$ bis 11, bei Diesel-Motoren 12 bis 21, der letzte Wert $p_2/p_1 = 35$ ist bei Motoren mit Gemischverdichtung nicht möglich, sondern kann nur bei Brennstoffeinspritzung erreicht werden.

In Tab. 14.2 ist für einen Diesel-Motor mit dem Druckverhältnis $p_2/p_1 = 35$, das ausgeführten Motoren entspricht, und wieder für ein Gas mit $\varkappa = 1,35$ die Änderung des Wirkungsgrades mit dem Einspritzverhältnis nach Gl. 14.47 berechnet.

Der letzte Wert des Wirkungsgrades in Tab. 14.1 muss mit dem ersten der Tab. 14.2 übereinstimmen, da für $\varphi = 1$, also bei verschwindend kurzer Einspritzung, sich der Diesel-Motor vom Otto-Motor nicht mehr unterscheidet. Der Vergleich beider Tabellen zeigt den

Tabelle 14.1 Verdichtungsverhältnis und theoretischer Wirkungsgrad des Otto-Motors

p_2/p_1	5	8	10	15	35
ε	3,29	4,67	5,51	7,45	13,9
η	0,342	0,417	0,450	0,504	0,602

Tabelle 14.2 Theoretische Wirkungsgrade des Diesel-Motors mit $p_2/p_1 = 35$

φ	1	1,5	2	2,5	3	4	5
η	0,602	0,570	0,544	0,520	0,498	0,460	0,427

günstigen Einfluss des bei Diesel-Motoren möglichen hohen Verdichtungsverhältnisses auf den Wirkungsgrad. Mit wachsendem Einspritzverhältnis, d. h., mit wachsender Belastung, nimmt der theoretische Wirkungsgrad des Diesel-Prozesses ab im Gegensatz zum Otto-Prozess.

14.8.4 Abweichungen des Vorganges in der wirklichen Maschine vom theoretischen Vergleichsprozess; Wirkungsgrade

Der Vorgang in der wirklichen Maschine hat aus folgenden Gründen eine geringere Leistungsabgabe als der theoretische Vergleichsprozess, selbst wenn man die Temperaturabhängigkeit der spezifischen Wärmekapazität berücksichtigt:

1. Die Verbrennung erfolgt beim Otto-Prozess nicht augenblicklich im oberen Totpunkt, sondern erstreckt sich über längere Zeit. Dadurch wird die scharfe Spitze des Gleichraumprozesses abgerundet und die Arbeitsfläche verkleinert. Beim Diesel-Prozess beginnt und endet die Verbrennung nicht so plötzlich wie im theoretischen Diagramm angenommen, sondern reicht noch in den Beginn der Expansion hinein. Dadurch treten Abrundungen des Diagramms ein, die seine Fläche verkleinern.

2. Für das Ausschieben der Verbrennungsgase und das Ansaugen des neuen Gemisches ist Arbeit erforderlich, die im Diagramm des Viertaktmotors nach Abb. 14.26 durch die schmale Arbeitsfläche 0 1 6 dargestellt wird und von der eigentlichen Diagrammfläche abzuziehen ist. Beim Zweitaktmotor wird eine entsprechende Arbeit von der Spülpumpe verrichtet.

3. Der Auspuffvorgang findet nicht genau im unteren Totpunkt statt, sondern erfordert eine gewisse Zeit. Man öffnet daher das Ventil schon vor dem unteren Totpunkt und schließt es erst einige Zeit dahinter. Dadurch treten Abrundungen der Diagrammfläche auf, die den Arbeitsgewinn verkleinern.

4. Die Abgabe von Wärme an die Zylinderwände während der Verbrennung und der Expansion hat eine wesentliche Verkleinerung der Diagrammfläche zur Folge. Diese Wärmeabgabe ist erheblich, da die Temperaturen der Verbrennungsgase sehr hoch sind und da die Zylinderwände mit Rücksicht auf die Festigkeit des Baustoffes gekühlt werden müssen. Als groben Überschlag kann man sich merken, dass bei einer guten Verbrennungsmaschine ein Drittel des Heizwertes des Brennstoffes an das Kühlwasser abgegeben wird, ein Drittel durch den Auspuff entweicht und ein Drittel als mechanische Arbeit gewonnen wird.

Unter $|L|$ haben wir die Arbeit des theoretischen Vergleichsprozesses einer vollkommenen Maschine verstanden, wobei aber je nach dem Arbeitsverfahren (Gasturbine, Otto- oder Diesel-Motor) verschiedene Prozesse zugrunde gelegt werden können und auch keine Einheitlichkeit darüber herrscht, ob man die wirklichen Eigenschaften des Arbeitsmittels (Temperaturabhängigkeit der spezifischen Wärmekapazitäten, Änderungen der Zusammensetzung durch Gaswechsel und gegebenenfalls durch Dissoziation) zugrunde legen oder mit einem idealisierten Arbeitsmittel konstanter spezifischer Wärmekapazitäten und unveränderlicher Zusammensetzung rechnen soll.

Unter Q haben wir die bei der Verbrennung entwickelte Wärme entsprechend dem Heizwert des Kraftstoffes verstanden. Wir bezeichnen mit $|L_i|$ die mit Hilfe eines Indikatordiagrammes zu ermittelnde innere oder indizierte Arbeit, mit $|L_e|$ die effektive oder Nutzarbeit an der Welle. Dann sind

$$\left.\begin{array}{ll} \eta_{\text{th}} = \dfrac{|L|}{Q} & \begin{array}{l}\text{der thermische Wirkungsgrad des theoretischen Prozesses}\\\text{der vollkommenen Maschine,}\end{array} \\[3ex] \eta_{\text{i}} = \dfrac{|L_i|}{Q} & \text{der innere Wirkungsgrad der Maschine,} \\[3ex] \eta_{\text{g}} = \dfrac{|L_i|}{|L|} & \text{der Gütegrad (auch indizierter Wirkungsgrad),} \\[3ex] \eta_{\text{m}} = \dfrac{|L_e|}{|L_i|} & \text{der mechanische Wirkungsgrad,} \\[3ex] \eta_{\text{e}} = \eta_{\text{th}} \cdot \eta_{\text{g}} \cdot \eta_{\text{m}} = \eta_{\text{i}} \cdot \eta_{\text{m}} = \dfrac{|L_e|}{Q} & \text{der effektive oder Nutzwirkungsgrad.} \end{array}\right\} \quad (14.49)$$

Berechnet man die theoretische Arbeit $|L|$ mit den wirklichen Eigenschaften des Arbeitsmittels, so ist η_{g} der Gütegrad der *Maschine* und $1 - \eta_{\text{g}}$ ein Maß für die vorstehend unter 1 bis 4 angegebenen Verluste. Wird dagegen die theoretische Arbeit mit einem idealen Arbeitsmittel konstanter spezifischer Wärmekapazität und unveränderlicher Zusammensetzung berechnet, so kann man η_{g} in zwei Faktoren zerlegen, von denen der eine den Gütegrad der Maschine angibt, während der andere ein Maß für die Abweichung des Arbeitsmittels vom Idealfall ist und als Gütegrad des Arbeitsmittels bezeichnet werden kann.

Beim mechanischen Wirkungsgrad ist zu beachten, dass er nicht nur die Reibung des Kolbens und der Lager umfasst, sondern auch die Antriebsarbeit für die Hilfsmaschinen, wie Zündmaschine, Pumpen zur Schmierung, Spülung und Einspritzung und gegebenenfalls des Laders.

Statt der Arbeit $|L|$ benutzt man häufig die Arbeit je Zeiteinheit oder Leistung P. Ferner gebraucht man oft den Begriff des *mittleren Arbeitsdruckes* oder mittleren indizierten Druckes p_{m}, der sich aus der Leistung P, dem Hubvolum V_{h} und der Drehzahl n nach der Formel

$$p_{\text{m}} = k \frac{P}{n V_{\text{h}}} \qquad (14.50)$$

ergibt. Dabei ist $k = 1$ für Zweitaktmotoren und $k = 2$ für Viertaktmotoren, da bei diesen nur auf jede zweite Umdrehung ein Arbeitshub kommt. Bei doppeltwirkenden Zylindern sind die Hubräume von Kurbel- und Deckelseite zu addieren, bei Mehrzylindermaschinen ist unter V_{h} die Summe der Hubräume aller Zylinder zu verstehen.

Der Arbeit je Zeiteinheit entspricht eine Wärmezufuhr je Zeiteinheit oder ein Wärmestrom, den man als Produkt $B \Delta h_{\text{u}}$ aus dem meist in kg/h gemessenen Kraftstoffverbrauch B und dem in kJ/kg angegebenen Heizwert Δh_{u} erhält. Die je Zeiteinheit und Leistung verbrauchte, meist in g/kWh angegebene Kraftstoffmenge heißt *spezifischer Kraftstoffverbrauch b*. In gleicher Weise spricht man von dem in g/kWh angegebenen *spezifischen*

Schmierstoffverbrauch b_s. Bei Messungen ist zu beachten, dass auch der Schmierstoff teilweise mitverbrennen und zur Leistung der Maschine beitragen kann.

14.9　Die Dampfkraftanlage

In den bisher ausgewählten Beispielen für Kreisprozesse hatten wir als Arbeitsmittel stets nichtkondensierbares Gas vorausgesetzt. Vielen technischen Prozessen liegen jedoch auch Kreisprozesse mit Arbeitsmitteln zugrunde, die einen Phasenwechsel erfahren. In der Tat wird der weitaus überwiegende Teil der uns aus dem öffentlichen Stromversorgungsnetz zur Verfügung stehenden elektrischen Energie in Kraftanlagen erzeugt, die mit verdampfendem und kondensierendem Arbeitsmittel betrieben werden. Der Arbeitsprozess einer solchen *Dampfkraftanlage* in seiner einfachsten Form ist folgender: Im Dampfkessel *a* (vgl. Abb. 14.31) wird Wasser bei konstantem Druck von Speisetemperatur bis zum Siedepunkt erwärmt und dann unter großer Volumenzunahme verdampft. Der Dampf wird in einem Überhitzer *b* gewöhnlich noch überhitzt und tritt dann in die Turbine *c* ein, in der er unter Arbeitsleistung isentrop entspannt wird. Aus der Turbine gelangt er in den Kondensator *d*, wo er sich verflüssigt, indem seine Verdampfungsenthalpie als Wärme an das Kühlwasser übergeht. Das Kondensat wird schließlich durch die Speisepumpe *e* auf Kesseldruck gebracht und wieder in den Kessel gefördert.

Bei kleinen Anlagen wurde früher statt der Turbine eine Kolbendampfmaschine verwendet. Die zur Verdampfung des Wassers und Überhitzung des Dampfes im Kessel notwendige Wärme wird heute noch weitgehend durch Verbrennung von Kohle, Öl oder Erdgas erzeugt, wobei die dabei entstehenden heißen Rauchgase Wärme an das Wasser bzw. den Dampf abgeben. Ebenso dienen auch Kernreaktoren als Wärmequellen für den Dampfkraftprozess. Dabei wird entweder wie beim Siedewasserreaktor, wie Abb. 14.32 zeigt, direkt im Kern des Reaktors, in dem der Uranzerfall stattfindet, Wasser erwärmt und verdampft, oder es wird, wie man in Abb. 14.33 sieht, ein Wärmeträger zwischengeschaltet, der die Wärme aus dem Reaktor aufnimmt, zu einem Wärmeübertrager transportiert und sie dort an das verdampfende Wasser abgibt. Dieser Wärmeträger kann Wasser von höherem Druck als das im Dampfkraftprozess verwendete Wasser sein; man spricht dann von einem Druckwasserreaktor. Man kann jedoch auch Gas, z. B. Helium, oder flüssiges Metall verwenden. Beim Druck- und Siedewasserreaktor wird der Dampf aus technologischen Gründen nicht überhitzt – die Turbine arbeitet deshalb als Sattdampfmaschine.

14.9.1　Der Clausius-Rankine-Prozess

Als theoretischer Vergleichsprozess für Dampfkraftanalgen dient heute allgemein der *Clausius-Rankine-Prozess*. Betrachten wir diesen reversiblen Prozess im T,s-Diagramm, so erhält man Abb. 14.34.

Abb. 14.31 Dampfkraftanlage. *a* Kessel; *b* Überhitzer;
c Turbine; *d* Kondensator;
e Speisepumpe

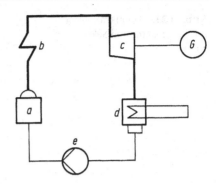

Darin bedeutet:

1–2 die reversible adiabate (d. h. isentrope) Entspannung des trockengesättigten Dampfes, der dabei feucht wird,

2–a die Verflüssigung des Dampfes im Kondensator unter Entzug der Wärme *2 a c e*,

a–a₁ die reversible adiabate (d. h. isentrope) Verdichtung des Wassers in der Speisepumpe
von Kondensator- auf Kesseldruck,

a₁–b die Erwärmung des Wassers unter Kesseldruck von Kondensator- auf Sattdampftem-
peratur unter Zufuhr der Wärme *a₁ b d c*,

b–1 die Verdampfung im Kessel unter Zufuhr der Wärme *b 1 e d*.

In Abb. 14.34 ist die Entfernung des Punktes a_1 und der Isobare a_1 b von der Grenzkurve des Nassdampfgebietes stark übertrieben. Die wirkliche Abweichung geht aus Tab. 14.3
hervor. Darin sind die Temperatursteigerungen Δt für verschiedene Sättigungstemperatu-
ren t_s ausgerechnet, wenn man Wasser vom Sättigungszustand isentrop auf Enddrücke von
25, 100 und 200 bar bringt.

Die Isobare für 100 bar liegt also im T,s-Diagramm höchstens um 1,5 K über der Grenzkurve, die Isobare für 200 bar bis 4,5 K über ihr. Im Ganzen sind also die Abweichungen

Abb. 14.32 Dampfkraftanlage
mit Siedewasserreaktor

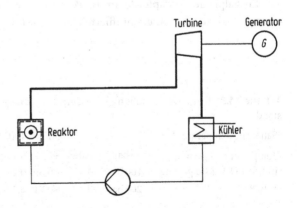

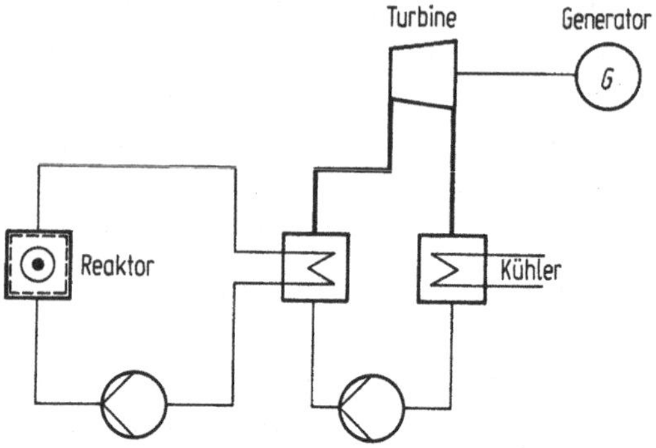

Abb. 14.33 Dampfkraftanlage mit Kernreaktor und Sekundärkreislauf

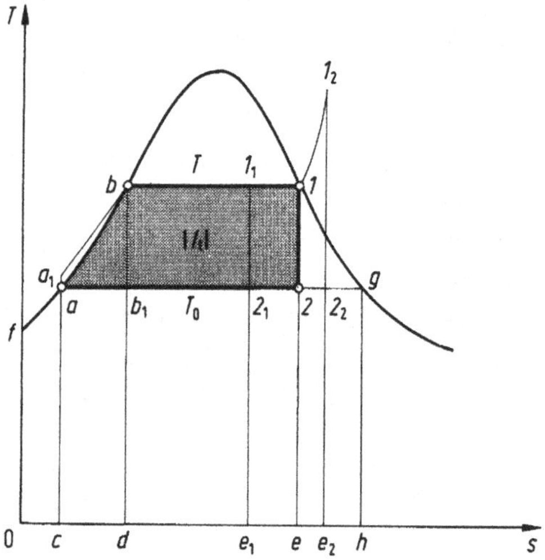

Abb. 14.34 Dampfkraftanlagenprozess im T,s-Diagramm

der Isobaren von der Grenzkurve sehr klein, und wir wollen im folgenden die Isobaren als mit der Grenzkurve zusammenfallend ansehen.

Die Enthalpie h_1 des Dampfes im Punkt *1* ist dann dargestellt durch die Fläche $0\,f\,b\,1\,2\,e$. Die Enthalpie des Dampfes h_2 im Punkt *2* durch die Fläche $0\,f\,a\,2\,e$, und die spezifische erzeugte Arbeit $-\,l_\mathrm{t}$ ist die schraffierte Fläche $a\,b\,1\,2$.

$$|l_\mathrm{t}| = h_1 - h_2\,. \tag{14.51}$$

Tabelle 14.3 Temperaturerhöhung bei isentroper Druckerhöhung von Wasser im Sättigungszustand

Sättigungstemperatur t_s in °C		0	50	100	150	200	250	300	350
Temperatursteigerung Δt in K bei Drucksteigerung von Sättigung auf	25 bar	−0,013	+0,1	0,15	0,2	0,15	–	–	–
	100 bar	−0,5	+0,35	0,7	1,1	1,4	1,5	0,5	–
	200 bar	−0,8	+0,71	0,31	2,0	3,2	3,5	4,5	4,0

Tritt der Dampf feucht z. B. mit dem Zustand 1_1 in die Turbine ein, so ist die Arbeit dem Betrag nach gleich der Fläche $a b 1_1 2_1$ und die im Kondensator abgeführte Wärme gleich der Fläche $2_1 a c e_1$. Ist der Dampf bei Eintritt überhitzt, entsprechend dem Zustand im Punkt 1_2, so ist die Arbeitsfläche $ab 1 1_2 2_2$ und die abzuführende Wärme gleich der Fläche $2_2 a c e_2$.

Beim Clausius-Rankine-Prozess können zur Entspannung sowohl Kolbenmaschinen als auch Turbinen eingesetzt werden, da die theoretische Arbeit unabhängig von der Art der Expansionsmaschine ist.

Vom Carnot-Prozess unterscheidet sich der Clausius-Rankine-Prozess durch die bei konstantem Druck und steigender Temperatur erfolgende Wärmezufuhr an das Speisewasser, ferner, falls mit Überhitzung gearbeitet wird, durch die Zufuhr der Überhitzungswärme ebenfalls bei konstantem Druck und steigender Temperatur. Wollte man mit Wasserdampf den Carnot-Prozess durchführen, so dürfte die Kondensation nicht vollständig, sondern nur bis zu dem senkrecht unter b liegenden Punkt b_1 durchgeführt werden, und man müsste das Dampf-Wasser-Gemisch längs der Linie $b_1 b$ adiabat auf Kesseldruck komprimieren, wobei sein Dampfanteil gerade kondensiert. Ein solcher Prozess ist aber bisher praktisch nicht ausgeführt worden, da die Verdichtung eines Dampf-Wasser-Gemisches kaum durchzuführen ist, ohne den Kompressionszylinder durch Wasserschläge zu gefährden.

Wir berechnen nun die Arbeit für verschiedene Anfangszustände des Dampfes und bezeichnen die Zustandsgrößen vor der Expansion durch Buchstaben ohne Index, nach der Expansion durch den Index 0.

a) Für trocken gesättigten Dampf im Ausgangszustand:
mit der Enthalpie h'' entspricht die spezifische technische Arbeit $l_t = h_0 - h''$ dem Betrag nach der Fläche $12 ab$. Die Enthalpie h_0 im Punkt *2* kann als Differenz der Flächen $0 f a g h$ und $2 g h e$ ausgedrückt werden durch die Zustandswerte an den Grenzkurven und beträgt

$$h_0 = h_0'' - (s_0'' - s'') T_0 \,. \tag{14.52}$$

Damit wird

$$|l_t| = h'' - h_0'' + (s_0'' - s'') T_0 \,. \tag{14.53}$$

b) Für nassen Dampf im Ausgangszustand:
vom Dampfgehalt x und der Enthalpie $h = h' + x \Delta h_v$ ist die Arbeitsfläche $a b 1_1 2_1$ dem Betrage nach um das Stück $1 2 2_1 1_1$ kleiner als die Arbeit $|l_t|$ bei Entspannung des trocken gesättigten Dampfes. Da die Fläche $1 b d e$ gleich der Verdampfungsenthalpie Δh_v ist, ergibt sich durch Vergleich der Höhen und Breiten die Fläche $1 2 2_1 1_1$ zu $\Delta h_v (1 - x)(T - T_0)/T$. Damit wird die Arbeit bei Entspannung des nassen Dampfes

$$|l_t| = h'' - h_0'' + (s_0'' - s'') T_0 - \Delta h_v (1 - x) \frac{T - T_0}{T} \,. \tag{14.54}$$

c) Für überhitzten Dampf im Ausgangszustand:
mit der Enthalpie h entspricht die Arbeit $|l_t| = h - h_0$ der Fläche $a\,b\,1\,1_2\,2_2$ und die Enthalpie h_0 im Endpunkt 2_2 der Entspannung ist um die Fläche $2_2\,g\,h\,e_2$ gleich $T_0(s_0'' - s)$ kleiner als die Enthalpie h_0'' an der Grenzkurve. Damit wird die Arbeit bei Entspannung des überhitzten Dampfes

$$|l_t| = h - h_0'' + T_0(s_0'' - s)\,. \tag{14.55}$$

Einfacher und genauer ist aber bei überhitztem Dampf und in der Regel auch im Nassdampfgebiet die Ermittlung der Arbeit mit Hilfe des h,s-Diagramms. In dem h,s-Diagramm der Abb. 14.35 ist *12 ab* das Bild eines Clausius-Rankine-Prozesses mit überhitztem Dampf, und die Arbeit ist unmittelbar der Unterschied der Ordinaten der Punkte *1* und *2* nach der Gleichung

$$l_{t12} = h_2 - h_1\,. \tag{14.56}$$

Da diese Gleichung ganz allgemein auch für nichtumkehrbare Vorgänge gilt, liefert sie auch die Arbeit der wirklichen Maschine. Entspricht die Senkrechte *12* in Abb. 14.35 der dissipationsfreien adiabaten, also isentropen Expansion vom Druck p auf p_0 in einer vollkommenen Maschine, so wird in der mit Verlusten behafteten wirklichen Maschine die Expansion entsprechend ihrem isentropen Wirkungsgrad (Abschn. 14.1.3) vielleicht im Punkt *3* der Isobare p_0 enden. Dann ist der Betrag der Arbeit der wirklichen Maschine gleich dem durch die senkrechte Entfernung *14* der Punkte *1* und *3* dargestellten Enthalpiegefälle $h_1 - h_3$ und damit um die Verluste $h_4 - h_2$ kleiner als das isentrope Enthalpiegefälle $h_1 - h_2$.

An Wärme wurde dem Kessel der Unterschied $q = h - h_w$ der Enthalpie h des Dampfes und h_w des Speisewassers zugeführt. Mit $|l_t|$ bezeichnen wir die Arbeit der verlustlosen, nach dem Clausius-Rankine-Prozess arbeitenden Maschine bezeichnen und mit $|l_{ti}|$ die Arbeit der wirklichen Maschine. Nennt man ferner $|l_{te}|$ die effektive Nutzarbeit an der Welle, dann ergeben sich folgende Zusammenhänge für die Wirkungsgrade:

$\eta_{th} = |l_t|/q = (h - h_0)/(h - h_w)$ den thermischen Wirkungsgrad des theoretischen
$\qquad\qquad\qquad\qquad\qquad\qquad\qquad\qquad$ Prozesses nach Clausius-Rankine,

$\eta_g = |l_{ti}|/l_t$ den Gütegrad der Maschine,

$\eta_t = |l_{ti}|/(h - h_w)$ den thermischen Wirkungsgrad des wirklichen Prozesses,

$\eta_m = |l_{te}|/l_{ti}$ den mechanischen Wirkungsgrad,

$\eta_e = \eta_{th}\eta_g\eta_m = |l_{te}|/q$ den effektiven Wirkungsgrad.

Der zweite Hauptsatz hatte ganz allgemein ergeben, dass der Wirkungsgrad der Umsetzung von Wärme in Arbeit um so besser ist, bei je höherer Temperatur die Wärme zugeführt und bei je tieferer Temperatur ihr nicht in Arbeit verwandelbarer Teil abgeführt wird. Dies gilt auch für den Dampfkraftprozess. Der Dampf muss also im Kondensator bei möglichst niedriger Temperatur verflüssigt werden. Die untere Grenze ist dabei durch das verfügbare Kühlwasser gegeben.

Abb. 14.35 Dampfkraftanlagenprozess im h,s-Diagramm

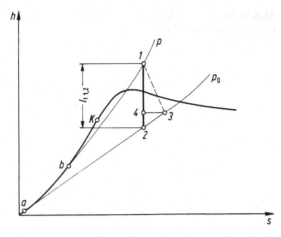

Abb. 14.36 Arbeit von Sattdampf bei verschiedenen
Drücken

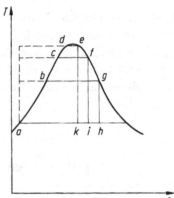

Steigert man den Druck und die Temperatur im Kessel, so wachsen bei gesättigtem Dampf, wie die für Drücke von 20, 100 und 220 bar gezeichneten Arbeitsflächen $a\,b\,g\,h$, $a\,c$ $f\,i$ und $a\,d\,e\,k$ der Abb. 14.36 erkennen lassen, die Arbeiten beim Clausius-Rankine-Prozess nicht in demselben Maße wie beim Carnot-Prozess, da bei dem ersteren die gestrichelt berandeten Stücke der Arbeitsfläche oberhalb der linken Grenzkurve fehlen.

Durch Überhitzen des Dampfes werden die Arbeitsflächen, wie Abb. 14.37 wieder bei 20, 100 und 220 bar und für 400 °C Dampftemperatur zeigt, um die schraffierten Flächenstücke vergrößert. Dadurch steigt der Wirkungsgrad, wenn auch bei weitem nicht in dem Maße der Temperatursteigerung.

Um den Einfluss des Druckes und der Überhitzung auf den thermischen Wirkungsgrad des Clausius-Rankine-Prozesses zahlenmäßig zu zeigen, ist in Abb. 14.38 der Wirkungsgrad η_{th} für überhitzten Dampf von 400 °C und 500 °C für Kondensationsbetrieb eines angenommenen Kondensationsdruckes von 0,04 bar und weiter noch für Gegendrücke von 1, 5 und 25 bar graphisch dargestellt. Gegendrücke über 1 bar kommen vor, wenn der aus der Maschine austretende Dampf z. B. für Heizzwecke weiter verwendet werden soll. Diese

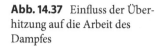

Abb. 14.37 Einfluss der Überhitzung auf die Arbeit des
Dampfes

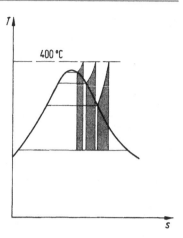

Kraft-Wärme-Kopplung bietet sich bei der Energieversorgung in der chemischen Industrie
und im kommunalen Bereich an, wo elektrischer Strom und Wärme gleichzeitig benötigt
werden. Exergetisch günstiger wäre eine Entspannung auf Kondensatordruck 0,04 bar und
die Bereitstellung der Wärme über eine von der Turbine oder von einem Elektromotor
angetriebene Wärmepumpe. Die hohen Investitionskosten machen dieses Verfahren aber
unwirtschaftlich.

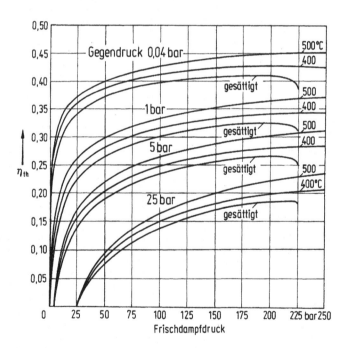

Abb. 14.38 Wirkungsgrad des Clausius-Rankine-Prozesses für verschiedene Betriebsverhältnisse in
Abhängigkeit vom Dampfdruck

14.9.2 Verluste beim Clausius-Rankine-Prozess und Maßnahmen zur Verbesserung des Wirkungsgrades

Wie in jeder technischen Maschine, so treten auch bei der Dampfkraftanlage Verluste auf, die einen reversiblen Ablauf des Clausius-Rankine-Prozesses unmöglich machen. Sie entstehen z. B.:

- durch Wärmeverluste des Dampferzeugers an die Umgebung – sei es in Form von Abstrahlung oder über die aus dem Schornstein strömenden, nicht hinreichend abgekühlten Rauchgase,
- durch Drosselvorgänge und reibungsbehaftete Strömung in Turbine, Speisewasserpumpe, Ventilen, Rohrleitungen und anderen Apparaten der Dampfkraftanlage sowie
- durch mechanische Reibung in Lagern und Dichtungen drehender Maschinenteile.

Bei der Diskussion dieser Verluste müssen wir zwischen einer energetischen und einer exergetischen Betrachtung unterscheiden. Der Dampferzeuger hat z. B. im Allgemeinen einen sehr hohen energetischen Wirkungsgrad, d. h., es werden in der Regel über 90 % der mit dem Brennstoff eingebrachten Energie in Form von Wärme an das Arbeitsmittel übertragen und erhöhen so die Enthalpie des Wassers bzw. des Wasserdampfes. Für die exergetische Betrachtung müssen wir jedoch auf die noch arbeitsfähigen Energieanteile achten und vor allem die Exergieverluste bei der Verbrennung sowie bei der unter erheblichem Temperaturgefälle stattfindenden Wärmeübertragung zwischen den heißen Rauchgasen und dem Wasser berücksichtigen. Auf der anderen Seite ist nicht die gesamte bei Drosselung und Reibung dissipierte Energie als Exergieverlust einzusetzen, da ein Teil dem Kreisprozess wieder zugute kommt.

Eine einfache Abschätzung mit der in Tab. 11.1, Abschn. 11.6, angegebenen Gleichung

$$\frac{dEx_V}{dQ} = T_u \frac{T_{1m} - T_{2m}}{T_{1m} T_{2m}} \tag{14.57}$$

für den Exergieverlust durch Wärmeübertragung bei endlichem Temperaturgefälle zeigt, dass allein durch diesen irreversiblen Vorgang rund ein Viertel der Brennstoffenergie nicht in Exergie verwandelt wird, wenn man für T_{1m} eine mittlere Rauchgastemperatur von $1000\,°C$ und für T_{2m} eine mittlere Wasserdampftemperatur von $350\,°C$ annimmt. Für T_u ist die Umgebungstemperatur einzusetzen. Bei der Mittelung der Wasser- bzw. Dampftemperatur zwischen den im Dampferzeuger auftretenden Extremwerten ist über die Entropieänderung des Arbeitsmediums zu wichten. Die Mitteltemperatur ergibt sich dann zu

$$T_{2m} = \frac{h_{2aus} - h_{2ein}}{s_{2aus} - s_{2ein}},$$

wobei sich die Indizes „2 aus" und „2 ein" auf den Aus- bzw. Eintritt des Arbeitsmittels im Dampferzeuger beziehen. Zu diesem Exergieverlust der Wärmeübertragung kommen noch die Exergieverluste der Verbrennung, die etwa 30 % betragen, sowie der Exergieverlust durch Abwärme, der allerdings gegenüber den beiden erstgenannten Verlusten mit einer Größenordnung von 5–10 % von untergeordneter Bedeutung ist. Damit kommt im Dampfkraftwerk von der im Brennstoff enthaltenen Energie weniger als die Hälfte dem Arbeitsmittel als Exergie, und damit als arbeitsfähige Energieform, zugute. Dieser exergetische Wirkungsgrad, der nicht mit dem thermischen Wirkungsgrad einer Anlage verwechselt werden darf, ist auch bei den modernen Kernkraftwerken nicht besser. Die Temperaturen, bei denen die Kernspaltung in den Brennelementen erfolgt, liegen zum Teil sogar noch wesentlich höher als die Verbrennungstemperaturen in fossil beheizten Dampferzeugern.

Gegenüber den Exergieverlusten im Dampferzeuger entstehen in den übrigen Anlagenteilen durch Irreversibilitäten nur geringe Exergieverluste. Die Druckerhöhung in der Speisepumpe sowie die Expansion des Dampfes in der Turbine sind nicht isentrop. Der isentrope Turbinenwirkungsgrad, der entsprechend Abschn. 14.1.3 das Verhältnis von tatsächlicher gewonnener Expansionsarbeit zu der bei isentroper Expansion gewinnbaren Arbeit beschreibt, beträgt in modernen Dampfturbinen über 90 % und bei großen Kesselspeisepumpen 75 bis 80 %. Zu erwähnen ist noch, dass die Arbeitsaufnahme der Speisepumpe nur einen verschwindend kleinen Bruchteil der bei der Expansion in der Turbine frei werdenden Arbeit beträgt.

Wie wir in Abschn. 11.6, gesehen hatten, ist die bei der nichtisentropen Zustandsänderung dissipierte Energie nicht vollständig verloren, sondern ein Teil ist in Exergie umwandelbar. Der verbleibende Exergieverlust dEx_V bei einer reibungsbehafteten Expansion ist in Abschn. 11.6 durch Gl. 11.7c gegeben

$$dEx_V = \frac{T_u}{T} \, d\Psi ,$$

wobei $d\Psi$ die bei der reibungsbehafteten Expansion entstandene Dissipationsenergie darstellt. Aus dieser Gleichung können wir unmittelbar entnehmen, dass bei gleichem Reibungsanteil in der Strömung der Exergieverlust mit abnehmender Temperatur T größer wird. Daraus ergibt sich die wichtige Folgerung, dass bei der konstruktiven Gestaltung und strömungstechnischen Auslegung von Turbinen vor allem den Endstufen, die bei niedrigen Temperaturen nahe der Umgebungstemperatur T_u arbeiten, besondere Beachtung zu schenken ist.

Moderne Dampfkraftanlagen werden heute bei überkritischen Drücken und bei Temperaturen bis zu 550 °C betrieben. Vereinzelt wurden auch Anlagen gebaut, die Turbineneintrittstemperaturen von 600 bis 650 °C aufweisen. Bei diesen Dampftemperaturen müssen für den Hochdruckteil der Turbine und für den Überhitzer hochwarmfeste austenitische Stähle verwendet werden, wodurch sich die Herstellungskosten erheblich erhöhen. Deshalb ist man von dieser Entwicklung heute wieder abgekommen.

Der Druck des Dampfes hinter der letzten Stufe der Turbine, am Eintritt zum Kondensator, beträgt 0,02 bis 0,05 bar, wobei die niedrigen Werte nur dann erreicht werden, wenn für den Kondensator Kühlwasser niedriger Temperatur zur Verfügung steht, während bei Wärmeabfuhr über Kühltürme der Druck im Kondensator die höheren Werte annimmt.

Abb. 14.39 Dampf-
kraftanlagenprozess mit
Zwischenüberhitzung

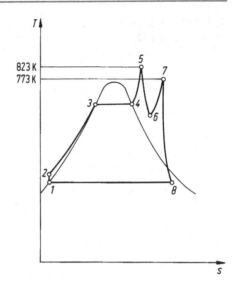

Wie man aus dem T,s- bzw. h,s-Diagramm sofort ersieht, treten bei der Entspannung aus dem Bereich hoher Drücke auf den Kondensatordruck hohe Feuchtigkeitsgehalte in der Turbine auf. Feuchtigkeit in Form von Wassertröpfchen im Dampf vermindert aber nicht nur den Wirkungsgrad der Turbine, sondern führt bei zu hohem Wassergehalt auch zu einer Beschädigung der Turbinenschaufeln durch Erosion. Zur Vermeidung unzulässiger Wassergehalte wird deshalb der Dampf nach einer ersten Entspannung, die bis nahe an die Sattdampflinie reicht, wieder zum Dampferzeuger zurückgeleitet und dort nochmals erhitzt. Diese sogenannte *Zwischenüberhitzung* vermeidet nicht nur zu hohe Feuchtegrade in den Endstufen der Niederdruckturbine, sie verbessert auch den thermodynamischen Wirkungsgrad der Anlage. In Abb. 14.39 ist ein solcher Prozess im T,s-Diagramm mit Zwischenüberhitzung auf 500 °C dargestellt.

Wir hatten gesehen, dass beim Dampfkraftwerk ein großer Teil der im Brennstoff vorhandenen arbeitsfähigen Energie nicht als Exergie dem Prozess zugute kommt und dass die Exergieverluste in überwiegendem Maße bei der Verbrenung und der Wärmeübertragung im Dampferzeuger entstehen. Hinzu kommen noch Verluste durch Dissipation sowie durch den geringeren thermodynamischen Wirkungsgrad des Clausius-Rankine-Prozesses im Vergleich zu einem bei gleichen Extremtemperaturen durchgeführten Carnot-Prozess. Das exergetische Verhalten des Clausius-Rankine-Prozesses kann man dadurch verbessern, dass man das von der Pumpe dem Dampferzeuger zufließende Speisewasser zunächst stufenweise durch Dampf vorwärmt, der als Teilstrom an geeigneter Stelle der Turbine entnommen wurde. Man nennt dieses Verfahren „*Speisewasservorwärmung durch Anzapfdampf*". Durch diese stufenweise Speisewasservorwärmung kann die Wärmeübertragung vom Rauchgas an das Wasser bzw. an den Dampf im Mittel bei höherer Temperatur erfolgen, wodurch sich, wie wir bei unseren Überlegungen aus Gl. 14.57 gesehen haben, eine Verringerung des Exergieverlustes im Dampferzeuger ergibt. Gleichzeitig wird dadurch

Abb. 14.40 Stufenweise
Speisewasservorwärmung,
dargestellt im T,s-Diagramm

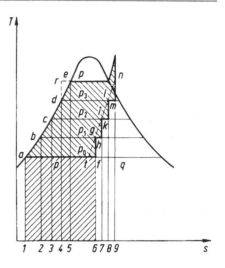

auch der Clausius-Rankine-Prozess dem Carnot-Prozess angenähert, und man spricht von einer *Carnotisierung* des Clausius-Rankine-Prozesses. Einen solchen Vorgang bei dreistufiger Vorwärmung zeigt Abb. 14.40 im T,s-Diagramm. Der Turbine wird bei den verschiedenen Zwischendrücken p_1, p_2 und p_3 jeweils Anzapfdampf entnommen, der drei Speisewasservorwärmern zugeführt wird und dort die von der Pumpe kommende Flüssigkeit vor ihrem Eintritt in den Dampferzeuger erwärmt. Bei dem Druck p_3 z. B. wird so viel Anzapfdampf entnommen, dass seine Verdampfungsenthalpie (Fläche $lm98$ der Abb. 14.40) bei der Kondensation in einem Wärmeübertrager die Enthalpieänderung des Speisewassers zwischen den Drücken p_2 und p_3 deckt (Fläche $c\,d\,4\,3$). Beim Druck p_2 wird so viel Dampf entnommen, dass er das Speisewasser von b auf c bringt, wobei die Verdampfungsenthalpie $i\,k\,87$ die Flüssigkeitsenthalpie $bc32$ bestreitet; und in der letzten Stufe bringt schließlich die Verdampfungsenthalpie $g\,h\,7\,6$ die Flüssigkeitsenthalpie $a\,b\,2\,1$ auf. Der Kessel braucht dann nur die Wärme *den 94*, die gleich $a\,e\,n\,m\,l\,k\,i\,h\,g\,f\,1$ ist, zu liefern, und die Arbeitsfläche wird dargestellt durch die Fläche $a\,e\,n\,m\,l\,k\,i\,h\,g\,f$, die gleich ist der Fläche $p\,d\,e\,n\,q$. Die Arbeitsfläche ist um das Stück $a\,d\,p$ kleiner als beim Clausius-Rankine-Prozess, aber dafür braucht von der Feuerung auch nicht die Flüssigkeitsenthalpie $a\,d\,4\,1$ zugeführt zu werden. Die Arbeitsfläche unterscheidet sich nur um das kleine gestrichelt berandete Stück $d\,r\,e$ von dem Rechteck $r\,n\,q\,p$ des Carnot-Prozesses zwischen denselben Temperaturgrenzen.

Vergrößert man die Zahl der Anzapfungen, so wird die Annäherung an den Carnot-Prozess immer besser, und im Grenzfall unendlich vieler Stufen wird er völlig erreicht. Grundsätzlichen Betrachtungen legt man gewöhnlich diesen Grenzfall zugrunde und erhält dann statt der Treppenlinie die gestrichelt gezeichnete Linie $n\,t$, die zur Grenzkurve e a parallel verläuft und gegen sie nur um die Strecke $e\,n$ waagerecht verschoben ist.

Ein schematisches Bild einer solchen Vorwärmeanlage gibt Abb. 14.41. Das von der Pumpe e aus dem Kondensator geförderte Speisewasser wird in den Vorwärmern f_1, f_2

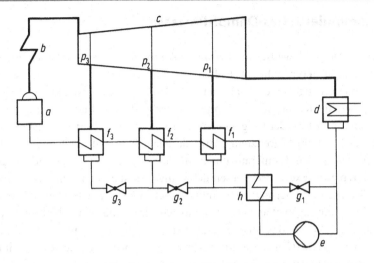

Abb. 14.41 Schema einer Dampfkraftanlage mit stufenweiser Speisewasservorwärmung

und f_3 durch Anzapfdampf aus der Tubine c vorgewärmt. Das Kondensat der Vorwärmer strömt durch Drosselventile g_3 und g_2 jeweils in die nächst niedere Vorwärmstufe. Dabei verdampft ein Teil, und der Dampf dient mit zur Vorwärmung in dieser Stufe. Aus dem letzten Vorwärmer gelangt das Kondensat in den Gegenstromkühler h, in dem es noch Wärme an das Speisewasser abgibt, um dann durch das Drosselventil g_1 in die Ansaugleitung der Speisepumpe einzutreten.

Diese Speisewasservorwärmung durch Anzapfdampf mit vier bis maximal neun Stufen wird heute für große Hochdruckanlagen allgemein benutzt. Mit der Steigerung der Stufenzahl erhöht sich der Wirkungsgrad immer weniger, und die Anlage wird komplexer und teurer. Für die Turbine hat das Anzapfen den Vorteil, dass die Dampfmenge im Niederdruckteil kleiner wird, was vom konstruktiven Standpunkt aus erwünscht ist.

In Ergänzung wird zu der Vorwärmung durch Anzapfdampf auch ein Luftvorwärmer in die Anlage eingebaut, der die Rauchgase bis zu tieferen Temperaturen herab abkühlt, als es den Kesselheizflächen möglich ist, und der die entzogene Wärme der Verbrennungsluft der Feuerung wieder zuführt.

Auf die Wirtschaftlichkeit einer Wärmekraftanlage hat nicht nur der Wirkungsgrad, sondern auch der Beschaffungspreis erheblichen Einfluß. Die Kapitalkosten für die Erstellung der Anlage schlagen um so mehr zu Buche, je geringer der Anteil der Brennstoffkosten an den Stromerzeugungskosten ist. Dies ist besonders dann der Fall, wenn ein Kernreaktor als Dampferzeuger verwendet wird, da die reinen Brennstoffkosten nur zum geringen Teil am Strompreis beteiligt sind. Den Anteil der Kapitalkosten am Strompreis kann man erniedrigen, wenn man möglichst große Baueinheiten erstellt. Dies führte dazu, dass moderne Kernkraftwerke Leistungen von 1300 bis 1500 MW aufweisen.

14.10   Kombinierte Gas-Dampf-Prozesse

Zunehmendes Umweltbewußtsein aber auch ökonomische Aspekte haben zur Entwicklung neuer Anlagen geführt, die es erlauben, mit den wertvollen Ressourcen fossiler Brennstoffe sparsamer umzugehen und dabei auch die anthropogene Produktion von Kohlendioxid zu verringern. Herkömmliche Dampfkraftwerke, die überhitzten Dampf für die Turbine in einem mit Kohle oder Erdgas befeuerten Verdampfer erzeugen, nutzen die Exergie des Brennstoffes nur in begrenztem Maße, da der größte Teil der Exergie in der Feuerung wegen des großen Temperaturunterschiedes zwischen Flamme und produziertem Dampf verloren geht. Exergetisch wesentlich sinnvoller ist es, den Temperaturunterschied zwischen Flamme und überhitztem Dampf, also etwa zwischen 1500 und 500 °C mittels isentroper Entspannung in einer Gasturbine soweit wie technisch möglich abzubauen. Dies kann dadurch geschehen, dass man einen Gasturbinenprozess (Joule-Prozess) mit einem Dampfturbinenprozess (Clausius-Rankine-Prozess) koppelt. Anstelle des Brennraums des Dampferzeugers tritt dann die Brennkammer der Gasturbine, wobei allerdings die Verbrennungsluft, wie in Abschn. 14.5, erläutert, vor Eintritt in die Brennkammer mittels eines Verdichters auf erhöhten Druck gebracht werden muss. Erst nach der Entspannung in der Gasturbine gelangt dann das Gas in einen Apparat – ähnlich dem Dampferzeuger des Clausius-Rankine-Prozesses – wo ihm Wärme entzogen wird, die zur Verdampfung von Wasser und zur Überhitzung des entstandenen Dampfes dient.

Die Kombination von Joule-Prozess und Clausius-Rankine-Prozess nennt man in der Technik *Gas- und Dampfturbinen-Prozess* oder abgekürzt *GuD-Prozess*. Als Brennstoff dient dafür heute noch ausschließlich Erdgas, da es zu Verbrennungsgasen führt, die frei von Staub und von korrodierenden Substanzen sind. Die Verwendung von Kohle als Brennstoff ist nicht nur technisch aufwendig – Mahlen zu feinstem Staub und Einbringen des Staubes gegen hohen Druck –, sondern scheitert bisher auch am Fehlen hocheffizienter Filter, die bei den hohen Verbrennungstemperaturen arbeiten können und sich einfach reinigen lassen.

Beim Gas- und Dampfkraftwerk (GuD) strömt, wie in Abb. 14.42 skizziert, das die Gasturbine verlassende Gas einem Wärmeübertrager zu, in dem es sich abkühlt. Im Gegenstrom zum Gas wird in Rohren Wasser und Wasserdampf geführt. Das Wasser kommt von der hinter dem Kondensator angeordneten Speisepumpe und durchströmt zunächst den Speisewasservorwärmer, in dem es sich auf Sättigungstemperatur erwärmt. Es wird dann dem Wärmeübertrager entnommen und gelangt in einen trommelförmigen Speicher, der z. T. mit Wasser und z. T. mit Dampf gefüllt ist. Aus diesem Speicher wird nun auf Sättigungstemperatur befindliches Wasser wieder abgeführt und gelangt zurück in den Wärmeübertrager, wo es verdampft. Der Dampf strömt in den Speicher zurück. Oben am Speicher kann dann Dampf austreten. Der kommt wieder in den Wärmeübertrager, wird dort überhitzt und strömt der Dampfturbine zu, wo er Arbeit leistet. Der auf niedrigen Druck und nahezu Umgebungstemperatur entspannte Dampf wird im Kondensator unter Wärmeentzug verflüssigt und das Kondensat von der Speisewasserpumpe wieder angesaugt.

Abb. 14.42 Kreisläufe eines kombinierten Gas- und Dampf-Prozesses (GuD)

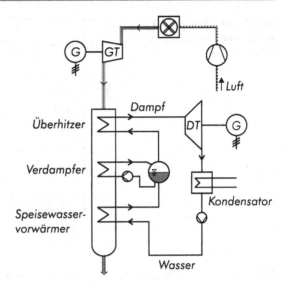

Das Verhältnis der aus dem Joule-Prozess (Gasturbine) und aus dem Clausius-Rankine-Prozess (Dampfturbine) nutzbaren mechanischen bzw. elektrischen Leistungen, ist so zu wählen, dass die Wärme des die Gasturbine verlassenden Gases gerade ausreicht, um im Wärmeübertrager die für den Clausius-Rankine-Prozess notwendige Enthalpieerhöhung des Wassers und des Dampfes zu bewerkstelligen.

Die Zustandsänderungen beider Prozesse zeigt Abb. 14.43 jeweils im T,S-Diagramm. Das linke Diagramm skizziert den Joule-Prozess (Gasturbine) und das rechte den Clausius-

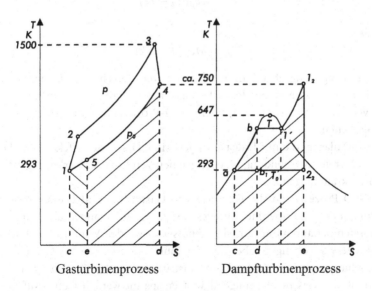

Gasturbinenprozess   Dampfturbinenprozess

Abb. 14.43 Kreisprozesse des GuD-Kraftwerks

Abb. 14.44 Wirkungsgrade von Kraftwerksprozessen (Siemens)

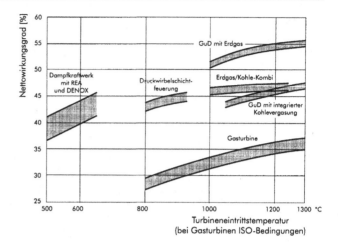

Rankine-Prozess (Dampfturbine). Die Eckpunkte beider Prozesse wurden in Anlehnung an die Abb. 14.15b bzw. 14.34 bezeichnet. Die für den Joule-Prozess notwendige Gasmasse M hängt einerseits von der Temperatur des Gases am Eintritt zur Gasturbine sowie dem Verdichtungsverhältnis und andererseits von Frischdampfdruck und -temperatur des Dampfturbinenprozesses bei jeweils gleichen Umgebungsbedingungen ab.

Aus dem Joule-Prozess wird die der Fläche e, 5, 4, d entsprechende Wärme Q auf den Clausius-Rankine-Prozess übertragen, die dort von der Fläche c, a, b, $1'$, 1_2, e dargestellt wird. Die übertragene Wärme berechnet sich aus der einfachen Beziehung

$$Q = Mc_p(T_4 - T_5).$$

Die Wärme

$$Q_0 = Mc_p(T_5 - T_1)$$

muss an die Umgebung abgeführt werden. Für die Berechnung der nutzbaren Arbeit aus dem Joule-Prozess und aus dem Clausius-Rankine-Prozess sei auf die Abschn. 14.5 und 14.9 verwiesen. Die gesamte, aus dem GuD-Prozess nutzbare Arbeit, ist die Summe beider Teilarbeiten.

Mit GuD-Anlagen, die mit Erdgas befeuert sind, lassen sich effektive Wirkungsgrade von über 50 % erzielen. Abbildung 14.44 zeigt einen Vergleich der Wirkungsgrade verschiedener Wärmekraftanlagen.

Beim GuD-Prozess sind die Eckwerte von Gasturbine und Dampfturbine für eine Optimierung des Gesamtwirkungsgrades sorgfältig aufeinander abzustimmen. Hohe Frischdampftemperaturen und -drücke verbessern zwar den Wirkungsgrad des Clausius-Rankine-Prozesses, verringern aber den des Joule-Prozesses, da aus Gründen der Temperaturkopplung zwischen Zustand am Austritt der Gasturbine und am Eintritt der Dampfturbine das Gas nicht genügend weit entspannt werden kann. Auf der anderen Seite verringern niedrige Zustandswerte am Eintritt der Dampfturbine den Wirkungsgrad des Clausius-Rankine-Prozesses. Mit steigendem Frischdampfdruck und zunehmender Frischdampftemperatur verringert sich auch der Nutzungsgrad des Dampferzeugers.

14.11 Kraft-Wärme-Kopplung

Noch größere Exergieverluste als bei reinen Kraftwerken entstehen, wenn man fossile Brennstoffe nur zum Heizen, sei es für die Temperierung von Räumen oder Apparaten oder zur Erzeugung von Dampf verwendet, der seinerseits nur der Erwärmung von Stoffen in Produktionsanlagen dient. Die Arbeitsfähigkeit des heißen Brenngases geht dabei völlig verloren. Thermodynamisch wesentlich günstiger ist es, die Exergie des Brennstoffes bzw. des heißen Gases zunächst in einer Expansionsmaschine zur Erzeugung elektrischer Energie zu nutzen und erst die Abgase aus dieser Expansionsmaschine zu Heizzwecken zu verwenden. Man schaltet deshalb der Wärmenutzung einen mit Gas betriebenen Kreisprozess vor. Ein solches Vorgehen nennt man *Kraft-Wärme-Kopplung*, und es findet meist für kleine und mittlere Leistungsbereiche Anwendung. Anlagen, die mit Kraft-Wärme-Kopplung arbeiten, werden *Blockheizkraftwerke* genannt. Sie sind verbreitet in der Industrie, im Gewerbe und in Dienstleistungsunternehmen zu finden. Vereinzelt erfolgt auch die Heizung von Wohnbauten über Blockheizkraftwerke.

Die zunehmende Verbreitung der Kraft-Wärme-Kopplung ist auf die große Variationsvielfalt aber auch auf den erzielbaren wirtschaftlichen Nutzen solcher Anlagen zurückzuführen. Variationsvielfalt bieten diese Anlagen nicht nur in ihren Einsatzmöglichkeiten, sondern auch hinsichtlich der Nutzung verschiedener Energieträger und der Kombinationsmöglichkeiten unterschiedlicher Maschinen und Apparate.

Energieträger sind gasförmige oder flüssige Brennstoffe und als Energiewandler werden für kleinere Leistungseinheiten Kolbenmotoren und für mittlere und größere, Gasturbinen herangezogen. Als Nutzenergie entsteht einerseits mechanische Arbeit, die in elektrischen Strom umgewandelt werden kann und andererseits Wärme, die zur Heizung oder zur Erzeugung von Prozessdampf dient, mit der aber auch Absorptions-Kälteanlagen oder Wärmepumpen gespeist werden können. Selbstverständlich kann mit dem elektrischen Strom jede Art von Arbeitsmaschine bis hin zu Kältemittelverdichtern betrieben werden. Kraft-Wärme-Kopplung erlaubt Nutzungsgrade der eingesetzten Brennstoffenergie von 80–90 % und bei Wärmepumpen-Anlagen von über 150 %. Diese hohen Nutzungsgrade tragen zur Verminderung der Emission von Kohlendioxid bei, was besonders dann der Fall ist, wenn als Energieträger Erdgas eingesetzt wird, das wegen seines geringen Kohlenstoffanteils einen sehr günstigen CO_2-Emissionsfaktor hat. Begünstigt wurde der Einsatz von Kraft-Wärme-Kopplung durch den Ausbau der Gasversorgung.

Im thermodynamisch einfachsten Fall besteht eine Anlage der Kraft-Wärme-Kopplung (KWK) aus einem Wärmeübertrager, der von dem Abgas einer nach dem Joule-Prinzip arbeiten Gasturbinen-Anlage gespeist wird. Abbildung 14.45 zeigt das Fließschema einer solchen einfachen Anlage. Sie kommt dann zum Einsatz, wenn mittlere oder größere Leistungen gefordert sind und der Wärmeübertrager Wärme bei hoher Temperatur verfügbar

Abb. 14.45 Nutzung der
Gasturbinen-Abwärme für
Kraft-Wärme-Kopplung (ohne
regenerative Vorwärmung der
Frischluft)

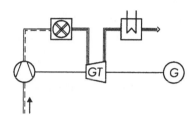

machen muss. In der Regel reichen aber nicht nur für Heizungszwecke, sondern auch für
die Bereitstellung von Prozessdampf Temperaturen unter 150 °C aus, und man kann dann
auf eine thermodynamisch günstigere Schaltung der Aggregate zurückgreifen. Das Abgas
aus der Gasturbine wird nun zunächst zur Vorwärmung der aus dem Verdichter kommenden Luft herangezogen, wie in Abb. 14.46 skizziert. Erst dann durchströmt das Abgas den
Wärmeübertrager, in dem es ein Heizzwecken dienendes Fluid erwärmt oder Prozessdampf
erzeugt. Diese Schaltung verbessert von allem den thermodynamischen Wirkungsgrad der
Gasturbinen-Anlage.

Kolbenmotoren, die mit Dieselöl oder mit Verbrennungsgasen (Erdgas, Biogas, Indus-
triegas) betrieben werden, finden Einsatz bei kleineren Leistungseinheiten – in der Regel
unter einem MW. Hier können, wie in Abb. 14.47 gezeigt, nicht nur die Abwärme der Aus-
puffgase aus dem Motor, sondern auch die Wärme des Motor-Kühlwassers zur Heizung
herangezogen werden. Das von der Heizung zum KWK-Aggregat zurücklaufende Wasser
wird, wie in Abb. 14.47 skizziert, zum Teil durch den Motorblock geführt, mischt sich dahinter wieder mit dem Hauptstrom des Rücklaufwassers und das gesamte, jetzt bereits vor-
gewärmte Wasser gelangt dann in den von den Auspuffgasen beheizten Wärmeübertrager.

Für den Joule-Prozess ist die in der Kraft-Wärme-Kopplung nutzbare Abwärme in
Abb. 14.48 dargestellt, die analog zu Abb. 14.19 ausgeführt wurde und die dort verwendeten Bezeichnungen trägt. Ohne Wärmerückführung zur Aufheizung der verdichteten Luft
vor der Brennkammer, kann die der Fläche C, G, J, K im t,S-Diagramm entsprechende
Wärme zu Heizzwecken herangezogen werden. Mit Vorwärmung der Verdichterluft steht
für diesen Zweck nur die der Fläche D, H, J, K entsprechende Wärme zur Verfügung.

Beim Dieselmotor mit Gleichdruckverbrennung kommt der größere Anteil der aus-
koppelbaren Wärme aus dem Abgas, die im T,S-Diagramm der Abb. 14.49 der Fläche des

Abb. 14.46 Nutzung der
Gasturbinen-Abwärme bei
Kraft-Wärme-Kopplung mit
regenerativer Vorwärmung der
Frischluft vor der Brennkam-
mer

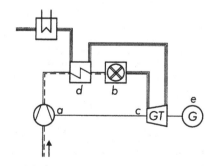

Abb. 14.47 Nutzung der Abwärme des Dieselmotors für
die Kraft-Wärme-Kopplung

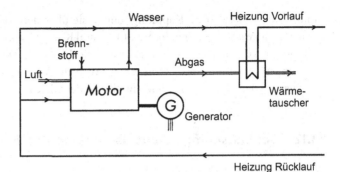

Abb. 14.48 Joule-Prozess mit
Kraft-Wärme-Kopplung

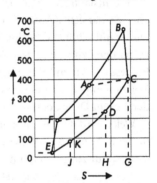

Kurvenzuges *4567* entspricht. Die Kühlung der Zylinder mit Wasser wirkt sich hauptsächlich während der hohen Temperaturen beim Verbrennungsvorgang aus, und man kann
deshalb vereinfachend davon ausgehen, dass die Verbrennung nicht bei konstantem Druck,
sondern – wärmeabfuhrbedingt – mit leichter Druckabsenkung erfolgt. Die Wärme an
das Kühlwasser kann dann im T,S-Diagramm der Abb. 14.49 durch die Fläche innerhalb
des Kurvenzuges *2,3,3'* dargestellt werden. Diese Wärme kommt bei der Kraft-Wärme-
Kopplung voll der Heizung oder Prozessdampferzeugung zugute. In einem Verbrennungs-

Abb. 14.49 Dieselprozess mit
Kraft-Wärme-Kopplung

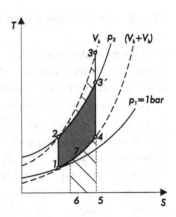

motor ohne Kraft-Wärme-Kopplung müsste sie über den Kühler an die Umgebungsluft ungenutzt abgegeben werden. In Abb. 14.49 sind Kompression und Expansion im Verbrennungsmotor vereinfachend isentrop dargestellt. In Wirklichkeit erfolgen beide Zustandsänderungen unter Entropie-Vermehrung. Auch die Verbrennung erfolgt in Wirklichkeit nicht gemäß den vereinfachenden Annahmen des Gleichdruckprozesses.

14.12   Der linksläufige Clausius-Rankine-Prozess

Den rechtsläufigen Clausius-Rankine Prozess, der den Vergleichsprozess für Dampfkraftanlagen darstellt (Abschn. 14.9), kann man ebenso umkehren wie den Carnot-Prozess. Dieser linksläufige Clausius-Rankine-Prozess liegt zahlreichen Kältemaschinen und Wärmepumpen zugrunde. Sie werden auch *Kaltdampfmaschinen* genannt. Beim linksläufigen Prozess muss man Wasser bei niedriger Temperatur verdampfen, den Dampf z. B. in einem Kolbenkompressor oder einem Turboverdichter auf höheren Druck bringen und ihn bei der diesem Druck entsprechenden, höheren Sättigungstemperatur kondensieren. Auf diese Weise wird der verdampfenden Flüssigkeit Wärme zugeführt bzw. ihrer Umgebung bei niederer Temperatur Wärme entzogen und diese während der Kondensation bei höherer Temperatur zusammen mit der Kompressionsarbeit abgegeben.

Ein solcher Vorgang ist für den reversiblen Prozess in dem T,s-Diagramm der Abb. 14.50 dargestellt. Dabei wird bei der Temperatur T_0 und dem zugehörigen Sättigungsdruck p_0 längs der Linie $a\,b$ Wasser verdampft unter Zunahme der Verdampfungsenthalpie $a\,b\,4\,1$ durch Wärmeaufnahme aus der Umgebung. Der feuchte Dampf wird im Kompressor isentrop auf den Druck p komprimiert, wobei er sich überhitzt. Dann werden vom Dampf bei abnehmender Temperatur die Überhitzungsenthalpie $c\,d\,3\,4$, bei konstanter Sättigungstemperatur T die Verdampfungsenthalpie $d\,e\,2\,3$ und bei abnehmender Temperatur die Flüssigkeitsenthalpie $e\,f\,1\,2$ als Wärmen abgegeben. Die kalte Flüssigkeit wird schließlich längs fa von p auf p_0 isentrop entspannt und beginnt den Kreislauf von neuem.

14.12.1   Die Kaltdampfmaschine als Kältemaschine

Als Kältemaschine eingesetzt entzieht die Kaltdampfmaschine einem Körper niederer Temperatur (einer Salzlösung oder einem Kühlraum) durch Verdampfung des Arbeitsmittels Wärme und gibt bei Umgebungstemperatur Wärme an Kühlwasser oder Luft ab.

Da Wasserdampf bei Temperaturen nahe 0 °C ein unbequem großes spezifisches Volumen hat, verwendet man andere Fluide, wie Ammoniak NH_3, Kohlendioxid CO_2, Methylchlorid CH_3Cl, Tetrafluorethan $C_2H_2F_4$ usw. Dampftafeln von Kältemitteln enthält der Anhang in den Tab. A.5 bis A.8.

Das Schema einer Kälteanlage zeigt Abb. 14.51, den zugehörenden Prozess im T,s-Diagramm Abb. 14.52. Der Kompressor a, der für kleine Leistungen meist als Kolbenverdichter, für große meist als Turboverdichter ausgebildet ist, saugt Dampf aus dem Verdamp-

Abb. 14.50 Linksläufiger
Clausius-Rankine-Prozess

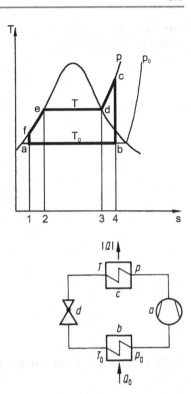

Abb. 14.51 Schema einer
Kältemaschine mit flüssig-
dampfförmigen Arbeitsmittel.
a Kompressor; b Verdampfer;
c Kondensator; d Drosselventil

fer b beim Druck p_0 und der zugehörigen Sättigungstemperatur T_0 an und verdichtet ihn
längs der Isentrope *12*, Abb. 14.52, auf den Druck p. Der Dampf wird dann im Kondensator c beim Druck p niedergeschlagen. Das Kondensat kann aber nicht bis T_0, sondern
je nach der Temperatur der Umgebung bzw. des Kühlwassers nur bis zum Punkt 5 abgekühlt werden. Das Kühlwasser nimmt dabei die in der Abb. 14.52 durch die Fläche *2 3 4
5 b f* dargestellte Wärme q auf. Das flüssige Kältemittel könnte man in einem Expansionszylinder längs der Linie *5 7* isentrop entspannen, wobei es teilweise verdampft und Arbeit
verrichtet.

Im Interesse der Vereinfachung der Anlage verzichtet man in der Praxis in der Regel auf die Arbeit des Expansionszylinders und ersetzt diesen durch ein Drosselventil d,
in dem die Flüssigkeit auf einer Linie konstanter Enthalpie *5 8* entspannt wird. Die bei
der Verdampfung zugeführte Wärme q_0 entspricht der Fläche *1 8 d f*. Die aufzuwenden-
de Arbeit $l_t = |q| - q_0$ ist dargestellt durch die Differenz der Flächen *2 3 4 5 b f* und *1 8
d f*. Sie ist gleich der schraffierten Fläche in Abb. 14.52. Würde man die Drosselung *5 8*
durch eine isentrope Expansion ersetzen, so wäre die Arbeit um die Fläche *7 8 d b* vermindert.

Die Leistungszahl $\varepsilon_{KM} = q_0/l_t$ der Kälteanlage mit Drosselventil ist dann dargestellt
durch das Verhältnis der Fläche *1 8 d f* zu der in Abb. 14.52 schraffierten Fläche. Erfolgt
die Kompression unter Entropiezunahme von 1 nach 2*, so ergibt sich Leistungszahl aus

Abb. 14.52 Kältemaschinen-
prozess im T,s-Diagramm

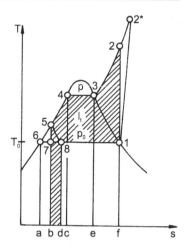

Enthalpiedifferenzen zu

$$\varepsilon_{\mathrm{KM}} = \frac{h_1 - h_8}{h_{2^*} - h_1}.$$

14.12.2 Die Kaltdampfmaschine als Wärmepumpe

Als Wärmepumpe eingesetzt, entzieht die Kaltdampfmaschine der Umgebung bei T_0 Wärme und gibt Wärme zu Heizzwecken bei der Temperatur T ab. In der Schweiz[12] wurden solche Heizungen bereits vor mehr als 60 Jahren zum erstenmal für Gebäude benutzt. Ihr Einsatz zur Gebäudeheizung ist vor allem dort wirtschaftlich, wo Umgebungswärme von nicht zu tiefer Temperatur $t_{\mathrm{u}} > 5\,^\circ\mathrm{C}$ vorhanden ist, beispielsweise durch Quell- oder Flusswasser oder sonstige Abwärme. Zur Gebäudeheizung sind Wärmepumpen vor allem in den Vereinigten Staaten gebräuchlich, wobei die Wärmepumpe in der kalten Jahreszeit als Heizung und im Sommer auch als Kühlaggregat verwendet werden kann. Eine ihrer wichtigsten Anwendungen hat die Wärmepumpe beim Destillieren von Flüssigkeiten und Eindampfen von Lösungen gefunden.

Schaltplan und Prozessverlauf entsprechen völlig den in den Abb. 14.51 und 14.52 wiedergegebenen Verhältnissen.

Die Leistungszahl ist mit den Bezeichnungen nach Abb. 14.52 definiert durch

$$\varepsilon_{\mathrm{WP}} = \frac{h_{2^*} - h_5}{h_{2^*} - h_1}.$$

Sie ist in Tab. 14.4 für die Verwendung des Kältemittels R22 als Arbeitsmedium in Abhängigkeit von der Kondensationstemperatur $t_3 = t_4$, der Verdampfungstemperatur $t_1 = t_8$

---

[12] Egli, M.: Die Wärmepump-Heizung des renovierten Züricherischen Rathauses. Schweiz. Bauztg. 116 (1940) 59–64.

Tabelle 14.4 Leistungszahlen einer Wärmepumpenheizung für das Kältemittel R22

Kondensationstemperatur t_3 in °C	Temperatur vor Drosselventil t_5 in °C	Verdampfungstemperatur t_1 in °C				
		−10	−5	0	+5	10
	20	5,062	5,665	6,456	7,316	8,591
40	30	4,746	5,299	5,991	6,822	8,037
	40	4,420	4,934	5,576	6,347	7,444
	30	4,212	4,598	5,072	5,705	6,476
50	40	3,935	4,281	4,726	5,310	6,031
	50	3,649	3,965	4,370	4,914	5,556
	40	3,708	3,906	4,212	4,677	5,171
60	50	3,352	3,629	3,906	4,331	4,776
	60	3,115	3,362	3,619	4,015	4,410

und der Temperatur t_5 vor dem Drosselventil angegeben unter Annahme eines isentropen Kompressorwirkungsgrades

$$\eta_{SK} = \frac{h_2 - h_1}{h_{2*} - h_1}$$

von 0,85.

In den Leistungszahlen der Tab. 14.4 sind Druckabfälle in den Apparaten und Rohrleitungen nicht berücksichtigt, ebenso nicht Wärmeverluste an die Umgebung. Tatsächlich erreichbare Leistungszahlen sind daher etwas geringer als in der Tabelle angegeben. Realistische Werte dürften bei etwa dem 0,8-fachen der Tabellenwerte liegen.

14.13 Linde-Verfahren zur Gasverflüssigung

Bei der isenthalpen Drosselung realer Gase beobachtet man eine Abkühlung, wenn der Anfangsdruck unterhalb der Inversionskurve des integralen Drosseleffekts liegt (vgl. Abschn. 13.6.1). Carl Linde[13] hat diesen Effekt zur Verflüssigung von Luft ausgenutzt.

Das Prinzip des Linde-Verfahrens wird anhand des Fließbildes in Abb. 14.53 und des T,s-Diagramms 14.54 erläutert.

Luft bzw. das zu verflüssigende Gas wird mehrstufig mit Zwischenkühlung auf einen überkritischen Druck verdichtet (1 → 2). Die mehrstufige Verdichtung mit Zwischenkühlung kann näherungsweise als isotherm betrachtet werden. Danach erfolgt die Abkühlung

---

[13] Carl Linde (1842–1934) war von 1868–1879 Professor für theoretische Maschinenlehre an der Technischen Universität München. 1879 gründete er die Gesellschaft für Lindes Eismaschinen. Im Jahr 1895 gelang ihm erstmals die Verflüssigung von Luft im größerem Maßstab.

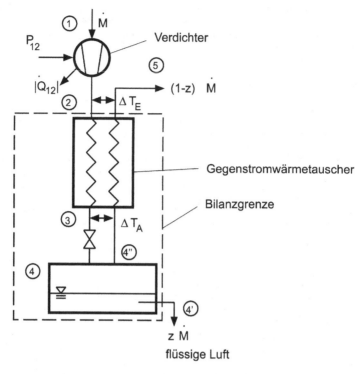

Abb. 14.53 Linde-Verfahren

der Luft im Gegenstrom zum kalten nicht verflüssigten Anteil (2 → 3). Ausgehend von Punkt 3 wird die Luft isenthalp auf Umgebungsdruck gedrosselt. Dabei entsteht ein Anteil z an flüssiger Luft im Sättigungszustand und ein Anteil $(1 - z)$ trocken gesättigte Luft, die im Gegenstrom zur abzukühlenden Luft geführt wird. Die zur Wärmeübertragung erforderliche Temperaturdifferenzen ΔT_E am Eintritt der warmen Luft und ΔT_A am Austritt der abgekühlten Luft sind in den Abb. 14.53 und 14.54 eingezeichnet.

Die Siedetemperatur von Stickstoff bei $p = 1$ bar liegt bei 77 K ($-196\,°$C). Luft ist ein Gemisch aus N_2 und O_2. Der Siedebereich bei 1 bar liegt zwischen 79 K und 82 K.

Beim Anfahren des Prozesses steht noch keine kalte Luft zur Abkühlung der verdichteten Luft im Zustand 2 zur Verfügung. Die Luft durchströmt dann zunächst den Wärmeübertrager ungekühlt, kühlt sich aber aufgrund des integralen Drosseleffektes von Zustand 3 nach Zustand 4 ab. Damit steht kältere Luft im Gegenstromwärmeübertrager zur Verfügung, um die eintretende warme Luft abzukühlen. Die weitere Abkühlung erfolgt dann durch den Drosseleffekt schrittweise soweit, bis sich schließlich Flüssigkeit bildet und ein stationärer Endzustand erreicht wird.

Da immer ein ausreichend hoher Massenstrom an trocken gesättigter Luft zur Abkühlung der warmen Luft zur Verfügung stehen muss, ist der Anteil der verflüssigten Luft gering (< 10 %) und der Zustandspunkt 4 liegt relativ nahe an der Taulinie.

Abb. 14.54 Linde-Verfahren im T,s-Diagramm

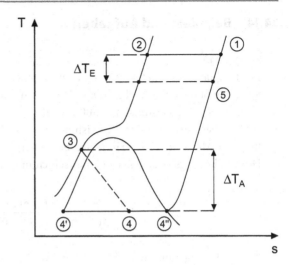

Die Ausbeute z an verflüssigter Luft lässt sich durch eine Energiebilanz um den in Abb. 14.53 gestrichelt eingezeichneten Kontrollraum ermitteln.

$$\dot{Q} + P = \sum_{\text{Aus}} \dot{M}_j h_j - \sum_{\text{Ein}} \dot{M}_i h_i = 0 \, .$$

Die Änderungen von kinetischer und potentieller Energie kann man vernachlässigen. Der Kontrollraum ist adiabat und wird von 3 Stoffströmen durchflossen:

$$(1 - z)\dot{M}h_5 + z\dot{M}h_{4'} = \dot{M}h_2 \, .$$

Auflösen nach z ergibt

$$z = \frac{h_5 - h_2}{h_5 - h_{4'}} \, . \tag{14.58}$$

Komprimiert man beispielsweise Luft von 20 °C isotherm auf 200 bar berechnet man für die Ausbeute einen Wert von $z = 0{,}07$.

Da die Temperaturspreizung ΔT_A am kalten Ende des Gegenstromwärmeübertragers vergleichsweise groß ist, tritt in diesen Apparat ein hoher Exergieverlust auf. Man kann diesen deutlich verringern, indem man vor dem Wärmeübertrager einen Teilstrom abzweigt, expandiert und wieder dem kalten aufsteigenden Gasstrom zumischt (Claude-Prozess, siehe Beispiel 14.5).

14.14 Beispiele und Aufgaben

Beispiel 14.1

Ein Flugmotor arbeitet als Viertakt-Ottomotor mit einem Verdichtungsverhältnis ε = 8,5 und gibt bei einer Drehzahl n_d = 2000 min^{-1} in Meereshöhe (Zustand 0, p_0 = 1 bar, T_0 = 293 K) eine Leistung P_0 = 600 kW ab.

Man berechne, wie sich die Leistung $P(z)$ mit der Flughöhe ändert und welche Leistung der Motor in 10 km Höhe abgibt, wobei für die Änderung des Druckes mit der Höhe näherungsweise polytrope Luftschichtung gemäß

$$\frac{p(z)}{p(z=0)} = \left(\frac{\rho(z)}{\rho(z=0)}\right)^n$$

mit n = 1,2 angenommen und der Druckverlauf in der Atmosphäre durch die barometrische Höhenformel $dp = -\rho g\, dz$ angenähert werden kann.

Als theoretischer Vergleichsprozess ist der Otto-Prozess mit Luft als ideales Gas R = 0,287 kJ/(kg K) zugrunde zu legen. Gütegrad und mechanischer Wirkungsgrad des Motors sollen der Einfachheit halber gleich Eins gesetzt werden. Vereinbarungsgemäß stammt die Wärme, die wir uns dem Otto-Prozess zugeführt denken, aus der Verbrennungsenergie. Diese ist je kg Arbeitsstoff konstant, q = const, unabhängig von der Flughöhe.

Die Leistung ist $P = L n_d/2$ (bei Zweitaktmotoren ist $P = L n_d$). Mit dem thermischen Wirkungsgrad η nach Gl. 14.45 folgt $P = -\eta Q n_d/2 = -\left(1 - \frac{1}{\varepsilon^{\varkappa-1}}\right) Q n_d/2$. Es ist $Q = Mq = \rho_1 V_1 q$, wenn V_1 das Anfangsvolum $V_1 = V_k + V_h$, Abb. 14.28a, und ρ_1 die Dichte der Luft im Ansaugzustand ist. Sie ist mit der Höhe veränderlich $\rho_1 = \rho_1(z)$. Somit ist die Leistung $P = P(z) = -\left(1 - \frac{1}{\varepsilon^{\varkappa-1}}\right)\rho(z) V_1 q n_d/2$. Hierin sind alle Größen außer der Dichte $\rho_1(z)$ unabhängig von der Höhe. Die Leistung ist daher proportional der Dichte $\rho_1(z)$ der angesaugten Luft.

$$\frac{P(z)}{P(z=0)} = \frac{\rho_1(z)}{\rho_1(z=0)}.$$

Den Dichteverlauf $\rho_2(z)$ erhält man aus der Gl. für die Luftschichtung $\frac{p(z)}{p(z=0)} = \left(\frac{\rho_1(z)}{\rho_1(z=0)}\right)^n$ und der barometrischen Höhenformel $dp = -\rho_1 g\, dz$, indem man die Gl. für die Luftschichtung nach ρ_1 differenziert $dp = p(z=0)n\frac{\rho_1^{n-1}}{(\rho_1(z=0))^n}\, d\rho_1$ und in die barometrische Höhenformel einsetzt. Man erhält eine Differentialgleichung für $\rho_1(z)$:

$$\rho_1^{n-2} d\rho_1 = -g\frac{(\rho_1(z=0))^n}{np(z=0)}\, dz.$$

Nach Integration erhält man unter Beachtung von $\frac{p(z=0)}{\rho(z=0)} = RT_0$ als Gleichung für die höhenabhängige Leistung:

$$\frac{\rho}{\rho(z=0)} = \frac{P(z)}{P(z=0)} = \left(1 - g\frac{n-1}{1}\frac{1}{RT_0}z\right)^{\frac{1}{n-1}}.$$

Daraus folgt

$$\frac{P(z=10\,\text{km})}{P(z=0)} = \left(1 - 9{,}81\,\frac{\text{m}}{\text{s}^2}\frac{1{,}2-1}{1{,}2}\frac{1\,\text{kg}\,\text{K}}{287\,\text{kJ}\cdot293\,\text{K}}\cdot10^4\,\text{m}\right)^{\frac{1}{1{,}2-1}} = 0{,}339\,.$$

Der Flugmotor hat in 10 km Höhe nur noch eine Leistung von 203,4 kW. Anmerkung: Um die Leistung zu steigern, kann man die angesaugte Luft mit Hilfe eines vom Motor angetriebenen Laders vom jeweiligen Umgebungszustand auf einen höheren Ladedruck, z. B. $p(z) = 1$ bis 1,2 bar, vorverdichten.

Beispiel 14.2

Eine Wärmekraftmaschine arbeitet nach dem in Abb. 14.16 dargestellten Ericsson-Prozess. Das Arbeitsfluid sei Stickstoff (ideales Gas, $R = 297$ J/(kg K), $c_p = 1047$ J/(kg K)). Der Prozess gibt eine spezifische Nutzarbeit von $|l| = 500$ kJ/kg ab. Der obere Prozessdruck sei $p = 2$ bar, die Fluidtemperatur bei der isothermen Wärmeabgabe $t_1 = t_2 = 30\,°$C und bei der isothermen Wärmeaufnahme $t_2 = t_4 = 450\,°$C.

a) Wie groß ist der thermische Wirkungsgrad des Prozesses?
b) Wie groß sind die zu- und abzuführenden spezifischen Wärmemengen, und wie groß ist der untere Prozessdruck?
c) Welche spezifische Wärmemenge wird im prozessinternen Gegenstromwärmeübertrager übertragen?

Lösung:

a) Der thermische Wirkungsgrad des Ericsson-Prozesses ist gleich dem des reversiblen Carnotschen Prozesses. Nach Gl. 14.38 gilt

$$\eta = 1 - \frac{T_1}{T_3}$$

mit der Temperatur bei der isothermen Wärmeabgabe $T_1 = T_2 = 273{,}15\,\text{K} + 30\,\text{K} = 303{,}15\,\text{K}$ und der Temperatur bei der isothermen Wärmeaufnahme $T_3 = T_3 = 273{,}15\,\text{K} + 450\,\text{K} = 723{,}15\,\text{K}$. Somit ist

$$\eta = 1 - \frac{303{,}15}{723{,}15} = 0{,}581\,.$$

b) Nach Gl. 14.38 gilt $\eta = |L|/Q_{34} = |l|/q_{34}$. Die zugeführte spezifische Wärmemenge ist also

$$q_{zu} = q_{34} = \frac{|l|}{\eta} = \frac{500\,\text{kJ/kg}}{0,581} = 860,9\,\frac{\text{kJ}}{\text{kg}}\,.$$

nach dem ersten Hauptsatz errechnet sich die abgeführte spezifische Wärmemenge damit aus

$$0 = q_{zu} + q_{ab} - |l|$$

zu

$$q_{ab} = q_{12} = |l| - q_{zu} = 500\,\frac{\text{kJ}}{\text{kg}} - 860,9\,\frac{\text{kJ}}{\text{kg}} = -360,9\,\frac{\text{kJ}}{\text{kg}}\,.$$

Das negative Vorzeichen zeigt an, dass die Wärme vom Prozess abgegeben wird. Der untere Prozessdruck p_0 errechnet sich beispielsweise aus Gl. 14.36 für die zugeführte spezifische Wärmemenge,

$$q_{34} = RT_3 \ln \frac{p}{p_0}$$

zu

$$p_0 = p\left(e^{q_{34}/(RT_3)}\right)^{-1} = 2\,\text{bar} \cdot \left(e^{860,9/(0,297 \cdot 723,15)}\right)^{-1} = 0,0363\,\text{bar}\,.$$

c) Die spezifische Wärmemenge, die im Gegenstromwärmeübertrager übertragen wird, ist

$$q_{41} = c_p(T_4 - T_1) = |q_{23}| = c_p(T_3 - T_2)$$
$$= 1,047\,\frac{\text{kJ}}{\text{kg\,K}} \cdot 420\,\text{K} = 439,7\,\frac{\text{kJ}}{\text{kg}}\,.$$

Beispiel 14.3

Ein kombinierter Gas-Dampf-Prozess arbeitet nach dem unten dargestelltem Schema. Die Gasturbinenanlage hat einen thermischen Wirkungsgrad von 38 % und erreicht einen elektrische Leistung P_{GT} von 240 MW. Der Luftmassenstrom am Eintritt der Gasturbine beträgt 550 kg/s.

Die Dampfturbinenanlage erreicht eine Leistung von P_{DT} von 125 MW. Nach der Niederdruckturbine (ND) wird der Dampf vollständig beim Kondensatordruck von 23,37 mbar (20 °C) kondensiert.

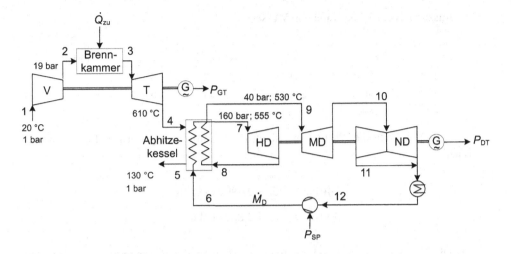

a) Berechnen Sie die Temperatur T_3 am Ausgang der Brennkammer. Die Verdichtung $1 \rightarrow 2$ kann als isentrop angenommen werden.

b) Wie groß ist der isentrope Wirkungsgrad der Gasturbine?

c) Wie groß ist der thermische Wirkungsgrad der Gesamtanlange unter Vernachlässigung der Leistung der Speisepumpe P_{SP}?

d) Berechnen Sie den Massenstrom des Dampfes im Dampfkraftwerk $\dot{M}_D$. Der isentrope Wirkungsgrad der Hochdruckturbine (HD) beträgt 80 %. Die Leistung der Speisepumpe P_{SP} kann vernachlässigt werden ($h_6 \approx h_2$).

Angaben:

- Temperaturen und Drücke gemäß Fließbild.
- Luft kann bis 19 bar als ideales Gas mit einem konstanten Isentropenexponenten von 1,4 angesehen werden.
- Generatorenverluste sind zu vernachlässigen.
- Die in der Brennkammer zugeführte Wärme $\dot{Q}_{zu}$ kann als extern zugeführte Wärme angesehen werden.
- Wärmeverluste im Abhitzekessel und in der Brennkammer sind zu vernachlässigen.
- Die Prozesse im Abhitzekessel und in der Brennkammer verlaufen isobar.
- Mittlere spezifische Wärmekapazitäten von Luft:

$$\bar{c}_{p,12} = 1{,}03 \, \text{kJ/(kg K)} \quad \text{zwischen den Zustandspunkten 1 und 2}$$

$$\bar{c}_{p,23} = 1{,}20 \, \text{kJ/(kg K)} \quad \text{zwischen den Zustandspunkten 2 und 3}$$

$$\bar{c}_{p,45} = 1{,}03 \, \text{kJ/(kg K)} \quad \text{zwischen den Zustandspunkten 4 und 58}$$

- Gaskonstante der Luft: $R_L = 0{,}287 \, \text{kJ/(kg K)}$

Auszug aus der Dampftafel von Wasser:

t	p	s'	s''	h'	h''
°C	bar	kJ/(kg K)	kJ/(kg K)	kJ/kg	kJ/kg
20,00	0,02337	0,2963	8,6652	83,86	2537,3
250,33	40	2,7949	6,0714	1086,7	2802,4
347,32	160	3,7433	5,2471	1648,5	2584,2

Mittlere spezifische Wärmekapazitäten von Dampf im zugehörigen Temperaturbereich:

$$40\,\text{bar}: \quad \bar{c}_p = 2{,}289\,\text{kJ/(kg K)}$$

$$160\,\text{bar}: \quad \bar{c}_p = 2{,}880\,\text{kJ/(kg K)}$$

a) Die Temperatur T_3 berechnet man aus dem in der Brennkammer zugeführten Wärmestrom

$$\dot{Q}_{23} = \dot{M}_L \bar{c}_{p,23} (T_3 - T_2).$$

$\dot{Q}_{23}$ erhält man aus der Gesamtbilanz um die Gasturbinenanlage. Die Leistung der Gasturbinenanlage ist die Differenz der Beträge der Leistungen von Turbine P_T und Verdichter P_V.

$$|P_{\text{GT}}| = |P_T| - |P_V| = 240\,\text{MW},$$

$$\dot{Q}_{\text{zu}} = \frac{|P_{\text{GT}}|}{\eta_{\text{GT}}} = 240\,\text{MW}/0{,}38 = 631{,}6\,\text{MW}.$$

Im Verdichter wird die Luft isentrop von $p_1 = 1\,\text{bar}$ auf $p_2 = 19\,\text{bar}$ verdichtet. Für T_2 gilt mit $\kappa = 1{,}4$

$$T_2 = T_1 \left(\frac{p_2}{p_1}\right)^{\frac{\kappa-1}{\kappa}} = 679{,}5\,\text{K}.$$

Damit folgt aus dem 1. Hauptsatz um die Brennkammer

$$T_3 = T_2 + \frac{631\,600\,\text{kJ/s}}{550\,\text{kg/s} \cdot 1{,}2\,\text{kJ/(kg K)}} = 1636{,}5\,\text{K} \quad (1363\,°\text{C}).$$

b) Isentroper Turbinenwirkungsgrad:

$$\eta_s = l_t/l_{t,\text{rev}} = \frac{h_4 - h_3}{h_{4,\text{rev}} - h_3} = \frac{T_4 - T_3}{T_{4,\text{rev}} - T_3},$$

$$T_4 = 883{,}15\,\text{K}.$$

Isentrope Expansion:

$$\frac{T_{4,\text{rev}}}{T_3} = \left(\frac{p_4}{p_3}\right)^{\frac{\kappa-1}{\kappa}}$$

$$p_3 = 19\,\text{bar}\,; \quad p_3 = p_4 = 1\,\text{bar}\,; \quad \kappa = 1,4\,.$$

Folglich ist

$$T_{4,\text{rev}} = 705,63\,\text{K} \quad \text{und} \quad \eta_s = \frac{883,15 - 1636,5}{705,63 - 1636,5} = 0,81\,.$$

c)

$$\eta_{\text{ges}} = \frac{|P_{\text{DT}}| + |P_{\text{GT}}|}{\dot{Q}_{23}} = \frac{125 + 240}{631,6} = 0,578$$

d) Energiebilanz um den adiabaten Abhitzekessel ergibt unter Vernachlässigung der kinetischen und potentiellen Energiebeiträge:

$$\sum_{\text{Aus}} \dot{M}_j h_j = \sum_{\text{Ein}} \dot{M}_i h_i\,,$$

$$\dot{M}_L h_4 + \dot{M}_D h_6 + \dot{M}_D h_8 = \dot{M}_L h_5 + \dot{M}_D h_7 + \dot{M}_D h_9\,,$$

$$\dot{M}_L \bar{c}_{p,45}(T_4 - T_5) = \dot{M}_D(h_7 - h_6 + h_9 - h_8)\,.$$

Die linke Seite der Gleichung ist mit den bekannten Zahlenwerten auswertbar und ergibt eine Betrag von 271,92 MW.

$$h_7 = h''_{160\,\text{bar}} + \bar{c}_{pD,160\,\text{bar}}(T_7 - T_{S,160\,\text{bar}}) = 3179,3\,\text{kJ/kg}\,,$$

$$h_9 = h''_{40\,\text{bar}} + \bar{c}_{pD,40\,\text{bar}}(T_9 - T_{S,40\,\text{bar}}) = 3442,6\,\text{kJ/kg}\,,$$

$$h_6 = h_{12} = h'_{0,02337\,\text{bar}} = 83,86\,\text{kJ/kg}$$

h_8 wird über den isentropen Wirkungsgrad der adiabaten Hochdruckturbine berechnet:

$$\frac{l_{t,\text{rev}}}{l_t} = 0,8 = \frac{h_8 - h_7}{h_{8,\text{rev}} - h_7}\,.$$

Zunächst gilt es zu prüfen, ob der Zustand 8, rev im Nassdampfgebiet liegt.

$$s_{8,\text{rev}} = s_7 = s''_{160\,\text{bar}} + \bar{c}_{p,160\,\text{bar}} \ln\left(\frac{T_7}{T_{S,160\,\text{bar}}}\right)$$

$$= 6,0788\,\text{kJ/(kg K)}\,,$$

$$s_7 > s''_{40\,\text{bar}} = 6,0714\,\text{kJ/(kg K)}\,.$$

Somit ist nachgewiesen, dass sowohl der Zustandspunkt 8, rev als auch 8 im Gebiet des überhitzen Dampfes liegen. Dann gilt

$$s_{8,\text{rev}} = s''_{40\,\text{bar}} + \overline{c}_{p,40\,\text{bar}} \ln\left(\frac{T_{8,\text{rev}}}{T_{S,40\,\text{bar}}}\right).$$

Auflösen nach $T_{8,\text{rev}}$ ergibt $T_{8,\text{rev}} = 525{,}18\,\text{K}$.
Damit ist $h_{8,\text{rev}}$ berechenbar

$$h_{8,\text{rev}} = h''_{40\,\text{bar}} + \overline{c}_{p,40\,\text{bar}}\left(T_{8,\text{rev}} - T_{S,40\,\text{bar}}\right) = 2806{,}7\,\text{kJ/kg}.$$

Schließlich erhält man für h_8

$$h_8 = 0{,}8\left(h_{8,\text{rev}} - h_7\right) + h_7 = 2880{,}2\,\text{kJ/kg}$$

und für den Dampfstrom:

$$\dot{M}_D = \frac{271{,}920\,\text{kJ/s}}{(3179{,}3 - 83{,}86 + 3442{,}6 - 2880{,}2)\,\text{kJ/kg}}$$

$$= 74{,}34\,\text{kg/s}.$$

Beispiel 14.4

In einer Brauerei werden mittels einer zweistufigen Kälteanlage Eisbrei (= Gemisch aus flüssigem Wasser und Eispartikeln $\dot{M}_E$ bei 0 °C) zur Kühlung des Bierlagers, sowie heißes Wasser erzeugt. Die Kälteanlage wird mit dem Kältemittel R134a betrieben.

Der Kältemittelmassenstrom $\dot{M}_I$ verlässt den Verdampfer trockengesättigt und wird in der ersten Stufe auf den Mitteldruck verdichtet. Der Mitteldruck beträgt 7 bar. Die Temperatur des überhitzten Kältemitteldampfes am Ausgang des Verdichters I beträgt t_2 = 30 °C. Das Kältemittel wird nun in einen Mitteldruckbehälter gegeben, der als ideale Gleichgewichtsstufe betrachtet werden kann. Aus diesem Behälter wird der Massenstrom $\dot{M}_{II}$ der zweiten Stufe zugeführt, in der die Verdichtung auf den Kondensatordruck erfolgt. Der isentrope Wirkungsgrad des Verdichters II beträgt $\eta_{SV,II}$ = 0,85, Das Arbeitsmedium wird im Kondensator bei 75 °C gerade vollständig kondensiert. Es wird im Verdampfer bei −10 °C vollständig verdampft.

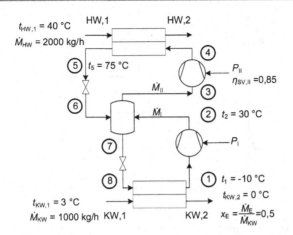

a) Welcher Massenstrom $\dot{M}_\mathrm{I}$ ist nötig, um Eisbrei mit $\xi_\mathrm{E} = \dfrac{\dot{M}_\mathrm{E}}{\dot{M}_\mathrm{KW}} = 0{,}5$ herzustellen? Welche Leistung P_I muss dazu im Verdichter I zugeführt werden?

b) Welche Temperatur t_4 erreicht das Kältemittel am Eintritt in den Kondensator?

c) Berechnen Sie den Massestrom $\dot{M}_\mathrm{II}$ und die Verdichterleistung P_II.

d) Auf welche Temperatur $t_\mathrm{HW,2}$ kann das Wasser erwärmt werden, wenn der Massenstrom des Wassers $\dot{M}_\mathrm{HW} = 2000\,\mathrm{kg/h}$ beträgt?

e) Berechnen Sie das Verhältnis des Exergieverlusts Ex_V der Gesamtanlage zur Summe der beiden Verdichterleistungen.

Hinweise:

Die Schmelzenthalpie von Wasser $\Delta h_{s,\mathrm{Wasser}}$ beträgt 333 kJ/kg.

Die mittlere spez. Wärmekapazität von Wasser beträgt $c_w = 4{,}19$ kJ/kg.

Die Umgebungstemperatur beträgt 20 °C.

Die beiden Wärmeübertrager können als isobar angesehen werden.

Mittlere spezifische Wärmekapazitäten des Kältemitteldampfes:

$$\overline{c}_{p,7\,\mathrm{bar}} = 1{,}0\ \mathrm{kJ/(kg\,K)}$$

$$\overline{c}_{p,23,66\,\mathrm{bar}} = 1{,}4\ \mathrm{kJ/(kg\,K)}$$

Auszug aus der Dampftafel für R134a:

t	p	h'	h''	s'	s''
°C	bar	kJ/kg	kJ/kg	kJ/(kg K)	kJ/(kg K)
−10	2,007	38,52	244,6	0,1549	0,9378
26,7	7	88,82	265,1	0,3323	0,9209
75	23,66	165	280,9	0,5625	0,8953

Man beginnt die Aufgabe zweckmäßigerweise mit einer Darstellung des Prozesses im p,h-Diagramm für R134a.

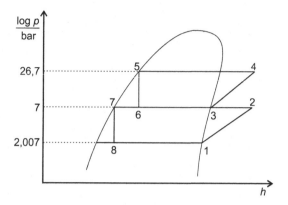

a) Energiebilanz Verdampfer:

$$0 = \dot{M}_{KW}(h_{KW,2} - h_{KW,1}) + \dot{M}_I(h_1 - h_8),$$

$$\dot{M}_I = \frac{-\dot{M}_{KW}(h_{KW,2} - h_{KW,1})}{(h_1 - h_8)} = \frac{[\dot{M}_{KW}(c_w(0\,°C - 3\,°C) - 0{,}5\Delta h_{s,\text{Wasser}})]}{h''(2{,}007\,\text{bar}) - h'(7\,\text{bar})}$$

$$= \frac{-1000\,\text{kg/h}\,(4{,}19\,\text{kJ/(kg\,K)}\,(-3\,\text{K}) - 0{,}5 \cdot 333\,\text{kJ/kg})}{244{,}6\,\text{kJ/kg} - 88{,}82\,\text{kJ/kg}} = 1149{,}51\,\text{kg/h},$$

$$P = \dot{M}_I l_{t,12} = \dot{M}_I(h_2 - h_1),$$

$$h_2 = h''(7\,\text{bar}) + \bar{c}_p(7\,\text{bar})(t_2 - t_s(7\,\text{bar})) = 268{,}4\,\text{kJ/kg},$$

$$h_1 = h''(2{,}007\,\text{bar}) = 244{,}6\,\text{kJ/kg},$$

$$P = 1149{,}88\,\text{kg/h}\,(268{,}4\,\text{kJ/kg} - 244{,}6\,\text{kJ/kg}) = 27\,358\,\text{kJ/h} = 7{,}6\,\text{kW}.$$

b)

$$\eta_{SV,II} = \frac{h_{4,\text{rev}} - h_3}{h_4 - h_3},$$

$$h_3 = h''(7\,\text{bar}) = 265{,}1\,\text{kJ/kg},$$

$$h_{4,\text{rev}} = h''(23{,}66\,\text{bar}) + \bar{c}_{p,23{,}66\,\text{bar}}(T_{4,\text{rev}} - T_{4,s})$$

$T_{4,\text{rev}}$ folgt aus:

$$s_3 = s_{4,\text{rev}} = s''(7\,\text{bar}) = 0{,}9209\,\text{kJ/(kg\,K)}$$

$$= s''(23{,}66\,\text{bar}) + \bar{c}_{p,23{,}66\,\text{bar}} \ln\left(\frac{T_{4,\text{rev}}}{T_{4,s}}\right),$$

$$T_{4,\text{rev}} = 354{,}57\,\text{K} \quad (81{,}42\,°C),$$

$$h_{4,\text{rev}} = h''(23{,}66\,\text{bar}) + \bar{c}_{p,23{,}66\,\text{bar}}(T_{4,\text{rev}} - T_{4,s}) = 289{,}89\,\text{kJ/kg},$$

$$h_4 = \frac{h_{4,\text{rev}} - h_3}{\eta_{SV,II}} + h_3 = 294{,}27\,\text{kJ/kg},$$

$$h_4 = h''(23{,}66\,\text{bar}) + \overline{c}_{p,23{,}66\,\text{bar}}(T_4 - T_{4,s})\,,$$

$$T_4 = \frac{294{,}26 - 280{,}9}{1{,}4} + (273{,}15 + 75) = 357{,}70\,\text{K} \quad (84{,}55\,^\circ\text{C})\,.$$

c) 1. HS um Mitteldruckbehälter:

$$\dot{M}_{\text{II}}(h_3 - h_6) + \dot{M}_I(h_7 - h_2) = 0\,,$$

$$\dot{M}_{\text{II}} = -\dot{M}_I\,\frac{h_7 - h_2}{h_3 - h_6}\,,$$

$$h_7 = h'(7\,\text{bar}) = 88{,}82\,\text{kJ/kg}\,,$$

$$h_2 = 268{,}4\,\text{kJ/kg} \quad (\text{aus a}))\,,$$

$$h_3 = h''(7\,\text{bar}) = 265{,}1\,\text{kJ/kg}\,,$$

$$h_6 = h_5 = h'(23{,}66\,\text{bar}) = 165\,\text{kJ/kg}\,,$$

$$\dot{M}_{\text{II}} = 2062{,}22\,\text{kg/h}\,,$$

$$P_{\text{II}} = \dot{M}_{\text{II}}\,l_{t,34} = \dot{M}_{\text{II}}(h_4 - h_3) = 16{,}71\,\text{kW}\,.$$

d) 1. HS um Kondensator:

$$\dot{M}_{\text{II}}(h_5 - h_4) + \dot{M}_{\text{HW}}(h_{\text{HW},2} - h_{\text{HW},1}) = 0\,,$$

$$\dot{M}_{\text{II}}(h'(23{,}66\,\text{bar}) - h_4) + \dot{M}_{\text{HW}}(c_w(t_{\text{HW},2} - t_{\text{HW},1})) = 0\,.$$

Auflösen nach $t_{\text{HW},2}$ ergibt

$$t_{\text{HW},2} = 71{,}81\,^\circ\text{C}\,.$$

e)

$$\dot{E}x_V = T_U \dot{S}_{\text{irr}}\,.$$

In den Bilanzraum der Gesamtanlage treten nur Massenströme ein und aus. Wärmeströme sind nicht zu berücksichtigen. Somit gilt nach Gl. 9.18 für die Entropiebilanz:

$$\dot{S}_{\text{irr}} = \dot{M}_{\text{HW}}(s_{\text{HW},2} - s_{\text{HW},1}) + \dot{M}_{\text{KW}}(s_{\text{KW},2} - s_{\text{KW},1})\,,$$

$$\text{mit} \quad (s_{\text{HW},2} - s_{\text{HW},1}) = c_w \ln\left(\frac{T_{\text{HW},2}}{T_{\text{HW},1}}\right) = 0{,}4054\,\text{kJ/(kg K)}\,,$$

$$(s_{\text{KW},2} - s_{\text{KW},1}) = c_w \ln\left(\frac{T_{\text{KW},2}}{T_{\text{KW},1}}\right) - 0{,}5\,\frac{\Delta h_s}{T_0} = -0{,}6553\,\text{kJ/(kg K)}\,.$$

$$\dot{S}_{\text{irr}} = \dot{M}_{\text{HW}}\,0{,}4054\,\text{kJ/(kg K)} - \dot{M}_{\text{KW}}\,0{,}6553\,\text{kJ/(kg K)}$$

$$= 155{,}45\,\text{kJ/(K h)} = 0{,}0432\,\text{kJ/(K s)}\,.$$

$$\dot{E}x_V = T_U \dot{S}_{\text{irr}} = 12{,}66\,\text{kW}$$

$$\frac{\dot{E}x_V}{P_I + P_{\text{II}}} = \frac{12{,}66\,\text{kW}}{7{,}6\,\text{kW} + 16{,}71\,\text{kW}} = 0{,}52 = 52\,\%$$

Beispiel 14.5

Zur Verflüssigung von Methan wird das im Anlagenschema dargestellte Verfahren nach Claude vorgeschlagen:

Der Verdichter saugt Methangas bei p_1 = 1 bar, T_1 = 300 K ① an und verdichtet es isotherm auf den Enddruck p_2 = 50 bar ②. Aus dem Strom des Hochdruckgases werden 20 % abgezweigt und in einer Turbine adiabatisch auf 1 bar ⑥ entspannt. Die restlichen 80 % des Methanstroms werden im Wärmeübertrager zunächst abgekühlt ③ und danach über ein Drosselventil auf 1 bar entspannt ④. In einem Abscheider wird das flüssige Methan abgetrennt und das Gas zusammen mit dem aus der Turbine kommenden Gasstrom in den Gegenstromwärmeübertrager geführt. Der rückgeführte Gasstrom wird schließlich wieder dem Frischgas vor der Turbine zugemischt.

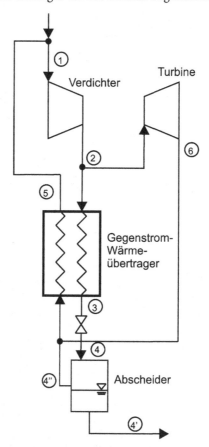

Es wird angenommen, dass das Niederdruckgas den Wärmeübertrager mit der Temperatur T_5 = 300 K ⑤ verlässt.

Der Abscheider und der Wärmeübertrager können als nach außen vollständig wärmeisoliert betrachtet werden. Der Abscheider kann als ideale Gleichgewichtsstufe angenommen werden. Änderungen kinetischer und potentieller Energie sind für alle Anlagenkomponenten zu vernachlässigen.

a) Tragen Sie den Prozess in ein T,s-Diagramm ein und kennzeichnen Sie darin die Zustandspunkte, die den Punkten ① bis ⑥ im Anlagenschema entsprechen.

b) Berechnen Sie für die reversibel isotherme Verdichtung die pro kg Methan aufzuwendende technische Arbeit sowie die dabei zu übertragende Wärme.

c) Welcher Anteil des vom Verdichter angesaugten Gases wird verflüssigt, wenn das Verhältnis der spezifischen technischen Arbeiten von Expansion und Verdichtung $|l_{t,26}/l_{t,12}| = 0,49$ beträgt?

Für Methan soll folgende Zustandsgleichung gelten:

$$v = \frac{RT}{p} + a + \frac{b}{T}$$

mit $R = 0,52\,\text{kJ}/(\text{kg K})$, $a = 6,6 \cdot 10^{-3}\,\text{m}^3/\text{kg}$, $b = -2,4\,\text{K m}^3/\text{kg}$

Auszug aus der Dampftafel von Methan:

T K	p bar	h' kJ/kg	Δh_v kJ/kg
111,47	1	0,0	510,66

Kritischer Punkt: $p_c = 46,0\,\text{bar}$, $T_c = 190,6\,\text{K}$.

Mittlere spezifische Wärmekapazität des gasförmigen Methans im interessierenden Temperaturbereich bei 1 bar: $\bar{c}_p = 2,22\,\text{kJ}/(\text{kg K})$.

a) T,s-Diagramm

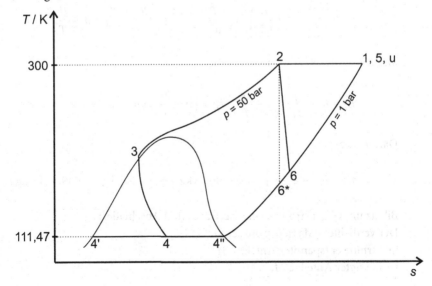

b) Erster Hauptsatz um den adiabatischen Verdichter bei $T_1 = 300\,\text{K}$:

$$q_{12} + l_{t,12} = h_2 - h_1\,.$$

Reversibel isotherme Verdichtung:

$$l_{t,12} = \int_1^2 v\,dp = \int_1^2 \left[\frac{RT_1}{p} + a + \frac{b}{T_1}\right]dp\,.$$

Integration ergibt

$$l_{t,12} = RT_1 \ln\left(\frac{p_2}{p_1}\right) + \left(a + \frac{b}{T_1}\right)(p_2 - p_1)\,,$$

$$l_{t,12} = 603{,}42\,\text{kJ/kg}\,.$$

Nach Gl. 12.16 gilt für isotherme Zustandsänderungen realer Gase

$$\Delta h_{12} = h_2 - h_1 = \int_1^2 \left[v - T\left(\frac{\partial v}{\partial T}\right)_p\right]dp\,.$$

Mit

$$\left(\frac{\partial v}{\partial T}\right)_p = \frac{R}{p} - \frac{b}{T^2}$$

ergibt sich für den Integranden

$$v - T\left(\frac{\partial v}{\partial T}\right)_p = \frac{RT}{p} + a + \frac{b}{T} - \frac{RT}{p} + \frac{b}{T} = a + \frac{2b}{T}$$

und somit für die Enthalpiedifferenz

$$h_2 - h_1 = \int_1^2 \left(a + \frac{2b}{T}\right)dp = \left(a + \frac{2b}{T_1}\right)(p_2 - p_1) = -46{,}06\,\text{kJ/kg}\,.$$

Daraus folgt für

$$q_{12} = h_2 - h_1 - l_{t,12} = -46{,}06\,\text{kJ/kg} - 603{,}42\,\text{kJ/kg} = -649{,}46\,\text{kJ/kg}\,.$$

c) Bilanz um Gegenstromwärmeübertrager und Abscheider:
   Der verdichtete Massenstrom sei $\dot{M}$,
   in Turbine entspannter Anteil: $y\,\dot{M}$,
   verflüssigter Anteil: $z\,\dot{M}$,

$$
\begin{array}{cc}
(1-z)\,\dot{M} & (1-y)\,\dot{M} \\
h_5 = h_1 \uparrow & \downarrow h_2
\end{array}
$$

$$
\begin{array}{cc}
z\,\dot{M} \leftarrow & \leftarrow y\,\dot{M} \\
h_{4'} & h_6
\end{array}
$$

$$
(1-y)\dot{M}h_2 + y\dot{M}h_6 = z\dot{M}h_{4'} + (1-z)\dot{M}h_5 ,
$$

$$
z = \frac{h_2 - h_5}{h_{4'} - h_5} + y\,\frac{h_6 - h_2}{h_{4'} - h_5} .
$$

Berechnung der benötigten Enthalpien h_2 und h_5:

$$
l_{t,26} = h_6 - h_2 , \quad |l_{t,26}| = 0{,}49\,|l_{t,12}| .
$$

Mit $l_{t,12}$ aus b) folgt

$$
h_6 - h_2 = l_{t,26} = -295{,}68\,\text{kJ/kg} .
$$

Da $T_1 = T_5$ und $p_1 = p_5$ gilt auch $h_5 = h_1$ und somit

$$
h_2 - h_5 = h_2 - h_1 = -46{,}06\,\text{kJ/kg} \quad \text{(aus b))} .
$$

Bei $p = \text{const} = 1\,\text{bar}$ gilt

$$
h_5 = h(T_1, p = 1\,\text{bar}) = h''_{1\,\text{bar}} + \bar{c}_{p,1\,\text{bar}}(T - T_{S,1\,\text{bar}}) ,
$$

$$
h''(1\,\text{bar}) = h'_{1\,\text{bar}} + \Delta h_{v,1\,\text{bar}} = 510{,}66\,\text{kJ/kg} .
$$

Damit ist

$$
h_5 = 929{,}20\,\text{kJ/kg} \quad \text{und}
$$

$$
z = \frac{-46{,}06}{-929{,}20} + y\,\frac{-295{,}68}{-929{,}20} = 0{,}04957 + y\,0{,}31821 ,
$$

mit $y = 0{,}2$ folgt $z = 0{,}1132$.

Es werden 11,32 % des verdichteten Methans verflüssigt.

Aufgabe 14.1

Ein Otto-Motor mit 2 l Hubvolumen und 0,25 l Kompressionsvolumen saugt brennbares Gasgemisch von 20 °C und 1 bar an (1), verdichtet reversibel adiabat (2), zündet und verbrennt bei konstantem Volumen (3), wobei ein Druck von 30 bar erreicht wird. Dann expandiert das Gas reversibel adiabat bis zum Hubende (4). Verbrennung und Auspuff werden durch Wärmezufuhr bzw. -entzug bei konstantem Volumen ersetzt gedacht. Für das arbeitende Gas seien die Eigenschaften der Luft bei konstanter spezifische Wärmekapazität angenommen.

Wie groß sind die Drücke und Temperaturen in den Punkten *1* bis *4* des Prozesses? Welche Verbrennungswärme wurde frei, und welche Wärme wurde im äußeren Totpunkt entzogen? Welche theoretische Arbeit leistet die Maschine je Hub?

Aufgabe 14.2

Der Zylinder einer einfachwirkenden Diesel-Maschine hat 13 l Hubraum und 1 l Verdichtungsraum. Der Arbeitsvorgang der Maschine werde durch folgenden Idealprozess ersetzt: Reversibel adiabate Verdichtung der am Ende des Saughubes im Zylinder befindlichen Luft von 1 bar und 70 °C (*1*) bis zum oberen Totpunkt (*2*). Anstelle der Einspritzung und Verbrennung des Treiböls wird isobar Wärme längs 1/13 des Hubes zugeführt (*3*). Reversibel adiabate Ausdehnung der Verbrennungsgase bis zum Hubende (*4*). Anstelle des Auspuffes und des Ansaugens frischer Luft soll im unteren Totpunkt Wärme entzogen werden bis zum Erreichen des Anfangszustandes der angesaugten Luft (*1*). Für das arbeitende Gas seien die Eigenschaften der Luft mit konstanter spezifischer Wärmekapazität angenommen. Der Prozess ist im *p,V*- und im *T,S*-Diagramm darzustellen. Wie groß sind die Temperaturen und Drücke in den Eckpunkten des Diagramms? Welche Wärmen werden bei jedem Hub zu- und abgeführt? Wie groß ist die theoretische Leistung der Maschine, wenn sie nach dem Zweitaktverfahren arbeitet und mit 250 min^{-1} läuft?

Aufgabe 14.3

Ein Stirling-Motor, bei dem die expandierte Luft im kalten Zylinderraum bei 20 °C ein Volumen von 3 l einnimmt und dann im selben Raum auf 0,5 l verdichtet wird, läuft mit 2000 min^{-1}. Die maximale Temperatur, die bei dem Kreisprozess auftritt, beträgt 800 °C. Wie groß ist der höchste Druck in der Anlage, wenn die Maschine eine Leistung von 50 kW abgeben soll, und welchen theoretischen Wirkungsgrad weist der Prozess auf?

Aufgabe 14.4

Einer Wärmekraftanlage werden stündlich 10 000 kg Wasser von 32,5 °C zugeführt und in überhitzten Dampf von 25 bar und 400 °C verwandelt. Der Dampf wird in einer Turbine mit einem isentropen Wirkungsgrad von 80 % auf 0,05 bar entspannt und in einem Kondensator niedergeschlagen. Das Kondensat wird der Anlage mit 32,5 °C wieder zugeführt. Die Zustandsänderung in der Speisepumpe darf vernachlässigt werden. Welche Wärmen werden dem Arbeitsmittel im Kessel und im Überhitzer stündlich zugeführt und im Kondensator entzogen? Mit welchem Feuchtigkeitsgehalt gelangt der Dampf in den Kondensator? Welche Leistung in kW gibt die Turbine an der Welle ab, wenn ihr mechanischer Wirkungsgrad 95 % beträgt? Wie groß ist der Dampf- und Wärmeverbrauch der Anlage je kWh?

Aufgabe 14.5

Wie groß ist der theoretische thermische Wirkungsgrad einer Dampfkraftanlage, die Dampf von 100 bar und 400 °C verarbeitet bei einem Kondensatordruck von 0,05 bar

a) bei dem gewöhnlichen Prozess nach Clausius-Rankine?

b) bei zweimaliger Zwischenüberhitzung auf 400 °C, jeweils bei Erreichen der Grenz-kurve?

Welche Feuchtigkeit hat der Dampf in den Fällen a) und b) beim Eintritt in den Kondensator? Für beide Fälle ist der Prozess im T,s- und im h,s-Diagramm darzustellen.

Aufgabe 14.6

In einer Hochdruckanlage wird folgender Prozess durchgeführt: Beim kritischen Druck wird aus Wasser von 28,6 °C Dampf von 400 °C erzeugt. Der dem Kessel entnommene Dampf wird auf 100 bar gedrosselt, dann wieder auf 400 °C überhitzt und so dem Hochdruckteil einer Turbine zugeführt, die ihn mit einem isentropen Wirkungsgrad von 0,85 bis herab auf 12 bar ausnutzt. Nach einer Zwischenüberhitzung auf 400 °C wird er im Niederdruckteil der Turbine bei einem isentropen Wirkungsgrad von 0,7 auf 0,04 bar entspannt, im Kondensator verflüssigt und das Kondensat auf 20 °C unterkühlt.

Wie groß sind die Wärmen, die je kg Dampf im Kessel und den beiden Überhitzern zugeführt werden? Wie groß ist die im Kondensator abzuführende Wärme? Wie groß ist der thermische Wirkungsgrad der Anlage? Wieviel mehr Arbeit je kg Dampf könnte gewonnen werden, wenn man die Drosselung vom kritischen Druck auf 100 bar durch eine geeignete Turbine mit einem isentropen Wirkungsgrad von 0,7 ersetzte und dann den Dampf wieder auf 400 °C überhitzte?

Aufgabe 14.7

In einem Wasserdampf-Kältemitteldampf-Prozess wird in einem Kessel Wasserdampf von 150 bar und 500 °C erzeugt, der in einer Turbine auf 22 bar reversibel adiabat entspannt wird. Der aus der Wasserdampfturbine abströmende Dampf wird in einem Wärmeübertrager bei 22 bar vollständig kondensiert und über eine Pumpe dem Kessel wieder zugeführt. In dem Wärmeübertrager wird flüssiges Chlordifluormethan (R22) bei 32,5 bar von 27 °C (h = 225,7 kJ/kg) auf Siedetemperatur erwärmt, verdampft und auf 220 °C (h = 488 kJ/kg) überhitzt. Der Kältemitteldampf wird dann in einer Turbine reversibel adiabat auf 11 bar entspannt. Der die Turbine verlassende überhitzte Dampf (h = 455 kJ/kg, v = 0,026 m³/kg) wird kondensiert und das Kondensat als unterkühlte Flüssigkeit über eine Pumpe dem Wärmeübertrager zugeführt. Die Zustandsänderungen in den Pumpen werden vernachlässigt.

Die gesamte Anlage ist auf 500 MW auszulegen. Wie verteilt sich diese Leistung auf die Wasserdampf- und auf die Kältemitteldampfturbine? Welchen theoretischen thermischen Wirkungsgrad hat die Anlage, und welche Volumenströme sind an den Abdampfstutzen der beiden Turbinen vorhanden? Welcher Volumenstrom würde sich am Abdampfstutzen der Wasserdampfturbine ergeben, wenn sie für die gesamte Leistung bei einem Kondensatordruck von 0,04 bar zu entwerfen wäre?

Aufgabe 14.8

Der Kompressor einer Ammoniakkältemaschine verdichtet NH_3-Dampf von $-10\,°C$ und 2 % Feuchtigkeit auf 10 bar mit einem isentropen Wirkungsgrad von 75 %. Der komprimierte Dampf wird in einem Kondensator niedergeschlagen und das verflüssigte Ammoniak bis auf $+15\,°C$ unterkühlt. Durch ein Drosselventil tritt die Flüssigkeit in den Verdampfer ein, wo sie bei $-10\,°C$ verdampft. Der Dampf wird wieder vom Kompressor angesaugt. Mit dieser Kälteanlage sollen stündlich 500 kg Eis von $0\,°C$ aus Wasser von $+20\,°C$ erzeugt werden. Die Enthalpie h_2 ($p_2 = 10\,bar$) bei reversibler adiabater Verdichtung ausgehend von Punkt 1 ($-10\,°C$, $x = 0.98$) findet man aus der Dampftafel von Ammoniak zu $h_2 = 1756\,kJ/kg$.

Wieviel kg Ammoniak müssen vom Kompressor stündlich verdichtet werden, und wie groß ist die Kälteleistung? Welche Wärme ist an das Kühlwasser im Kondensator abzugeben, und wie groß ist die Antriebsleistung des Kompressors bei einem mechanischen Wirkungsgrad von 80 %? Um wieviel Prozent ist die Leistungszahl des Prozesses kleiner als die des Carnot-Prozesses zwischen den angegebenen Temperaturgrenzen? Wie groß ist der Dampfgehalt des Ammoniaks am Ende der Drosselung? Welches Hubvolumen benötigt der als einfach-wirkend angenommene Kompressor bei einer Drehzahl von $n = 500\,min^{-1}$ und einem Liefergrad (= Fördervolumen/Hubvolumen) von 90 %?

Aufgabe 14.9

Die unten skizzierte Gasturbinenprozess (Joule-Prozess) arbeitet mit Luft (ideales Gas: $\varkappa = 1{,}4$; $c_p = 1{,}006\,kJ/(kg\,K)$) als Arbeitsmedium. Der Luftmassenstrom $\dot{M}$ wird in einem Verdichter, der durch eine Welle mit der Turbine verbunden ist, vom Zustand 1 ($T_1 = 300\,K$; $p_1 = 1\,bar$) mit dem isentropen Wirkungsgrad $\eta_{SV} = 0{,}8$ auf den Druck $p_2 = 4{,}5\,bar$ komprimiert. Anschließend wird der Luftmassenstrom in zwei Teilmassenströme aufgeteilt.

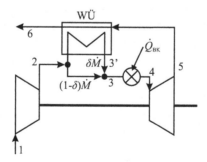

Der Teilmassenstrom $\delta\dot{M}$ wird in einem Wärmeübertrager WÜ durch Wärmezufuhr von heißem Abgas isobar auf die Temperatur $T_{3'} = 770\,K$ erwärmt. Der zweite Teilmassenstrom $(1 - \delta)\dot{M}$ wird direkt zur Brennkammer geleitet und vor dem Eintritt in die Brennkammer mit dem ersten Teilmassenstrom $\delta\dot{M}$ isobar vermischt. In der Brennkammer wird dem Luftmassenstrom ein Wärmestrom von $\dot{Q}_{BK}$ isobar zugeführt. Der Luftmassenstrom erreicht dabei die höchste Prozesstemperatur $T_4 = 1400\,K$. Nach der Expansion in der Turbine mit dem isentropen Wirkungsgrad $\eta_{ST} = 0,9$ auf den Druck $p_5 = 1\,\text{bar}$ durchströmt der Luftmassenstrom den Wärmeübertrager WÜ, wobei er isobar auf die Temperatur $T_6 = 820\,\text{K}$ abgekühlt wird. Die Turbine hat eine Leistung von $|P_T| = 70\,\text{kW}$. Der gesamte Prozess sei nach außen adiabat, und der Brennstoffmassenstrom sei vernachlässigbar.

a) Skizzieren Sie den Kreisprozess qualitativ im T,s-Diagramm, und kennzeichnen Sie die im Wärmeübertrager aufgenommene ($q_{23'}$) bzw. abgegebene (q_{56}) spezifische Wärme jeweils als Fläche.

b) Berechnen Sie die Temperatur T_5 und den Luftmassenstrom $\dot{M}$.

c) Bestimmen Sie die Temperatur T_2 und die erforderliche Leistung des Verdichters P_V.

d) Ermitteln Sie den Massenanteil δ und die Temperatur T_3.

e) Welcher Wärmestrom $\dot{Q}_{BK}$ muss in der Brennkammer zugeführt werden, um die Temperatur T_4 zu erreichen?

f) Wie groß ist der thermische Wirkungsgrad η_{th} des Prozesses?

Grundbegriffe der Wärmeübertragung 15

15.1 Allgemeines

Bei unseren bisherigen Betrachtungen wurde oft Wärme von einem Körper an eine anderen übertragen, ohne dass wir diesen Vorgang näher betrachteten. Wir haben häufig angenommen, dass die Wärme mit verschwindend kleinem Temperaturgefälle überging. Je kleiner aber das Termperaturgefälle ist, um so größer werden die dazu notwendigen Einrichtungen. Die Kenntnis der unter gegebenen Verhältnissen zu- oder abzuführenden Wärmen bestimmt also die Abmessungen von Dampfkesseln, Heizapparaten, Wärmeübertragern usw. Aber auch die Berechnung von elektrischen Maschinen, Transformatoren, elektronischen Bauteilen, hoch beanspruchten Lagern usw. hat wesentlich auf die Möglichkeit der Abfuhr der Verlustwärme Rücksicht zu nehmen. Viele Vorgänge bei hoher Temperatur sind nur bei intensiver Kühlung der Wände möglich (Dieselmotoren, Gasturbinen, Brennkammern, Strahldüsen von Raketen, usw.). Daraus wird ersichtlich, dass die technische Thermodynamik sehr eng mit dem Gebiet der Wärmeübertragung verknüpft ist. Im vorliegenden Buch wird in diesem letzten Kapitel daher ein Überblick über die Grundbegriffe und wichtige Berechnungsgrundlagen der Wärmeübertragung gegeben.

Bei der Wärmeübertragung haben wir im Wesentlichen drei Fälle zu unterscheiden.

1. Die Wärmeübertragung durch *Leitung* in festen oder in unbewegten flüssigen und gasförmigen Körpern. Dieser Wärmetransportmechanismus beruht auf dem Energietransport durch Impulsaustausch zwischen schwingenden benachbarten Atomen und Molekülen bei vorhandenem Temperaturgradienten. Wärmeleitung wird daher auch als molekularer Wärmetransport bezeichnet.
2. Die Wärmeübertragung durch Mitführung oder *Konvektion* in bewegten flüssigen oder gasförmigen Körpern. Der Energietransport erfolgt hierbei aufgrund der gerichteten Bewegung kleinerer und größerer Molekülverbände, die die in ihnen gespeicherte Energie mitführen.

P. Stephan, K. Schaber, K. Stephan, F. Mayinger, *Thermodynamik*, Springer-Lehrbuch, DOI 10.1007/978-3-642-30098-1_15, © Springer-Verlag Berlin Heidelberg 2013

3. Die Wärmeübertragung durch *Strahlung*, die sich ohne materiellen Träger vollzieht. Die Energie wird hierbei durch elektromagnetische Wellen transportiert.

Bei technischen Anwendungen wirken oft alle drei Arten der Wärmeübertragung zusammen. In einem Dampfkessel wird z. B. die Wärme von der Feuerung durch Strahlung und Konvektion vom Kohlebett und den Flammgasen an den Kessel übertragen. Die Wand des Kessels durchdringt sie durch Wärmeleitung. An das Wasser geht sie wieder durch Wärmeleitung und Konvektion über. Da die einzelnen Arten der Wärmeübertragung verschiedenen Gesetzen gehorchen, kann man nur zu einem Einblick kommen, wenn man sie zunächst gesondert behandelt.

15.2 Stationäre Wärmeleitung

Abbildung 15.1 zeigt eine ebene Wand von der Dicke δ. Werden die beiden Oberflächen auf verschiedenen Temperaturen t_1 und t_2 gehalten, so strömt durch die Fläche A der Wand in der Zeit τ nach dem Fourierschen Gesetz die Wärme

$$Q = \lambda A \frac{t_1 - t_2}{\delta} \tau \qquad (15.1)$$

hindurch. Dabei ist λ ein Stoffwert, den man *Wärmeleitfähigkeit* nennt. Sie wird angegeben in W/(K m).

Der *Wärmestrom*

$$\dot{Q} = \frac{Q}{\tau} = \lambda A \frac{t_1 - t_2}{\delta}, \qquad (15.2)$$

ist die in der Zeiteinheit durch eine Oberfläche hindurchströmende Wärme (SI-Einheit W), und die *Wärmestromdichte*

$$\dot{q} = \frac{\dot{Q}}{A} = \lambda \frac{t_1 - t_2}{\delta} \qquad (15.3)$$

ist die in der Zeiteinheit durch die Flächeneinheit hindurchtretende Wärme (SI-Einheit W/m²).

Betrachten wir statt der Wand von der endlichen Dicke δ eine aus ihr senkrecht zum Wärmestrom herausgeschnittene Scheibe von der Dicke dx, so können wir an Stelle von Gln. 15.2 und 15.3 schreiben

$$\dot{Q} = -\lambda A \frac{dt}{dx} \qquad (15.4)$$

und

$$\dot{q} = -\lambda \frac{dt}{dx}, \qquad (15.5)$$

wobei das negative Vorzeichen ausdrückt, dass die Wärme in Richtung abnehmender Temperatur strömt. Aus Gl. 15.5 erkennt man, dass der Temperaturverlauf bei stationärer

Abb. 15.1 Ebene Wand

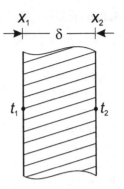

Wärmeleitung in einer ebenen Wand bei konstanter Wärmeleitfähigkeit λ entsprechend Abb. 15.2 linear ist.

Tabelle 15.1 gibt die Wärmeleitfähgikeit einiger Stoffe an. Danach leiten die Metalle die Wärme am besten, dann kommen die nichtmetallischen Elemente und die Verbindungen. Die schlechtesten Wärmeleiter sind die Gase. Zwischen den Verbindungen und den Gasen stehen die Isolierstoffe, deren Wirkung auf ihrer Porosität beruht. Ihr aus organischen oder anorganischen Stoffen bestehendes Gerippe hat nur die Aufgabe, ihnen eine gewisse Festigkeit zu verleihen und die Wärmeübertragung durch Strahlung und Konvektion in den mit Luft gefüllten Räumen zu vermindern.

Oft benutzt man den Begriff des *Wärmeleitwiderstandes*

$$R_1 = \frac{\delta}{\lambda A}, \tag{15.6}$$

mit dessen Hilfe man in Analogie zur Elektrizitätslehre und in Anlehnung an das bekannte Ohmsche Gesetz, $U_{el} = R_{el} \cdot I_{el}$, schreiben kann:

Temperaturunterschied = Wärmewiderstand × Wärmestrom oder

$$t_1 - t_2 = R_1 \dot{Q}.$$

Bei einer aus mehreren hintereinanderliegenden Schichten bestehenden Wand addieren sich die Wärmewiderstände R_1 der einzelnen Schichten und man erhält für den Wärme-

Abb. 15.2 Temperaturverlauf in einer ebenen Wand

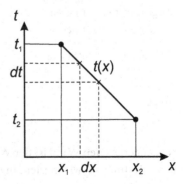

Tabelle 15.1 Wärmeleitfähigkeiten λ in W/(K m). Vgl. auch Tab. 15.3

Feste Körper bei 20 °C	
Silber	458
Kupfer, rein	393
Kupfer, Handelsware	350 … 370
Gold, rein	314
Aluminium (99,5 %)	221
Magnesium	171
Messing	80 … 120
Platin, rein	71
Nickel	58,5
Eisen	67
Grauguß	42 … 63
Stahl 0,2 % C	50
Stahl 0,6 % C	46
Konstantan, 55 % Cu, 45 % Ni	40
Stahl, 18 % Cr, 8 % Ni	21
Monelmetall 67 % Ni, 28 % Cu, 5 % Fe + Mn + Si + C	25
Manganin	22,5
Graphit, mit Dichte und Reinheit steigend	12 … 175
Steinkohle, natürlich	0,25 … 0,28
Gesteine, verschiedene	1 … 5
Quarzglas	1,4 … 1,9
Beton, Stahlbeton	0,3 … 1,5
Feuerfeste Steine	0,3 … 1,7
Glas (2500)[1]	0,81
Eis, bei 0 °C	2,2
Erdreich, lehmig, feucht	2,33
Erdreich, trocken	0,53
Quarzsand, trocken	0,3
Ziegelmauerwerk, trocken	0,25 … 0,55
Ziegelmauerwerk, feucht	0,4 … 1,6

[1] in Klammern Dichte in kg/m^3.

strom

$$\dot{Q} = \frac{t_1 - t_2}{\sum R_1} . \qquad (15.7)$$

Neben der ebenen Wand ist der Wärmestrom durch zylindrische Schichten (Rohrschalen) in der Technik am wichtigsten. In einer solchen Rohrschale von der Länge *l* tritt durch eine

Tabelle 15.1 (Fortsetzung)

Isolierstoffe bei 20 °C		
Alfol		0,03
Asbest		0,08
Asbestplatten		0,12 ... 0,16
Glaswolle		0,04
Korkplatten (150)[1]		0,05
Kieselgursteine, gebrannt		0,08 ... 0,13
Schlackenwolle, Steinwollmatten (120)[1]		0,035
Schlackenwolle, gestopft (250)[1]		0,045
Kunstharz – Schaumstoffe (15)[1]		0,035
Seide (100)[1]		0,055
Torfplatten, lufttrocken		0,04 ...0,09
Wolle		0,04
Flüssigkeiten		
Wasser[2] von 1 bar bei	0 °C	0,562
	10 °C	0,5996
	50 °C	0,6405
	80 °C	0,6668
Sättigungszustand:	99,63 °C	0,6773
Kohlendioxid	0 °C	0,109
	20 °C	0,086
Schmieröle		0,12 ... 0,18
Gase bei 1 bar und bei der Temperatur t in °C		
Wasserstoff	$\lambda = 0,171 \, (1 + 0,0034 \, t)$	$-100\,°C \leqq t \leqq 100\,°C$
Luft	$\lambda = 0,0245 \, (1 + 0,00225 \, t)$	$0\,°C \leqq t \leqq 1000\,°C$
Kohlendioxid	$\lambda = 0,01464 \, (1 + 0,005 \, t)$	$0\,°C \leqq t \leqq 1000\,°C$

[1] in Klammern Dichte in kg/m^3.
[2] nach Schmidt, E.: Properties of water and steam in SI-units, 3. Aufl. Grigull, U. (Hrsg.). Berlin, Heidelberg, New York: Springer 1982.

in ihr liegende, in der Abb. 15.3 gestrichelt angedeutete, konzentrische Zylinderfläche vom Radius r nach Gl. 15.4 der Wärmestrom

$$\dot{Q} = -\lambda 2\pi r l \, \frac{dt}{dr} \qquad (15.8a)$$

hindurch. Bei stationärer Wärmeleitung ist der Wärmestrom für alle Radien gleich und der vorstehende Ausdruck ist die Differentialgleichung des Temperaturverlaufs. Trennt man die Veränderlichen t und r und integriert von der inneren Oberfläche der Schale bei $r = r_1$

Abb. 15.3 Rohrschale

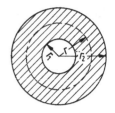

mit der Temperatur t_1 bis zu einer beliebigen Stelle r mit der Temperatur t, so erhält man

$$t_1 - t = \frac{\dot{Q}}{\lambda \pi l} \ln \frac{r}{r_1} \,. \tag{15.8b}$$

Die Temperatur nimmt also, wie Abb. 15.4 zeigt, nach einer logarithmischen Linie ab. Ist auch auf der äußeren Oberfläche der Schale bei $r = r_2$ die Temperatur $t = t_2$ vorgeschrieben, so kann man diese Werte in die Gl. 15.8b einsetzen und erhält durch Auflösen nach $\dot{Q}$ den Wärmestrom durch eine Zylinderschale

$$\dot{Q} = \lambda 2\pi l \frac{t_1 - t_2}{\ln \frac{r_2}{r_1}} \,. \tag{15.8c}$$

Diese Gleichung ist beispielsweise wichtig für die Berechnung des Wärmeverlustes von Rohrisolierungen.

In Anlehnung an das Ohmsche Gesetz kann man auch schreiben

$$t_1 - t_2 = \dot{Q} R_1 \tag{15.8d}$$

mit dem Wärmeleitwiderstand der Rohrschale

$$R_1 = \frac{1}{\lambda 2\pi l} \ln \frac{r_2}{r_1} \,. \tag{15.8e}$$

Den Wärmeleitwiderstand formen wir noch um. Er ist

$$R_1 = \frac{r_2 - r_1}{\lambda 2\pi (r_2 - r_1) l} \ln \frac{2\pi r_2 l}{2\pi r_1 l} \,.$$

Abb. 15.4 Temperaturverlauf
in einer Rohrschale

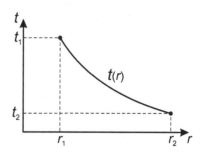

Setzt man $r_2 - r_1 = \delta$, wobei δ die Wanddicke des Rohres ist, und bezeichnet man die äußere Rohroberfläche $2\pi r_2 l$ mit A_2, die innere $2\pi r_1 l$ mit A_1, so ist der Wärmeleitwiderstand der Rohrschale

$$R_1 = \frac{\delta}{\lambda(A_2 - A_1)l} \ln \frac{A_2}{A_1}$$

oder analog zu Gl. 15.6

$$R_1 = \frac{\delta}{\lambda A_\mathrm{m}} \quad \text{mit} \quad A_\mathrm{m} = \frac{A_1 - A_2}{\ln \frac{A_2}{A_1}}. \tag{15.8f}$$

A_m ist das logarithmische Mittel zwischen äußerer und innerer Rohroberfläche.

15.3 Wärmeübergang und Wärmedurchgang

Die Wärmeübertragung zwischen einem Fluid (Flüssigkeit oder Gas) und einer festen Oberfläche ist ein außerordentlich komplexer Vorgang, weil dabei Bewegungen des Fluids mitwirken, die sich in den weitaus meisten Fällen der Berechnung entziehen. Wenn man von Fluiden extrem niederer Drücke absieht, so haften direkt an der Oberfläche Fluid und fester Körper aneinander und haben gleiche Temperatur und keine Geschwindigkeit gegeneinander. Mit dem Abstand von der Oberfläche tritt ein wachsender Temperatur- und Geschwindigkeitsunterschied auf.

In Abb. 15.5 sind die Temperaturen der Fluide auf beiden Seiten einer Wand mit t_a und t_b bezeichnet. Das Temperaturfeld in den Fluiden zu beiden Seiten der Wand verläuft im Allgemeinen so, wie es die Abb. 15.5 zeigt. Die Temperatur fällt in einer schmalen Schicht unmittelbar an der Wand steil ab, während sich die Temperaturen in einiger Entfernung von der Wand nur wenig voneinander unterscheiden. Man kann den Temperaturverlauf durch den dünnen Linienzug vereinfachen und, da die Strömungsgeschwindigkeit des Fluids an der Wand Null ist, dann vereinfachend annehmen, dass an der Wand eine dünne ruhende Fluidschicht von der Filmdicke δ_a bzw. δ_b haftet, während das Fluid außerhalb dieses Films durch Vermischung alle Temperaturunterschiede ausgleicht. In dem dünnen Fluidfilm an der Wand wird Wärme durch Leitung übertragen, der Temperaturverlauf ist geradlinig und der an die linke Wandseite in Abb. 15.5 übertragene Wärmestrom gemäß Gl. 15.2

$$\dot{Q} = \lambda A \frac{t_\mathrm{a} - t_1}{\delta_\mathrm{a}}.$$

In dieser Gleichung ist λ die Wärmeleitfähigkeit des Fluids. Um den Wärmestrom berechnen zu können, muss man die Filmdicke δ_a kennen. Diese hängt von vielen Größen ab, beispielsweise von der Geschwindigkeit des Fluids entlang der Wand, von der Form der Wand und der Oberflächenbeschaffenheit.

Es hat sich nun als zweckmäßig erwiesen, nicht unmittelbar mit der Filmdicke δ_a des Fluids zu rechnen, sondern mit dem Quotienten $\lambda/\delta_\mathrm{a}$ und dafür das Zeichen α einzu-

Abb. 15.5 Wärmedurchgang
durch eine ebene Wand

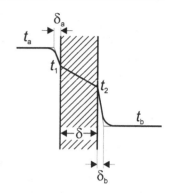

führen. Schreibt man weiter für die Fluidtemperatur t_a allgemein t_f und für eine Oberflächentemperatur das Zeichen t_o, so geht die vorige Gleichung über in den auf Newton
(1643–1727) zurückgehenden Ansatz

$$\dot{Q} = \alpha A(t_f - t_o), \tag{15.9}$$

wobei man den Faktor α, der alle Einflüsse der Eigenschaften und des Bewegungszustandes
des Fluids zusammenfasst, als *Wärmeübergangskoeffizient* bezeichnet. Er hat die SI-Einheit
$W/(m^2 K)$.

Als mittlere Fluidtemperatur t_f wählt man bei der Strömung in geschlossenen Kanälen
meistens die sogenannte *Strömungsmitteltemperatur*

$$t_f = \frac{\int w t \, dA}{\int w \, dA},$$

bei frei angeströmten Körpern die Temperatur in genügender Entfernung die sogenannte
Freistromtemperatur oder *Fernfeldtemperatur*.

Ist die Strömungsgeschwindigkeit in Gasen von der Größenordnung der Schallgeschwindigkeit oder allgemein von solcher Größe, dass die Wärmeerzeugung durch Reibung
merklich wird, so ist unter t_o die *Eigentemperatur* zu verstehen, d. h. die Temperatur, welche
die Oberfläche des weder beheizten noch gekühlten und auch keine Wärme fortleitenden
Körpers unter der alleinigen Wirkung der Strömung annehmen würde. Gleichung 15.9
kann man umformen zu

$$t_f - t_0 = \frac{\dot{Q}}{\alpha A}.$$

Die darin enthaltene Größe

$$R_{\ddot{u}} = \frac{1}{\alpha A} \tag{15.10}$$

bezeichnet man als *Wärmeübergangswiderstand*.

Unmittelbar an der Oberfläche der festen Wand in Abb. 15.5 gilt aufgrund des stetigen Wärmetransportes

$$\alpha(t_\mathrm{f} - t_0) = -\lambda \left(\frac{\partial t}{\partial x}\right)_0 , \tag{15.11}$$

wobei λ die Wärmeleitfähigkeit des Wandmaterials ist. Diese Beziehung gilt auch für nichtstationäre Wärmeströmungen, weshalb das partielle Differentialzeichen benutzt wurde. Gleichung 15.11 besagt, dass die der festen Wandoberfläche von dem Fluid konvektiv zugeführte Wärme in der Wand fortgeleitet wird. Dabei verhalten sich die Neigungen der Temperaturkurve beiderseits der Oberfläche umgekehrt wie die Wärmeleitfähigkeiten der an die Oberfläche angrenzenden Stoffe, da auch der an der Oberfläche haftende Fluidfilm Wärme nur durch Leitung aufnehmen kann.

Geht von einem Fluid Wärme an eine Wand über, wird darin fortgeleitet und auf der anderen Seite an ein zweites Fluid übertragen, so spricht man von *Wärmedurchgang*. Dabei sind zwei Wärmeübergänge und ein Wärmeleitvorgang hintereinander geschaltet. Bei stationärer Strömung ist der Wärmestrom überall derselbe, und wenn t_a und t_b die Temperaturen der beiden Fluide, t_1 und t_2 die der beiden Oberflächen und α_1 und α_2 die zugehörigen Wärmeübergangskoeffizienten sind, gilt für die Temperaturdifferenzen nach Gln. 15.2 und 15.9

$$t_\mathrm{a} - t_1 = \frac{\dot{Q}}{\alpha_1 A} = R_{\ddot{u}1}\dot{Q} , \tag{15.12a}$$

$$t_1 - t_2 = \frac{\delta \dot{Q}}{\lambda A} = R_1 \dot{Q} , \tag{15.12b}$$

$$t_2 - t_\mathrm{b} = \frac{\dot{Q}}{\alpha_2 A} = R_{\ddot{u}2}\dot{Q} . \tag{15.12c}$$

Die Temperaturdifferenzen verhalten sich also wie die Wärmewiderstände. Durch Addieren ergibt sich

$$t_\mathrm{a} - t_\mathrm{b} = \left(\frac{1}{\alpha_1 A} + \frac{\delta}{\lambda A} + \frac{1}{\alpha_2 A}\right)\dot{Q} = (R_{\ddot{u}1} + R_1 + R_{\ddot{u}2})\dot{Q} . \tag{15.12d}$$

Es summieren sich einfach die Wärmewiderstände zu dem Gesamtwiderstand

$$R = \frac{1}{\alpha_1 A} + \frac{\delta}{\lambda A} + \frac{1}{\alpha_2 A} . \tag{15.13}$$

Schreibt man den Wärmestrom in der Form

$$\dot{Q} = \frac{1}{\frac{1}{\alpha_1} + \frac{\delta}{\lambda} + \frac{1}{\alpha_2}} A(t_\mathrm{a} - t_\mathrm{b}) = kA(t_\mathrm{a} - t_\mathrm{b}) , \tag{15.14a}$$

so bezeichnet man

$$k = \frac{1}{\frac{1}{\alpha_1} + \frac{\delta}{\lambda} + \frac{1}{\alpha_2}} \qquad (15.14b)$$

als *Wärmedurchgangskoeffizient*. Er hat die SI-Einheit (W/m² K).

Die vorstehenden Gleichungen gelten für den Wärmedurchgang durch eine ebene Wand.

Wird Wärme von einem Fluid an eine Rohrwand übertragen, darin fortgeleitet und auf der anderen Seite an ein zweites Fluid übertragen, so gelten Gln. 15.12a bis 15.12c unverändert. Allerdings ist jetzt der Wärmewiderstand auf der Innenseite

$$R_{ü1} = \frac{1}{\alpha_1 A_1},$$

derjenige der Rohrwand nach Gl. 15.8f

$$R_1 = \frac{\delta}{\lambda A_m}$$

und der Wärmewiderstand auf der Außenseite

$$R_{ü2} = \frac{1}{\alpha_2 A_2}.$$

Damit tritt an Stelle von Gl. 15.12d die Beziehung

$$t_a - t_b = \left(\frac{1}{\alpha_1 A_1} + \frac{\delta}{\lambda A_m} + \frac{1}{\alpha_2 A_2} \right) \dot{Q} = \left(R_{ü1} + R_1 + R_{ü2} \right) \dot{Q}. \qquad (15.15)$$

Schreibt man den Wärmestrom in der Form

$$\dot{Q} = \frac{1}{\frac{1}{\alpha_1 A_1} + \frac{\delta}{\lambda A_m} + \frac{1}{\alpha_2 A_2}} (t_a - t_b) = k A_2 (t_a - t_b), \qquad (15.16a)$$

bezieht also definitionsgemäß den Wärmedurchgangskoeffizienten k auf die äußere Rohroberfläche A_2, so gilt für den Wärmedurchgangskoeffizienten

$$k = \frac{1}{\frac{A_2}{\alpha_1 A_1} + \frac{\delta A_2}{\lambda A_m} + \frac{1}{\alpha_2}}. \qquad (15.16b)$$

Gleichung 15.16a ist wichtig für die Berechnung des Wärmeübergangs durch eine Rohrwand. Der Fall der ebenen Wand kann als Sonderfall mit $A_1 = A_2 = A_m$ betrachtet werden. Der Wärmedurchgangskoeffizient der ebenen Wand nach Gl. 15.14b stimmt dann mit dem nach Gl. 15.16b überein.

15.4 Nichtstationäre Wärmeleitung

Bei nichtstationärer Wärmeleitung ändert sich die Temperatur im Laufe der Zeit. In einem festen Körper, in dem Wärme nur in Richtung der x-Achse strömt, ist dann der Temperaturverlauf nicht mehr geradlinig, und aus einer aus dem Körper herausgeschnittenen Scheibe von der Dicke dx nach Abb. 15.6 tritt an der Stelle x ein Wärmestrom $\dot{Q}_x = -\lambda A (\partial t / \partial x)$ ein, der im Allgemeinen von dem an der Stelle $x + dx$ austretenden Wärmestrom $\dot{Q}_{x+dx} = -\lambda A \left(\frac{\partial t}{\partial x} + \frac{\partial^2 t}{\partial x^2} dx \right)$ verschieden ist.

Der Unterschied zwischen ein- und austretendem Wärmestrom

$$-\lambda A \frac{\partial t}{\partial x} - \left[-\lambda A \left(\frac{\partial t}{\partial x} + \frac{\partial^2 t}{\partial x^2} dx \right) \right] = \lambda A \frac{\partial^2 t}{\partial x^2} dx$$

wird in Form von innerer Energie in der Scheibe gespeichert und erhöht die Temperatur der Scheibe von der Dichte ρ und der spezifischen Wärmekapazität c im Laufe der Zeit τ um

$$c \rho A \, dx \frac{\partial t}{\partial \tau} = \lambda A \, dx \frac{\partial^2 t}{\partial x^2}$$

oder

$$\frac{\partial t}{\partial \tau} = a \frac{\partial^2 t}{\partial x^2}, \tag{15.17}$$

wobei

$$a = \frac{\lambda}{c \rho}$$

als *Temperaturleitfähigkeit* bezeichnet wird. Ihre SI-Einheit ist m²/s. Die Gl. 15.17 ist eine partielle Differentialgleichung, um deren analytische Lösung sich Fourier[1] sehr verdient gemacht hat. Man nennt sie die Fourier-Gleichung; in diesem Fall gilt sie für die geometrisch eindimensionale Wärmeleitung. Wie Fourier gezeigt hat, kann man die Gl. 15.17 exakt durch Reihenansätze lösen, die man später die Methode der Fourier-Reihen nannte.

Strömt die Wärme nicht nur in einer Richtung, so hat man die Wärmeströmung aller drei Koordinatenrichtungen zu addieren und erhält dann an Stelle von Gl. 15.17 die Differentialgleichung

$$\frac{\partial t}{\partial \tau} = a \left(\frac{\partial^2 t}{\partial x^2} + \frac{\partial^2 t}{\partial y^2} + \frac{\partial^2 t}{\partial z^2} \right). \tag{15.18}$$

---

[1] Jean Baptiste Fourier (1768–1830) war Professor für Analysis an der Ecole Polytechnique in Paris und seit 1807 Mitglied der französischen Akademie der Wissenschaften. 1822 erschien sein wichtigstes Werk „Théorie analytique de la chaleur". Es ist die erste umfassende mathematische Theorie der Wärmeleitung und enthält auch die Fourier-Reihen zur Lösung der Randwertaufgaben der instationären Wärmeleitung.

Abb. 15.6 Temperaturverlauf
bei nichtstationärer Wärmeleitung

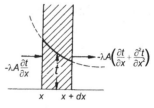

Abb. 15.7 Temperaturprofil
bei Abkühlung einer Platte

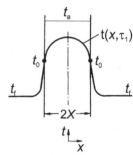

Sonderfälle der Differentialgleichung (15.18) sind für das zylindrische Problem, falls der
Wärmefluss in Richtung z der Zylinderachse vernachlässigbar ist,

$$\frac{\partial t}{\partial \tau} = a\left(\frac{\partial^2 t}{\partial r^2} + \frac{1}{r}\frac{\partial t}{\partial r}\right) \tag{15.19}$$

und für das kugelsymmetrische Problem

$$\frac{\partial t}{\partial \tau} = a\left(\frac{\partial^2 t}{\partial r^2} + \frac{2}{r}\frac{\partial t}{\partial r}\right). \tag{15.20}$$

Um den räumlich-zeitlichen Verlauf der Temperatur in einem bestimmten Körper berechnen zu können, muss man die Randbedingungen kennen, d. h. es muss z. B. die Temperatur
auf gewissen, das zu berechnende Temperaturfeld begrenzenden Flächen für alle Zeiten
vorgegeben und zu einer bestimmten Zeit im ganzen Feld bekannt sein. Dann bestimmt
die Differentialgleichung eindeutig den ganzen weiteren Verlauf der Temperatur. Da alle
Terme einer Größengleichung von gleicher Dimension sind, ist es stets möglich, sie durch
entsprechende Erweiterungen in dimensionsloser Form zu schreiben. Wir zeigen dies im
Folgenden am Beispiel der instationären Wärmeleitung in einer Wand der Dicke $2X$. Diese
habe die homogene Anfangstemperatur t_a und werde in ein Fluid von der Temperatur t_f
getaucht. Es stellt sich dann ein zeitlich und örtlich veränderliches Temperaturprofil $t(x,\tau)$
ein, wovon in Abb. 15.7 ein Profil zur Zeit τ_1 skizziert ist.

Den Temperaturverlauf $t(x,\tau)$ in der Wand erhält man durch Lösen der Differentialgleichung (15.17) der Wärmeleitung

$$\frac{\partial t}{\partial \tau} = a\frac{\partial^2 t}{\partial x^2}.$$

Die Lösung muss den Anfangs-, Rand- sowie Symmetriebedingungen

$$t(\tau = 0) = t_{\mathrm{a}},$$

$$-\lambda \left.\frac{\partial t}{\partial x}\right|_{x=X} = \alpha\,(t_0 - t_{\mathrm{f}}),$$

$$\left.\frac{\partial t}{\partial x}\right|_{x=0} = 0$$

genügen.

Gleichung 15.17 und die zugehörigen Anfangs-, Rand- und Symmetriebedingungen kann man auch nach Einführen einer dimensionslosen Temperatur

$$\Theta = \frac{t - t_{\mathrm{f}}}{t_{\mathrm{a}} - t_{\mathrm{f}}}$$

in folgender Form schreiben

$$\frac{\partial \Theta}{\partial\left(\frac{a\tau}{X^2}\right)} = \frac{\partial^2 \Theta}{\partial\left(\frac{x}{X}\right)^2}, \tag{15.21}$$

$$\theta(\tau = 0) = 1,$$

$$-\left.\frac{\partial \Theta}{\partial\left(\frac{x}{X}\right)}\right|_{x=X} = \frac{\alpha X}{\lambda}\Theta_0 \quad \text{mit} \quad \Theta_0 = \frac{t_0 - t_{\mathrm{a}}}{t_{\mathrm{a}} - t_{\mathrm{f}}},$$

$$\left.\frac{\partial \Theta}{\partial\left(\frac{x}{X}\right)}\right|_{x=0} = 0.$$

Darin ist, wie man sich leicht überzeugt, auch die Größe

$$\frac{a\tau}{X^2} = Fo$$

dimensionslos. Man nennt sie *Fourier-Zahl*, abgekürzt *Fo*. Sie stellt somit eine dimensionslose Zeit dar.

Ebenso sind x/X und auch die Größe

$$\frac{\alpha X}{\lambda} = Bi$$

dimensionslos. Man nennt $(\alpha X)/\lambda$ die *Biot-Zahl*, abgekürzt *Bi*. Sie stellt das Verhältnis des Wärmeleitwiderstandes in der Platte zum Wärmeübergangswiderstand an der Plattenoberfläche dar.

Die Lösung der Gl. 15.21 lässt sich daher unter Beachtung der Randbedingungen in der Form

$$\Theta = f\left(Fo, \frac{x}{X}, Bi\right) \tag{15.22}$$

schreiben. Die für das Temperaturfeld $t(x, \tau)$ außer den unabhängigen Variablen x, τ noch maßgebenden Größen a, α, λ, t_a, t_f lassen sich somit zu bestimmten dimensionslosen Größen zusammenfassen; ihre Anzahl ist 3 und somit geringer als die der 7 Größen x, τ, a, α, λ, t_a, t_f.

Nach Gl. 15.22 erhält man stets den gleichen Wert der dimensionslosen Temperatur Θ, wenn nur die Werte Fo, x/X und Bi gleich bleiben. Vergrößert oder verkleinert man also die Plattendicke X um einen Faktor μ, so bleibt die dimensionslose Koordinate x/X dieselbe, wenn man auch die Koordinate x um den gleichen Faktor ändert. Damit ändert sich auch die Fourier-Zahl auf $a\tau/(\mu X)^2$; man kann sie aber wieder auf ihren alten Wert zurückführen, wenn man die Zeit τ mit dem Faktor μ^2 multipliziert, also die Temperatur zur Zeit $\mu^2 \tau$ betrachtet. Das heißt in einem im Maßstab μ vergrößerten Körper treten die gleichen dimensionslosen Temperaturen zu im Verhältnis μ^2 vergrößerten Zeiten auf. Betrachtet man schließlich einen Körper anderer Temperaturleitfähigkeit a, so gilt die Lösung auch für diesen Fall, wenn man den Maßstab der Länge oder der Zeit so ändert, dass die Fourier-Zahl $Fo = a\tau/X^2$ denselben Wert behält. Wird in der Biot-Zahl $(\alpha X)/\lambda$ die Plattendicke im Verhältnis μ vergrößert, so muss man die Größe α/λ im gleichen Verhältnis verkleinern, wenn man den alten Wert der Biot-Zahl beibehalten will. Man muß also entweder den Wärmeübergang an die Umgebung oder die Wärmeleitfähigkeit der Platte, oder beide Größen gleichzeitig so ändern, dass der Quotient α/λ um den Faktor $1/\mu$ verkleinert wird.

Kennt man also für ein Wärmeleitproblem, das der Gl. 15.17 und den zugehörigen Randbedingungen gehorcht, einzelne Temperaturen oder das Temperaturfeld an einer bestimmten Platte, so kann man daraus einzelne Temperaturen oder auch das derselben Differentialgleichung und den Randbedingungen genügende Temperaturfeld einer beliebigen anderen Platte von anderer Wärmeleitfähigkeit, anderer Dichte, anderer spezifischer Wärmekapazität und bei anderem Wärmeübergang an die Umgebung für gleiche Werte der Fourier-Zahl Fo, der Biot-Zahl Bi und der dimensionslosen Koordinate x/X berechnen. Diese Überlegungen führen zur Ähnlichkeitstheorie, nach der die Lösung eines physikalischen Problems unabhängig von dem zufällig gewählten Maßsystem sein muss und sich daher durch dimensionslose Variablen darstellen lassen muss. Hierauf wird in diesem Buch jedoch nicht näher eingegangen.

15.5 Grundlagen der Wärmeübertragung durch Konvektion

Bei der Wärmeübertragung in fluiden, strömenden Stoffen tritt zur molekularen Wärmeleitung noch der Energietransport durch die Konvektion hinzu. Wir wollen uns dies am einfachen Beispiel eines laminar strömenden Fluids klarmachen. Hierzu betrachten wir gemäß Abb. 15.8 ein Volumenelement der Kantenlängen dx, dy und dz, wobei $dx = dy$ sei. In z-Richtung, also senkrecht zur Zeichenebene, sei die Temperatur konstant. Dann dringen durch molekulare Wärmeleitung die Wärmeströme $d\dot{Q}_{x,\text{ein}}$ und $d\dot{Q}_{y,\text{ein}}$ in das Volumenelement ein, und die Wärmeströme $d\dot{Q}_{y,\text{aus}}$ sowie $d\dot{Q}_{x,\text{aus}}$ aus ihm aus.

Abb. 15.8 Energiebilanz bei
molekularem und konvektivem
Transport

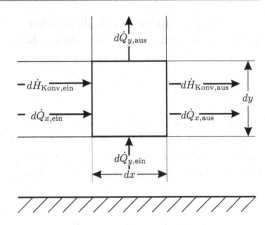

Wir wollen nun der Einfachheit halber annehmen, dass dieses Volumenelement nur
in x-Richtung mit der Geschwindigkeit w durchströmt wird. Der in das Volumenelement
einströmende Massenstrom

$$dreadsM = \rho w \, dA_x = \rho w \, dy \, dz \tag{15.23}$$

bringt die spezifische Enthalpie $h = u + pv$ mit, und der durch Konvektion eingebrachte
Enthalpiestrom beträgt

$$d\dot{H}_{\text{Konv,ein}} = \rho wh \, dA_x = \rho wh \, dy \, dz. \tag{15.24}$$

Bei stationärer Strömung unterscheidet sich der durch Konvektion ausgetragene Enthalpiestrom entsprechend der Temperaturänderung dt, die das Fluid im Volumenelement auf
dem Wege dx erfährt.

Bei strenger Betrachtung müssten wir auch die durch Konvektion ein- bzw. ausgetragene kinetische Energie, die Änderung der potentiellen Energie sowie die im Volumenelement durch Reibung dissipierte Energie beachten. Wir wollen hier jedoch annehmen,
dass die Beiträge dieser Energieformen vernachlässigbar klein seien. Dies ist in den meisten praktischen Fällen auch zulässig, solange die Strömungsgeschwindigkeit genügend weit
unterhalb der Schallgeschwindigkeit liegt und der Druckabfall durch Reibung sich in Grenzen hält. Wir wollen weiterhin annehmen, dass nicht nur die Strömungsgeschwindigkeit
keiner zeitlichen Änderung unterliegt, sondern dass auch die Wärmeströme durch molekulare Wärmeleitung zeitlich konstant sind.

Die Energiebilanz für das Volumenelement $dx \, dy \, dz$ lässt sich dann in die einfache
Form

$$(d\dot{Q}_{\text{x,ein}} - d\dot{Q}_{\text{x,aus}}) + (d\dot{Q}_{\text{y,ein}} - d\dot{Q}_{\text{y,aus}}) + (d\dot{H}_{\text{Konv,ein}} - d\dot{H}_{\text{Konv,aus}}) = 0 \tag{15.25}$$

fassen. Mit den Ausdrücken für die molekulare Wärmeleitung und den konvektiven Enthalpietransport erhält diese Energiebilanz die Form

$$\frac{\partial}{\partial x}\left(-\lambda\, dA_x \frac{\partial t}{\partial x}\right) + \frac{\partial}{\partial y}\left(-\lambda\, dA_y \frac{\partial t}{\partial y}\right) + \frac{\partial}{\partial x}(\rho w h\, dA_x) = 0 \,. \tag{15.26}$$

Voraussetzungsgemäß soll das Volumenelement gleiche Kantenlängen dx und dy aufweisen. Somit gilt $dA_x = dA_y$ und diese Flächen kann man aus der Gleichung herauskürzen. Zudem soll die Geschwindigkeit unabhängig vom Weg x sein. Nimmt man weiter an, die Strömung sei inkompressibel, ρ = const, so ist in dieser Gleichung

$$\frac{\partial}{\partial x}(\rho w h) = \rho w \frac{\partial h}{\partial x} \,.$$

Dies kann man für ideale Gase oder inkompressible Fluide bei vernachlässigbarer Druckänderung entlang des Volumenelementes wegen $dh = c_p\, dt$ unter der Annahme konstanter spezifischer Wärmekapazität auch

$$\rho w \frac{\partial h}{\partial x} = \rho w c_p \frac{\partial t}{\partial x}$$

schreiben.

Durch Zusammenfassen und mit der Temperaturleitfähigkeit $a = \lambda / \rho c_p$ ergibt sich

$$a\left(\frac{\partial^2 t}{\partial x^2} + \frac{\partial^2 t}{\partial y^2}\right) = w \frac{\partial t}{\partial x} \,. \tag{15.27}$$

Bei der strömenden Bewegung von Fluiden mittlerer und kleiner Wärmeleitfähigkeit (alle Gase, aber auch die meisten Flüssigkeiten wie z. B. Wasser, Öle, Benzine oder andere organische Verbindungen) ist der molekulare Wärmetransport in x-Richtung – Längswärmeleitung genannt – klein gegenüber dem Energietransport durch Konvektion, vorausgesetzt, dass nicht sehr geringe Strömungsgeschwindigkeiten vorliegen. Man kann deshalb die Längswärmeleitung in dem obigen Beispiel meist vernachlässigen und Gl. 15.27 vereinfacht sich zu

$$a \frac{\partial^2 t}{\partial y^2} = w \frac{\partial t}{\partial x} \,.$$

Man kann Gl. 15.27 leicht auf einen dreidimensionalen Transport durch molekulare Leitung und Konvektion erweitern, und sie nimmt dann mit den Strömungsgeschwindigkeiten w_x, w_y und w_z in x-, y- und z-Richtung die Form

$$a\left(\frac{\partial^2 t}{\partial x^2} + \frac{\partial^2 t}{\partial y^2} + \frac{\partial^2 t}{\partial z^2}\right) = w_x \frac{\partial t}{\partial x} + w_y \frac{\partial t}{\partial y} + w_z \frac{\partial t}{\partial z} \tag{15.28}$$

an.

Zur Lösung der Gl. 15.28 benötigen wir Aussagen über die Abhängigkeit der Strömungsgeschwindigkeiten von den Koordinaten x, y und z. Hierüber macht die Strömungsmechanik Aussagen. Sie stellt Zusammenhänge zwischen den Geschwindigkeitsgradienten, der Viskosität des Fluids und den angreifenden Schubspannungen in Form von Gleichungen zur Verfügung. Weiter gilt die Bedingung der Kontinuitätsgleichung für inkompressible Fluide

$$\frac{\partial w_x}{\partial x} + \frac{\partial w_y}{\partial y} + \frac{\partial w_z}{\partial z} = 0 \,. \tag{15.29}$$

Die Gl. 15.28 wurde für eine laminare Strömung abgeleitet. In technischen Apparaten und Maschinen ist aber meistens die Strömung nur in einer dünnen, wandnahen Schicht laminar; in den übrigen Bereichen strömt das Fluid turbulent. Es interessiert in der Regel auch nicht so sehr die Temperaturverteilung im Fluid, als vielmehr der von einer oder an eine Wand abgegebene Wärmestrom $\dot{Q}$. Um ihn zu ermitteln, stützt man sich auf das Newtonsche Wärmeübergangsgesetz nach Gl. 15.9, wonach

$$\dot{Q}_{\text{Wand}} = \alpha A \left(t_{\text{Wand}} - t_\infty \right) \tag{15.30}$$

gilt. Das Gesetz geht davon aus, dass der von einer Wand abgegebene oder aufgenommene Wärmestrom proportional der Differenz der Temperatur an der Wandoberfläche t_{Wand} und einer Temperatur im Fluid t_∞ in genügend weiter Entfernung von der Wand ist. Der Wärmeübergangskoeffizient α ist eine Funktion der Stoffeigenschaften des Fluids, des Strömungszustandes und der geometrischen Verhältnisse:

$$\alpha = a \left(\lambda, \eta, \rho, c_\text{p}, t_\infty / t_{\text{Wand}}, w, \text{Geom.} \right) \,. \tag{15.31}$$

Da die Stoffeigenschaften im Allgemeinen eine Funktion der Temperatur sind, kommt noch eine Abhängigkeit vom Temperaturverlauf in einer wandnahen Schicht des Fluids – in Gl. 15.31 durch das Temperaturverhältnis $t_\infty / t_{\text{Wand}}$ repräsentiert – hinzu.

Damit ist scheinbar das Problem zunächst nur auf eine andere Ebene verlagert, da man jetzt den Wärmeübergangskoeffizienten α als Funktion dieser Parameter darstellen und beschreiben muss. Es bieten sich drei Lösungsmöglichkeiten für diese Aufgabe an, nämlich

- eine rein analytische oder numerische Methode durch Integration des Differentialgleichungssystems zur Bilanzierung von Masse, Energie und Impuls, was identisch wäre mit dem einleitend erwähnten Vorgehen;
- ähnlichkeitstheoretische Ansätze, bei denen Experiment und Theorie Hand in Hand gehen, und
- ein rein empirisches Vorgehen, bei dem ein Experiment durch einen mathematisch formalen, physikalisch nicht begründeten und damit auch auf ähnliche Bedingungen nicht übertragbaren Ansatz nachvollzogen wird.

Die letztgenannte Möglichkeit ist unbefriedigend, und trotz großer Fortschritte in der Hard- und Softwaretechnik, die die erste Lösungsmöglichkeit erleichtern, findet die zweitgenannte Kombination aus Experiment und Ähnlichkeitstheorie nach wie vor die am weitesten verbreitete Anwendung. Sie hat dank ihrer Erfolge in der Praxis die größte Bedeutung erlangt.

15.5.1 Dimensionslose Kenngrößen und Beschreibung des Wärmetransportes in einfachen Strömungsfeldern

Am Beispiel von Gl. 15.31 konnten wir sehen, dass der Wärmeübergangskoeffizient von zahlreichen Parametern und Einflussgrößen abhängt. In Abschn. 15.4 hatten wir gelernt, dass durch Einführen dimensionsloser Kennzahlen die Zahl der Variablen verringert werden kann. Gleichzeitig bieten diese dimensionslosen Kennzahlen die Möglichkeit der Übertragung und Verallgemeinerung von Messergebnissen. Dimensionslose Kennzahlen kann man aus einer Dimensionsbetrachtung gewinnen. Man kann aber auch physikalische Grundgleichungen, wie z. B. die Erhaltungssätze für Masse, Energie und Impuls, dafür heranziehen. Wir wollen diesen zuletzt genannten Weg beschreiten, um einige wichtige Kennzahlen herzuleiten. Dafür müssen wir uns aber zunächst die Bilanzgleichungen dieser Erhaltungssätze vor Augen führen. Die Bilanzgleichung für die Energie hatten wir bereits kennengelernt. Die Kontinuitätsgleichung und die Navier-Stokes-Gleichung, Formulierungen für die Erhaltung der Masse und das Kräftegleichgewicht, sollen hier nicht abgeleitet werden, sie werden aus der Strömungsmechanik als bekannt vorausgesetzt.

In kartesischen Koordinaten lautet die Navier-Stokes-Gleichung, formuliert nach den Richtungen x, y und z, mit der Annahme, dass die Schwerkraft in y-Richtung wirke:

$$w_x \frac{\partial w_x}{dx} + w_y \frac{\partial w_x}{dy} + w_z \frac{\partial w_x}{dz} = -\frac{1}{\rho} \frac{\partial p}{\partial x} + \nu \left(\frac{\partial^2 w_x}{dx^2} + \frac{\partial^2 w_x}{dy^2} + \frac{\partial^2 w_x}{dz^2} \right), \tag{15.32a}$$

$$w_x \frac{\partial w_y}{dx} + w_y \frac{\partial w_y}{dy} + w_z \frac{\partial w_y}{dz} = -\frac{1}{\rho} \frac{\partial p}{\partial y} + g + \nu \left(\frac{\partial^2 w_y}{dx^2} + \frac{\partial^2 w_y}{dy^2} + \frac{\partial^2 w_y}{dz^2} \right), \tag{15.32b}$$

$$w_x \frac{\partial w_z}{dx} + w_y \frac{\partial w_z}{dy} + w_z \frac{\partial w_z}{dz} = -\frac{1}{\rho} \frac{\partial p}{\partial z} + \nu \left(\frac{\partial^2 w_z}{dx^2} + \frac{\partial^2 w_z}{dy^2} + \frac{\partial^2 w_z}{dz^2} \right). \tag{15.32c}$$

Wir wollen nun Gl. 15.32a, die Formulierung der Navier-Stokes-Gleichung in x-Richtung, in dimensionslosen Variablen schreiben. Dazu müssen wir die Gleichung mit konstanten gegebenen Größen erweitern. Dies können z. B. sein: die Anströmgeschwindigkeit w_∞ vor dem wärmeübertragenden Element, eine seiner Hauptabmessungen L – bei einer längsangeströmten Platte deren Länge oder bei einem Rohr dessen Durchmesser – sowie eine charakteristische Temperatur oder Temperaturdifferenz, z. B. die aus der Wandtemperatur und der Fluidtemperatur in genügend weiter Entfernung von der Wand gebildete Temperaturdifferenz $\Delta t = t_\infty - t_{\text{Wand}}$.

Wenn wir nun Gl. 15.32a mit L/w_∞^2 multiplizieren, den Druck mit Hilfe des doppelten Staudruckes ρw_∞^2 dimensionslos machen sowie die dimensionslosen Längen $\xi = x/L$, $\eta = y/L$, $\zeta = z/L$ und die dimensionslosen Geschwindigkeiten $\omega_x = w_x/w_\infty$, $\omega_y = w_y/w_\infty$, $\omega_z = w_z/w_\infty$ einführen, so erhalten wir die Navier-Stokes-Gleichung 15.32a in dimensionsloser Form

$$\frac{\partial^2 \omega_x}{\partial \xi^2} + \frac{\partial^2 \omega_x}{\partial \eta^2} + \frac{\partial^2 \omega_x}{\partial \zeta^2} = \frac{w_\infty L}{\nu} \left(\omega_x \frac{\partial \omega_x}{\partial \xi} + \omega_y \frac{\partial \omega_x}{\partial \eta} + \omega_z \frac{\partial \omega_x}{\partial \zeta} + \frac{\partial (p/\rho w_\infty^2)}{\partial \xi} \right) . \qquad (15.33)$$

Wie wir sehen, enthält diese Gleichung auf der rechten Seite jetzt einen dimensionslosen Faktor, den wir aus der Strömungsmechanik als *Reynolds-Zahl*[2]

$$Re = \frac{w_\infty L}{\nu} \qquad\qquad (15.34)$$

kennen. Da die Wahl der Bezugsgeschwindigkeit w_∞ und der Bezugslänge beliebig ist, kann man auch schreiben

$$Re = \frac{wL}{\nu} \quad \text{oder} \quad \frac{wD}{\nu} ,$$

wobei D der Rohrdurchmesser sein kann. Die Reynoldszahl charakterisiert das Verhältnis der Trägheitskräfte zu den Reibungskräften in einer Strömung.

In ähnlicher Weise können wir auch die in y-Richtung formulierte Navier-Stokes-Gleichung, Gl. 15.32b, dimensionslos machen, die zusätzlich noch den Schwerkrafteinfluss enthält. Hierzu multiplizieren wir diese Gleichung mit der Dichte ρ und erhalten dann als Auftriebsterm ρg. Bei der Behandlung der thermischen Zustandsgleichung idealer Gase hatten wir den Ausdehnungskoeffizienten β, Gl. 3.6,

$$\beta = \frac{1}{v} \left(\frac{\partial v}{\partial t} \right)_p = -\frac{1}{\rho} \left(\frac{\partial \rho}{\partial t} \right)_p$$

kennengelernt, mit Hilfe dessen wir jetzt die Dichte ρ in dem Produkt ρg substituieren

$$\rho = \frac{-\left(\frac{\partial \rho}{\partial t} \right)_p}{\beta} .$$

Für die Temperatur wollen wir eine für den Antrieb der freien Konvektion maßgebende Temperaturdifferenz Δt einsetzen und erhalten dann für den Auftrieb die Maßstabsgröße

$$\frac{L^2 g \beta \Delta t}{w_\infty \nu} .$$

---

[2] Osborne Reynolds (1842–1912) war Professor für Ingenieurwissenschaften in Manchester, England. Er wurde durch seine grundlegenden Arbeiten zur Strömungsmechanik bekannt. Er untersuchte den Übergang von der laminaren in die turbulente Strömung und entwickelte die Grundlagen zur Beschreibung turbulenter Strömungen.

Diese multipliziert mit der Reynolds-Zahl liefert uns eine neue Kenngröße,

$$\frac{L^2 g\beta\Delta t}{w_\infty \nu} Re = \frac{L^3 g\beta\Delta t}{\nu^2} = Gr \qquad (15.35)$$

die *Grashof-Zahl*[3], welche das Verhältnis von Auftriebs- und Reibungskräften charakterisiert. Damit haben wir zwei kennzeichnende dimensionslose Größen, von denen die erste – die Reynolds-Zahl – einen Ähnlichkeitsparameter für die erzwungene Konvektion und die zweite – die Grashof-Zahl – einen für die auftriebsbedingte freie Konvektion darstellt.

Für die Ableitung weiterer Kennzahlen wollen wir jetzt die Energiegleichung (15.28)

$$w_x \frac{\partial t}{dx} + w_y \frac{\partial t}{dy} + w_z \frac{\partial t}{dz} = a\left(\frac{\partial^2 t}{dx^2} + \frac{\partial^2 t}{dy^2} + \frac{\partial^2 t}{dz^2}\right)$$

heranziehen. Wir führen darin, wie oben bei der Navier-Stokes-Gleichung, dimensionslose Längen und dimensionslose Geschwindigkeiten ein. Die Temperatur normieren wir mit Hilfe eines Temperaturverhältnisses oder eines Verhältnisses von Temperaturdifferenzen

$$\Theta = \frac{t}{t_\infty} \quad \text{oder} \quad \Theta = \frac{t - t_0}{t_0 - t_\infty}$$

auf dimensionslose Werte und erhalten dann die Energiegleichung in dimensionsloser Form,

$$\frac{\partial^2 \Theta}{\partial \xi^2} + \frac{\partial^2 \Theta}{\partial \eta^2} + \frac{\partial^2 \Theta}{\partial \zeta^2} = \frac{w_\infty L}{a}\left(\omega_x \frac{\partial \Theta}{\partial \xi} + \omega_y \frac{\partial \Theta}{\partial \eta} + \omega_z \frac{\partial \Theta}{\partial \zeta}\right). \qquad (15.36)$$

Diese Gleichung enthält wieder einen Maßstabfaktor, der in der Literatur *Péclet-Zahl*[4]

$$\frac{w_\infty L}{a} = Pe \qquad (15.37)$$

genannt wird. Wenn wir die Péclet-Zahl durch die Reynolds-Zahl dividieren, erhalten wir die *Prandtl-Zahl*[5]

$$\frac{Pe}{Re} = \frac{w_\infty L}{a} \frac{\nu}{w_\infty L} = \frac{\nu}{a} = \frac{\nu \rho c_p}{\lambda} = Pr, \qquad (15.38)$$

---

[3] Franz Grashof (1826–1893) lehrte als Professor für Theoretische Maschinenlehre an der Technischen Hochschule Karlsruhe. Sein Hauptwerk, die aus drei Bänden bestehende „Theoretische Maschinenlehre" erschien zwischen 1875 und 1890 und war eine umfassende, wissenschaftlich fundierte Darstellung des Maschinenbaues. Grashof gründete 1856 den Verein Deutscher Ingenieure (VDI) und war dessen erster Direktor.

[4] Jean Claude Eugene Péclet (1793–1857) wurde 1816 Professor für Physik in Marseille; seit 1827 lehrte er in Paris. Sein bekanntestes Werk „Traité de la chaleur et ses applications aux arts et aux manufactures" (1829) behandelte auch Probleme der Wärmeübertragung und wurde in mehrere Sprachen übersetzt.

[5] Ludwig Prandtl (1875–1953) war Professor für Angewandte Mechanik an der Universität Göttingen und seit 1925 Direktor des Kaiser-Wilhelm-Instituts für Strömungsforschung in Göttingen. Die von ihm entwickelte Grenzschichttheorie sowie Arbeiten über turbulente Strömungen, zur Tragflügeltheorie und zur Theorie der Überschallströmungen waren grundlegend für die Strömungslehre.

die, wie wir aus Gl. 15.38 sehen, eine Stoffkenngröße darstellt und die in der Wärmeüber-tragung – ähnlich wie die Reynolds- und die Grashof-Zahl – universelle Bedeutung erlangt hat.

Damit könnten wir uns nun Lösungen der Navier-Stokes-Gleichung und der Energie-gleichung vorstellen, in denen ein Geschwindigkeits- bzw. Temperaturverhältnis als Funk-tion dimensionsloser Koordinaten sowie der Reynolds-, Prandtl- und Grashof-Zahl dar-gestellt ist. Den Ingenieur in der Praxis interessiert aber meist nicht so sehr das Tempera-turfeld im wärmeaufnehmenden bzw. wärmeabgebenden Fluid, ihm reicht es meist, den Wärmestrom zu kennen, den wir in Gl. 15.30 mit dem Wärmeübergangskoeffizienten α zu

$$\left|\dot{Q}_{\text{Wand}}\right| = \alpha A\left(t_{\text{Wand}} - t_{\infty}\right) = \alpha A \Delta t$$

formuliert hatten. Wegen der Reibung des Fluids existiert unmittelbar an der Wand eine dünne, haftende Flüssigkeitsschicht, für die der Fouriersche Ansatz

$$\left|\dot{Q}_{\text{Wand}}\right| = \lambda A \frac{\partial t}{\partial y}\bigg|_{\text{Wand}}$$

gilt. Der durch die dünne, haftende Flüssigkeitsschicht tretende Wärmestrom muss gleich sein dem von der Flüssigkeit aufgenommenen oder abgegebenen Wärmestrom und durch Gleichsetzen der beiden letztgenannten Gleichungen sowie durch Einführen von $t/\Delta t$ er-halten wir

$$\frac{\alpha L}{\lambda} = \frac{\partial(t/\Delta t)}{\partial(y/L)}, \tag{15.39}$$

eine differentielle Beziehung in dimensionsloser Form, bei der das Temperaturverhältnis $t/\Delta t$ unter Zuhilfenahme der Energiegleichung mit dimensionslosen Koordinaten sowie der Reynolds-, Grashof- und Prandtl-Zahl ausgedrückt werden kann. Die linke Seite von Gl. 15.39 enthält wiederum einen dimensionslosen Maßstabfaktor, der als *Nußelt-Zahl*[6]

$$Nu = \frac{\alpha L}{\lambda} \tag{15.40}$$

bezeichnet wird.

Die Nußelt-Zahl kann man auch anschaulich deuten: Denkt man sich den flächenbe-zogenen Wärmeübergangswiderstand $1/\alpha$ erzeugt durch eine an der Oberfläche haftende, ruhende Schicht des Fluids einer Dicke δ, die das ganze Temperaturgefälle aufnimmt, so ist

$$\frac{1}{\alpha} = \frac{\delta}{\lambda}.$$

---

[6] Wilhelm Nußelt (1882–1957) wurde 1920 als Professor für Theoretische Maschinenlehre an die Technische Hochschule Karlsruhe berufen. Von 1925 bis 1952 lehrte er an der Technischen Hoch-schule München. 1915 veröffentlichte er die grundlegende Arbeit „Die Grundgesetze des Wärme-überganges", in der er erstmals dimensionslose Kenngrößen einführte.

Dieser Film muss also die Dicke $\delta = \lambda/\alpha$ haben. Die Nußeltsche Kennzahl ist dann nichts anderes als das Verhältnis der kennzeichnenden Länge L zur Dicke δ der gedachten ruhenden Schicht.

In der Literatur – besonders in der angelsächsischen – wird häufig die Nußelt-Zahl auf das Produkt aus der Reynolds- und Prandtl-Zahl bezogen, was dann zu einer neuen Kennzahl führt, die *Stanton-Zahl*[7] genannt wird

$$St = \frac{Nu}{Re\,Pr} = \frac{\alpha}{\rho w c_p}. \tag{15.41}$$

Diese Kennzahl ist sehr anschaulich zu deuten: Sie stellt das Verhältnis aus dem in die Wand oder von der Wand fließenden Wärmestrom zum Wärmestrom dar, der durch Konvektion im Fluid transportiert wird.

Die Nußelt-Zahl gibt uns nun die Möglichkeit, nach Lösungen der Bewegungsgleichung und der Energiegleichung zu suchen, in denen nicht mehr das Geschwindigkeits- bzw. Temperaturfeld als Funktion dimensionsloser Koordinaten sowie der Reynolds-, Prandtl- und Grashof-Zahl dargestellt ist, sondern in denen die Nußelt-Zahl in Abhängigkeit dieser dimensionslosen Parameter erscheint. Damit hat man einen unmittelbaren Ausdruck für den Wärmeübergang. Die Kennzahlen sind Maßstabsfaktoren für Ähnlichkeitsbetrachtungen und sagen aus, dass bei der Übertragung auf andere Größenverhältnisse oder andere Fluide für gleiche Wärmeübergangsverhältnisse nur jeweils die Kennzahlen gleich sein müssen, nicht aber jeder einzelne darin enthaltene Parameter. Will man z. B. den Wärmeübergang in einem Apparat unter den Bedingungen der reinen Zwangskonvektion untersuchen, so braucht man in der Versuchsanordnung nur die gleichen Werte für die Reynolds- und die Prandtl-Zahl einzuhalten wie sie später im Original zu erwarten sind. Man kann die Versuchseinrichtung im verkleinerten Maßstab ausführen und muss dann nur die Strömungsgeschwindigkeit so einstellen, bzw. ein Fluid mit einer solchen kinematischen Viskosität wählen, dass die Reynolds-Zahl im Versuchsmodell und im Original gleich ist. Bei der Wahl des Versuchsfluids kommt allerdings aus der Prandtl-Zahl die einschränkende Bedingung hinzu, dass das Verhältnis von kinematischer Viskosität und Temperaturleitfähigkeit im Versuch und im Original ebenfalls gleich sein müssen. Versuchsmodell und Original haben dann die gleiche Nußelt-Zahl, woraus aus dem Versuch unmittelbar auf den Wärmeübergangskoeffizienten im Original geschlossen werden kann.

Wir wollen nun ein einfaches Beispiel für die Lösung der Bewegungs- und der Energiegleichung und die Darstellung dieser Lösung in Form dimensionsloser Kennzahlen behandeln. Wir wählen dazu eine mit der Geschwindigkeit w_∞ längsangeströmte Platte, die von dem darüberstreichenden Fluid erwärmt wird. Unmittelbar an der Plattenoberfläche ist wegen der Haftbedingung die Geschwindigkeit null, in genügend weiter Entfernung oberhalb der Platte bleibt die Strömung unbeeinflußt von den Reibungskräften an der Platte.

---

[7] Thomas Edward Stanton (1865–1931) war Schüler von O. Reynolds in Manchester. 1899 wurde er Professor an der Universität Bristol, England. Von ihm stammen grundlegende Beiträge zum Impuls- und Wärmetransport von Strömungen und zur Konstruktion und Thermodynamik von Flugzeugen.

Abb. 15.9 Grenzschicht an
längsangeströmter Platte; Geschwindigkeit und Temperatur

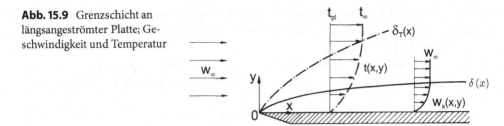

Dazwischen wird sich ein Geschwindigkeitsprofil ausbilden, wie es in Abb. 15.9 skizziert
ist. Ähnlich verhält sich die Temperatur des Fluids über der Platte. In genügend großer Höhe oberhalb der Platte ist sie gleich der Temperatur des Fluids im Anströmzustand und an
der Plattenoberfläche wird sie sich der Plattentemperatur annähern.

Aus der Strömungsmechanik wissen wir, dass sich – ausgehend von der Plattenvorder-
kante – in Wandnähe eine laminare Strömung einstellt, auch wenn die Plattenanströmung
turbulent ist. Diese laminare Grenzschicht verdickt sich über den Laufweg der Strömung
längs der Platte, bis schließlich Turbulenz auftritt. Wir wollen hier nur den ganz einfachen
Fall der rein laminaren Strömung – sowohl im Anströmgebiet als auch über der gesamten Platte – betrachten. Auch hier ist es üblich, von einer Grenzschicht zu sprechen, und
man definiert die Dicke δ als denjenigen Abstand von der Plattenoberfläche, an dem die
Geschwindigkeit gerade 99 % der Anströmgeschwindigkeit und damit der Geschwindigkeit im ungestörten Gebiet erreicht hat. Die Dicke dieser so festgelegten Grenzschicht wird
längs der Platte zunehmen, da sich die Reibungskräfte längs des Strömungsweges aufsum-
mieren und immer höhere Fluidschichten erfassen.

Ähnlich verhält es sich mit dem Temperaturprofil über der Platte. Auch hier können
wir eine Grenzschichtdicke δ_T definieren, bei der die plattennahe Fluidschicht gerade noch
99 % der Temperatur im ungestörten Anströmungsgebiet besitzt. Der Wärmetransport ist
im Wesentlichen auf den Bereich dieser Grenzschicht beschränkt.

Wenn wir über die Grenzschichtdicken etwas aussagen wollen, so müssen wir auf
die Navier-Stokes-Gleichung – Gl. 15.32a bis 15.32c – und auf die Energiegleichung –
Gl. 15.28 – zurückgreifen. Zusätzlich benötigen wir die Kontinuitätsgleichung, die für ein
inkompressibles Fluid und stationäre Strömung zweidimensional die einfache Form

$$\frac{\partial w_x}{\partial x} + \frac{\partial w_y}{\partial y} = 0 \qquad (15.42)$$

hat. In der Navier-Stokes-Gleichung wollen wir nun annehmen, dass in y-Richtung – also senkrecht zur Platte – Druckänderungen nicht vorhanden bzw. vernachlässigbar klein
sind und dass auch keine Reibung infolge einer Strömung senkrecht zur Platte auftritt. Die
Navier-Stokes-Gleichung für die Bewegung in x-Richtung in der Grenzschicht der Dicke
δ lautet dann

$$w_x \frac{\partial w_x}{\partial x} + w_y \frac{\partial w_x}{\partial y} = -\frac{1}{\rho} \frac{\partial p(x)}{\partial x} + \nu \frac{\partial^2 w_x}{\partial y^2} . \qquad (15.43)$$

Die Gln. 15.42 und 15.43 werden *Grenzschichtgleichungen* genannt, die 1904 von Prandtl angegeben wurden. Für die Strömung längs einer ebenen Platte ist $dp/dx = 0$. Hierfür hat zuerst Blasius die Gl. 15.43 gelöst.

Für den Abstand von der Plattenoberfläche, bei dem die Strömung gerade 99 % der Geschwindigkeit der ungestörten Anströmgeschwindigkeit erreicht hat, kam Blasius zu dem Ergebnis

$$\frac{\delta(x)}{x} \approx \frac{5,0}{\sqrt{Re_x}} \quad \text{oder} \quad \frac{\delta(x)}{L} \approx \frac{5,0}{\sqrt{Re_x}} \sqrt{\frac{x}{L}}. \tag{15.44}$$

Die Reynolds-Zahl wird in Gl. 15.44 entweder mit der Lauflänge x oder mit der Plattenlänge L gebildet. Als Geschwindigkeit ist die Anströmgeschwindigkeit einzusetzen. Die Definition der Grenzschichtdicke δ mit Hilfe der Annäherung des Geschwindigkeitsverlaufes mit 99 % der Anströmgeschwindigkeit ist willkürlich. Man kann auch eine physikalisch sinnvollere Annahme treffen und eine *Verdrängungsdicke* δ_V einführen, unter der man diejenige Schichtdicke versteht, um welche die Strömung infolge der Geschwindigkeitsminderung in der Grenzschicht nach außen abgedrängt wird. Diese Verdrängungsdicke errechnet sich aus dem Geschwindigkeitsverlauf

$$\delta_V = \int_0^\infty \left(1 - \frac{w_x}{w_{x\delta}}\right) dy. \tag{15.45}$$

Blasius lieferte für die Verdrängungsdicke δ_V der längsangeströmten ebenen Platte die exakte Lösung

$$\frac{\delta_V(x)}{x} = \frac{1,7208}{\sqrt{Re_x}}. \tag{15.46}$$

Als Anhaltspunkt kann man sich merken, dass die 99 %-Grenzschichtdicke etwa dreimal so groß ist wie die Verdrängungsdicke.

Für den praktischen Gebrauch ist der Reibungsbeiwert ψ von Interesse, der für laminare Strömung durch

$$\psi(x) = 2\frac{\tau_w(x)}{\rho w_\infty^2} \approx 2\frac{\tau_w(x)}{\rho w_\delta^2} \tag{15.47}$$

definiert ist. Darin ist τ_w die Schubspannung des Fluids an der Wand. Blasius ermittelte den Reibungsbeiwert aus der exakten Lösung der Grenzschichtgleichung zu

$$\psi(x) = \frac{0,664}{\sqrt{Re_x}}. \tag{15.48}$$

Zur Berechnung des Wärmeüberganges müssen wir zusätzlich noch die Energiegleichung heranziehen, wobei wir annehmen wollen, dass Wärmeleitung nur senkrecht zur Plattenoberfläche erfolgt. Es gilt dann

$$w_x \frac{\partial t}{\partial x} + w_y \frac{\partial t}{\partial y} = a \frac{\partial^2 t}{\partial y^2}. \tag{15.49}$$

Für $Pr = 1$ und konstante Wandtemperatur folgt als exakte Lösung für den Wärmeübergang

$$St\sqrt{Re_x} = 0{,}332 \quad \text{oder} \quad Nu_x = 0{,}332\sqrt{Re_x}. \tag{15.50}$$

Für $Pr \neq 1$ existieren Näherungslösungen, z. B.

$$Nu_x = \frac{\alpha x}{\lambda} = 0{,}332\, Re_x^{1/2}\, Pr^{1/3}. \tag{15.51}$$

Mit dieser Gleichung kann man den konvektiven Wärmeübergang an einer längsange-strömten ebenen Platte berechnen. Durch Vergleich von Gln. 15.48 und 15.50 kann man unschwer den einfachen Zusammenhang zwischen Impuls- und Wärmeübertragung er-kennen,

$$St = \frac{\psi}{2}, \tag{15.52}$$

den man „*Reynoldssche Analogie*" nennt.

Eine besonders einfache Form hat die Lösung der Energiegleichung, wenn wir eine ausgebildete laminare Strömung in einem Rohr betrachten. Von „hydrodynamisch aus-gebildeter Strömung" spricht man nach den Regeln der Strömungsmechanik dann, wenn sich das Geschwindigkeitsprofil längs des Laufweges nicht mehr ändert. Man nennt eine Strömung „thermisch ausgebildet", wenn das Temperaturprofil seine Form beibehält. Die-se Verhältnisse stellen sich nach einer gewissen Einlaufstrecke ein, deren Länge von der Reynolds-Zahl, dem Rohrdurchmesser und auch der Gestaltung der Eintrittsöffnung ab-hängt. Nach dieser Einlaufstrecke – also bei hydrodynamisch und thermisch ausgebildeter laminarer Strömung – stellt sich im Rohr, unabhängig von der Reynolds-Zahl, eine kon-stante Nußelt-Zahl ein, die für die Randbedingung konstanter Wandtemperatur den Wert

$$Nu = \frac{\alpha D}{\lambda} = 3{,}657 \tag{15.53}$$

hat und für die konstanter Wärmestromdichte

$$Nu = \frac{\alpha D}{\lambda} = 4{,}364 \tag{15.54}$$

beträgt. Diese Lösung, die bereits von Nußelt angegeben wurde, vernachlässigt die Längs-wärmeleitung im Fluid, ist also für flüssige Metalle mit ihrer hohen Wärmeleitfähigkeit nicht gültig.

Wenn wir auf das für die längsangeströmte Platte gefundene Ergebnis zurückblicken, so müssen wir beachten, dass sich die Grenzschicht erst von der Vorderkante ausgehend ent-wickelte und die Nußelt-Zahlen in den Gln. 15.50 bzw. 15.51 Funktionen der Lauflänge x sind, die in der Reynolds-Zahl enthalten ist. In den Gln. 15.53 und 15.54 wird als charak-teristische Länge nicht mehr der Laufweg der Strömung, sondern der Durchmesser des Rohrs benützt. In der Einlaufzone des Rohrs liegen die Werte höher; sie gehen unmittelbar am Eintritt gegen unendlich und fallen dann asymptotisch auf die Werte der ausgebildeten Strömung 3,656 bzw. 4,364 ab.

Für turbulente Strömung sind die Verhältnisse wesentlich komplizierter. Man kann die turbulenten Schwankungsbewegungen in der Strömung dadurch berücksichtigen, dass man in die Navier-Stokes- und in die Energiegleichung Geschwindigkeits- und Temperaturschwankungen einführt, die sich einem Mittelwert überlagern. Es gibt auch Ansätze, die den Turbulenzeinfluss auf den Impuls- und Wärmeaustausch durch additive Korrekturgrößen – sogenannte turbulente Austauschgrößen – in der Navier-Stokes-Gleichung bei der kinematischen Viskosität und in der Energiegleichung bei der Temperaturleitfähigkeit berücksichtigen. In der Praxis benützt man aber meist empirische Beziehungen, die sich an die Form der Gl. 15.51 anlehnen:

$$Nu = C\,Re^m\,Pr^n\,.\qquad\qquad(15.55)$$

Der Exponent n der Prandtl-Zahl liegt für die wärmeaufnehmende Wand wie in der laminaren Strömung bei 1/3 und steigt bei Heizung des Fluids auf 0,4. Die Strömungsgeschwindigkeit dagegen – und damit die Reynolds-Zahl – hat in turbulenter Strömung einen stärkeren Einfluss, der Exponent m nimmt Werte von 0,7 bis 0,8 an.

Die Reynoldssche Analogie zwischen Impulsübertragung, also Druckabfall, und Wärmeübertragung hat zwar noch die gleiche Form wie bei laminarer Strömung – Gl. 15.52 –, eine Erhöhung des Reibungsbeiwertes ψ wirkt sich aber jetzt weniger stark auf die Stanton-Zahl aus

$$St = \frac{\psi}{8}\,.\qquad\qquad(15.56)$$

Die Reynoldssche Analogie in ihrer einfachen Form gibt die tatsächlichen Verhältnisse nur annähernd und auch nur für Fluide, deren Prandtl-Zahl ungefähr 1 ist, wieder. In der Literatur sind verschiedene erweiterte und verbesserte Ansätze für den Zusammenhang zwischen Druckabfall und Wärmeübergang zu finden.

Wenn wir auf Gl. 15.56 das aus der Strömungsmechanik bekannte Blasiussche Widerstandsgesetz

$$\psi = \frac{0{,}3164}{Re^{0{,}25}} = \frac{C^*}{Re^n}\qquad\qquad(15.57)$$

anwenden, so erhalten wir für Fluide mit $Pr = 1$

$$Nu = 0{,}03955 \cdot Re^{0{,}75} = C\,Re^n\,,\qquad\qquad(15.58)$$

was der Form nach mit der Aussage von Gl. 15.55 übereinstimmt. Empirische, d. h. auf Messungen beruhende Formeln enthalten um den Faktor 1,5 bis 2 niedrigere Wärmeübergangskoeffizienten als wir dies mit den Gln. 15.56 und 15.57 fanden. Die Reynoldssche Analogie gibt also nur eine grobe qualitative Näherung zwischen Druckabfall und Wärmeübertragung.

15.5.2   Spezielle Probleme der Wärmeübertragung ohne Phasenumwandlung

Wir haben gesehen, dass der Wärmeübergangskoeffizient in dimensionsloser Form für einige Fälle durch Nusselt-Beziehungen

$$Nu = f(Re, Pr, Gr) \qquad (15.59)$$

errechnet werden kann, wobei die Abhängigkeit von der Grashof-Zahl nur bei freier Konvektion und die Abhängigkeit von der Reynolds-Zahl nur bei erzwungener Konvektion berücksichtigt werden muss. Für einige in der Praxis besonders häufig anzutreffende Wärmetransportprobleme werden solche Beziehungen im Folgenden angegeben und erläutert. Zahlreiche weitere Beziehungen findet man z. B. im VDI-Wärmeatlas[8].

15.5.2.1   Erzwungene Konvektion

In der Praxis gibt es viele verschiedene Bauarten von Wärmeübertragern. Die eigentlichen wärmeübertragenden Elemente in den Wärmeübertragern sind meist Rohre, die längsdurchströmt und von außen quer-, längs- oder auch schrägangeströmt werden. Wir wollen deshalb unsere Betrachtungen bei der erzwungenen Konvektion auf die Strömung in und um Rohre beschränken.

Bei der Berechnung des Wärmeübergangskoeffizienten an einer Wand eines Rohres mit dem Innendurchmesser D_i müssen wir zunächst prüfen, ob das Fluid im Rohr laminar oder turbulent strömt. Unterhalb der Reynolds-Zahl $Re = 2300$ ist die Rohrströmung stets laminar. Turbulente Strömung liegt mit Sicherheit bei $Re > 10^4$ vor. Im Zwischenbereich kann die Strömung je nach den Einlaufbedingungen laminar oder turbulent sein.

Für laminare Strömung gilt nach K. Stephan die Gleichung

$$Nu_0 = \frac{\alpha_0 D_i}{\lambda} = \frac{3{,}657}{\tanh(2{,}264X^{1/3} + 1{,}7X^{2/3})} + \frac{0{,}0499}{X}\tanh X \qquad (15.60)$$

mit $X = L/(D_i \, Re \, Pr)$.

Sie ist im Gebiet des thermischen Einlaufs bei hydrodynamisch ausgebildeter Laminarströmung gültig. Für große Lauflängen geht Gl. 15.60 in den Grenzwert $Nu_\infty = 3{,}657$ über. Die Gleichung gilt für die Randbedingung konstanter Wandtemperatur. Dies ist in der Praxis oft der Fall, und wir wollen auch unsere weiteren Betrachtungen bei der erzwungenen Konvektion darauf beschränken. Konstante Wärmestromdichte findet man bei Wärmefreisetzung durch elektrische Widerstandsheizung oder an den Brennelementen von Kernreaktoren. Gleichung 15.60 sollte nur für Reynolds-Zahlen unter 2300 verwendet werden. Bei der Anwendung dieser Gleichung – wie auch bei der aller anderen Wärmeübergangsbeziehungen – ist auf die Wahl der richtigen Bezugstemperatur für die Stoffwerte in

---

[8] VDI-Wärmeatlas, 9. Auflage, Springer-Verlag, 2002

der Reynolds- und in der Prandtl-Zahl zu achten. Das Fluid kühlt oder erwärmt sich auf seinem Weg durch das Rohr, und es können dabei beachtliche Temperaturunterschiede zwischen Eintritt und Austritt entstehen. Ein Temperaturunterschied existiert aber nicht nur in Strömungsrichtung, sondern auch quer dazu. In Gl. 15.60 ist die Bezugstemperatur für die Stoffwerte bei der mittleren Temperatur des Strömungsmediums $t_m = (t_{ein} + t_{aus})/2$ mit der Eintritts- und Austrittstemperatur des Fluids zu bilden. Für die hydrodynamisch und thermisch nicht ausgebildete Laminarströmung gilt nach K. Stephan

$$\frac{Nu}{Nu_0} = \frac{1}{\tanh(2{,}432\, Pr^{1/16}\, X^{1/6})} \tag{15.61}$$

mit $Nu = \alpha D_i/\lambda$, Nu_0 nach Gl. 15.60 und $X = L/(D_i\, Re\, Pr)$. Die Gl. 15.61 gilt für Prandtl-Zahlen $0{,}1 < Pr \leq \infty$.

Für große Prandtl-Zahlen $Pr \to \infty$ wird $Nu/Nu_0 = 1$, da die Strömung dann wegen der im Vergleich zur Temperaturleitfähigkeit großen Viskosität bereits im Einlauf hydrodynamisch ausgebildet ist. Die beiden Gln. 15.60 und 15.61 geben den Mittelwert der Nußelt-Zahl über die Einlauflänge L wieder.

Für turbulente Strömung hat Colburn den Reynoldsschen Analogieansatz auf Prandtl-Zahlen zwischen 0,6 und 50 erweitert mit

$$St\, Pr^{2/3} = \frac{\psi}{8}, \tag{15.62}$$

und mit einem zahlenmäßig etwas modifizierten Blasius-Ansatz für den Druckverlust-Beiwert $\psi = 0{,}18/Re^{0{,}2}$ kommt er für die voll ausgebildete turbulente Strömung zu der Gleichung

$$Nu = \frac{\alpha D_i}{\lambda} = 0{,}023\, Re^{0{,}8}\, Pr^{1/3}. \tag{15.63}$$

Diese einfache Beziehung gibt gute Werte bei schwacher Beheizung bzw. Kühlung für $10^4 < Re < 10^5$ und für $0{,}5 < Pr < 100$. Sie sollte erst nach einem Einlauf, der dem 60fachen Rohrdurchmesser entspricht, angewandt werden. Die Stoffwerte sind auf eine aus dem arithmetischen Mittelwert zwischen Wandtemperatur t_W und einer sogenannten „Bulk-temperatur" t_B gebildeten Bezugstemperatur $t_{bez} = (t_W + t_B)/2$ zu beziehen. Die Bulktemperatur ist wiederum der arithmetische Mittelwert aus der Ein- und Austrittstemperatur des Fluids.

Gnielinski[9] gibt eine Beziehung an, die in einem sehr großen Reynolds-Bereich, nämlich von etwa $Re = 2300$ bis $Re = 10^6$, $0{,}5 \leq Pr \leq 2000$ und $L/D_i > 1$ gilt

$$Nu = \frac{(\psi/8)(Re - 1000)Pr}{1 + 12{,}7\sqrt{\psi/8}\,(Pr^{2/3} - 1)}\left[1 + \left(\frac{D_i}{L}\right)^{2/3}\right] \tag{15.64}$$

---

[9] Gnielinski, V.: Neue Gleichungen für den Wärme- und Stoffübergang in turbulent durchströmten Rohren und Kanälen. Forsch. Ingenieur-Wesen 4 (1975) 8–16.

mit

$$\psi = \frac{\Delta p}{(L/D_i)(\rho w^2/2)} = (0{,}79 \ln Re - 1{,}64)^{-2}.$$

Die Reynolds-Zahl ist hierin mit der mittleren Geschwindigkeit w_m eines Strömungsquerschnittes gebildet. Die Stoffwerte sind auf die mittlere Temperatur $t_m = (t_E + t_A)/2$ zu beziehen, wenn t_E die mittlere Temperatur im Eintrittsquerschnitt und t_A die im Austrittsquerschnitt ist.

Der Ausdruck in der eckigen Klammer von Gl. 15.64 gibt die Einlaufkorrektur wieder. Die Richtung des Wärmestromes – Heizung oder Kühlung – beeinflusst bei stark temperaturabhängigen Stoffwerten die Wärmeübertragung.

Wärmeabgabe von der Wand bewirkt einen Temperaturanstieg im Fluid zur Wand, wodurch bei Flüssigkeiten die Viskosität in Wandnähe geringer ist als im Strömungskern. Die Reibung in der wandnahen Grenzschicht verringert sich dadurch. Bei Wärmeaufnahme durch die Wand sind die Verhältnisse umgekehrt. Gase haben eine von der Temperatur nur wenig abhängende kinematische Viskosität; sie nimmt bei mäßigen Drücken mit der Temperatur zu.

Schwieriger wird die Berücksichtigung des Temperatureinflusses, wenn sich das Fluid in der Nähe seines kritischen Zustandes – insbesondere im überkritischen Bereich – befindet. Die vorgenannten Beziehungen gelten strenggenommen nur, wenn die Zustandsgrößen über die ganze Strecke des betrachteten Wärmetransportes monotonen – steigenden oder fallenden – Verlauf haben. Im überkritischen Gebiet weisen die spezifische Wärmekapazität und der isobare volumetrische Ausdehnungskoeffizient ein Maximum auf und gehen am kritischen Punkt gegen unendlich. Auch die Wärmeleitfähigkeit nimmt dort sehr große Werte an. Die Viskosität hat am kritischen Punkt zwar endliche Werte und im überkritischen Gebiet monotonen Verlauf, ändert sich aber stark.

Flüssige Metalle haben wegen ihrer guten Wärmeleitfähigkeit sehr kleine Prandtl-Zahlen bis herab zu 0,001. Der Wärmeleitanteil ist deshalb auch bei turbulenter Strömung sehr groß und in vielen Fällen darf auch die Wärmeleitung längs der Strömungsrichtung nicht vernachlässigt werden, was wir zuvor vorausgesetzt hatten.

Die Ansätze für Rohrströmungen kann man auch für andere Kanalformen anwenden. Man braucht in den Wärmeübergangsbeziehungen, z. B. Gln. 15.63 und 15.64, anstelle des Rohrinnendurchmessers D_i nur den sogenannten *hydraulischen Durchmesser* des Kanals

$$D_h = 4\frac{A}{U} \tag{15.65}$$

einzusetzen, wobei A der durchströmte Querschnitt und U der von dem Fluid benetzte Umfang der Kanalwand sind.

Betrachten wir nun den für viele Wärmeübertragerbauarten wichtigen Wärmeübergang an quer angeströmten Rohren mit dem Außendurchmesser D_a oder an Rohrbündeln. Die Strömungs- und Wärmetransportvorgänge sind in diesen Fällen sehr komplex und der Wärmeübergangskoeffizient bzw. die Nußelt-Zahl zeigen nicht nur über den Umfang der

Rohre unterschiedliche Verläufe, sondern auch in Abhängigkeit der Position der Rohre in einem Rohrbündel.

Einen Eindruck hiervon vermittelt Abb. 15.10, in der für zwei verschiedene Anordnungen der Rohre – nämlich fluchtend und vollversetzt – die örtliche Nußelt-Zahl in Polarkoordinaten über dem Umfang des Rohres aufgetragen ist. Bei fluchtender Anordnung befinden sich die Rohre der zweiten und der folgenden Reihen jeweils im Strömungsschatten des Rohres der davorliegenden Reihe, was am vorderen Staupunkt eine Abflachung – ja sogar eine Eindellung – der Nußelt-Kurve verursacht. Bei versetzter Anordnung stehen die Rohre der folgenden Reihe jeweils auf Lücke und sind der zwischen den Rohren der vorhergehenden Reihe beschleunigten Strömung unmittelbar ausgesetzt. Dies verbessert den Wärmeübergang im vorderen Staupunkt. Unabhängig von der Anordnung nimmt der Wärmeübergangskoeffizient – ausgehend vom vorderen Staupunkt – über den Umfang ab, bis er ein Minimum erreicht – im Beispiel von Abb. 15.10 etwa bei 100° – wonach er wieder zunimmt. Dies rührt daher, dass sich die Grenzschicht kurz hinter $\varphi = \pi/2$ ablöst, was sich positiv auf den Wärmeübergang auswirkt. Weiterhin fällt auf, dass die Kurven für die zweite und dritte Reihe bei beiden Anordnungen fülliger sind als für die erste Reihe, was bedeutet, dass die integrale Wärmeabgabe bzw. der über den Umfang gemittelte Wärmeübergangskoeffizient in der ersten Reihe am niedrigsten ist. Dies rührt daher, dass sich hinter der ersten und auch noch der zweiten Reihe eine verstärkte Turbulenz ausbildet, welche den Wärmeübergang erhöht.

Diese Faktoren müssten alle in eine Beziehung einfließen, welche den Wärmeübergang in querangeströmten Rohrbündeln zuverlässig beschreibt. Ein aufwendiges, dafür aber auch sehr genaues Rechenverfahren ist z. B. im VDI-Wärmeatlas[10] beschrieben.

Wir wollen hier ein von Hausen[11] angegebenes, einfacheres Verfahren diskutieren. Sowohl beim fluchtenden als auch beim vollversetzten Bündel (vgl. Abb. 15.10) können wir ein *Querteilungsverhältnis*

$$a = S_1/D_a \tag{15.66}$$

und ein *Längsteilungsverhältnis*

$$b = S_2/D_a \tag{15.67}$$

mit dem Abstand der Rohre und mit dem Rohraußendurchmesser definieren. Zusätzlich zur Reynolds- und Prandtl-Zahl muss dann die mittlere Nußelt-Zahl im Bündel eine Funktion dieser Teilungsverhältnisse sein. Hausen schlägt für fluchtende Anordnung die Gleichung

$$Nu = 0{,}34 f_1 \, Re^{0{,}60} \, Pr^{0{,}31} \tag{15.68}$$

mit

$$f_1 = 1 + \left(a + \frac{7{,}17}{a} - 6{,}52 \right) \left(\frac{0{,}266}{(b - 0{,}8)^2} - 0{,}12 \right) \sqrt{\frac{1000}{Re}} \tag{15.69}$$

---

[10] VDI Wärmeatlas, 9. Aufl. Springer-Verlag, 2002, Abschnitte Gf und Gg.
[11] Hausen, H.: Bemerkung zur Veröffentlichung von A. Hackl und W. Gröll: Zum Wärmeübergangsverhalten zähflüssiger Öle. Verfahrenstech. 3 (1969) 355, 480 (Berichtigung).

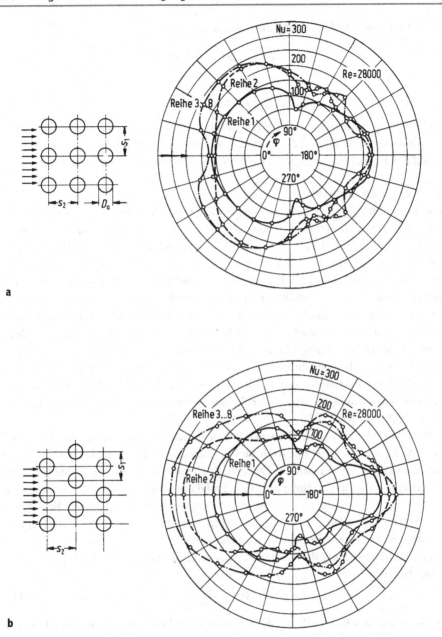

Abb. 15.10 Örtliche Nußelt-Zahlen an querangeströmten Rohren im Bündel. **a** fluchtend; **b** vollversetzt, Rohrabstand gleich dem 1,5fachen Stabdurchmesser, Anströmung mit Luft

vor und für versetzte Anordnung die Gleichung

$$Nu = 0{,}35 f_2 \, Re^{0{,}57} \, Pr^{0{,}31} \qquad (15.70)$$

mit

$$f_2 = 1 + 0{,}1a + 0{,}34/b \,. \qquad (15.71)$$

Die Gleichungen gelten für Werte von a und b zwischen 1,25 und 3. In die Reynolds-Zahl sind für die Geschwindigkeit die mittlere Anströmgeschwindigkeit vor der ersten Rohrreihe und für die charakteristische Länge der Rohraußendurchmesser einzusetzen.

15.5.2.2 Freie Konvektion

Freie Konvektion ist in der Natur allgegenwärtig, sie wird aber auch sehr häufig in der Technik für den Wärmetransport genutzt. Analog der erzwungenen Strömung muss man auch hier zwischen der Umströmung von Körpern und der Konvektion in geschlossenen Räumen unterscheiden. Freie Konvektion in geschlossenen Räumen bestimmt die Temperatur in unseren Wohnungen und damit unser Wohlbefinden. Die Kenntnis der Vorgänge bei freier Konvektion ist deshalb für die Klimatechnik wichtig. Aber auch bei der Erwärmung oder Kühlung eines Flüssigkeitsbades – im häuslichen Kochtopf, im Reaktions- oder Speicherbehälter in der chemischen Industrie oder im Schmelzbad eines Siemens-Martin-Ofens für die Stahlerzeugung – bewirkt die freie Konvektion den Wärmetransport. Beispiele für den Wärmeübergang durch freie Konvektion an umströmten Körpern sind ebenfalls sehr vielfältig – angefangen vom Kondensator des Haushaltskühlschrankes bis zum größten technischen Kühlaggregat, den Trockenkühltürmen von Kraftwerken mit Wärmeströmen von 2000 bis 3000 MW.

Während bei erzwungener Konvektion eine Druckdifferenz, erzeugt durch ein Gebläse oder eine Pumpe, die treibende Kraft für die Strömung ist, bewirken bei freier Konvektion die Schwerkraft oder in manchen Fällen auch Fliehkräfte in Fluiden Dichteunterschiede, z. B. infolge von Temperaturunterschieden, und damit eine Bewegung. Daneben kann auch die Oberflächenspannung eine Konvektionsbewegung hervorrufen, die wir hier aber nicht näher behandeln wollen. Der Bewegung entgegengerichtet ist die Kraft aus der Schubspannung und im instationären Fall der Beschleunigung.

Für die Beschreibung des Wärmetransportes zieht man bei der freien Konvektion die Grashof-Zahl

$$Gr = \frac{L^3 g \beta \Delta t}{\nu^2} \qquad (15.72)$$

oder in Stoffgemischen, in denen die Dichteunterschiede nicht durch einen Temperaturunterschied Δt, sondern durch einen Konzentrationsunterschied hervorgerufen werden, die *Archimedes-Zahl*

$$Ar = Gr^* = \frac{L^3 g \Delta t / t}{\nu^2} \qquad (15.73)$$

heran. Die Nußelt-Zahl wird dann mit der Grashof- und Prandtl-Zahl

$$Nu = f(Gr, Pr) \qquad (15.74)$$

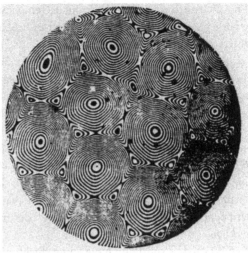

Abb. 15.11 Temperaturschichtung bei freier Konvektion im horizontalen Spalt. *Bilder links*: Unterseite beheizt, Oberseite gekühlt, Spalthöhe 5 mm, ΔT = 1 bis 5,2 K, $Gr\,Pr$ = 1700 bis 8000, Wasser. *Bild rechts*: Unterseite beheizt, freie Oberfläche oben

oder mit der Archimedes- und Prandtl-Zahl

$$Nu = f(Ar, Pr) \qquad (15.75)$$

beschrieben.

In geschlossenen Räumen, in denen von zwei gegenüberliegenden Wänden die eine beheizt und die andere gekühlt ist, bildet sich freie Konvektion erst aus, wenn Temperatur- bzw. Dichteunterschiede hinreichend groß sind. Die treibende Kraft muss erst die Ruheschubspannung überwinden, und in Stabilitätsbetrachtungen wurde nachgewiesen, dass für

$$Gr\,Pr < 1700$$

sich keine freie Konvektion in spaltförmigen Hohlräumen waagerechter oder senkrechter Orientierung einstellen kann. Die Grashof-Zahl wird dabei mit der Spaltweite und der Temperaturdifferenz zwischen beheizter und gekühlter Wand, also beim horizontalen Spalt zwischen Unter- und Oberseite, gebildet.

Die Ausbildung der freien Konvektion in einem horizontalen Hohlraum veranschaulicht Abb. 15.11 links. Die Temperaturdifferenz zwischen der beheizten Unterseite und der gekühlten Oberseite wurde dabei zwischen 1 K und etwas über 5 K variiert. Wärmetransportierendes Fluid war Wasser von Umgebungstemperatur. Bei der gegebenen Spaltweite von 5 mm betrug das Produkt aus der Grashof- und Prandtl-Zahl bei 1 K Temperaturdifferenz gerade etwa 1700. Man erkennt aus den Isothermen darstellenden schwarzen und weißen Interferenzlinien des obersten Interferogramms der Abb. 15.11 links, dass bei

Gr Pr = 1700 noch eine ebene, horizontale Temperaturschichtung wie bei reiner Wärmeleitung vorliegt, also noch keine Konvektion zu beobachten ist. Mit zunehmender Temperaturdifferenz über den Spalt bilden sich dann aufwärts- und abwärtsgerichtete Strömungen
mit regelmäßigem Muster aus, was in Abb. 15.11 links daran zu erkennen ist, dass sich die
Isothermen nach unten mit der Abwärtsströmung und nach oben mit der Aufwärtsströ-
mung ausstülpen. Würde man statt der Isothermen die Stromlinien ausmessen, so fände
man ein gleichmäßiges Muster von Rollzellen, deren Achsabstand und Durchmesser sich
mit steigender Temperaturdifferenz verringern. Diese regelmäßigen Muster sind nur bei
geringen Spaltweiten zu beobachten. Hat die Flüssigkeitsschicht auf ihrer Oberseite keine
feste Berandung, sondern eine freie Oberfläche, so bilden sich von oben gesehen hexa-
gonale Strömungsmuster – wie in Abb. 15.11 rechts veranschaulicht – aus. Zum ersten
Mal wurde diese Konvektionsform mit ihrem charakteristischen isothermen Muster von
Bénard beobachtet und man nennt diese Art der freien Konvektion deshalb auch *Bénard-
Konvektion*.

Den Wärmetransport durch die Fluidschicht im Spalt drückt man aus rein praktischen
Gründen meist nicht in Form der Nußelt-Zahl aus, sondern man führt eine „scheinbare
Wärmeleitfähigkeit" λ_s ein, die bei ebener Schicht durch die Gleichung

$$\dot{q} = \frac{\lambda_s}{\delta}(t_1 - t_2)$$
(15.76)

definiert ist. Sie ist also die Wärmeleitfähigkeit eines festen Körpers oder eines ruhenden
Fluids mit gleicher Wärmestromdichte $\dot{q}$ wie sie unter dem Einfluß der Konvektion durch
die Flüssigkeitsschicht von der Dicke δ unter der Wirkung des Temperaturunterschiedes
$t_1 - t_2$ hindurchtritt. Der Quotient λ_s/λ aus der scheinbaren Wärmeleitfähigkeit und der
wahren Wärmeleitfähigkeit λ des Fluids gibt an, um wieviel Mal die Konvektion die reine
Wärmeleitung durch das Fluid verbessert. Bei laminarer Konvektion im horizontalen Spalt,
die in Abb. 15.11 links veranschaulicht ist, und für Luft kann man ansetzen

$$\frac{\lambda_s}{\lambda} = 0{,}2\, Gr^{1/4}\,.$$
(15.77)

Wie die erzwungene, so kann auch die freie Konvektion turbulent werden. Für $Gr\, Pr^{1{,}65} >$
160 000 gilt dann

$$\frac{\lambda_s}{\lambda} = 0{,}073 (Gr\, Pr^{1{,}65})^{1/3}\,.$$
(15.78)

Besonders interessant für die Heizungs- und Klimatechnik sind senkrecht angeordnete
Hohlräume. Sie bestimmen z. B. die Wärmeverluste durch die Isolierverglasung. Bei durch-
sichtigen Wänden und optisch transparenten Fluiden macht die freie Konvektion jedoch
nur einen Teil des Wärmetransportes aus. Hinzu kommt der Wärmetransport durch Strahlung, der insbesondere bei hohem Wärmeleitwiderstand wesentlich zu den Wärmeverlusten eines Hauses oder eines Zimmers beiträgt. Die Wärmestrahlung werden wir erst in
Abschn. 15.8 behandeln.

Im senkrechten Spalt kann der Wärmetransport für $2000 < Gr_\delta < 20\,000$, also für mäßige Konvektion, mit

$$\frac{\lambda_s}{\lambda} = 0{,}18\,Gr_\delta^{1/4} \left(\frac{h}{\delta}\right)^{-1/9} \tag{15.79}$$

beschrieben werden. Für $20\,000 < Gr_\delta < 200\,000$ kann man den Ansatz

$$\frac{\lambda_s}{\lambda} = 0{,}065\,Gr_\delta^{1/3} \left(\frac{h}{\delta}\right)^{-1/9} \tag{15.80}$$

verwenden. Die Gln. 15.79 und 15.80 gelten für Luft und die Grashof-Zahl ist mit der Spaltweite δ zu bilden. Das Verhältnis von Höhe h zu Weite δ des Spaltes geht als schwache Korrektur ein.

Bei sehr breiten Spalten verwendet man nicht mehr die Gl. 15.79 oder 15.80 für den Wärmetransport, sondern man behandelt jede der beiden seitlichen Begrenzungen als senkrechte Platte, an der sich freie Konvektion unabhängig von der Strömung an der gegenüberliegenden Wand einstellt.

Die freie Konvektion an der senkrechten Platte kann – ähnlich wie die erzwungene – mit den Bilanzgleichungen für Masse, Impuls und Energie behandelt werden. Für laminare Grenzschicht wurde eine exakte Lösung abgeleitet, die nach Choi und Rohsenow[12] durch die Beziehung

$$\frac{Nu_x}{(Gr_x/4)^{1/4}} = \frac{0{,}676\,Pr^{1/2}}{(0{,}861 + Pr)^{1/4}} \tag{15.81}$$

angenähert werden kann. Nußelt- und Grashof-Zahl sind dabei eine Funktion der Lauflänge der Strömung, d. h. des Abstandes von der Plattenunterkante. Als treibende Temperaturdifferenz ist in die Grashof-Zahl der Unterschied zwischen der Temperatur der Plattenoberfläche und der Temperatur des Fluids in genügend weiter Entfernung von der Platte – also außerhalb der Grenzschicht – einzusetzen. Bei Wärmeaufnahme durch die Platte ist der Strömungsweg von der Plattenoberkante zu zählen.

Meist interessiert aber nicht der örtliche Wert der Nußelt-Zahl bzw. des Wärmeübergangskoeffizienten, sondern der gesamte, bis zu einer Plattenhöhe x oder über die ganze Plattenhöhe L übertragene Wärmestrom. Man führt deshalb neben der örtlichen Nußelt-Zahl eine mittlere Nußelt-Zahl ein, die mit

$$\alpha_\mathrm{m} = \frac{1}{x} \int_0^x \alpha(x)\,dx \tag{15.82}$$

zu

$$Nu_\mathrm{m} = \frac{\alpha_\mathrm{m} x}{\lambda} \quad \text{bzw.} \quad Nu_\mathrm{m} = \frac{\alpha_\mathrm{m} L}{\lambda} \tag{15.83}$$

---

[12] Choi, H.; Rohsenow, W.M.: Heat, mass and momentum transfer. Englewood Cliffs: Prentice-Hall 1961.

definiert ist. Diese Mittelung auf Gl. 15.81 angewandt ergibt

$$\frac{Nu_m}{(Gr/4)^{1/4}} = \frac{0,902\, Pr^{1/2}}{(0,861 + Pr)^{1/4}}.\tag{15.84}$$

Laminare Grenzschicht kann an senkrechten Platten bis zu $Gr\, Pr \le 10^8$ beobachtet werden. Für Prandtl-Zahlen in der Nähe von eins kann man als Näherungslösung auch die einfache Gleichung

$$Nu_m = 0,55(Gr\, Pr)^{1/4}\tag{15.85}$$

verwenden.

Geschlossene Lösungen für die turbulente Grenzschicht sind komplizierter; der Leser sei hier z. B. auf das Buch von Baehr und Stephan[13] verwiesen. Für Prandtl-Zahlen zwischen 1 und 10 und für Werte des Produktes $Gr\, Pr > 10^8$ kann die einfache Beziehung

$$Nu_m = 0,13(Gr\, Pr)^{1/3}\tag{15.86}$$

verwendet werden.

15.6 Wärmeübertragung beim Sieden und Kondensieren

Wir hatten bei der Behandlung der Wärmeübertragung in erzwungener Konvektion gesehen, dass der Wärmeübergangskoeffizient nicht oder über die Stoffwerte nur wenig von dem Temperaturunterschied zwischen der wärmeaufnehmenden oder -abgebenden Wand und dem Fluid abhängig ist. Die Wärmestromdichte wird damit proportional dieser Temperaturdifferenz. Freie Konvektion wird durch temperaturbedingte Dichteunterschiede angetrieben, und der Wärmeübergangskoeffizient ist deshalb eine Funktion der Temperaturdifferenz zwischen Wand und Fluid. Damit wird bei freier Konvektion die Wärmestromdichte $\dot q \sim \Delta t^n$. Der Exponent n ist unabhängig vom Strömungs- bzw. Grenzschichtzustand größer als Eins.

Sieden und Kondensation sind mit Phasenwechsel verbunden, wodurch sich sehr hohe Dichteänderungen ergeben, und man kann deshalb von vornherein – ohne über den Phasenwechselmechanismus zunächst näher Bescheid zu wissen – erwarten, dass Konvektionsvorgänge auch hier den Wärmetransport beeinflussen.

15.6.1 Wärmeübergang beim Sieden

Wir wollen zunächst die beim Sieden zu beobachtenden Vorgänge in ihrer Auswirkung auf den Wärmeübergang diskutieren. Die physikalischen Vorgänge beim Wärmetransport

---

[13] Baehr, H.D., Stephan, K.: Wärme- und Stoffübertragung, 4. Auflage. Berlin, Heidelberg, New York: Springer 2004.

durch Sieden unter freier Konvektion waren schon sehr früh Gegenstand zahlreicher experimenteller Untersuchungen und theoretischer Überlegungen. Die Beobachtung zeigt, dass sich auf einer Heizfläche Dampfblasen bilden, sobald die Temperatur der Wandoberfläche T_W eine bestimmte Überhitzung ΔT gegenüber der Sättigungstemperatur des Fluides T_F übersteigt. Die Dampfblasen bilden sich an bestimmten Keimstellen, deren Zahl mit der Wärmestromdichte $\dot{q}$ und Überhitzung ΔT zunimmt. Mit der Überhitzung der Wand steigt auch die Überhitzung des Fluids in der Grenzschicht unmittelbar an der Wand.

Der Dampf in einer Blase des Radius r muss einen etwas höheren Druck p_D als die ihn umgebende Flüssigkeit besitzen

$$p_D - p_F = \frac{2\sigma}{r}, \tag{15.87}$$

da auf ihn zusätzlich zum Flüssigkeitsdruck p_F noch die an den Grenzflächen der Phasen vorhandene Oberflächenspannung σ wirkt, deren Einfluss – wie eine einfache Bilanz der an der Blase angreifenden Kräfte zeigt – mit wachsendem Blasenradius R abnimmt. Aus der Clausius-Clapeyronschen Gleichung, (Gl. 13.10a),

$$\frac{dp}{dT} = \frac{\Delta h_v}{(v_D - v_F)T} \tag{15.88}$$

kann man in einfacher Weise auch die Temperaturen in der Blase, d. h. den Grad der Überhitzung des Dampfes gegenüber der Sättigungstemperatur, abschätzen. Bei diesen einfachen Überlegungen ist vorausgesetzt, dass Trägheitskräfte vernachlässigt werden können und sich die Blase mit ihrer Umgebung im Kräftegleichgewicht befindet. Fasst man Gln. 15.87 und 15.88 zusammen und integriert unter den zusätzlichen vereinfachenden Voraussetzungen, dass sich der Dampf wie ein ideales Gas verhält und das spezifische Volumen der Flüssigkeit gegenüber dem des Dampfes vernachlässigbar klein ist, so kann man abschätzen, welche Überhitzung ($T_D - T_S$) für das Wachstum eines Blasenkeims vom Radius r notwendig ist. Es ist

$$r = \frac{2\sigma}{\Delta h_v \rho_D} \frac{T_S}{(T_D - T_S)}. \tag{15.89}$$

Man erhält als qualitatives Ergebnis, dass mit zunehmender Überhitzung der Heizwand bzw. der Flüssigkeit in der Grenzschicht an der Wand kleinere Keime aktiv werden können. Da eine Heizfläche in der Regel Rauigkeiten verschiedener Abmessungen enthält, nimmt die Zahl der aktiven Keimstellen – d. h. die Stellen auf der Heizfläche, aus denen sich Blasen bilden – mit steigender Wärmestromdichte zu. Je dichter die Blasenpopulation auf der Heizfläche aber ist, desto intensiver wird dort auch die Durchmischung der Flüssigkeit sein. Diese Rührwirkung der Blasen, zusammen mit dem Massen- und Energietransport durch die Blase selbst in Form von Dampf bzw. Verdampfungsenthalpie, bestimmt den Wärmeübergang beim Sieden. Es ist deshalb zu erwarten, dass der Wärmeübergangskoeffizient beim Sieden mit steigender Heizflächenbelastung zunimmt. Ein einfaches

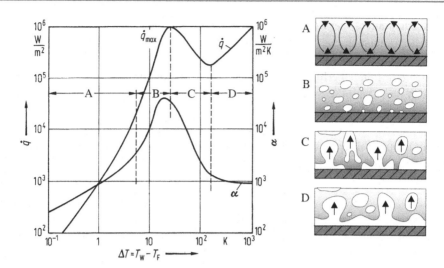

Abb. 15.12 Nukijama-Kurve. *A* freie Konvektion, *B* Blasenverdampfung, *C* instabile Filmverdampfung, *D* stabile Filmverdampfung

Experiment, über das zum ersten Mal Nukijama[14] berichtete, bestätigt diese Überlegung. Dabei wurden in einem auf Sättigungstemperatur befindlichen Wasserbad auf der Oberseite einer horizontalen wärmeabgebenden Platte Blasen durch Sieden erzeugt. Gemessen wurde die Oberflächentemperatur der Platte in Abhängigkeit von der von der Heizfläche abgegebenen Wärmestromdichte. Das Messergebnis – in der Literatur *Nukijama-Kurve* genannt – zeigt Abb. 15.12 links, rechts sind die dazugehörenden Siederegionen dargestellt. Bei geringen Wärmestromdichten ist die Überhitzung des Fluids an der Heizfläche noch zu gering, um Blasen zu aktivieren, und der Energietransport erfolgt allein durch einphasige freie Konvektion (A). Die Verdampfung tritt dabei erst auf der freien Oberfläche der Flüssigkeit auf. Der Beginn der Blasenbildung und die Blasenverdampfung (B) an der Heizfläche machen sich durch einen deutlichen Anstieg der Wärmeübergangskoeffizienten bemerkbar. Steigert man die Heizflächenbelastung weiter, so erreicht man schließlich einen Bereich (C), in dem die Transportvorgänge beim Blasensieden nicht mehr hydrodynamisch stabil sind, da wegen der dichten Blasenpopulation und der großen Dampfströme die Flüssigkeit die Heizfläche nicht mehr hinreichend gut erreichen kann. Die Siedeform ändert sich zum Filmsieden (D), d. h. es bildet sich jetzt ein zwar dünner, aber zusammenhängender Dampffilm zwischen Heizfläche und Flüssigkeit aus. Filmsieden hat um Größenordnungen geringere Wärmeübergangskoeffizienten als Blasensieden.

---

[14] Nukijama, S.: The maximum and minimum values of the heat Q transmitted from metal to boiling water under atmospheric pressure. J. Jap. Soc. Mech. Eng. 37 (1934) 367–374, engl. Übersetzung in Int. J. Heat Mass Transfer 9 (1966) 1419–1433.

Die aus solchen Untersuchungen abgeleiteten Ansätze zur Berechnung des Wärmeübergangskoeffizienten beim Blasensieden (B) sind jedoch sehr komplex und meist nur für eine bestimmte Stoffgruppe unter bestimmten Randbedingungen gültig. Vorteile für die praktische Anwendung und allgemeinere Gültigkeit haben Ansätze, die auf dimensionslosen Gruppen von Stoffeigenschaften, Wärmestromdichte und thermodynamischem Zustand – Siedetemperatur – aufgebaut sind. Diese Beziehungen sind zwar auch empirischer Natur, haben aber den Vorteil, dass sie für verschiedene Stoffe und über einen weiten Druckbereich gelten. Der Einfachheit halber wird meist der Einfluss der Heizflächeneigenschaften außer acht gelassen. Als Beispiel sei hier die Beziehung von K. Stephan und Preußer[15] angeführt:

$$Nu = \frac{\alpha D_{Bl}}{\lambda_F} = 0{,}1 \left[\frac{\dot{q} D_{Bl}}{\lambda_F \vartheta_S} \right]^{0,674} \left[\frac{\rho_D}{\rho_F} \right]^{0,156} \left[\frac{r D_{Bl}^2}{a_F^2} \right]^{0,371} \left[\frac{a_F^2 \rho_F}{\sigma D_{Bl}} \right]^{0,350} \left[\frac{\eta c_p}{\lambda} \right]_F^{-0,162} . \quad (15.90)$$

Gleichung 15.90 hat die aus der einphasigen Konvektion bekannte Form des Potenzansatzes, gebildet mit dimensionslosen Kenngrößen. Die Nußelt-Zahl enthält als charakteristische Länge den Durchmesser der Blase beim Ablösen von der Heizfläche. Diese kann aus

$$D_{Bl} = 0{,}0149 \beta \left(\frac{2\sigma}{g(\rho_F - \rho_D)} \right)^{0,5} \quad (15.91)$$

berechnet werden.

Für den Randwinkel β sind bei Wasser 45°, bei kryogenen Flüssigkeiten 1° und bei Kohlenwasserstoffen einschließlich Kältemitteln 35° einzusetzen.

Der Wärmeübergang beim Sieden ändert sich, wenn man dem Dampf-Flüssigkeits-Gemisch eine erzwungene Konvektion überlagert, wie z. B. in den Siederohren eines Zwangsumlauf-Dampfkessels. Es ist leicht einzusehen, dass die parallel zur Heizfläche gerichtete Strömung der erzwungenen Konvektion die erste Phase des Blasenentstehens – nämlich die Keimbildung – kaum beeinflusst, da diese sich unmittelbar an der Wand unterhalb der Grenzschicht abspielt. Für die Aktivierung eines Siedekeims sind also auch bei Zwangskonvektion nur die Überhitzung der Grenzschicht in unmittelbarer Wandnähe und die Oberflächenbeschaffenheit der Heizfläche maßgebend. Etwas anders verhält es sich in der Phase des Blasenwachstums und des Blasenablösens. Bei einer Betrachtung der an der Blase angreifenden Kräfte ist hier neben dem Auftrieb und der haftenden Kraft aus der Oberflächenspannung noch die Kraft aus dem Widerstand, den die Blase der Strömung entgegensetzt, zu berücksichtigen. Beim Sieden mit erzwungener Konvektion sind aber in der Regel die Wärmestromdichten größer als beim Behältersieden und die Blasen wachsen deshalb schneller an. Dadurch gewinnt die Kraft aus der Trägheit der Flüssigkeit, die von

---

[15] Stephan, K.; Preußer, P.: Wärmeübergang und maximale Wärmestromdichte beim Behältersieden binärer und ternärer Flüssigkeitsgemische. Chem.-Ing.-Tech. MS 649/79, Synopse Chem.-Ing.-Tech. 51 (1979) 37.

der wachsenden Blase verdrängt werden muss, größeren Einfluß. Will man den Wärmeübergang beim Sieden unter den Bedingungen der erzwungenen Konvektion theoretisch
analysieren, so muss man Informationen über den Verlauf der Strömungsgeschwindigkeit
in der wandnahen Schicht haben, in der sich die Blasen bilden. Diese Schicht ist aber
messtechnisch schwer zugänglich, und bis heute liegen keine Experimente vor, aus denen
sich ein physikalisch zuverlässiger Ansatz für Bewegungsgleichungen ableiten lässt.

Daher ist es bis heute auch noch nicht gelungen, eine befriedigende theoretische Beschreibung dieses Wärmetransports zu erarbeiten. Es existieren jedoch eine Anzahl empirischer oder halbempirischer Wärmeübergangsbeziehungen. Es sei insbesondere auf die
durch Experimente gut abgesicherten Gleichungen des VDI-Wärmeatlas verwiesen[16]. Obwohl solche Gleichungen nicht den Anspruch erheben können, unter allen bei Zwangskonvektion denkbaren geometrischen und fluiddynamischen Bedingungen gültig zu sein,
haben sie sich in der Praxis doch als brauchbar erwiesen. Es soll hier beispielhaft eine
Gleichungsform vorgestellt werden, die für innendurchströmte Rohre gilt. In ihr wird der
Wärmeübergangskoeffizient beim Sieden unter zweiphasiger Zwangskonvektion $\alpha_{2\,\mathrm{ph}}$ zu
dem bei rein einphasiger Strömung α_{ZK} ins Verhältnis gesetzt. Als beschreibende Parameter werden eine Stoffwertkenngröße, der sogenannte Martinelli-Parameter X_{tt},

$$X_{\mathrm{tt}} = \left(\frac{\rho_{\mathrm{D}}}{\rho_{\mathrm{F}}}\right)^{0,5} \left(\frac{\eta_{\mathrm{F}}}{\eta_{\mathrm{D}}}\right)^{0,1} \left(\frac{1-x^*}{x^*}\right)^{0,9}, \tag{15.92}$$

und die Siedezahl (boiling number)

$$Bo = \frac{\dot{q}}{(\dot{M}/A)\Delta h_{\mathrm{v}}} \tag{15.93}$$

herangezogen. Die Gleichung für den Wärmeübergang hat die Form

$$\frac{\alpha_{2\,\mathrm{ph\;sieden}}}{\alpha_{\mathrm{ZK}}} = M\left[Bo \cdot 10^4 + N\left(\frac{1}{X_{\mathrm{tt}}}\right)^n\right]^m. \tag{15.94}$$

Die empirischen Konstanten in dieser Gleichung, wie sie von verschiedenen Autoren angegeben werden, sind in Tab. 15.2 zusammengestellt.

Der Martinelli-Parameter wurde ursprünglich für die Berechnung des Druckabfalls in
Strömungen mit Dampf-Flüssigkeits-Gemischen entwickelt und enthält damit eine Aussage über den Impulsaustausch zwischen den Phasen. In der in Gl. 15.92 dargestellten Form
gilt er nur für voll turbulente Strömung. Neben den Stoffwerten Dichte ρ_{D}, ρ_{F} und Viskosität η_{D}, η_{F} von Dampf und Flüssigkeit enthält der Martinelli-Parameter den Dampfgehalt
x^* der Strömung, der mit den Massenströmen des Dampfes $\dot{M}_{\mathrm{D}}$ und der Flüssigkeit $\dot{M}_{\mathrm{F}}$ zu

$$x^* = \frac{\dot{M}_{\mathrm{D}}}{\dot{M}_{\mathrm{D}} + \dot{M}_{\mathrm{F}}} \tag{15.95}$$

---

[16] VDI-Wärmeatlas, 9. Auflage, Springer-Verlag, 2002, Abschnitt H

Tabelle 15.2 Zahlenwerte für die Konstanten in Gl. 15.94

Stoff	Strömungsrichtung	M	N	n	m
Wasser	aufwärts	0,739	1,5	2/3	1
Wasser	abwärts	1,45	1,5	2/3	1
n-Butanol	abwärts	2,45	1,5	2/3	1
R12, R22	horizontal	1,91	1,5	2/3	0,6
R113	aufwärts	0,9	4,45	0,37	1
R113	abwärts	0,53	7,55	0,37	1

definiert ist. Die Siedezahl enthält die Wärmestromdichte $\dot{q}$, die auf den Strömungsquerschnitt bezogene Massenstromdichte $\dot{M}/A$ sowie die Verdampfungsenthalpie Δh_{v}. Der in Gl. 15.94 notwendige Vergleichswert α_{ZK} des Wärmeübergangskoeffizienten bei einphasiger Strömung kann in einfacher Abwandlung der Gl. 15.63 aus

$$\alpha_{\mathrm{ZK}} = \frac{\lambda_{\mathrm{F}}}{D_{\mathrm{i}}} 0{,}023 \left[\frac{D_{\mathrm{i}} \dot{M}(1 - x^{*})}{\eta_{\mathrm{F}}} \right]^{0,8} \left[\frac{c_{\mathrm{F}} \eta_{\mathrm{F}}}{\lambda_{\mathrm{F}}} \right]^{0,4} \qquad (15.96)$$

berechnet werden, d. h. die Reynolds-Zahl ist auf den flüssigen Anteil in der Strömung allein bezogen. Dies bedeutet, dass Gl. 15.94 den Wärmeübergang des siedenden Dampf-Flüssigkeits-Gemisches in Vergleich setzt zu demjenigen Wärmeübergang, der sich im gleichen Rohr einstellen würde, wenn nur der flüssige Anteil als strömendes Medium vorhanden wäre. Die Gln. 15.94 und 15.96 können auch auf nicht kreisförmige Kanalquerschnitte angewendet werden; es ist dann anstelle des Rohrdurchmessers D_{i} nur der hydraulische Durchmesser D_{h}, Gl. 15.65, einzusetzen.

Gleichung 15.94 ist jedoch nur im Bereich vom Blasensieden bis zum stillen Sieden gültig, dies ist im Bereich $0{,}5 < 1/X_{\mathrm{tt}} < 5$.

Bei der Auslegung von Verdampfern, sei es ohne oder mit überlagerter Zwangskonvektion, muss man darauf achten, dass die kritische Wärmestromdichte ($\dot{q}_{\max}$ in Abb. 15.12) nicht überschritten wird. Sie hängt – insbesondere bei Zwangskonvektion – in komplizierter Weise von den Stoffwerten des Fluids, dem Dampfgehalt, den Strömungsbedingungen und der Gestalt des Kanals ab. Der Zustand jenseits der kritischen Wärmestromdichte ist dadurch gekennzeichnet, dass die Flüssigkeit die wärmeabgebende Wand nicht mehr benetzt. Bei dünnen Flüssigkeitsschichten kann die Wand auch dadurch austrocknen, dass durch zu starke Verdampfung oder auch durch die Schubspannung des schneller strömenden Dampfs der Flüssigkeitsfilm an der Wand großflächig aufreißt. Für die Berechnung der kritischen Wärmestromdichte und des Wärmeübergangs jenseits der kritischen Wärmestromdichte sei auf die Literatur, z. B. auf das Buch von Collier und Thome[17] verwiesen.

---

[17] Collier, J.G., Thome, J.R.: Convective boiling and condensation. Third edition New York: McGraw-Hill 1994.

15.6.2 Wärmeübergang beim Kondensieren

Beim Kondensieren ist wie beim Verdampfen die Verdampfungsenthalpie eine entscheidende Größe. Es ist deshalb wie beim Sieden zu erwarten, dass sich schon mit kleinen Temperaturunterschieden beträchtliche Wärmeströme übertragen lassen und daher große Wärmeübergangskoeffizienten auftreten.

Den Wärmeübergang bei Kondensation hat zuerst Nußelt[18] für eine senkrechte Platte theoretisch behandelt, indem er die Dicke δ der an der gekühlten Wand herablaufenen Flüssigkeitsschicht – von Nußelt „Wasserhaut" genannt, weswegen man auch von der Wasserhaut-Theorie spricht – unter der Annahme laminarer Strömung berechnete. Der Wärmeübergangskoeffizient ist dann der Kehrwert des Wärmewiderstandes dieser Wasserhaut nach der Gleichung

$$\alpha = \frac{\lambda}{\delta}. \tag{15.97}$$

Nußelt ging von der Vorstellung aus, dass die Zulieferung des Dampfes an die Phasengrenze des Flüssigkeitsfilms keinen Wärmewiderstand erfährt, vielmehr der Wärmewiderstand allein durch den Film bestimmt ist. Für die Strömung der kondensierten Flüssigkeit im Film nahm Nußelt laminare Geschwindigkeitsverteilung an, wobei Beschleunigungskräfte während der Abwärtsströmung vernachlässigt werden. Der Dampf soll keine Kräfte auf den Flüssigkeitsfilm – z. B. in Form von Schubspannung – ausüben. Die Druckänderung mit der Höhe wurde vernachlässigt. Damit konnte die Bewegungsgleichung einfach als Gleichgewicht zwischen Schwerkraft und Reibungskraft ausgedrückt werden. Mit der Energiegleichung und der Kontinuitätsgleichung ergab die Rechnung, auf die wir hier nicht eingehen wollen, schließlich, dass die Dicke δ der Flüssigkeitsschicht nach unten mit der Entfernung x von der Oberkante der Wand nach der Gleichung

$$\delta = \left[\frac{4\eta\lambda}{\rho^2 g \Delta h_v} (t_S - t_W) x \right]^{1/4} \tag{15.98}$$

zunimmt.

Dabei ist t_S die Sättigungstemperatur des Dampfes und t_W die Temperatur der Wandoberfläche. Der örtliche Wärmeübergangskoeffizient ergibt sich dann mit Gl. 15.97 zu

$$\alpha = \frac{\lambda}{\delta} \left[\frac{1}{4} \frac{\lambda^3 \rho g \Delta h_v}{\nu (t_S - t_W)} \frac{1}{x} \right]^{1/4} \tag{15.99}$$

bzw. die örtliche Nußelt-Zahl zu

$$Nu_x = \frac{\alpha x}{\lambda} = \left[\frac{1}{4} \frac{g \rho \Delta h_v x^3}{\nu \lambda (t_S - t_W)} \right]^{1/4}. \tag{15.100}$$

---

[18] Nußelt, W.: Die Oberflächenkondensation des Wasserdampfes. Z. VDI 60 (1916) 514–546, 569–575.

Mit der Definition

$$\alpha_m = \frac{1}{H} \int_0^{x=H} \alpha(x)\, dx \qquad (15.101)$$

für den mittleren Wärmeübergangskoeffizienten α_m erhalten wir dann

$$\alpha_m = 0,943 \left[\frac{\lambda^3 \rho g \Delta h_v}{\nu(t_S - t_W)} \frac{1}{H} \right]^{1/4}. \qquad (15.102)$$

Gleichung 15.101 kann man durch Einführen dimensionsloser Ausdrücke für die Plattenhöhe

$$K_H = H \left(\frac{g}{\nu^2} \right)^{1/3} \qquad (15.103)$$

und die Temperatur

$$K_T = \frac{\lambda}{\eta \Delta h_v}(t_S - t_W) \qquad (15.104)$$

dimensionslos machen:

$$Nu_m = \frac{\alpha_m (\nu^2/g)^{1/3}}{\lambda} = \frac{0,943}{(K_H K_T)^{1/4}}. \qquad (15.105)$$

In Gl. 15.102 steht die Plattenhöhe im Nenner, woraus man sieht, dass mit zunehmender Plattenhöhe der mittlere Wärmeübergangskoeffizient kleiner wird. Dies ist auch leicht einzusehen, da die Dicke des Flüssigkeitsfilms, durch den die Wärme transportiert werden muss, mit größerer Lauflänge zunimmt. Beobachtungen an langen, senkrechten Rohren zeigten, dass der Wärmeübergangskoeffizient der Kondensation nicht mehr mit der Länge abnahm, sondern wieder größer wurde, weil nach einer gewissen Lauflänge der Flüssigkeitsfilm von laminarer in turbulente Strömung umschlug. Dieser Umschlag kann wie bei Zwangskonvektion mit einer auf die Filmdicke δ bezogenen Reynolds-Zahl ermittelt werden

$$Re_\delta = \frac{\overline{w}_x \delta}{\nu}. \qquad (15.106)$$

Darin ist $\overline{w}_x$ die mittlere Geschwindigkeit des Flüssigkeitsfilms an der Stelle x, die aus dem bis dahin kondensierten Flüssigkeitsmassenstrom $\dot{M}$ je Plattenbreite B berechnet werden kann

$$\frac{\dot{M}}{B} = \rho \overline{w}_x \delta. \qquad (15.107)$$

Die Kondensatmenge ergibt sich aus der einfachen Energiebilanz $\dot{M} \Delta h_v = \dot{Q}$.

Streng laminare Strömung mit glatter Filmoberfläche beobachtet man nur bis $Re_\delta < 10$, weshalb auch Gln. 15.102 bzw. 15.105 nur bis zu dieser Reynolds-Zahl angewandt werden soll. Danach wird der Film wellig und für $10 < Re_\delta < 75$ wird empfohlen, dieser Welligkeit durch Anpassung der Konstanten in Gl. 15.105 Rechnung zu tragen

$$Nu_m = 1,15(K_H K_T)^{-1/4}. \qquad (15.108)$$

Tabelle 15.3 Stoffwerte von Flüssigkeiten, Gasen und Feststoffen

Flüssigkeiten und Gase bei einem Druck von 1 bar	t °C	ρ kg/m^3	c_p J/(kg K)	λ W/(Km)	$a \cdot 10^6$ m^2/s	$\eta \cdot 10^6$ Pa · s	Pr
Quecksilber	20	13 600	139	8000	4,2	1550	0,027
Natrium	100	927	1390	8600	67	710	0,0114
Blei	400	10 600	147	15 100	9,7	2100	0,02
Wasser	0	999,8	4217	0,562	0,133	1791,8	13,44
	5	1000	4202	0,572	0,136	1519,6	11,16
	20	998,3	4183	0,5996	0,144	1002,6	6,99
	99,3	958,4	4215	0,6773	0,168	283,3	1,76
Thermalöl S	20	887	1000	0,133	0,0833	426	576
	80	835	2100	0,128	0,073	26,7	43,9
	150	822	2160	0,126	0,071	18,08	31
Luft	−20	1,3765	1006	0,02301	16,6	16,15	0,71
	0	1,2754	1006	0,02454	17,1	19,1	0,7
	20	1,1881	1007	0,02603	21,8	17,98	0,7
	100	0,9329	1012	0,03181	33,7	21,6	0,69
	200	0,7256	1026	0,03891	51,6	25,7	0,68
	300	0,6072	1046	0,04591	72,3	29,2	0,67
	400	0,5170	1069	0,05257	95,1	32,55	0,66
Wasserdampf	100	0,5895	2032	0,02478	20,7	12,28	1,01
	300	0,379	2011	0,04349	57,1	20,29	0,938
	500	0,6846	1158	0,05336	67,29	34,13	0,741

Im Bereich $75 < Re_\delta < 1200$ erfolgt allmählich der Übergang zu turbulenter Strömung im Film, was sich so auswirkt, dass in diesem Gebiet die Nußelt-Zahl nahezu konstant bleibt

$$Nu_m = 0{,}22 \,. \tag{15.109}$$

Für das daran anschließende turbulente Gebiet $Re_\delta > 1200$ hat Grigull[19] den Wärmetransport durch Anwendung der Prandtl-Analogie für Rohrströmung auf die turbulente Kondensathaut berechnet. Dabei trat als neuer Parameter die Prandtl-Zahl auf. Die Ergebnisse dieser Rechnung lassen sich nicht in geschlossener Form wiedergeben. Zur einfacheren Berechnung kann man auch den Einfluss der Prandtl-Zahl unterdrücken und für das turbulente Gebiet eine empirische Gleichung benutzen. Grigull[20] empfahl hierfür die

[19] Grigull, U.: Wärmeübergang bei der Kondensation mit turbulenter Wasserhaut. Forsch. Ing. Wes. 13 (1942) 49–57.
[20] Grigull, U.: Wärmeübergang bei der Filmkondensation. Forsch. Ing. Wes. 18 (1952) 10–12.

Tabelle 15.3 (Fortsetzung)

Feststoffe	t °C	ρ kg/m³	c J/(kg K)	λ W/(Km)	$a \cdot 10^6$ m²/s
Aluminium 99,99 %	20	2700	945	238	93,4
verg. V2A-Stahl	20	8000	477	15	3,93
Blei	20	11 340	131	35,3	23,8
Chrom	20	6900	457	69,1	21,9
Gold (rein)	20	19 290	128	295	119
UO₂	600	11 000	313	4,18	1,21
UO₂	1000	10 960	326	3,05	0,854
UO₂	1400	10 900	339	2,3	0,622
Kiesbeton	20	2200	879	1,28	0,662
Verputz	20	1690	800	0,79	0,58
Tanne, radial	20	410	2700	0,14	0,13
Korkplatten	30	190	1880	0,041	0,11
Glaswolle	0	200	660	0,037	0,28
Erdreich	20	2040	1840	0,59	0,16
Quarz	20	2300	780	1,4	0,78
Marmor	20	2600	810	2,8	1,35
Schamotte	20	1850	840	0,85	0,52
Wolle	20	100	1720	0,036	0,21
Steinkohle	20	1350	1260	0,26	0,16
Schnee (fest)	0	560	2100	0,46	0,39
Eis	0	917	2040	2,25	1,2
Zucker	0	1600	1250	0,58	0,29
Graphit	20	2250	610	155	1,14

Formel

$$\alpha_m = 0{,}003 \left(\frac{\lambda^3 g \rho^2 (t_S - t_W)}{\eta^3 \Delta h_v} \cdot H \right)^{1/2}. \tag{15.110}$$

Die Gln. 15.102 bis 15.110 können auch für senkrechte Rohre und Platten, nicht aber für waagrechte Rohre verwendet werden.

An sehr glatten Oberflächen, besonders wenn sie leicht eingefettet sind, oder an speziell vorbehandelten Flächen, die schlecht benetzen, bildet sich keine zusammenhängende Flüssigkeitsschicht, sondern der Dampf kondensiert in Form kleiner Tropfen, die sich vergrößern, bis sie unter dem Einfluß der Schwere ablaufen. Dabei fegen sie eine Bahn frei, auf der sich neue feine Tröpfchen bilden. Bei Tropfenkondensation stellen sich besonders hohe Wärmeübergangskoeffizienten ein. Da man im praktischen Betrieb aber nie ganz sicher sein kann, ob sich durch Veränderungen der Oberfläche, z. B. Verschmutzungen, die Tropfenkondensation auf die Dauer aufrecht erhalten lässt, rechnet man für die praktische Auslegung von Apparaten und Maschinen zweckmäßig nach der Theorie für einen geschlossenen Flüssigkeitsfilm.

Tabelle 15.3 enthält die zur Lösung von Aufgaben der Wärmeübertragung benötigten Stoffwerte: Dichte, spezifische Wärmekapazität, Wärmeleit- und Temperaturleitfähigkeit, Viskosität und Prandtl-Zahl einiger Stoffe.

Für die praktische Auslegung von Kondensatoren sei auf den VDI-Wärmeatlas[21] verwiesen, in dem weitere verschiedene empirische Gleichungen für verschiedene Anordnungen und Randbedingungen angegeben sind.

15.7 Wärmeübertrager – Gleichstrom, Gegenstrom, Kreuzstrom

In den vorstehenden Kapiteln haben wir den Wärmeübergang zwischen festen Oberflächen und gasförmigen oder flüssigen fluiden Stoffen behandelt, wobei meist die Temperaturen als gegebene konstante Größen angesehen wurden. Bei der Wärmeübertragung von einem Fluid durch eine Wand hindurch an ein zweites hatten wir mit Gl. 15.14b den Wärmedurchgangskoeffizienten k eingeführt und den Wärmestrom in der Form

$$\dot{Q} = kA(t_1 - t_2) \tag{15.111}$$

angegeben, wobei $t_1 - t_2 = \Delta t$ der Temperaturunterschied beider Fluide war.

Beim Wärmeübergang ohne Änderung des Aggregatzustandes ändert sich die Temperatur des Fluids längs der Heizfläche, und es ist in der Regel auch die Differenz Δt nicht mehr konstant. Zur Vereinfachung behält man aber in der Praxis meist die Form der Gl. 15.111 bei, indem man geeignete Mittelwerte $t_{1,m}$, $t_{2,m}$ und Δt_m einführt und

$$\dot{Q} = kA(t_{1,m} - t_{2,m}) = kA\Delta t_m \tag{15.112}$$

schreibt. Bei annähernd linearem Verlauf der Temperaturen jedes Fluids längs der Heizfläche kann man diese Mittelwerte algebraisch aus den Anfangstemperaturen $t_{1,0}$, $t_{2,0}$ und Endtemperaturen $t_{1,A}$, $t_{2,A}$ nach den Gleichungen

$$t_{1,m} = \frac{t_{1,0} + t_{1,A}}{2} \; ; \quad t_{2,m} = \frac{t_{2,0} + t_{2,A}}{2} \; ; \tag{15.113a}$$

$$\Delta t_m = \frac{t_0 + t_A}{2} \tag{15.113b}$$

bilden, wobei, um eine Zählrichtung der Heizflächen A festzulegen, der Index 0 hier als Ursprung dieser Koordinate ein Ende des Wärmeübertragers definiert und der Index A das andere Ende (vgl. Abb. 15.14, Zählrichtung bzw. Koordinate a).

Bei nichtlinearem Temperaturverlauf muss man in anderer Weise mitteln, wie im Folgenden gezeigt werden soll.

[21] VDI-Wärmeatlas, 10. Auflage, Springer-Verlag, 2006, Abschnitt J

Abb. 15.13 Arten des Wärmeaustausches. **a** Gleichstrom, **b** Gegenstrom, **c** Kreuzstrom

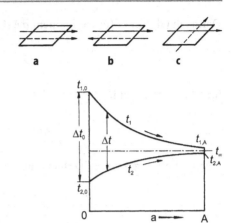

Abb. 15.14 Temperaturverlauf längs der Heizfläche beim Wärmeübergang im Gleichstrom ($\dot{C}_2 > \dot{C}_1$)

▸ **Merksatz** Für einen beliebigen Wärmeübertrager seien
$\dot{M}_1$ und $\dot{M}_2$ die Massenströme beider Fluide, SI-Einheit kg/s,
c_1 und c_2 ihre spezifischen Wärmekapazitäten und
$\dot{M}_1 c_1 = \dot{C}_1$ und $\dot{M}_2 c_2 = \dot{C}_2$ die Wärmekapazitätsströme, SI-Einheit W/K.

Dann gilt, wenn man von den meist vernachlässigbar kleinen Wärmeverlusten an die Umgebung absieht, für den übertragenen Wärmestrom die Bilanzgleichung

$$\dot{Q} = \dot{M}_1 c_1 (t_{1,0} - t_{1,A}) = \dot{M}_2 c_2 (t_{2,A} - t_{2,0}).$$ (15.114)

Daraus folgt

$$\frac{t_{1,0} - t_{1,A}}{t_{2,A} - t_{2,0}} = \frac{\dot{M}_2 c_2}{\dot{M}_1 c_1} = \frac{\dot{C}_2}{\dot{C}_1};$$ (15.115)

das heißt, die Temperaturänderungen beider Fluide verhalten sich umgekehrt wie ihre Wärmekapazitätsströme $\dot{C}_1$ und $\dot{C}_2$.

Um den Temperaturverlauf längs der Heizfläche ermitteln zu können, müssen wir auf die Bauart des Wärmeübertragers eingehen. Man unterscheidet – wie in Abb. 15.13 dargestellt – je nach Führung der Strömung die drei Bauarten

a) Gleichstrom,
b) Gegenstrom,
c) Kreuzstrom oder Querstrom.

15.7.1 Gleichstrom

Beim Wärmeübergang im Gleichstrom nähern sich die Temperaturen beider Fluide, und ihr Temperaturunterschied wird längs der Heizfläche stetig kleiner, wie es Abb. 15.14 zeigt.

Dann gilt Gl. 15.112 für ein Element dA der Heizfläche in der Form

$$d\dot{Q} = k(t_1 - t_2)\, dA,\tag{15.116}$$

und die Temperaturänderung beider Fluide längs der Heizfläche ergibt sich aus

$$d\dot{Q} = -\dot{C}_1\, dt_1 = \dot{C}_2\, dt_2.\tag{15.117}$$

Durch Eliminieren von $d\dot{Q}$ erhält man

$$dt_1 = -\frac{k}{\dot{C}_1}(t_1 - t_2)\, dA,\tag{15.118a}$$

$$dt_2 = \frac{k}{\dot{C}_2}(t_1 - t_2)\, dA,\tag{15.118b}$$

und hieraus durch Subtrahieren

$$-d(t_1 - t_2) = \left(\frac{1}{\dot{C}_1} + \frac{1}{\dot{C}_2}\right)(t_1 - t_2)\, k\, dA.\tag{15.119}$$

Mit den Abkürzungen

$$t_1 - t_2 = \Delta t \quad \text{und} \quad \frac{1}{\dot{C}_1} + \frac{1}{\dot{C}_2} = \mu$$

erhält man

$$\frac{d\Delta t}{\Delta t} = -\mu k\, dA.\tag{15.120}$$

Die Integration dieser Differentialgleichung über die gesamte Wärmeübertragerfläche ergibt

$$\Delta t_\mathrm{A} = \Delta t_0 e^{-\mu\, kA} \quad \text{oder} \quad \mu\, kA = \ln\frac{\Delta t_0}{\Delta t_\mathrm{A}};\tag{15.121}$$

wobei Δt_0 der Temperaturunterschied beider Fluide am Anfang und Δt_A der am Ende des Wärmeübertragers ist. Unter Zuhilfenahme von Gl. 15.116 kann man dann den durch die ganze Heizfläche A übertragenen Wärmestrom

$$\dot{Q} = \frac{\Delta t_0}{\mu}\left(1 - e^{-\mu\, kA}\right)\tag{15.122}$$

berechnen.

Wenn man daraus μ mit Hilfe der Beziehungen (15.121) eliminiert, erhält man

$$\dot{Q} = kA\frac{\Delta t_0 - \Delta t_\mathrm{A}}{\ln\Delta t_0 - \ln\Delta t_\mathrm{A}}.\tag{15.123}$$

Das ist dieselbe Form wie Gl. 15.112, wenn wir

$$\Delta t_m = \frac{\Delta t_0 - \Delta t_A}{\ln \Delta t_0 - \ln \Delta t_A} = \Delta t_0 \frac{1 - \frac{\Delta t_A}{\Delta t_0}}{\ln \frac{\Delta t_0}{\Delta t_A}} \qquad (15.124)$$

als mittlere Temperaturdifferenz einführen. Diese logarithmisch gemittelte Temperaturdifferenz ist kleiner als der Mittelwert $(\Delta t_0 + \Delta t_A)/2$ und erreicht ihn beim Grenzwert $\Delta t_0 = \Delta t_A$, wie man durch Reihenentwicklung des Ausdruckes (15.124) erkennt.

Setzt man $t_1 - t_2 = \Delta t$ aus Gl. 15.121 in die Ausdrücke (15.118a), (15.118b) für dt_1 und dt_2 ein und integriert, so ergeben sich – wenn man vor den eckigen Klammern für μ wieder seinen Wert einführt – die Gleichungen des Temperaturverlaufs beider Fluide in der Form

$$t_1 = t_{1,0} - \Delta t_0 \frac{\dot{C}_2}{\dot{C}_1 + \dot{C}_2}(1 - e^{-\mu kA}), \qquad (15.125a)$$

$$t_2 = t_{2,0} - \Delta t_0 \frac{\dot{C}}{\dot{C}_1 + \dot{C}_2}(1 - e^{-\mu kA}), \qquad (15.125b)$$

wenn man mit A die jeweilige Fläche des Wärmeübertragers bezeichnet. Denkt man sich die Heizfläche über den Wert A hinaus ins Unendliche verlängert, so erkennt man leicht, dass sich beide Temperaturen demselben Grenzwert

$$t_\infty = t_{1,0} - \Delta t_0 \frac{\dot{C}_2}{\dot{C}_1 + \dot{C}_2} = t_{2,0} + \Delta t_0 \frac{\dot{C}_1}{\dot{C}_1 + \dot{C}_2} \qquad (15.126)$$

asymptotisch nähern. In Abb. 15.14 sind die Temperaturen und ihre gemeinsame Asymptote t_∞ eingezeichnet. Dabei ist stets

$$(t_1 - t_\infty)/(t_\infty - t_2) = \dot{C}_2/\dot{C}_1. \qquad (15.127)$$

Ist auf der einen Seite etwa für das Fluid *2* der Wärmeübergangskoeffizient sehr groß gegenüber dem der anderen Seite, wie z. B. beim Kondensieren eines Dampfes oder beim Verdampfen einer Flüssigkeit oder auch bei sehr großen Strömungsgeschwindigkeiten, so bleibt die Temperatur $t_2 = t_{2,0}$ ungeändert und die Temperatur t_1 nähert sich asymptotisch diesem Wert.

15.7.2 Gegenstrom

Die oben für Gleichstrom abgeleiteten Gleichungen gelten unverändert für Gegenstrom, wenn man beachtet, dass dabei die Massenströme der beiden Fluide entgegengesetzt gerichtet sind. In den Ausdruck

$$\mu = \frac{1}{\dot{M}_1 c_1} + \frac{1}{\dot{M}_2 c_2} = \frac{1}{\dot{C}_1} + \frac{1}{\dot{C}_2}$$

Abb. 15.15 Temperaturverlauf
längs der Heizfläche beim Wärmeübergang im Gegenstrom
$(|\dot{C}_2| > \dot{C}_1)$

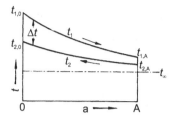

muss daher der Strom $\dot{M}_2 c_2$ als negative Größe eingeführt werden, wenn er – wie in
Abb. 15.15 angenommen – der positiven Zählrichtung a der Heizfläche entgegenströmt.
Dabei bekommt μ einen wesentlichen kleineren Wert als im Falle des Gleichstroms, und
man erkennt aus Gl. 15.126, dass die Grenztemperatur t_∞ unterhalb der Temperatur beider
Fluide liegt, wenn $\dot{C}_1 < |\dot{C}_2|$ ist, wie das in Abb. 15.14 und 15.15 angenommen ist.

Gegenstrom ist günstiger als Gleichstrom oder Kreuzstrom, denn er hat wegen der geringeren mittleren Temperaturdifferenz zwischen beiden Fluiden kleinere Exergieverluste
zur Folge, und im Grenzfall eines unendlichen großen Produktes kA und bei verschwin-
dendem Druckabfall der Strömung wäre sogar eine reversible Wärmeübertragung ohne
Temperaturunterschiede und damit ohne Entropiezunahme möglich.

15.7.3 Kreuzstrom

Bei Kreuzstrom strömen die Fluide beiderseits der Heizfläche senkrecht zueinander. Die
Temperaturen der Fluide sind Funktionen der Ortskoordinaten der Heizfläche und daher beim Austritt nicht konstant. Wir wollen eine ebene Platte betrachten, über die gemäß
Abb. 15.16 auf der Oberseite das Fluid *1* in x-Richtung und auf der Unterseite das Fluid *2* in
y-Richtung strömt. Das Fluid *1* sei wärmer als das Fluid *2*. Bezeichnen wir mit t_1 die Temperatur des wärmeren und mit t_2 die des kälteren Fluids und setzen den Wärmedurchgangskoeffizienten auf der ganzen Fläche als konstant voraus, so wird von dem Flächenelement
$dA = dx\, dy$ der Wärmestrom

$$d\dot{Q} = k\left(t_1 - t_2\right) dx\, dy$$

übertragen. Vernachlässigt man die Wärmeleitung parallel zur wärmeübertragenden Fläche, so kühlt dieser Wärmestrom das wärmere, in x-Richtung strömende Fluid ab nach der
Gleichung

$$d\dot{Q} = -d\dot{C}_1 \frac{dy}{B} \frac{\partial t_1}{\partial x} dx \tag{15.128a}$$

und erwärmt das kältere, in y-Richtung strömende Fluid nach

$$d\dot{Q} = -d\dot{C}_2 \frac{dx}{L} \frac{\partial t_2}{\partial y} dy, \tag{15.128b}$$

Abb. 15.16 Kreuzstrom an einer ebenen Platte

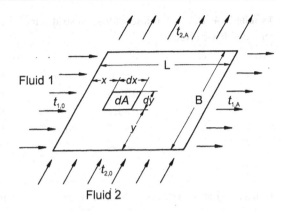

wenn mit $\dot{C}_1$ und $\dot{C}_2$ die Wärmekapazitätsströme des warmen und kalten Fluids bezeichnet werden. Treten beide Fluide mit den konstanten Anfangstemperaturen $t_{1,0}$ und $t_{2,0}$ in den Wärmeübertrager ein, so lauten die Grenzbedingungen

$$t_1 = t_{1,0} \quad \text{für} \quad x = 0 \quad \text{und} \quad t_2 = t_{2,0} \quad \text{für} \quad y = 0.$$

Führen wir nun statt x und y die dimensionslosen Veränderlichen

$$\xi = \frac{kB}{\dot{C}_1}x \quad \text{und} \quad \eta = \frac{kL}{\dot{C}_2}y \tag{15.129}$$

ein, so gehen die Gln. 15.128a und 15.128b unter Beachtung von $d\dot{Q} = k(t_1 - t_2) \cdot dx\, dy$ über in

$$\frac{\partial t_1}{\partial \xi} = t_2 - t_1, \tag{15.130}$$

$$\frac{\partial t_2}{\partial \eta} = t_1 - t_2. \tag{15.131}$$

Diese Beziehungen sind die gesuchten Differentialgleichungen für reinen Kreuzstrom. Sie wurden zuerst von Nußelt gelöst. Die Nußeltsche Lösung lässt sich in etwas vereinfachter Schreibweise als Reihenentwicklung darstellen:

$$\frac{t_1 - t_{2,0}}{t_{1,0} - t_{2,0}} = 1 - e^{-(\xi+\eta)}\left[\xi + \frac{\xi^2}{2!}(1+\eta) + \frac{\xi^3}{3!}\left(1+\eta+\frac{\eta^2}{2!}\right)\right.$$
$$\left. + \cdots + \frac{\xi^n}{n!}\left(1+\eta+\frac{\eta^2}{2!}+\cdots+\frac{\eta^{n-1}}{(n-1)!}\right) + \cdots\right], \tag{15.132}$$

$$\frac{t_2 - t_{2,0}}{t_{1,0} - t_{2,0}} = 1 - e^{-(\xi+\eta)}\left[1 + \xi + (1+\eta) + \frac{\xi^2}{2!}\left(1+\eta+\frac{\eta^2}{2!}\right)\right.$$
$$\left. + \cdots + \frac{\xi^n}{n!}\left(1+\eta+\frac{\eta^2}{2!}+\cdots+\frac{\eta^n}{n!}\right) + \cdots\right]. \tag{15.133}$$

Tabelle 15.4 Dimensionslose mittlere Austrittstemperatur $\Theta_m = \frac{t_{1,A}-t_{2,0}}{t_{1,0}-t_{2,0}}$ als Funktion der Parameter a und b nach Nußelt

$b =$	0	0,5	1	2	3	4
$a = 0$	1	0,6065	0,3679	0,1353	0,0498	0,0183
1	1	0,7263	0,5238	0,2676	0,1340	0,0660
2	1	0,8012	0,6338	0,3857	0,2271	0,1284
3	1	0,8455	0,7113	0,4846	0,3277	0,2027
4	1	0,8799	0,7665	0,5645	0,4018	0,2709

Hausen[22] hat verschiedene Näherungslösungen für die Differentialgleichungen 15.130 und 15.131 zusammengestellt, die sich sowohl für Handrechnungen als auch für Rechnungen auf dem Computer eignen. Ein einfaches Verfahren zur Ermittlung des Wärmeübergangs im Kreuzstrom-Wärmeübertrager wurde von Nußelt selbst angegeben. Er berechnete aus der Lösung der Differentialgleichungen 15.130 und 15.131 die dimensionslose mittlere Temperatur

$$\Theta_m = \frac{t_{1,A} - t_{2,0}}{t_{1,0} - t_{2,0}} \tag{15.134}$$

und stellte diese in Abhängigkeit der dimensionslosen Parameter

$$a = \frac{kLB}{\dot{C}_2} \quad \text{und} \quad b = \frac{kLB}{\dot{C}_1} \tag{15.135}$$

graphisch und in Form einer Tabelle dar. Auszugsweise sind Werte für die dimensionslose mittlere Temperatur in Tab. 15.4 wiedergegeben. Mit Hilfe des aus Tab. 15.4 entnommenen Wertes von Θ_m ergibt sich der von der Heizfläche A – mit den Kantenlängen L und B – übertragene Wärmestrom nach der Gleichung

$$\dot{Q}_1 = \dot{C}_1 (t_{1,0} - t_{2,0})(1 - \Theta_m). \tag{15.136}$$

Die mittlere Austrittstemperatur des anderen Fluids ergibt sich aus dem Verhältnis der Wärmekapazitätsströme nach der Gleichung

$$\frac{t_{1,0} - t_{1,A}}{t_{2,A} - t_{2,0}} = \frac{\dot{C}_2}{\dot{C}_1}. \tag{15.137}$$

$t_{1,A}$ und $t_{2,A}$ sind die mittleren Austrittstemperaturen des warmen und kalten Fluids.

Die mittlere Temperaturdifferenz $\Delta t_m = (t_{1,m} - t_{2,m})$, mit der man nach Gl. 15.112 den übertragenen Wärmestrom berechnen kann, ist bei Kreuzstrom komplizierter festzulegen als bei Gleich- und Gegenstrom. Ein Diagramm zur unmittelbaren Bestimmung von

---

[22] Hausen, H.: Wärmeübertragung im Gegenstrom, Gleichstrom und Kreuzstrom, 2. Aufl. Berlin, Heidelberg, New York: Springer 1976.

Abb. 15.17 Diagramm nach Kühne zur Ermittlung der mittleren Temperaturdifferenz Δt_m bei reinem Kreuzstrom, berechnet nach Roetzel

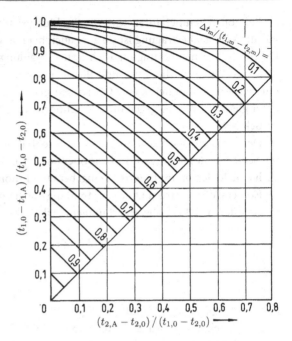

Δt_m aus den Ein- und Austrittstemperaturen hat Kühne[23] entworfen. Abbildung 15.17 zeigt dieses Diagramm nach einer genaueren Berechnung von Roetzel[24]. Hierin ist als Abszisse $(t_{2,\mathrm{A}} - t_{2,0})/(t_{1,0} - t_{2,0})$, als Ordinate $(t_{1,0} - t_{1,\mathrm{A}})/(t_{1,0} - t_{2,0})$ aufgetragen, wobei $t_{1,\mathrm{A}}$ und $t_{2,\mathrm{A}}$ die mittleren Austrittstemperaturen der Fluide sind und $\dot{C}_2 \geqq \dot{C}_1$ angenommen ist.

15.8 Die Wärmeübertragung durch Strahlung

15.8.1 Grundbegriffe, Emission, Absorption, das Gesetz von Kirchhoff

Außer durch die an Materie geknüpfte Wärmeleitung und Konvektion kann Wärme auch ohne jeden materiellen Träger durch Strahlung übertragen werden. Die Wärmestrahlung besteht aus einem kontinuierlichen Spektrum elektromagnetischer Wellen, die durch materielle Körper bei der Emission im Allgemeinen aus innerer Energie erzeugt und bei der Absorption wieder in solche verwandelt werden.

---

[23] Kühne, H.: Beitrag zur Frage der Aufstellung von Leistungsregeln für Wärmeaustauscher Z. VDI, Beiheft „Verfahrenstechnik" 2 (1943) 37–46.
[24] Roetzel, W.: Mittlere Temperaturdifferenz bei Kreuzstrom in einem Rohrbündel-Wärmeaustauscher. Brennstoff-Wärme-Kraft 21 (1969) 246–250.

Bei hohen Temperaturen wird die Strahlung sichtbar und ihre Energie steigt stark an. Für die Wärmeübertragung ist sie aber auch bei niedrigen Temperaturen von Bedeutung. Die für die Wärmeübertragung wichtigsten Strahlungsgesetze seien hier kurz behandelt.

Von der Oberfläche fester und flüssiger Körper wird Strahlung teils reflektiert, teils durchgelassen. Man nennt eine Oberfläche *spiegelnd*, wenn sie einen auftreffenden Strahl unter gleichem Winkel gegen die Flächennormale reflektiert, *matt*, wenn sie ihn zerstreut zurückwirft.

Der von der Oberfläche nicht reflektierte Teil der Strahlung wird entweder in tieferen Schichten des Körpers absorbiert oder durchgelassen. Bei inhomogenen Körpern kann auch eine Reflexion im Innern an eingebetteten Inhomogenitäten auftreten.

Fällt ein Wärmestrom $\dot{Q}$ durch Strahlung auf einen Körper, so wird ein Teil $\dot{Q}_R$ davon reflektiert, ein Teil $\dot{Q}_A$ absorbiert und ein Teil $\dot{Q}_D$ hindurchgelassen. Es ist

$$\dot{Q} = \dot{Q}_R + \dot{Q}_A + \dot{Q}_D$$

oder

$$1 = r + a + d \tag{15.138}$$

mit $r = \dot{Q}_R/\dot{Q}$, $a = \dot{Q}_A/\dot{Q}$ und $d = \dot{Q}_D/\dot{Q}$.

Den reflektierten Bruchteil misst man durch die *Reflexionszahl r*, den absorbierten Bruchteil durch die *Absorptionszahl a* und den durchgelassenen Bruchteil durch die *Durchlasszahl d*.

Man nennt einen Körper, der alle Strahlung reflektiert, einen *idealen Spiegel*. Für ihn ist $r = 1$, $a = 0$, $d = 0$.

Ein Körper, der alle auffallende Strahlung absorbiert, wird *schwarzer Körper* genannt. Für ihn ist $r = 0$, $a = 1$, $d = 0$.

Man nennt einen Körper *diatherman*, wenn er alle Strahlung durchlässt. Dann ist $r = 0$, $a = 0$, $d = 1$. Beispiele für diathermane Körper sind Gase wie O_2, N_2 und andere.

Die Entstehung von thermischer Strahlung aus innerer Energie bezeichnet man als *Emission*, die Umwandlung aufgenommener Strahlung in innere Energie als *Absorption*. Wie *Prévost* als erster erkannte, ist die ausgestrahlte Energie eines Körpers unabhängig von den Eigenschaften seiner Umgebung (Gesetz von Prévost). Ein „kälterer" Körper unterscheidet sich von einem ansonsten gleichen „heißeren" Körper dadurch, dass er weniger Strahlung emittiert.

Emission und Absorption hängen aber nicht nur von der Temperatur des Körpers, sondern auch von der Wellenlänge λ ab, bei der Strahlung ausgesendet bzw. absorbiert wird. Der von einem Flächenelement dA emittierte Wärmestrom hängt von der Größe des Flächenelements und dem Wellenlängenintervall $d\lambda$ ab,

$$d^2\dot{Q} \sim d\lambda\, dA\,.$$

Aus dieser Proportionalität entsteht eine Gleichung durch Einführen einer Funktion $J(\lambda, T)$

$$d^2\dot{Q} = J(\lambda, T)\, d\lambda\, dA\,, \tag{15.139}$$

die man *Intensität* der Strahlung nennt (SI-Einheit W/m^3). Die durch Gl. 15.139 definierte Intensität ist häufig eine komplizierte Funktion von Wellenlänge und Temperatur. Es kann vorkommen, dass Körper in bestimmten Wellenlängenbereichen überhaupt nicht, in anderen sehr intensiv Energie durch Strahlung aussenden. Die über alle Wellenlängen $0 \leq \lambda \leq \infty$ emittierte Strahlung erhält man durch Integration von Gl. 15.139

$$d\dot{Q} = dA \int_{\lambda=0}^{\infty} J(\lambda, T)\, d\lambda \, .$$

Man schreibt abkürzend

$$E(T) = \int_{\lambda=0}^{\infty} J(\lambda, T)\, d\lambda \qquad\qquad (15.140)$$

und bezeichnet die so definierte Größe $E(T)$ als die *Emission* (SI-Einheit W/m^2). Entsprechend der Einheit der Emission E handelt es sich dabei um eine Energiestromdichte, für die wir bisher die Variable $\dot{q}$ gewählt hatten.

Die von einem Körper absorbierte Strahlung hängt von der Intensität $J(\lambda, T)$ der ankommenden Strahlung ab, der Größe des Flächenelements dA, auf das die Strahlung auftrifft, und dem Wellenlängenintervall $d\lambda$, in dem Strahlung absorbiert wird,

$$d^2\dot{Q} \sim J(\lambda, T)\, d\lambda\, dA \, .$$

Die absorbierte Strahlung ist außerdem noch eine Funktion der Temperatur T' des Strahlungsempfängers. Um aus der Proportionalität eine Gleichung zu machen, führt man einen Faktor $a_\lambda(\lambda, T')$ ein gemäß

$$d^2\dot{Q} = a_\lambda(\lambda, T')J(\lambda, T)\, d\lambda\, dA \, , \qquad\qquad (15.141)$$

den man *monochromatische Absorptionszahl* nennt. Den Zusammenhang zwischen a_λ und λ bei vorgegebener Temperatur nennt man das Absorptionsspektrum des Körpers. Es ist meistens eine komplizierte Funktion der Wellenlänge, und es kann vorkommen, dass Körper im Bereich des sichtbaren Lichts keine Strahlung absorbieren, sondern alle auffallende Strahlung reflektieren, während sie im Bereich der thermischen Strahlung alle Strahlung absorbieren. Solche Körper erscheinen dem Auge als weiß, während sie im Sinne der vorigen Definition schwarze Strahler sind.

Die gesamte von der Fläche dA absorbierte Energie erhält man aus der Gl. 15.141 durch Integration über alle Wellenlängen

$$d\dot{Q} = dA \int_{\lambda=0}^{\infty} a_\lambda(\lambda, T')J(\lambda, T)\, d\lambda \qquad\qquad (15.142)$$

oder

$$d\dot{Q} = dA\, f(T', T)$$

Abb. 15.18 Zur Ableitung des
Kirchhoffschen Gesetzes

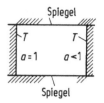

mit

$$f(T', T) = \int_{\lambda=0}^{\infty} a_\lambda(\lambda, T') J(\lambda, T) \, d\lambda \, .$$

Um den Anschluss an die bereits definierte Emission zu finden, spaltet man die Funktion $f(T', T)$ auf in

$$f(T', T) = a(T', T) \int_{\lambda=0}^{\infty} J(\lambda, T) \, d\lambda = a(T', T) E(T) \, .$$

Damit geht Gl. 15.142 über in

$$d\dot{Q} = a(T', T) E(T) \, dA \, . \tag{15.143}$$

Durch diese Gleichung ist die *Absorptionszahl* $a(T', T)$ definiert. Sie gibt an, welcher Bruchteil der von einem Körper der Temperatur T emittierten Energie von einem anderen Körper der Temperatur T' auf dessen Oberfläche dA absorbiert wird. Da schwarze Körper alle auftreffende Strahlungsenergie absorbieren, ist für sie $a = 1$, während für nichtschwarze Oberflächen $a < 1$ ist.

Zusammen mit Gl. 15.142 und mit 15.143 lässt sich die Absorptionszahl auf die Intensität und die monochromatische Absorptionszahl zurückführen:

$$a(T', T) = \int_{\lambda=0}^{\infty} a_\lambda(\lambda, T') J(\lambda, T) \, d\lambda / E(T) \tag{15.144}$$

mit $E(T)$ nach Gl. 15.140.

Zwischen Emission und Absorption von Körpern besteht ein enger Zusammenhang, den wir im Folgenden ableiten wollen.

Es mögen sich zwei Flächen gleicher Temperatur T gegenüberstehen, von denen die eine schwarz ($a = 1$), die andere nichtschwarz ($a < 1$) sei. Wie in Abb. 15.18 dargestellt, soll der Raum zwischen den Flächen durch ideale Spiegel ($r = 1$) nach außen abgeschlossen sein. Spiegel und Flächen sollen zusammen ein adiabates System bilden. Die Emission der schwarzen Fläche bezeichnen wir mit E_s, die der nichtschwarzen Fläche mit E. Die nichtschwarze Fläche absorbiert die Energie aE_s und wirft demnach den Anteil $E_s - aE_s$ auf die schwarze Fläche zurück. Diese absorbiert die von der nichtschwarzen Fläche emittierte Strahlung E und den zurückgeworfenen Anteil $E_s - aE_s$. Man hat also folgende Energiebeträge, die absorbiert oder emittiert werden.

	Emittiert	Absorbiert
schwarze Fläche	E_s	$E + E_s(1-a)$
nichtschwarze Fläche	E	aE_s

Im thermischen Gleichgewicht muss die emittierte gleich der absorbierten Energie sein, andernfalls würde sich die eine Platte abkühlen, die andere erwärmen, also letztlich Wärme von selbst von einem Körper tieferer auf einen Körper höherer Temperatur übergehen, was dem zweiten Hauptsatz der Thermodynamik widerspricht.

Durch Gleichsetzen der emittierten und der absorbierten Energien ergibt sich das *Gesetz von Kirchhoff*:[25]

$$E(T) = a(T) = a(T, T)E_s(T). \tag{15.145}$$

Es besagt, dass ein beliebiger Körper bei einer bestimmten zeitlich nicht veränderlichen Temperatur soviel Strahlung emittiert wie er von einem schwarzen Körper gleicher Temperatur absorbiert. Nach Einsetzen der Definitionen Gl. 15.140 für die Emission und Gl. 15.144 für die Absorptionszahl folgt aus Gl. 15.145

$$J(\lambda, T) = a_\lambda(\lambda, T)J_s(\lambda, T), \tag{15.146}$$

wenn $J_s(\lambda, T)$ die Intensität des schwarzen Strahlers ist. Da die Absorptionszahlen a und a_λ höchstens den Wert eins erreichen können, ergibt sich aus den Gln. 15.145 und 15.146

$$E(T) \leqq E_s(T),$$

$$J(\lambda, T) \leqq J_s(\lambda, T).$$

Das Gleichheitszeichen gilt hierbei für den schwarzen Strahler. Emission und Intensität des schwarzen Strahlers können demnach von keinem anderen Strahler übertroffen werden.

Das Verhältnis der Emission eines beliebigen Körpers zu der des schwarzen Körpers bei derselben Temperatur T nennt man auch *Emissionszahl* $\varepsilon(T)$. Sie ist definiert durch:

$$\varepsilon(T) = \frac{E(T)}{E_s(T)}. \tag{15.147}$$

Ist die Temperatur eines Körpers zeitlich konstant, so emittiert er ebenso viel Energie wie er absorbiert. Es gilt dann wieder das Gesetz von Kirchhoff, Gl. 15.145. Man sieht, dass bei zeitlich unveränderlicher Temperatur eines Körpers die Emissionszahl $\varepsilon(T)$ und die Absorptionszahl $a(T, T)$ übereinstimmen. In allen übrigen Fällen können beide erheblich voneinander abweichen.

---

[25] Gustav Robert Kirchhoff (1824–1887) war Professor für Theoretische Physik in Breslau (1850–1854), Heidelberg (1854–1875) und in Berlin (ab 1875). Er fand schon in seiner Studienzeit in Breslau die nach ihm benannten Gesetze der Stromverzweigung. Er fand die Gesetze der Absorption und Emission von Strahlung.

15.8.2 Die Strahlung des schwarzen Körpers

Ein schwarzer Strahler lässt sich mit Hilfe geschwärzter, z. B. berußter Oberflächen nur bis auf einige Prozent Abweichung von $a = 1$ herstellen. Man kann ihn aber beliebig genau verwirklichen durch einen Hohlraum, dessen Wände überall gleiche Temperatur haben und in dem man eine im Vergleich zu seiner Ausdehnung kleine Öffnung zum Austritt der Strahlung anbringt.

Die Intensität der schwarzen Strahlung verteilt sich auf die einzelnen Wellenlängen nach dem in Abb. 15.19 dargestellten *Planckschen Strahlungsgesetz*. Danach ist die Intensität J_s der Wellenlänge λ gegeben durch

$$J_s = \frac{c_1}{\lambda^5 (e^{c_2/\lambda T} - 1)}, \tag{15.148}$$

wobei man aus den experimentell ermittelten grundlegenden Konstanten der Physik (Boltzmannsche Konstante, Lichtgeschwindigkeit und Plancksches Wirkungsquantum) auf theoretischem Wege

$$c_1 = 3{,}74177107 \cdot 10^{-16}\,\mathrm{W\,m^2} \quad \text{und} \quad c_2 = 1{,}4387752 \cdot 10^{-2}\,\mathrm{m\,K} \quad \text{erhält}.$$

Der Wellenlängenbereich des sichtbaren Lichts liegt in einem sehr schmalen Streifen zwischen $0{,}36 \cdot 10^{-6}$ m und $0{,}78 \cdot 10^{-6}$ m. Der Bereich der thermischen Strahlung, mit dem man es in der Technik zu tun hat, liegt also zum großen Teil in einem weiten Bereich viel größerer Wellenlängen.

Die von der Sonne kommende Strahlung hat eine Intensitätsverteilung, die sich etwa mit der des schwarzen Strahlers von 5600 K deckt. Für Strahlungsrechnungen kann man die Sonne somit näherungsweise durch einen schwarzen Strahler von 5600 K ersetzen. Bei dieser Temperatur fällt etwa ein Drittel der Intensitätskurve in den Bereich des sichtbaren Lichts.

Wie man aus Abb. 15.19 erkennt, verschieben sich die Maxima der Intensität mit steigender Temperatur zu immer kleineren Wellenlängen. Die Wellenlänge λ_m des Intensitätsmaximums findet man aus

$$\frac{\partial J_s(\lambda, T)}{\partial \lambda} = 0$$

zu

$$\lambda_m T = 0{,}2897756 \cdot 10^{-2}\,\mathrm{m\,K}. \tag{15.149}$$

Dies ist das *Wiensche Verschiebungsgesetz*[26]. Mit ihm kann man aus der Lage des Intensitätsmaximums auf die Temperatur eines schwarzen Strahlers schließen oder umge-

---

[26] Wilhelm Carl Werner Otto Fritz Franz Wien (1864–1928) entdeckte 1893 als Assistent von Hermann v. Helmholtz an der Physikalisch Technischen Reichsanstalt in Berlin das Verschiebungsgesetz. Er wurde 1896 Professor für Physik an der TH Aachen, 1899 Professor in Würzburg und wechselte 1920 an die Universität München. 1911 erhielt er den Nobel-Preis für Physik für seine Arbeiten über Wärmestrahlung.

Abb. 15.19 Intensitätsverteilung der schwarzen Strahlung
nach dem Planckschen Gesetz

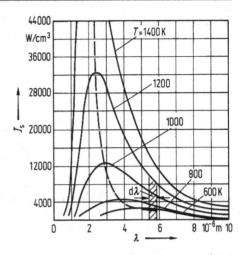

kehrt aus der Temperatur den Wellenlängenbereich hoher Strahlungsintensität abschätzen.

Durch Integration der Intensität, Gl. 15.148, über alle Wellenlängen erhält man nach
Gl. 15.140 die Emission des schwarzen Strahlers. Als Ergebnis der Integration erhält man
das *Stefan-Boltzmannsche Gesetz*[27] der Gesamtstrahlung

$$E_s = \sigma T^4 \qquad (15.150)$$

mit

$$\sigma = 5{,}67 \cdot 10^{-8}\ \mathrm{W/(m^2\,K^4)}\,.$$

Die theoretische Berechung über Gl. 15.148 aus den Grundkonstanten der Physik ergibt
als genaueren Wert $\sigma = (5{,}67051 \pm 0{,}00019) \cdot 10^{-8}\ \mathrm{W/(m^2\,K^4)}$.

Bisher hatten wir nur die Gesamtstrahlung aller Richtungen betrachtet und wollen nun
auf die Richtungsverteilung der von einem Flächenelement ausgehenden Strahlung eingehen.

Die Intensität der schwarzen Strahlung ist richtungsunabhängig. Schwarze Strahler
erscheinen von allen Richtungen aus betrachtet gleich hell. Die Emission in Richtung φ
gegen die Flächennormale nimmt lediglich ab, weil die Projektion der strahlenden Fläche in dieser Richtung abnimmt. In Richtung der Flächennormalen muss die von einer
schwarzen Oberfläche ausgesandte oder aus der Öffnung eines Hohlraumes herauskom-
mende schwarze Strahlung offenbar ihren größten Wert haben und in Richtung φ gegen
die Flächennormale entsprechend der Projektion der strahlenden Fläche in dieser Richtung abnehmen. Ist E_n die Emission in normaler Richtung, E_φ die in der Richtung φ

---

[27] L. Boltzmann, s. Fußnote 6 im Abschn. 8.4.2. Josef Stefan (1835–1893) war Professor für Physik
an der Universität Wien. Er veröffentlichte zahlreiche Arbeiten über Wärmeleitung und Diffusion,
über die Eisbildung und den Zusammenhang zwischen Oberflächenspannung und Verdampfung.
Das T^4-Gesetz der Wärmestrahlung fand er durch sorgfältige Auswertung älterer Experimente.

Abb. 15.20 Raumwinkelele-
ment der Halbkugel

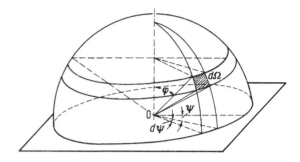

gegen die Normale, so gilt demnach für die schwarze Strahlung das *Lambertsche Cosinusgesetz*[28]

$$E_\varphi = E_\mathrm{n} \cos \varphi \,.$$ (15.151)

Mit wachsender Entfernung vom Strahler nimmt die auf die Einheit einer zur Richtung der Strahlung senkrechten Fläche fallende Strahlung proportional $1/r^2$ ab. Da die scheinbare Größe der strahlenden Fläche, d. h. der Raumwinkel, unter dem sie von der bestrahlten Fläche aus gesehen erscheint, sich im gleichen Verhältnis verkleinert, bleibt die Flächenhelligkeit des Strahlers ungeändert.

Die Gesamtstrahlung E aller Richtungen des Halbraumes über einem Flächenelement erhält man durch Integration über alle Raumwinkelelemente $d\Omega$ der Halbkugel nach der Gleichung

$$E = \int E_\mathrm{n} \cos \varphi \, d\Omega \,,$$

wobei nach Abb. 15.20

$$d\Omega = \sin \varphi \, d\varphi \, d\psi$$

ist. Die Integration ergibt den einfachen Ausdruck

$$E = \pi E_\mathrm{n} \,.$$ (15.152)

Die Gesamtstrahlung ist also das π-fache der Strahlung je Raumwinkeleinheit in senkrechter Richtung.

15.8.3 Die Strahlung technischer Oberflächen. Der graue Körper

Die Strahlung wirklicher Körper weicht von der des schwarzen Körpers wesentlich ab, sie hat im Allgemeinen eine andere Verteilung über die Wellenlänge und folgt auch nicht dem

---

[28] Johann Heinrich Lambert (1728–1777), Mathematiker, Physiker und Philosoph war zunächst Hauslehrer beim Grafen P. v. Salis in Chur, ab 1759 Mitglied der Bayerischen und ab 1765 Mitglied der Berliner Akademie der Wissenschaften. Er beschäftigte sich mit der Lichtausbreitung und vielen anderen Themen der Physik und Astronomie, konstruierte mehrere Luftthermometer und bewies, dass π und e keine rationalen Zahlen sind.

Lambertschen Cosinusgesetz. Die schwarze Strahlung bildet aber stets die obere Grenze, die für keine Wellenlänge und in keiner Richtung von anderen Körpern übertroffen werden kann, wenn diese nur auf Grund ihrer Temperatur strahlen.

Für andere Arten der Strahlungserzeugung durch elektrische Entladungen in Gasen, durch chemische Vorgänge usw. gilt die Begrenzung nicht.

Für die Zwecke der Wärmeübertragung genügt es in der Regel, die monochromatische Absorptionszahl $a_\lambda(\lambda, T)$ als unabhängig von der Wellenlänge anzusehen. Solche Körper bezeichnet man als *grau*. Nach Gl. 15.146 ist die Intensität

$$J(\lambda, T) = a_\lambda(T)J_\text{s}(\lambda, T) \tag{15.153}$$

als Funktion der Wellenlänge für jede vorgegebene Temperatur nur um einen konstanten Faktor a_λ gegenüber der Intensität des schwarzen Körpers verringert. Die Intensitätsverteilung entspricht also qualitativ der von Abb. 15.19, jedoch sind für jede Temperatur die Kurven um einen konstanten Faktor in Richtung kleinerer Werte der Intensität verschoben.

Integration von Gl. 15.153 über alle Wellenlängen ergibt für den grauen Strahler

$$E(T) = a_\lambda(T)E_\text{s}(T) \,.$$

Andererseits findet man durch Integration von Gl. 15.144

$$a(T', T) = a_\lambda(T') \,,$$

wenn T' die Temperatur des Strahlungsempfängers ist. Die letzte Beziehung ist nur möglich, wenn a nicht von der Temperatur T abhängt, sodass $a(T') = a_\lambda(T')$ ist. Dieses gilt für beliebige Temperaturen, also auch wenn $T' = T$ gesetzt wird, somit ist $a(T) = a_\lambda(T)$. Aufgrund von Gl. 15.147 ist außerdem $a_\lambda(T) = \varepsilon(T)$. Absorptions- und Emissionszahlen grauer Strahler stimmen überein. Man kann auf graue Strahler das Stefan-Boltzmannsche Gesetz in der Form

$$E(T) = \varepsilon(T)\sigma T^4 \tag{15.154}$$

anwenden.

Die Richtungsverteilung der Strahlung weicht, wie Messungen von E. Schmidt und Eckert[29] gezeigt haben, bei vielen Körpern erheblich vom Lambertschen Cosinusgesetz ab. Die Emissionszahl ε für die Gesamtstrahlung ist daher verschieden von der Emissionszahl ε_n in Richtung der Flächennormalen.

In Tab. 15.5 sind die Emissionszahlen einiger Oberflächen bei der Temperatur t angegeben.

---

[29] Schmidt, E.; Eckert, E.R.G.: Über die Richtungsverteilung der Wärmestrahlung von Oberflächen. Forsch. Ing. Wes. 6 (1935) 175–183.

Tabelle 15.5 Emissionszahl ε_n der Strahlung in Richtung der Flächennormalen und ε der Gesamtstrahlung für verschiedene Körper bei der Temperatur t. Bei Metallen nimmt die Emissionszahl mit steigender Temperatur zu, bei nichtmetallischen Körpern (Metalloxide, organische Körper) in der Regel etwas ab. Soweit genauere Messungen nicht vorliegen, kann für blanke Metalloberflächen im Mittel $\varepsilon/\varepsilon_n = 1{,}2$, für andere Körper bei glatter Oberfläche $\varepsilon/\varepsilon_n = 0{,}95$, bei rauher Oberfläche $\varepsilon/\varepsilon_n = 0{,}98$ gesetzt werden

Oberfläche	t in °C	ε_n	ε
Gold, hochglanzpoliert	225	0,018	
Silber, poliert	38	0,022	
Kupfer, poliert	20	0,030	
Kupfer, poliert, leicht angelaufen	20	0,037	
Kupfer, schwarz oxidiert	20	0,78	
Kupfer, oxidiert	130	0,76	0,725
Kupfer, geschabt	20	0,070	
Aluminium, walzblank	170	0,039	0,049
Aluminium, hochglanzpoliert	225	0,039	
Aluminiumbronzeanstrich	100	0,20…0,40	
Nickel, blank matt	100	0,041	0,046
Nickel, poliert	100	0,045	0,053
Chrom, poliert	150	0,058	0,071
Eisen und Stahl, hochglanzpoliert	175	0,052	
	225	0,064	
–, poliert	425	0,144	
	1027	0,377	
–, geschmirgelt	20	0,242	
Gußeisen, poliert	200	0,21	
Stahlguß, poliert	770	0,52	
	1040	0,56	
Eisen, vorpoliert	100	0,17	
oxidierte Oberflächen:			
Eisenbleich			
–, rot angerostet	20	0,612	
–, stark verrostet	19	0,685	
–, Walzhaut	21	0,657	

15.8.4 Der Strahlungsaustausch

Bisher betrachteten wir die Strahlung eines einzigen Körpers. In der Regel haben wir es aber mit zwei oder mehreren Körpern zu tun, die miteinander im Strahlungsaustausch stehen. Dabei bestrahlen nicht nur die wärmeren die kälteren Körper, sondern auch die kälteren

Tabelle 15.5 (Fortsetzung)

Oberfläche	t in °C	ε_n	ε
Gußeisen, oxidiert bei 866 K	200	0,64	
	600	0,78	
Stahl, oxidiert bei 866 K	200	0,79	
	600	0,79	
Stahlblech, dicke rauhe Oxidschicht	24	0,8	
Gußeisen, rauhe Oberfläche, stark oxidiert	38…250	0,95	
Emaille, Lacke	20	0,85…0,95	
Heizkörperlacke	100	0,925	
Ziegelstein, Mörtel, Putz	20	0,93	
Porzellan	20	0,92…0,94	
Glas	90	0,940	0,876
Eis, glatt, Wasser	0	0,966	0,918
Eis, rauher Reifbelag	0	0,985	
Wasserglasrußanstrich	20	0,96	
Papier	95	0,92	0,89
Holz	70	0,935	0,91
Dachpappe	20	0,93	

die wärmeren Körper, und die übertragene Wärmestrahlung ist die Differenz der jeweils absorbierten Anteile dieser Strahlungsbeträge.

Als einfachsten Fall betrachten wir die Wärmeübertragung durch Strahlung zwischen zwei parallelen ebenen sehr großen Flächen *1* und *2* mit den Temperaturen T_1 und T_2 und den Emissionszahlen ε_1 und ε_2. Dann emittieren nach dem Stefan-Boltzmannschen Gesetz die beiden Flächen die Strahlungen

$$E_1 = \varepsilon_1 \sigma T_1^4 \quad \text{und} \quad E_2 = \varepsilon_2 \sigma T_2^4 . \tag{15.155}$$

Da beide Flächen aber nicht schwarz sind, wird die von *1* auf *2* fallende Strahlung dort teilweise reflektiert, der zurückgeworfene Teil fällt wieder auf *1*, wird dort teilweise reflektiert, dieser Teil fällt wieder auf *2* usw. Das Gleiche gilt für die Strahlung der Fläche *2*. Es findet also ein dauerndes Hin- und Herwerfen von immer kleiner werdenden Strahlungsbeträgen statt, deren absorbierte Teile alle zur Wärmeübertragung beitragen. Man kann die übertragene Wärme durch Summieren aller dieser Einzelbeträge ermitteln, einfacher kommt man dabei in folgender Weise zum Ziel:

Die gesamte je Flächeneinheit von jeder der beiden Oberflächen ausgehende Strahlung bzw. Wärmestromdichte bezeichnen wir mit H_1 und H_2, da man im sichtbaren Bereich von *Helligkeit* der Fläche sprechen würde. Wir wollen diesen Begriff hier auf die Gesamtstrahlung übertragen. In H_1 und H_2 sind außer der eigenen Emission der Flächen auch alle an ihnen reflektierten Strahlungsbeträge enthalten.

Die ausgetauschte Wärmestromdichte ist dann gleich dem Unterschied

$$\dot{q}_{12} = H_1 - H_2$$

der Gesamtstrahlung beider Richtungen. Die von der Fläche *1* ausgehende Strahlung besteht aus der eigenen Emission E_1 und dem an ihr reflektierten Bruchteil der Strahlung H_2 nach der Gleichung

$$H_1 = E_1 + (1 - \varepsilon_1)H_2 \, .$$

Entsprechend gilt für die von Fläche *2* ausgehende Strahlung

$$H_2 = E_2 + (1 - \varepsilon_2)H_1 \, .$$

Berechnet man aus den beiden Gleichungen H_1 und H_2 und setzt in die vorhergehende Gleichung ein, so wird

$$\dot{q}_{12} = \frac{\varepsilon_2 E_1 - \varepsilon_1 E_2}{\varepsilon_2 + \varepsilon_1 - \varepsilon_1 \varepsilon_2}$$

oder, wenn man E_1 und E_2 nach Gl. 15.155 einsetzt,

$$\dot{q}_{12} = \frac{\sigma}{\frac{1}{\varepsilon_1} + \frac{1}{\varepsilon_2} - 1}(T_1^4 - T_2^4) = C_{12}(T_1^4 - T_2^4) \, . \tag{15.156}$$

Dabei bezeichnet man

$$\dot{C}_{12} = \frac{\sigma}{\frac{1}{\varepsilon_1} + \frac{1}{\varepsilon_2} - 1} \tag{15.157}$$

als *Strahlungsaustauschzahl*, sie ist stets kleiner als die Emissionszahl jedes der beiden Körper. Ist z. B. die erste Oberfläche schwarz, so wird $C_{12} = \varepsilon_2 \sigma$, sind beide schwarz, so wird $C_{12} = \sigma$.

Als nächsten Fall betrachten wir zwei im Strahlungsaustausch stehende, einander vollständig umschließende konzentrische Kugeln oder Zylinder nach Abb. 15.21a und b. Die beiden einander zugekehrten Oberflächen A_1 und A_2 sollen diffus reflektieren und das Lambertsche Cosinusgesetz befolgen. Dann fällt von der Strahlung des Körpers *2* nur der Bruchteil γ auf *1*, und der Bruchteil $1 - \gamma$ fällt auf *2* selbst zurück. Andererseits wird ein Flächenelement von *2* auch nur zum Bruchteil γ von *1* und zum Bruchteil $1 - \gamma$ von *2* angestrahlt.

Den Bruchteil γ erhält man in folgender Weise: Von jedem Punkt der Fläche *2* gehen nach allen Richtungen des Halbraumes Strahlen aus. Die Gesamtheit dieser Strahlen gruppieren wir nun zu lauter Bündeln von Parallelstrahlen nach Abb. 15.21b, deren jedes einer Richtung des Raumes zugeordnet ist. Von jedem dieser Bündel, dessen Querschnitt die Projektion der Kugel *2* ist, fällt ein Teil auf die Kugel *1*, der ihrem projizierten Querschnitt entspricht. Da die Projektionen im gleichen Verhältnis stehen wie die Flächen selbst, ist

$$\gamma = \frac{A_1}{A_2} \, .$$

Abb. 15.21 Strahlungsaustausch zwischen konzentrischen Flächen

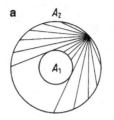
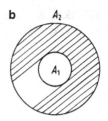

Dasselbe Ergebnis erhält man durch die gleichen Überlegungen für konzentrische Zylinder, und man kann diesen Wert von γ näherungsweise auch auf andere, einander vollständig umhüllende Flächen anwenden.

Sind wieder H_1 und H_2 die Helligkeiten der beiden Oberflächen, so geht von der Fläche A_1 der Wärmestrom $A_1 H_1$, von der Fläche A_2 der Wärmestrom $A_2 H_2$ aus. Von der letzten fällt aber nur der Betrag

$$\gamma A_2 H_2 = A_1 H_2$$

auf A_1. Der übertragene Wärmestrom ist

$$\dot{q}_{12} A_1 = \dot{Q}_{12} = A_1 (H_1 - H_2),$$

und für H_1 gilt wie früher

$$H_1 = E_1 + (1 - \varepsilon_1) H_2.$$

Bei H_2 besteht die reflektierte Strahlung aber aus zwei Teilen, von denen der eine die von *1* kommende Strahlung γH_1, der andere die von *2* wieder auf *2* zurückfallende Strahlung $(1 - \gamma) H_2$ berücksichtigt. Dann gilt

$$H_2 = E_2 + (1 - \varepsilon_2)\gamma H_1 + (1 - \varepsilon_2)(1 - \gamma) H_2.$$

Entfernt man aus diesen drei Gleichungen wieder H_1 und H_2 und setzt $\gamma = A_1/A_2$ sowie E_1 und E_2 aus Gl. 15.155 ein, so gilt für den Strahlungsaustausch solcher Flächenpaare

$$\dot{q}_{12} = \frac{\dot{Q}_{12}}{A_1} = \frac{\sigma}{\frac{1}{\varepsilon_1} + \frac{A_1}{A_2}\left(\frac{1}{\varepsilon_2} - 1\right)} (T_1^4 - T_2^4) = C_{12}(T_1^4 - T_2^4), \qquad (15.158)$$

wobei

$$C_{12} = \frac{\sigma}{\frac{1}{\varepsilon_1} + \frac{A_1}{A_2}\left(\frac{1}{\varepsilon_2} - 1\right)} \qquad (15.159)$$

die Strahlungsaustauschzahl ist. Wenn $A_2 \gg A_1$ ist, wird $C_{12} = \varepsilon_1 \sigma$, d. h. dann ist die Strahlung der Fläche A_2 gleichgültig.

Dieser Fall trifft z. B. auf ein Thermometer zu, das im Strahlungsaustausch mit den Zimmerwänden steht.

Abb. 15.22 Strahlungsaustausch zweier Flächenelemente

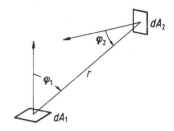

Bei einander nicht umschließenden Flächen ist die Berechnung des Strahlungsaustausches verwickelter. In Abb. 15.22 seien dA_1 und dA_2 Elemente zweier solcher beliebig im Raum liegender Flächen mit den Temperaturen T_1 und T_2, den Emissionszahlen ε_1 und ε_2 und der Entfernung r.

Das Element dA_1 strahlt dann im Ganzen den Wärmestrom

$$\varepsilon_1 E_s \, dA_1 = \varepsilon_1 \sigma T_1^4 \, dA_1$$

aus. Davon fällt je Raumwinkeleinheit in die Richtung φ_1 der Betrag

$$\frac{\varepsilon_1}{\pi} E_s \cos \varphi_1 \, dA_1 \,.$$

Auf das Element dA_2, das von dA_1 gesehen den Raumwinkel

$$d\Omega = \frac{dA_2 \cos \varphi_2}{r^2}$$

ausfüllt, trifft dann

$$\frac{\varepsilon_1}{\pi} E_s \cos \varphi_1 \, dA_1 \, d\Omega = \frac{\varepsilon_1}{\pi} E_s \frac{\cos \varphi_1 \cos \varphi_2}{r^2} \, dA_1 \, dA_2 \,.$$

Hiervon absorbiert dA_2 den Betrag

$$\frac{\varepsilon_1 \varepsilon_2}{\pi} E_s \frac{\cos \varphi_1 \cos \varphi_2}{r^2} \, dA_1 \, dA_2 = \frac{\varepsilon_1 \varepsilon_2}{\pi} \sigma T_1^4 \frac{\cos \varphi_1 \cos \varphi_2}{r^2} \, dA_1 \, dA_2 \,.$$

In gleicher Weise kann man die von dA_1 absorbierte Strahlung des Elements dA_2 ausrechnen und erhält

$$\frac{\varepsilon_1 \varepsilon_2}{\pi} \sigma T_2^4 \frac{\cos \varphi_1 \cos \varphi_2}{r^2} \, dA_1 \, dA_2 \,.$$

Die Differenz dieser Beträge ist der ausgetauschte Wärmestrom

$$d^2 \dot{Q}_{12} = \frac{\varepsilon_1 \varepsilon_2}{\pi} \sigma \left(T_1^4 - T_2^4 \right) \frac{\cos \varphi_1 \cos \varphi_2}{r^2} \, dA_1 \, dA_2 \,. \qquad (15.160)$$

Für endliche Flächen ergibt die Integration den ausgetauschten Wärmestrom

$$\dot{Q}_{12} = \frac{\varepsilon_1 \varepsilon_2}{\pi} \sigma (T_1^4 - T_2^4) \int_{A_2} \int_{A_1} \frac{\cos \varphi_1 \cos \varphi_2}{r^2} \, dA_1 \, dA_2 \,. \qquad (15.161)$$

Das über beide Flächen A_1 und A_2 zu erstreckende Doppelintegral ist dabei eine Größe, die nur von der räumlichen Anordnung der Flächen abhängt. Bei dieser Rechnung ist die Reflexion unberücksichtigt geblieben, d. h. es ist nicht beachtet, dass ein Teil, der z. B. von A_1 zurückgeworfen wird, hier teils absorbiert, teils reflektiert wird usw. Der Ausdruck gilt daher nur, wenn diese wieder zurückgeworfenen Beträge klein gegen die ursprüngliche Emission sind. Das ist der Fall, wenn die Oberflächen wenig reflektieren, also in ihren Eigenschaften dem schwarzen Körper nahekommen oder wenn die Raumwinkel, unter denen die Flächen voneinander gesehen erscheinen, klein sind. In der Feuerungstechnik, wo man solche Berechnungen der gegenseitigen Zustrahlung braucht, haben die Flächen meist Emissionsverhältnisse von 0,8 bis 0,9, sodass Gl. 15.161 anwendbar ist. Die unbequeme Integration kann man oft dadurch umgehen, dass man für $\cos \varphi_1$, $\cos \varphi_2$ und r mittlere geschätzte Werte einsetzt.

Die Gl. 15.161 kann man abkürzend auch

$$\dot{Q}_{12} = F_{12} A_1 \varepsilon_1 \varepsilon_2 \sigma (T_1^4 - T_2^4) \qquad (15.162)$$

schreiben, worin F_{12} der nur von der geometrischen Lage der beiden Flächen abhängige *Sichtfaktor* ist, den man auch *Einstrahlzahl* nennt

$$F_{12} = \frac{1}{A_1 \pi} \int_{A_2} \int_{A_1} \frac{\cos \varphi_1 \cos \varphi_2}{r^2} \, dA_1 \, dA_2 \,. \qquad (15.163)$$

Durch Vertauschen der beiden Indices 1 und 2 findet man für den Sichtfaktor

$$F_{12} A_1 = F_{21} A_2 \,. \qquad (15.164)$$

Gleichung 15.162 gilt voraussetzungsgemäß nur, wenn man wechselseitige Reflexionen vernachlässigen kann. Würde man in dieser vorigen Ableitung auch die wechselseitigen Reflexionen berücksichtigen, so ergäbe sich der allgemeine Ausdruck

$$\dot{Q}_{12} = \frac{\sigma \varepsilon_1 \varepsilon_2}{1 - (1 - \varepsilon_1)(1 - \varepsilon_2) F_{12} F_{21}} A_1 F_{12} (T_1^4 - T_2^4) \qquad (15.165)$$

mit den Einstrahlzahlen F_{12} und F_{21} nach den Gln. 15.163 und 15.164.

Da die Gln. 15.162 und 15.165 für praktische Rechnungen bequem sind, benutzt man sie meistens zur Berechnung des ausgetauschten Wärmestroms. Für in der Technik häufig vorkommende geometrische Anordnungen findet man Einstrahlzahlen in der einschlägigen

Literatur[38-41] meistens in Form von Diagrammen. Es sind aber auch graphische Verfahren zur näherungsweisen Ermittlung der Sichtfaktoren bekannt.

15.9   Beispiele und Aufgaben

Beispiel 15.1

Die Außenwand eines Raumes besteht aus Ziegelmauerwerk mit λ = 0,75 W/(K m). Sie ist δ = 0,36 mm dick und hat die Oberfläche A = 15 m². Der Wärmeübergangskoeffizient von der Raumluft zur Innenwand sei α_1 = 10 W/(m² K), der von der Außenwand zur Umgebung a_2 = 18 W/(m² K). Man berechne den Wärmestrom $\dot{Q}$, wenn die Raumtemperatur t_a = 20 °C und die Außentemperatur t_b = 2 °C. Wie ändert sich $\dot{Q}$, wenn die Wand aus Gasbeton-Steinen mit λ = 0,29 W/(K m) besteht und 0,25 m dick ist?
Nach Gl. 15.14b ist

$$\frac{1}{k} = \frac{1}{\alpha_1} + \frac{\delta}{\lambda} + \frac{1}{\alpha_2} = \frac{1}{10\,\text{W/(m}^2\,\text{K)}} + \frac{0,36\,\text{m}}{0,75\,\text{W/(K m)}} + \frac{1}{18\,\text{W/(m}^2\,\text{K)}}$$

$$k = 1,57\,\text{W/(m}^2\,\text{K)}$$

und nach Gl. 15.14a:

$$\dot{Q} = kA(t_a - t_b)$$
$$\dot{Q} = 1,57\,\text{W/(m}^2\,\text{K)} \cdot 15\,\text{m}^2 \cdot (20 - 2)\,\text{K} = 424\,\text{W}.$$

Besteht die Wand aus Gasbeton-Steinen, so wird k = 0,983 W/(m² K) und $\dot{Q}$ = 265 W.

Beispiel 15.2

Die Glasscheiben eines Doppelfensters sind innen 1 cm voneinander entfernt. Zwischen ihnen befindet sich atmosphärische Luft. Man berechne den Wärmeverluststrom durch ein 1,5 m² (Höhe 1 m, Breite 1,5 m) großes Doppelfenster bei einer Raumtemperatur von 20 °C und einer Außentemperatur von 0 °C. Man vergleiche mit dem Wärmeverluststrom eines Einfachfensters.

Gegeben sind folgende Werte: Wärmeübergangskoeffizient zwischen Raumluft und Innenscheibe α_1 = 15 W/(m² K), Dicke der Glasscheiben δ_{Gl} = 3 mm, Wärmeleitfähigkeit λ_{Gl} = 0,8 W/(K m), Wärmeübergangskoeffizient zwischen Außenscheibe und Außenluft α_2 = 20 W/(m² K). Viskosität der atmosphärischen Luft zwischen den Fensterscheiben ν = 144 · 10⁻⁷ mm²/s, Ausdehnungskoeffizient β = 3,5 · 10⁻³ K⁻¹, Wärmeleitfähigkeit λ = 0,025 W/(K m).

[38] Hottel, H.C.; Sarofim, A.F.: Radiative transfer. New York: McGraw-Hill 1967.
[39] VDI-Wärmeatlas, 9. Aufl. Düsseldorf: VDI-Verlag 2002, Abschnitt K.
[40] Siegel, R.; Howell, J.R.; Lohrengel, J.: Wärmeübertragung durch Strahlung. Teil 2: Strahlungsaustausch zwischen Oberflächen und Umhüllungen. Berlin, Heidelberg, New York: Springer 1991
[41] Howell, J.R.: Catalog of Radiation Configuration Factors. New York: McGraw-Hill 1982.

Die scheinbare Wärmeleitfähigkeit λ_s der Luft zwischen den Fensterscheiben ergibt sich aus Gl. 15.79. Darin ist die Grashof-Zahl, s. Gl. 15.72, $Gr_\delta = \frac{\delta^3 g \beta \Delta t}{\nu^2}$. Δt ist der Temperaturunterschied zwischen den Innenseiten der beiden Fensterscheiben. Dieser ist noch unbekannt. Wir schätzen ihn zu 17 °C. Damit wird

$$Gr_\delta = \frac{(0{,}01)^3 \, m^3 \cdot 9{,}81 \, m/s^2 \cdot 3{,}5 \cdot 10^{-3} \, K^{-1} \cdot 17 \, K}{(1{,}44 \cdot 10^{-5})^2},$$

$$Gr_\delta = 2{,}815 \cdot 10^3 \, .$$

Nach Gl. 15.79 wird

$$\frac{\lambda_s}{\lambda} = 0{,}18 \cdot (2{,}815 \cdot 10^3)^{1/4} \left(\frac{1 \, m}{0{,}01 \, m} \right)^{-1/9} = 0{,}786 \, ,$$

$$\lambda_s = 0{,}786 \cdot 0{,}025 \, W/(K\,m) = 0{,}0196 \, W/(K\,m) \, .$$

Der Wärmedurchgangskoeffizient folgt aus

$$\frac{1}{k} = \frac{1}{\alpha_1} + 2\frac{\delta_{Gl}}{\lambda_{Gl}} + \frac{\delta}{\lambda_s} + \frac{1}{\alpha_2}$$

$$= \frac{1}{15 \, W/(m^2\,K)} + 2\frac{3 \cdot 10^{-3} \, m}{0{,}8 \, W/(K\,m)} + \frac{0{,}1 \, m}{0{,}0196 \, W/(K\,m)} + \frac{1}{20 \, W/(m^2\,K)} \, ,$$

daraus erhält man $k = 1{,}576 \, W/(m^2\,K)$ und die Wärmestromdichte

$$\dot{q} = k(t_a - t_b) = 1{,}576 \, W/(m^2\,K)(20 - 0)K = 31{,}52 \, W/m^2 \, .$$

Die Temperaturdifferenz auf der Innenseite der Fensterscheiben folgt aus $\dot{q} = \frac{\lambda_s}{\delta}(t_1 - t_2)$ zu $t_1 - t_2 = \frac{\dot{q}\delta}{\lambda_s} = \frac{31{,}52 \, W/m^2 \cdot 0{,}1 \, m}{0{,}0196 \, W/(K\,m)} = 16{,}1 \, K$. Die anfänglich mit $t_1 - t_2 = 17 \, K$ geschätzte Temperaturdifferenz war also etwas zu hoch. Durch weitere Iteration findet man schließlich $t_1 - t_2 = 16{,}12 \, K$, $k = 1{,}56 \, W/(m^2\,K)$, $\dot{q} = 31{,}25 \, W/m^2$. Der Wärmeverluststrom ist $\dot{Q} = \dot{q}A = 31{,}25 \frac{W}{m^2} 1{,}5 \, m^2 = 46{,}9 \, W$.

Er wäre bei einer Einscheibenverglasung $\dot{Q} = kA(t_a - t_b)$ und $\frac{1}{k} = \frac{1}{\alpha_1} + \frac{\delta_{Gl}}{\lambda_{Gl}} + \frac{1}{\alpha_2}$ und mit $\frac{1}{k} = \frac{1}{15 \, W/(m^2\,K)} + \frac{3 \cdot 10^{-3} \, m}{0{,}8 \, W/(K\,m)} + \frac{1}{20 \, W/(m^2\,K)}$, $k = 8{,}304 \, W/(m^2\,K)$.
$\dot{Q} = 8{,}304 \, W/(m^2\,K) \cdot 1{,}5 \, m^2 \cdot 10 \, K$, $\dot{Q} = 249 \, W$, also rund 5,3mal so groß.

Beispiel 15.3

Eine Salzlösung soll in einem Doppelrohr-Wärmeübertrager von −15 °C auf −5 °C durch $\dot{M}_W = 2 \, kg/s$ Wasser erwärmt werden, das sich dabei von 20 °C auf 15 °C abkühlt. Der mittlere Wärmedurchgangskoeffizient sei $k = 150 \, W/(m^2\,K)$, die spez. Wärmekapazität des Wassers $c = 4{,}179 \, kJ/(kg\,K)$.

Welche Heizfläche benötigt a) ein Gleichstrom- b) ein Gegenstrom-Wärmeübertrager?

Es wird ein Wärmestrom $\dot{Q} = \dot{M}_W c(t_{2,A} - t_{2,0}) = 2\,\text{kg/s} \cdot 4{,}179 \cdot 10^3\,\text{J/(kg K)}(20 - 15)\,\text{K} = 41\,790\,\text{W}$ übertragen.

a) Die mittlere logarithmische Temperaturdifferenz bei Gleichstrom ist, Gl. 15.124:

$$\Delta t_m = \frac{\Delta t_0 - \Delta t_A}{\ln(\Delta t_0/\Delta t_A)} = \frac{(35\,\text{K} - 20\,\text{K})}{\ln(35\,\text{K}/20\,\text{K})} = 26{,}8\,\text{K},$$

die benötigte Heizfläche, Gl. 15.123:

$$A = \frac{\dot{Q}}{k\Delta t_0} = \frac{41\,790\,\text{W}}{150\,\text{W/(m}^2\,\text{K}) \cdot 26{,}8\,\text{K}} = 10{,}39\,\text{m}^2.$$

b) Es ist $\Delta t_m = \frac{(30-25)\,\text{K}}{\ln(30\,\text{K}/25\,\text{K})} = 27{,}42\,\text{K}$ und $A = \frac{41\,790\,\text{W}}{150\,\text{W/(m}^2\,\text{K}) \cdot 27{,}42\,\text{K}} = 10{,}16\,\text{m}^2$.

Beispiel 15.4

Ein Feuerbett von $4\,\text{m}^2$ Fläche und einer Temperatur von $1300\,°\text{C}$ strahlt eine Kesselheizfläche von $200\,°\text{C}$ an. Die Verbindungslinie von Feuerbettmitte zu Heizflächenmitte ist 5 m lang, sie steht senkrecht auf der Heizfläche und ist gegen die Normale der Feuerbettebene um $30\,°\text{C}$ geneigt. Die Entfernung des Feuerbettes von der Heizfläche ist also so groß, daß für alle Teile beider Flächen im Durchschnitt derselbe Neigungswinkel wie für die Verbindungslinie der Flächenmitten angesetzt werden kann. Die Emissionszahl des Feuerbettes beträgt $\varepsilon_1 = 0{,}95$, die der Heizfläche $\varepsilon_2 = 0{,}80$.

Wie groß ist die durch Strahlung übertragene Wärmestromdichte?

Mit Hilfe von Gl. 15.160, in die man für φ_1 und φ_2 mittlere Werte und für dA_1 und dA_2 die endliche Fläche von Rost und Heizfläche einsetzt, erhält man eine Wärmestromdichte in der Heizfläche allein durch Strahlung von

$$\dot{q}_{12} = \frac{0{,}95 \cdot 0{,}80}{\pi} \cdot 5{,}77 \cdot 10^{-8}[6{,}122 \cdot 10^{12} - 5{,}005 \cdot 10^{10}]\frac{1 \cdot 0{,}866}{25} \cdot 4\,\text{W/m}^2$$

$$= 11\,740\,\text{W/m}^2.$$

Aufgabe 15.1

Die Wand eines Kühlhauses besteht aus folgenden Schichten:

- einer äußeren Ziegelmauer von 50 cm Dicke ($\lambda = 0{,}75\,\text{W/(K m)}$),
- einer Korksteinisolierung von 10 cm Dicke ($\lambda = 0{,}04\,\text{W/(K m)}$),
- einer inneren Betonschicht von 5 cm Dicke ($\lambda = 1{,}0\,\text{W/(K m)}$).

Die Temperatur der Außenluft beträgt 25 °C, die der Luft im Inneren −5 °C. Der Wärmeübergangskoeffizient ist auf der Außenseite der Wand α_a = 20 W/(m^2 K), auf der Innenseite α_i = 7 W/(m^2 K).

Wieviel Wärme strömt durch 1 m^2 Wand hindurch?

Aufgabe 15.2

Ein Wasservorwärmer besteht aus vier versetzt hintereinander liegenden Rohrreihen mit je zehn Stahlrohren (Wärmeleitfähigkeit 50 W/(K m)) von 50 mm innerem und 56 mm äußerem Durchmesser sowie einer Länge von 2 m. Das Längs- und das Querteilungsverhältnis sind gleich groß. Der lichte Abstand zwischen zwei Rohren einer Reihe beträgt 50 mm, der lichte Abstand zwischen dem äußersten Rohr und dem Apparatemantel 25 mm. Jede Rohrreihe wird durch ein auf den Apparatemantel aufgesetztes, unbeheiztes Halbrohr ergänzt.

Durch das Rohrbündel strömen Rauchgase im Querstrom mit einer mittleren Geschwindigkeit von 6 m/s (bezogen auf den zwischen den Rohren freibleibenden Querschnitt). In den Rohren strömt Wasser mit einer mittleren Geschwindigkeit von 0,15 m/s.

Für die Rauchgase, die eine mittlere Temperatur von 325 °C besitzen, werden die Eigenschaften von Luft bei Atmosphärendruck angenommen (s. Tab. 15.3). Auf der Wasserseite (Druck 20 bar, mittlere Temperatur 175 °C) seien folgende Stoffwerte gegeben: Dichte ρ = 892,8 kg/m^3, spezifische Wärmekapazität c_p = 4350 J/(kg K), dynamische Viskosität η = 160 · 10^{-6} Pa · s, Wärmeleitfähigkeit λ = 0,679 W/(K m).

Wie groß sind die Wärmeübergangskoeffizienten auf der Rauchgas- und Wasserseite der Rohre? Die Nußelt-Zahl auf der Rauchgasseite ist hier mit dem Faktor 0,95 zu korrigieren, da das betrachtete Rohrbündel vier Reihen hat, die Formel von Hausen aber nur für Bündel ab zehn Rohrreihen gilt. Welche Abkühlung erfahren die Rauchgase? Um wieviel erwärmt sich das Wasser, wenn es alle Rohre nacheinander durchströmt?

Anhang A: Dampftabellen

Tabelle A.1 Zustandsgrößen von Wasser und Dampf bei Sättigung (Temperaturtafel)[1]

Tempe-ratur t	Druck p	Spez. Volumen der Flüssigkeit v'	des Dampfes v''	Enthalpie der Flüssigkeit h'	des Dampfes h''	Verdampfungsenthalpie $\Delta h_V = h'' - h'$	Entropie der Flüssigkeit s'	des Dampfes s''
°C	bar	dm³/kg	dm³/kg	kJ/kg	kJ/kg	kJ/kg	kJ/(kg K)	kJ/(kg K)
0,01	0,0061173	1,00022	205 987	0	2500,5	2500,5	0	9,1541
1	0,0065716	1,00015	192 439	4,1833	2502,4	2498,2	0,015284	9,1277
2	0,0070605	1,00010	179 762	8,4011	2504,2	2495,8	0,030641	9,1013
3	0,0075813	1,00007	168 016	12,613	2506,0	2493,4	0,045920	9,0752
4	0,0081359	1,00005	157 126	16,819	2507,9	2491,1	0,061125	9,0492
5	0,0087260	1,00006	147 024	21,021	2509,7	2488,7	0,076259	9,0236
6	0,0093537	1,00008	137 647	25,220	2511,5	2486,3	0,091326	8,9981
7	0,010021	1,00011	128 939	29,415	2513,4	2484,0	0,10633	8,9729
8	0,010730	1,00016	120 847	33,608	2515,2	2481,6	0,12127	8,9479
9	0,011482	1,00023	113 323	37,799	2517,1	2479,3	0,13615	8,9232
10	0,012281	1,00031	106 323	41,988	2518,9	2476,9	0,15097	8,8986
12	0,014027	1,00051	93 740	50,362	2522,6	2472,2	0,18044	8,8502
14	0,015988	1,00076	82 814	58,733	2526,2	2467,5	0,20969	8,8027
16	0,018185	1,00107	73 308	67,101	2529,9	2462,8	0,23873	8,7560
18	0,020644	1,00142	65 019	75,469	2533,5	2458,1	0,26757	8,7101
20	0,023388	1,00182	57 778	83,836	2537,2	2453,3	0,29621	8,6651
22	0,026447	1,00226	51 438	92,202	2540,8	2448,6	0,32465	8,6208
24	0,029850	1,00274	45 878	100,57	2544,5	2443,9	0,35290	8,5773
26	0,033629	1,00326	40 992	108,94	2548,1	2439,2	0,38096	8,5346
28	0,037818	1,00381	36 690	117,30	2551,7	2434,4	0,40884	8,4926
30	0,042455	1,00441	32 896	125,67	2555,3	2429,7	0,43653	8,4513
32	0,047578	1,00504	29 543	134,04	2559,0	2424,9	0,46404	8,4107
34	0,053229	1,00570	26 575	142,40	2562,6	2420,2	0,49137	8,3708
36	0,059454	1,00640	23 944	150,77	2566,2	2415,4	0,51851	8,3315
38	0,066298	1,00713	21 607	159,14	2569,8	2410,6	0,54549	8,2930

[1] Auszug aus Haar, K.; Gallagher, J.S.; Kell, G.S.: NBS/NRC Wasserdampftafeln. Hrsg. Grigull, U., Berlin: Springer 1988.

P. Stephan, K. Schaber, K. Stephan, F. Mayinger, *Thermodynamik*, Springer-Lehrbuch, DOI 10.1007/978-3-642-30098-1, © Springer-Verlag Berlin Heidelberg 2013

Tabelle A.1 (Fortsetzung)

Tempe-ratur t	Druck p	Spez. Volumen der Flüssigkeit v'	des Dampfes v''	Enthalpie der Flüssigkeit h'	des Dampfes h''	Verdampfungsenthalpie $\Delta h_V = h'' - h'$	Entropie der Flüssigkeit s'	des Dampfes s''
°C	bar	dm³/kg	dm³/kg	kJ/kg	kJ/kg	kJ/kg	kJ/(kg K)	kJ/(kg K)
40	0,073814	1,00789	19 528	167,50	2573,4	2405,9	0,57229	8,2550
42	0,082054	1,00869	17 676	175,87	2576,9	2401,1	0,59891	8,2177
44	0,091076	1,00951	16 023	184,23	2580,5	2396,3	0,62537	8,1810
46	0,10094	1,01036	14 545	192,60	2584,1	2391,5	0,65166	8,1450
48	0,11171	1,01124	13 222	200,96	2587,6	2386,7	0,67778	8,1094
50	0,12344	1,01215	12 037	209,33	2591,2	2381,9	0,70374	8,0745
52	0,13623	1,01309	10 972	217,69	2594,7	2377,0	0,72954	8,0401
54	0,15012	1,01406	10 015	226,06	2598,3	2372,2	0,75518	8,0063
56	0,16522	1,01505	9152,9	234,42	2601,8	2367,4	0,78067	7,9730
58	0,18159	1,01608	8375,9	242,79	2605,3	2362,5	0,80600	7,9402
60	0,19932	1,01712	7674,3	251,15	2608,8	2357,6	0,83119	7,9080
62	0,21851	1,01820	7040,1	259,52	2612,3	2352,8	0,85623	7,8762
64	0,23925	1,01930	6466,1	267,89	2615,8	2347,9	0,88112	7,8450
66	0,26163	1,02043	5945,8	276,26	2619,2	2343,0	0,90586	7,8142
68	0,28576	1,02158	5473,6	284,63	2622,7	2338,0	0,93047	7,7838
70	0,31176	1,02276	5044,6	293,01	2626,1	2333,1	0,95494	7,7540
72	0,33972	1,02396	4654,4	301,39	2629,5	2328,1	0,97928	7,7246
74	0,36978	1,02519	4299,0	309,77	2632,9	2323,2	1,0035	7,6956
76	0,40205	1,02644	3975,0	318,15	2636,3	2318,2	1,0275	7,6670
78	0,43665	1,02772	3679,1	326,54	2639,7	2313,2	1,0515	7,6389
80	0,47373	1,02902	3408,8	334,93	2643,1	2308,1	1,0753	7,6112
82	0,51342	1,03035	3161,5	343,32	2646,4	2303,2	1,0990	7,5838
84	0,55585	1,03171	2935,0	351,72	2649,7	2298,0	1,1226	7,5569
86	0,60119	1,03308	2727,3	360,12	2653,1	2292,9	1,1460	7,5304
88	0,64958	1,03449	2536,8	368,52	2656,4	2287,8	1,1693	7,5042
90	0,70117	1,03591	2361,7	376,93	2659,6	2282,7	1,1925	7,4784
92	0,75614	1,03736	2200,7	385,35	2662,9	2277,5	1,2156	7,4529
94	0,81466	1,03884	2052,4	393,77	2666,1	2272,4	1,2386	7,4278
96	0,87688	1,04034	1915,9	402,20	2669,4	2267,2	1,2615	7,4030
98	0,94301	1,04186	1789,9	410,63	2672,5	2261,9	1,2842	7,3786
100	1,0132	1,04341	1673,6	419,06	2675,7	2256,7	1,3069	7,3545
105	1,2079	1,04739	1420,0	440,18	2683,6	2243,4	1,3630	7,2956
110	1,4324	1,05153	1210,6	461,34	2691,3	2229,9	1,4186	7,2386
115	1,6902	1,05582	1037,0	482,54	2698,8	2216,3	1,4735	7,1833

Tabelle A.1 (Fortsetzung)

Tempe-ratur t	Druck p	Spez. Volumen der Flüssigkeit v'	des Dampfes v''	Enthalpie der Flüssigkeit h'	des Dampfes h''	Verdampfungsenthalpie $\Delta h_V = h'' - h'$	Entropie der Flüssigkeit s'	des Dampfes s''
°C	bar	dm³/kg	dm³/kg	kJ/kg	kJ/kg	kJ/kg	kJ/(kg K)	kJ/(kg K)
120	1,9848	1,06027	892,19	503,78	2706,2	2202,4	1,5278	7,1297
125	2,3201	1,06488	770,87	525,07	2713,4	2188,3	1,5815	7,0777
130	2,7002	1,06965	668,73	546,41	2720,4	2174,0	1,6346	7,0272
135	3,1293	1,07459	582,35	567,80	2727,2	2159,4	1,6873	6,9780
140	3,6119	1,07970	508,99	589,24	2733,8	2144,6	1,7394	6,9302
145	4,1529	1,08498	446,43	610,75	2740,2	2129,5	1,7910	6,8836
150	4,7572	1,09044	392,86	632,32	2746,4	2114,1	1,8421	6,8381
155	5,4299	1,09609	346,81	653,95	2752,3	2098,3	1,8927	6,7937
160	6,1766	1,10193	307,09	675,65	2758,0	2082,3	1,9429	6,7503
165	7,0029	1,10796	272,70	697,43	2763,3	2065,9	1,9927	6,7078
170	7,9147	1,11420	242,83	719,28	2768,5	2049,2	2,0421	6,6662
175	8,9180	1,12065	216,79	741,22	2773,3	2032,0	2,0911	6,6254
180	10,019	1,12732	194,03	763,25	2777,8	2014,5	2,1397	6,5853
185	11,225	1,13422	174,06	785,37	2782,0	1996,6	2,1879	6,5459
190	12,542	1,14136	155,60	807,60	2785,8	1978,2	2,2358	6,5071
195	13,976	1,14875	141,02	829,93	2789,4	1959,4	2,2834	6,4689
200	15,536	1,15641	127,32	852,38	2792,5	1940,1	2,3308	6,4312
205	17,229	1,16435	115,17	874,96	2795,3	1920,4	2,3778	6,3940
210	19,062	1,17258	104,38	897,66	2797,7	1900,0	2,4246	6,3572
215	21,042	1,18113	94,753	920,51	2799,7	1879,2	2,4712	6,3208
220	23,178	1,19000	86,157	943,51	2801,3	1857,8	2,5175	6,2847
225	25,479	1,19922	78,460	966,67	2802,4	1835,7	2,5637	6,2488
230	27,951	1,20882	71,552	990,00	2803,1	1813,1	2,6097	6,2131
235	30,604	1,21881	65,340	1013,5	2803,3	1789,7	2,6556	6,1777
240	33,447	1,22922	59,742	1037,2	2803,0	1765,7	2,7013	6,1423
245	36,488	1,24009	54,686	1061,2	2802,1	1741,0	2,7470	6,1070
250	39,736	1,25145	50,111	1085,3	2800,7	1715,4	2,7926	6,0717
255	43,202	1,26334	45,962	1109,7	2798,8	1689,1	2,8382	6,0363
260	46,894	1,27579	42,194	1134,4	2796,2	1661,9	2,8838	6,0009
265	50,823	1,28887	38,764	1159,3	2793,0	1633,7	2,9294	5,9652
270	54,999	1,30262	35,636	1184,6	2789,1	1604,6	2,9751	5,9293
275	59,431	1,31711	32,779	1210,1	2784,5	1574,4	3,0209	5,8931
280	64,132	1,33242	30,164	1236,1	2779,2	1543,1	3,0669	5,8565
285	69,111	1,34862	27,766	1262,4	2773,0	1510,6	3,1131	5,8195

Tabelle A.1 (Fortsetzung)

Tempe- ratur t	Druck p	Spez. Volumen der Flüs- sigkeit v'	des Dampfes v''	Enthalpie der Flüs- sigkeit h'	des Dampfes h''	Verdamp- fungsen- thalpie $\Delta h_V = h'' - h'$	Entropie der Flüs- sigkeit s'	des Dampfes s''
°C	bar	dm³/kg	dm³/kg	kJ/kg	kJ/kg	kJ/kg	kJ/(kg K)	kJ/(kg K)
290	74,380	1,36581	25,563	1289,1	2765,9	1476,7	3,1595	5,7818
295	79,952	1,38412	23,536	1316,3	2757,8	1441,5	3,2062	5,7434
300	85,838	1,40369	21,667	1344,1	2748,7	1404,7	3,2534	5,7042
310	98,605	1,44728	18,340	1401,2	2727,0	1325,8	3,3491	5,6226
320	112,79	1,49843	15,476	1461,3	2699,7	1238,5	3,4476	5,5356
330	128,52	1,56007	12,985	1525,0	2665,3	1140,3	3,5501	5,4407
340	145,94	1,63727	10,788	1593,8	2621,3	1027,5	3,6587	5,3345
350	165,21	1,74008	8,8121	1670,4	2563,5	893,03	3,7774	5,2105
360	186,55	1,89356	6,9617	1761,0	2482,0	721,06	3,9153	5,0542
370	210,30	2,20685	4,9927	1889,7	2340,2	450,42	4,1094	4,8098
373,976	220,55	3,106	3,106	2086	2086	0	4,409	4,409

Tabelle A.2 Zustandsgrößen von Wasser und Dampf bei Sättigung (Drucktafel)[2]

Tempe- ratur t	Druck p	Spez. Volumen der Flüs- sigkeit v'	des Dampfes v''	Enthalpie der Flüs- sigkeit h'	des Dampfes h''	Verdamp- fungsen- thalpie $\Delta h_V = h'' - h'$	Entropie der Flüs- sigkeit s'	des Dampfes s''
°C	bar	dm³/kg	dm³/kg	kJ/kg	kJ/kg	kJ/kg	kJ/(kg K)	kJ/(kg K)
0,01	6,9696	1,00011	129 194	29,288	2513,3	2484,0	0,10587	8,9737
0,02	17,497	1,00133	66 998	73,366	2532,6	2459,2	0,26034	8,7216
0,03	24,083	1,00276	45 661	100,92	2544,6	2443,7	0,35408	8,5755
0,04	28,966	1,00410	34 798	121,35	2553,5	2432,1	0,42224	8,4725
0,05	32,881	1,00533	28 191	137,72	2560,5	2422,8	0,47610	8,3930
0,06	36,167	1,00646	23 738	151,47	2566,5	2415,0	0,52077	8,3283
0,07	39,008	1,00751	20 529	163,35	2571,6	2408,2	0,55902	8,2738
0,08	41,518	1,00849	18 103	173,85	2576,1	2402,2	0,59251	8,2267
0,09	43,771	1,00941	16 203	183,27	2580,1	2396,8	0,62234	8,1852
0,10	45,817	1,01028	14 674	191,83	2583,8	2391,9	0,64926	8,1482
0,20	60,073	1,01716	7649,9	251,46	2608,9	2357,5	0,83211	7,9068
0,30	69,114	1,02223	5229,8	289,30	2624,6	2335,3	0,94411	7,7672
0,40	75,877	1,02636	3994,0	317,64	2636,1	2318,5	1,0261	7,6688
0,50	81,339	1,02991	3240,9	340,54	2645,3	2304,8	1,0912	7,5928

[2]Siehe Fußnote Tab. A.1.

Tabelle A.2 (Fortsetzung)

Tempe-ratur t	Druck p	Spez. Volumen der Flüs-sigkeit v'	des Dampfes v''	Enthalpie der Flüs-sigkeit h'	des Dampfes h''	Verdamp-fungsen-thalpie $\Delta h_V = h'' - h'$	Entropie der Flüs-sigkeit s'	des Dampfes s''
°C	bar	dm³/kg	dm³/kg	kJ/kg	kJ/kg	kJ/kg	kJ/(kg K)	kJ/(kg K)
0,60	85,949	1,03305	2732,4	359,90	2653,0	2293,1	1,1454	7,5310
0,70	89,956	1,03588	2365,4	376,75	2659,6	2282,8	1,1920	7,4789
0,80	93,511	1,03848	2087,6	391,71	2665,3	2273,6	1,2330	7,4339
0,90	96,713	1,04088	1869,8	405,20	2670,5	2265,3	1,2696	7,3943
1,00	99,632	1,04313	1694,3	417,51	2675,1	2257,6	1,3027	7,3589
1,10	102,32	1,04524	1549,8	428,85	2679,4	2250,5	1,3330	7,3269
1,20	104,81	1,04724	1428,7	439,38	2683,3	2243,9	1,3609	7,2978
1,30	107,14	1,04914	1325,6	449,22	2686,9	2237,7	1,3869	7,2710
1,40	109,32	1,05096	1236,8	458,46	2690,2	2231,8	1,4111	7,2462
1,50	111,38	1,05270	1159,5	467,18	2693,4	2226,2	1,4338	7,2232
1,60	113,33	1,05437	1091,6	475,44	2696,3	2220,9	1,4552	7,2016
1,70	115,18	1,05598	1031,4	483,29	2699,1	2215,8	1,4754	7,1814
1,80	116,94	1,05753	977,67	490,78	2701,7	2210,9	1,4946	7,1623
1,90	118,63	1,05903	929,43	497,94	2704,2	2206,2	1,5129	7,1443
2,00	120,24	1,06049	885,86	504,80	2706,5	2201,7	1,5304	7,1272
2,20	123,28	1,06328	810,23	517,74	2710,9	2193,2	1,5631	7,0954
2,40	126,10	1,06592	746,81	529,77	2715,0	2185,2	1,5933	7,0664
2,60	128,74	1,06843	692,85	541,03	2718,7	2177,6	1,6213	7,0398
2,80	131,22	1,07084	646,36	551,61	2722,1	2170,5	1,6475	7,0151
3,00	133,56	1,07315	605,86	561,61	2725,3	2163,7	1,6721	6,9921
3,20	135,77	1,07537	570,27	571,10	2728,3	2157,2	1,6953	6,9706
3,40	137,88	1,07751	538,73	580,12	2731,1	2150,9	1,7173	6,9504
3,60	139,88	1,07958	510,58	588,74	2733,7	2144,9	1,7381	6,9313
3,80	141,80	1,08158	485,29	596,99	2736,2	2139,2	1,7580	6,9132
4,00	143,64	1,08353	462,46	604,91	2738,5	2133,6	1,7770	6,8961
4,20	145,41	1,08542	441,72	612,52	2740,7	2128,2	1,7952	6,8798
4,40	147,11	1,08727	422,81	619,85	2742,9	2123,0	1,8126	6,8642
4,60	148,75	1,08906	405,48	626,92	2744,9	2117,9	1,8294	6,8493
4,80	150,33	1,09082	389,56	633,76	2746,8	2113,0	1,8455	6,8351
5,00	151,87	1,09253	374,86	640,38	2748,6	2108,2	1,8610	6,8214
5,20	153,35	1,09421	361,26	646,80	2750,4	2103,6	1,8761	6,8082
5,40	154,79	1,09585	348,63	653,03	2752,0	2099,0	1,8906	6,7955
5,60	156,18	1,09746	336,87	659,09	2753,7	2094,6	1,9047	6,7833
5,80	157,54	1,09903	325,89	664,97	2755,2	2090,2	1,9183	6,7715

Tabelle A.2 (Fortsetzung)

Tempe-ratur t	Druck p	Spez. Volumen der Flüssigkeit v'	des Dampfes v''	Enthalpie der Flüssigkeit h'	des Dampfes h''	Verdampfungsenthalpie $\Delta h_V = h'' - h'$	Entropie der Flüssigkeit s'	des Dampfes s''
°C	bar	dm³/kg	dm³/kg	kJ/kg	kJ/kg	kJ/kg	kJ/(kg K)	kJ/(kg K)
6,00	158,86	1,10058	315,63	670,71	2756,7	2086,0	1,9315	6,7601
6,50	162,02	1,10434	292,63	684,42	2760,2	2075,7	1,9631	6,7330
7,00	164,98	1,10794	272,81	697,35	2763,3	2066,0	1,9925	6,7079
7,50	167,79	1,11141	255,55	709,59	2766,2	2056,6	2,0203	6,6845
8,00	170,44	1,11476	240,37	721,23	2768,9	2047,7	2,0464	6,6625
8,50	172,97	1,11801	226,92	732,32	2771,4	2039,0	2,0712	6,6418
9,00	175,39	1,12116	214,91	742,93	2773,6	2030,7	2,0948	6,6222
9,50	177,70	1,12422	204,13	753,10	2775,7	2022,6	2,1173	6,6036
10,00	179,92	1,12720	194,38	762,88	2777,7	2014,8	2,1388	6,5859
11,00	184,10	1,13296	177,47	781,38	2781,2	1999,9	2,1793	6,5529
12,00	188,00	1,13847	163,28	798,68	2784,3	1985,7	2,2167	6,5226
13,00	191,64	1,14376	151,20	814,93	2787,0	1972,1	2,2515	6,4945
14,00	195,08	1,14887	140,79	830,28	2789,4	1959,1	2,2842	6,4683
15,00	198,33	1,15382	131,72	844,85	2791,5	1946,7	2,3150	6,4438
16,00	201,41	1,15862	123,75	858,73	2793,3	1934,6	2,3441	6,4207
17,00	204,35	1,16330	116,68	872,00	2795,0	1923,0	2,3717	6,3989
18,00	207,15	1,16786	110,37	884,71	2796,4	1911,7	2,3980	6,3781
19,00	209,84	1,17231	104,71	896,92	2797,6	1900,7	2,4231	6,3584
20,00	212,42	1,17667	99,588	908,69	2798,7	1890,0	2,4471	6,3396
22,00	217,29	1,18515	90,700	931,01	2800,5	1869,5	2,4924	6,3042
24,00	221,83	1,19333	83,244	951,96	2801,7	1849,8	2,5344	6,2715
26,00	226,08	1,20127	76,898	971,71	2802,6	1830,9	2,5737	6,2410
28,00	230,10	1,20900	71,427	990,45	2803,1	1812,6	2,6106	6,2125
30,00	233,89	1,21656	66,662	1008,3	2803,3	1795,0	2,6454	6,1855
32,00	237,50	1,22396	62,471	1025,3	2803,2	1777,8	2,6785	6,1600
34,00	240,93	1,23122	58,757	1041,7	2802,8	1761,1	2,7099	6,1357
36,00	244,22	1,23837	55,441	1057,4	2802,3	1744,9	2,7399	6,1125
38,00	247,37	1,24542	52,462	1072,6	2801,5	1729,0	2,7686	6,0903
40,00	250,39	1,25236	49,771	1087,2	2800,6	1713,4	2,7962	6,0689
42,00	253,30	1,25924	47,327	1101,4	2799,5	1698,1	2,8227	6,0483
44,00	256,11	1,26605	45,096	1115,2	2798,3	1683,1	2,8483	6,0285
46,00	258,82	1,27279	43,053	1128,5	2796,9	1668,4	2,8730	6,0093
48,00	261,44	1,27949	41,174	1141,5	2795,4	1653,9	2,8969	5,9906
50,00	263,98	1,28614	39,440	1154,2	2793,7	1639,5	2,9201	5,9725

Tabelle A.2 (Fortsetzung)

Tempe-ratur t	Druck p	Spez. Volumen der Flüs-sigkeit v'	des Dampfes v''	Enthalpie der Flüs-sigkeit h'	des Dampfes h''	Verdamp-fungsen-thalpie $\Delta h_V = h'' - h'$	Entropie der Flüs-sigkeit s'	des Dampfes s''
°C	bar	dm³/kg	dm³/kg	kJ/kg	kJ/kg	kJ/kg	kJ/(kg K)	kJ/(kg K)
55,00	270,00	1,30263	35,635	1184,6	2789,1	1604,6	2,9752	5,9293
60,00	275,62	1,31897	32,442	1213,3	2783,9	1570,6	3,0266	5,8886
65,00	280,89	1,33524	29,720	1240,7	2778,1	1537,4	3,0751	5,8500
70,00	285,86	1,35151	27,372	1267,0	2771,8	1504,8	3,1211	5,8130
75,00	290,57	1,36784	25,324	1292,2	2765,0	1472,8	3,1648	5,7774
80,00	295,04	1,38428	23,520	1316,6	2757,8	1441,2	3,2066	5,7431
85,00	299,30	1,40089	21,918	1340,2	2750,1	1409,9	3,2468	5,7097
90,00	303,38	1,41770	20,485	1363,1	2742,0	1378,9	3,2855	5,6771
95,00	307,28	1,43478	19,194	1385,4	2733,4	1348,0	3,3229	5,6453
100,00	311,03	1,45216	18,025	1407,3	2724,5	1317,2	3,3591	5,6139
110,00	318,11	1,48808	15,986	1449,7	2705,4	1255,7	3,4287	5,5525
120,00	324,71	1,52591	14,262	1490,7	2684,5	1193,8	3,4953	5,4921
130,00	330,89	1,56620	12,779	1530,9	2661,8	1131,0	3,5595	5,4318
140,00	336,70	1,60962	11,485	1570,4	2637,1	1066,7	3,6220	5,3711
150,00	342,19	1,65710	10,339	1609,8	2610,1	1000,2	3,6837	5,3092
160,00	347,39	1,70988	9,3105	1649,5	2580,3	930,78	3,7452	5,2451
170,00	352,34	1,76983	8,3733	1690,0	2547,1	857,17	3,8073	5,1777
180,00	357,04	1,83988	7,5046	1732,0	2509,7	777,65	3,8714	5,1054
190,00	361,52	1,92515	6,6815	1776,8	2466,2	689,38	3,9393	5,0255
200,00	365,80	2,03596	5,8738	1826,7	2413,6	586,81	4,0146	4,9330
210,00	369,88	2,20034	5,0204	1887,6	2342,8	455,19	4,1062	4,8141
220,55	373,976	3,106	3,106	2086	2086	0	4,409	4,409

Tabelle A.3 Zustandsgrößen von Wasser und überhitztem Dampf.[3] Oberhalb der waagerechten Striche innerhalb der Tabelle herrscht flüssiger, darunter dampfförmiger Zustand

p	1 bar $t_s = 99{,}632\,°C$			5 bar $t_s = 151{,}866\,°C$			10 bar $t_s = 179{,}916\,°C$			15 bar $t_s = 198{,}327\,°C$			25 bar $t_s = 223{,}989\,°C$		
	v''	h''	s''	v''	h''	s''	v''	h''	s''	v''	h''	s''	v''	h''	s''
	1694,3	2675,1	7,3589	374,86	2748,6	6,8214	194,38	2777,7	6,5859	131,72	2791,5	6,4438	79,95	2802,2	6,256
t	v	h	s	v	h	s	v	h	s	v	h	s	v	h	s
°C	dm³/kg	kJ/kg	kJ/(kg K)	dm³/kg	kJ/kg	kJ/(kg K)	dm³/kg	kJ/kg	kJ/(kg K)	dm³/kg	kJ/kg	kJ/(kg K)	dm³/kg	kJ/kg	kJ/(kg K)
0	1,00017	0,06	−0,00015	0,99997	0,47	−0,00012	0,99971	0,98	−0,00008	0,99946	1,49	−0,00004	0,99895	2,51	0,00003
20	1,00177	83,93	0,29619	1,00159	84,3	0,29610	1,00136	84,77	0,29600	1,00113	85,24	0,29589	1,00067	86,10	0,29568
40	1,00785	167,59	0,57225	1,00767	167,94	0,57209	1,00745	168,38	0,57190	1,00723	168,83	0,57170	1,00678	169,71	0,57132
60	1,01709	251,22	0,83115	1,01691	251,56	0,83093	1,01668	251,98	0,83067	1,01645	252,40	0,83040	1,01600	253,24	0,82987
80	1,02900	334,97	1,07526	1,02881	335,29	1,07500	1,02857	335,68	1,07467	1,02834	336,08	1,07434	1,02786	336,88	1,07369
100	1696,1	2675,9	7,3609	1,04321	419,36	1,30657	1,04295	419,74	1,30618	1,04270	420,11	1,30579	1,04219	420,87	1,30502
120	1793,1	2716,3	7,4665	1,0601	503,99	1,52749	1,05982	504,34	1,52704	1,05954	504,69	1,52658	1,05890	505,40	1,52568
160	1983,8	2795,8	7,6591	383,58	2767,2	6,8648	1,10165	675,87	1,94247	1,10129	676,17	1,94187	1,10056	676,75	1,94068
200	2172,3	2874,8	7,8335	424,87	2854,9	7,0585	205,90	2827,4	6,6932	132,43	2796,1	6,4536	1,15545	852,76	2,32926
240	2359,4	2954,0	7,9942	464,55	2939,3	7,2297	227,45	2919,6	6,8805	148,21	2898,5	6,6615	84,37	2850,8	6,3522
280	2545,8	3033,8	8,1438	503,36	3022,4	7,3856	247,93	3007,5	7,0454	162,69	2991,9	6,8368	94,29	2958,4	6,5543
320	2731,7	3114,3	8,2844	541,6	3105,2	7,5301	267,81	3093,4	7,1954	176,48	3081,3	6,9929	103,31	3055,9	6,7246
360	2917,3	3195,7	8,4172	579,6	3188,2	7,6656	287,32	3178,6	7,3344	189,87	3168,9	7,1357	111,85	3148,7	6,8760
400	3102,7	3278,0	8,5432	617,3	3271,7	7,7935	306,58	3263,8	7,4648	203,00	3255,7	7,2687	120,09	3239,2	7,0146
440	3287,9	3361,3	8,6634	654,8	3356,0	7,9151	325,68	3349,3	7,5882	215,95	3342,4	7,3939	128,14	3328,6	7,1436
480	3473,0	3445,6	8,7785	692,3	3441,1	8,0312	344,65	3435,3	7,7055	228,77	3429,4	7,5126	136,06	3417,6	7,2651
520	3658,0	3531,0	8,8889	729,6	3527,0	8,1424	363,53	3522,0	7,8177	241,50	3517,0	7,6258	143,87	3506,7	7,3804
560	3843,0	3617,5	8,9953	766,9	3614,0	8,2493	382,34	3609,6	7,9254	254,16	3605,2	7,7343	151,61	3596,2	7,4905

[3] Siehe Fußnote Tab. A.1.

Tabelle A.3 (Fortsetzung)

p	1 bar t_s = 99,632 °C			5 bar t_s = 151,866 °C			10 bar t_s = 179,916 °C			15 bar t_s = 198,327 °C			25 bar t_s = 223,989 °C		
	v''	h''	s''	v''	h''	s''	v''	h''	s''	v''	h''	s''	v''	h''	s''
	1694,3	2675,1	7,3589	374,86	2748,6	6,8214	194,38	2777,7	6,5859	131,72	2791,5	6,4438	79,95	2802,2	6,256
t	v	h	s	v	h	s	v	h	s	v	h	s	v	h	s
°C	dm³/kg	kJ/kg	kJ/(kg K)	dm³/kg	kJ/kg	kJ/(kg K)	dm³/kg	kJ/kg	kJ/(kg K)	dm³/kg	kJ/kg	kJ/(kg K)	dm³/kg	kJ/kg	kJ/(kg K)
600	4027,9	3705,0	9,0979	804,1	3701,9	8,3524	401,09	3698,1	8,0292	266,76	3694,2	7,8386	159,30	3686,3	7,5960
640	4212,8	3793,7	9,1972	841,2	3791,0	8,4521	419,81	3787,5	8,1293	279,32	3784,0	7,9393	166,94	3777,0	7,6976
680	4397,6	3883,5	9,2935	878,4	3881,0	8,5487	438,48	3877,9	8,2263	291,85	3874,8	8,0366	174,54	3868,6	7,7958
720	4582,4	3974,4	9,3869	915,5	3972,2	8,6424	457,13	3969,4	8,3203	304,35	3966,6	8,1309	182,12	3961,0	7,8907
760	4767,1	4066,5	9,4778	952,6	4064,5	8,7334	475,76	4062,0	8,4116	316,82	4059,4	8,2225	189,67	4054,3	7,9829
800	4951,9	4159,7	9,5662	989,6	4157,8	8,8221	494,36	4155,5	8,5005	329,27	4153,2	8,3116	197,20	4148,6	8,0724

Tabelle A.3 (Fortsetzung)

p	50 bar t_s = 263,997 °C			100 bar t_s = 311,031 °C			150 bar t_s = 342,192 °C			200 bar t_s = 365,8 °C			220 bar t_s = 373,767 °C		
	v''	h''	s''	v''	h''	s''	v''	h''	s''	v''	h''	s''	v''	h''	s''
	39,44	2793,7	5,9725	18,025	2724,5	5,6139	10,339	2610,1	5,3092	5,874	2413,6	4,9330	3,65	2177	4,550
t	v	h	s	v	h	s	v	h	s	v	h	s	v	h	s
°C	dm³/kg	kJ/kg	kJ/(kg K)	dm³/kg	kJ/kg	kJ/(kg K)	dm³/kg	kJ/kg	kJ/(kg K)	dm³/kg	kJ/kg	kJ/(kg K)	dm³/kg	kJ/kg	kJ/(kg K)
0	0,99769	5,05	0,00020	0,99521	10,10	0,00045	0,99277	15,11	0,00060	0,99037	20,08	0,00066	0,98942	22,06	0,00066
20	0,99954	88,52	0,29514	0,99730	93,20	0,29405	0,99509	97,85	0,29292	0,99291	102,48	0,29176	0,99205	104,32	0,29129
40	1,00560	171,92	0,57034	1,00350	176,33	0,56839	1,00136	180,74	0,56644	0,99924	185,13	0,56449	0,99841	186,87	0,56371
60	1,01489	255,34	0,82855	1,01267	259,53	0,82592	1,01050	263,72	0,82331	1,00836	267,90	0,82072	1,00751	269,57	0,81969
80	1,02669	338,87	1,07205	1,02437	342,85	1,06881	1,02210	346,84	1,06560	1,01986	350,82	1,06243	1,01898	352,41	1,06117
100	1,04093	422,75	1,30308	1,03844	426,52	1,29924	1,03601	430,29	1,29546	1,03361	434,07	1,29172	1,03267	435,58	1,29024
120	1,05759	507,16	1,52343	1,05486	510,70	1,51899	1,05219	514,24	1,51462	1,04958	517,81	1,51032	1,04855	519,23	1,50861
160	1,09878	678,22	1,93773	1,09528	681,19	1,93192	1,0919	684,2	1,9262	1,0886	687,2	1,9207	1,0873	688,5	1,9185
200	1,15293	853,79	2,32533	1,14806	855,91	2,31766	1,1434	858,1	2,3102	1,1389	860,4	2,3030	1,1371	861,3	2,3001
240	1,22659	1037,40	2,69770	1,21898	1038,03	2,68702	1,2118	1038,9	2,6768	1,2051	1039,9	2,6670	1,2024	1040,3	2,6632
280	42,230	2855,9	6,0867	1,32217	1234,23	3,05497	1,3092	1232,2	3,0394	1,2974	1230,7	3,0250	1,2929	1230,3	3,0195
320	48,091	2984,3	6,3109	19,248	2780,6	5,7093	1,4725	1453,0	3,4244	1,4442	1444,5	3,3978	1,4344	1441,7	3,3882
360	53,15	3094,1	6,4903	23,300	2961,0	6,0043	12,571	2768,2	5,5630	1,8248	1739,7	3,8778	1,7602	1719	3,8395
400	57,81	3195,5	6,6456	26,408	3096,1	6,2114	15,652	2974,7	5,8799	9,946	2816,9	5,5521	8,255	2736,1	5,4051
440	62,22	3292,5	6,7856	29,114	3213,4	6,3807	17,938	3123,5	6,0949	12,230	3019,8	5,8455	10,638	2973,5	5,7486
480	66,48	3387,1	6,9147	31,598	3321,8	6,5287	19,895	3250,3	6,2680	13,988	3172,0	6,0534	12,363	3138,6	5,9741
520	70,62	3480,5	7,0355	33,940	3425,3	6,6625	21,669	3366,2	6,4179	15,506	3303,2	6,2232	13,819	3276,9	6,1531
560	74,68	3573,4	7,1498	36,186	3525,8	6,7862	23,327	3475,7	6,5527	16,883	3423,2	6,3708	15,123	3401,5	6,3065
600	78,69	3666,2	7,2586	38,361	3624,7	6,9022	24,904	3581,5	6,6767	18,169	3536,7	6,5039	16,330	3518,3	6,4434

Tabelle A.3 (Fortsetzung)

p	50 bar t_s = 263,997 °C			100 bar t_s = 311,031 °C			150 bar t_s = 342,192 °C			200 bar t_s = 365,8 °C			220 bar t_s = 373,767 °C		
	v''	h''	s''	v''	h''	s''	v''	h''	s''	v''	h''	s''	v''	h''	s''
	39,44	2793,7	5,9725	18,025	2724,5	5,6139	10,339	2610,1	5,3092	5,874	2413,6	4,9330	3,65	2177	4,550
t	v	h	s	v	h	s	v	h	s	v	h	s	v	h	s
°C	dm³/kg	kJ/kg	kJ/(kg K)	dm³/kg	kJ/kg	kJ/(kg K)	dm³/kg	kJ/kg	kJ/(kg K)	dm³/kg	kJ/kg	kJ/(kg K)	dm³/kg	kJ/kg	kJ/(kg K)
640	82,64	3759,3	7,3628	40,482	3722,7	7,0119	26,42	3684,9	6,7925	19,390	3646,0	6,6264	17,472	3630,2	6,5687
680	86,56	3852,7	7,4630	42,562	3820,3	7,1165	27,90	3786,9	6,9018	20,562	3752,8	6,7408	18,562	3739,0	6,6853
720	90,44	3946,8	7,5596	44,610	3917,7	7,2167	29,33	3888,1	7,0058	21,696	3857,9	6,8488	19,614	3845,7	6,7950
760	94,31	4041,5	7,6531	46,631	4015,4	7,3131	30,74	3988,9	7,1053	22,802	3961,9	6,9515	20,637	3951,1	6,8991
800	98,15	4137,0	7,7438	48,630	4113,5	7,4062	32,13	4089,6	7,2009	23,883	4065,4	7,0498	21,635	4055,7	6,9984

Tabelle A.3 (Fortsetzung)

p	230 bar			250 bar			300 bar			400 bar			500 bar		
t	v''	h''	s''	v''	h''	s''	v''	h''	s''	v''	h''	s''	v''	h''	s''
°C	dm³/kg	kJ/kg	kJ/(kg K)	dm³/kg	kJ/kg	kJ/(kg K)	dm³/kg	kJ/kg	kJ/(kg K)	dm³/kg	kJ/kg	kJ/(kg K)	dm³/kg	kJ/kg	kJ/(kg K)
0	0,98894	23,05	0,00065	0,98800	,02	0,00063	0,98568	29,92	0,00051	0,98114	39,63	0,00003	0,97674	49,20	−0,00076
20	0,99162	105,24	0,29105	0,99077	107,09	0,29057	0,98865	111,68	0,28935	0,98452	120,80	0,28682	0,98049	129,85	0,28419
40	0,99799	187,75	0,56332	0,99716	189,50	0,56253	0,99511	193,87	0,56057	0,99109	202,57	0,55665	0,98718	211,23	0,55270
60	1,00709	270,41	0,81917	1,00625	272,08	0,81814	1,00417	276,25	0,81557	1,00011	284,57	0,81048	0,99617	292,88	0,80544
80	1,01854	353,21	1,06054	1,01767	354,80	1,05928	1,01550	358,79	1,05617	1,01128	366,75	1,05002	1,00719	374,71	1,04398
100	1,03220	436,34	1,28950	1,03127	437,85	1,28803	1,02896	441,64	1,28439	1,02447	449,24	1,27722	1,02012	456,84	1,27021
120	1,04804	519,95	1,50776	1,04702	521,38	1,50607	1,04451	524,96	1,50189	1,03964	532,16	1,4937	1,03494	539,4	1,48571
160	1,0866	689,1	1,9174	1,0854	690,3	1,9152	1,0822	693,4	1,9098	1,0762	699,7	1,8994	1,0704	706,0	1,8893
200	1,1362	861,8	2,2987	1,1345	862,7	2,2959	1,1303	865,2	2,2890	1,1223	870,1	2,2758	1,1148	875,3	2,2631
240	1,2012	1040,6	2,6613	1,1986	1041,1	2,6576	1,1925	1042,4	2,6485	1,1811	1045,4	2,6313	1,1706	1048,9	2,6151
280	1,2908	1230,1	3,0167	1,2866	1229,7	3,0114	1,1925	1229,0	2,9986	1,2586	1228,6	2,9750	1,2428	1229,2	2,9534
320	1,4297	1440,4	3,3835	1,4208	1437,9	3,3746	1,4008	1432,8	3,3540	1,3676	1425,3	3,3180	1,3406	1420,5	3,2871
360	1,7359	1711,1	3,8242	1,6965	1698,1	3,7982	1,6269	1674,9	3,7486	1,5409	1647,0	3,6795	1,4845	1630,1	3,6289
400	7,4789	2689,6	5,3244	6,001	2578,1	5,1388	2,793	2150,7	4,4723	1,9096	1930,8	4,1134	1,7301	1874,1	4,0022
440	9,939	2949,1	5,7000	8,692	2897,7	5,6018	6,228	2750,4	5,3435	3,204	2393,9	4,7803	2,2646	2190,6	4,4584
480	11,654	3121,4	5,9354	10,402	3086,1	5,8592	7,982	2991,7	5,6734	4,948	2778,7	5,3067	3,320	2565,7	4,9702
520	13,084	3263,5	6,1193	11,790	3236,3	6,0536	9,303	3165,5	5,8984	6,203	3014,0	5,6115	4,416	2857,3	5,3480
560	14,358	3390,6	6,2757	13,010	3368,4	6,2162	10,425	3311,6	6,0782	7,208	3193,2	5,8321	5,323	3072,3	5,6127
600	15,532	3509,1	6,4146	14,126	3490,4	6,3593	11,431	3443,1	6,2324	8,077	3345,8	6,0111	6,098	3247,7	5,8184
640	16,638	3622,3	6,5414	15,170	3606,3	6,4891	12,360	3565,8	6,3698	8,860	3483,5	6,1654	6,787	3401,1	5,9903
680	17,693	3732,0	6,6590	16,163	3718,1	6,6089	13,234	3682,9	6,4954	9,584	3612,0	6,3031	7,416	3541,2	6,1406

Tabelle A.3 (Fortsetzung)

p	230 bar			250 bar			300 bar			400 bar			500 bar		
t	v''	h''	s''	v''	h''	s''	v''	h''	s''	v''	h''	s''	v''	h''	s''
°C	dm³/kg	kJ/kg	kJ/(kg K)	dm³/kg	kJ/kg	kJ/(kg K)	dm³/kg	kJ/kg	kJ/(kg K)	dm³/kg	kJ/kg	kJ/(kg K)	dm³/kg	kJ/kg	kJ/(kg K)
720	18,709	3839,6	6,7696	17,117	3827,3	6,7212	14,067	3796,4	6,6120	10,265	3734,3	6,4289	8,002	3672,6	6,2757
760	19,696	3945,7	6,8743	18,040	3934,8	6,8272	14,869	3907,4	6,7216	10,914	3852,5	6,5456	8,555	3798,2	6,3996
800	20,658	4050,8	6,9742	18,938	4041,1	6,9282	15,645	4016,7	6,8254	11,536	3967,8	6,6551	9,083	3919,5	6,5148

Tabelle A.4 Spezifische Wärmekapazität c_{p0} und Enthalpie h_0 von Wasser im idealen Gaszustand

t $°C$	T K	c_{p0} kJ/(kg K)	h_0 kJ/kg	t $°C$	T K	c_{p0} kJ/(kg K)	h_0 kJ/kg
0	273,15	1,8516	2501,78	150	423,15	1,9132	2783,81
10	283,15	1,8549	2520,31	180	453,15	1,9285	2841,44
20	293,15	1,8583	2538,88	200	473,15	1,9391	2880,11
30	303,15	1,8618	2557,48	250	523,15	1,9672	2977,76
40	313,15	1,8654	2576,11	300	573,15	1,9971	3076,86
50	323,15	1,8692	2594,79	350	623,15	2,0286	3177,50
60	333,15	1,8731	2613,50	400	673,15	2,0613	3279,74
70	343,15	1,8771	2632,25	450	723,15	2,0949	3383,64
80	353,15	1,8812	2651,04	500	773,15	2,1292	3489,24
90	363,15	1,8855	2669,87	550	823,15	2,1637	3596,56
100	373,15	1,8898	2688,75	600	873,15	2,1983	3705,61
110	383,15	1,8943	2707,67	650	923,15	2,2326	3816,39
120	393,15	1,8989	2726,63	700	973,15	2,2663	3928,86
130	403,15	1,9035	2745,65	750	1023,15	2,2991	4043,00
140	413,15	1,9083	2764,70	800	1073,15	2,3306	4158,75

Tabelle A.5 Zustandsgrößen von Ammoniak, NH_3, bei Sättigung[4]

Tempe-ratur t	Druck p	Spez. Volumen der Flüssigkeit v'	des Dampfes v''	Enthalpie der Flüssigkeit h'	des Dampfes h''	Verdampfungsenthalpie $\Delta h_V = h'' - h'$	Entropie der Flüssigkeit s'	des Dampfes s''
$°C$	bar	dm^3/kg	dm^3/kg	kJ/kg	kJ/kg	kJ/kg	kJ/(kg K)	kJ/(kg K)
−70	0,10941	1,3798	9007,9	−110,81	1355,6	1466,4	−0,30939	6,9088
−60	0,21893	1,4013	4705,7	−68,062	1373,7	1441,8	−0,10405	6,6602
−50	0,40836	1,4243	2627,8	−24,727	1391,2	1415,9	0,09450	6,4396
−40	0,71692	1,4490	1553,3	19,170	1407,8	1388,6	0,28673	6,2425
−30	1,1943	1,4753	963,96	63,603	1423,3	1359,7	0,47303	6,0651
−20	1,9008	1,5035	623,73	108,55	1437,7	1329,1	0,65376	5,9041
−10	2,9071	1,5336	418,30	154,01	1450,7	1296,7	0,82928	5,7569
0	4,2938	1,5660	289,30	200,00	1462,2	1262,2	1,0000	5,6210
10	6,1505	1,6009	205,43	246,57	1472,1	1225,5	1,1664	5,4946
20	8,5748	1,6388	149,20	293,78	1480,2	1186,4	1,3289	5,3759
30	11,672	1,6802	110,46	341,76	1486,2	1144,4	1,4881	5,2632

[4] Nach Tillner-Roth, R.; Harms-Watzenberg, F.; Baehr, H.D.: Eine neue Fundamentalgleichung für Ammoniak. DKV-Tagungsbericht (20), Nürnberg 1993, Band II/1, S. 167–181. Am Bezugszustand $\vartheta = 0\,°C$ auf der Siedelinie nimmt die spezifische Enthalpie den Wert $h' = 200,0\,kJ/kg$ und die spezifische Entropie den Wert $s' = 1,0\,kJ/(kg\,K)$ an.

Tabelle A.5 (Fortsetzung)

Tempe-ratur t	Druck p	Spez. Volumen der Flüssigkeit v'	des Dampfes v''	Enthalpie der Flüssigkeit h'	des Dampfes h''	Verdampfungsenthalpie $\Delta h_V = h'' - h'$	Entropie der Flüssigkeit s'	des Dampfes s''
°C	bar	dm³/kg	dm³/kg	kJ/kg	kJ/kg	kJ/kg	kJ/(kg K)	kJ/(kg K)
40	15,554	1,7258	83,101	390,64	1489,9	1099,3	1,6446	5,1549
50	20,340	1,7766	63,350	440,62	1491,1	1050,5	1,7990	5,0497
60	26,156	1,8340	48,797	491,97	1489,3	997,30	1,9523	4,9458
70	33,135	1,9000	37,868	545,04	1483,9	938,90	2,1054	4,8415
80	41,420	1,9776	29,509	600,34	1474,3	873,97	2,2596	4,7344
90	51,167	2,0714	22,997	658,61	1459,2	800,58	2,4168	4,6213
100	62,553	2,1899	17,820	721,00	1436,6	715,63	2,5797	4,4975
110	75,783	2,3496	13,596	789,68	1403,1	613,39	2,7533	4,3543
120	91,125	2,5941	9,9932	869,92	1350,2	480,31	2,9502	4,1719
130	108,98	3,2021	6,3790	992,02	1239,3	247,30	3,2437	3,8571

Tabelle A.6 Zustandsgrößen von Kohlendioxid, CO_2, bei Sättigung[5]

Tempe-ratur t	Druck p	Spez. Volumen der Flüssigkeit v'	des Dampfes v''	Enthalpie der Flüssigkeit h'	des Dampfes h''	Verdampfungsenthalpie $\Delta h_V = h'' - h'$	Entropie der Flüssigkeit s'	des Dampfes s''
°C	bar	dm³/kg	dm³/kg	kJ/kg	kJ/kg	kJ/kg	kJ/(kg K)	kJ/(kg K)
−55	5,540	0,8526	68,15	83,02	431,0	348,0	0,5349	2,130
−50	6,824	0,8661	55,78	92,93	432,7	339,8	0,5793	2,102
−45	8,319	0,8804	46,04	102,9	434,1	331,2	0,6229	2,075
−40	10,05	0,8957	38,28	112,9	435,3	322,4	0,6658	2,048
−35	12,02	0,9120	32,03	123,1	436,2	313,1	0,7081	2,023
−30	14,28	0,9296	26,95	133,4	436,8	303,4	0,7500	1,998
−25	16,83	0,9486	22,79	143,8	437,0	293,2	0,7915	1,973
−20	19,70	0,9693	19,34	154,5	436,9	282,4	0,8329	1,949
−15	22,91	0,9921	16,47	165,4	436,3	270,9	0,8743	1,924
−10	26,49	1,017	14,05	176,5	435,1	258,6	0,9157	1,898
−5	30,46	1,046	12,00	188,0	433,4	245,3	0,9576	1,872
0	34,85	1,078	10,24	200,0	430,9	230,9	1,000	1,845
5	39,69	1,116	8,724	212,5	427,5	215,0	1,043	1,816

[5] Nach Span, R.; Wagner, W.: A new equation of state of carbon dioxid covering the fluid region from the triplepoint temperature to 1100 K at pressures up to 800 MPa. J. Phys. Chem. Ref. Data 25 (1996) 1509–1596. Bezugspunkte, siehe Fußnote Tab. A.5.

Tabelle A.6 (Fortsetzung)

Tempe-ratur t	Druck p	Spez. Volumen der Flüssigkeit v'	des Dampfes v''	Enthalpie der Flüssigkeit h'	des Dampfes h''	Verdampfungsenthalpie $\Delta h_V = h'' - h'$	Entropie der Flüssigkeit s'	des Dampfes s''
°C	bar	dm³/kg	dm³/kg	kJ/kg	kJ/kg	kJ/kg	kJ/(kg K)	kJ/(kg K)
10	45,02	1,161	7,399	225,7	422,9	197,1	1,088	1,785
15	50,87	1,218	6,222	240,0	416,6	176,7	1,136	1,749
20	57,29	1,293	5,150	255,8	407,9	152,0	1,188	1,706
25	64,34	1,408	4,121	274,8	394,5	119,7	1,249	1,650
30	72,14	1,686	2,896	304,6	365,0	60,50	1,343	1,543

Tabelle A.7 Zustandsgrößen von 1,1,1,2-Tetrafluorethan, $C_2 H_2 F_4$ (R 134a) bei Sättigung[6]

Tempe-ratur t	Druck p	Spez. Volumen der Flüssigkeit v'	des Dampfes v''	Enthalpie der Flüssigkeit h'	des Dampfes h''	Verdampfungsenthalpie $\Delta h_V = h'' - h'$	Entropie der Flüssigkeit s'	des Dampfes s''
°C	bar	dm³/kg	dm³/kg	kJ/kg	kJ/kg	kJ/kg	kJ/(kg K)	kJ/(kg K)
−100	0,0055940	0,63195	25 193	75,362	336,85	261,49	0,43540	1,9456
−95	0,0093899	0,63729	15 435	81,288	339,78	258,50	0,46913	1,9201
−90	0,015241	0,64274	9769,8	87,226	342,76	255,53	0,50201	1,8972
−85	0,023990	0,64831	6370,7	93,182	345,77	252,59	0,53409	1,8766
−80	0,036719	0,65401	4268,2	99,161	348,83	249,67	0,56544	1,8580
−75	0,054777	0,65985	2931,2	105,17	351,91	246,74	0,59613	1,8414
−70	0,079814	0,66583	2059,0	111,20	355,02	243,82	0,62619	1,8264
−65	0,11380	0,67197	1476,5	117,26	358,16	240,89	0,65568	1,8130
−60	0,15906	0,67827	1079,0	123,36	361,31	237,95	0,68462	1,8010
−55	0,21828	0,68475	802,36	129,50	364,48	234,98	0,71305	1,7902
−50	0,29451	0,69142	606,20	135,67	367,65	231,98	0,74101	1,7806
−45	0,39117	0,69828	464,73	141,89	370,83	228,94	0,76852	1,7720
−40	0,51209	0,70537	361,08	148,14	374,00	225,86	0,79561	1,7643
−35	0,66144	0,71268	284,02	154,44	377,17	222,72	0,82230	1,7575
−30	0,84378	0,72025	225,94	160,79	380,32	219,53	0,84863	1,7515
−25	1,0640	0,72809	181,62	167,19	383,45	216,26	0,87460	1,7461

[6] Nach Tillner-Roth, R.: Die thermodynamischen Eigenschaften von R134a, R152a und ihren Gemischen – Messungen und Fundamentalgleichungen – Forsch-Ber. DKV (1993), und Tillner-Roth, R.; Baehr, H.D.: An international standard formulation for the thermodynamic properties of 1,1,1,2-tetrafluoroethane (HFC-134a) for temperatures from 170 K to 455 K and pressures up to 70 MPa. J. Phys. Chem. Ref. Data 23 (1994) 5, 657–729. Bezugspunkte, siehe Fußnote Tab. A.5.

Tabelle A.7 (Fortsetzung)

Tempe- ratur t	Druck p	Spez. Volumen der Flüssigkeit v'	des Dampfes v''	Enthalpie der Flüssigkeit h'	des Dampfes h''	Verdampfungsenthalpie $\Delta h_V = h'' - h'$	Entropie der Flüssigkeit s'	des Dampfes s''
°C	bar	dm³/kg	dm³/kg	kJ/kg	kJ/kg	kJ/kg	kJ/(kg K)	kJ/(kg K)
−20	1,3273	0,73623	147,39	173,64	386,55	212,92	0,90025	1,7413
−15	1,6394	0,74469	120,67	180,14	389,63	209,49	0,92559	1,7371
−10	2,0060	0,75351	99,590	186,70	392,66	205,97	0,95065	1,7334
−5	2,4334	0,76271	82,801	193,32	395,66	202,34	0,97544	1,7300
0	2,9280	0,77233	69,309	200,00	398,60	198,60	1,0000	1,7271
5	3,4966	0,78243	58,374	206,75	401,49	194,74	1,0243	1,7245
10	4,1461	0,79305	49,442	213,58	404,32	190,74	1,0485	1,7221
15	4,8837	0,80425	42,090	220,48	407,07	186,59	1,0724	1,7200
20	5,7171	0,81610	35,997	227,47	409,75	182,28	1,0962	1,7180
25	6,6538	0,82870	30,912	234,55	412,33	177,79	1,1199	1,7162
30	7,7020	0,84213	26,642	241,72	414,82	173,10	1,1435	1,7145
35	8,8698	0,85653	23,033	249,01	417,19	168,18	1,1670	1,7128
40	10,166	0,87204	19,966	256,41	419,43	163,02	1,1905	1,7111
45	11,599	0,88885	17,344	263,94	421,52	157,58	1,2139	1,7092
50	13,179	0,90719	15,089	271,62	423,44	151,81	1,2375	1,7072
55	14,915	0,92737	13,140	279,47	425,15	145,68	1,2611	1,7050
60	16,818	0,94979	11,444	287,50	426,63	139,12	1,2848	1,7024
65	18,898	0,97500	9,9604	295,76	427,82	132,06	1,3088	1,6993
70	21,168	1,0038	8,6527	304,28	428,65	124,37	1,3332	1,6956
75	23,641	1,0372	7,4910	313,13	429,03	115,90	1,3580	1,6909
80	26,332	1,0773	6,4483	322,39	428,81	106,42	1,3836	1,6850
85	29,258	1,1272	5,4990	332,22	427,76	95,536	1,4104	1,6771
90	32,442	1,1936	4,6134	342,93	425,42	82,487	1,4390	1,6662
95	35,912	1,2942	3,7434	355,25	420,67	65,423	1,4715	1,6492
100	39,724	1,5357	2,6809	373,30	407,68	34,385	1,5188	1,6109

Tabelle A.8 Zustandsgrößen von Difluormonochlormethan, CHF_2Cl, (R 22) bei Sättigung[7]

Tempe-ratur t	Druck p	Spez. Volumen der Flüssigkeit v'	des Dampfes v''	Enthalpie der Flüssigkeit h'	des Dampfes h''	Verdampfungsenthalpie $\Delta h_V = h'' - h'$	Entropie der Flüssigkeit s'	des Dampfes s''
°C	bar	dm³/kg	dm³/kg	kJ/kg	kJ/kg	kJ/kg	kJ/(kg K)	kJ/(kg K)
−110	0,00730	0,62591	2144,1	79,474	354,05	274,57	0,43930	2,1222
−100	0,01991	0,63636	8338,8	90,056	358,80	268,75	0,50224	2,0544
−90	0,04778	0,64725	3667,5	100,65	363,64	262,98	0,56174	1,9976
−80	0,10319	0,65866	1785,5	111,29	368,53	257,24	0,61824	1,9501
−70	0,20398	0,67064	945,76	121,97	373,44	251,47	0,67214	1,9100
−60	0,37425	0,68329	537,47	132,73	378,34	245,61	0,72377	1,8761
−50	0,64457	0,69669	323,97	143,58	383,18	239,60	0,77342	1,8472
−40	1,0519	0,71096	205,18	154,54	387,92	233,38	0,82134	1,8223
−30	1,6389	0,72626	135,46	165,63	392,52	226,88	0,86776	1,8009
−20	2,4538	0,74275	92,621	176,89	396,91	220,03	0,91288	1,7821
−10	3,5492	0,76065	65,224	188,33	401,09	212,76	0,95690	1,7654
0	4,9817	0,78027	47,078	200,00	404,98	204,98	1,0000	1,7504
10	6,8115	0,80196	34,684	211,93	408,52	196,60	1,0424	1,7367
20	9,1018	0,82623	25,983	224,16	411,65	187,50	1,0842	1,7238
30	11,919	0,85380	19,721	236,76	414,29	177,53	1,1256	1,7112
40	15,334	0,88571	15,109	249,80	416,30	166,50	1,1670	1,6987
50	19,421	0,92360	11,638	263,41	417,51	154,10	1,2086	1,6855
60	24,265	0,97028	8,9656	277,78	417,65	139,87	1,2510	1,6708
70	29,957	1,0312	6,8541	293,24	416,20	122,96	1,2950	1,6534
80	36,616	1,1195	5,1213	310,52	412,11	101,60	1,3426	1,6303
90	44,404	1,2827	3,5651	331,97	401,92	69,945	1,3999	1,5925

[7] Nach Wagner, W.; Marx, V.; Pruß, A.: A new equation of state for chlorodifluoromethane (R22) covering the entire fluid region from 116 K to 550 K at pressures up to 200 MPa. Int. J. Refrig. 16 (1993) 6, 373–389. Bezugspunkte siehe Fußnote Tab. A.5.

Tabelle A.9 Antoine-Gleichung. Konstanten einiger Stoffe[8]

$\log_{10} p = A - \frac{B}{C+t}$; p in hPa, t in °C

Stoff	A	B	C
Methan	6,82051	405,42	267,777
Ethan	6,95942	663,70	256,470
Propan	6,92888	803,81	246,99
Butan	6,93386	935,86	238,73
Isobutan	7,03538	946,35	246,68
Pentan	7,00122	1075,78	233,205
Isopentan	6,95805	1040,73	235,445
Neopentan	6,72917	883,42	227,780
Hexan	6,99514	1168,72	224,210
Heptan	7,01875	1264,37	216,636
Oktan	7,03430	1349,82	209,385
Cyclopentan	7,01166	1124,162	231,361
Methylcyclopentan	6,98773	1186,059	226,042
Cyclohexan	6,96620	1201,531	222,647
Methylcyclohexan	6,94790	1270,763	221,416
Ethylen	6,87246	585,00	255,00
Propylen	6,94450	785,00	247,00
Buten-(1)	6,96780	926,10	240,00
Buten-(2) cis	6,99416	960,100	237,000
Buten-(2) trans	6,99442	960,80	240,00
Isobuten	6,96624	923,200	240,000
Penten-(1)	6,97140	1044,895	233,516
Hexen-(1)	6,99063	1152,971	225,849
Propadien	5,8386	458,06	196,07
Butadien-(1,3)	6,97489	930,546	238,854
Isopren	7,01054	1071,578	233,513
Benzol	7,03055	1211,033	220,790
Toluol	7,07954	1344,800	219,482
Ethylbenzol	7,08209	1424,255	213,206
m-Xylol	7,13398	1462,266	215,105
p-Xylol	7,11542	1453,430	215,307
Isopropylbenzol	7,06156	1460,793	207,777
Wasser (90–100 °C)	8,0732991	1656,390	226,86

[8] Aus: Wilhoit, R.C.: Zwolinski, B.J.: Handbook of vapor pressures and heats of vaporization of hydrocarbons and related compounds. Publication 101. Thermodynamics Research Center, Dept. of Chemistry, Texas A & M University, 1971 (American Petroleum Institute Research Project 44).

Anhang B: Lösungen der Übungsaufgaben

Mit Gl. 3.14

$$p_1 V_1 = MRT_1 \,,$$
$$p_2 V_2 = MRT_2 \,,$$

folgt:

$$V_2 = \frac{p_1}{p_2} \frac{T_2}{T_1} V_1 = \frac{120\,\text{bar} \cdot 273{,}15\,\text{K}}{1\,\text{bar} \cdot 283{,}15\,\text{K}} \cdot 0{,}02\,\text{m}^3 \,,$$
$$V_2 = 2{,}315\,\text{m}^3 \,.$$

In 4500 m Höhe erfordert die Füllung

$$M_{\text{H}_2} = \frac{p_1 V_1}{RT_1} = \frac{530\,\text{mbar} \cdot 200\,000\,\text{m}^3}{4{,}1245\,\text{kJ/(kg K)} \cdot 273{,}15\,\text{K}}$$
$$M_{\text{H}_2} = 9408{,}9\,\text{kg Wasserstoff} \,,$$

bzw.

$$M_{\text{He}} = \frac{p_1 V_1}{RT_1} = \frac{530\,\text{mbar} \cdot 200\,000\,\text{m}^3}{2{,}0773\,\text{kJ/(kg K)} \cdot 273{,}15\,\text{K}} \,,$$
$$M_{\text{He}} = 18\,681{,}7\,\text{kg Helium} \,.$$

Auf dem Erdboden nimmt das Gas das Volumen V_2 ein, wobei

$$\frac{V_2}{V_1} = \frac{p_1}{p_2} \frac{T_2}{T_1} = \frac{530\,\text{mbar} \cdot 293{,}15\,\text{K}}{935\,\text{mbar} \cdot 273{,}15\,\text{K}} = 0{,}608 \text{ ist} \,.$$

Das zu hebende Gesamtgewicht ist gleich der Differenz des Gewichts der verdrängten Luft (Auftrieb) und des Traggases im Zustand 1:

für Wasserstoff

$$\frac{p_1 V_1}{T_1} \left(\frac{1}{R_{\text{Luft}}} - \frac{1}{R_{\text{H}_2}} \right) g = \frac{530\,\text{mbar} \cdot 200\,000\,\text{m}^3}{273,15\,\text{K}}$$

$$\times \left(\frac{1}{0,2872\,\text{kJ/(kg K)}} - \frac{1}{4,1245\,\text{kJ/(kg K)}} \right) \cdot 9,80665\,\frac{\text{m}}{\text{s}^2}$$

$$= 1\,232\,948\,\text{N} \approx 1,23\,\text{MN}\,,$$

für Helium

$$\frac{p_1 V_1}{T_1} \left(\frac{1}{R_{\text{Luft}}} - \frac{1}{R_{\text{H}_2}} \right) g = \frac{530\,\text{mbar} \cdot 200\,000\,\text{m}^3}{287,15\,\text{K}}$$

$$\times \frac{1}{0,2872\,\text{kJ/(kg K)}} - \frac{1}{2,0773\,\text{kJ/(kg K)}} \cdot 9,80665\,\frac{\text{m}}{\text{s}^2}$$

$$= 1\,142\,014\,\text{N} \approx 1,14\,\text{MN}\,.$$

Aufgabe 4.1

Die Volumenänderungsarbeit ist nach Gl. 4.13

$$L_{\text{v}12} = - \int_1^2 p\,dV\,.$$

Der Druck im Gas ist aufgrund des Kräftegleichgewichts am frei beweglichen Kolben konstant. Es gilt

$$p = p_{\text{u}} + \frac{Mg}{A}$$

mit der Fallbeschleunigung $g = 9,81\,\text{m/s}^2$ und der Fläche

$$A = \frac{\pi}{4}d^2 = \frac{\pi}{4} \cdot (0,2\,\text{m})^2 = 0,031416\,\text{m}^2\,.$$

Somit ist

$$p = 10^5\,\frac{\text{N}}{\text{m}^2} + \frac{1\,\text{kg} \cdot 9,81\,\text{m/s}^2}{0,031416\,\text{m}^2} = 10^5\,\frac{\text{N}}{\text{m}^2} + 312,26\,\frac{\text{N}}{\text{m}^2} = 1,003123\,\text{bar}\,.$$

Die Volumenänderungsarbeit ergibt sich damit zu

$$L_{\text{v}12} = -9 \int_1^2 dV = -p(V_2 - V_1) = -pA\Delta z_{12}$$

$$= -1,003123 \cdot 10^5\,\frac{\text{N}}{\text{m}^2} \cdot 0,031416\,\text{m}^2 \cdot 0,025\,\text{m}$$

$$= -78,785\,\text{J}\,.$$

Für die Nutzarbeit am Kolben gilt nach Gl. 4.15

$$L_{n12} = L_{v12} + p_u(V_2 - V_1).$$

Es ergibt sich in diesem Fall

$$L_{n12} = L_{v12} + p_u A \Delta z_{12}$$
$$= -78{,}785\,\text{J} + 10^5\,\frac{\text{N}}{\text{m}^2} \cdot 0{,}031416\,\text{m}^2 \cdot 0{,}025\,\text{m}$$
$$= -0{,}24525\,\text{J}.$$

Die Nutzarbeit bewirkt hier das Anheben des Kolbens und wird vollständig in potentielle Energie gewandelt, wie man auch leicht aus

$$L_{n12} = -p A \Delta z_{12} + p_u A \Delta z_{12} = -(p - p_u) A \Delta z_{12} = -Mg\Delta z_{12}$$

erkennt. Die Erhöhung der potentiellen Energie des Kolbens ist somit

$$\Delta E_{pot} = -L_{n12} = Mg\Delta z_{12} = 0{,}24525\,\text{J}.$$

Aufgabe 5.1

Das im Zylinder eingeschlossene Gas stellt ein geschlossenes, ruhendes System dar. In diesem Fall gilt der erste Hauptsatz in der Form entsprechend Gl. 5.7,

$$U_2 - U_1 = Q_{12} + L_{12}.$$

Die Gesamtarbeit L_{12} setzt sich zusammen aus der zugeführten elektrischen Arbeit

$$L_{el12} = P_{el} \cdot \Delta \tau_{12} = 0{,}5\,\text{kW} \cdot 5\,\text{s} = 2{,}5\,\text{kJ}$$

und der Volumenänderungsarbeit

$$L_{v12} = -\int_1^2 p\,dV = -p_u(V_2 - V_1) = -p_u \frac{\pi}{4} d^2 \Delta z_{12}$$
$$= -10^5\,\frac{\text{N}}{\text{m}^2} \cdot \frac{\pi}{4} \cdot (0{,}2\,\text{m})^2 \cdot 0{,}025\,\text{m} = -78{,}54\,\text{J}.$$

Die Wärme Q_{12} berücksichtigt die Wärmeverluste an die Umgebung. Es gilt

$$Q_{12} = -Q_{verlust} = -0{,}2 \cdot L_{el12} = -0{,}5\,\text{kJ}.$$

Die Erhöhung der inneren Energie des Gases ist folglich

$$U_2 - U_1 = -0{,}5\,\text{kJ} + 2{,}5\,\text{kJ} - 0{,}07854\,\text{kJ}$$
$$= -1{,}92146\,\text{kJ}\,.$$

Aufgabe 6.1

Es ist

$$t_\text{m} = \frac{(Mc_p + M_s c_{ps})t + M_a c_{pa} t_a}{Mc_p + M_s c_{ps} + M_a c_{pa}}\,,$$

aufgelöst nach c_{pa}

$$c_{pa} = \frac{(Mc_p + M_s c_{ps})(t - t_\text{m})}{M_a(t_\text{m} - t_a)}\,,$$

$$c_{pa} = \frac{\left(0{,}8\,\text{kg} \cdot 4{,}186\,\frac{\text{kJ}}{\text{kg K}} + 0{,}25\,\text{kg} \cdot 0{,}234\,\frac{\text{kJ}}{\text{kg K}}\right)(15\,^\circ\text{C} - 19{,}24\,^\circ\text{C})}{0{,}2\,\text{kg}(19{,}24\,^\circ\text{C} - 100\,^\circ\text{C})}\,,$$

$$c_{pa} = 0{,}894\,\frac{\text{kJ}}{\text{kg K}}\,.$$

Aufgabe 7.1

Aus Gl. 3.14 folgt wegen V = const:

$$T_2 = \frac{p_2}{p_1} T_1 = \frac{10\,\text{bar}}{5\,\text{bar}} \cdot 293{,}15\,\text{K} = 586{,}30\,\text{K}\,,$$

$$t_2 = 313{,}15\,^\circ\text{C}\,.$$

Die notwendige Wärmezufuhr wird unter der Annahme c_v const.:

$$\dot{Q}_{12} = \int_1^2 Mc_v\,dT = Mc_v(T_2 - T_1)\,,$$

$$M = \frac{p_1 V_1}{R T_1} = \frac{5\,\text{bar} \cdot 2\,\text{m}^3}{0{,}2872\,\text{kJ/(kg K)} \cdot 293{,}15\,\text{K}} = 11{,}88\,\text{kg}\,,$$

$$\dot{Q}_{12} = 11{,}88\,\text{kg} \cdot 0{,}7171\,\frac{\text{kJ}}{\text{kg K}}(313{,}15\,^\circ\text{C} - 20\,^\circ\text{C})\,,$$

$$\dot{Q}_{12} = 2497\,\text{kJ}\,.$$

Aufgabe 7.2

Die potentielle Energie der Bleikugel von der Masse M vor dem Aufprall ist Mgz. Sie wird vollständig in innere Energie umgewandelt. Dann gilt für die Temperatursteigerung Δt

$$\frac{2}{3}Mgz = Mc_v\Delta t\,,$$

$$\Delta t = \frac{2gz}{3c_v} = \frac{2 \cdot 9{,}81\,(\text{m/s}^2) \cdot 100\,\text{m}}{3 \cdot 0{,}126\,\text{kJ/(kg K)}}\,,$$

$$\Delta t = 5{,}19\,^\circ\text{C}\,.$$

Aufgabe 7.3

Die Leistung der Kraftmaschine ist

$$|P| = M_d\omega = M_d \cdot 2\pi n$$
$$= 4905\,\text{Nm} \cdot 2\pi \cdot 1200\,\text{min}^{-1}\,,$$
$$|P| = 6{,}16 \cdot 105\,\frac{\text{Nm}}{\text{s}} = 616\,\text{kW}\,.$$

Die abgegebene Leistung der Kraftmaschine wird in innere Energie des Kühlwassers verwandelt.

$$|P| = \dot{Q}_{12} = \dot{M}c(t_2 - t_1); \quad c = 4{,}186\,\frac{\text{kJ}}{\text{kg K}}\,.$$

Daraus berechnet sich die Temperatur des ablaufenden Kühlwassers zu

$$t_2 = \frac{|P|}{\dot{M}c} + t_1 = \frac{616\,\text{kW}}{8000\,\text{kg/h} \cdot 4{,}186\,\text{kJ/(kg K)}} + 10\,^\circ\text{C} = 76{,}22\,^\circ\text{C}\,.$$

Aufgabe 7.4

a) Isotherme Zustandsänderung
   Nach Gl. 3.14 ist

$$p_1 V_1 = MRT\,,$$
$$p_2 V_2 = MRT$$

und damit das Endvolumen

$$V_2 = \frac{p_1}{p_2} V_1 = \frac{10\,\text{bar}}{1\,\text{bar}} \cdot 0{,}01\,\text{m}^3\,,$$
$$V_2 = 0{,}1\,\text{m}^3\,.$$

Die verrichtete Arbeit folgt aus Gl. 7.5e

$$L_{v12} = p_1 V_1 \ln \frac{p_2}{p_1} = 10\,\text{bar} \cdot 0{,}01\,\text{m}^3 \cdot \ln 0{,}1\,,$$

$$L_{v12} = -23{,}026\,\text{kJ}$$

und ist nach Gl. 7.5d dem Betrag nach gleich der zugeführten Wärme

$$Q_{12} = -L_{v12} = 23{,}026\,\text{kJ}\,.$$

b) Adiabate Zustandsänderung
   Endvolumen nach Gl. 7.9

$$p_1 V_1^{\varkappa} = p_2 V_2^{\varkappa}$$

$$V_2 = V_1 \left(\frac{p_1}{p_2}\right)^{1/\varkappa} = 0{,}01\,\text{m}^3\, \frac{10\,\text{bar}}{1\,\text{bar}}^{1/1{,}4}\,, \quad \varkappa = 1{,}4 \text{ für Luft}\,,$$

$$V_2 = 0{,}0518\,\text{m}^3\,,$$

Endtemperatur nach Gl. 7.11b

$$T_2 = T_1 \left(\frac{p_1}{p_2}\right)^{\frac{\varkappa-1}{\varkappa}}$$

$$= 298{,}15\,\text{K} \cdot (0{,}1)^{0{,}4/1{,}4}\,,$$

$$T_2 = 154{,}4\,\text{K}\,,$$

verrichtete Arbeit nach Gl. 7.13d

$$L_{v12} = \frac{p_1 V_1}{\varkappa - 1} \left[\left(\frac{p_2}{p_1}\right)^{\frac{\varkappa-1}{\varkappa}} - 1\right]$$

$$= \frac{10\,\text{bar} \cdot 0{,}01\,\text{m}^3}{0{,}4} \left[0{,}1^{0{,}4/1{,}4} - 1\right]\,,$$

$$L_{v12} = -12{,}051\,\text{kJ}\,,$$

zugeführte Wärme

$$Q_{12} = 0\,.$$

c) Polytrope Zustandsänderung
   Endvolumen nach Gl. 7.16

$$p_1 V_1^n = p_2 V_2^n$$

$$V_2 = V_1 \left(\frac{p_1}{p_2}\right)^{1/n} = 0{,}01\,\text{m}^2 \cdot 10^{1/1{,}3}$$

$$V_2 = 0{,}0588\,\text{m}^3\,.$$

Endtemperatur nach Gl. 7.17

$$T_2 = T_1 \left(\frac{p_1}{p_2} \right)^{\frac{n-1}{n}}$$

$$= 298{,}15 \, \text{K} \cdot (0{,}1)^{(1{,}3-1)/1{,}3} \,,$$

$$T_2 = 175{,}25 \, \text{K} \,,$$

verrichtete Arbeit nach Gl. 7.18

$$L_{v12} = \frac{p_1 V_1}{n-1} \left[\left(\frac{p_2}{p_1} \right)^{\frac{n-1}{n}} - 1 \right]$$

$$= \frac{10 \, \text{bar} \cdot 0{,}01 \, \text{m}^3}{1{,}3 - 1} \left[0{,}1^{0{,}3/1{,}3} - 1 \right] \,,$$

$$L_{v12} = -13{,}740 \, \text{kJ} \,,$$

zugeführte Wärme nach Gl. 7.23

$$Q_{12} = L_{v12} \frac{n - \varkappa}{\varkappa - 1} \,,$$

$$Q_{12} = -13{,}740 \, \text{kJ} \frac{1{,}3 - 1{,}4}{1{,}4 - 1} \,,$$

$$Q_{12} = 3{,}435 \, \text{kJ} \,.$$

Aufgabe 7.5

Das Anfangsvolumen ist

$$V_1 = \frac{\pi d^2}{4} z_1 = \frac{\pi (0{,}2 \, \text{m})^2}{4} \cdot 0{,}5 \, \text{m} = 0{,}0157 \, \text{m}^3$$

und das Endvolumen

$$V_2 = \frac{\pi d^2}{4} z_2 = \frac{\pi (0{,}2 \, \text{m})^2}{4} (0{,}5 \, \text{m} - 0{,}4 \, \text{m}) = 0{,}00314 \, \text{m}^3 \,.$$

Für die Nutzarbeit an der Kolbenstange erhält man nach Gl. 4.15

$$L_{n12} = L_{v12} + p_u (V_2 - V_1) \,.$$

Bei der adiabaten Kompression nimmt die Luft nach Gl. 7.13d unter Beachtung von
Gl. 7.9 die Energie

$$L_{v12} = \frac{p_1 V_1}{\varkappa - 1}\left[\left(\frac{p_2}{p_1}\right)^{\frac{\varkappa-1}{\varkappa}} - 1\right] = \frac{p_1 V_1}{\varkappa - 1}\left[\left(\frac{V_1}{V_2}\right)^{\varkappa-1} - 1\right]$$

$$= \frac{1\,\text{bar} \cdot 0{,}0157\,\text{m}^3}{1{,}4 - 1}\left[\left(\frac{0{,}0157}{0{,}00314}\right)^{0{,}4} - 1\right],$$

$$L_{v12} = 3{,}547\,\text{kJ auf}.$$

Durch den äußeren atmosphärischen Druck wird die Verschiebearbeit

$$p_u(V - V_1) = 1\,\text{bar}(0{,}00314 - 0{,}0157)\,\text{m}^3$$
$$= -1{,}256\,\text{kJ}$$

verrichtet.

Somit kann der Luftpuffer die Stoßenergie

$$L_{n12} = (3{,}547 - 1{,}256)\,\text{kJ},$$
$$L_{n12} = 2{,}291\,\text{kJ} = 2291\,\text{Nm}$$

aufnehmen.

Die Endtemperatur ist nach Gl. 7.11a

$$T_2 = T_1\left(\frac{V_1}{V_2}\right)^{\varkappa-1} = 293{,}15\,\text{K}\left(\frac{0{,}0157}{0{,}00314}\right)^{0{,}4},$$

$$T_2 = 558{,}05\,\text{K} \quad \text{oder} \quad t_2 = 284{,}90\,^\circ\text{C},$$

der Enddruck nach Gl. 7.9

$$p_2 = p_1\left(\frac{V_1}{V_2}\right)^{\varkappa},$$

$$p_2 = 1\,\text{bar}\left(\frac{0{,}0157}{0{,}00314}\right)^{1{,}4},$$

$$p_2 = 9{,}52\,\text{bar}.$$

Aufgabe 7.6

Wie im Abschn. 3.3 dargelegt, ist $1\,\text{m}_n^3$ die Gasmenge bei $0\,^\circ\text{C}$ und $1{,}01325\,\text{bar}$ (Zustand
0). Die angesaugte Luftmenge (Zustand 1) ergibt sich nach Gl. 3.14 aus

$$\dot{M} = \frac{p_0 \dot{V}_0}{R T_0} = \frac{p_1 \dot{V}_1}{R T_1}; \quad \dot{V}_1 = \frac{p_0}{p_1}\frac{T_1}{T_0}\dot{V}_0$$

$$\dot{V}_1 = 1{,}01325\frac{293{,}15}{273{,}15}1000\,\text{m}^3/\text{h} = 1087{,}44\,\text{m}^3/\text{h}$$

a) Bei isothermer Zustandsänderung ist dann nach Gl. 7.5e die Leistung

$$P_{12} = p_1 \dot{V}_1 \ln \frac{p_2}{p_1}$$

$$= 10^5 \, \frac{N}{m^2} \cdot 1087{,}44 \, \frac{m^3}{h} \ln 15$$

$$P_{12} = 81{,}8 \, kW$$

und die abzuführende Wärme je Zeiteinheit nach Gl. 7.5d

$$\dot{Q}_{12} = -P_{12} = -81{,}8 \, kW \,.$$

b) Bei adiabater Kompression ergibt Gl. 7.40a

$$P_{12} = \frac{\varkappa p_1 \dot{V}_1}{\varkappa - 1} \left[\left(\frac{p_2}{p_1} \right)^{\frac{\varkappa - 1}{\varkappa}} - 1 \right] = \frac{10^5 \, \frac{N}{m^2} \cdot 1087{,}44 \, \frac{m^3}{h}}{1{,}4 - 1} \left[15^{\frac{1{,}4-1}{1{,}4}} - 1 \right],$$

$$P_{12} = 88{,}2 \, kW \,,$$
$$\dot{Q}_{12} = 0 \,.$$

c) Bei polytroper Kompression mit $n = 1{,}3$ liefert Gl. 7.41

$$P_{12} = \frac{n p_1 \dot{V}_1}{n - 1} \left[\left(\frac{p_2}{p_1} \right)^{\frac{n - 1}{n}} - 1 \right] = \frac{10^5 \, \frac{N}{m^2} \cdot 1087{,}44 \, \frac{m^3}{h}}{1{,}3 - 1} \left[15^{\frac{1{,}3-1}{1{,}3}} - 1 \right],$$

$$P_{12} = 87{,}4 \, kW \,,$$

und nach Gl. 7.23 ist die je Zeiteinheit abgeführte Wärme

$$\dot{Q}_{12} = \frac{n - \varkappa}{\varkappa - 1} P_{12}$$

$$= \frac{1{,}3 - 1{,}4}{1{,}4 - 1} \cdot 87{,}4 \, kW \,,$$

$$\dot{Q}_{12} = -21{,}85 \, kW \,.$$

Aufgabe 7.7

Wir können anstatt des Evakuierungsprozesses folgenden Ersatzprozess betrachten:

Man lässt das Luftvolumen $V_1 = 0{,}05 \, m^3$ zunächst vom Druck $p_1 = 1$ bar auf $p_2 = 0{,}01$ bar isotherm expandieren. Dabei stellt sich ein Volumen V_2 ein. Davon teilt man das Volumen V_1 ab, wodurch man das gewünschte Volumen beim gewünschten Druck p_2 erhält. Das restliche Volumen $(V_2 - V_1)$ komprimiert man wieder auf den Atmosphärendruck p_1, wobei sich das Volumen auf V_3 reduziert. Die Summe der dabei zu verrichtenden Arbeiten mit Berücksichtigung der Arbeit der Atmosphäre ergibt dann den gesuchten Arbeitsaufwand der Evakuierung.

Bei der isothermen Expansion wird nach Gl. 7.37 die Arbeit

$$L_{v12} = -p_1 V_1 \ln \frac{p_1}{p_2} = -23{,}026 \, \text{kJ}$$

abgegeben und das Volumen

$$V_2 = V_1 \cdot p_1 / p_2 = 5 \, \text{m}^3$$

stellt sich ein.

Die isotherme Kompression des nach der Abteilung von 0,05 m³ verbleibenden Restvolumens $(V_2 - V_1) = 4{,}95 \, \text{m}^3$ erfordert einen Arbeitsaufwand von

$$L_{v23} = -p_2 (V_2 - V_1) \ln \frac{p_2}{p_1} = 22{,}796 \, \text{kJ}$$

und das Restvolumen wird auf

$$V_3 = \frac{p_2}{p_1} (V_2 - V_1) = 0{,}0495 \, \text{m}^3$$

reduziert.

Die bei dem Prozess an der Atmosphäre während der Expansion und Kompression verrichteten Arbeiten sind $p_1 (V_2 - V_1) = 495 \, \text{kJ}$ und $-p_1 (V_2 - V_1 - V_3) = 490{,}05 \, \text{kJ}$.

Damit ergibt sich die gesamte, für die Evakuierung erforderliche Arbeit

$$L = (-23{,}026 + 22{,}796 + 495 - 490{,}05) \, \text{kJ} = 4{,}72 \, \text{kJ} \, .$$

Aufgabe 7.8

Es ist $M_2 = M_1 + M_{zu}$, wenn M die Gasmasse in der Stahlflasche ist.

$$M_1 = \frac{p_1 V_1}{R T_1} = \frac{1{,}2 \cdot 10^5 \, \text{N/m}^2 \cdot 0{,}5 \, \text{m}^3}{296{,}8 \, \text{J/(kg K)} \cdot 300{,}15 \, \text{K}} = 0{,}6735 \, \text{kg}$$

$$M_2 = \frac{p_2 V_2}{R T_2} = \frac{p_2 V_1}{R T_1} = \frac{p_2}{p_1} \frac{p_1 V_1}{R T_1} = \frac{p_2}{p_1} M_1 = 3{,}3676 \, \text{kg}$$

$$M_{zu} = 2{,}6941 \, \text{kg}$$

Nach Gl. 5.22 ist wegen $L_{t12} = 0$ und $M_{ab} = 0$ und Vernachlässigung potentieller und kinetischer Energien

$$Q_{12} = U_2 - U_1 - h_{zu} M_{zu}$$

$$Q_{12} = M_2 u_2 - M_1 u_1 - (u_1 + p_1 v_1) M_{zu} \, .$$

Mit $M_2 = M_1 + M_{zu}$ folgt

$$Q_{12} = (u_2 - u_1)M_1 + (u_2 - u_1)M_{zu} \, .$$

Wegen $T_2 = T_1$ ist $u_2 = u_1$. Weiter sind

$$c_v = c_p - R = 0,7421 \, \text{kJ/kg} \quad \text{und} \quad p_1 v_1 = RT_1 \, .$$

Damit ist

$$Q_{12} = c_v(T_2 - T_1)M_{zu} - RT_1 M_{zu}$$
$$= 0,7421 \, \text{kJ/(kg K)} \cdot (300,15 - 350,15) \, \text{K} \cdot 2,6941 \, \text{kg} - 0,2968 \, \text{kJ/(kg K)}$$
$$\cdot \, 350,15 \, \text{K} \cdot 2,6941 \, \text{kg}$$
$$= -380 \, \text{kJ} \, .$$

Aufgabe 8.1

Man schreibt das vollständige Differential der Funktion

$$H = H(S, p)$$

$$dH = \left(\frac{\partial H}{\partial S}\right)_p dS + \left(\frac{\partial H}{\partial p}\right)_S dp$$

an. Nach der Gibbsschen Fundamentalgleichung, Gl. 8.24a, ist weiter

$$dH = T \, dS + V \, dp \, .$$

Durch Vergleich erhält man

$$\left(\frac{\partial H}{\partial S}\right)_p = T \, , \quad \left(\frac{\partial H}{\partial p}\right)_S = V \, .$$

Da die Enthalpie eine Zustandsgröße ist, gilt

$$\left[\frac{\partial}{\partial p}\left(\frac{\partial H}{\partial S}\right)_p\right]_S = \left[\frac{\partial}{\partial S}\left(\frac{\partial H}{\partial p}\right)_S\right]_p \, .$$

Es ist also:

$$\left(\frac{\partial T}{\partial p}\right)_S = \left(\frac{\partial V}{\partial S}\right)_p \, .$$

Aufgabe 9.1

Die abgegebene Arbeit ist

$$-L_{12} = 5\,\text{kWh} = Q_{12}$$

und die Entropiezunahme ist

$$\Delta S = \frac{Q_{12}}{T} = \frac{5\,\text{kWh}}{293{,}15\,\text{K}} = 61{,}4\,\frac{\text{kJ}}{\text{K}}\,.$$

Aufgabe 9.2

Der zweite Hauptsatz in seiner allgemeinsten Form lautet nach Gl. 9.3a

$$dS = dS_Q + dS_M + dS_{\text{irr}}\,.$$

Masse wird hier nicht transportiert, also ist $dS_M = 0$. Zieht man die Systemgrenze um das Stahlwerkstück, sodass sie in das Wasserbad mit konstanter Temperatur t_W hineinragt, so gilt für die verbleibenden Terme:

- Entropieänderung des Systems (nur Stahlwerkstück nach Gl. 8.33)

$$dS = M\,ds = Mc\frac{dT}{T}$$

bzw.

$$\Delta S = Mc_{\text{Stahl}}\ln\frac{T_W}{T_0} = 50\,\text{kg}\cdot 0{,}47\,\frac{\text{kJ}}{\text{kg\,K}}\cdot\ln\frac{293{,}15}{1073{,}15}$$
$$= -30{,}5\,\frac{\text{kJ}}{\text{K}}$$

- Entropieabgabe über die Systemgrenze an das Wasserbad bei $t_W = \text{const.} = 20\,^\circ\text{C}$ nach Gl. 9.8

$$dS_Q = \frac{dQ}{T_W}$$

bzw.

$$S_Q = \frac{Q}{T_W}$$

mit

$$Q = Mc_{\text{Stahl}}(T_W - T_0)$$

wobei Q der an das Wasser abgegebenen Wärme entspricht. Es folgt

$$S_Q = -\frac{50\,\text{kg}\cdot 0{,}47\,\text{kJ/(kg\,K)x}\cdot 780\,\text{K}}{293{,}15\,\text{K}} = -62{,}53\,\frac{\text{kJ}}{\text{K}}\,.$$

Die Bilanz ergibt für die bei diesem Vorgang erzeugte Entropie

$$S_{\text{irr}} = \Delta S - S_Q = -30,5\,\frac{\text{kJ}}{\text{K}} + 62,53\,\frac{\text{kJ}}{\text{K}} = 32,03\,\frac{\text{kJ}}{\text{K}}\,.$$

Es sei hier angemerkt, dass durch die geschickte Positionierung der Systemgrenze in das Wasserbad hinein, alle Irreversibilitäten, die hier durch Wärmetransport bei endlichen Temperaturdifferenzen hervorgerufen werden, in der Bilanz quasi automatisch berücksichtigt werden.

Aufgabe 10.1

a) Beim Überströmen bleibt die innere Energie und damit nach Abschn. 6.1 bzw. 7.9 bei Temperaturausgleich auch die Temperatur ungeändert. Vor dem Ausgleich sind in beiden Behältern die Luftmassen

$$M_1 = \frac{p_1 V_1}{RT} = \frac{1\,\text{bar} \cdot 5\,\text{m}^3}{0,2872\,\text{kJ/(kg K)} \cdot 293,15\,\text{K}}\,,$$

$$M_1 = 5,94\,\text{kg}\,,$$

$$M_2 = \frac{p_2 V_2}{RT} = \frac{20\,\text{bar} \cdot 2\,\text{m}^3}{0,2872\,\text{kJ/(kg K)} \cdot 293,15\,\text{K}}\,,$$

$$M_2 = 47,51\,\text{kg}$$

enthalten, die Gesamtmasse beträgt

$$M_1 + M_2 = M = 53,45\,\text{kg}\,.$$

Um den gemeinsamen Enddruck zu ermitteln, setzt man die Zustandsgleichung vor und nach dem Ausgleich an

$$M_1 + M_2 = \frac{p(V_1 + V_2)}{RT} = \frac{p_1 V_1 + p_2 V_2}{RT}\,.$$

Daraus folgt der gemeinsame Enddruck

$$p = \frac{p_1 V_1 + p_2 V_2}{V_1 + V_2} = \frac{1\,\text{bar} \cdot 5\,\text{m}^3 + 20\,\text{bar} \cdot 2\,\text{m}^3}{5\,\text{m}^3 + 2\,\text{m}^3}\,,$$

$$p = 6,43\,\text{bar}\,.$$

M_2 expandiert von p_2 auf p, M_1 wird von p_1 auf p komprimiert. Bei reversiblem isothermem Ausgleich kann die Arbeit

$$L = p_2 V_2 \ln \frac{p_2}{p} - p_1 V_1 \ln \frac{p}{p_1}$$

$$= 20\,\text{bar} \cdot 2\,\text{m}^3 \cdot \ln \frac{6,43}{20} - 1\,\text{bar} \cdot 5\,\text{m}^3 \cdot \ln \frac{1}{6,43},$$

$$L = -3608,5\,\text{kJ} = -Q$$

verrichtet werden, es tritt also eine Entropiezunahme

$$\Delta S = \frac{Q}{T} = \frac{3608,5\,\text{kJ}}{293,15\,\text{K}} = 12,31\,\frac{\text{kJ}}{\text{K}}$$

ein.

b) Bei Ausgleich nur des Druckes, nicht der Temperaturen, ergibt sich derselbe gemeinsame Enddruck $p = 6,43\,\text{bar}$ aus der Bedingung konstanter innerer Energie. Im Behälter 2 expandiert die Luft reversibel adiabat von 20 bar auf 6,43 bar und kühlt sich auf

$$T_2 = T \left(\frac{p}{p_1} \right)^{\frac{\varkappa - 1}{\varkappa}} = 293,15\,\text{K} \left(\frac{6,43}{20} \right)^{\frac{1,4-1}{1,4}}$$

$$T_2 = 211,97\,\text{K}$$

ab. Daraus kann man die Menge Luft in beiden Behältern berechnen:

$$M_2 = \frac{pV_2}{RT_2} = \frac{6,43\,\text{bar} \cdot 2\,\text{m}^3}{0,2872\,\text{kJ/(kg K)} \cdot 211,97\,\text{K}},$$

$$M_2 = 21,12\,\text{kg},$$

$$M_1 = M - M_2 = (53,45 - 21,12)\,\text{kg} = 32,33\,\text{kg}.$$

Aus der Bedingung, dass die innere Energie der Luft im gesamten Behälter gleich der Summe der inneren Energien der Luft in den beiden einzelnen Behältern ist, folgt dann die Temperatur T_1:

$$(M_1 + M_2)c_v T = M_1 c_v T_1 + M_2 c_v T_2,$$

$$T_1 = \frac{(M_1 + M_2)\,T - M_2 T_2}{M_1}$$

$$= \frac{53,45\,\text{kg} \cdot 293,15\,\text{K} - 21,12\,\text{kg} \cdot 211,97\,\text{K}}{32,33\,\text{kg}},$$

$$T_1 = 346,18\,\text{K}.$$

Aufgabe 10.2

Gleichung 10.15 lautet für reversibel isotherme Entmischung

$$L = pV \left(\frac{V_1}{V} \ln \frac{V}{V_1} + \frac{V_2}{V} \ln \frac{V}{V_2} \right),$$

$$pV = MRT; \quad R = 0{,}2872 \, \frac{kJ}{kg\,K},$$

$$L = MRT \left(\frac{V_1}{V} \ln \frac{V}{V_1} + \frac{V_2}{V} \ln \frac{V}{V_2} \right),$$

$$L = 1 \, kg \cdot 0{,}2872 \, \frac{kJ}{kg\,K} \cdot 293{,}15 \, K \left(0{,}79 \ln \frac{1}{0{,}79} + 0{,}21 \ln \frac{1}{0{,}21} \right),$$

$$L = 43{,}27 \, kJ.$$

Aufgabe 10.3

1. HS isentrope Strömung/Schichtung:

$$dh + g\,dz = 0. \quad \text{Mit} \quad dh = c_p \, dT \quad \text{folgt} \quad c_p \, dT + g\,dz = 0.$$

Integration ergibt

$$H = -\frac{c_p}{g}(T_H - T_0) = -\frac{c_p}{g}(T_4 - T_1) = -\frac{c_p}{g}(T_3 - T_2),$$

$$T_4 - T_1 = T_3 - T_2,$$

bzw. $T_3 = T_4 - T_1 + T_2.$

Isentrope Schichtung innen und außen:

$$\frac{T_3}{T_2} = \left(\frac{p_3}{p_2} \right)^{\frac{\kappa-1}{\kappa}} \qquad \frac{T_4}{T_1} = \left(\frac{p_4}{p_1} \right)^{\frac{\kappa-1}{\kappa}}.$$

Division ergibt

$$\frac{\frac{T_3}{T_2}}{\frac{T_4}{T_1}} = \frac{\left(\frac{p_3}{p_2} \right)^{\frac{\kappa-1}{\kappa}}}{\left(\frac{p_4}{p_1} \right)^{\frac{\kappa-1}{\kappa}}} = \left(\frac{p_1}{p_2} \right)^{\frac{\kappa-1}{\kappa}}.$$

Mit $p_3 = p_4$ folgt

$$T_3 = \frac{T_4 T_2}{T_1} \left(\frac{p_1}{p_2} \right)^{\frac{\kappa-1}{\kappa}}.$$

Es gilt aber auch (siehe oben): $T_3 = T_4 - T_1 + T_2$

Somit folgt

$$T_4 = \frac{T_2 - T_1}{\frac{T_2}{T_1}\left(\frac{p_1}{p_2}\right)^{\frac{\kappa-1}{\kappa}} - 1} = 291{,}87\,\text{K},$$

$$H = -\frac{c_p}{g}(T_4 - T_1).$$

Mit

$$\kappa = \frac{c_p}{c_p - R} = 1{,}4$$

und $p_1 = 1013\,\text{mbar}$, $p_2 = 1010\,\text{mbar}$, $T_1 = 293{,}15\,\text{K}$, $T_2 = 363{,}15\,\text{K}$ folgt

$$H = 131{,}44\,\text{m}.$$

Ein 100 m Turm ist somit zu niedrig.

Aufgabe 11.1

Das Schmelzen des Eises und Erwärmen des entstandenen Wassers auf Umgebungstemperatur erfordert die Wärme (T_s = Schmelztemperatur)

$$Q = M[c(T_s - T_0) + \Delta h_s + c_w(T_u - T_s)]$$
$$= 100\,\text{kg}\left[2{,}04\,\frac{\text{kJ}}{\text{kg}\,\text{K}} \cdot 5\,\text{K} + 333{,}5\,\frac{\text{kJ}}{\text{kg}} + 4{,}186\,\frac{\text{kJ}}{\text{kg}\,\text{K}} \cdot 20\,\text{K}\right],$$
$$Q = 42\,742\,\text{kJ}.$$

Der Umgebung wird diese Wärme bei $T_u = 293{,}15\,\text{K}$ entzogen, damit erfährt sie eine Entropieabnahme von

$$\frac{-Q}{T_u} = \frac{-42\,742\,\text{kJ}}{293{,}15\,\text{K}} = -145{,}80\,\frac{\text{kJ}}{\text{K}},$$

andererseits erfährt das Eis die Entropiezunahme

$$M\left[c\int_0^s \frac{dT}{T} + \frac{\Delta h_s}{T_s} + c_p\int_s^u \frac{dT}{T}\right]$$
$$= M\left[c\ln\frac{T_s}{T_0} + \frac{\Delta h_s}{T_s} + c_p\ln\frac{T_u}{T_s}\right]$$
$$= 100\,\text{kg}\left[2{,}04\,\frac{\text{kJ}}{\text{kg}\,\text{K}}\ln\frac{273{,}15}{268{,}15} + \frac{333{,}5\,\text{kJ/kg}}{273{,}15\,\text{K}} + 4{,}186\,\frac{\text{kJ}}{\text{kg}\,\text{K}}\ln\frac{293{,}15}{273{,}15}\right]$$
$$= 155{,}44\,\frac{\text{kJ}}{\text{K}}.$$

Die Entropiezunahme des ganzen Vorgangs ist also

$$\Delta S = (155{,}44 - 145{,}80) \frac{kJ}{K} = 9{,}64 \frac{kJ}{K}\,.$$

Um den Schmelzvorgang wieder rückgängig zu machen, muss nach Gl. 11.2a

$$-L_{ex} = H_0 - H_u - T_u(S_0 - S_u)$$

aufgewandt werden. Gilt Index 0 für das Eis von −5 °C, Index u für das Wasser von 20 °C, so ist $H_u - H_0 = Q = 42\,742$ kJ die oben berechnete Wärmezufuhr, $S_u - S_0 = 155{,}44$ kJ/K die Entropiezunahme des Eises und $T_u = 293{,}15$ K die Umgebungstemperatur. Damit wird

$$-L_{ex} = -42\,742\,\text{kJ} - 293{,}15\,\text{K} \cdot (-155{,}44\,\text{kJ/K}) = 2825\,\text{kJ}\,.$$

Aufgabe 11.2

a) Bei isothermer Entspannung gibt das Gas die Nutzarbeit Gl. 4.15

$$L_{n\,12} = -\int_1^2 p\,dV + p_u(V_2 - V_1)$$
$$= L_{v12} + p_u(V_2 - V_1)$$

ab. Die Volumenänderungsarbeit L_{v12} folgt aus Gl. 7.5e

$$L_{v12} = -p_1 V_1 \cdot \ln \frac{p_1}{p_2} = -50\,\text{bar} \cdot 0{,}1\,\text{m}^3 \cdot \ln 50\,,$$
$$L_{v12} = -1956\,\text{kJ}\,.$$

Die Verschiebearbeit zur Überwindung des atmosphärischen Druckes erfordert dabei die Arbeit

$$p_u(V_2 - V_1) \quad \text{mit} \quad V_2 = \frac{p_1}{p_2} V_1 = 50 \cdot 0{,}1\,\text{m}^3 = 5\,\text{m}^3$$
$$p_u(V_2 - V_1) = 1\,\text{bar}(5 - 0{,}1)\text{m}^3 = 490\,\text{kJ}\,.$$

Die Nutzarbeit bei isothermer Entspannung ist also

$$L_{n12} = (-1956 + 490)\text{kJ} = -1466\,\text{kJ}\,.$$

b) Bei quasistatischer adiabater Entspannung ist nach Gl. 7.9

$$V_2 = V_1 \left(\frac{p_1}{p_2}\right)^{1/\varkappa}$$
$$= 0,1\,\mathrm{m}^3 \cdot 50^{1/1,4}$$
$$V_2 = 1,635\,\mathrm{m}^3$$

und die Volumenänderungsarbeit L_{v12} nach Gl. 7.13d

$$L_{v12} = \frac{p_1 V_1}{\varkappa - 1}\left[\left(\frac{p_2}{p_1}\right)^{\frac{\varkappa-1}{\varkappa}} - 1\right] = \frac{50\,\mathrm{bar} \cdot 0,1\,\mathrm{m}^3}{1,4-1}\left[\left(\frac{1}{50}\right)^{\frac{1,4-1}{1,4}} - 1\right]$$
$$L_{v12} = -841,22\,\mathrm{kJ}\,.$$

Die Veränderung der Atmosphäre erfordert hier

$$p_u(V_2 - V_1) = 1\,\mathrm{bar}\,(1,635 - 0,1)\mathrm{m}^3 = 153,5\,\mathrm{kJ}\,,$$

sodass als Arbeit gewinnbar bleiben

$$L_{n12} = (-841,22 + 153,5)\mathrm{kJ} = -687,72\,\mathrm{kJ}\,.$$

Die tiefste Temperatur beträgt nach Gl. 7.11b:

$$T_{\min} = T_1\left(\frac{p_2}{p_1}\right)^{\frac{\varkappa-1}{\varkappa}} = 293,15\,\mathrm{K}\left(\frac{1}{50}\right)^{\frac{1,4-1}{1,4}}\,,$$
$$T_{\min} = 95,87\,\mathrm{K}\,.$$

Die Entropiezunahme beim Abblasen nach Ausgleich der Temperatur ermittelt man, indem man die Entspannung zunächst reversibel isotherm ausgeführt denkt, wobei, wie oben ausgerechnet, 1466 kJ an Arbeit gewonnen werden und diese Arbeit nachträglich durch Reibung in innere Energie verwandelt wird. Dabei ist die Entropiezunahme $(T_u = T_2)$

$$\Delta S = \frac{-L_{n12}}{T_u} = \frac{1466\,\mathrm{kJ}}{293,15\,\mathrm{K}} = 5,00\,\frac{\mathrm{kJ}}{\mathrm{K}}\,.$$

Hiervon zu unterscheiden ist die Entropiezunahme des Gases

$$\frac{-L_{n12}}{T_u}\,\frac{1956\,\mathrm{kJ}}{293,15\,\mathrm{K}} = 6,703\,\frac{\mathrm{kJ}}{\mathrm{K}}\,.$$

Aufgabe 11.3

Die maximal gewinnbare Arbeit ist durch die Exergie, Gl. 11.1a, gegeben

$$-L_{ex} = U_1 - U_u - T_u(S_1 - S_u) + p_u(V_1 - V_u)$$

$$= Mc_v(T_1 - T_u) - T_u\left[Mc_p \ln\frac{T_1}{T_u} - MR\ln\frac{p_1}{p_u}\right]$$

$$+ p_u\left[M\frac{RT_1}{p_1} - M\frac{RT_u}{p_u}\right].$$

Es ist $c_p = R\dfrac{\varkappa}{\varkappa-1} = 0{,}2872\,\frac{kJ}{kg\,K} \cdot \frac{1{,}4}{0{,}4} = 1{,}9943\,\frac{kJ}{kg\,K}$,

$$c_v = c_p - R = 0{,}7171\,\frac{kJ}{kg\,K}.$$

und damit $-L_{ex} = 1\,kg \cdot 0{,}7171\,\frac{kJ}{kg\,K}(400\,K - 300\,K)$

$$-\,300\,K \cdot\left[1\,kg \cdot 1{,}0043\,\frac{kJ}{kg\,K}\ln\frac{400}{300} - 1\,kg \cdot 0{,}2872\,\frac{kJ}{kg\,K}\ln\frac{8}{1}\right]$$

$$+\,1\,bar \cdot\left[1\,kg \cdot 0{,}2872\,\frac{kJ}{kg\,K} \cdot \frac{400\,K}{8\,bar} - 1\,kg \cdot 0{,}2872\,\frac{kJ}{kg\,K} \cdot \frac{300\,K}{1\,bar}\right],$$

$$L_{ex} = -92{,}4\,kJ.$$

Aufgabe 11.4

a) Nach dem 1. Hauptsatz für offene Systeme Gl. 5.23b gilt unter Vernachlässigung der potentiellen Energie und für adiabate Zustandsänderungen mit $w_1 = 0$:

$$P = \dot{M}\left[h_2 - h_1 + \frac{1}{2}w_2^2\right].$$

Es ist für ideale Gase

$$h_2 - h_1 = c_p(T_2 - T_1)$$

mit

$$c_p = \frac{\varkappa}{\varkappa - 1}R.$$

Eingesetzt in obige Gleichung ergibt

$$P = \dot{M}\left[\frac{\varkappa}{\varkappa-1}R(T_2 - T_1) + \frac{1}{2}w_2^2\right]$$

$$= 10\,\frac{kg}{s}\left[\frac{1{,}4}{1{,}4-1} \cdot 0{,}2872\,\frac{kJ}{kg\,K}(450\,K - 800\,K) + \frac{1}{2} \cdot 10^4\,\frac{m^2}{s^2}\right],$$

$$P = -3468{,}2\,\frac{kJ}{s} = -3468{,}2\,kW = -3{,}4682\,MW.$$

b) Für den Exergieverlust adiabater Systeme gilt nach Gl. 11.7b

$$Ex_{v12}^{(ad)} = \int_1^2 T_u \, dS = T_u(S_2 - S_1).$$

Die Entropiedifferenz und den Exergieverluststrom berechnet man aus

$$s_2 - s_1 = c_p \ln \frac{T_2}{T_1} - R \ln \frac{p_2}{p_1} = 1,0043 \frac{kJ}{kg\,K} \ln \frac{450}{800} - 0,2872 \frac{kJ}{kg\,K} \ln \frac{1,5}{15}$$

$$s_2 - s_1 = 0,0835 \frac{kJ}{kg\,K}.$$

$$\dot{Ex}_v^{(ad)} = T_u \dot{M}(s_2 - s_1)$$

$$= 300\,K \cdot 10 \frac{kg}{s} \cdot 0,0835 \frac{kJ}{kg\,K},$$

$$\dot{Ex}_v^{(ad)} = 250,5\,kW.$$

Aufgabe 11.5

a) Für den Exergieverluststrom eines Wärmeübertragers gilt nach Tab. 11.1:

$$\dot{Ex}_v = T_u \dot{Q}_{12} \frac{T_1 - T_2}{T_1 T_2}$$

$$= 300\,K \cdot 1\,MW \cdot \frac{(360\,K - 250\,K)}{360\,K \cdot 250\,K},$$

$$\dot{Ex}_v = 0,367\,MW.$$

b) Exergetischer Wirkungsgrad:

$$\eta = \frac{\text{Summe der abgeführten Exergien}}{\text{Summe der zugeführten Exergien}},$$

worin sich die zu- bzw. abgeführten Exergien aus den Exergien der Stoffströme gemäß Gl. 11.2b, den Exergien der über die Systemgrenzen ausgetauschten Wärmen gemäß Gl. 11.3a und den an den Systemgrenzen verrichteten technischen Arbeiten zusammensetzen. Die Differenz zwischen zu- und abgeführten Exergien ist der Exergieverlust.

Die vorstehende Definition für den exergetischen Wirkungsgrad η ist sicher vernünftig, da η im günstigsten (reversiblen) Fall den Wert eins und im ungünstigsten (irreversiblen) Fall den Wert null erreicht.

Aufgabe 11.6

Nach Gl. 11.3a ist

$$-P = \frac{T_1 - T_u}{T_1} \dot{Q}_u = \frac{258,15\,K - 293,15\,K}{258,15\,K} \cdot 35\,kW,$$

$P = 4{,}75\,\mathrm{kW}$ theoretische Leistung.

An das Kühlwasser sind

$$\dot{Q} = \dot{Q}_\mathrm{u}\,\frac{T_\mathrm{u}}{T_1} = 39{,}7\,\mathrm{kW}$$

abzuführen. Der benötigte Kühlwasserstrom ist

$$\dot{M} = \frac{\dot{Q}}{c_p \Delta T} = \frac{39{,}7\,\mathrm{kW}}{4{,}186\,\mathrm{kJ/(kg\,K)} \cdot 7\,\mathrm{K}} = \frac{39{,}7\,\mathrm{kJ/s} \cdot 3600\,\mathrm{s/h}}{4{,}186\,\mathrm{kJ/(kg\,K)} \cdot 7\,\mathrm{K}}\,,$$

$$\dot{M} = 4877\,\mathrm{kg/h}\,.$$

Aufgabe 11.7

a) Der vom Rauchgas abgegebene Wärmestrom $\dot{Q}_{12}$ wird von der Luft aufgenommen

$$\dot{Q}_{12} = \dot{M}_\mathrm{R} \int_{T_{1\mathrm{R}}}^{T_{2\mathrm{R}}} c_{p\mathrm{R}}\,dT = \dot{M}_\mathrm{L}\,c_{p\mathrm{L}}\,(T_1 - T_\mathrm{u})\,.$$

Hierin ist der vom Rauchgas abgegebene Wärmestrom

$$\dot{M}_\mathrm{R} \int_{T_{1\mathrm{R}}}^{T_{2\mathrm{R}}} c_{p\mathrm{R}}\,dT = 10\,\frac{\mathrm{kg}}{\mathrm{s}} \int_{800\,\mathrm{K}}^{1200\,\mathrm{K}} \left(1{,}1\,\frac{\mathrm{kJ}}{\mathrm{kg\,K}} + 0{,}5 \cdot 10^{-3}\,\frac{\mathrm{kJ}}{\mathrm{kg\,K^2}} \cdot T\right) dT = 6400\,\mathrm{kW}\,.$$

Damit erhält man

$$T_1 = \frac{6400\,\mathrm{kJ/s}}{10\,\mathrm{kg/s} \cdot 1\,\mathrm{kJ/(kg\,K)}} + 300\,\mathrm{K} = 940\,\mathrm{K}\,.$$

b) Der Exergieverlust des adiabat isolierten Lufterhitzers ergibt sich als Produkt aus Umgebungstemperatur und Entropiezunahme (Gl. 11.7b)

$$Ex_\mathrm{V}^{(\mathrm{ad})} = T_\mathrm{u}\,\Delta S\,.$$

Die gesamte Entropieänderung ΔS setzt sich aus der Entropiezunahme der Luft und der Entropieabnahme des Rauchgases zusammen. Die Entropiezunahme der Luft beträgt

$$\dot{M}_\mathrm{L}\,c_{p\mathrm{L}}\,\ln\frac{T_1}{T_\mathrm{u}} = 10\,\frac{\mathrm{kg}}{\mathrm{s}} \cdot 1\,\frac{\mathrm{kJ}}{\mathrm{kg\,K}}\,\ln\frac{940}{300} = 11{,}42\,\frac{\mathrm{kJ}}{\mathrm{s\,K}}$$

und die Entropieabnahme des Rauchgases

$$\dot{M}_\mathrm{R} \int_{1200\,\mathrm{K}}^{800\,\mathrm{K}} c_{p\mathrm{R}}\,\frac{dT}{T} = 10\,\frac{\mathrm{kg}}{\mathrm{s}} \left[1{,}1\,\frac{\mathrm{kJ}}{\mathrm{kg\,K}}\,\ln\frac{800}{1200} + 0{,}5 \cdot 10^{-3}\,\frac{\mathrm{kg\,J}}{\mathrm{kg\,K^2}}\,(800\,\mathrm{K} - 1200\,\mathrm{K})\right]$$

$$= -6{,}46\,\frac{\mathrm{kJ}}{\mathrm{s\,K}}\,.$$

Damit ist der Exergieverluststrom

$$\dot{Ex}_V^{(ad)} = 300\,\text{K}\left(11{,}42\,\frac{\text{kJ}}{\text{sK}} - 6{,}46\,\frac{\text{kJ}}{\text{sK}}\right) = 1488\,\text{kW}.$$

Aufgabe 11.8

a) Die innere Energie des adiabaten Behälters besteht aus der Summe der inneren
Energien der beiden Kammern und bleibt konstant. Infolgedessen hat nach Entfernen der Trennwand die innere Energie der einen Kammer um den gleichen Anteil
zugenommen, wie die der anderen abgenommen hat. Es folgt

$$M'c_v'(T_1' - T_m) = -M''c_v''(T_1'' - T_m).$$

Daraus erhält man die Endtemperatur

$$T_m = \frac{M'c_v'T_1' + M''c_v''T_1''}{M'c_v' + M''c_v''} = \frac{M'T_1' + M''T_1''}{M' + M''},$$

$$T_m = \frac{18\,\text{kg} \cdot 294\,\text{K} + 30\,\text{kg} \cdot 530\,\text{K}}{18\,\text{kg} + 30\,\text{kg}} = 441{,}5\,\text{K}.$$

Den Enddruck erhält man aus der thermischen Zustandsgleichung idealer Gase zu

$$p = \frac{(M' + M'')RT_m}{V' + V''} = \frac{(18\,\text{kg} + 30\,\text{kg}) \cdot 0{,}189\,\text{kJ/(kg K)} \cdot 441{,}5\,\text{K}}{10\,\text{m}^3 + 3\,\text{m}^3},$$

$$p = 3{,}08\,\text{bar}.$$

b) Nach Entfernen der Trennwand hat sich die Entropie des einen Gases geändert um

$$\Delta S' = M'\left[c_v'\ln\frac{T_m}{T_1'} + R'\ln\frac{V' + V''}{V'}\right]$$

$$= 18\,\text{kg}\left[0{,}7\,\frac{\text{kJ}}{\text{kg K}}\ln\frac{441{,}5\,\text{K}}{294\,\text{K}} + 0{,}189\,\frac{\text{kJ}}{\text{kg K}}\ln\frac{10\,\text{m}^3 + 3\,\text{m}^3}{10\,\text{m}^3}\right],$$

$$\Delta S' = 6{,}02\,\frac{\text{kJ}}{\text{K}},$$

die des anderen um

$$\Delta S'' = M''\left[c_v''\ln\frac{T_m}{T_1''} + R'\ln\frac{V' + V''}{V''}\right]$$

$$= 30\,\text{kg}\left[0{,}7\,\frac{\text{kJ}}{\text{kg K}}\ln\frac{441{,}5\,\text{K}}{530\,\text{K}} + 0{,}189\,\frac{\text{kJ}}{\text{kg K}}\ln\frac{10\,\text{m}^3 + 3\,\text{m}^3}{10\,\text{m}^3}\right],$$

$$\Delta S'' = 4{,}48\,\frac{\text{kJ}}{\text{K}}.$$

Die Entropie des adiabaten Gesamtsystems hat somit um

$$\Delta S = \Delta S' + \Delta S'' = 10{,}50 \, \text{kJ/K}$$

zugenommen. Somit ist die Mischung irreversibel.

Der Exergieverlust berechnet sich nach Gl. 11.7b als Produkt aus Entropiezunahme und Umgebungstemperatur

$$Ex_V = T_u \Delta S = 293{,}15 \, \text{K} \cdot 10{,}50 \, \text{kJ/K} = 3078 \, \text{kJ} \, .$$

Aufgabe 13.1

Die Temperatur und den Druck am Tripelpunkt erhält man als Schnittpunkt der gegebenen Dampfdruckkurven.

$$12{,}665 - \frac{3023{,}3 \, \text{K}}{T_{tr}} = 16{,}407 - \frac{3754 \, \text{K}}{T_{tr}} \, ,$$

$$T_{tr} = \frac{3754 - 3023{,}3}{16{,}407 - 12{,}665} \text{K} \, ,$$

$$T_{tr} = 195{,}27 \, \text{K} \, .$$

Einsetzen in die erste Gleichung ergibt für den Druck

$$\frac{p_{tr}}{1 \, \text{bar}} = \exp 12{,}665 - \frac{3023{,}3 \, \text{K}}{T_{tr}} \, ,$$

$$p_{tr} = 0{,}0597 \, \text{bar} \, .$$

Die Verdampfungsenthalpie ist nach der Gleichung von Clausius-Clapeyron, Gl. 13.10a:

$$\Delta h_v = (v'' - v') T_{tr} \left(\frac{dp}{dT} \right)_{tr} \, .$$

Das spezifische Volumen des gesättigten Dampfes darf man bei dem niedrigen Druck des Tripelpunktes aus $v'' = RT/p$ berechnen:

$$v'' = \frac{0{,}4882 \, \text{kJ/(kg K)} \cdot 195{,}27 \, \text{K}}{0{,}0597 \, \text{bar}} = 15{,}96 \, \frac{\text{m}^3}{\text{kg}} \, .$$

Weiter folgt aus der Gleichung der Dampfdruckkurve:

$$\left(\frac{dp}{dT} \right)_{tr} = \exp \left[12{,}665 - \frac{3023{,}3}{195{,}27} \right] 3023{,}3 \, \text{K} \cdot \frac{1}{195{,}27^2 \, \text{K}^2} \, \text{bar} \, ,$$

$$\left(\frac{dp}{dT} \right)_{tr} = 0{,}4737 \cdot 10^{-2} \, \frac{\text{bar}}{\text{K}} \, .$$

Nach Einsetzen der Werte in die Gleichung von Clausius-Clapeyron erhält man die Verdampfungsenthalpie:

$$\Delta h_v = 1476{,}2 \,\frac{\text{kJ}}{\text{kg}}\,.$$

Für die Sublimationsenthalpie gilt.

$$\Delta h_s = T_{\text{tr}}(v'' - v''')\left(\frac{dp}{dT}\right)_{\text{tr}}\,,$$

mit

$$\left(\frac{dp}{dT}\right)_{\text{tr}} = \exp\left[16{,}407 - \frac{3754}{195{,}27}\right] 3745\,\text{K} \cdot \frac{1}{195{,}27^2\,\text{K}^2}\,\text{bar}\,,$$

$$\left(\frac{dp}{dT}\right)_{\text{tr}} = 0{,}5882 \cdot 10^{-2}\,\frac{\text{bar}}{\text{K}}\,,$$

$$\Delta h_s = 1833{,}0 \,\frac{\text{kJ}}{\text{kg}}\,.$$

Aufgabe 13.2

Van-der-Waalssche Gleichung:

Die Gleichung der Boyle-Kurve für das van-der-Waalssche Gas ergibt sich folgendermaßen:

Für Gl. 13.27 kann man schreiben:

$$p_{\text{r}}v_{\text{r}} = \frac{8T_{\text{r}}v_{\text{r}}}{3v_{\text{r}} - 1} - \frac{3}{v_{\text{r}}}\,.$$

Auf der Boyle-Kurve haben die Isothermen waagerechte Tangenten, und es gilt dort

$$\left(\frac{\partial(p_{\text{r}}v_{\text{r}})}{\partial p_{\text{r}}}\right)_{T_{\text{r}}} = \left[\frac{\partial}{\partial v_{\text{r}}}\left(\frac{8T_{\text{r}}v_{\text{r}}}{3v_{\text{r}} - 1} - \frac{3}{v_{\text{r}}}\right)_{T_{\text{r}}}\left(\frac{\partial v_{\text{r}}}{\partial p_{\text{r}}}\right)_{T_{\text{r}}}\right] = 0\,.$$

Da $\left(\frac{\partial v}{\partial p_{\text{r}}}\right)_{T_{\text{r}}}$ die Kompressibilität bedeutet, die stets von 0 verschieden ist, gilt für die Boyle-Kurve des Van-der-Waals-Gases

$$\left[\frac{\partial}{\partial v_{\text{r}}}\left(\frac{8T_{\text{r}}v_{\text{r}}}{3v_{\text{r}} - 1} - \frac{3}{v_{\text{r}}}\right)_{T_{\text{r}}}\right] = 0$$

differenziert:

$$-\frac{8T_{\text{r}}}{(3v_{\text{r}} - 1)^2} + \frac{3}{v_{\text{r}}^2} = 0\,.$$

Mit Hilfe von Gl. 13.27 erhält man schließlich die Gleichung für die Boyle-Kurve:

$$(p_{\text{r}}v_{\text{r}})^2 - 9(p_{\text{r}}v_{\text{r}}) + 6p_{\text{r}} = 0\,.$$

Inversionskurve in Amagat-Koordinaten:

Für die adiabate Drosselung gilt auf der Inversionskurve

$$\left(\frac{\partial h}{\partial p}\right)_T = 0$$

oder mit Gl. 12.14

$$\left(\frac{\partial h}{\partial p}\right)_T = -\left[T\left(\frac{\partial v}{\partial T}\right)_p - v\right] = 0 \,.$$

Die Bedingung für die Inversionskurve lautet demnach in normierter Form

$$\left(\frac{\partial v_r}{\partial T_r}\right)_{p_r} = \frac{v_r}{T_r} \,.$$

Angewandt auf Gl. 13.27 ergibt sich schließlich die Gleichung der Inversionskurve zu

$$(p_r v_r)^2 - 18(p_r v_r) + 9\,p_r = 0 \,.$$

Aufgabe 13.3

Die Gleichung von Benedict, Webb und Rubin lautet für $Z = 1$

$$0 = \left(B_0 - \frac{A_0}{RT} - \frac{e}{RT^3}\right)\frac{1}{v} + \left(b - \frac{a}{RT}\right)\frac{1}{v^2}$$

$$+ \left(a\frac{\alpha}{RT}\right)\frac{1}{v^5} + 1\left(\frac{c}{RT^3 v^2}\right)\left[(1+\gamma)/v^2\right]\mathrm{e}^{-\gamma/v^2} \,.$$

Aufgabe 13.4

Aus den Dampftabellen oder dem h,s-Diagramm ergeben sich als zugeführte Wärmen:

im Vorwärmer $12,7 \cdot 10^6$ kJ/h $= 3,52$ MW,

im Kessel $39,2 \cdot 10^6$ kJ/h $= 10,9$ MW und

im Überhitzer $10,3 \cdot 10^6$ kJ/h $= 2,87$ MW.

Aufgabe 13.5

Das spezifische Volumen des Dampfes ist $0,01413\,\mathrm{m^3/kg}$. Im Kessel sind $37,25$ kg Dampf und $962,75$ kg Wasser. Die Enthalpie des Dampfes ist $100\,090$ kJ, die des Wassers $1\,440\,000$ kJ.

Aufgabe 13.6
Es müssen 998 kJ zugeführt werden, wobei der Dampfgehalt auf $x = 0,986$ steigt.

Aufgabe 13.7
Es müssen $1,23 \cdot 10^6$ kJ zugeführt werden, wobei 12,9 kg Wasser verdampfen.

Aufgabe 13.8
Aus dem h,s-Diagramm erhält man eine Endtemperatur von 100 °C, einen Dampfgehalt von 0,899. Bei Expansion bis 6,2 bar wäre der Dampf gerade trocken gesättigt. Die Expansionsarbeit bei Entspannung bis auf 1 bar ist 495 kJ oder 495 000 Nm je kg Dampf.

Aufgabe 13.9
Der Wassergehalt ist 5,3 %. Die Entropiezunahme ist 1,285 kJ/(kg K) und der Exergieverlust 376,6 kJ/kg.

Aufgabe 14.1
$$p_2 = 21,67 \, \text{bar}, \quad t_2 = 433 \, °\text{C}, \quad t_3 = 704 \, °\text{C}, \quad p_4 = 1,38 \, \text{bar}, \quad t_4 = 133 \, °\text{C}.$$

Wärmezufuhr $Q = 0,521$ kJ je Hub, Wärmeabfuhr $|Q_0| = 0,216$ kJ je Hub, Arbeit $|L| = 0,304$ kJ je Hub.

Aufgabe 14.2
$$p_2 = 40,2 \, \text{bar}, \quad t_2 = 713 \, °\text{C}, \quad p_3 = 40,2 \, \text{bar},$$
$$t_3 = 1699 \, °\text{C}, \quad p_4 = 2,64 \, \text{bar}, \quad t_4 = 632 \, °\text{C},$$

Wärmezufuhr $Q = 14,08$ kJ je Hub, Wärmeabfuhr $|Q_0| = 5,74$ kJ je Hub. Arbeit 8,34 kJ je Hub. Theoretische Leistung bei $250 \, \text{min}^{-1}$: 34,8 kW.

Aufgabe 14.3
Die je Umdrehung der Stirling-Maschine aufzubringende Arbeit errechnet sich zu 1500 J. Mit den gegebenen Temperaturen von 800 °C und 20 °C sowie dem Kompressionsverhältnis von 0,5 l zu 3 l erhält man aus Gl. 14.40 eine für diese Arbeit notwendige Gasmenge von $3,74 \cdot 10^{-3}$ kg. Diese Gasmenge steht im expandierten Zustand im kalten Zylinder unter einem Druck von 1,049 bar und erreicht nach isothermer Kompression und isochorer Erwärmung den maximalen Druck von 23,04 bar. Den Wirkungsgrad des Prozesses liefert Gl. 14.41 zu $\eta = 0,727$.

Aufgabe 14.4
Nach den Dampftabellen ist die Enthalpie des Speisewassers 136,11 kJ/kg, nach dem h,s-Diagramm die des überhitzten Dampfes 3240,7 kJ/kg; im Kessel und Überhitzer

müssen also 3104,6 · 104 kJ/kg zugeführt werden. Das adiabate Wärmegefälle bei Entspannung auf 0,05 bar beträgt nach dem h,s-Diagramm 1100,7 kJ/kg. Da die Turbine aber nur einen Wirkungsgrad von 80 % hat, werden dem Dampf nur 0,80 · 1100,7 kJ/kg entzogen, sodass er mit einer Enthalpie von 2360,1 kJ/kg entsprechend einem Dampfgehalt von 0,918 in den Kondensator gelangt, dort müssen (2360,1 – 136,1) kJ/kg entzogen werden, um ihn zu kondensieren. Die Leistung an der Turbinenwelle ist 0,95 · 0,80 · 1100,7 · 104 kJ/h = 2323,7 kW. Der Dampfverbrauch ist 4,30 kg/kWh, der Wärmeverbrauch 1,336 · 104 kJ/kWh.

Aufgabe 14.5

Aus dem h,s-Diagramm ergibt sich für den Clausius-Rankine-Prozess ein Wirkungsgrad $\eta = 0,407$ bei einem Enddampfgehalt von $x = 0,725$, bei zweimaliger Zwischenüberhitzung ist $\eta = 0,417$ und $x = 0,947$.

Aufgabe 14.6

Je kg Dampf werden zugeführt: im Kessel 2593,3 kJ, im ersten Überhitzer 366,7 kJ, im zweiten Überhitzer 549,1 kJ. Im Kondensator werden abgeführt 2451,0 kJ. Der thermische Wirkungsgrad ist $\eta = 0,317$, die Arbeit je kg Dampf beträgt 1114,1 kJ. Durch eine Turbine anstelle der Drosselung vom kritischen Druck auf 100 bar werden an Arbeit mehr gewonnen 93,5 kJ/kg oder 8,4 %.

Aufgabe 14.7

Wasserdampf von 150 bar und 500 °C besitzt nach VDI-Dampftafel (bzw. Dampftafel Tab. A.3) eine spezifische Enthalpie von 3310,6 kJ/kg und eine spezifische Entropie von 6,3487 kJ/(kg K). Bei der reversibel adiabaten Entspannung auf 25 bar werden 461,6 kJ/kg in der Dampfturbine in Arbeit verwandelt. Der entspannte Dampf strömt mit einer spezifischen Enthalpie von 2849,0 kJ/kg in den Kältemittel-Wasserdampf-Wärmeübertrager und wird dort durch Abgabe seiner Überhitzungs- und Verdampfungsenthalpie isobar gerade vollständig kondensiert. Nach VDI-Wasserdampftafel (bzw. in Dampftafel Tab. A.3 interpoliert) hat das Kondensat eine spezifische Enthalpie von 961,3 kJ/kg, und damit stehen je kg Wasser zu Erwärmung, Verdampfung und Überhitzung des Kältemittels Chlordifluormethan (2849,0 – 961,3) = 1887,7 kJ zur Verfügung. Je kg Kältemittel muss im Wärmeübertrager eine Wärme von 262,3 kJ zugeführt werden. Das Massenstromverhältnis Wasserdampf zu Kältemittel ergibt sich aus dem Erhaltungssatz für die Energie im Wärmeübertrager zu

$$\frac{1887,7 \, \text{kJ/kg} \, H_2O}{263,3 \, \text{kJ/kg} \, KM} = 7,20 \, \frac{\text{kg} \, KM}{\text{kg} \, H_2O} \, .$$

Der Kältemitteldampf gibt bei der reversibel adiabaten Entspannung eine spezifische Arbeit von 33 kJ/kg ab.

Die Leistungsverteilung auf Wasserdampf- und Kältemittelturbine ergibt sich aus dem Massenstromverhältnis und der spezifischen reversiblen adiabaten Arbeit jedes der Stoffe. Die H_2O-Dampfturbine gibt eine Leistung von 330,1 MW, die Kältemitteldampfturbine eine von 169,9 MW ab. Der theoretische Wirkungsgrad der Anlage beträgt $\eta = 0,3$.

Die H_2O-Turbine verlässt ein Volumenstrom von 60,23 m^3/s, die Kältemittelturbine einer von 133,87 m^3/s. Hätte man den Kältemittelprozeß nicht nachgeschaltet, sondern die H_2O-Turbine für die gesamte Leistung von 500 MW herangezogen, so ergäbe sich bei einem Kondensatordruck von 0,04 bar am Abdampfstutzen ein Volumenstrom von 9155,1 m^3/s, also um den Faktor 68 größerer Wert als bei der Kältemittelturbine. Das bedeutet, dass der Durchmesser des Abdampfstutzens der Kältemittelturbine bei gleichen Strömungsgeschwindigkeiten rund 8mal kleiner sein kann als der einer H_2O-Niederdruckturbine.

Aufgabe 14.8

Die Schmelzenthalpie des Eises ist rund 333,5 kJ/kg; um stündlich 500 kg Eis von 0 °C aus Wasser von 20 °C herzustellen, braucht man eine Kälteleistung von 58 kW. Der Kälteprozess entspricht grundsätzlich der Abb. 14.51, deren Bezeichungen wir benutzen. Den Dampftabellen für Ammoniak, Tab. A.5 entnimmt man bei $t = -10$ °C Sättigungstemperatur:

$$p_0 = 2,91 \, \text{bar}, \quad v_0'' = 0,418 \, \text{m}^3/\text{kg}, \quad h_0' = 315,9 \, \text{kJ/kg}, \quad h_0'' = 1612 \, \text{kJ/kg}$$

$$\Delta h_{v0} = 1296 \, \text{kJ/kg}, \quad s_0' = 5,526 \, \text{kJ/(kg K)}, \quad s'' = 10,45 \, \text{kJ/(kg K)};$$

bei 10 bar Sättigungsdruck:

$$t_s = 24,9 \, ^\circ\text{C}, \quad h' = 479,0 \, \text{kJ/kg}, \quad h'' = 1645 \, \text{kJ/kg};$$

für flüssiges Ammoniak bei +15 °C entsprechend der Unterkühlung in Punkt 5 ist $h_5' = 432,0 \, \text{kJ/kg}$. In Punkt 1 bei $x_1 = 0,98$ ist $h_1 = h_0' + x_1 \Delta h_{v0} = 1586 \, \text{kJ/kg}$, in Punkt 8 ist $h_s = h_5' = 430,0 \, \text{kJ/kg}$, daraus folgt die Kälteleistung $h_1 - h_s = 1154 \, \text{kJ/kg}$.

Es müssen also stündlich 180,9 kg Ammoniak verdichtet werden. Der Dampfgehalt bei 8 am Ende der Drosselung folgt aus $h_0' + x_s \Delta h_{v0} = h_5'$ zu $x_s = 0,0896$. Bei der Kompression überhitzt sich der Dampf. Es ist $h_2 - h_1 = 170 \, \text{kJ/kg}$. Die Arbeit je kg Ammoniak wird dann 227 kJ und die Enthalpie nach der irreversibel adiabaten Verdichtung $h_{2*} = 1813 \, \text{kJ/kg}$. An das Kühlwasser sind 69,4 kW abzugeben. Die Leistungszahl $\varepsilon = \frac{h_1 - h_s}{h_2 - h_1} = 5,08$. Beim Carnot-Prozess zwischen −10 °C und 24,9 °C wäre $\varepsilon = 7,54$. Der Leistungsbedarf des Kompressors ist 14,3 kW. Das Hubvolumen bei einem spezifischen Volumen $v_1 = 0,41 \, \text{m}^3/\text{kg}$ und einem Liefergrad $\lambda = 0,9$ ist 2,746 l.

Aufgabe 14.9

a)

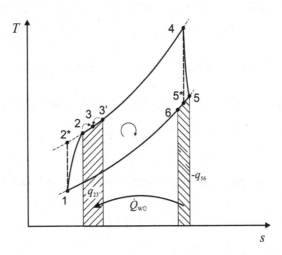

Anmerkung: Der Wärmestrom $\dot{Q}_{WÜ}$ [W], der bei der Zustandsänderung $2 \to 3'$ zugeführt wird, ist betragsmäßig genauso groß wie der bei der Zustandsänderung $5 \to 6$ abgegebene Wärmestrom. Da der Massenstrom bei der Zustandsänderung $2 \to 3'$ jedoch kleiner ist als der bei der Zustandsänderung $5 \to 6$, ist die spezifische Wärme $q_{23'}$ [J/kg] betragsmäßig größer als q_{56}.

b) Für die Turbine gilt nach Gln. 14.10 und 14.14

$$P_T = \dot{M}c_p(T_5 - T_4) = \eta_{ST}\dot{M}c_p(T_{5*} - T_4)$$

mit $\eta_{ST} = \frac{T_4 - T_5}{T_4 - T_{5*}}$ entsprechend Gl. 14.12. Für die reversible (isentrope) Zustandsänderung von 4 nach 5* gilt nach Gl. 7.11b

$$\frac{T_{5*}}{T_4} = \left(\frac{p_5}{p_4}\right)^{\frac{\kappa-1}{\kappa}}$$

und somit

$$T_{5*} = T_4\left(\frac{p_5}{p_4}\right)^{\frac{\kappa-1}{\kappa}} = 1400\,\text{K}\left(\frac{1}{4{,}5}\right)^{0{,}286} = 911\,\text{K}.$$

Es folgen

$$T_5 = T_4 - \eta_{ST}\cdot(T_4 - T_{5*}) = 1400\,\text{K} - 0{,}9\cdot(1400 - 911)\,\text{K} = 960\,\text{K}$$

und

$$\dot{M} = \frac{P_T}{c_p(T_5 - T_4)} = \frac{P_T}{\eta_{ST}c_p(T_{5*} - T_4)}$$

$$= \frac{-70\,\text{kW}}{0{,}9 \cdot 1{,}006\,\text{kJ/(kg K)} \cdot (911 - 1400)\,\text{K}} = 0{,}158\,\frac{\text{kg}}{\text{s}}\,.$$

c) Der isentrope Wirkungsgrad des Verdichters ist nach Gl. 14.6 für ideales Gas

$$\eta_{SV} = \frac{T_{2*} - T_1}{T_2 - T_1}\,.$$

Für die reversible (isentrope) Zustandsänderung von 1 nach 2* gilt nach Gl. 7.11b

$$\frac{T_{2*}}{T_1} = \left(\frac{p_2}{p_1}\right)^{\frac{\kappa-1}{\kappa}}$$

und somit

$$T_{2*} = T_1 \left(\frac{p_2}{p_1}\right)^{\frac{\kappa-1}{\kappa}} = 300\,\text{K} \left(\frac{4{,}5}{1}\right)^{0{,}286} = 461\,\text{K}\,.$$

Es folgen

$$T_2 = T_1 + \frac{T_{2*} - T_1}{\eta_{SV}} = 300\,\text{K} + \frac{(461 - 300)\,\text{K}}{0{,}8} = 501\,\text{K}$$

und

$$P_V = \dot{M}c_p(T_2 - T_1) = 0{,}158\,\frac{\text{kg}}{\text{s}} \cdot 1{,}006\,\frac{\text{kJ}}{\text{kg K}} \cdot (501 - 300)\,\text{K} = 32\,\text{kW}\,.$$

d) Der erste Hauptsatz um den Wärmeübertrager WÜ ergibt

$$\delta\dot{M}c_p(T_{3'} - T_2) = \dot{M}c_p(T_5 - T_6)\,.$$

Daraus folgt der Massenanteil zu

$$\delta = \frac{T_5 - T_6}{T_{3'} - T_2} = \frac{960 - 820}{770 - 501} = 0{,}52\,.$$

Der erste Hauptsatz um den Wärmeübertrager zusammen mit der Mischstelle ergibt

$$\dot{M}c_p(T_3 - T_2) = \dot{M}c_p(T_5 - T_6)\,.$$

Daraus folgt

$$T_3 = T_5 - T_6 + T_2 = 960\,\text{K} - 820\,\text{K} + 501\,\text{K} = 641\,\text{K}\,.$$

Alternativ: Erster Hauptsatz nur um die Mischstelle ergibt

$$\delta \dot{M} c_p T_{3'} + (1 - \delta)\dot{M} c_p T_2 = \dot{M} c_p T_3 \, .$$

Es folgt

$$T_3 = \delta T_{3'} + (1 - \delta) T_2 = 0{,}521 \cdot 770 \,\mathrm{K} + (1 - 0{,}521) \cdot 501 \,\mathrm{K} = 641 \,\mathrm{K} \, .$$

e) An der Brennkammer ergibt die Energiebilanz

$$\dot{Q}_{\mathrm{BK}} = \dot{M} c_p (T_4 - T_3) = 0{,}158 \,\frac{\mathrm{kg}}{\mathrm{s}} \cdot 1{,}006 \,\frac{\mathrm{kJ}}{\mathrm{kg\,K}} \cdot (1400 \,\mathrm{K} - 641 \,\mathrm{K}) = 120{,}6 \,\mathrm{kW} \, .$$

f) Der thermische Wirkungsgrad errechnet sich zu

$$\eta_{\mathrm{th}} = \frac{|P_{\mathrm{ges}}|}{\dot{Q}_{\mathrm{BK}}} = \frac{|P_{\mathrm{T}}| - P_{\mathrm{V}}}{\dot{Q}_{\mathrm{BK}}} = \frac{70 - 32}{120{,}6} = 0{,}315 \, .$$

Aufgabe 15.1

Der Wärmedurchgangswiderstand ist nach Gl. 15.13

$$R = 3{,}41 \,\mathrm{m}^2 \,\mathrm{K/W} \, ,$$

und es gehen 8,80 W/m² durch die Wand hindurch.

Aufgabe 15.2

Die angegebene Gleichung für die Nußelt-Zahl bezieht sich auf die freie Anströmgeschwindigkeit. Der Strömungsquerschnitt ohne Rohre beträgt 2,226 m², die projizierte Rohrfläche 1,176 m². Mit der Kontinuitätsgleichung ergibt sich eine Anströmgeschwindigkeit von $w_0 = w_e A_e / A_0 = 2{,}83 \,\mathrm{m/s}$.

Bei der Bezugstemperatur $t_{\mathrm{m}} = (325\,°\mathrm{C} + 175\,°\mathrm{C})/2 = 250\,°\mathrm{C}$ ergeben sich aus Tab. 15.3 folgende Stoffwerte: Dichte $\rho = 0{,}6664 \,\mathrm{kg/m}^3$, spezifische Wärmekapazität $c_p = 1036 \,\mathrm{J/(kg\,K)}$, dynamische Viskosität $\eta = 27{,}45 \cdot 10^{-6} \,\mathrm{Pa} \cdot \mathrm{s}$, Wärmeleitfähigkeit $\lambda = 0{,}04241 \,\mathrm{W/(K\,m)}$. Die Reynolds-Zahl errechnet sich zu $Re = 3847$ und die Prandtl-Zahl zu $Pr = 0{,}67$.

Aus der von Hausen angegebenen Gl. 15.70 für die versetzte Anordnung lässt sich mit $a = b = (0{,}05 + 0{,}056)/0{,}056 = 1{,}893$ und $f_2 = 1{,}369$ nach Gl. 15.71 unter Berücksichtigung des Korrekturfaktors 0,95 die Nußelt-Zahl zu $Nu = 44{,}44$ berechnen. Aus der Definitionsgleichung der Nußelt-Zahl ergibt sich dann ein Wärmeübergangskoeffizient von $\alpha = 33{,}7 \,\mathrm{W/(m}^2 \,\mathrm{K)}$.

Die Reynolds-Zahl im Rohr beträgt $Re = 41\,850$, die Strömung ist also turbulent. Mit Gl. 15.63 ergibt sich eine Nußelt-Zahl von $Nu = 115{,}5$ und ein Wärmeübergangskoeffizient von $\alpha = 1569 \,\mathrm{W/(m}^2 \,\mathrm{K)}$.

Bei Berücksichtigung der Wärmeleitung durch die Stahlrohre ergibt sich ein Wärmestrom von $\dot{Q} = 40 \cdot 1733\,\text{W} = 69\,330\,\text{W}$. Aus $\dot{Q} = \dot{M}c_p\Delta\vartheta$ und $\dot{M} = \rho w A$ ergibt sich für das Rauchgas eine Abkühlung von 16 K und für das Wasser eine Erwärmung von 61 K.

Anhang C: Glossar

A[1]

Absorptionsgrad (→Wärmestrahlung) Der Absorptionsgrad beschreibt im Zusammenhang mit Wärmetransport durch Strahlung den relativen Anteil auftreffender Energie, der von einem Körper absorbiert wird.

Abwärme Als Abwärme bezeichnet man die von Maschinen oder Anlagen an deren Umgebung abgegebene Wärme. Sie wird wegen des meist niedrigen Temperaturniveaus aus wirtschaftlichen Gründen oft nicht weiter genutzt.

adiabat, Adiabate (→adiabates System) Ein System bezeichnet man als adiabat, wenn über seine Systemgrenze hinweg keine Wärme übertragen werden kann. Zustandsänderungen an einem solchen System sind →adiabate Zustandsänderungen. Als Adiabate bezeichnet man eine Linie in einem Zustandsdiagramm, die eine adiabate Zustandsänderung beschreibt.

Aggregatzustand Die Aggregatzustände fest, flüssig und gasförmig sind Erscheinungsformen der Stoffe und unterscheiden sich nach dem Ordnungsgrad ihrer Teilchen, deren Wechselwirkung untereinander und deren Beweglichkeit gegeneinander.

Ähnlichkeitstheorie (→Kennzahl) Physikalische Vorgänge sind einander ähnlich, wenn ihre zur physikalisch-mathematischen Beschreibung erforderlichen charakteristischen Größen in festen Verhältnissen zueinander stehen. D. h., Ähnlichkeit ist gegeben, wenn die Werte der entsprechenden dimensionslosen Kennzahlen übereinstimmen.

Anergie (→Exergie) Die Anergie ist der nicht in Arbeit bzw. →Exergie umwandelbare Teil einer Energie. Sie ist abhängig vom Zustand des Systems und vom Zustand der Umgebung. Anergie ist eine Zustandsgröße eines Systems in seiner Umgebung.

---

[1] In diesem Glossar sind viele Begriffe der Thermodynamik in alphabetischer Reihenfolge kurz erläutert. Das Glossar soll den Lernprozess verbessern und als Nachschlagewerk dienen. Verweise auf andere Begriffe zu dem Thema eines nachgeschlagenen Begriffs sind mit „→" gekennzeichnet. Ausführlichere Erläuterungen sind den einzelnen Kapiteln des Buches zu entnehmen.

Anlage Eine Anlage besteht aus Maschinen und Apparaten sowie den zu ihrem Betrieb notwendigen Geräten, Leitungen und dem Zubehör.

Apparat Ein Apparat ist ein von Stoffströmen durchflossener oder chargenweise befüllter Behälter, in dem Prozesse ablaufen.

Arbeit (→Energie) Arbeit ist die Form der Energie, die auf der Basis mechanischer oder elektrischer Transportvorgänge über eine Systemgrenze übertragen wird. Die Energieform Arbeit ist daher eine →Prozessgröße und nicht speicherbar. Es werden mehrere Arten von Arbeit unterschieden: →Volumenänderungsarbeit, →Technische Arbeit, →Nutzarbeit, →Wellenarbeit, →Reibungsarbeit.

Arbeitsfähigkeit (→Exergie)

Arbeitsleistung (→Leistung) Als Arbeitsleistung (oder kurz Leistung) bezeichnet man eine über eine Systemgrenze übertragene Arbeit, bezogen auf die Zeitspanne der Übertragung.

Arbeitsmedium Als Arbeitsmedien bezeichnet man Stoffe, im Allgemeinen Flüssigkeiten oder Gase, mit denen in thermischen Maschinen oder Apparaten Prozesse ausgeführt werden.

Austauschvariable Als Austauschvariable bezeichnet man in der Thermodynamik Zustandsgrößen über die der Transport verschiedener Arbeitsformen oder von Wärme zwischen einem System und seiner Umgebung erfolgt. Beispielsweise ist das Volumen die Austauschvariable für den Transport von Volumenänderungsarbeit oder die Entropie die Austauschvariable für den Transport von Wärme.

B

Behältersieden Beim Behältersieden wird Flüssigkeit durch die Erwärmung einer begrenzenden Wand über die Sättigungstemperatur unter freier Strömung verdampft. In Abhängigkeit von der Wandüberhitzung treten dabei unterschiedliche Verdampfungsformen wie →Konvektionssieden (Stilles Sieden), →Blasensieden oder →Filmsieden auf.

Bezugssystem Ein Bezugssystem ist ein Koordinatensystem, das festgelegt wird, um Lage und Bewegung eines Systems beschreiben zu können.

Bezugszustand Ein Bezugszustand ist ein durch Vereinbarung festgelegter →Zustand. Die Festlegung des Bezugszustandes ist in der Thermodynamik insbesondere zwingend notwendig, um absolute Werte von energetischen Größen (z. B. Enthalpie, innere Energie oder Entropie) berechnen und angeben zu können. Da in den Energie- und Entropiebilanzgleichungen nur Differenzen energetischer Zustandsgrößen auftreten, ist die Festlegung von Bezugszuständen bei chemisch nicht reagierenden Stoffen beliebig.

Biot-Zahl (→Kennzahl) Die Biot-Zahl stellt das Verhältnis des Wärmeleitwiderstandes in einem Körper zum Wärmeübergangswiderstand an diesem Körper dar. Sie findet Verwendung bei der Beschreibung von instationären Wärmetransportvorgängen.

Blasensieden Beim Blasensieden (→Behältersieden) wachsen in den Vertiefungen der wärmeabgebenden Oberfläche Dampfblasen, die sich bei einer bestimmten Größe von der Wand lösen und im Schwerefeld aufsteigen. Die damit verbundenen Vorgänge verbessern den Wärmeübergang gegenüber →Konvektionssieden erheblich.

Brennstoff Brennstoffe sind Stoffe, die bei der →Verbrennung Energie freisetzen. Sie können fest, flüssig oder gasförmig sein und neben oxidierbaren Stoffen auch inerte Stoffe und Sauerstoff enthalten. Brennstoffe werden auch als Kraftstoffe oder Treibstoffe bezeichnet.

C

Carnotisierung Mit dem Ausdruck Carnotisierung bezeichnet man Maßnahmen, die zur Annäherung eines realen Prozessverlaufs an den des →Carnot-Prozesses dienen und damit zur Verbesserung des thermischen Wirkungsgrades führen (z. B. →Speisewasservorwärmung, →Zwischenüberhitzung).

Carnot-Prozess Der Carnot-Prozess ist ein →Vergleichsprozess aus zwei isentropen (dissipationsfreien adiabaten) und zwei isothermen Zustandsänderungen, der in erster Linie theoretische Bedeutung hat. Er hat bei gegebener maximaler oberer und minimaler unterer Prozesstemperatur den größtmöglichen thermischen Wirkungsgrad.

Clausius-Clapeyron-Gleichung Die CLAUSIUS-CLAPEYRON-Gleichung verknüpft die Verdampfungsenthalpie mit thermischen Zustandsgrößen. Sie beschreibt die Steigung der →Dampfdruckkurve.

Clausius-Rankine-Prozess Der Clausius-Rankine-Prozess ist ein Vergleichsprozess für Dampfkraftmaschinen aus zwei isentropen (dissipationsfreien adiabaten) und zwei isobaren, mit Phasenwechsel des Fluids (i. A. H_2O) verbundenen Zustandsänderungen. In modernen Kraftwerken wird der Prozess zur Verbesserung des thermischen Wirkungsgrades zusätzlich z. B. mit Speisewasservorwärmung und Zwischenüberhitzungen ausgeführt.

D

Dampf Als Dampf bezeichnet man ein gasförmiges Fluid, dessen Zustand sich nahe dem Nassdampfgebiet befindet.

Dampfdruck (→Dampfdruckkurve) Der Dampfdruck ist der Druck, der sich im thermischen Gleichgewicht in der dampfförmigen Phase über der flüssigen Phase eines Stoffes einstellt. Der Dampfdruck ist bei chemisch einheitlichen Stoffen (Reinstoffen) nur von der Temperatur abhängig.

Dampfdruckkurve Die Dampfdruckkurve ist die Kurve im p, t−Diagramm, die Zustände beschreibt, bei denen →Phasengleichgewicht zwischen Flüssigkeit und Dampf herrscht. Sie gibt die Wertepaare von Druck und Temperatur für den →Nassdampf an.

Dampferzeuger Im Dampferzeuger einer Dampfkraftanlage wird das eingespeiste flüssige Wasser durch äußere Wärmezufuhr verdampft.

Dampfgehalt Der Dampfgehalt gibt an, wie groß der Anteil des →Sattdampfes an einem →Nassdampf ist. Der Dampfgehalt ist das Verhältnis der Masse des Sattdampfes zu der Masse des Nassdampfes.

Dampfkraftanlage (→Dampfkraftmaschine)

Dampfkraftmaschine Eine Dampfkraftmaschine ist eine →Wärmekraftmaschine. Der in einem Dampferzeuger durch Wärmezufuhr entstehende Wasserdampf expandiert in einer Dampfturbine oder einer Kolbendampfmaschine unter Arbeitsabgabe. Im Dampfkraftwerk dient die Arbeitsabgabe der Stromerzeugung mittels eines Generators. Der Abdampf aus der Turbine oder Kolbendampfmaschine wird in einem Kondensator durch Wärmeabgabe an die Umgebung verflüssigt. Das Kondensat wird durch die Speisepumpe wieder auf den höheren Druck gebracht und in den Dampferzeuger eingespeist. Den zugrunde liegenden Prozess bezeichnet man als →Clausius-Rankine-Prozess.

Dampftafel In einer Dampftafel eines Stoffes sind i. A. Werte der Zustandsgrößen für unterkühlte und siedende Flüssigkeit, Sattdampf und Heißdampf tabelliert.

Dampfturbine In einer Dampfturbine wird ein Teil der Energie des →Frischdampfes in Arbeit umgewandelt, die über eine Welle abgegeben wird. Die Expansion des Dampfes findet im Allgemeinen in einer Vielzahl von aufeinander folgenden Stufen statt. Man unterscheidet folgende Bereiche: **Hochdruckturbine** – Hochdruckturbinen sind gekennzeichnet durch kleine Strömungsquerschnitte und niedrige Schaufelhöhen sowie durch dickwandige und gegen hohe Temperatur beständige Gehäuse. **Mitteldruckturbine** – In Mitteldruckturbinen wird die Volumenzunahme des Dampfes merklich stärker, die Strömungsquerschnitte wachsen entsprechend. **Niederdruckturbine** – In Niederdruckturbinen sind sehr große Strömungsquerschnitte für den häufig bis weit unter Atmosphärendruck expandierenden Dampf erforderlich. Niederdruckturbinen werden daher i. A. zweiflutig gebaut – der Dampf tritt in der Mitte ein und expandiert nach beiden Seiten. Die Baugröße ist durch die Beanspruchung der sehr langen Schaufeln durch Fliehkraft und Schwingungen und den damit verbundenen Festigkeitsproblemen am Schaufelfuß begrenzt.

Desublimation Desublimation nennt man den Vorgang des Phasenwechsels von gas- bzw. dampfförmiger zu fester Phase. Man sagt, der Dampf desublimiert.

diatherm Eine Systemgrenze (z. B. eine Wand) ist diatherm, wenn Wärme durch sie hindurch übertragen werden kann. (Gegenteil: →adiabat.)

Dichte Die Dichte ist die auf das Volumen eines Systems bezogene Masse dieses Systems und damit der Kehrwert des →spezifischen Volumens.

Diesel-Prozess Der Diesel-Prozess ist ein Vergleichsprozess für Verbrennungsmotoren aus zwei isentropen (dissipationsfreien adiabaten), einer isobaren und einer isochoren Zustandsänderung. Die Wärmezufuhr durch Verbrennung des schwerflüchtigen Kraftstoffes erfolgt hierbei im Vergleich zum →Otto-Prozess recht langsam und bei annähernd konstantem Druck (isobar) während der Expansion des Gases.

Differential Unter einem Differential wird die unendlich kleine Änderung einer Größe bzw. Variablen verstanden. Ist eine Größe X von einer anderen Variablen Y abhängig, so nennt man die Ableitung dX/dY, also den Quotienten der Differentiale dX und dY, den Differentialquotienten. Ist die Größe von mehreren voneinander unabhängigen Variablen abhängig, so trifft man folgende Unterscheidungen: **partieller Differentialquotient** – Der partielle Differentialquotient einer Größe bezeichnet den Quotienten aus dem Differential der Größe und dem Differential einer der unabhängigen Variablen bei Konstanz der übrigen Variablen, man schreibt $\partial X/\partial Y$. **partielles Differential** – Das partielle Differential ist das Produkt aus dem partiellen Differentialquotienten und dem Differential der unabhängigen Variablen, folglich $\partial X/\partial Y \cdot dY$. **totales Differential** – Das totale Differential einer Größe ist die Summe aller partiellen Differentiale. **vollständiges Differential** – Ein totales Differential wird auch vollständiges Differential genannt, wenn es wegunabhängig ist bzw. mathematisch die Integrabilitätsbedingung erfüllt. Da eine →Zustandsgröße wegunabhängig ist, erfüllt sie stets die Bedingung für ein vollständiges Differential, eine →Prozessgröße hingegen nicht.

Dissipation Bei allen realen Prozessen treten Vorgänge wie z. B. Reibung, Verformung und Verwirbelung eines Fluids auf, wodurch Energie im System zerstreut (dissipiert) wird. Den Vorgang einer solchen Zerstreuung von Energie nennt man Dissipation. Die dissipierte Energie ist damit entwertet und nicht mehr vollständig in dem betreffenden Prozess nutzbar.

Dissipationsenergie Als Dissipationsenergie bezeichnet man die Energie, die aufgrund →Dissipation verstreut (dissipiert) wird.

dritter Hauptsatz Der dritte Hauptsatz der Thermodynamik besagt, dass sich die Entropie jedes chemisch homogenen, kristallisierten Körpers bei Annäherung an den Nullpunkt der Temperatur unbegrenzt dem Wert Null nähert.

Drosselvorgang, Drosselung Bei einem Drosselvorgang strömt ein Fluid durch eine Drosselstelle (z. B. Engstelle in einem Strömungskanal), wobei der Druck durch Verwirbelungs- und Reibungsvorgänge abnimmt. Die Expansion erfolgt ohne Abgabe von Arbeitsleistung. Eine Drosselstelle kann meistens als adiabat angesehen werden. Eine adiabate Drosselung bewirkt eine isenthalpe Zustandsänderung, wenn die kinetische und potentielle Energie des Fluids vor und nach der Drosselung gleich sind.

Druck Der Druck ist eine intensive, thermische Zustandsgröße und zeigt an, ob zwei geschlossene Systeme miteinander im mechanischen Gleichgewicht stehen. Man unterscheidet den absoluten Druck und den Überdruck. Der absolute Druck ist der Druck gegenüber dem Druck Null im leeren Raum. Der Überdruck ist die Differenz zwischen dem absoluten Druck und dem atmosphärischen Druck.

E

Einspritzverhältnis (→Verbrennungsmotor)

Einstoffsystem (→Reinstoff, →Mehrstoffsystem) Ein Einstoffsystem ist ein System, das nur aus einem →Reinstoff besteht.

Emission (→Wärmestrahlung, →Emissionsgrad) Jede feste, flüssige oder gasförmige Materie gibt entsprechend ihrer Strahlungseigenschaften und ihrer Temperatur Wärmestrahlung bei verschiedenen Wellenlängen ab. Diese Emission und die Emissionseigenschaften werden u. a. beschrieben durch folgende Größen: →Emissionsgrad, →spektraler Emissionsgrad, →Lambertsches Kosinusgesetz, →Wiensches Verschiebungsgesetz, →spektrale Strahlungsintensität.

Emissionsgrad (→Wärmestrahlung) Der Emissionsgrad beschreibt im Zusammenhang mit Wärmetransport durch Strahlung das Verhältnis des insgesamt emittierten Wärmestroms zu dem des schwarzen Körpers gleicher Temperatur. Streng genommen muss er Gesamtemissionsgrad genannt werden zur Unterscheidung vom →spektralen Emissionsgrad.

empirisch Empirische Größen sind Größen, die durch Messverfahren eingeführt sind. Empirische Verfahren liefern Ergebnisse durch Versuche und Beobachtungen.

Energie Energie ist die in Systemen speicherbare und zwischen Systemen übertragbare physikalische Eigenschaft, deren Übertragung Zustandsänderungen im abgebenden und im aufnehmenden System bewirkt. Zustandsgrößen wie →innere Energie und →Enthalpie kennzeichnen die in Systemen gespeicherte bzw. mit Stoffströmen transportierte Energie. Prozessgrößen wie →Wärme und →Arbeit kennzeichnen die Energie, die zwischen Systemen übertragen wird.

Energiebilanz Als Energiebilanz bezeichnet man die Summierung der über die Grenze eines Systems übertragenen Energien und der Änderungen des Energieinhaltes des Systems. Die Summe dieser Größen muss nach dem →ersten Hauptsatz der Thermodynamik immer Null ergeben.

Energieerzeugung Energie kann nach dem →ersten Hauptsatz weder erzeugt noch vernichtet werden. „Energieerzeugung" ist der umgangssprachliche Ausdruck für die Umwandlung gespeicherter Energie in Wärme oder Arbeit.

Energiestrom Der Energiestrom gibt an, wieviel Energie innerhalb einer Zeitspanne über eine Systemgrenze fließt.

Enthalpie (→Energie) Die Enthalpie ist eine Zustandsgröße, die den Energieinhalt eines Stoffstromes kennzeichnet. Sie setzt sich aus der inneren Energie eines Fluidelements und der zu seinem Transport notwendigen Verschiebearbeit zusammen.

Enthalpiestrom Ein Enthalpiestrom gibt an, wieviel Enthalpie innerhalb einer Zeitspanne mit einem Stoffstrom über eine Systemgrenze fließt.

Entropie (→zweiter Hauptsatz) Der Begriff der Entropie wurde ursprünglich eingeführt, um eine quantitative Analyse der Frage zu ermöglichen, welche Prozesse in der Natur von selbst ablaufen können und welche nicht. Später wies man nach, dass die Entropie einer Substanz durch ihre atomare Zusammensetzung sowie durch die unregelmäßige Bewegung ihrer Atome bestimmt wird. Die Entropie ist eine extensive Zustandsgröße eines Systems. Bei Transport von Wärme oder Materie über die Systemgrenze wird gleichzeitig Entropie transportiert. Entropie kann in Systemen gespeichert werden. In einem System, welches mit seiner Umgebung weder Materie noch Wärme austauscht, kann die Entropie niemals abnehmen. Sie bleibt bei dissipationsfreien Prozessen im System konstant, bei dissipationsbehafteten Prozessen nimmt sie zu, da Entropie im System erzeugt wird. →Entropieerzeugung ist verbunden mit einem →Exergieverlust.

Entropiebilanz (→Entropie, →zweiter Hauptsatz) Als Entropiebilanz bezeichnet man die Summierung aller über die Grenze eines Systems übertragenen Entropien sowie der im System durch dissipationsbehaftete Vorgänge erzeugten Entropie und der Änderungen des Entropieinhaltes des Systems. Die Summe dieser Größen muss nach dem →zweiten Hauptsatz der Thermodynamik immer Null ergeben. Bei dissipationsfreien Prozessen geschlossener Systeme ist die Änderung der Entropie gleich die auf die thermodynamische Temperatur bezogene, über die Systemgrenze übertragene Wärme.

Entropieerzeugung Als Entropieerzeugung bezeichnet man die Produktion von Entropie in einem System aufgrund von dissipationsbehafteten Prozessen.

Entropiestrom Der Entropiestrom gibt an, wieviel Entropie innerhalb einer Zeitspanne über eine Systemgrenze fließt oder wieviel Entropie innerhalb einer Zeitspanne produziert wird.

Erstarren Erstarren, oder auch Gefrieren, nennt man den Vorgang des Phasenwechsels von flüssiger zu fester Phase.

erster Hauptsatz (→Energiebilanz, →Hauptsatz) Der erste Hauptsatz ist der Erhaltungssatz der Energie, der in mathematischer Form durch die →Energiebilanz gegeben ist. Er führt u. a. zu folgenden Formulierungen. **erster Hauptsatz für abgeschlossene Systeme** – Die Energie bleibt in einem abgeschlossenen System stets unverändert. **erster Hauptsatz für ruhende geschlossene Systeme** – Die Summe der einem ruhenden geschlossenen System in Form von Wärme und Arbeit zugeführten Energie ist gleich der Zunahme der inneren Energie des Systems. **erster Hauptsatz für geschlossene Systeme** – Die Summe der einem geschlossenen System in Form von Wärme und Arbeit zugeführten Energie ist gleich der Zunahme der Summe von innerer, kinetischer und potentieller Energie des Systems. **erster Hauptsatz für offene Systeme** – Die Summe der einem offenen System zugeführten Energieströme ist gleich der Zunahme der Systemenergie je Zeiteinheit. **erster Hauptsatz für Kreisprozesse** – Durchläuft ein Fluidstrom einen Kreisprozess, so ist die Summe der dem Fluidstrom zugeführten Wärmen und Arbeiten gleich Null.

erzwungene Konvektion (→Konvektion)

exergetischer Wirkungsgrad (→Exergie, →Exergieverlust) Der exergetische Wirkungsgrad ist das Verhältnis der aus einem Energiestrom gewonnenen Arbeitsleistung zu dem mit dem Energiestrom zugeführten Exergiestrom.

Exergie (→Anergie) Die Exergie ist der Teil einer Energie, der bei einem bestimmten Umgebungszustand maximal in Arbeit umgewandelt werden kann. Eine solche Energiewandlung muss durch reversible Zustandsänderungen erfolgen, wobei das System, welches die zu wandelnde Energie beinhaltet, mit der Umgebung ins Gleichgewicht gebracht werden muss. Die Exergie ist eine Zustandsgröße eines Systems in seiner Umgebung. Sie wird auch als technische Arbeitsfähigkeit bezeichnet.

Exergieverlust (→Anergie, →Entropie) Der Exergieverlust ist der bei dissipationsbehafteten Prozessen in Anergie umgewandelte Teil der Exergie. Der Exergieverlust ist proportional zur →Entropieerzeugung.

Expansion Als Expansion oder Entspannung wird die Volumenvergrößerung eines Fluids bei Druckabsenkung bezeichnet. Die Expansion eines Fluids kann in einer Drosselstelle ohne Arbeitsabgabe oder in einer Maschine unter Arbeitsabgabe erfolgen.

extensive Zustandsgröße (→Zustandsgröße)

F

Filmkondensation (→Kondensation) Filmkondensation ist eine besondere Form der Kondensation. Dabei bildet sich an der Oberfläche einer gut benetzbaren Wand, deren Temperatur unterhalb der Sättigungstemperatur liegt, ein geschlossener Flüssigkeitsfilm. Der Vorgang kann durch die Nußeltsche Wasserhaut-Theorie beschrieben werden.

Filmsieden Beim Filmsieden (→Behältersieden) bildet sich wegen der hohen Wärmestromdichte an der wärmeabgebenden Oberfläche ein geschlossener Dampffilm. Der Dampffilm hat eine isolierende Wirkung, wodurch sich der Wärmeübergang gegenüber einer (partiell) mit Flüssigkeit benetzten Oberfläche wesentlich verschlechtert.

Fluid Als Fluid bezeichnet man ein strömungsfähiges, homogenes Medium. Fluid ist somit der Oberbegriff für Flüssigkeit und Gas.

Fourier-Zahl (→Kennzahl) Die Fourier-Zahl ist eine Kennzahl zur Beschreibung eines instationären Wärmetransportvorganges. Sie stellt hierbei die dimensionslose Zeit während Vorganges dar.

freie Konvektion (→Konvektion)

Frischdampf Als Frischdampf wird der Dampf bezeichnet, der in einer Dampfkraftmaschine vom Dampferzeuger zur Dampfturbine strömt.

G

Gas (→Aggregatszustand, →ideales Gas)

Gasturbine (→Joule-Prozess) Eine Gasturbine ist im engeren Sinne nur eine Turbine zur Umwandlung eines Teils der Energie heißer Gase durch Expansion in Arbeit. Häufig verwendet man den Begriff Gasturbine aber auch für eine Wärmekraftmaschine, bestehend aus Verdichter, Brennkammer und Turbine. Darin wird kaltes Gas vom Turboverdichter angesaugt und mit oder ohne Zwischenkühlung verdichtet. Die Energiezufuhr geschieht in der Brennkammer durch Verbrennung eingespritzten Brennstoffs. Das heiße Abgas wird in einer Turbine, der eigentlichen Gasturbine, unter Arbeitsabgabe entspannt. Ein Teil der an der Turbinenwelle abgegebenen Arbeit wird zum Antrieb des Turboverdichters verbraucht, der Rest steht beispielsweise zum Antrieb eines Generators zur Verfügung. Bei Flugtriebwerken dient die an der Turbine gewonnene Arbeit ausschließlich dem Antrieb des Verdichters.

Gegenstromwärmeübertrager (→Wärmeübertrager)

gesättigt (→Sättigungszustand)

geschlossenes System (→System)

Gleichgewicht (→mechanisches, →thermisches und →thermodynamisches Gleichgewicht)

Gleichgewichtszustand Ein System befindet sich im Gleichgewichtszustand, wenn sich seine physikalischen Eigenschaften ohne äußere Einwirkung zeitlich nicht ändern. Der →Zustand des Systems bleibt dann unverändert.

Grashof-Zahl (→Kennzahl) Die Grashof-Zahl beschreibt den Einfluss der Massenkräfte durch Schwerkraft (Auftriebskräfte) in einem konvektiven Wärmetransportvorgang. Hierzu setzt sie die Auftriebskräfte multipliziert mit den Trägheitskräften ins Verhältnis zum Quadrat der Reibungskräfte.

grauer Strahler (→Wärmestrahler, →Wärmestrahlung) Ein grauer Strahler emittiert bei allen Wellenlängen einen unveränderten Bruchteil der spektralen Strahlungsintensität des schwarzen Körpers gleicher Temperatur. Dieser Bruchteil entspricht dem gesamten →Emissionsgrad.

Grenzschicht (→Wärmeübergang) Als Grenzschicht wird der wandnahe Bereich einer Strömung bezeichnet, in dem durch den Einfluss der Wand starke Gradienten z. B. der Geschwindigkeit oder der Temperatur auftreten.

Gütegrad Ein Gütegrad gibt im Allgemeinen an, in welchem Verhältnis der tatsächlich in einer realen thermischen Maschine erzielte Nutzen zu dem theoretisch erzielbaren Nutzen steht, der beim bestmöglichen Vergleichsprozess erzielt werden könnte. Er ist damit ein Beurteilungskriterium für die Qualität der Maschine aus thermodynamischer Sicht.

H

Hauptsatz Die Aussage eines Hauptsatzes entspricht der Erfahrung und kann nicht durch andere Sätze bewiesen werden, ist aber bisher auch durch keine Beobachtung widerlegt worden. Man spricht daher auch von einem Erfahrungssatz. In der Thermodynamik verwendet man die folgenden Hauptsätze: →nullter Hauptsatz, →erster Hauptsatz, →zweiter Hauptsatz, →dritter Hauptsatz.

Heißdampf (→Überhitzung) Heißdampf ist Dampf, der gegenüber der →Sättigungstemperatur überhitzt ist.

Heizleistung (→Wärmestrom) Die Heizleistung gibt an, welche Wärme ein Heizapparat oder eine Heizungsanlage pro Zeiteinheit abgibt. Sie bezeichnet somit einen →Wärmestrom.

heterogen Ein System ist heterogen, wenn spezifische und molare Zustandsgrößen an verschiedenen Stellen im System unterschiedliche Werte haben. Heterogene Systeme können aus mehreren homogenen Teilsystemen (z. B. Phasen) bestehen.

I

ideales Gas Ein Gas bzw. dessen Verhalten bezeichnet man als ideal, wenn die Wechselwirkungen zwischen einzelnen Gasmolekülen bei der Beschreibung der thermischen und kalorischen Eigenschaften vernachlässigt werden können. Dies ist der Fall bei Gasen geringer Dichte. Es gilt dann der empirisch gefundene Zusammenhang $pv = RT$ zwischen den thermischen Zustandsgrößen, die thermische Zustandsgleichung idealer Gase. Bei Gasen höherer Dichte, sog. realen Gasen, lässt sich das thermische Verhalten nicht mehr mit hinreichender Genauigkeit mit dieser thermischen Zustandsgleichung beschreiben, da die Kohäsionskräfte zwischen den Molekülen sowie das Eigenvolumen der Moleküle das thermische Verhalten beeinflussen.

inkompressibel ($\rightarrow$kompressibel)

innere Energie ($\rightarrow$Energie) Die innere Energie ist derjenige Teil der Energie eines Systems, der im Inneren des Systems in Form von Translations-, Schwingungs- und Rotationsenergie der einzelnen Moleküle gespeichert ist. Die Gesamtenergie eines Systems, Systemenergie genannt, setzt sich aus der inneren Energie und der kinetischen sowie potentiellen Energie zusammen. Kinetische und potentielle Energie werden daher auch äußere Energien genannt. Die Systemenergie eines ruhenden Systems ist daher gleich der inneren Energie.

instationärer Prozess ($\rightarrow$Prozess)

intensive Zustandsgröße ($\rightarrow$Zustandsgröße)

Irreversibilität ($\rightarrow$Prozess)

irreversibler Prozess ($\rightarrow$Prozess)

isenthalp, Isenthalpe Eine Zustandsänderung, bei der die Enthalpie konstant bleibt, bezeichnet man als isenthalpe Zustandsänderung. Eine Isenthalpe ist eine Linie konstanter Enthalpie in einem Zustandsdiagramm.

isentrop, Isentrope Eine Zustandsänderung, bei der die Entropie konstant bleibt, bezeichnet man als isentrope Zustandsänderung. Eine isentrope Zustandsänderung ergibt sich, wenn der Prozess adiabat und dissipationsfrei abläuft. Eine Isentrope ist eine Linie konstanter Entropie in einem Zustandsdiagramm.

Isentropenexponent Der Isentropenexponent ist definiert als das Verhältnis der spezifischen Wärmekapazität bei konstantem Druck zu der spezifischen Wärmekapazität bei konstantem Volumen. Seine Bezeichnung rührt her von der sog. Isentropenbeziehung $pv^\varkappa$ = const, die für isentrope Zustandsänderungen idealer Gase gilt.

isentroper Wirkungsgrad Der isentrope Wirkungsgrad beschreibt die $\rightarrow$Güte von Expansions- bzw. Kompressionsmaschinen. Der isentrope Wirkungsgrad einer Expansionsmaschine ist das Verhältnis der vom Arbeitsfluid bei der realen Entspannung auf einen festgesetzten Enddruck abgegebenen Arbeitsleistung zu der Arbeitsleistung, die bei isentroper Entspannung auf den gleichen Enddruck abgeben würde. Der isentrope Wirkungsgrad einer Kompressionsmaschine ist das Verhältnis der Arbeitsleistung, die bei isentroper Kompression des Arbeitsfluids auf einen festgesetzten Enddruck zugeführt werden müsste, zu der Arbeitsleistung, die der realen Maschine bei der Kompression auf den gleichen Enddruck zugeführt werden muss.

isobar, Isobare Eine Zustandsänderung, bei der der Druck konstant bleibt, bezeichnet man als isobare Zustandsänderung. Eine Isobare ist eine Linie konstanten Druckes in einem Zustandsdiagramm.

isochor, Isochore Eine Zustandsänderung, bei der das Volumen konstant bleibt, bezeichnet man als isochore Zustandsänderung. Eine Isochore ist eine Linie konstanten Volumens in einem Zustandsdiagramm.

isotherm, Isotherme Eine Zustandsänderung, bei der die Temperatur konstant bleibt, bezeichnet man als isotherme Zustandsänderung. Eine Isotherme ist eine Linie konstanter Temperatur in einem Zustandsdiagramm.

isotrop Die physikalischen Eigenschaften isotroper Körper sind unabhängig von der Richtung, in der sie gemessen werden. Die gegenteilige Eigenschaft nennt man anisotrop. Ein Beispiel für einen anisotropen Werkstoff ist faserverstärkter Kunststoff, dessen Eigenschaften längs und quer zur Faser verschieden sind.

J

Joule-Prozess (→Gasturbine) Der Joule-Prozess ist ein Vergleichsprozess für Gasturbinen sowie für Gaskältemaschinen. Er setzt sich zusammen aus zwei isentropen und zwei isobaren Zustandsänderungen.

Joule-Thomson-Effekt Als Joule-Thomson-Effekt wird die Erscheinung bezeichnet, dass sich bei einem →Drosselvorgang die Temperatur realer Gase ändert. Je nach Ausgangszustand ist damit eine Senkung oder Erhöhung der Temperatur verbunden. Dieser Effekt wird beispielsweise zur Verflüssigung von Gasen ausgenutzt (Linde-Verfahren).

K

Kälteleistung (→Wärmestrom) Unter Kälteleistung versteht man die Wärme, die eine Kältemaschine pro Zeiteinheit aufnimmt bzw. einem Kühlraum entzieht. Der Begriff Kälteleistung ist in der Kälte- und Klimatechnik weit verbreitet, wenn gleich es sich hierbei eigentlich um einen Wärmestrom handelt.

Kältemaschine Eine Kältemaschine ist eine Maschine, die dazu dient, einem System (z. B. einem Kühlraum) auf einem niedrigen Temperaturniveau Wärme zu entziehen. Hierzu wird der Maschine Arbeit zugeführt und Wärme auf einem höheren Temperaturniveau an die Umgebung abgeführt. Der in einer Kältemaschine ablaufende Prozess ist ein →linksläufiger Kreisprozess.

Kältemittel Als Kältemittel bezeichnet man die fluiden Arbeitsmittel, die in einer →Kältemaschine umlaufen.

kalorisch (→kalorische Zustandsgleichung, →kalorische Zustandsgröße) Kalorisch bedeutet ursprünglich „mit Wärme zusammenhängend", wird aber heute als „mit Energie zusammenhängend" oder kurz als „energetisch" verstanden.

kalorische Zustandsgleichung (→Zustandsgleichung)

kalorische Zustandsgröße (→Zustandsgröße)

Kelvin (→Temperatur) Kelvin ist die nach Lord Kelvin benannte Einheit der thermodynamischen Temperatur.

Kennzahl (→Ähnlichkeitstheorie) Eine Kennzahl ist eine Größe, die ein Verhältnis zwischen physikalischen Größen beschreibt. Bei ähnlich verlaufenden Vorgängen sind alle Kennzahlen, die diese Vorgänge beschreiben, gleich groß. In der Wärmeübertragung werden die folgenden dimensionslosen Kennzahlen häufig benutzt: →Biot-Zahl, →Fourier-Zahl, →Grashof-Zahl, →Nußelt-Zahl, →Prandtl-Zahl, →Rayleigh-Zahl, →Reynolds-Zahl.

kinematische Viskosität (→Viskosität)

kinetische Energie (→Energie) Die kinetische Energie ist diejenige Energie, die einem beweglichen geschlossenen System durch Änderung seiner Geschwindigkeit gegenüber einem Bezugsystem entnommen oder zugeführt werden kann.

Kolbenmaschine Bei Kolbenmaschinen erfolgt die mechanische Energieübertragung von einem bzw. an ein Fluid mittels eines beweglichen Kolbens in einem Zylinder, der das Fluid umschließt.

Kompression Kompression ist die Volumenverringerung eines Fluids durch Zufuhr mechanischer Energie.

kompressibel Ein Fluid nennt man kompressibel, wenn es bei gleichbleibender Temperatur auf Druckerhöhung merklich durch Volumenverringerung reagiert. Als inkompressibel bezeichnet man dagegen ein Fluid, welches sein Volumen bei einer solchen Druckerhöhung kaum verändert. Gase sind i. A. kompressibel, Flüssigkeiten und Feststoffe näherungsweise inkompressibel.

Kompressibilität Die Kompressibilität gibt die Volumenänderung aufgrund isothermer Druckänderung an.

Kompressor (→Verdichter)

Kondensat Flüssigkeit, die durch Abkühlen und Verflüssigen von Dampf gewonnen wurde, wird als Kondensat bezeichnet.

Kondensation Kondensation nennt man den Vorgang des Phasenwechsels von gas- bzw. dampfförmiger zu flüssiger Phase. Man sagt, der Dampf kondensiert.

Kondensator Ein Kondensator ist ein Wärmeübertrager, in dem durch Wärmeabfuhr an ein kälteres Medium Dampf verflüssigt wird.

Kontinuitätsgleichung Als Kontinuitätsgleichung bezeichnet man die Bilanzgleichung der Größe Masse. Die Gesamtmasse eines Systems ist eine Erhaltungsgröße.

Konvektion (→Wärmeübertragung, →Wärmeübergang) Als Konvektion wird der stoff-strombedingte Wärmetransport in Fluiden bezeichnet. Als (konvektiver) Wärmeüber-gang wird der konvektive Wärmetransport in der Grenzschicht eines strömenden Fluids an einer festen Wand bezeichnet. Hinsichtlich der Strömungsursache im Fluid wird wie folgt unterschieden: **erzwungene Konvektion** – Bei der erzwungenen Konvektion erzeu-gen äußere Kräfte (z. B. Pumpen, Ventilatoren) die Strömung im Fluid. **freie Konvektion** – Bei freier Konvektion wird die Strömung im Fluid durch den Wärmeübergang selbst verursacht, wenn aus den Temperaturunterschieden Dichteunterschiede und damit hin-reichende Auftriebskräfte im Schwerefeld resultieren.

Konvektionssieden (→Behältersieden) Beim Konvektionssieden, auch „Stilles Sieden" ge-nannt, verdampft die Flüssigkeit aufgrund moderater Wandüberhitzung gegenüber der Sättigungstemperatur nur an ihrer freien Oberfläche zum Dampfraum ohne Blasenbil-dung.

Kreisprozess (→Prozess, →Vergleichsprozess) Ein Kreisprozess ist eine Folge von Zu-standsänderungen, die ein Fluid erfährt und nach deren Ablauf wieder der Ausgangszu-stand erreicht wird. Bei einem Kreisprozess ist die Summe aller Energien, die dem Fluid zugeführt und entzogen werden gleich Null. Man unterscheidet: **rechtsläufige Kreispro-zesse** – Ein rechtsläufiger Kreisprozess dient der Bereitstellung von technischer Arbeit (→Wärmekraftmaschine). Hierzu wird einem Fluid auf einem hohen Temperaturni-veau Wärme zugeführt, diese zum Teil in technische Arbeit umgewandelt und der Rest als Wärme bei niedrigerem Temperaturniveau abgeführt. In den üblichen Zustands-diagrammen verlaufen die Zustandsänderungen im Uhrzeigersinn, d. h. rechtsläufig. **linksläufige Kreisprozesse** – Ein linksläufiger Kreisprozess dient entweder der Bereit-stellung von Wärme auf hohem Temperaturniveau (→Wärmepumpe) oder dem Entzug von Wärme auf niedrigem Temperaturniveau (→Kältemaschine). Hierzu wird einem Fluid auf niedrigem Temperaturniveau Wärme zugeführt, die bei der Kältemaschine dem Kühlraum oder bei der Wärmepumpe der Umgebung entzogen wird. Durch Zu-fuhr technischer Arbeit (z. B. in einem Verdichter) wird dem Fluid weitere Energie zugeführt. Die insgesamt aufgenommene Energie wird dann auf einem hohen Tem-peraturniveau wieder abgegeben zum Zwecke der Heizung bei der Wärmepumpe bzw. ohne weitere gezielte Nutzung an die Umgebung bei der Kältemaschine. In den üblichen Zustandsdiagrammen verlaufen die Zustandsänderungen gegen den Uhrzeigersinn, d. h. linksläufig.

kritischer Druck (→kritischer Zustand)

kritischer Punkt (→kritischer Zustand)

kritische Temperatur (→kritischer Zustand)

kritischer Zustand Der kritische Zustand eines Stoffes ist durch einen bestimmten Druck, den kritischen Druck, und eine bestimmte Temperatur, die kritische Temperatur ge-kennzeichnet. Unterhalb dieser kritischen Werte geht bei Wärmezufuhr die flüssige Pha-se unstetig unter Bildung einer Phasengrenze in die dampfförmige Phase über. Flüssig-keit und Dampf können eindeutig voneinander unterschieden werden. Oberhalb dieser kritischen Werte sind Flüssigkeit und Dampf nicht mehr eindeutig voneinander zu unterscheiden. Man spricht von einem überkritischen Fluid. Ein Phasenwechsel bei überkritischen Drücken findet ausgehend von der flüssigen Phase ohne Bildung einer Phasengrenze statt. Den kritischen Zustand bezeichnet man in Zustandsdiagrammen als kritischen Punkt. Im kritischen Punkt treffen Siedelinie und Taulinie der Zustandsdiagramme zusammen, dort endet die →Dampfdruckkurve.

L

Lambertsches Kosinusgesetz (→Wärmestrahlung) Das Lambertsche Kosinusgesetz beschreibt die Richtungsabhängigkeit der Intensität einer emittierten Wärmestrahlung. Danach emittieren die Oberflächenelemente des schwarzen Körpers ihre Wärmestrahlung so in den umgebenden Halbraum, dass die Intensität in Richtung der Oberflächennormalen den größten Betrag aufweist und sich in anderen Richtungen um den Kosinus des Winkels zur Normalen reduziert.

Leistung (→Energiestrom) Eine Leistung ist eine über eine Systemgrenze übertragene Energie in Form von Arbeit, bezogen auf die Zeitspanne der Übertragung. Gelegentlich wird sie auch als →Arbeitsleistung bezeichnet, um sie von der →Heiz- oder →Kälteleistung zu unterscheiden.

Leistungszahl Als Leistungszahl wird das Verhältnis von Nutzen zu Aufwand eines linksläufigen →Kreisprozesses bezeichnet. Das Äquivalent bei einem rechtsläufigen Kreisprozess nennt man →thermischen Wirkungsgrad.

M

Maschine Als Maschinen bezeichnet man in der Thermodynamik Einrichtungen zum Übertragen von Arbeitsleistung an Stoffströme oder umgekehrt zur Gewinnung von Arbeitsleistung aus dem Energieinhalt von Stoffströmen. Die Umwandlung der Energie erfolgt im Allgemeinen mit Hilfe mechanischer Systeme (drehende Wellen oder hin- und herbewegte Kolben).

Massenbilanz (→Kontinuitätsgleichung)

Massenstrom Der Massenstrom gibt an, wieviel Masse innerhalb einer Zeitspanne über eine Systemgrenze fließt.

Massenstromdichte Die Massenstromdichte ist der auf den Strömungsquerschnitt bezogene →Massenstrom.

mechanisches Gleichgewicht (→thermodynamisches Gleichgewicht) Zwei fluide Systeme, die miteinander verbunden sind, befinden sich miteinander im mechanischen Gleichgewicht, wenn in ihnen der gleiche Druck herrscht und somit kein Potential für eine makroskopische Strömung vorhanden ist.

Mehrphasensystem (→Phase) Ein Mehrphasensystem ist ein System, das aus zwei oder mehr verschiedenen Phasen besteht.

Mehrstoffsystem (→Reinstoff, →Einstoffsystem) Ein Mehrstoffsystem ist ein System, das aus zwei oder mehr verschiedenen Reinstoffen besteht.

Menge Die Menge ist in der Thermodynamik eine Angabe für den Stoffinhalt eines Systems gemessen in kmol.

Mengenstrom Der Mengenstrom gibt an, welche Menge eines Stoffes innerhalb einer Zeitspanne über eine Systemgrenze fließt.

Molmasse, molare Masse Der Begriff Molmasse ist die übliche Kurzbezeichnung für molare Masse. Die Molmasse eines Stoffes oder eines Stoffgemisches, gemessen in kg/kmol, gibt die auf die Stoffmenge bezogene Masse an und ist nur von der Art und den Anteilen der darin enthaltenen Stoffe abhängig.

Molvolumen, molares Volumen Der Begriff Molvolumen ist eine übliche Kurzbezeichnung für molares Volumen. Das Molvolumen eines Stoffes oder eines Stoffgemisches, gemessen in m^3/kmol, gibt das auf die Stoffmenge bezogene Volumen an.

N

Nassdampf (→Nassdampfgebiet) Als Nassdampf bezeichnet man ein Gemisch, das aus der flüssigen und dampfförmigen Phase eines Fluids besteht.

Nassdampfgebiet (→Zustandsgebiet, →Zweiphasengebiet) Als Nassdampfgebiet wird diejenige Teilfläche eines Zustandsdiagramms bezeichnet, die alle Zustände beinhaltet, bei denen ein Fluid sowohl in der flüssigen als auch in der dampfförmigen Phase vorliegt. Das Nassdampfgebiet ist ein Zweiphasengebiet. Es wird zum Zustandsgebiet der Flüssigkeit von einer linken Grenzkurve (→Siedelinie) und zum Zustandsgebiet des Dampfes von einer rechten Grenzkurve (→Taulinie) begrenzt.

Niederdruckturbine (→Dampfturbine)

Normdruck (→Normzustand)

Normtemperatur (→Normzustand)

Normvolumen Das Normvolumen ist das Volumen einer Gasmenge im Normzustand. Das Normvolumen idealer Gase bezogen auf die Stoffmenge ist 22,414 m^3/kmol.

Normzustand Der Normzustand eines Gases ist festgelegt durch den Druck von 1,01325 bar (Normdruck) und die Temperatur von 0 °C (Normtemperatur). Die Umrechnung eines Gasvolumens bei beliebigem Zustand auf das entsprechende Volumen beim Normzustand ermöglicht eindeutige Mengenangaben (→Normvolumen).

Nullpunkt Als Nullpunkt wird der Wert Null einer Skala bezeichnet, auf der die Temperatur, der Druck, die Enthalpie, die Entropie oder eine andere Zustandsgröße aufgetragen ist.

Nußelt-Zahl (→Kennzahl) Die Nußelt-Zahl stellt einen dimensionslosen Wärmeübergangskoeffizienten dar.

nullter Hauptsatz (→thermisches Gleichgewicht, →Hauptsatz) Der nullte Hauptsatz führt die Temperatur als kennzeichnende Größe für das thermische Gleichgewicht ein. Zwei Varianten des nullten Hauptsatzes lauten: 1. Zwei geschlossene Systeme sind im thermi-

schen Gleichgewicht miteinander, wenn sie beide die gleiche Temperatur haben. 2. Zwei
geschlossene Systeme, die jedes für sich mit einem dritten im thermischen Gleichgewicht
sind, stehen auch untereinander im thermischen Gleichgewicht.

Nutzarbeit Die Nutzarbeit ist die während eines Prozesses von einem System abgegebene Arbeit, die in mechanische Energie gewandelt und als solche in Maschinen weiter
genutzt werden kann. Die Nutzarbeit unterscheidet sich daher von der abgegebenen Arbeit, wenn letztere zum Teil als Volumenänderungsarbeit der Umgebung des Systems
zugeführt wird.

O

offenes System (→System)

Otto-Prozess Der Otto-Prozess ist ein Vergleichsprozess für Verbrennungsmotoren aus
zwei isentropen (dissipationsfreien adiabaten) und zwei isochoren Zustandsänderungen. Die Wärmezufuhr durch Verbrennung des leichtflüchtigen Kraftstoffes erfolgt hierbei im Vergleich zum →Diesel-Prozess sehr rasch und daher bei annähernd konstantem
Volumen (isochor).

P

partieller Differentialquotient (→Differential)

partielles Differential (→Differential)

Phase Eine Phase ist ein in sich homogenes Teilsystem eines heterogenen Gesamtsystems. In einer Phase haben im Gleichgewicht alle intensiven Zustandsgrößen überall
den gleichen Wert. In einem →Reinstoffsystem entspricht eine Phase i. A. einem
→Aggregatzustand (feste, flüssige oder gasförmige Phase). In einem →Mehrstoffsystem
können verschiedene Phasen den gleichen Aggregatzustand haben, z. B. zwei nicht
mischbare, flüssige Phasen.

Phasengrenze Phasengrenzen kennzeichnen den örtlichen Übergang von einer Phase in
eine andere Phase. Dabei ändern sich die Werte einiger Zustandsgrößen, beispielsweise
die Dichte, sprunghaft.

Phasengleichgewicht Zwei oder mehrere Phasen sind in einem geschlossenen System
miteinander im Phasengleichgewicht, wenn sich die Massen- oder Molanteile der einzelnen Phasen zeitlich nicht ändern.

Phasenübergang (→Phasenwechsel)

Phasenwechsel Als Phasenwechsel oder Phasenübergang wird ein Vorgang bezeichnet,
bei dem ein Stoff durch Zu- oder Abfuhr von Energie von einer Phase in eine andere
übergeht. Folgende Vorgänge sind Phasenwechsel: →Verdampfen, →Verflüssigen oder
→Kondensieren, →Erstarren, →Schmelzen, →Sublimieren, →Desublimieren.

polytrop, Polytrope Eine polytrope Zustandsänderung lässt sich mit der Polytropengleichung pv^n = const. beschreiben (n: →Polytropenexponent). Isotherme, isentrope, isobare und isochore Zustandsänderungen sind Sonderfälle der polytropen Zustandsänderung. In der Praxis sind die meisten Zustandsänderungen polytrop und verlaufen in einem Zustandsdiagramm zwischen der isothermen (n = 1) und der isentropen (n = $\varkappa$) Zustandsänderung, d. h. 1 < n < $\varkappa$. Als Polytrope bezeichnet man eine Linie in einem Zustandsdiagramm, die eine polytrope Zustandsänderung beschreibt.

Polytropenexponent Der Polytropenexponent ist der Exponent n des Volumens in der Polytropenbeziehung pv^n = const.

potentielle Energie (→Energie) Die potentielle Energie ist diejenige Energie, die einem beweglichen geschlossenen System durch Änderung seiner Höhe im Schwerefeld gegenüber einem Bezugsniveau entnommen oder zugeführt werden kann.

Prandtl-Zahl (→Kennzahl) Die Prandtl-Zahl ist eine reine Stoffgröße eines Fluids. Sie ist eine dimensionslose Kennzahl, die das Verhältnis der in einer viskosen Strömung durch Reibung erzeugten Wärme zur durch Wärmeleitung abgeleiteten Wärme beschreibt.

Prozess In der Thermodynamik nennt man die Vorgänge der Energieumwandlung und Energieübertragung Prozesse. Ein thermodynamischer Prozess bewirkt eine →Zustandsänderung eines Systems und bestimmt ihren Verlauf. Man unterscheidet: **irreversible Prozesse** – Nach einem irreversiblen Prozess kann der Anfangszustand des Systems ohne bleibende Änderungen in der Umgebung (z. B. Zufuhr von Energie aus der Umgebung) nicht wieder hergestellt werden. **reversible Prozesse** – Nach einem reversiblen Prozess kann der Anfangszustand des Systems ohne bleibende Änderungen in der Umgebung wieder hergestellt werden. Reversible Prozesse lassen sich in der Praxis nicht verwirklichen. Sie dienen in theoretischen Betrachtungen als ideale Grenzfälle der realen Prozesse. **stationäre Prozesse** – Ein Prozess ist stationär, wenn er sich in Abhängigkeit von der Zeit nicht ändert. Dies ist der Fall, wenn sich die über die Systemgrenze fließenden Stoff- und Energieströme in Betrag und Zustand zeitlich nicht verändern und die Summe aller Stoffströme sowie aller Energieströme jeweils Null sind. Daraus ergibt sich, dass sich die Zustandsgrößen in dem System, das den stationären Prozess durchläuft, zeitlich nicht ändern. **instationäre Prozesse** – Ein Prozess ist instationär, wenn er sich in Abhängigkeit von der Zeit ändert. Dies ist der Fall, wenn sich die über die Systemgrenze fließenden Stoff- und Energieströme in Betrag oder Zustand zeitlich verändern oder die Summe aller Stoffströme oder aller Energieströme ungleich Null ist.

Prozessgröße Prozessgrößen beschreiben einen thermodynamischen →Prozess, also den Vorgang, der zu einer Zustandsänderung führt. Sie hängen vom Anfangszustand, vom Verlauf und vom Endzustand des Prozesses ab. Prozessgrößen sind somit im Gegensatz zu →Zustandsgrößen verlaufs- oder wegabhängig. Prozessgrößen sind beispielsweise die bei einem Prozess verrichtete Arbeit und die übertragene Wärme sowie die zusammen mit der Wärme übertragene Entropie. Die durch Irreversibilitäten im System erzeugte Entropie ist ebenfalls eine Prozessgröße.

Pumpe Eine Pumpe ist eine Maschine, die einen Flüssigkeitsstrom fördert und dessen Druck erhöht. Pumpen können als Strömungsmaschine (z. B. Kreiselpumpe) oder als Verdrängermaschine (z. B. Kolbenpumpe) ausgeführt werden.

Q

quasistatisch, quasistatische Zustandsänderung (→Zustandsänderung) Eine quasistatische Zustandsänderung ist eine Zustandsänderung, bei der alle durchlaufenden Zwischenzustände thermodynamische Gleichgewichtszustände sind. Nur eine quasistatische Zustandsänderung ist in einem Zustandsdiagramm darstellbar.

R

Rayleigh-Zahl (→Kennzahl) Die Rayleigh-Zahl ist eine dimensionslose Kennzahl, die die Ähnlichkeit von konvektiven Wärmeübertragungsvorgängen in freier Strömung beschreibt. Sie ist das Produkt aus →Grashof- und →Prandtl-Zahl. Wenn sie unterhalb von einem kritischen Wert für das Fluid bleibt, ist die Wärmeübertragung primär durch Wärmeleitung gegeben; wenn sie den kritischen Wert übersteigt, dominiert die Konvektion.

reales Gas Als reales Gas bezeichnet man ein Gas mit seinem wirklichen Verhalten zur Unterscheidung vom Verhalten eines →idealen Gases. Während das ideale Gas der Vorstellung nach aus Teilchen besteht, die untereinander nicht wechselwirken und die ein vernachlässigbares Eigenvolumen besitzen, sind Wechselwirkungskräfte und Eigenvolumen bei der Beschreibung realer Gase nicht zu vernachlässigen. Im Allgemeinen nähert sich das Verhalten realer Gase dem idealer Gase um so mehr, desto größer das spezifische Volumen ist.

realer Strahler (→selektiver Strahler)

Reflexionsgrad (→Wärmestrahlung) Der Reflexionsgrad beschreibt im Zusammenhang mit Wärmetransport durch Strahlung den relativen Anteil einer auf einen Körper auftreffenden Strahlungsenergie, der an dessen Oberfläche reflektiert wird.

Regenerator (→Wärmeübertrager)

Reibungsarbeit Reibungsarbeit ist die Arbeit, die durch Reibung hervorgerufen wird. Sie wird dissipiert (→Dissipationsenergie), wodurch sich die →innere Energie der beteiligten Systeme erhöht.

Reinstoff Als Reinstoff bezeichnet man einen Stoff, der chemisch einheitlich zusammengesetzt ist und mit physikalischen Methoden nicht in Bestandteile aufgetrennt werden kann. Reinstoffe können Elemente oder Verbindungen sein. Reinstoffe haben klar definierte physikalische Eigenschaften, die zur Charakterisierung verwendet werden, z. B. Schmelzpunkt und Siedepunkt.

Rekuperator (→Wärmeübertrager)

reversibler Prozess (→Prozess)

Reynolds-Zahl (→Kennzahl) Die Reynolds-Zahl ist eine dimensionslose Kennzahl, die die Ähnlichkeit von konvektiven Wärmeübertragungsvorgängen in erzwungener, reibungsbehafteter Strömung beschreibt. Sie stellt das Verhältnis von Trägheitskräften zu Reibungskräften in der Strömung dar.

S

Sattdampf (→Sättigungszustand) Der Begriff Sattdampf ist gleichbedeutend mit gesättigtem Dampf. Dies ist reiner Dampf im Zustand des Gleichgewichts mit der flüssigen Phase des Fluids.

Sättigungsdruck (→Sättigungszustand) Der Sättigungsdruck ist derjenige Druck, bei dem bei einer bestimmten Temperatur mehrere Phasen eines Stoffes, i. A. seine Flüssigkeit und sein Dampf, miteinander im Gleichgewicht stehen.

Sättigungstemperatur (→Sättigungszustand) Die Sättigungstemperatur ist diejenige Temperatur, bei der bei einem bestimmten Druck mehrere Phasen eines Stoffes, i. A. seine Flüssigkeit und sein Dampf, miteinander im Gleichgewicht stehen.

Sättigungszustand Ein System befindet sich im Sättigungszustand, wenn in ihm zwei oder mehrere Phasen miteinander im Gleichgewicht stehen. Bei einem Stoff im Sättigungszustand führt jede Energiezufuhr oder Energieabfuhr zu einem Phasenwechsel einer entsprechenden Menge des Stoffes. Unter Sättigungszuständen werden in erster Linie Gleichgewichtszustände zwischen flüssiger und dampfförmiger Phase verstanden. Man spricht in diesem Zusammenhang von siedender Flüssigkeit und von gesättigtem Dampf oder →Sattdampf. In Zustandsdiagrammen liegen Sättigungszustände von Flüssigkeits-Dampf-Gemischen im →Nassdampfgebiet.

Schmelzen (→Phasenwechsel) Schmelzen heißt der Phasenwechsel von der festen in die flüssige Phase.

Schmelzdruck (→Schmelzpunkt, →Schmelzdruckkurve)

Schmelzdruckkurve Die Schmelzdruckkurve ist die Kurve im p,t-Diagramm, auf der alle Zustände liegen, bei denen Phasengleichgewicht zwischen Festkörper und Flüssigkeit herrscht. Sie gibt die Wertepaare von Druck und Temperatur beim Schmelzen oder Erstarren an.

Schmelzenthalpie Als Schmelzenthalpie bzw. Erstarrungsenthalpie, auch Schmelzwärme oder Erstarrungswärme genannt, bezeichnet man die Differenz der Enthalpie von erstarrender Flüssigkeit und der von schmelzendem Eis bei gleichem Druck. Diese Energie muss zum Schmelzen aufgewendet werden bzw. wird beim Erstarren freigegeben.

Schmelzpunkt Als Schmelzpunkt wird derjenige Zustand bezeichnet, bei dem die feste und die flüssige Phase eines Stoffes miteinander im thermodynamischen Gleichgewicht sind. Am Schmelzpunkt hat der Stoff ein festes Wertepaar Schmelztemperatur-Schmelzdruck. Häufig wird als Schmelzpunkt auch einschränkend die Schmelztemperatur bei Normaldruck 1013,25 mbar bezeichnet.

schwarzer Körper, schwarzer Strahler (→Wärmestrahler, →Wärmestrahlung) Als schwarzen Körper oder schwarzen Strahler bezeichnet einen Körper, der alle auf ihn auftreffende Strahlung absorbiert. Der 'Absorptionsgrad des schwarzen Körpers ist also Eins. Der schwarze Körper emittiert bei gegebener Temperatur und gegebener Wellenlänge Strahlung mit der maximal möglichen spektralen Strahlungsintensität.

selektiver Strahler (→Wärmestrahler, →Wärmestrahlung) Ein selektiver Strahler emittiert je nach Wellenlänge unterschiedliche Bruchteile der spektralen Strahlungsintensitäten des schwarzen Körpers gleicher Temperatur und gleicher Wellenlänge. Diese Bruchteile entsprechen dem spektralen →Emissionsgrad. Da sich das Verhalten natürlicher Gegenstände mit denen selektiver Strahler meist am besten beschreiben lässt, werden sie auch reale Strahler genannt.

Siededruck (→Siedepunkt) Der Siededruck ist der Druck eines Stoffes im Siedezustand, also im Zustand des Phasengleichgewichts zwischen Flüssigkeit und Dampf. Der Siededruck ist temperaturabhängig.

Sieden (→Phasenwechsel, →Verdampfen, →Behältersieden, →Strömungssieden)

Siedelinie Die Siedelinie trennt in Zustandsdiagrammen das Flüssigkeitsgebiet vom →Nassdampfgebiet. Zustände auf der Siedelinie beschreiben die von gesättigter Flüssigkeit.

Siedepunkt (→Sättigungszustand, →Phasenwechsel) Als Siedepunkt wird derjenige Zustand bezeichnet, bei dem die flüssige und die dampfförmige Phase eines Stoffes im thermodynamischen Gleichgewicht sind. Am Siedepunkt hat der Stoff ein festes Wertepaar Siedetemperatur-Siededruck. Häufig wird als Siedepunkt auch einschränkend die Siedetemperatur bei Normaldruck 1013,25 mbar bezeichnet.

Siedetemperatur (→Siedepunkt) Die Siedetemperatur ist die Temperatur eines Stoffes im Siedepunkt. Die Siedetemperatur ist druckabhängig.

Speisewasser (→Dampfkraftmaschine) Als Speisewasser wird das flüssige Wasser bezeichnet, das von der Speisepumpe in den Dampferzeuger gefördert wird.

Speisewasservorwärmung In größeren →Dampfkraftanlagen wird das Speisewasser vor Eintritt in den Kessel in einem oder mehreren Wärmeübertragern nahezu auf Siedetemperatur erwärmt. Diese Wärmeübertrager werden in der Regel mit Dampf beheizt, der aus den Dampfturbinen abgezweigt wird und in den Wärmeübertragern kondensiert. Die Speisewasservorwärmung dient der Erhöhung des thermischen Wirkungsgrads des Prozesses.

spektrale Strahlungsintensität (→Wärmestrahlung) Die spektrale Strahlungsintensität ist im Zusammenhang mit Wärmetransport durch Strahlung der auf die Wellenlänge und auf die Oberfläche bezogene, in den Halbraum emittierte Wärmestrom eines Körpers bestimmter Temperatur.

spektraler Emissionsgrad (→Wärmestrahlung) Der spektrale Emissionsgrad beschreibt im Zusammenhang mit Wärmetransport durch Strahlung das Verhältnis der spektralen Strahlungsintensität eines realen Strahlers bei einer bestimmten Wellenlänge zur spektralen Strahlungsintensität des schwarzen Körpers gleicher Temperatur bei dieser Wellenlänge.

spezifische Zustandsgröße (→Zustandsgröße)

stationärer Prozess (→Prozess)

stationäre Wärmeleitung (→Wärmeleitung)

Stilles Sieden (→Behältersieden, →Konvektionssieden)

Stirling-Prozess Der Stirling-Prozess ist ein Vergleichsprozess aus zwei isothermen und zwei isochoren Zustandsänderungen.

Stoffstrom Ein Stoffstrom beschreibt die je Zeiteinheit über eine Systemgrenze transportierte Stoffmenge (→Stoffmengenstrom) oder auch Masse (→Massenstrom).

Stoffwert Ein Stoffwert ist eine Größe, die eine Eigenschaft eines Stoffes wiedergibt. Im Allgemeinen sind Stoffwerte vom Druck und von der Temperatur abhängig. Beispiele für Stoffwerte sind Wärmeleitfähigkeit, Viskosität, Wärmekapazität.

Strahler (→Wärmestrahler)

Strahlungsaustauschzahl (→Wärmestrahler) Der Nettowärmestrom aufgrund von Strahlungsaustausch zwischen zwei Strahlern hängt von deren Oberflächentemperaturen und von der Strahlungsaustauschzahl ab. Diese berücksichtigt sowohl die räumliche Anordnung der Strahler als auch deren Strahlungseigenschaften.

Strahlungsintensität (→spektrale Strahlungsintensität)

Strömungsmaschine Eine Strömungsmaschine wird von einem Fluid kontinuierlich vom Eintritt- zum Austrittsquerschnitt durchströmt. Dabei wird entweder dem Fluid ein →Enthalpiestrom entzogen und als →Arbeitsstrom (Leistung) an die Umgebung abgeführt (z. B. →Turbine) oder aus der Umgebung wird ein technischer Arbeitsstrom zugeführt und dieser als Enthalpiestrom dem Fluid zugeführt (z. B. →Verdichter). Das Fluid strömt dabei i. A. durch eine Folge von Strömungskanälen. Diese werden von Schaufeln gebildet, die in der Maschine abwechselnd auf dem Rotor (Laufschaufeln, Laufrad) und am Gehäuse (Leitschaufeln, Leitrad) angeordnet sind. Ein zusammenwirkendes Leit- und Laufrad wird als Stufe bezeichnet. Wird eine Stufe vom Fluid durchströmt, so wirkt am Rotor ein Drehmoment. Thermische Strömungsmaschinen sind oft aus vielen Stufen aufgebaut. Dabei wird das Fluid von seinem Anfangszustand von Stufe zu Stufe bis auf den Austrittszustand gebracht. In einer Stufe können die feststehenden und die rotierenden Gitter in axialer oder in radialer Richtung durchströmt werden. Bei Turbinen herrscht die axiale Bauart vor, bei Verdichtern ist sowohl die axiale als auch die radiale Bauart gebräuchlich.

Strömungsquerschnitt Der Strömungsquerschnitt ist die von einem Stoffstrom durchflossene Fläche in einem Strömungskanal, die senkrecht auf der Strömungsrichtung steht.

Sublimation Sublimation nennt man den Vorgang des Phasenwechsels von fester zu gas- bzw. dampfförmiger Phase. Man sagt, der Feststoff sublimiert.

Sublimationsdruckkurve Die Sublimationsdruckkurve ist die Kurve im p,t-Diagramm, auf der alle Zustände liegen, bei denen Phasengleichgewicht zwischen Feststoff und Dampf herrscht. Sie gibt die entsprechenden Wertepaare von Druck und Temperatur an.

Sublimationsenthalpie Als Sublimationsenthalpie, auch Sublimationswärme genannt, bezeichnet man die Differenz der Enthalpie von Dampf und von Eis im Gleichgewichtszustand. Diese Energie muss zum Sublimieren aufgewendet werden bzw. wird beim Desublimieren freigegeben.

Sublimationsgebiet (→Zustandsgebiet, →Zweiphasengebiet) Als Sublimationsgebiet wird diejenige Teilfläche eines Zustandsdiagramms bezeichnet, die alle Zustände beinhaltet, bei denen ein Fluid sowohl in der festen als auch in der dampfförmigen Phase vorliegt. Das Sublimationsgebiet ist ein Zweiphasengebiet.

System Der Begriff System bezeichnet ganz allgemein ein Gebilde, das aus mehreren Elementen zusammengesetzt ist, die untereinander in Wechselwirkung stehen. In der Thermodynamik verwendet man den Begriff System speziell, um damit eine bestimmte Menge an Elementen oder Stoffen oder einen bestimmten räumlichen Bereich festzulegen. Das System wird hierzu definiert durch eine →Systemgrenze, die es von seiner →Umgebung bzw. anderen Systemen abgrenzt. Innerhalb eines Systems können Teilsysteme definiert werden. Mehrere Teilsysteme lassen sich zu einem Gesamtsystem zusammenfassen. Wechselwirkungen eines Systems mit seiner Umgebung bestehen nur bezüglich des Austausches dreier Größen: Energie (Wärme, Arbeit, stoffstromgebundene Energie), Entropie und Stoff. Die Festlegung der Systemgrenze ermöglicht die Bilanzierung dieser Größen. Bezüglich des Energie- und Stoffaustausches unterscheidet man verschiedene Arten von Systemen: **offenes System** – Ein offenes System kann mit seiner Umgebung Arbeit, Wärme, stoffstromgebundene Energie und Stoff austauschen. **geschlossenes System** – Ein geschlossenes System kann mit seiner Umgebung Arbeit und Wärme, aber keinen Stoff oder stoffstromgebundene Energie austauschen. Die Systemgrenze ist stoffundurchlässig. **ruhendes System** – Ein ruhendes System verändert seine Lage (die Lage seines Schwerpunktes) gegenüber seiner Umgebung nicht. Änderungen der kinetischen und potentiellen Energie des Systems sind daher in der Energiebilanz nicht zu berücksichtigen. **bewegliches System** – Ein bewegliches System kann seine Lage gegenüber seiner Umgebung verändern. Änderungen der kinetischen und potentiellen Energie (Beschleunigungsarbeit und Hubarbeit) des Systems sind daher in der Energiebilanz gegebenenfalls zu berücksichtigen. **adiabates System** (→adiabat) – Ein adiabates System kann mit seiner Umgebung keine Wärme austauschen. Die Systemgrenze ist also wärmeundurchlässig (z. B. weil eine genügend starke Isolierung vorhanden ist). **diathermes System** (→diatherm) – Ein diathermes System kann mit seiner Umgebung Wärme austauschen. **arbeitsdichtes System** – Ein arbeitsdichtes System kann mit seiner Umgebung keine Arbeit austauschen. Die Systemgrenze ist also arbeitsundurchlässig. **abgeschlossenes System** – Ein abgeschlossenes System ist ein geschlossenes, adiabates und arbeitsdichtes System. Die Systemgrenze ist also wärme-, arbeits- und stoffundurchlässig.

Systemgrenze (→System) Eine Systemgrenze trennt ein System von einem anderen System oder von der Umgebung. Die Systemgrenze kann entweder durch real existierende Grenzflächen, z. B. die Oberfläche eines Festkörpers oder einer Flüssigkeit oder der Wand eines Apparates, oder durch eine fiktive Grenzfläche, z. B. eine bestimmte Querschnittsfläche in einem durchströmten Kanal oder einen Wellenquerschnitt, festgelegt werden.

T

Taulinie Die Taulinie trennt in Zustandsdiagrammen das Nassdampfgebiet vom Dampf- bzw. Gasgebiet. Zustände auf der Taulinie beschreiben die von gesättigtem Dampf.

Technische Arbeit Technische Arbeit ist die Arbeit, die eine von einem Stoffstrom durchströmte Maschine auf mechanischem Wege als Nutzen abgibt oder die einer Maschine auf ebensolchem Wege als Aufwand zugeführt wird. Die technische Arbeit wird i. A. durch rotierende Wellen übertragen. Sie umfasst daher alle am System Maschine verrichteten Arbeiten mit Ausnahme der für den Stofftransport notwendigen Verschiebearbeit.

Technische Arbeitsfähigkeit (→Exergie) Die technische Arbeitsfähigkeit oder maximale Arbeitsfähigkeit ist ein anderer Begriff für Exergie.

Technische Thermodynamik (→Thermodynamik)

Temperatur Die Temperatur ist eine physikalische Eigenschaft eines Systems und durch den →nullten Hauptsatz als Kennzeichen des thermischen Gleichgewichts eingeführt. Danach gilt, dass sich zwei Systeme im thermischen Gleichgewicht befinden, wenn in ihnen die gleiche Temperatur herrscht. Die Temperatur eine intensive Zustandsgröße. Zur Festlegung von Temperaturwerten werden verschiedene Temperaturskalen verwendet: **empirische Temperaturskala** – Die Temperaturskalen wurden zunächst anhand einiger Fixpunkte bestimmter Stoffe experimentell festgelegt. Man spricht dann von einer empirischen Temperaturskala oder empirischen Temperatur. Jede empirische Temperaturskala wird festgelegt durch die Definition zweier Temperaturwerte eines Stoffes in zwei fest vereinbarten Bezugszuständen. Für die Celsius-Skala sind dies der Schmelzpunkt und der Siedepunkt von Wasser bei Normaldruck $p = 1013,25$ mbar. Per Definition wird der erste Wert $0\,°C$, der zweite $100\,°C$ genannt. Bei der angelsächsischen Fahrenheit-Skala ist dem Schmelzpunkt der Wert $32\,°F$ und dem Siedepunkt der Wert $212\,°F$ zugeordnet. **absolute Temperaturskala oder thermodynamische Temperaturskala** – Mit Hilfe des Gasthermometers konnte experimentell gezeigt werden, dass bei der Temperatur von $-273,15\,°C$ der absolute Nullpunkt der Temperatur liegt. Dieser Wert wurde zu 0 definiert. Die Nullpunktstemperatur kann auch mit Hilfe des zweiten Hauptsatzes völlig unabhängig von den Eigenschaften eines Stoffes abgeleitet werden. Die Kelvin-Skala wurde durch Festlegung einer Temperatur von $0\,K$ am Nullpunkt und von $273,16\,K$ am Tripelpunkt des Wassers ($0,01\,°C$ auf der Celsius-Skala) festgelegt. Sie ist eine so genannte absolute Temperaturskala oder thermodynamische Temperaturskala. Die entsprechenden Werte auf der Skala nennt man absolute Temperatur oder thermodynamische Temperatur. Bei der angelsächsischen Rankine-Skala sind der Nullpunkt zu $0\,R$ und der Tripelpunkt zu $491,69\,R$ definiert.

Temperaturleitfähigkeit Die Temperaturleitfähigkeit ist ein Stoffwert, der sich aus dem Quotienten von Wärmeleitfähigkeit und dem Produkt aus Dichte und spezifischer iso-

barer Wärmekapazität ergibt. Er beeinflusst in starkem Maße instationäre Wärmeleit-
vorgänge.

thermischer Widerstand (→Wärmetransport) Als thermischen Widerstand bezeichnet
man in Analogie zu elektrischen Widerständen beim Transport von elektrischem Strom
den Widerstand, den ein Medium einem Wärmestrom bietet. Er berechnet sich aus dem
Wärmestrom durch ein Medium dividiert durch die daran anliegende, treibende Temperaturdifferenz. Je nach Wärmetransportmechanismus unterscheidet man Wärmeleit-
widerstände und Wärmeübergangswiderstände.

thermischer Wirkungsgrad Als thermischer Wirkungsgrad wird das Verhältnis von Nutzen zu Aufwand einer →Wärmekraftmaschine bzw. eines rechtsläufigen →Kreisprozesses
bezeichnet. Er gibt also das Verhältnis der abgegebenen technischen Arbeit bezogen auf
die zugeführte Wärme an. Das Äquivalent zum thermischen Wirkungsgrad bei einer
Kältemaschine oder Wärmepumpe bzw. einem linksläufigen Kreisprozess nennt man
→Leistungszahl.

thermisches Gleichgewicht (→thermodynamisches Gleichgewicht) Zwei Systeme, die
miteinander im thermischen Kontakt stehen, befinden sich miteinander im thermischen
Gleichgewicht, wenn in ihnen die gleiche Temperatur herrscht. Es folgt unmittelbar: Ist
ein System A sowohl mit einem System B als auch mit einem System C im thermischen Gleichgewicht, dann sind auch die Systeme B und C miteinander im thermischen
Gleichgewicht. Diese Aussage bildet eine wichtige Grundlage der Thermodynamik und
wird als →nullter Hauptsatz der Thermodynamik bezeichnet.

thermische Zustandsgleichung (→Zustandsgleichung)

thermische Zustandsgröße (→Zustandsgröße)

Thermodynamik Die Thermodynamik, auch als Kalorik oder Wärmelehre bezeichnet, ist
ein Teilgebiet der klassischen Physik. Sie ist die Lehre der Energie und ihrer Erscheinungsformen sowie die wissenschaftliche Auseinandersetzung mit den Prozessen der
Energieumwandlung und den thermischen Eigenschaften der Stoffe. Man unterscheidet:
Technische Thermodynamik oder **klassische Thermodynamik** – Die Technische Thermodynamik befasst sich in erster Linie mit den technischen Prozessen zur Umwandlung
von verschiedenen Energieformen (Wärme, Arbeit, innere Energie etc.) und den dies-
bezüglich relevanten Gesetzen und Stoffeigenschaften. Sie geht davon aus, dass sich die
physikalischen Eigenschaften eines Systems hinreichend gut mit makroskopischen Zustandsgrößen beschreiben lassen. Dies setzt voraus, dass die betrachteten Systeme sich
aus hinreichend vielen Teilchen zusammensetzen (→statistische Thermodynamik). **Chemische Thermodynamik** – Die Chemische Thermodynamik befasst sich in erster Linie mit der thermodynamischen Behandlung chemischer und physikalisch-chemischer
Prozesse sowie den hierfür erforderlichen Stoffeigenschaften von Gemischen. **Statistische Thermodynamik** – Die Statistische Thermodynamik geht zur Beschreibung thermodynamischer Zusammenhänge von der statistischen Beschreibung des mechanischen
Verhaltens der Teilchen bzw. Moleküle eines Systems aus. Viele Zusammenhänge der
→technischen Thermodynamik können anhand der statistischen Thermodynamik abgeleitet und bestätigt werden.

thermodynamischer Prozess (→Prozess)

thermodynamisches Gleichgewicht Der Begriff thermodynamisches Gleichgewicht ist der Überbegriff zu den Spezialfällen → mechanisches und → thermisches Gleichgewicht. Es folgt: Zwei Systeme befinden sich miteinander im thermodynamischen Gleichgewicht, wenn sie miteinander im mechanischen und im thermischen Gleichgewicht sind. In Bezug auf ein einzelnes Systems gilt: Ein einzelnes thermodynamisches System befindet sich im thermodynamischen Gleichgewicht, wenn sich die Zustandsgrößen, durch die dessen Zustand vollständig beschrieben werden kann, zeitlich nicht ändern.

thermodynamisches System (→System)

Transmissionsgrad (→Wärmestrahlung) Der Transmissionsgrad, auch Durchlassgrad genannt, beschreibt im Zusammenhang mit Wärmetransport durch Strahlung den relativen Anteil einer auf einen Körper auftreffenden Strahlungsenergie, der durch diesen durchgelassen wird.

Tripellinie (→Tripelzustand) Alle Tripelzustände eines Stoffes liegen in Zustandsdiagrammen wie dem Druck-Volumen-Diagramm, dem Temperatur-Entropie-Diagramm oder dem Enthalpie-Entropie-Diagramm auf einer Geraden, die als Tripellinie bezeichnet wird.

Tripelpunkt (→Tripelzustand) Als Tripelpunkt bezeichnet man das Wertepaar von Druck und Temperatur im Tripelzustand bzw. den dazugehörenden Zustandspunkt im Druck-Temperatur-Diagramm.

Tripelzustand Ein Stoff befindet sich im Tripelzustand, wenn feste, flüssige und dampfförmige Phase im Gleichgewicht miteinander vorhanden sind. Druck und Temperatur im Tripelzustand sind ein festes Wertepaar eines jeden Stoffes.

Turbine (→Strömungsmaschine) Eine Turbine ist eine Strömungsmaschine, in der das durchströmende Fluid expandiert und dabei einen Teil seiner Energie in Form von Arbeit über die Welle der Strömungsmaschine abgibt.

Turboverdichter (→Verdichter)

U

überhitzter Dampf Überhitzter Dampf ist Dampf, dessen Temperatur über der zu dem herrschenden Druck zugehörigen Sättigungstemperatur liegt.

überkritisches Fluid (→kritischer Zustand)

Umgebung (→System) Der Begriff Umgebung ist unmittelbar mit dem Begriff System verbunden. Zur Umgebung eines Systems gehört alles, was nicht innerhalb der Grenzen des betrachteten Systems liegt. Die Umgebung kann auch als ein zweites System aufgefasst werden, das mit dem betrachteten System durch Energie- und/oder Stofftransport über die Systemgrenze hinweg wechselwirkt.

umkehrbar (→reversibler Prozess) Ein Prozess ist umkehrbar im Sinne der Thermodynamik, wenn er in beide Richtungen ablaufen kann ohne dabei bleibende Veränderungen in der Umgebung zu hinterlassen. Dies ist der Fall, wenn der Prozess den Bedingungen für reversible Prozesse genügt. Insofern sind die Begriffe umkehrbar und reversibel gleichbedeutend.

V

Vakuum Vakuum herrscht in einem Raum, in dem sich kein (oder nahezu kein) Stoff befindet. Thermodynamisch betrachtet bedeutet dies, dass die Masse dieses Systems und dessen Druck gegen Null bzw. dessen spezifisches Volumen gegen Unendlich gehen.

Ventilator Ein Ventilator ist eine →Strömungsmaschine zur Förderung von Gasen bei geringer Erhöhung des Gesamtdruckes.

Verbrennung Als Verbrennung bezeichnet man die chemische Reaktion bzw. Oxidation zwischen den brennbaren Bestandteilen eines Brennstoffs und Sauerstoff. Dabei wird Energie in Form von Wärme freigesetzt. Als Verbrennungsprozess bezeichnet man den gesamten Vorgang der Verbrennung eines Brennstoffes. Am Verbrennungsprozess beteiligt sind folgende Stoffe: der Brennstoff mit allen brennbaren und nicht brennbaren (inerten) Bestandteilen sowie darin enthaltenem Sauerstoff, der meist mit Luft zugeführte Sauerstoff und alle Reaktionsprodukte. Reaktionsprodukte sind das Verbrennungsgas und die festen Verbrennungsrückstände wie Ruß, Asche und Schlacke.

Verbrennungsmotor (→Vergleichsprozess, →Otto-Prozess, →Diesel-Prozess) Ein Verbrennungsmotor ist eine als Kolbenmotor ausgeführte Wärmekraftmaschine, der die Energie durch Verbrennung von Brennstoff mit Luft zugeführt wird. Das so entstehende heiße Gas expandiert unter Arbeitsabgabe an die Kurbelwelle und wird dann in die Umgebung ausgestoßen.

Verdampfung (→Phasenwechsel) Verdampfung nennt man den Vorgang des Phasenwechsels von flüssiger zu gasförmiger Phase. Man sagt, die Flüssigkeit verdampft.

Verdampfer Verdampfer nennt man einen Apparat, in dem eine Flüssigkeit verdampft wird.

Verdampfungsenthalpie Die Verdampfungsenthalpie, auch Verdampfungswärme genannt, ist die Differenz der Enthalpie von gesättigter Flüssigkeit und von gesättigtem Dampf bei gleichem Druck.

Verdichter (→Strömungsmaschine) Ein Verdichter, auch Kompressor bezeichnet, ist eine → Strömungsmaschine, die einen gasförmigen Fluidstrom fördert und dabei dessen Druck erhöht. Verdichter können als Turboverdichter oder als Kolbenmaschine ausgeführt werden.

Viskosität Die Viskosität ist eine physikalische Eigenschaft eines Fluids, die dessen „Zähigkeit" beschreibt. Sie resultiert aus den zwischenmolekularen Kräften in einem Fluid. Man unterscheidet: **dynamische Viskosität** – Die dynamische Viskosität ist ein Maß für die Eigenschaft eines Fluids, sich unter einer Spannung zu verformen oder unter einer Verformung eine Spannung aufzubauen. **kinematische Viskosität** – Die kinematische Viskosität ist der Quotient von dynamischer Viskosität und Dichte.

Volumen Das Volumen ist die extensive Zustandsgröße, die die räumliche Ausdehnung eines in einem System enthaltenen Stoffes beschreibt.

Volumenänderungsarbeit Volumenänderungsarbeit ist die Arbeit, die über die Systemgrenze übertragen wird, wenn sich das Volumen des Systems ändert.

W

Wärme (→Energie) Wärme ist die Form der Energie, die zwischen zwei Systemen aufgrund verschiedener Temperaturen übertragen wird. Die Energieform Wärme tritt daher nur an Systemgrenzen auf. Wärme ist eine → Prozessgröße und nicht speicherbar. Wenn man fälschlicherweise und umgangssprachlich von Wärmespeicherung spricht, meint man die Speicherung von Energie in Form von innerer Energie.

Wärmekapazität Die Wärmekapazität eines Stoffes gibt an, welche Wärme zu- oder abgeführt werden muss, um die Temperatur des Stoffes um ein Kelvin zu erhöhen oder zu erniedrigen. Die Wärmekapazität ist der Quotient aus übertragener Wärme und Temperaturänderung, gemessen in [J/K]. **spezifische Wärmekapazität** – Die spezifische Wärmekapazität eines Stoffes ist die Wärmekapazität je Masse des Stoffes. Die spezifische Wärmekapazität eines Gases oder kompressiblen Fluids hängt von der Art der Zustandsänderung (isobare oder isochore Zustandsänderung) ab. Man unterscheidet: **spezifische Wärmekapazität bei konstantem Druck** – Die spezifische Wärmekapazität bei konstantem Druck ist die spezifische Wärmekapazität bei einer isobaren Zustandsänderung. Der Wert gibt also an, wieviel Wärme je kg Gas bei konstantem Druck zugeführt werden muss, um dessen Temperatur um 1 K zu erhöhen. **spezifische Wärmekapazität bei konstantem Volumen** – Die spezifische Wärmekapazität bei konstantem Volumen ist die spezifische Wärmekapazität bei einer isochoren Zustandsänderung. Der Wert gibt also an, wieviel Wärme je kg Gas bei konstantem Volumen zugeführt werden muss, um dessen Temperatur um 1 K zu erhöhen.

Wärmekraftmaschine Eine Wärmekraftmaschine ist eine Maschine, die dazu dient, die Energieform Wärme in technische Arbeit zu wandeln. Hierzu muss der Maschine Wärme auf einem hohen Temperaturniveau zugeführt werden (z. B. durch Verbrennung eines Brennstoffes) und nach dem zweiten Hauptsatz auch Wärme auf einem niedrigeren Temperaturniveau an die Umgebung abgeführt werden. Der in einer Wärmekraftmaschine ablaufende Prozess ist ein rechtsläufiger → Kreisprozess.

Wärmepumpe Eine Wärmepumpe ist eine Maschine, die dazu dient, einem System (z. B. einem Wohnraum) auf einem hohen Temperaturniveau Wärme zuzuführen, indem man der Maschine technische Arbeit zuführt und einer Umgebung auf einem niedrigeren Temperaturniveau (z. B. dem Erdreich) Wärme entzieht. Der in einer Wärmepumpe ablaufende Prozess ist ein linksläufiger → Kreisprozess.

Wärmequelle Als Wärmequelle bezeichnet man eine Umgebung eines Systems, aus der heraus dem System Wärme zugeführt wird. Da Energie nach dem ersten Hauptsatz nicht entstehen, sondern nur von einer Form in eine andere gewandelt werden kann, ist eine

Wärmequelle als ein Energiespeicher zu interpretieren, der einen Teil seiner → inneren
Energie wandelt und in Form von Wärme an das betrachtete System abgibt.

Wärmesenke Als Wärmesenke bezeichnet man eine Umgebung eines Systems, in die hinein und aus dem System heraus Wärme zugeführt wird. Da Energie nach dem ersten
Hauptsatz nicht verloren gehen, sondern nur von einer Form in eine andere gewandelt
werden kann, ist eine Wärmesenke als ein Energiespeicher zu interpretieren, der Wärme von dem betrachteten System aufnimmt und diese Energie in Form von → innerer
Energie speichert.

Wärmespeicher Der Begriff Wärmespeicher ist in der Umgangssprache weit verbreitet, thermodynamisch gesehen aber inkorrekt, da →Wärme nicht gespeichert werden
kann. Korrekt ist die Bezeichnung Energiespeicher. Dieser Speicher fungiert zu einem
bestimmten Zeitpunkt als →Wärmesenke und zu einem späteren Zeitpunkt dann als
→Wärmequelle.

Wärmestrahler Als Wärmestrahler, oder kurz Strahler, wird ein Körper bezeichnet, der
durch Emission von → Wärmestrahlung an einem Wärmetransportvorgang durch Strahlung beteiligt ist. Wärmestrahler haben je nach Material, Oberflächenbeschaffenheit etc.
unterschiedliche Emissions-, Absorptions- und Reflexionseigenschaften. Man unterscheidet folgende Wärmestrahler:→grauer Strahler, →schwarzer Strahler, →selektiver
Strahler.

Wärmestrahlung (→Wärmeübertragung) Wärmestrahlung nennt man den Energietransport durch Strahlung in einem Wellenlängenbereich von etwa 0,1 bis 1000 µm.
Die Wärmeübertragung erfolgt hierbei durch elektromagnetische Wellen. Jeder Körper mit einer Temperatur oberhalb von 0 K emittiert Wärmestrahlung. Da Körper mit
Temperaturen kleiner oder gleich 0 Kelvin nicht existieren können, ist jeder Körper ein
→Wärmestrahler. Trifft Wärmestrahlung von einem Körper auf einen anderen festen,
flüssigen oder gasförmige Körper, so wird sie entsprechend der Strahlungseigenschaften
dieses Körpers teilweise absorbiert, an der Oberfläche reflektiert und/oder ungehindert
durch ihn durchgelassen (transmittiert). Man definiert daher folgende Stoffeigenschaften: → Absorptionsgrad, → Transmissionsgrad, → Reflexionsgrad.

Wärmestrom Der Wärmestrom gibt an, wieviel Wärme innerhalb einer Zeitspanne übertragen wird.

Wärmestromdichte Die Wärmestromdichte ist der →Wärmestrom bezogen auf die Querschnittsfläche normal zur Wärmetransportrichtung.

Wärmeträger Als Wärmeträger bezeichnet man ein Fluid, das in Prozessen als Medium
zum konvektiven Transport von Energie eingesetzt wird.

Wärmeübergang (→Wärmeübertragung, →Konvektion) Als Wärmeübergang bezeichnet
man den konvektiven Wärmetransport in der Grenzschicht eines Fluids insbesondere an
einer festen Wand.

Wärmeübergangskoeffizient (→ Wärmeübergang) Der Wärmeübergangskoeffizient gibt
an, wie groß bei einem Wärmeübergang die → Wärmestromdichte je Kelvin Temperaturdifferenz ist.

Wärmeübertrager Ein Wärmeübertrager ist ein Apparat zur Übertragung von Wärme. Wärmeübertrager werden umgangssprachlich häufig als „Wärmetauscher" bezeichnet. Diese Bezeichnung ist aus thermodynamischer Sicht streng genommen falsch, da Wärme zwischen einem heißen und einem kälteren Medium nicht ausgetauscht wird, sondern nur in Richtung des kälteren Mediums übertragen wird. Es gibt eine Vielzahl von speziellen Bezeichnungen für Wärmeübertrager, die entweder die speziellen Aufgaben (z. B. Verdampfer, Verflüssiger, Kondensator, Kühler) oder spezielle Bauarten kennzeichnen (z. B. Rohrbündelwärmeübertrager, Plattenwärmeübertrager). Prinzipiell sind zwei Arten von Wärmeübertragern zu unterscheiden: **Regeneratoren** – Als Regeneratoren werden Wärmeübertrager bezeichnet, in denen eine Speichermasse abwechselnd von warmen und kalten Stoffströmen durchflossen wird. Der warme Strom gibt dabei Wärme an die Speichermasse ab, die diese später wieder an den kalten Strom weiterleitet. **Rekuperatoren** – Als Rekuperator werden Wärmeübertrager bezeichnet, in denen ein warmer Stoffstrom unmittelbar Wärme an einen kalten überträgt. Die Stoffströme sind i. A. nur durch eine feste Wand getrennt, die die Wärme stationär durchleitet. Je nach Strömungsrichtung unterscheidet man dabei u. a. Gegenstrom-, Gleichstrom- und Kreuzstromwärmeübertrager.

Wärmeübertragung Wärmeübertragung oder Wärmetransport nennt man den Vorgang der Übertragung von Wärme. Je nach physikalischem Mechanismus, der die Wärmeübertragung bewirkt unterscheidet man: →Wärmeleitung, →Konvektion und →Wärmestrahlung.

Wellenarbeit Als Wellenarbeit bezeichnet man die über rotierende Achsen und Wellen übertragene mechanische Arbeit.

wegabhängig (→Prozessgröße)

wegunabhängig (→Zustandsgröße)

Wirkungsgrad (→thermischer Wirkungsgrad, →isentroper Wirkungsgrad) Als Wirkungsgrad bezeichnet man ganz Allgemein das Verhältnis von Nutzen zu Aufwand bei einer Maschine oder einem Prozess.

Z

Zustand Ein System befindet sich in einem bestimmten Zustand, wenn seine physikalischen Eigenschaften feste Werte haben. Der Zustand eines Systems wird somit vollständig durch die Angabe der für die Beschreibung der Eigenschaften notwendigen →Zustandsgrößen charakterisiert. Es genügt meist die Angabe weniger Zustandsgrößen, um einen Zustand von anderen Zuständen abzugrenzen. Alle übrigen Zustandsgrößen bzw. Eigenschaften sind dann entweder von den angegebenen abhängig oder für die Beschreibung des Zustands unerheblich.

Zustandsänderung (→Prozess) Erfährt ein System eine Zustandsänderung, so wird es von einem Zustand (Anfangszustand) in einem anderen Zustand (Endzustand) überführt. Streng genommen ist eine Zustandsänderung somit eindeutig festgelegt durch

Angaben zum Anfangs- und Endzustand. Da eine Zustandsänderung jedoch stets durch einen thermodynamischen → Prozess hervorgerufen wird, der den Verlauf der Zustandsänderung bestimmt, werden die Begriffe Zustandsänderung und Prozess häufig nicht streng voneinander getrennt. Der Begriff Zustandsänderung wird daher häufig in Kombination mit einer Angabe zur Art des Prozessverlaufs zu einer spezielleren Beschreibung verwendet, wie dies z. B. bei folgenden Ausdrücken Gang und Gäbe ist: → isobare Zustandsänderung, → isochore Zustandsänderung, → isotherme Zustandsänderung, → isentrope Zustandsänderung, → polytrope Zustandsänderung, → isenthalpe Zustandsänderung, → adiabate Zustandsänderung.

Zustandsdiagramm Zustandsdiagramme haben als Koordinaten nur Zustandsgrößen. Jeder Punkt in einem Zustandsdiagramm beschreibt eindeutig den Zustand eines Stoffes in Bezug auf die dargestellten Koordinaten. Die in der Thermodynamik gebräuchlichsten Zustandsdiagramme sind: p,v,t-Diagramme, p,v-Diagramme, h,s-Diagramme, p,t-Diagramme, $\lg(p),h$-Diagramme und T,s-Diagramme.

Zustandsfläche Eine Zustandsfläche stellt in einem 3-dimensionalen →Zustandsdiagramm eines Stoffes (z. B. p,v,t-Diagramm) eine zusammenhängende Fläche dar, auf der jeder Punkt einen Zustand des Stoffes beschreibt.

Zustandsgebiet Als Zustandsgebiet wird ein Teil einer →Zustandsfläche oder dessen Projektion in ein 2-dimensionales →Zustandsdiagramm bezeichnet. Üblich ist dabei solche Gebiete zu benennen, in denen eine feste Phasenzusammensetzung herrscht. Bei Reinstoffen unterscheidet man dementsprechend: **Einphasengebiete** – In einem Einphasengebiet befinden sich alle Zustände, bei denen ein Stoff nur in einer Phase vorliegt. Einphasengebiete sind das Feststoffgebiet, das Flüssigkeitsgebiet und das Gasgebiet. **Zweiphasengebiete** – In einem Zweiphasengebiet befinden sich nur Zustände, bei denen zwei Phasen eines Stoffs im Gleichgewicht vorliegen. Zweiphasengebiete sind das Nassdampfgebiet, das Schmelzgebiet und das Sublimationsgebiet.

Zustandsgleichung Zustandsgleichungen beschreiben die Abhängigkeiten von →Zustandsgrößen. Man unterscheidet: **thermische Zustandsgleichungen** – Eine thermische Zustandsgleichung verknüpft →thermische Zustandsgrößen miteinander. Beispielsweise gilt für ideales Gas die thermische Zustandsgleichung $pv = RT$. **kalorische Zustandsgleichungen** – Eine kalorische Zustandsgleichung verknüpft eine →kalorische Zustandsgröße mit anderen unabhängigen Zustandsgrößen. Beispielsweise gilt für ideales Gas die kalorische Zustandsgleichung $dh = c_p\, dT$.

Zustandsgröße Zustandsgrößen beschreiben die physikalischen Eigenschaften eines Systems und sind nur vom →Zustand abhängig, nicht aber von dem Weg oder Prozess, auf dem das System in den Zustand gelangt ist. Man unterscheidet: **intensive Zustandsgrößen** – Eine intensive Zustandsgröße ändert bei einer Teilung eines geschlossenen Systems ihren Wert nicht. Intensive Größen sind beispielsweise Druck und Temperatur. In homogenen Systemen bleiben auch alle →spezifischen und →molaren Zustandsgrößen bei einer Teilung unverändert. **extensive Zustandsgrößen** – Eine extensive Zustandsgröße beschreibt eine Menge von Stoff, Energie oder Entropie und ändert sich entsprechend bei Teilung eines Systems. **spezifische Zustandsgrößen** – Eine spezifische

Zustandsgröße ist eine auf die Masse bezogene Zustandsgröße. **molare Zustandsgrößen** – Eine molare Zustandsgröße ist eine auf die Stoffmenge bezogene Zustandsgröße. **thermische Zustandsgrößen** – Thermische Zustandsgrößen sind Druck, Temperatur und (extensives, spezifisches oder molares) Volumen. **kalorische Zustandsgrößen** – Kalorische Zustandsgrößen sind die Innere Energie, die Entropie und die Enthalpie.

Zweiphasengebiet (→Zustandsgebiet)

zweiter Hauptsatz (→Entropiebilanz, →Hauptsatz) Der zweite Hauptsatz macht Aussagen darüber, in welcher Richtung Prozesse selbstständig ablaufen können. In mathematischer Form stellt der zweite Hauptsatz eine Bilanz der Zustandsgröße →Entropie dar. Aus der →Entropiebilanz zusammen mit unseren Erfahrungen geht hervor, dass Prozesse nur umkehrbar sind, wenn keine Entropie erzeugt wird. Solche Prozesse nennt man →reversibel. Bei irreversiblen oder nicht umkehrbaren Prozessen ist die →Entropieerzeugung stets größer Null. Eine negative Entropieerzeugung ist nicht möglich. Der zweite Hauptsatz führt u. a. zu folgenden Aussagen: 1. Prozesse, bei denen Reibung auftritt, sind irreversibel. 2. Prozesse, bei denen Wärme bei endlichen Temperaturdifferenzen übertragen wird, sind irreversibel. 3. Wärme kann nicht von selbst von einem kälteren zu einem wärmeren Körper übergehen. 4. Prozesse, bei denen Stoffe vermischt werden, sind irreversibel. 5. Die Entropie eines adiabaten geschlossenen Systems kann niemals abnehmen. 6. Bei irreversiblen Prozessen nimmt die Entropie eines adiabaten geschlossenen Systems zu, bei reversiblen Prozessen bleibt sie konstant. 7. Bei irreversiblen Prozessen verwandelt sich Exergie in Anergie, bei reversiblen Prozessen bleibt die Exergie konstant. 8. Es ist unmöglich, Anergie in Exergie zu verwandeln.

Zwischenüberhitzung In größeren Dampfkraftanlagen wird der Dampf nach Teilentspannungen in Hoch- und/oder Mitteldruckturbinen durch Wärmezufuhr erneut auf eine Temperatur in der Nähe der Frischdampftemperatur gebracht. Damit werden die mittlere Temperatur der Wärmezufuhr erhöht (→Carnotisierung), die in der Turbine nutzbare Enthalpiedifferenz vergrößert und die Dampfnässe am Expansionsende verringert.

Sachverzeichnis

A

Absorption, 452
Absorptionszahl, 452
Aggregatzustand, 10
Anergie, 238
Antoine-Gleichung, 287
Arbeit, 47, 54
    elektrische, 61
    technische, 84, 94
Archimedes-Zahl, 430
Aufwindkraftwerk, 229
Ausdehnungskoeffizient, 38
Ausflussfunktion, 220
Ausgleichsvorgang, 19, 21
Austauschprozess, 17, 150, 186
Austauschvariable, 17, 74, 150
Azentric-Faktor, 304

B

Bénard-Konvektion, 432
Bernoullische Gleichung, 133
Bilanzgleichung, 81
Bilanzgrenze, 4
Bilanzraum, 4
Biot-Zahl, 411
Blockheizkraftwerk, 371
Boyle-Kurve, 270
Boyle-Temperatur, 270

C

Carnot-Faktor, 201, 333
Carnotscher Kreisprozess, 331
Carnot-Wirkungsgrad, 201
Celsius-Skala, 24
Claude-Prozess, 379, 390
Clausius-Clapeyronsche Gleichung, 285

Clausius-Rankine-Prozess, 356
Clausiussche Ungleichung, 192

D

Dampf, 262
    gesättigt, 262
    überhitzt, 262
Dampfdruckkurve, 263
Dampfgehalt, 267
Dampfkraftanlage, 356
Debye-Temperatur, 291
Desublimation, 261
diatherme Wand, 19
Dichte, 9
Diesel-Motor, 347
Diesel-Prozess, 348
Differential
    totales, 36
    vollständiges, 8, 156
Differentialquotient
    partieller, 36
Diffusor, 132
Dissipation, 76
Dissipationsarbeit, 76
Dissipationsenergie, 192
Drosselung, 134, 212, 308
Druck, 11
    dynamischer, 134
    statischer, 134
Dulong-Petitsche Regel, 290
Durchlasszahl, 452
Düse, 132

E

Eigenvolumen, 295
einheitlicher Stoff, 35

Einspritzverhältnis, 351
Einstrahlzahl, 465
Emission, 452, 453
Emissionszahl, 455
Energie, 47
    innere, 49
    kinetische, 48
    mechanische, 48
    potentielle, 48
Enthalpie
    idealer Gase, 101
    realer Fluide, 255
    spezifische, 79
Entropie, 152, 189, 195, 291
    idealer Gase, 178
    realer Fluide, 257
Entropieänderung, 177, 189, 209, 210
    abgeschlossenes System, 188
    offenes System, 196
Entropiebilanz, 188
Entropiediagramm idealer Gase, 180
Entropieerzeugung, 189
Entropiestrom, 197
Entropieströmung, 189
Ericsson-Prozess, 338
Erstarren, 261
Exergie, 236
    bei der Mischung, 241
    einer Wärme, 240
    eines Stoffstroms, 239
    geschlossenes System, 236
Exergiebilanz, 245
Exergieverlust, 243
extensive, 150

F
Fluid, 5, 262
Fourier-Gleichung, 409
Fourier-Zahl, 411
Freiheitsgrade, 6, 53
Fundamentalgleichung, 176

G
Gas
    ideales, 40
    reales, 292
Gas- und Dampfturbinen-Prozess, 368
Gaskonstante
    individuelle, 40

Gasthermometer, 21, 154
Gasturbine, 339
Gasturbinenprozess, 340
Gasverflüssigung, 377
Gefrieren, 261
geodätische Höhe, 48
Gesamtarbeit, 76
Gesamtmasse, 89
Gesetz von Kirchhoff, 455
Gibbssche Fundamentalgleichung, 176
Gibbsscher Phasenraum, 7
Gleichdruckverbrennung, 348
Gleichgewicht, 19
    mechanisches, 19
    thermisches, 20
    thermodynamisches, 20
Gleichgewichtszustand, 18
    partieller, 18
Gleichraumverbrennung, 348
Grashof-Zahl, 418
grauer Körper, 458
Größengleichungen, 13
GuD-Prozess, 368

H
h,s-Diagramm des Wassers, 283
h,t-Diagramm des Wassers, 279
Hauptsatz
    dritter, 173
    erster, 82
    nullter, 20
    zweiter, 188
Heißluftmaschine, 335
Helligkeit, 461
Hemmung, 17
hydraulischer Durchmesser, 427

I
innere Energie
    idealer Gase, 100
    realer Fluide, 255
Integrabilitätsbedingung, 157
integraler Drosseleffekt, 308
integrierender Nenner, 156
Intensität, 453
Internationales Einheitensystem, 12
irreversibel, 147
Isentropenexponent, 101
Isobare, 116

Isochore, 115
Isotherme, 117

J
Joule-Prozess, 337

K
Kaltdampfmaschine, 374
Kältemaschine, 201, 326
Kaminzug, 229
Kohäsionsdruck, 295
Kompressibilitätskoeffizient, 38
Kompressor, 129, 321
Kompressorarbeit, 131
Kondensator, 325
Kondensieren, 261
Kontrollraum, 4, 93
Kontrollraumgrenze, 4
Koordinatensystem, 6
Korrespondenzprinzip, 301
Kovolumen, 295
Kraft
    generalisierte, 74
Kraft-Wärme-Kopplung, 371
Kraftwerksprozess, 125
Kreisprozess, 124, 198
    linksläufiger, 328
    rechtsläufiger, 328
kritische Daten, 264
kritische Opaleszenz, 311
kritischer Punkt, 263

L
Lambertsches Cosinusgesetz, 458
Laval-Druck, 221
Laval-Düse, 223
Leistung, 54
Leistungszahl, 329
Linde-Verfahren, 377

M
Makrozustand, 166
Masse, 9, 89
Massenbilanz, 89
Maßsystem, 11
Mikrozustand, 166
Mischer, 127
Mischkondensatoren, 325
Mischung, 215
Mischungsentropie, 216

Mollier-Diagramme, 99
Molmasse, 9, 41
Molvolumen, 9
Molwärme, 102

N
Nassdampf, 269
Navier-Stokes-Gleichung, 416
Nenner
    integrierender, 156
Nernstsches Wärmetheorem, 171
nichtumkehrbar, 148
Nukijama-Kurve, 436
Nußelt-Zahl, 419
Nutzarbeit, 60

O
Otto-Motor, 347
Otto-Prozess, 348

P
p,h-Diagramm eines realen Stoffes, 279
p,h-Diagramm für Stickstoff, 280
p,t-Diagramm des Wassers, 268
p,v-Diagramm des Wassers, 265
Péclet-Zahl, 418
Phase, 9, 10
Phasenübergänge, 261
Philips-Motor, 342
Plancksches Strahlungsgesetz, 456
Polytrope, 122
Prandtl-Zahl, 418
Prozess, 7
    irreversibel, 149
    quasistatischer, 59
    reversibel, 147
    stationärer, 85, 90
Prozessgrößen, 7
Pumpe, 320
Pumpenwirkungsgrad, 321

Q
quasistatisch, 194, 212
Quellterm, 82

R
Reale Gase, 292
Realgasfaktor, 294
Reflexionszahl, 452
Reibung, 149, 205

Reibungsarbeit, 76
reversibel, 145
Reynolds-Zahl, 417
Ringintegral, 124

S
Schallgeschwindikeit, 222
Schmelzen, 261
schwarzer Körper, 452, 456
Schweres Wasser, 284
Schwerpunktsgeschwindigkeit, 48
Seilinger-Prozess, 352
Sichtfaktor, 465
Siedelinie, 273
SI-Einheit, 11
Spannungskoeffizient, 38
Speicherterm, 82
Speisewasservorwärmung, 365
Staudruck, 134
Stefan-Boltzmannsches Gesetz, 457
Stirling-Kältemaschine, 345
Stirling-Motor, 342
Stirling-Prozess, 342
Stoffmenge, 9, 40
Strahlungsaustauschzahl, 462
Strömung
    isentrope, 219
Strömungsmitteltemperatur, 406
Sublimation, 261
System, 3
    abgeschlossenes, 4
    adiabates, 77
    diabates, 77
    einfaches, 35
    geschlossenes, 4, 190
    geschlossenes Ersatzsystem, 4
    heterogenes, 10
    homogenes, 10
    offenes, 4, 91
Systemenergie, 47
Systemgrenze, 3

T
t,s-Diagramm des Wassers, 281
t,v-Diagramm des Wassers, 268
Taulinie, 273
Teilmasse, 90
Temperatur
    absolute, 23, 150

empirische, 21, 22, 153
    thermodynamische, 23, 153
Temperaturleitfähigkeit, 409
Temperaturmessung, 27
    el. Widerstandsthermometer, 29
    Fadenthermometer, 28
    Flüssigkeitsthermometer, 27
    Strahlungsthermometer, 32
    Thermoelement, 30
Temperaturskala
    Celsius, 24
    Fahrenheit, 24
    internationale, 25
    Kelvin, 24
    Rankine, 24
thermodynamische Wahrscheinlichkeit, 171
thermodynamisches Gleichgewicht, 188
thermodynamisches Potential, 175
Thermometer, 21
Thomson-Joule-Effekt, 307
Triebkraft, 19, 21
Tripelpunkt, 263, 272
Turbine, 323

U
Überschallgeschwindigkeit, 223
Überstromversuch, 99
Überströmvorgang, 135
Umgebung, 3
umkehrbar, 148

V
van-der-Waalssche-Zustandsgleichung, 295
Ventilator, 321
Verbrennungsmotor, 347
Verdampfen, 261
Verdampfer, 325
Verdampfungsenthalpie, 275
Verdampfungsentropie, 276
Verdichter, 129, 321
Verdichtungsstoß, 225
Verdichtungsverhältnis, 349
Verflüssigen, 261
Verschiebearbeit, 79, 84
Verschiebung
    generalisierte, 74
Viertaktverfahren, 347
Viskosität, 209
Volumen

molares (Molvolumen), 9
spezifisches, 9
Volumenänderungsarbeit, 57

W
Wahrscheinlichkeit
thermodynamische, 166
Wärme, 47, 77
Wärmedurchgang, 407
Wärmedurchgangskoeffizient, 408
Wärmekapazität
molare, 102
spezifische, 97, 259
spezifische, idealer Gase, 101
spezifische, realer Fluide, 259
Wärmekraftmaschine, 201, 326
Wärmeleitfähigkeit, 400
Wärmeleitwiderstand, 401
Wärmepumpe, 201, 326
Wärmestrom, 78, 400
Wärmestromdichte, 400
Wärmeübergangskoeffizient, 406
Wärmeübergangswiderstand, 406
Wärmeübertrager, 128, 444
Gegenstrom, 447
Gleichstrom, 445
Kreuzstrom, 448
Wärmeübertragung, 399
Konvektion, 399
Leitung, 399
Strahlung, 400, 451

Wasserkraftwerk, 126
Wellenarbeit, 61
Wiensches Verschiebungsgesetz, 456
Wirkungsgrad
exergetischer, 240, 333
isentroper, 322, 324
thermischer, 328

Z
Zustand, 6
Zustandsänderung, 7
dissipationsfreie adiabate, 118
isentrope, 118, 174, 195
isobare, 117
isochore, 116
isotherme, 117
polytrope, 122
reversibel adiabate, 118
Zustandsfläche des Wassers, 267
Zustandsfunktion, 6
Zustandsgleichung, 6, 302
kalorische, 97
thermische, 35
Zustandsgrößen, 7
extensive, 8
intensive, 8
kalorische, 97
reduzierte, 298
spezifische, 9
Zweitaktverfahren, 347
Zwischenüberhitzung, 365